U0234760

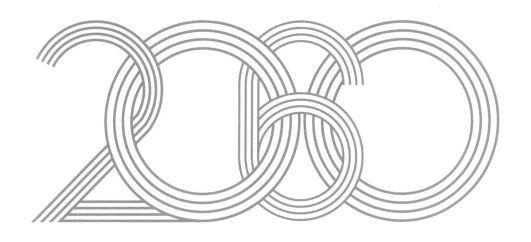

2060

中国碳中和

金涌　胡山鹰　张强　等编著

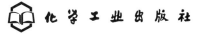
化学工业出版社
·北京·

内 容 简 介

为应对全球气候变化，中国政府承诺努力争取2060年前实现碳中和，这给各行各业带来了战略性变革。碳中和起步阶段，尚缺乏比较系统的指导性策略。

《2060中国碳中和》的作者以清华大学化学工程系为主体，联合国内多个高校院所，由多位院士专家组成，集各家之长形成高水平创作团队。内容基于60余位作者多年工作积累，在二氧化碳代谢、气候变化等基础内容之上，主要阐述我国碳达峰碳中和的路径与前景、能源转型路径、化石资源低碳利用、再造基础工业低碳流程、二氧化碳捕集利用与化学转化、可再生能源与氢能规模化利用等低碳技术，比较全面系统地对我国碳中和前景与路径进行研究和阐述，为我国各级管理部门和各行业开展碳达峰碳中和相关工作提供战略参考和技术支撑。

本书可供化工、冶金、能源工程等专业的研究人员，政府机构、管理单位人员参考阅读，也可供相关专业高校院所的师生参考。

图书在版编目（CIP）数据

2060中国碳中和 / 金涌等编著. —北京：化学工业出版社，2022.9

ISBN 978-7-122-41338-3

Ⅰ. ①2… Ⅱ. ①金… Ⅲ. ①二氧化碳－节能减排－研究－中国 Ⅳ. ①X511

中国版本图书馆CIP数据核字（2022）第074617号

责任编辑：袁海燕	文字编辑：丁海蓉	美术编辑：王晓宇
责任校对：赵懿桐	装帧设计：水长流文化	

出版发行：化学工业出版社（北京市东城区青年湖南街13号　邮政编码100011）
印　　装：中煤（北京）印务有限公司
787mm×1092mm　1/16　印张33½　字数738千字　2022年9月北京第1版第1次印刷

购书咨询：010-64518888　　　　　　　　　　售后服务：010-64518899
网　　址：http://www.cip.com.cn
凡购买本书，如有缺损质量问题，本社销售中心负责调换。

定　　价：198.00元

序 一

　　2020年9月22日，习近平代表中国政府在第七十五届联合国大会上提出："中国将提高国家自主贡献力度，采取更加有力的政策和措施，二氧化碳排放力争于2030年前达到峰值，努力争取2060年前实现碳中和。"这是中国对世界的承诺，也是对中国自己的承诺。要实现这个目标，显然有一场硬仗要打，也有必要做好科学和技术方面的分析，以在大目标的指引下规划好具体、行之有效的实施路线。

　　《2060中国碳中和》从科学理论出发，系统阐述了当前全世界共同面临的环境问题和中国在实现碳达峰与碳中和过程中的挑战与机遇，分析了实现"双碳"目标的路线。

　　"双碳"目标与我们每个人都息息相关，需要依靠大家共同的努力去实现。所谓"知己知彼，百战不殆"，提示我们只有真正了解碳中和，才能在这场攻坚战中一往无前、夺取胜利。相信大家都能通过这本书加深对碳中和的认识，从书中获益，为实现碳中和目标贡献自己的一份力量。

顾秀莲

2022.5.9.

序 二

降低二氧化碳及其他温室气体的排放，将全球到2100年的升温控制在1.5℃以下是全人类的共识和共同努力的目标。各国政府都在根据本国的经济、资源、能源和产业结构探讨有效的减排途径，制定相关的补贴奖励政策。碳达峰、碳中和目标已经成为中国新时期高质量发展的关键目标，是关乎中华文明永续发展的重大变革。"双碳"战略是一项长期、艰巨、复杂的工程，迫切需要我们从科技、政策、产业等多个层面理解和践行碳中和的发展路径，需要我们不断思考如何推动工业产业链的转型发展，以工业低碳、零碳和负碳化逐步推动减碳进程；如何发展储能技术和优化新能源产业政策，深化能源需求侧和供给侧的结构调整和匹配，实现可再生能源的规模化应用。建立全面的绿色低碳循环发展经济体系和促进经济社会发展的绿色转型是解决中国可持续发展的基础之策。

《2060中国碳中和》一书不仅从微观层面阐述了碳中和的自然科学基础，更是从宏观层面探讨了中国迈向清洁能源的工业转型路径、目标和前景。碳中和的大潮滚滚而来，本书为中国增长范式的根本转变提供了理论基础，为清洁低碳工业技术研发、能源环境学科发展、碳中和政策制定，以及社会各行业开展碳达峰及碳中和相关工作提供了重要的战略指导。

本书是在金涌院士领衔下，由清华大学等单位的六十余位专家学者结合各自专业领域成果进行撰写，全方位阐释了碳中和的内涵和路径，凝聚了理论层面、政策层面、科学和技术层面的各领域前沿性研究成果，揭示了未来四十年发展的新机遇。本书语言平易，内容深刻，具备理论高度和学术深度，极具科学性、专业性和系统性，是一本不可多得的好书。

毕晓涛

加拿大工程院院士，加拿大职业工程师协会会士
英属哥伦比亚大学清洁能源中心主任

序 三

　　气候变化是全人类的共同挑战，关乎人类的前途命运。2015年第70届联合国大会通过的《变革我们的世界——2030年可持续发展议程》及其17个可持续发展目标，同年召开的第21届世界气候大会和大会通过的《巴黎气候协定》，表达了世界各国的共同愿景和雄心，提出了应对气候变化、控制地表温升和实现净零碳排的目标。实现这些目标，需要艰巨的努力。这些努力必须是多方面协调的、且需是所有人参与的和全球合作的，这些努力必须是坚决、果断和大胆的，最根本的是，这些努力必须是依据于科学的。

　　2021年在英国召开的第26届全球气候大会，大声疾呼"气候紧迫性"，尖锐指出5年来全球碳排放及其引起的地表温升对偏离了《巴黎协定》。包括中国在内的197个国家签署的《格拉斯哥气候协议》，将21世纪末全球温升的目标锁定为1.5℃，力图避免最恶劣的气候影响。大会期间，印度、泰国、尼日利亚和越南等关键国家做出了新的净零承诺。至此，占全球经济总量90%的100多个国家都作出净零承诺。此前，习近平主席代表中国在2020年第75届联合国大会上，郑重地宣布"努力争取2060年前实现碳中和"的净零目标。尽管如此，联合国环境规划署（UNEP）发布的报告《2021排放差距报告：热火朝天》指出，各国计划在2030年生产的化石燃料总量仍比为实现《巴黎协定》1.5℃温控目标所限定的化石燃料生产量高出一倍还多。根据最新数据，全球气温已经比工业化前水平升高了1℃。这意味着，即使当前的减排承诺全部实现，全球气温仍可能在21世纪升高2.7℃，形势异常严峻。

　　中国的碳中和对于全球碳中和至关重要。中国力争2030年前实现碳达峰、2060年前实现碳中和，意味着要以史上最短时间、实现史上最大幅度的减碳过程，且同时要实现经济发展质量和人民生活水平的大幅提高。任务极其艰巨，亟需科技支撑。

　　越是认识到气候问题的紧迫性，越是认识到实现中国碳中和的艰巨性，就越能感受到金涌老师和众多院士专家合力撰写这本《2060中国碳中和》一书的重要价值。感谢本书的作者们在较短的时间内，运用最新的较为全面的资料，站在碳达峰、碳中和整体战略的高度，立足于相关科学技术的前沿，从碳中和科学基础、中国碳达峰路径和预测、中国碳中和路径和前景、中国碳中和目标下能源转型路径、储能技术支撑可再生能源的规模化以及新兴碳金融政策等方面，为我们全景式地介绍碳中和的重要概念、科学问题、工程技术、发展路径等，系统地阐述了碳排放和减碳技术的现状，实现碳达峰、碳中和的技术路线和前景。这本书内容全面，几乎覆盖了所有重要的技术领域；切合国情，凝聚了近年来中国低碳发展的相关问题和实践探索等成果；数据翔实，并提供了丰富的参考文献；结构科学，系统性强，叙述简明扼要、深入浅出、可读性强，的确是一部扛鼎之作。这本书，既有科学知识阐述，也有政策分析；既是进一步专业性学习研究的引导，也具有工具书的价值。我相信，这本书可以为各行业开展碳达峰、碳中和相关工作的同志，以及教育工作者和管理干部提供有价值的参考和指引，同时也能够启发更多的科技工作者和社会工作者了解碳中和在人类发展进程中肩负的伟大历史使命，并在他们各自的领域为这一目标的实现做出创新贡献，为减碳进程按下"快进键"。

世界工程组织联合会主席（2019—2022）

前 言

工业革命以来，在大量利用化石能源的过程中，人们逐渐发现燃烧化石能源带来的全球性气候变化。气候变化问题事关人类的生存与发展，是当今世界各国共同面临的热点问题。我国高度重视气候变化问题，在经济社会高速发展的过程中，制定并采取了一系列积极应对气候变化的政策和行动。《巴黎协定》明确了碳中和的目标，中国积极做出国家自主贡献，在2020年气候变化大会上承诺努力在2060年前实现碳中和，以碳中和为契机，将给各行各业带来深刻影响和战略性变革。

20世纪80年代以来，中国的经济发展取得了举世瞩目的成就。同时，长期形成的粗放型增长方式尚未根本改变，工业化、城镇化快速发展与能源资源和生态环境的矛盾日趋突出。为此，控制温室气体排放，加快发展低碳技术和低碳产业，实现低碳绿色增长，是我国长期的基本国策和发展趋势。

碳中和既是挑战，也是机遇。在未来相当长的时期内，碳中和战略将成为撬动行业技术革新、推动技术发展、转变经济增长方式的新动力。能源的资源化和低碳化利用、工业低碳流程再造技术、新型能源技术、二氧化碳转化技术等碳中和技术会成为各个行业技术发展的目标，对全国各行各业来说，能否抓住这次历史变革的机遇，实现跨越式和变革式发展，将对我国经济和社会发展产生极为深远的影响。

目前，碳中和作为当前社会的热点，其目标仍处于起步阶段，尚缺乏比较系统的专著对这一工作提供指导，尤其从工程科学和技术的角度来说更是如此。为此，编著者组织了包括多位院士专家组成的团队，以清华大学化学工程系为主体，联合国家能源集团北京低碳清洁能源研究院、清华大学产业创新研究院、国家能源集团技术经济研究院、山西大学、河北科技大学、中国矿业大学、中国石油大学、北京大学等单位的多位专家，集各家之长形成一个高水平的专业创作团队。本书的资料主要是各位作者多年研究工作的积累。

《2060中国碳中和》具有较高的学术价值和实际意义，为碳中和多个相关学科的发展提供重要指导和参考，为我国未来数十年的可持续发展指出主要的工程科学与技术方向。本书的特点及创新之处在于比较全面系统地对我国碳中和发展前景和技术路径开展了研究和阐述。

本书从绪论、碳中和科学基础——二氧化碳代谢机制、全球气候变化——人类面临的挑战、中国碳达峰路径和预测、中国碳中和路径和前景、中国碳中和目标下能源转型路径、迈向零碳电力系统、开启化石资源低碳利用的新时代、再造基础工业低碳流程、储能技术支撑可再生能源的规模化、氢能替代与零碳能源、二氧化碳的捕集利用封存、二氧化碳的化学转化、新兴碳金融政策、全员行动实现碳中和等十五个方面系统阐述碳中和的现状和我国的发展途径及技术路线。本书尤其侧重未来碳中和重要技术方向，对开展化石资源低碳利用，我国主要行业钢铁冶金、水泥、化肥、建筑、交通等实现互联互通，加速进行低碳技术运用和技术革新有一定的借鉴和指导作用，对管理部门和各行业开展碳达峰碳中和相关工作提供战略参考和技术支撑。

最后，感谢各兄弟单位的大力支持！因时间和精力有限，本书恐存在不足，还请各位同行指正。

编著者

2022年5月

本书编著者名单

第1章：清华大学　金涌、胡山鹰

第2章：清华大学　刘超、于淼、罗梓梦、郭子豪、曹煜恒、
　　　　　　　　蒋萌、朱兵、胡山鹰、金涌

第3章：国家能源集团北京低碳清洁能源研究院　杜彬、方杰、包一翔、胡金岷

第4、5章：清华大学　张臻烨、胡山鹰、金涌

第6章：国家能源集团技术经济研究院　姜大霖

　　　　中国矿业大学（北京）　鲜玉娇、谷长宛

　　　　国家能源集团技术经济研究院　李涛

　　　　中国矿业大学（北京）　王兵、解静静

第7章：清华大学　耿华、林今

　　　　国家能源集团北京低碳清洁能源研究院　周友

　　　　北京大学　王剑晓

　　　　国家能源集团北京低碳清洁能源研究院　刘潇

第8章：8.1 清华大学　张臻烨、胡山鹰、陈丙珍

　　　　8.2 清华大学　张晨曦、魏飞

　　　　8.3 清华大学　骞伟中

　　　　8.4 清华大学　刘伯阳、王铁峰

　　　　8.5 清华大学　骞伟中、王铁峰、蓝晓程、崔超婕

　　　　　　山西大学　程芳琴、成怀刚

　　　　　　北京首钢朗泽科技股份有限公司　莫志朋、晁伟、董燕

　　　　8.6 清华大学　张臻烨、胡山鹰、陈丙珍

第9章：清华大学　陈筱嵩、赵辰孜、黄文泽、胡江奎、廖昱龙、
　　　　　　　　李帅、王子游、王子轩、袁洪、黄佳琦、张强

第10章：10.1 清华大学　王保国

　　　　10.2 清华大学　程新兵、张学强、陈翔、张强

　　　　10.3 清华大学　崔超婕、骞伟中、王保国、杨世杰、姜枫妮、
　　　　　　　　　　　程新兵、张学强、陈翔、赵辰孜、黄佳琦、张强

第11章：11.1 清华大学　王保国、王培灿

　　　　11.2 清华大学　王培灿、万磊、徐子昂、王保国

　　　　11.3 清华大学　王诚、王保国

　　　　11.4 清华大学　王保国

第12章：12.1 清华大学　陈健、费维扬

　　　　12.2 中国石油大学　彭勃

　　　　　　山西大学　程芳琴、成怀刚

　　　　　　清华大学　蒋国强

　　　　12.3 中国石油安全环保技术研究院有限公司　赵兴雷

第13章：13.1～13.5 河北科技大学　周理龙、王建英、胡永琪

　　　　13.6 清华大学　张晨曦、魏飞

第14章：清华大学　吴谣、郦金梁

第15章：15.1 清华大学　蒋辉、陈定江

　　　　15.2 清华大学　付航、胡山鹰

　　　　15.3、15.4 清华大学　华锐、赵辰孜、陈筱蓓、张强

　　　　15.5 清华大学　罗梓梦、胡山鹰

　　　　15.6 中关村城市大脑产业联盟　魏冰、秦祯璐

　　　　　　中海投资　赵雪峰

　　　　　　北京雪迪龙科技股份有限公司　谢涛

目 录

第6章 中国碳中和目标下能源转型路径 073

第7章 迈向零碳电力系统   102

第8章 开启化石资源低碳利用的新时代   174

第9章 再造基础工业低碳流程 233

第13章　二氧化碳的化学转化　　　　　　　　　434

第15章　全员行动实现碳中和　　482

第1章 绪论

1.1 全球碳元素代谢与我国碳中和的挑战与机遇

从1900年至2000年的百年内，全球经济迅速发展，人类社会创造了高度发达的工业化文明，并正向信息化、智能化时代迈进。工业化进程的驱动力主要是化石能源。在这一时段内，全球使用化石燃料排放的CO_2量约为9860亿吨，全球大气中CO_2浓度从290×10^{-6}上升至380×10^{-6}，上升了90×10^{-6}。由此可以从气象学统计估算出约每排放110亿吨CO_2，则大气中累积的CO_2浓度上升约1×10^{-6}，100年内大气温度约上升了0.85℃[置信区间为（0.74±0.18）℃]。则可估算每排放11600亿吨CO_2，可造成气温平均上升1℃。

21世纪以来，全球CO_2排放量持续增加，全球极端气候现象频繁出现。据联合国气候变化委员会（IPCC）的多次公报，不断提升了全球气候变化与大气中CO_2浓度升高的关联度，引起了世界各国的高度重视。2020年9月22日联合国大会上，有121个国家主动承诺在2050年前实现碳中和。根据已有协议，应对气候变化，发达国家与发展中国家有共同但有区别的责任原则，中国郑重承诺二氧化碳排放力争于2030年前达到峰值，并努力争取于2060年前实现碳中和。

中国实现碳中和的政策是我国政府经过深思熟虑的重大决策。习近平在2021年3月15日中央财经委员会第九次会议上强调，实现碳达峰、碳中和是一场广泛而深刻的经济社会系统性变革，要把碳达峰、碳中和纳入生态文明建设总体布局。会议指出，要构建清洁低碳安全高效的能源体系，控制化石能源总量，着力提高利用效能，实施可再生能源替代行动，深化电力体制改革，构建以新能源为主体的新型电力系统。

碳中和，对一个国家或地区来讲，就是要把社会所有生产生活中排放的CO_2全部回收，或利用、埋藏，实现净零CO_2排放。从全球角度讲要规划全球碳元素的自然生态代谢和社会生态代谢，以减少CO_2在大气中的累积，抑制温室效应对气候的影响。全世界存在四大碳元素库，即：①地层沉积碳库，包括石油、煤炭、天然气等化石和碳酸盐等水成岩；②陆地表层碳库，包括生物和土壤中的碳元素；③大气碳库，大气中的CO_2浓度从工业化前的280×10^{-6}到2009年已上升到400×10^{-6}以上了；④海洋碳库，由于降雨可以把大气中的CO_2淋洗到海洋，由海洋浮游生物、细菌、海藻或硅酸盐转化为以碳酸盐为主组成的碳元素库。碳元素在四大碳库间循环输运。

工业化以来，大量开采化石燃料和石灰石（制造水泥），把沉积在地层深处的大量碳元素输运进入大气。而二氧化碳在大气中的积累造成气候变化；在海洋中的积累使海水从工业革命以来pH值下降了约0.24，打破了自然界碳元素输运的规律。而碳中和的目的就是使碳元素的代谢回归自然状态，使碳元素的社会生态循环与自然生态和谐。

我国要实现碳中和面临着巨大的挑战：

其一，中国2019年CO_2排放量约102亿吨，总量巨大。

其二，从2030年碳达峰到2060年碳中和时间仅为30年，而一些发达国家如英、法、德等碳达峰至碳中和有70～80年的缓冲期，在技术、经济层面可以有更大的弹性操作空间。

其三，更为重要的是，我国正处于经济增长的窗口期，实现碳中和必须要与经济发展同步进行。2020年美国人均GDP约为6.5万美元，德国人均GDP为4.8万美元，而我国仅为1.0万美元左右。到2050年时要使经济发展达到发达国家水平将是一个巨大的挑战。

其四，许多国家国民经济发展轨迹都依存克拉克定律，即农业-制造业-服务业，这将导致金融化、虚体化、空心化，使国家经济隐藏危机。我国多年来一直是世界制造业大国，必须发展科学研究、技术开发、专利、软件推广等，以智力劳动形成"智造业"推动创新发展，保证制造业永远是创造财富的主体地位。制造业、服务业、智造业三者相互依赖的健康发展模式如图1-1所示。

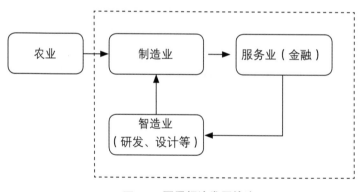

图1-1　国民经济发展轨迹

既然要永久保持制造业大国、强国，当然必须有相应的能源供应，就为碳中和的实现增加了难度。

碳中和的实现亦是我国发展的机遇，40多年的高速发展，我经济持续发展面临的制约是能源、资源的匮乏，石油的对外依存度已超过70%（2020年为74%），而天然气的对外依存度也将达到50%（2020年为42%）。

绿色低碳转型将是今后全部经济活动的内核，碳中和是未来中国经济增长和转型的最大驱动力，也将成为科学研究、科技开发、投资、建设、生产、消费和流通等领域决策的依据。智慧地、理性地平衡生态文明建设与经济社会发展关系，合理、可承受地推进我国经济发展达到中等发达国家水平，并与碳中和同步，也践行建设"人类命运共同体"承诺。碳中和实现之日，即是中华民族踏上了不可阻挡永续发展的快车道。

2021年10月24日，中共中央、国务院印发了《关于完整准确全面贯彻新发展理念，做好碳达峰碳中和工作的意见》，出台了中国碳达峰、碳中和的顶层设计，提出了五方面的主要目标：

　①　2025年比2020年单位国内生产总值（GDP）能耗下降13.5%；

　②　二氧化碳排放下降18%；

　③　非化石能源消费比重达到20%左右；

　④　森林覆盖率达到24.1%；

　⑤　森林蓄积量达到180亿立方米。

并提出到2030年的目标将为：

　①　单位国内生产总值二氧化碳排放比2005年下降65%以上；

　②　非化石能源消费比重将达到25%左右；

　③　风电、太阳能发电总装机容量达到12亿千瓦以上；

　④　森林覆盖率达到25%左右；

　⑤　森林蓄积量达到190亿立方米。

到2060年非化石能源消费比重要达到80%以上。

本书将对这一牵动我国社会发展全局极端重要的难题，及为达到国家设定的目标，其可行性进行分析讨论。

1.2 产业结构转型是实现碳中和的必由之路

我国虽然已经是世界第二大经济体，但仍处于工业经济时代后期。一次能源消费工业占57.06%，建筑业占16.78%，交通业占15.30%，其他占10.86%；而能源消费以煤炭为主，占57%，非化石能源消费仅占16%（2020年）。各种能源中C/H（摩尔比）：草木1.0/1.0，煤（1.5～2.0）/1.0，石油1.0/2，天然气1/4。

从下面二氧化碳排放量计算公式看，我国减少CO_2排放的出路只能着眼于后两项，一是改变产业结构，减少单位GDP所用的能耗；二是通过改变能源结构，大量采用可再生能源才能实现。中国虽然制造业产值已占全球的30%左右。但据2020年路孚特（Refinitiv）数据库统计，位居全球第一/第一梯队的企业分布情况为美国（72/248）、中国（25/113）、日本（18/62）、英国（7/27）、加拿大（6/16）、法国（5/24）、德国（3/19）、印度（3/13），我国与美国相比仍有较大差距。而且我国位于前列的多是初级产品，如21世纪20年代初我国钢铁产量约12亿吨/年，是美国人均产量的3倍，而水泥产量约为15亿吨/年，为美国人均产量的6倍。这些初级产品价值低，CO_2排放量大，随着大型基础设施如高速铁路、公路、桥梁、水坝、住房等大规模建成，社会从工业化向信息化、

智能化时代转型，对这些初级产品的需求将逐步减少，所以发达国家CO_2排放陆续达到峰值，万元GDP能耗仅为我国的1/4~1/3。

我国"十四五"规划提出高质量发展指导思想，推动产业结构转型，是实现碳中和与社会经济同步发展的必需。我国高端制造业转型已经有良好的开始，处于领先水平的产业有高速铁路，5G或量子信息传递技术，光电、风电等可再生能源产业等。处于并跑水平的产业有大型工程机械、纯电动车、锂电池产业、无人机等。处于加速追赶的产业有民用航空、人工智能、机器人、芯片等，对2060年达到碳中和会有更大的贡献。

此外，各行各业通过技术进步实现节能减排也是减少CO_2排放的重要举措。如2019年我国火力发电的平均煤耗为306.7g/（kW·h），而世界先进火电的煤耗为270g/（kW·h）或更低，通过技术进步尚有10%~30%的节能空间。

1.3 可再生能源技术为近零碳电力系统的基础

电能是人类社会不可替代的二次能源，它支撑着文明社会的运行。2019年中国人均总用电量为0.51万kW·h。我国发电以燃煤火电厂为主，电力系统2020年CO_2排放量约占37%。

随着光伏发电和风力发电技术的进步，到了21世纪20年代光伏发电成本已降至0.068美元/（kW·h）。风力发电成本为0.053美元/（kW·h）（陆地），0.115美元/（kW·h）（海上），已接近同时期的火电成本[约为0.05美元/（kW·h）]。

2021年4月沙特新建600MW大型光伏电站（Al shuaiba），售价已降到1.05美分/（kW·h），所以不但光伏发电技术成熟，经济上也可优于火电的建设。更重要的是，太阳所给予地球的可再生能源可以提供全球能源总需求的3078倍（Greenpeace International Energy Revolution，Sep 2005）。据统计，我国西北地区的内蒙古、新疆、甘肃、青海、宁夏风光能源可开发量达397万亿kW·h/年，相当于4700个三峡水电站。所以可再生能源从规模上来看是完全可满足需求的。

采用以可再生能源为主的电力供应是可以预期的，我国一次能源消费近年为48亿吨标煤/年左右，按每300g标煤生产1kW·h电量算，则约折合16万亿kW·h/年的电量。根据我国建设计划，到2030年光伏、风电装机可达12亿kW。若按每年可发电2000h计算，总发电量约为2.4万亿kW·h/年。到2060年只要再增加建设6倍的风电、光伏电站，就相当于40多亿吨标煤/年的化石能源的供电量，所以人类完全告别化石能源时代是可能的。

由于风电、光伏发电最大的缺点是其非稳定性，需要相应的调峰装置和储电装置与之相配合，组成智能电网，以满足产业与生活用电需求。调峰措施可以通过调峰用电（如储热、制冷、生活用电）和调峰化石电站来实现。而储电技术包括化学储电（锂硫等电池、钒液流电池）、水力储能、压缩空气储能、机械储能等都是当今研发的重点（如表1-1所示）。除了尚在研发中的核聚变电站外，世界已取得共识，认为可再生能源（光伏等）加上储能调峰技术组成智能电网，可能是人类未来能源的终极解决方案。关于可再生能源技术的各个方面本书各章都将仔细解读。

表1-1 各种储能技术比较

技术发展程度	0	0.25	0.5	0.75	1
铅酸电池					√
抽水蓄能					√
锂电池				√	
钠硫电池			√		
压缩空气蓄能			√		
燃料电池			√		
钒液流电池			√		
机械蓄能				√	

1.4 从化石燃料时代转变为化石材料时代

化石不再用来燃烧取能，使CO_2排放减少了主要来源，但人类对碳元素的需求却依然强劲，生物吃的是碳水化合物，人类大量使用的是碳氢化合物，当今社会碳元素的来源主要依靠化石供应。所以化学家的任务是如何重新认知"碳"和"氢"元素在自然界的代谢，以及如何安排"碳"和"氢"元素在社会生态中的运输模式。

当今传统石油炼制产业，原油的70%～80%加工成汽油、柴油、煤油和润滑油被利用，而加工成石脑油最终生产成塑料、橡胶、合成纤维等材料的比例仅为20%～30%。随着电动车的兴起，原油的加工路线必然发生根本性的改变。石油将主要用于生产各种高性能的高分子材料。

天然气，由于它的售价较高，当今主要用作家庭炊事、洗浴和取暖的能源，以炊事烧一锅热水来考虑，大约仅30%的燃烧热量传递到热水之中，远不及用电加热水的能源利用率。更可惜的是大量含氢元素的天然气可用来与CO_2反应使之成为碳汇，反而被大量燃烧掉了。从碳中和角度思考是完全不合理的利用方式。天然气作为最清洁的化石能源，我国2020年产量为1888.5亿m^3，比上一年增加了9.8%，液化天然气进口量为10166万吨，增加了5.3%。而我国H_2的原料43%为煤，13%为石油，16%为天然气，采用天然气制氢代替煤制氢，应是一段时间的重点发展方向，预计到2050年将成为第一大化石能源消费量。应该大力开发利用天然气减排CO_2、合成各种材料的技术。已成熟的CH_4利用技术有：

①天然气制氢　　　　　　　$CH_4 + H_2O \longrightarrow CO + 3H_2$

②天然气 + CO_2　　　　　$CH_4 + CO_2 \longrightarrow 2CO + 2H_2$

③天然气制炔烃　　　　　　$4CH_4 + 3O_2 \longrightarrow 2C_2H_2 + 6H_2O$

④天然气气相沉积制纳米碳材料

其产物都可进一步利用制造化学品。

煤炭如何从燃料变为材料利用，早在十多年前就开始了这方面的研究开发。煤通过甲醇制烯烃在2019年已形成了1300多万吨/年的产能。煤制乙二醇生产化纤的工艺中乙二醇产能也超过了550万吨/年。但是从碳中和角度来审视，由于CO_2排放量大，水耗大，今后不再可能大量采用。需要研究开发，既可达到转变化石燃料为材料的目的，而且CO_2排放少的技术。

褐煤等煤种碳元素与氢元素比例可达到1∶0.8，国内开发了许多不同的褐煤分质利用技术，在400～500℃下绝氧干馏，可以获得半焦和碳氢化合物（粗焦炉气），碳氢化合物可以进一步高温裂解为氢气，而炽热（800～1000℃）的半焦可以把CO_2还原成CO，两者都可以作为减排CO_2的手段，颠覆性地改变了褐煤作为燃料的利用方式。

生物技术在实现碳中和时应起到重要作用。藻类吸收CO_2的生长速度和阳光利用率都是陆生植物的数倍到十数倍，且有微藻以甘油三酯形式储存其所固定的光合产物，其含量可达微藻干物质的50%以上，它的发展潜力受到世界的重视，中国新奥能源控股、ExxonMobile（美）、德国E.ON等企业都建设有开发基地。

森林种植是自然界最重要的CO_2捕集利用的手段。成熟森林白天吸收CO_2 24.5t/（亩·a）（1亩≈667m^2），而夜间排放CO_2 17.9t/（亩·a）。作为重要的减排CO_2的方案，中国森林蓄材量从2005年至2013年约增加60亿立方米，是世界上森林面积新增加最多的国家。但应看到植物是有生命周期的，每年有大量枝叉、树叶凋落，它们的腐败会产生大量甲烷，是造成温室效应更为严重的气体。亚马孙森林曾被视为是地球之肺，是自然界最大的CO_2吸收地和氧吧，但最近巴西研究报道，由于森林滥伐、气温上升、自然腐败和火灾等原因，每年有10亿吨CO_2当量温室气体的排放产生。我国每年秸秆和农林废弃物的产量可达10亿吨以上，除了通过建设沼气站转化为农村的能源供应外，采用更为与碳中和理念相契合的转化方法是，将这些生物质进行低温干馏，转化为木醋液和生物碳。生物碳为多孔结构的无机材料，可以大量用于土壤改良修复，可增加土壤保墒和对肥料的缓释作用，显著提高农作物对化肥的利用率。而木醋液可以作为有机农药，防止虫害。有关化石资源的转型利用问题，本书将在后续章节着重进行讨论。

1.5 发展循环经济，实现能源梯级利用和资源循环利用

市场经济作为推动社会经济发展的重要模式已经成为世界的共识，但它的发展必然伴随着大量原生资源的开采、大量生产、大量消费。置于政府和社会群众监管下的，有中国特色的市场经济虽然倡导高质量制造、抑制过度浪费等不良不法行为，但"十四五"期间的双循环政策指出，经济增长仍要依靠消费来拉动。大量消耗的不可再生资源及其加工制造过程的能量消耗，都是社会可持续发展需要解决的重要问题。根据艾伦·麦克阿瑟基金

会测算，全球若落实循环经济策略，仅水泥、铝、钢铁、塑料的生产过程，其碳排放将减少40%，2020年至2050年可减排93亿吨CO_2。

除了我国已大力推行的生态循环产业园区的建设，可使在一定界区之中，多企业间物质流、能流、资金流、价值流、废物流得到优化配置外，另外新的更为经济的循环利用技术、再制造技术、增材制造技术等也在加速开发和推广中。应该注意到由于碳中和的发展，电动车、光伏发电、风力发电、电池等制造对锂、钴、镍、钕等金属的需求将成倍增加，对于退役的电动车、电池等回收、再制造有重大发展需求。

随着碳中和进程的不断深入，许多原有高耗能的企业将会逐步退役，或转产其他产品，例如我国煤制油技术，其产能已达到1000万吨/年以上，不但CO_2排放大，而且柴油已过剩，如何盘活其资产，或转产高碳醇用于增塑剂、化妆品、香精生产或聚合级高碳α-烯烃，为一些高CO_2排放企业寻找转型、退出机制也是十分重要的。

根据国际能源署（IEA）《2050年净零排放：全球能源行业路线图》，2040年全球电力行业将基本实现净零排放，90%的电量来自可再生能源，其中70%来自光伏和风电，这时诸多化学制造过程应从热化学反应转变为电化学反应，如电解、等离子反应过程。化石燃料的使用量将从占4/5下降到不到1/5，所以仍需要有一定的CO_2捕集、利用、封存技术（CCUS）。

碳中和从另一角度讲，就是碳元素的循环经济。循环经济的热力学基础是通过能量注入把使用后品位降低的物质，提升其品位，重新加以利用，如生活和工业废水，根据其不同污染程度，通过处理，达到不同品位的净水循环利用，使其过程更为节能。或者通过梯级利用来减少消耗，如洗菜、淘米水可用来浇花等，所以虽然物质可以循环利用，但其本质是建立在全生命周期考量能量利用效率问题上的，只有通过创新技术研发和系统优化才能实现。上述问题将在本书中进一步展开讨论。

对于氢元素的利用，因地球上没有单质氢的存在，它的化学活性高，在地球演化及生命形成过程中起着重要作用。当前人类社会的重要化学制品如合成氨、甲醇等和炼油工艺都需要大量氢气，中国2020年氢气产能4100万吨，产量为2000万~3000万吨。不同制氢方法的成本和CO_2排放分别是：煤气化（成本0.79元/m^3，1kg H_2排放11kgCO_2；天然气转化（成本1.5元/m^3，1kg H_2排放5.5kgCO_2；重油制氢（成本1.6元/m^3，1kg H_2排放7kgCO_2）；甲醇制氢（成本1.9元/m^3，1kg H_2排放7kgCO_2）；电解水（成本2.4元/m^3，CO_2零排放）。电解水制氢之所以成本高，是因为它的能量利用率低，仅为50%左右。如果能耗得到降低，应该首先代替原有化石能源制氢大量排放CO_2的技术，氢气作为产品合成原料，或者用来与CO_2反应，作为碳汇资源。与成熟高效的二次能源——电能相比，氢从制造、输运、储存等各方面来看都不是一种可广泛使用的二次能源。氢燃料电池的出现提供了一个锂电池以外的可移动电源，由于燃料电池由氢重新转换为电能时，能源转换效率仅为50%左右，从电网用电制氢，再由氢转换为可移动电源作为交通能源过程的全生命周期考量，能量利用率只有30%左右，所以它主要在重载运输、潜艇、货轮等领域有发展空间。近来文献中有建议采用分解氨气来解决移动交通工具中储氢的难题，从循环经济理念来考虑更是难以接受的。碳中和进程中要精算能源利用率的问题，会在本书的各章节中体现。

建筑节能当然是碳中和的重要途径。目前我国人均建筑面积已超过46m²，已接近日本、欧洲水平，所以利用光热、地热、工业余热等能源，以及采用保暖建筑材料、相变建材、调峰制冷等技术来减少建筑物的运行能耗是十分重要的问题。在建筑物设计过程中，也应体现碳中和理念。据2020年统计，中国150m以上高楼2395座，200m以上高楼823座，300m以上高楼95座，都居世界第一位，从建筑物建设成本、耗材、运行能耗、安全防火、光污染各个角度考虑，超高层建筑都严重劣于一般楼宇。2021年7月国家发改委已宣布，将对250m以上高层建筑施行严格审批制度，而500m以上建筑将严令禁止。早在2008年联合国环境署就为了提倡低碳生活方式，主张人人参与，从微末之处参与减排CO_2。如不用洗衣机烘干，而是自然晾干，即可减排CO_2 2.3kg/（d·人）。如此种种，不因善小而不为。本书将从各个角度讨论高效能源利用问题，对各项技术做出介绍评价。

1.6 科技创新是实现碳中和的根本途径

碳中和是全球人类生存质量和永续发展的课题，世界各国都是仓促上阵应对的，从技术经济层面来看并没有完备的方案。仅中国实现碳中和的资金投入预算就达150万亿～300万亿元人民币，只有在40年之内，研究开发出"异想天开"的颠覆性科学技术和智慧的政策管理制度才可能顺利实现。那就让我们一起脑洞大开，设想那些目前尚不可能，但可变为未来可行的课题，当然是不违反科学基本原理的。

① 既然天然气是含氢最多的化石资源，完全可以用于制氢及与CO_2反应，作为碳汇来利用，而且已探明在海底岩层中有大量的天然气水合物（可燃冰），如果在海上建设发电站，开采天然气水合物作为发电燃料，把CO_2转变成CO_2水合物永久封存，由于两种水合物的热力学生成条件是相近的，理论上应该是可行的（图1-2）。

② 采用光伏、风电等可再生能源是全世界共同实现零碳排放的途径，而且遇到的最大难题是可再生电源的不稳定性和储电难度大、投资大。设想从白令海峡东经180°经欧亚大陆至伦敦东经0°跨12个时区，而从白令海峡西经180°到北美大陆西端西经60°共跨8个时区，如果建立一个跨欧亚美的"日不落电网"则可大大减少智能电网对储电设施的投入。

③ 火电厂的优化转型方案。未来火电厂生存的唯一机会是改造成调峰电站，组成智能电网。由科学原理已知，采用超临界状态的水进行电解制氢是省能的方案。而先进的火力发电厂都是超临界、超超临界蒸气发电，如果开发出这种先进的电解制氢技术与之相配合，则可低成本制氢，又可以发电-制氢相互切换，达到调峰的目的。如果能顺利实现可以盘活巨大的退役资产。

④ 核聚变电站的研发建设。核聚变能的工程应用，早已进入科学技术界的视野。它的发电质量高，没有放射性废物产生，而且可供利用的核燃料氘、氚在海水中的蕴藏量可供使用百万年、是理想中的能源开发方向，期待着它的商业应用的突破。另外，设想中的空间太阳能电站也是把幻想变成现实的尝试。

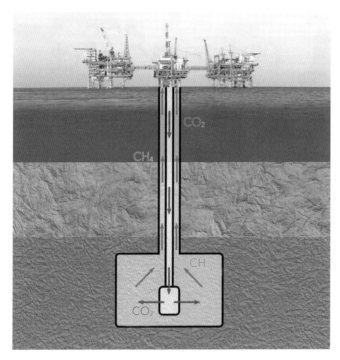

图1-2 二氧化碳置换天然气水合物

以上种种设想不过是抛砖引玉，相信未来的40年科学技术突破会产生诸多奇迹，各种大大小小的科学技术创新是实现碳中和的根本保证。

总之，碳中和是未来中国经济增长和转型发展的最大驱动力，它将成为今后科学研究、技术开发、生产、投资消费和流通所有经济活动的决策依据，并通过理性的、智慧的生态文明建设与经济发展同步进行，通过研发创新、规划，渐进式推进。2060年中国碳中和的实现必然是：

① 工业化时代转变为信息化、智能化时代；

② 以可再生能源为主导或核聚变电站商业运营时代；

③ 化石燃料转型为化石材料时代；

④ 资源循环利用时代；

⑤ 科技颠覆性创新和人才辈出的时代。

经济、社会发展彻底摆脱了资源、能源匮乏的困扰，中华民族将无可阻挡地永续辉煌前行。

第2章 碳中和科学基础——二氧化碳代谢机制

2.1 二氧化碳的自然代谢

2.1.1 碳的地球化学特征

碳位于元素周期表中的第二周期第Ⅳ族,在地壳中的丰度是0.027%。碳在生命物质中占24.9%,是生物圈中最重要的元素。

碳原子共有六个电子,在基态时,其电子层排布方式为:第一层1s轨道中有两个电子;第二层在2s与2p轨道中共有四个电子。在激发态时,第二层2s轨道的两个电子中的一个电子会跳跃到2p的三个轨道之中的空轨道中,这样与2s的一个轨道一起,形成了四个各自含有一个电子的轨道,这样的碳原子极易跟其他原子结合,即容易形成化学键。这四个轨道在不同情况下会相互混杂成为杂化轨道,形成头碰头形式的σ键,或是肩并肩形式的π键,这些键或者它们的组合,最后形成了如单键、双键或三键等不同的化学键。碳原子的特殊电子构型使得它在自然界中呈现出如-1、-2、-3、-4、0、+1、+2、+3和+4等多种多样的化合价,并与自然界中的其他元素结合,形成了上千万种化合物,碳是地球上化合物种类最多的元素。

0价的碳单质主要以金刚石和石墨的形式存在于自然界中,金刚石是在极高的温度和压强下形成的,石墨主要为沉积岩中碳物质变质而成,也存在于火成岩和陨石中。单质碳在碳库中占比低,在碳的地球化学作用中不起主要作用。

+4价的碳化合物主要是二氧化碳和碳酸盐,二氧化碳通过吸收地球表面反射的红外线等长波辐射,调节地球表面的温度,是主要的温室气体。1896年,瑞典物理化学家Svante Arrhenius阐述了二氧化碳与地球表面温度的关系,得出当大气二氧化碳浓度为当时(1896年)的1倍时,地表平均气温将上升5~6℃,而当大气二氧化碳浓度下降一半时,地表温度将下降4℃。

海水是吸收二氧化碳的重要媒介,在海水中形成了二氧化碳、碳酸氢根离子、碳酸和碳酸根离子共存的体系:

$$CO_2 + H_2O \rightleftharpoons H_2CO_3$$

$$H_2CO_3 \rightleftharpoons HCO_3^- + H^+$$

$$HCO_3^- \rightleftharpoons CO_3^{2-} + H^+$$

与此同时,海水有着缓冲pH值的天然能力,不会使得溶解的二氧化碳完全分解为碳

酸根离子,稳定的海洋pH值有利于海洋生物的生存与繁衍:

$$CO_2 + CO_3^{2-} + H_2O \rightleftharpoons 2HCO_3^-$$

2.1.2 含碳物质在自然界中的相互作用关系

含碳物质在自然界中的转化关系见图2-1。

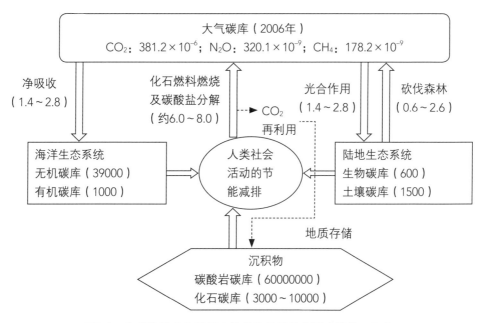

图2-1　含碳物质在自然界中的转化关系示意图（单位：Gt）

据估计,地球上约99%的碳主要以碳酸盐的形式储存在岩石圈的沉积岩中,只有低于总碳量1%的碳包含在大气圈、水圈与生物圈中。

沉积岩中的碳主要以碳酸盐的形式存在,在自然风化、流水侵蚀和地壳运动作用下,碳酸盐分解产生的二氧化碳进入大气和海洋。大气中的碳主要以二氧化碳的形式存在,这些二氧化碳一方面通过植物吸收转化,另一方面与海洋进行碳交换。海洋当中的含碳物质,除了与大气进行交换外,部分进入了更深的海底。生物圈中的碳通过呼吸作用返回到大气中,生物体死亡以后,各种含碳物质又以沉积的形式返回地壳当中。这些含碳物质在岩石圈、大气圈、水圈及生物圈中的流动构成了整个碳循环的过程。

来自岩石圈与地表沉积物中碳元素的循环非常缓慢,完全更新一次的时间长达几百万年,该碳库的调节通过一系列的地质过程来实现,包括板块运动、火山爆发、岩石风化等。

大气中的CO_2,在植物的光合作用下,二氧化碳被带走,然后又通过呼吸作用返回大气,大气碳库大约每三到四年完全更新一次。

海洋表面的含碳量与大气中的含碳量相当,其吸收碳元素的能力随着海洋深度的变化在时间尺度上有所差别。在海水表层,受风速、海水温度及海水中CO_2含量影响,其碳元素交换速率约为一天至一个月。海水表层与更深的水层会发生相对较缓慢的元素交换过程。在海洋深处，有来自中上层的有机残渣和碳酸钙，也有来自极地的溶解碳。在海洋中部或者深处的碳元素将存储几百至几千年，通过涌升流回到海洋表面。

海洋生物中的碳元素含量低，但是碳循环量与陆地植被近似，每两到三周周转一次。

生物圈中，陆地植被的碳含量与大气中碳含量相同，但土壤中的碳含量至少为大气中碳含量的两倍。植物将大气中的二氧化碳通过光合作用固定到其组织当中，陆地植物的碳周转时间约为11年。土壤中碳的周转时间平均约为25年，包括几秒钟发生的光合作用，数周或几年的植物根叶周转，几十年甚至几个世纪的木质周转，以及几分钟到几千年的土壤有机质的周转。

2.1.3 大气中的二氧化碳含量的变迁

在没有严重干扰的情况下，不同时间及空间尺度上的碳循环可以维持基本的平衡。然而，在生物圈中，有一个因素的改变使得这种平衡关系发生了显著的变化。自人类发现燃烧矿物燃料可以获取能量以来，人类将含碳物质从陆地、海洋以及地壳沉积物中含碳、氮的物质中提取出来并利用，通过化石燃料燃烧以及碳酸盐分解排放到大气当中。如今，人类活动造成的碳通量，在生物圈中进入大气的碳通量中排第三，占陆地或海洋碳循环量的15%。

目前地球大气中的主要温室气体有水汽、二氧化碳、甲烷等，大气中包含78%的氮气，21%的氧气，0.94%的稀有气体，0.03%的CO_2，以及约占余下0.03%的水蒸气、臭氧、甲烷和其他大气悬浮颗粒。而仅占0.03%的二氧化碳，是温室气体的主要贡献者之一，其含量的波动会直接引起全球的气候变化。

在工业社会以前，大气中的二氧化碳丰度为280×10^{-6}，CO_2浓度稳定，因人为排放量与雨淋洗进入海洋并沉积为碳酸盐的速度大致相匹配。而2009年已经超过400×10^{-6}。过去的41年中（1979年~2020年），大气中二氧化碳的丰度平均每年增加1.85×10^{-6}（图2-2）。

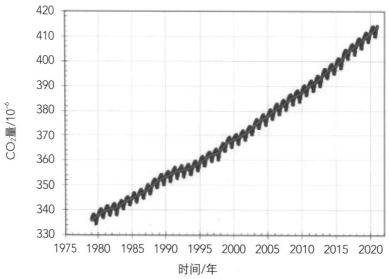

图2-2　1979年~2020年大气CO_2丰度

2020年，美国国家海洋和大气管理局发布的二氧化碳浓度约为414×10^{-6}，主要来自电力和热力生产、工业、农林业及其他土地利用、交通运输、建筑和其他能源行业。工业时代以来，人类活动大量增加了二氧化碳和温室气体的排放，包括大量燃烧化石能源、乱砍滥伐森林、来自农业的甲烷大量排放等等。

如今人类过度使用自然资源、乱砍滥伐、破坏环境等现象仍在加剧，使得温室气体得不到有效的控制，已经引发了一系列诸如海平面上升、虫害增加、温室气体排放逼近"危险气候变化"临界值等效应。为了保护人类共同生存的家园，为了新生代群体能够依然拥有良好的生存环境，我们应当朝能源创新、合理利用自然资源的方向更加努力，为阻止碳排放量的继续增长付出实际行动。

2.2　二氧化碳的人为排放

2.2.1　温室气体的核算范围

根据《联合国气候变化框架公约》的要求，温室气体排放的核算范围包括能源活动，工业生产过程，农业活动，土地利用、土地利用变化与林业（LULUCF），废弃物处理等五个领域，涉及的温室气体有二氧化碳、甲烷、氧化亚氮、氢氟碳化物、全氟化碳和六氟化硫等。核算方法主要遵循《IPCC国家温室气体清单编制指南》（1996年修订版）、《IPCC国家温室气体清单优良做法指南和不确定性管理》和《IPCC土地利用、土地利用变化和林业优良做法指南》，并参考了《2006年IPCC国家温室气体清单编制指南》。

根据《IPCC国家温室气体清单优良做法指南和不确定性管理》和《IPCC土地利用、土地利用变化和林业优良做法指南》，温室气体清单共有40个关键类别，包括公用电力和热力、钢铁工业及铁合金铸造、建材制造以及道路交通二氧化碳排放等19个能源活动排放源，水泥生产和钢铁生产二氧化碳排放、己二酸生产过程中氧化亚氮排放以及HCFC-22生产过程中HFC-23排放等6个工业生产过程排放源，动物肠道发酵、稻田甲烷排放、农用地氧化亚氮直接排放和间接排放等6个农业活动排放源，固体废弃物处理和废水处理甲烷排放2个废弃物处理排放源，林地生物质、林地死生物质、农地土壤碳、草地土壤碳等7个吸收汇。

能源活动温室气体排放包括燃料燃烧和逃逸排放。燃料燃烧覆盖能源工业、制造业和建筑业、交通运输、其他部门及其他，其中，"其他部门"细分为服务业、农林牧渔和居民生活，"其他"包括生物质燃料燃烧的甲烷和氧化亚氮排放以及非能源利用的二氧化碳排放。逃逸排放覆盖固体燃料和油气系统的甲烷排放。

工业生产过程温室气体排放包括非金属矿物制品生产、化工生产、金属制品生产、卤烃和六氟化硫生产，以及卤烃和六氟化硫消费等部分的温室气体排放。非金属矿物制品生产包括水泥生产过程、石灰生产过程和玻璃生产过程的二氧化碳排放。化工生产包括合成氨生产过程、电石生产过程、纯碱生产过程、硝酸生产过程和己二酸生产过程二氧化碳和氧化亚氮排放。金属制品生产包括钢铁、铁合金、铝冶炼、镁冶炼和铅锌冶炼等生产过程的二氧化碳、甲烷和全氟化碳排放。卤烃和六氟化硫生产包括二氟一氯甲烷生产、其他氢氟碳化物生产、全氟化碳生产等过程的氢氟碳化物和全氟化碳排放。卤烃和六氟化硫消费包括氢氟碳化物使用、全氟化碳使用和六氟化硫使用等工艺过程的氢氟碳化物、全氟化碳和六氟化硫排放。

农业温室气体排放包括动物肠道发酵甲烷排放、粪便管理甲烷和氧化亚氮排放、稻田甲烷排放、农用地氧化亚氮排放以及农业废弃物田间焚烧的甲烷和氧化亚氮排放。动物肠道发酵包括肉牛、奶牛、山羊和绵羊等畜禽甲烷排放。粪便管理包括奶牛、肉牛、山羊和猪等畜禽甲烷和氧化亚氮排放。稻田包括不同耕作方式、不同灌溉管理方式、不同肥料施用方式的甲烷排放。农用地包括农用地（含放牧）氮输入就地转化的氧化亚氮直接排放，以及氮输入导致的氮沉降和氮淋溶径流氧化亚氮间接排放。

土地利用、土地利用变化和林业温室气体排放包括6种土地利用类型的二氧化碳清除量或排放量和甲烷的排放量，这6种类型分别为林地、农地、草地、湿地、建设用地和其他土地。对每一类土地分别计算其地上生物量、地下生物量、枯落物、枯死木和土壤有机碳的碳储量变化。此外，还包括森林之外的其他林木和林产品的碳储量变化。主要评估二氧化碳和甲烷两种温室气体的清除量或排放量。

废弃物处理温室气体清单报告的范围包括固体废弃物处理二氧化碳、甲烷和氧化亚氮排放，以及废水处理甲烷和氧化亚氮排放。固体废弃物处理包括城市固体废弃物填埋处理、焚烧处理以及生物处理的温室气体排放。废弃物焚烧处理包括化石成因的二氧化碳、甲烷和氧化亚氮排放。废水处理包括生活污水处理甲烷排放、工业废水处理甲烷排放，以及废水处理氧化亚氮的排放。

2.2.2 温室气体排放占比

2014年中国温室气体排放总量（包括LULUCF）为111.86亿吨二氧化碳当量，其中二氧化碳、甲烷、氧化亚氮、氢氟碳化物、全氟化碳和六氟化硫所占比重分别为81.6%、10.4%、5.4%、1.9%、0.1%和0.6%。全球增温潜势值采用《IPCC第二次评估报告》中100年时间尺度下的数值（表2-1~表2-3，图2-3）。

表2-1 2014年中国温室气体总量

单位：亿吨二氧化碳当量

项目	二氧化碳	甲烷	氧化亚氮	氢氟碳化物	全氟化碳	六氟化硫	合计
能源活动	89.25	5.20	1.14				95.59
工业生产过程	13.30	0.00	0.96	2.14	0.16	0.61	17.18
农业活动		4.67	3.63				8.30
废弃物处理	0.20	1.38	0.37				1.95
土地利用、土地利用变化和林业	−11.51	0.36	0.00				−11.15
总量（不包括LULUCF）	102.75	11.25	6.10	2.14	0.16	0.61	123.01
总量（包括LULUCF）	91.24	11.61	6.10	2.14	0.16	0.61	111.86

表2-2　2014年中国温室气体排放构成

温室气体	包括土地利用、土地利用变化和林业		不包括土地利用、土地利用变化和林业	
	排放量/ 亿吨二氧化碳当量	比重/%	排放量/ 亿吨二氧化碳当量	比重/%
二氧化碳	91.24	81.6	102.75	83.5
甲烷	11.61	10.4	11.25	9.1
氧化亚氮	6.10	5.4	6.10	5.0
含氟气体	2.91	2.6	2.91	2.4
合计	111.86	100.0	123.01	100.0

表2-3　所涉及温室气体的全球增温潜势

温室气体种类	全球增温潜势	温室气体种类	全球增温潜势
CO_2	1	HFC－152a	140
CH_4	21	HFC－227ea	2900
N_2O	310	HFC－236fa	6300
HFC－23（CHF_3）	11700	HFC－245fa	1030
HFC－32	650	PFC－14（CF_4）	6500
HFC－125	2800	PFC－116（C_2F_6）	9200
HFC－134a	1300	SF_6	23900
HFC－143a	3800		

　　能源活动是中国温室气体的主要排放源。2014年中国能源活动排放量占温室气体总排放量（不包括LULUCF）的77.7%，工业生产过程、农业活动和废弃物处理的温室气体排放量所占比重分别为14.0%、6.7%和1.6%（图2-3）。

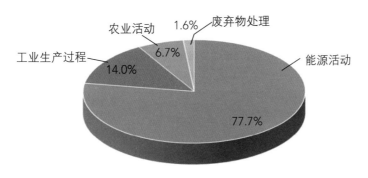

图2-3　2014年中国温室气体排放领域构成（不包括LULUCF）

2.2.3 中国的温室气体排放清单

（1）1994年中国温室气体清单

1994年中国温室气体排放总量（包括LULUCF）为36.50亿吨二氧化碳当量（表2-4），其中二氧化碳、甲烷和氧化亚氮所占比重分别为73.1%、19.7%和7.2%；土地利用变化和林业领域的温室气体吸收汇为4.07亿吨二氧化碳当量。若不包括土地利用、土地利用变化和林业，1994年中国温室气体排放总量为40.57亿吨二氧化碳当量，其中二氧化碳、甲烷和氧化亚氮所占比重分别为75.8%、17.7%和6.5%。

表2-4　1994年中国温室气体总量

单位：亿吨二氧化碳当量

项目	二氧化碳	甲烷	氧化亚氮	氢氟碳化物	全氟化碳	六氟化硫	合计
能源活动	27.95	1.97	0.15				30.08
工业生产过程	2.78	NE	0.05	NE	NE	NE	2.83
农业活动		3.61	2.44				6.05
废弃物处理	NE	1.62	NE				1.62
土地利用、土地利用变化和林业	-4.07	NE	NE				-4.07
总量（不包括LULUCF）	30.73	7.20	2.64	NE	NE	NE	40.57
总量（包括LULUCF）	26.66	7.20	2.64	NE	NE	NE	36.50

注：NE（未计算）表示对现有源排放量和汇清除没有计算。下同。

（2）2005年国家温室气体清单

2005年中国温室气体排放总量（包括LULUCF）为72.49亿吨二氧化碳当量（表2-5），其中二氧化碳、甲烷、氧化亚氮和含氟气体所占比重分别为77.0%、14.4%、6.9%和1.7%；土地利用、土地利用变化和林业领域的温室气体吸收汇为7.66亿吨二氧化碳当量。若不包括土地利用、土地利用变化和林业，2005年中国温室气体净排放总量为80.15亿吨二氧化碳当量，其中二氧化碳、甲烷、氧化亚氮和含氟气体所占比重分别为79.6%、12.6%、6.2%和1.6%。

表2-5　2005年中国温室气体总量

单位：亿吨二氧化碳当量

项目	二氧化碳	甲烷	氧化亚氮	氢氟碳化物	全氟化碳	六氟化硫	合计
能源活动	56.65	4.97	0.81				62.43
工业生产过程	7.13	NE	0.33	1.09	0.06	0.10	8.71
农业活动		4.31	3.57				7.88

续表

项目	二氧化碳	甲烷	氧化亚氮	氢氟碳化物	全氟化碳	六氟化硫	合计
废弃物处理	0.03	0.81	0.29				1.13
土地利用、土地利用变化和林业	− 8.03	0.37	NE, IE				− 7.66
总量（不包括LULUCF）	63.81	10.09	5.00	1.09	0.06	0.10	80.15
总量（包括LULUCF）	55.78	10.46	5.00	1.09	0.06	0.10	72.49

注：IE（列于他处）表示此排放源在其他排放源/吸收汇类别计算和报告。

（3）2010年国家温室气体清单

2010年中国温室气体排放总量（包括LULUCF）为95.51亿吨二氧化碳当量（表2-6），其中二氧化碳、甲烷、氧化亚氮和含氟气体所占比重分别为80.4%、12.2%、5.7%和1.7%；土地利用、土地利用变化和林业领域的温室气体吸收汇为9.93亿吨二氧化碳当量。若不包括土地利用、土地利用变化和林业，2010年中国温室气体排放总量为105.44亿吨二氧化碳当量，其中二氧化碳、甲烷、氧化亚氮和含氟气体所占比重分别为82.6%、10.7%、5.2%和1.5%。

表2-6　2010年中国温室气体总量

单位：亿吨二氧化碳当量

项目	二氧化碳	甲烷	氧化亚氮	氢氟碳化物	全氟化碳	六氟化硫	合计
能源活动	76.24	5.64	0.96				82.83
工业生产过程	10.75	0.00	0.62	1.32	0.10	0.21	13.01
农业活动		4.71	3.58				8.28
废弃物处理	0.08	0.92	0.31				1.32
土地利用、土地利用变化和林业	− 10.30	0.37	0.00				− 9.93
总量（不包括LULUCF）	87.07	11.27	5.47	1.32	0.10	0.21	105.44
总量（包括LULUCF）	76.78	11.63	5.47	1.32	0.10	0.21	95.51

注：0.00表示计算结果小于0.005。

（4）2012年国家温室气体清单

2012年中国温室气体排放总量（包括土地利用变化和林业）为113.20亿吨二氧化碳当量（表2-7），其中二氧化碳、甲烷、氧化亚氮和含氟气体所占比重分别为82.3%、10.4%、5.6%和1.7%；土地利用、土地利用变化和林业领域的温室气体吸收汇为5.76亿吨二氧化碳当量。若不包括土地利用、土地利用变化和林业，2012年中国温室气体排放总量为118.96亿吨二氧化碳当量，其中二氧化碳、甲烷、氧化亚氮和含氟气体所占比重分别为83.1%、9.9%、5.4%和1.6%。

表2-7 2012年中国温室气体总量

单位：亿吨二氧化碳当量

项目	二氧化碳	甲烷	氧化亚氮	氢氟碳化物	全氟化碳	六氟化硫	合计
能源活动	86.88	5.79	0.69				93.37
工业生产过程	11.93	0.00	0.79	1.54	0.12	0.24	14.63
农业活动		4.81	4.57				9.38
废弃物处理	0.12	1.14	0.33				1.58
土地利用、土地利用变化和林业	−5.76	0.00	0.00				−5.76
总量（不包括LULUCF）	98.93	11.74	6.38	1.54	0.12	0.24	118.96
总量（包括LULUCF）	93.17	11.74	6.38	1.54	0.12	0.24	113.20

注：0.00表示计算结果小于0.005。

2.3 中国基本二氧化碳流图

目前，中国需要针对本国的碳排放情况进行分析，从而有侧重地调整碳减排政策。本小节以中国2018年碳排放为例，进行碳流图绘制，直观展示能源的供应、流通以及二氧化碳的排放情况。

2.3.1 中国二氧化碳排放途径

二氧化碳排放可分为能源相关排放和工业过程排放，相关公式如下。

（1）与能源相关的二氧化碳排放

参考《2006 IPCC国家温室气体排放清单指南》，不同部门、不同燃料的二氧化碳排放参照下式。

$$E_t = \sum_i \sum_j EC_{ij} \cdot NCV_j \cdot CC_j \cdot O_j \cdot M$$

其中，E_t为能源相关二氧化碳排放；i为不同部门；j为不同能源类型；EC为消耗的能源的实物量，万t或亿m^3；NCV为各燃料的低位热值，kJ/kg或kJ /m^3；CC为燃料含碳量，kg/GJ；O为氧化率；M为碳转化为二氧化碳的系数，44/12。

（2）工业过程的二氧化碳排放

考虑水泥、石灰、电石等主要行业对过程二氧化碳的排放量进行计算。用于生产水泥、石灰和电石的公式如下：

$$E_m = \sum_i A_i F_i$$

其中，A为水泥、石灰、电石的产量；F为对应生产时的二氧化碳排放系数，分别为水泥（0.538t/t）、石灰（0.683t/t）、电石（1.15t/t）。

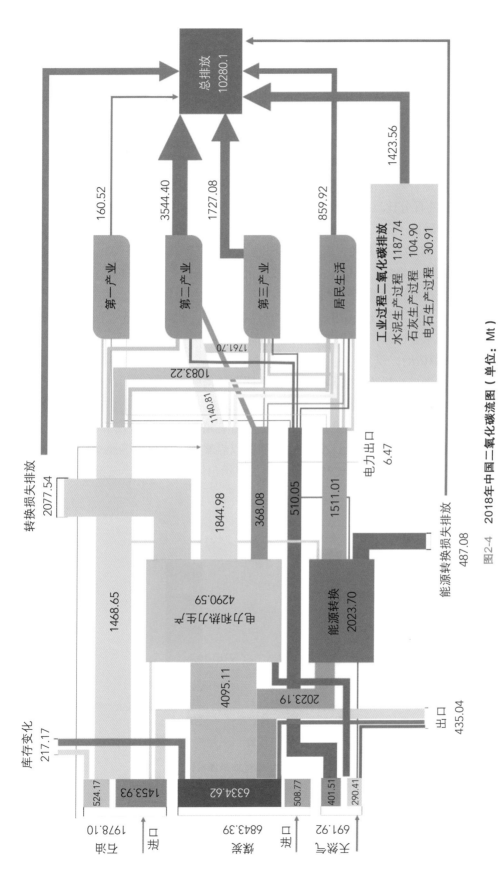

图2-4 2018年中国二氧化碳流图（单位：Mt）

注：能源消耗量来自IEA数据库（http://www.iea.org/sankey），水泥、石灰、电石产量来自《中国统计年鉴2018》。

2.3.2 中国二氧化碳流图分析

依据统计年鉴、IEA数据库以及文献，绘制了2018年中国二氧化碳流图，如图2-4所示。从碳排放总量来看，2018年中国的碳排放总量为102.8亿吨。在本节中，我们假设二氧化碳是由化石燃料、电力和热力"携带"的，此外有部分是工业过程所排放的，在图中用淡紫色框以及文字表示。不同颜色代表不同种类的二氧化碳载体，面积大小代表二氧化碳流动的相对大小。图的左边是流入中国社会系统的二氧化碳，由一次能源携带，包括进口能源。显然，煤炭是引入二氧化碳最多的部分，总量为684339万吨，占一次二氧化碳流总量的71.9%。较高的百分比反映了中国碳排放结构单一，不利于二氧化碳减排。中间部分是流向能源加工和转换子部门的二氧化碳。可以发现，2018年有429059万吨二氧化碳流向电力和热力生产，有202370万吨二氧化碳流向能源转换过程，分别造成48.4%、24.1%的损失以排放的形式离开系统。图的上下表示二氧化碳的流出，包括出口二氧化碳、库存二氧化碳、转换损失排放以及能源转换损失排放等等。图的右边是流向终端消费部门的二氧化碳，流向第二产业的二氧化碳量巨大，达到354440万吨，此外，工业过程排放主要以水泥生产为主，占总工业过程排放的83.4%。

（1）碳排放来源依旧以煤炭为主

2018年，石油的碳排放量为197810万吨；由于能源供给侧改革以及"煤改气"等政策的实施，2018年中国天然气产生的碳排放量为69192万吨。与文献数据（2013年）作对比，发现石油产生的碳排放增长幅度最大，天然气略有增幅，煤炭出现下降（图2-5所示）。但煤炭仍为碳排放的主要来源，这是由于我国以煤炭为主要供应能源的现状暂时还无法改变。但煤炭在碳排放中的占比却逐渐降低，显示出随着中国减排政策的进一步推行，碳排放量将逐渐降低。

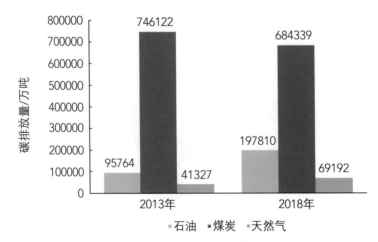

图2-5 2013年与2018年碳排放来源占比

（2）终端消费部门二氧化碳排放差异较大

从终端消费角度来看，包括能源相关二氧化碳排放以及过程二氧化碳排放。2018

年进入第二产业的最多，主要是电力、煤炭的消耗以及过程排放，占比64.4%，其次是第三产业，主要是石油制品的消耗，占比22.4%，接着是居民生活，最后是第一产业（图2-6）。

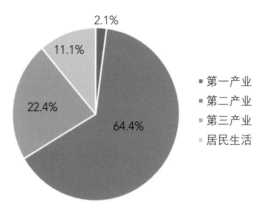

图2-6 2018年中国终端消费产业二氧化碳排放比较

又将第二产业细分为钢铁（IS）、化学原料和化学制品制造业（CP）、有色金属冶炼（NFM）、非金属矿采选业（NMM）、运输设备制造业（TE）、电气机械和器材制造业（MY）、其他采矿业（MQ）、农副食品加工业和烟草制品业（FPT）、造纸和印刷（PPP）、木材加工（WWP）、建筑业（CN）、纺织业（TL）以及其他（NSI）部门。可以发现流向非金属矿采选业的二氧化碳是最多的，占进入第二产业总二氧化碳排放量的41%，其次是钢铁生产以及化学原料和化学制品制造业，占比高于15%。这些部门吸收了中国碳系统中的大部分碳流，对中国二氧化碳减排的影响最为显著。非金属矿采选业包括水泥、石灰生产，化学原料和化学制品制造涉及电石生产，分别占该部门总排放的68%、4%。因此，在关注减少能源相关碳排放时，不应忽视某些部门生产过程中的二氧化碳排放（图2-7）。

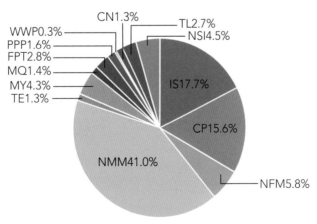

图2-7 2018年中国第二产业各部门二氧化碳排放比较

同样，第三产业又细分为交通（T）、商业和公共服务（CPS）以及其他（O）部门。可以观察到交通排放占首位，为66.5%，其次是商业和公共服务，最后是其他部门（图2-8）。

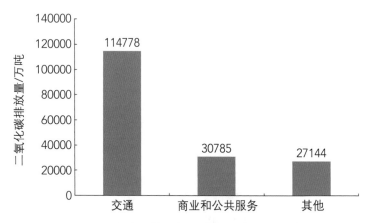

图2-8 2018年中国第三产业各部门二氧化碳排放比较

2.4 碳循环经济

二氧化碳与相关含碳化合物的相互转化，为人类经济社会发展提供了物质和能量基础。将碳视为一种资源，管理碳的代谢过程以减少碳排放、实现碳中和，契合循环经济发展理念，这就是碳循环经济。本节将阐述碳循环经济的内涵、理论基础及其"4R"原则，帮助读者从碳循环经济的原理理解实现碳中和的路径与技术。

2.4.1 碳循环经济的内涵和理论基础

（1）碳循环经济的提出

碳循环经济，英文直译应为"循环碳经济"（circular carbon economy，CCE），是相对于"线性碳经济"（linear carbon economy）提出的概念。当前，社会经济发展依赖的物质资源利用模式是"高碳"的，具体表现为两方面：一是能源利用主要通过化石资源燃烧提供能量，具有"高碳"特征；二是水泥、钢铁、金属、化学品等物质利用包括直接（工艺过程、碳基材料）和间接（使用高碳能源）的碳排放，也同样具有"高碳"特征。社会经济的物质资源利用与碳排放存在的强关联造就了"碳经济"。"线性碳经济"即为单向地利用含碳化合物产生能量、制造材料，服务人类经济社会发展，并向大气排放二氧化碳的经济活动过程。自工业革命后，人类很长一段时间都处在"线性碳经济"的模式下，这促使人类社会发生巨大变革，但也使得地层中千百年来积存的碳元素以二氧化碳的形式在短时间内释放，打破了生态系统中的碳平衡。因此，为了实现碳闭环、维持碳平衡，需要将碳视为一种资源，管理碳代谢过程，这与循环经济的理念相契合。

根据《中华人民共和国循环经济促进法》，循环经济是指"在生产、流通和消费等过程中进行的减量化、再利用、资源化活动的总称"。碳循环经济采纳了循环经济减量化、再利用、资源化这三个原则，同时加入了"去除"原则，以处理多余的碳。因此，碳循环经济是一个闭环、完备的系统，其是围绕二氧化碳及相关含碳化合物的减量化、再循环、再利用和去除所开展的经济活动的总称。相较于循环经济，碳循环经济在有效管理物质、能量、水和经济流动的基础上，优先能量流和碳流，以实现碳排放管理。碳循环经济的最终目标是实现碳中和，因此其包括了所有有助于碳中和的减排方案和技术。

需要注意的是，碳循环经济不是低碳经济和循环经济的简单组合，而是通过二者的深度融合协同，实现绿色低碳循环发展；碳循环经济不要求零排放，而是促进高碳产业的低碳化发展，以实现资源高效利用、减少二氧化碳和污染物排放。此外，碳循环经济所要求的减排方案在初期可能需要一定的投入，但是从长远来看，随着科技创新和技术进步，碳循环经济将会带来明显的收益。

（2）碳循环经济将碳视为资源

2016年，以可持续设计著称的世界知名建筑师William McDonough在《自然》期刊上发表《碳不是敌人》一文，创造性地将碳分为"逸散碳"（fugitive carbon）、"耐用碳"（durable carbon）、"活碳"（living carbon）三种，将碳的代谢分为"碳负性"（carbon negative）、"碳中性"（carbon neutral）、"碳正性"（carbon positive）三种，指出"碳不是敌人"，人类应该"确保碳最终去到了正确的地方"。具有国际影响的《碳循环经济指南》（CCE Guide）就运用了McDonough的观点（图2-9）。

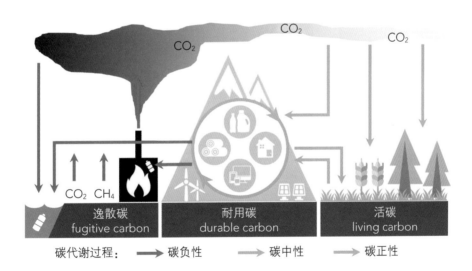

图2-9　对碳与碳代谢过程的分类（根据McDonough，2016及CCE Guide整理）

① 逸散碳。主要指的是"放错位置"、可能产生毒害的碳。这里不仅包括化石燃料燃烧等产生的二氧化碳、泄漏的甲烷等气体形式的碳，也包括海洋中的塑料垃圾、海洋中过度吸收的二氧化碳。相应地，"碳负性"指的是用各种形态的碳污染土地、水和空气的碳代谢过程。

② 耐用碳。主要指的是位于稳定的固体以及可循环的产品中的碳。例如煤炭、石灰石中的碳，可重复使用的纸张、衣物以及房屋基建中的碳等。广义上讲，被捕获并地质封

存的碳也属于"耐用碳"。"碳中性"指的是转化、利用"耐用碳"的碳代谢过程，以及利用没有碳排放的可再生能源，包括风电、光电、水电等。

③活碳。主要指的是生物质中的碳。这类碳是食物、树木、土壤的主要组成。"碳正性"包括将气态的碳（注：气态的碳仅是"逸散碳"的一部分）转化为"活碳"和"耐用碳"的碳代谢过程，以及将"耐用碳"变成土壤中的"活碳"。

McDonough对碳以及碳代谢进行分类的核心在于，将碳视为一种资源，其以多种形态存在。在这样的视角下，大气中过量的二氧化碳是有害的，碳应该主要以固态形式存在。因此，我们应该减少"碳负性"行动，开展更多"碳中性"与"碳正性"行动，将碳固定在"耐用碳"与"活碳"中，减少"逸散碳"产生，这与碳循环经济的理念是一致的。碳循环经济"4R"原则中的每一项都有助于最大限度地减少"逸散碳"的产生，这将在下一小节详细阐述。

2.4.2 碳循环经济"4R"原则

"线性碳经济"与"碳循环经济"见图2-10。

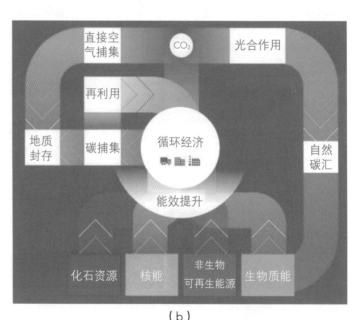

（a）   （b）

图2-10　"线性碳经济"（a）与碳循环经济（b）（根据CCE Guide整理）

（1）减量化原则

对碳的减量化（reduce），即直接减少"逸散碳"的产生，主要是减少向大气中的二氧化碳排放。当前，与人类生产生活相关联的碳排放中超过99%直接或间接地来源于煤炭、石油、天然气等化石资源的燃烧和利用，因此减量化主要是开展化石资源相关的能源系统变革。这一变革主要包括两个方面：第一是持之以恒提升能源效率，减少能耗和碳排放。淘汰落后产能、加强全过程节能管理、大幅降低资源能源消耗强度等举措均有助于提高能源效率。第二是进一步实现能源结构清洁低碳化，发展非生物质可再生能源（风能、光能、水能）以及核能。其中，非生物质可再生能源发电技术日趋成熟，其在电力供应中的比例正在快速增长；核能除了用于发电，还可以用于供热、海水淡化和制氢。另外，从短期来看，将高碳燃料（例如煤）转向低碳燃料（例如天然气）的方法也可以起到减少碳排放的效果，但是即使是低碳燃料依旧会产生碳排放，因此这种方法仅在过渡期才有用。

减量化对于确保碳循环经济"4R"原则协同发挥作用至关重要：通过减量化减少的碳排放越多，需要其他"3R"管理的碳就越少。据估计，通过提升能效、使用可再生能源带来的减排量，可达实现《巴黎协定》气候目标所需要的能源相关减排量的90%以上。能源系统变革可以在保障经济发展和民生福祉的同时降低能耗和减少碳排放。

（2）再循环原则

对碳的再循环（recycle），即"活碳"的循环利用，主要是利用大气中的碳通过光合作用得到生物能源。只要能持续地生产生物质，利用生物质作为能源不会产生额外的碳排放，因为生物的光合作用过程已经从大气中捕获了二氧化碳，相当于完成了减排过程，当利用生物质能源时，这部分碳排放又回到大气中。因此，如果用生物质替代化石资源，累计排放到大气中的二氧化碳会逐步减少。在另外两种情况下，使用生物能源还可以实现负排放：第一是将生物能源与碳捕集封存技术联用，即BECCS；第二是涵养自然碳汇，使得利用的生物质中的碳量少于自然碳汇中固定的碳量。

生物能源可以取代化石资源作为燃料和原料使用，也可用于发电与可再生能源电力调峰。据估计，到2050年，生物能源在一次能源供应中的占比可达23%，每年可减少26亿吨的二氧化碳排放。

（3）再利用原则

对碳的再利用（reuse），即将"逸散碳"转化为"耐用碳"，主要是将捕集的二氧化碳通过一定的技术手段转化为可利用的物质。目前二氧化碳的再利用主要包括合成燃料、化学品和建筑材料。其中，利用二氧化碳合成燃料用于航空领域可能特别有价值，因为这一领域几乎没有可替代的低碳燃料；在建筑材料中使用二氧化碳可以降低能源强度，同时将二氧化碳长期固定下来。根据再利用的方式不同，"逸散碳"能够被固定的时间也不同。有的方式可能使碳在很短的几天或几个月内又变成"逸散碳"释放到大气中，碳的固定效果很有限，应该追求将"逸散碳"转化为能使用更长时间的"耐用碳"。

现阶段，全世界每年有2.3亿吨的二氧化碳被再利用。二氧化碳的再利用在特定的行业和地区已经发挥了重要作用，但由于碳捕集和利用成本高昂，尚未形成较大规模，具有较大的技术潜力，亟须重大技术创新和突破。

（4）去除原则

对碳的去除（remove），即将"逸散碳"转化为"耐用碳"，主要是将捕集的二氧化碳进行地质封存。碳捕集主要有两种方式；第一种是从碳排放源头、二氧化碳浓度高的工业过程（例如火力发电、水泥生产）直接捕集；第二种是直接空气捕获，无需依赖工厂的位置。上面提到的BECCS也包含了碳捕集。自然碳汇也可以通过捕集而去除二氧化碳，但是由于山火等不确定因素，可能导致储存的碳在短时间内重新回到大气中，长期来看不能代替其他的去除方式。

需要注意的是，无论前面"3R"管理了多大比例的碳，"去除"是确保能够实现碳中和的方式。这一手段也为人类在必要条件下使用化石资源留了余地。据估计，迄今为止已经有2.6亿吨二氧化碳进行永久地质储存；到21世纪末，累积地质储存潜力超过1.2万亿吨二氧化碳。

2.4.3 碳循环经济的重要指导意义

（1）国际社会契合碳循环经济的行动

碳循环经济的理念已经得到国际社会的初步认可，沙特阿拉伯是这一理念的积极倡导者。2020年，位于沙特阿拉伯利雅得的阿卜杜拉国王石油研究中心（KAPSARC）联合国际能源署（IEA）、国际可再生能源机构（IRENA）、核能机构（NEA）、经济合作与发展组织（OECD）及全球碳捕集和封存研究所（GCCSI）等主要国际组织发布《碳循环经济指南》，并呈送同年由轮值主席国沙特阿拉伯主办的G20会议。国家主席习近平在20国集团领导人利雅得峰会"守护地球"主题边会上的致辞中说："中方赞赏沙特提出碳循环经济理念，支持后疫情时代能源低碳转型，实现人人享有可持续能源目标。"最终，碳循环经济理念被纳入《能源部长会议声明》《二十国集团智库峰会声明》和《二十国集团领导人利雅得峰会宣言》。2021年5月，阿卜杜拉国王石油研究中心进一步发布了"碳循环经济指数"，来帮助各国评估其实现碳循环经济的进展和潜力。

碳循环经济的"4R"原则并不区分等级先后，而是相互协同发挥作用，共同达到碳中和目标。"4R"中每一项能发挥的作用大小取决于技术可行性和成本、资源可用性、公众接受度、各国国情和扶持政策。普适性的扶持政策包括制定长期战略、开展国际合作、保证能源定价一致和财政激励措施统一、更大力度支持技术创新、提高金融气候风险和碳核算的透明度等。与此同时，"4R"中每一项支持政策的实施效果不尽相同，从全球来看，减量化、再循环相关技术已经取得了明显成效，还需要加大对再利用和去除的支持力度，即促进技术创新，持续提高对碳捕集、利用与封存技术（CCUS）的融资等。

（2）碳循环经济对我国的重要意义

碳循环经济是一种自愿、整体、综合、包容、务实和辅助性的方法，其旨在促进经济增长的同时加强环境管理，可以根据具体国情应用于不同国家，实现可持续发展。对于中国来说，在碳循环经济理念指导下推进经济社会发展全面绿色转型，这种转型需要符合中国国情。在我国"富煤、贫油、少气"的能源结构特点下，以煤炭为主的化石资源消费需要稳步调整，在保障能源安全的前提下推进碳减排。因此，需要推动节约优先，把节约能源资源放在首位，大力促进减量化。具体而言，需要在碳排放约束下，应逐步实现电力的脱碳化，减少能源系统对于化石资源的依赖，发展可再生能源；弱化化石资源的"能源属性"，谋求技术突破，强化化石资源的"材料属性"，大力促进化石资源的材料化。与此同时，注重发展碳捕集与利用技术、涵养自然碳汇、开展碳循环经济技术及政策的协同研究、深化国际合作等。

本书介绍了中国迈向碳中和的丰富科学创新和实践，从碳循环经济"4R"原则的视角来看待这些技术，第6章（中国碳中和目标下能源转型路径）、第7章（迈向零碳电力系统）、第8章（开启化石资源低碳利用的新时代）、第9章（再造基础工业低碳流程）和第10章（储能技术支持可再生能源的规模化）属于"减量化"和"再循环"的范畴，其中"减量化"是核心，6.3.2、7.3.6、8.5.2、8.5.5、9.6.4等小节介绍了"再循环"利用生物质能的相关技术；第12章（二氧化碳的捕集、利用和封存）、第13章（二氧化碳的化学转化）属于"再利用"和"去除"的范畴。特别地，第11章（氢能替代与零碳能源）中介绍的氢能涉及了所有的"4R"，可以在碳循环经济中发挥特殊作用。

综合本节内容，碳循环经济是在碳代谢过程中，进行减量化、再循环、再利用和去除活动的总称，其整合所有碳减排技术和方案，以实现碳中和。碳循环经济理念已经在国际社会有初步实践，对我国实现碳达峰、碳中和目标具有指导意义。未来，我国需要推动节约优先，促进能源结构低碳化，强化科技和制度创新，推进经济社会发展全面绿色转型。

2.5　碳中和与经济的协调发展

"'双碳'本身不是目的，可持续发展才是根本目的，'双碳'目标本身是实现可持续发展这一根本目的的政策工具，其最大的作用就是倒逼改革和经济转型"，中国社会科学院生态文明研究所所长张永生如是说道。碳达峰、碳中和意味着加速结构调整，是经济转型升级的助推器，而不是增长的绊脚石。

我国是全球最大的发展中国家，经济增长迅速，是能源生产和消费大国，是国际社会关注的焦点，自身也面临环境污染和气候变化的不利影响。我国政府提出碳达峰、碳中和目标，是事关中华民族永续发展和构建人类命运共同体的重大战略决策，意味着我国以化石能源为基础的能源体系和相关基础设施的重构，有助于克服能源进口依赖，意味着我国经济的增长方式和增长动能将发生巨大变化。

然而，随着"碳中和"目标的提出，也有部分质疑的声音出现，认为"碳中和"可能影响和阻碍经济发展。诚然，"碳中和"目标将提高碳排放的成本或者市场价格，考虑到产业结构的调整不可能一蹴而就，在这个过程中，高碳污染的产业和企业受到抑制甚至要优先去产能。

但是，从过去10多年的发展历程来看，我国已经实现了经济社会发展与碳排放初步脱钩，基本走上一条符合国情的绿色、低碳、循环的高质量发展道路，取得了一系列成就。2020年末，我国已经实现了全面脱贫目标，碳强度较2005年降低约48.4%，非化石能源占一次能源消费比重达15.9%，风电、光伏并网装机分别达到2.8亿千瓦、2.5亿千瓦，合计为5.3亿千瓦，约占总发电装机的25.7%，连续八年成为全球可再生能源投资第一大国。生态环境质量明显改善，取得了污染防治攻坚战的阶段性胜利。长期来看，"碳中和"与经济发展的关系并非此消彼长，而是有望成为后疫情时代全球经济增长的助推器，其带来的技术进步将促使传统产业提质增效,不仅能够催生崭新的经济增长点,提升就业数量和质量,而且还可以优化人类生存环境,减少极端天气损害,推动整个经济社会以更加可持续、对社会和环境更加友好的方式实现长期、稳健的高质量发展。预计到2030年,全国低碳产业的产值预计达23万亿元,对GDP的贡献率将超过16%。

2.5.1 "碳中和"对经济增长的短期影响

据国际货币基金组织的研究,尽管长期来看脱碳会降低气候变化所带来的损害,通过避免经济损失而提高国民收入,但其要求的经济转型可能会降低转型期间的经济增速,尤其是对于经济高速增长和较为依赖高碳能源的经济体而言。中国向低碳经济转型初期可能出现生产者价格上升和工业生产放缓等现象。

一方面,"碳中和"目标将在短期内抬升企业运营成本。"碳中和"目标要求企业降低碳排放强度较大的能源消耗,使用更加清洁的能源和生产方式,使得企业所用的燃料、原材料成本上升,部分企业更是需要加大环保设施及工艺设备投资、升级产能,进而造成较大的成本压力,导致企业利润下滑。

另一方面,"碳中和"目标也将对部分能源大省造成较大的经济冲击。内蒙古、山西、陕西、新疆等传统能源大省,有丰富的化石能源,能源行业是当地的经济支柱。然而,随着"碳中和"目标的确定和相关措施的陆续贯彻实施,势必在短期内对当地经济造成一定的冲击。

但随着时间的推移,可再生能源、先进制造业和新基建等投资的增加将提高产出,继而推动通胀回归正常水平。

2.5.2 "碳中和"对经济发展的长期效应

（1）技术革新催生新产业和新业态,激发新投资和新内需

根据清华大学气候变化与可持续发展研究院研究估算,在温度升幅被控制在2℃或1.5℃的目标下,未来30年中国能源系统需要新增投资约100万亿至138万亿元,意味着每年的相关投资约占GDP的1.5%至2.5%以上;根据生态环境部环境规划院测算,2030年碳达峰目标实现时,预计全社会将向零碳产业投资8.5万亿元,其中将有大量资金用于科技创新研发。

①加速电力供应、储能和传输转型升级,提供巨大的基建投资机遇。我国碳排放集中在发电与供热部门,生产和供应电力、蒸汽和热水的部门碳排放量占比达到51%,远超其他部门。这意味着要实现"碳中和",首要的是加速电力供应系统的转型升级——从当前以化石能源为主体转变为以非化石能源为主体的能源系统。可以预见,在"碳中和"发展目标下,未来清洁能源发电将逐步成为电力供应的重要方式,若在2060年实现碳中和,核能、风能、太阳能的装机容量将分别超过目前的5倍、12倍和70倍,以新能源汽车充电桩、电气化高速铁路、特高压直流输电、智能电网、分布式可再生能源发电、先进储能、氢能炼钢、绿氢化工、零碳建筑为主的新型低排放基础设施建设将成为未来的重要发展方向和经济发展的新支点。根据高盛研究报

告，到2060年，中国清洁能源技术（电力供应、储能和传输）基础设施投资规模将达到16万亿美元（约合104亿元人民币），带来巨大的投资空间，催生强劲的经济增长动力。

② 倒逼高耗能行业技术进步，催化新兴产业链加速发展。随着传统产业转型升级带来的"环保红利"进一步释放，钢铁、化工等高耗能行业、碳排放大户将更有动力引入新工艺、新装备、新材料，推动低碳原材料替代，提升能源利用效率。在实现"碳中和"目标的过程中，技术进步和设备改造将助力这些传统行业打造新的增长引擎。此外，传统行业技术革新方面的大量需求，将加速新能源、新材料等新兴产业及其产业链上下游的发展，电动汽车、生物燃料等行业都将被积极布局，相关知识技术密集、物质资源消耗少、综合效益高、成长潜力大的战略性新兴产业、高端制造业以及和制造业相匹配的现代服务业也将迎来快速发展的新档口，投资规模大幅增长。

总体而言，"碳中和"有利于加速全球能源供应体系转型，倒逼高耗能行业技术进步以及催化新兴产业链加速发展，这都将催生崭新的经济增长点。

（2）新兴产业提供大量就业机会

"碳中和"目标下的低碳发展将提供更多的高质量就业岗位，而就业与经济增长相辅相成。

就业数量上，根据国际可再生能源署的预测数据，若以气温上升控制在2℃以内为准，至2030年，"碳中和"将为中国带来约0.3%的就业率提升。由中国投资者协会能源投资专业委员会编写的《零碳中国·绿色投资》提出，仅在零碳电力、可再生、氢能等新兴领域，"碳中和"就将为社会创造3000万个以上的就业机会。

就业质量上，"碳中和"将加速对部分传统低效率、高耗能企业的淘汰，促进其向现代服务业、高新技术产业以及先进制造业转型，提供更多高质量的绿色就业机会。根据生态环境部国家气候战略中心的统计，截至2020年底，全国可再生能源领域的工作人员人数在450万人左右，这一数字已经与当前煤炭生产领域的工人人数相当，预计到2030年低碳领域的直接和间接就业总人数达6300万人，极大提升就业质量。

此外，碳排放权交易市场也会带来大量就业机会。建设全国统一碳排放权交易市场是我国政府作出的重要决策，是利用市场机制控制和减少温室气体排放、推动经济发展方式绿色低碳转型的重要工具。2021年7月16日，全国碳排放权交易市场开市；截至2021年底，碳排放配额累计成交量1.4亿吨，累计成交额58.02亿元。全国碳市场的能力建设时期将伴随着大量的就业岗位和人才需求，进一步提高我国就业数量和质量。

（3）清洁能源发展推动中国从能源进口国向出口国转变

传统的化石能源是一种自然禀赋，中国缺油富煤，难以改变；而清洁能源是制造业，具有规模效应，随着光伏、风电装机容量的增加，光伏、风电技术正在进一步加快，造价也大幅下降。作为世界上最大的制造业经济体，中国在清洁能源技术、设备、制造业环节具有显著优势，预计10年、20年后，中国可能变为世界能源"出口"国，出口的不是石油、煤炭，而是利用太阳能、风能的清洁发电设备。这种规模经济效益是中国未来发展的新机遇，从长远看，对未来中国的经济结构和能源安全具有重要意义。

（4）绿色金融创造全新经济增长点

通过降低绿色投资融资成本与投资门槛，大量社会资本将入场"碳中和"领域，创造经济增长点。当前我国绿色金融取得一定进展，绿色信贷、绿色债券等金融产品已初具规模，但远不能满足实现碳达峰、碳中和目标所需的绿色融资缺口。未来电力行业清洁发电设备投资、交通运输行业电动化进程、新能源汽车及航空航运设备的低碳改造、制造业低碳设备大规模投入、低碳基础设施建设、碳捕捉碳储存领域的投资，都意味着庞大的绿色投融资需求，无疑将为我国绿色金融发展带来巨大机遇。

此外，随着上市公司环境信息披露强制性要求、绿色项目激励机制、环境污染防治法律的逐渐完善，环境权益将进一步物权化，碳排放权、排污权、水权、用能权等环境权益抵质押融资等金融服务将获得广阔拓展空间，为绿色金融创新发展注入强大动力。

（5）信息技术与低碳发展相结合，构建高质量现代化经济体系

数字化和绿色化将推动新一代信息技术和先进低碳技术的深度融合，特别是新材料、新能源汽车、先进轨道交通装备、非化石电力装备、电子及信息产业、生物技术等绿色制造业将得到快速发展，在数字经济、清洁能源、智慧城市等高科技、高效益和低排放领域培育新的增长动能，加快推动构建高质量的现代化经济体系。

（6）低碳转型有利于全球经济的可持续发展

过去5年，自然灾害愈加严重和频繁，2020年全球出现了前所未有的极端天气。气候专家警告，全球气温升高将导致严重的生命财产、经济、社会、环境和地缘政治后果，气候变化的短期影响叠加最终将造成全球性重大紧急状况。眼下，二氧化碳过度排放而产生的"温室效应"已经不仅是环境问题，也成为全球经济面临的重大风险。而"碳中和"的实现能够优化人类的生存环境，并降低极端天气和气候灾害出现的风险和带来的损失。

2.5.3 "碳中和"目标为我国经济发展带来的挑战

第一，社会整体对碳达峰、碳中和还缺乏共识，部分群体仍认为碳排放控制是国际事务、外交事务，并不认为是自身的优先事项，整体意识不足，从而一定程度上出现外热内冷、上热下冷现象。为此，2021年3月15日中央财经委第9次会议就明确提出，领导干部要加强对碳排放相关知识的学习，增强抓好绿色低碳发展的本领。因此，需要提高有关应对气候变化的认知水平，加强政府、企业、公众等对碳减排的意识。

第二，我国作为发展中国家，发展还是第一要务。在这个过程中，为了更好地满足人民群众对基础设施和公共服务的需求，城市化进程还在继续推进，人口仍在向城市聚集，一些城市仍处于扩张期，这一阶段还存在较大规模的基础设施新建和翻新需求。在这种动态和扩张型的发展阶段，要有效控制碳排放确实存在较大困难，需要找到切实可行的转型路径。

第三，碳排放控制缺少立竿见影的末端治理措施，主要依靠的是源头的结构调整措施，包括经济结构调整、空间结构调整、能源结构调整和运输结构调整等。但结构调整的难度非常大，受到很多要素、条件制约，很难在短时间内实现重大调整。

第四，目前碳的减排目标还没有做到有效分解，基础数据不够清晰，目标约束不够严格，存在一定的弹性，配套的统计、监测和核查体系没有完全建立起来；同时碳减排目标和各地区各行业当前的主流发展目标的有效衔接不够，配套的体制机制不够健全，碳减排的指标设定、目标考核、规划编制、措施制定、监督执法等方面有待完善，目前产业部门对碳目标的接受度还不高，内在动力不足。

绿色创新和经济增长的关系，我们一般认为这两者之间是相互冲突的，比如有些同志讲现在开始环保、绿色发展，可能会影响经济增长，这个情况过去确实发生，因为我们过去的绿色技术、绿色创新重点是在做减法，主要是清除污染，下一步绿色技术的重点是做加法和乘法，比如低碳和零碳的新技术研发和产业化，有研究认为会带来百万亿级别的聚集量投资，这个增长空间不搞绿色发展是不可能有的。

2.6　碳达峰与碳中和背景下的科技创新

中国经济体各个部门的深度脱碳转型是实现双碳目标（尤其是碳中和）的关键需要，其中极为重要的驱动因素是低碳技术进步。总体来看，中国已初步具备实现碳中和目标的技术体系，但仍需加强低碳技术研发。为此，本节针对中国经济体各个部门，包括能源、工业、交通、建筑业的低碳技术以及负排放技术分别展开概述，明确现有技术类型以及距离实现碳中和目标的技术差距。

2.6.1　能源部门

要想实现碳中和，以电力部门为主的能源生产部门必须实现净零排放，乃至净负排放，才能满足全经济体的碳中和目标。能源部门净零路径主要包括水电、风电、光伏、生物质等可再生能源、核能和碳捕集与封存（CCS）技术。

首先，对于核能，公众态度、政治风险等是影响核能发展规模的主要因素，因此在本节暂不以过多篇幅研究探讨。其次，对于水电，可开发规模剩余约1.1亿～1.2亿千瓦，潜力已经不足。

而聚焦风光电，风电和光伏两类可再生能源技术通过固定上网电价政策和技术研发，已使得发电成本迅速下降。例如，德国光伏电站和陆上风能电站平准化度电成本（LCOE）不断下降，2017年LCOE分别为0.44元/（kW·h）和0.40元/（kW·h），均已经实现平价上网。一向认为比光伏和陆上风电更昂贵的海上风电也已经经历成本的快速下降，2015年至2019年间，北欧海上风电场电价每年下降约11.9%，在德国、荷兰等欧洲国家均实现无补贴上网。在中国，92.73%的城市光伏发电项目可以在不提供补贴的条件下盈利，平均净利润为0.13元/（kW·h）。因此，风光电具备作为未来实现碳中和目标关键能源技术的潜力。

然而，由于风电和光伏发电负荷具有高度波动性，对电力系统将会产生显著的冲击，从而带来并网时的消纳成本。在可再生能源高比例渗透时，消纳成本将显著增大，需要额外的技术投资才能够实现高比例的可再生能源电力系统，这是以电力系统为核心的能源部门需要加强研发的重点。首先，加强电网的建设改造，包括能源互联网等技术的发展；其次，加装CCS技术的天然气燃气轮机、煤电机组，或利用合成气和氢气的燃气轮机，在可再生能源发电负荷不能满足用电负荷时，迅速出力，实现供求负荷的匹配；最后，发展储能技术以满足调峰需求。锂离子电池等电化学储能作为短时至中期储能的技术已经相对成熟，并开始商业化。作为一种理想的二次能源，氢能可以通过可再生能源电解水获取，更容易替代化石燃料，并满足工业、交通、建筑等部门的能量需求，从而有效消纳弃风弃光。然而，氢能目前技术尚不成熟、成本仍旧较高，仍需继续加强研发。

2.6.2 建筑部门

建筑部门净零排放主要通过三种方式实现，即被动式建筑设计、节能技术和分布式可再生能源生产。被动式建筑在设计中可以实现较低的空间供暖和制冷能耗，通过进行空间设计、选择墙壁窗户保温材料、优化建筑物取向和位置，能够大幅降低建筑耗能。大量研究对住宅建筑、教育建筑、公共建筑从被动设计角度进行提升能效的改造，并探究被动式建筑设计的环境和经济影响。中国可以加强建筑节能标准的设计，减少取暖制冷能源需求。节能技术通过提升在供暖、通风、空调、生活热水和照明服务等方面的能源效率，可以减少能源消费，主要包括太阳能热水器、发光二极管灯和热电联产（CHP）系统，其中太阳能热水器可以与储能系统集成，CHP可以采用基于生物质发电的集中式系统，从而尽可能提升能效。可再生能源生产技术即通过非化石能源替代，避免碳排放。一方面，电力系统的低碳化配套建筑的电气化可以促进建筑能源消费的零碳排放；另一方面，采取分布式可再生能源能够最大限度发挥建筑本身特点，通过利用屋顶、屋面太阳能光伏板和风力涡轮机，同时增加储能技术，实现现场能源生产和消纳。

2.6.3 交通部门

交通部门由于技术类型多样，碳排放场景多样，因此实现碳中和较为复杂。相比于私人交通和市内公共交通，船运、航空和长距离运输被识别为难以减排的领域。对于客运交通而言，首先，需要不断提升所有交通工具的能源效率，从而降低能源需求；其次，需要大力推广私人轿车、出租车、城市公交、铁路工具的电气化，在2040年前后消除汽油车的销售，并可以利用液化石油气、压缩天然气作为过渡燃料，生物燃料和氢能需要在城际道路运输、航空和船运替代中起到重要作用；最后，通过完善交通基础设施并优化设计公共交通系统能够促进公共交通出行比例，从而以更高效率为减碳起到重要作用。对于货运而言，提高燃油技术效率并采用零排放车辆依旧是主要减排措施，例如使用电力、生物燃料和氢燃料电池的卡车。

2.6.4 工业部门

对于一般制造业而言，能效提升和电气化可以减少化石燃料直接燃烧所导致的碳排放。然而，中国钢铁和水泥两大工业行业排放量巨大，同时在现有技术下难以实现碳中和，因此需要发掘氢能、CCS等在减排中的重要性。

对于钢铁行业，从生产侧来看，钢铁行业的碳排放一方面来自化石能源燃烧得到高温炼钢的条件（约1100~1500℃），另一方面则为利用焦炭还原炼钢所导致的过程碳排放。为减少相关碳排放，可以采用短流程技术代替长流程技术。长流程技术代表铁矿石不断被焦炭还原的高炉炼铁和转炉炼钢过程，而短流程则从废钢开始进行电炉炼钢（BOF）。未来中国大量废钢产生条件下，提高电炉炼钢比例将显著推动碳减排。直接还原铁（DRI）是避免碳排放的新工艺流程，包括超低直接碳减排（ultra-low CO_2 direct reduction，ULCORED）等技术；过程热的燃料转换亦是新的减排措施；木炭、氢能等零碳原料也能够替代焦炭作还原剂。此外，工业CCS能够在其他技术减排成本更高时应用。总体而言，生产侧技术转换都有较高减排成本，研发和推动示范势在必行。从需求侧来看，中国钢铁产能已经过剩，而中国建筑业需求也基本达到峰值，未来钢铁产量将逐渐下降，利用短流程技术推动既有废钢的消化和回收具备满足未来建筑行业需求的可能性。

对于水泥行业，从生产侧来看，一方面来自煤炭等化石能源消耗的碳排放；另一方面则来自生产熟料过程中原料碳酸盐分解和生料碳煅烧产生的碳排放。水泥行业最棘手的挑战在于去除过程碳排放，因此，CCS技术具有举足轻重的作用。从需求侧来看，通过进行熟料替代，水泥产量存在达峰并不断下降的空间。

2.6.5　负排放技术

在正排放无法通过技术替代和能源转型方式实现彻底减排的条件下，负排放技术可以中和难以被减排的碳排放，主要来自航空、船运、大型货运等交通运输业和钢铁、水泥等能源密集型工业。因此，我国通过碳汇和负排放来抵消碳排放就非常重要，包含基于自然的碳汇（植树造林、退耕还林等）以及碳捕集、利用与封存应用（CCUS）等。

我们应提前储备和部署生物质耦合CCUS技术（BECCS）和直接空气捕集（DAC）等负排放技术。联合国政府间气候变化专门委员会（IPCC）第五次评估报告指出，如果不采用CCUS技术，人类社会要在21世纪末实现全球温升不超过2℃的减排目标，估计整体减排成本增幅将高达138%，而通过采取CCUS与能效提升、终端节能、储能、氢能等多领域多技术的减排方案相结合，有助于获得最大成本效益，并且CCUS技术的大规模部署可以避免既有大量基础设施建设的搁浅成本。比如，火电加装CCUS不仅可以避免已经投产的机组提前退役，还能减少因建设其他低碳电力基础设施造成的额外投资，降低实现碳中和目标的经济成本。

当前，世界范围内的CCUS技术仍处于小规模示范应用阶段，且成本高昂、技术可靠性程度不足，亟待突破，从当前的一般几万吨到几十万吨级，提高到至少百万吨甚至千万吨级的规模，并显著降低应用成本。有研究认为，将风光政策激励的经验用于CCUS，或许是一条成功之道。如果技术进步使CCUS技术单位减排成本可以仿照新能源单位发电成本下降曲线，那么未来CCUS技术就非常值得期待。

综合本节内容，未来我国应持续推动以新能源替代和节能降耗为核心的低碳技术创新，部署新能源前沿技术攻关。加快推进规模化储能，氢能炼钢，燃料电池，二氧化碳捕集、利用与封存等深度减碳关键技术发展，大力推广近零能耗建筑、电动汽车、热泵供暖、工业余热供暖等节能低碳新技术，主动尝试数字化、信息化技术在节能减排、清洁能源领域的创新融合。我们要鼓励产学研结合、多方面力量参与，构建以市场为导向，科研机构、大型企业与社会资本优势互补、利益均沾的能源低碳化、清洁化的技术研发和创新制度体系。

参考文献

[1] 魏世强. 环境化学［M］. 北京：中国农业出版社，2006：326-336.

[2] 黄伟. 环境化学［M］. 北京：机械工业出版社，2011：300-305.

[3] 国家统计局. 中华人民共和国气候变化第三次国家信息通报. 2018. 12.

[4] 国家统计局. 中华人民共和国气候变化第二次两年更新报告. 2018. 12.

[5] 联合国环境署. UN-Convened Net-Zero Asset Owner Alliance, 2020.

[6] Paustian K, Ravindranath N H, Amstel A V. 2006 IPCC Guidelines for National Greenhouse Gas Inventories [J]. Intergovernmental Panel on Climate Change, 2006.

[7] 于鹏伟，张豪，魏世杰，等. 2017年中国能源流和碳流分析［J］. 煤炭经济研究，2019，39（10）：15-22.

[8] Li H, Wei Y M, Mi Z. China's carbon flow: 2008—2012 [J]. Energy Policy, 2015, 80 (may): 45-53.

[9] Wang F, Wang P, Xu X, et al. Tracing China's energy flow and carbon dioxide flow based on Sankey diagrams [J]. Energy Ecology & Environment, 2017.

[10] Li X, Cui X, Wang M. Analysis of China's Carbon Emissions Base on Carbon Flow in Four Main Sectors：2000—2013. 2017.

[11] 项梦曦. "碳中和"有望成为全球经济增长助推器［J］. 金融时报，2021-04-15（008）.

[12] 沈军. 发展低碳经济用新能源引领产业绿色可持续发展［J］. 水泥工程，2021（1）：1-6.

[13] 焦丽杰. "双碳"目标对经济的影响［J］. 中国总会计师，2021（6）：40-41.

[14] 彭文生，谢超. 碳中和的经济影响与实现路径［J］. 金融时报，2021-09-06（011）.

[15] 王灿，张雅欣. 碳中和愿景的实现路径与政策体系［J］. 中国环境管理，2020，12（6）：58-64.

[16] Rogelj J, Luderer G, Pietzcker R C, et al. Energy system transformations for limiting end-of-century warming to below 1.5℃ [J]. Nature Climate Change, 2015, 5 (6): 519-527.

[17] Sovacool B K, Schmid P, Stirling A, et al. Differences in carbon emissions reduction between countries pursuing renewable electricity versus nuclear power [J]. Nature Energy, 2020, 5 (11): 928-935.

[18] 水电水利规模设计总院. 中国可再生能源发展报告2019［C］. 北京：中国水利水电出版社，2020.

[19] 朱兵，陈定江，蒋萌，等. 化学工程在低碳发展转型中的关键作用探讨——从物质资源利用与碳排放关联的视角［J］. 化工学报，2021.

[20] McDonough W. Carbon is not the enemy [J]. Nature, 2016, 539 (7629): 349-351.

[21] KAPSRC. Guide to the Circular Carbon Economy. https://www.cceguide.org/guide/.

[22] KAPSRC. The Circular Carbon Economy Index - Methodological Approach and Conceptual Framework.

https: //www. kapsarc. org/research/publications/the-circular-carbon-economy-index-methodological-approach-and-conceptual-framework/.

[23] 周宏春，霍黎明，管永林，等. 碳循环经济：内涵、实践及其对碳中和的深远影响［J］. 生态经济，2021，37（9）：13-26.

[24] 么新，朱黎阳，王小珏，等. "双循环"发展格局下，"碳循环经济"理念对我国能源转型的借鉴［J］. 中国能源，2021，43（2）：16-20.

[25] Egli F, Steffen B, Schmidt T S. A dynamic analysis of financing conditions for renewable energy technologies [J]. Nature Energy, 2018, 3 (12): 1084-1092.

[26] Jansen M, Staffell I, Kitzing L, et al. Offshore wind competitiveness in mature markets without subsidy [J]. Nature Energy, 2020, 5 (8): 614-622.

[27] Yan J, Yang Y, Elia Campana P, et al. City-level analysis of subsidy-free solar photovoltaic electricity price, profits and grid parity in China [J]. Nature Energy, 2019, 4 (8): 709-717.

[28] Ahmad T, Zhang D. Using the internet of things in smart energy systems and networks [J]. Sustainable Cities and Society, 2021, 68: 102783.

[29] Davis S J, Lewis N S, Shaner M, et al. Net-zero emissions energy systems [J]. Science, 2018, 360 (6396).

[30] Hu G, Chen C, Lu H T, et al. A review of technical advances, barriers, and solutions in the power to hydrogen (P2H) roadmap [J]. Engineering, 2020, 6 (12): 1364-1380.

[31] Martin A, Agnoletti M-F, Brangier E. Users in the design of hydrogen energy systems: A systematic review [J]. International Journal of Hydrogen Energy, 2020, 45 (21): 11889-11900.

[32] Kurnitski J, Saari A, Kalamees T, et al. Cost optimal and nearly zero (nZEB) energy performance calculations for residential buildings with REHVA definition for nZEB national implementation [J]. Energy and Buildings, 2011, 43 (11): 3279-3288.

[33] Ascione F, Bianco N, De Masi R F, et al. Energy retrofit of educational buildings: Transient energy simulations, model calibration and multi-objective optimization towards nearly zero-energy performance [J]. Energy and Buildings, 2017, 144: 303-319.

[34] Corrado V, Murano G, Paduos S, et al. On the refurbishment of the public building stock toward the nearly zero-energy target: Two Italian case studies [J]. Energy Procedia, 2016, 101: 105-112.

[35] Goggins J, Moran P, Armstrong A, et al. Lifecycle environmental and economic performance of nearly zero energy buildings (NZEB) in Ireland [J]. Energy and Buildings, 2016, 116: 622-637.

[36] Xing R, Hanaoka T, Kanamori Y, et al. Achieving zero emission in China's urban building sector: opportunities and barriers [J]. Current Opinion in Environmental Sustainability, 2018, 30: 115-122.

[37] Hsieh S, Omu A, Orehounig K. Comparison of solar thermal systems with storage: From building to neighbourhood scale [J]. Energy and Buildings, 2017, 152: 359-372.

[38] Bu C, Cui X, Li R, et al. Achieving net-zero emissions in China's passenger transport sector through regionally tailored mitigation strategies [J]. Applied Energy, 2020.

[39] Hammond W, Axsen J, Kjeang E. How to slash greenhouse gas emissions in the freight sector: Policy insights from a technology-adoption model of Canada [J]. Energy Policy, 2020, 137.

[40] 魏伟，王茂华. 中国行业低碳发展报告——火电、钢铁、水泥［M］. 北京：科学出版社，2018.

[41] Griffin P W, Hammond G P. Industrial energy use and carbon emissions reduction in the iron and steel sector: A UK perspective [J]. Applied Energy, 2019, 249: 109-125.

[42] Xing J, Lu X, Wang S, et al. The quest for improved air quality may push China to continue its CO_2 reduction beyond the Paris Commitment [J]. Proceedings of the National Academy of Sciences, 2020, 117 (47): 29535-29542.

[43] Benhelal E, Shamsaei E, Rashid M I. Challenges against CO_2 abatement strategies in cement industry: A review [J]. Journal of Environmental Sciences, 2021, 104: 84-101.

[44] 张贤. 碳中和目标下中国碳捕集利用与封存技术应用前景［J］. 可持续发展经济导刊，2020（12）：22-24.

[45] 于泽伟. 碳中和目标下的CCUS［J］. 能源，2020，143（12）：91-92.

第**3**章 全球气候变化——人类面临的挑战

3.1 发达国家碳达峰历程的研究、启示与借鉴

3.1.1 经济社会发展与能源消费及碳排放的关系

能源消费、碳排放与经济社会发展具有紧密的相关性和阶段性规律特点，主要发达国家的不同发展模式也直接反映在人均能源消费与人均碳排放等方面。能源消费对经济社会发展的支撑作用和意义重大，能源消费总量基本都伴随着GDP的增长而不断增加，碳排放则大体按照环境库兹涅茨曲线的规律在演变，即在工业化、城镇化快速发展阶段碳排放量随着能源消费、经济体量上升而快速增加，在经济发展到比较发达水平之后，碳排放总量和人均碳排放量达到峰值后基本稳定或有所下降。

以美国、德国、英国、日本等主要发达国家发展为例（如表2-1所示），在碳排放总量达到峰值的时候，人均GDP分别为42414美元、22229美元、18831美元和37213美元（2005年价），人均能源消费量分别为11.14吨标煤、6.71吨标煤、5.57吨标煤和5.71吨标煤，人均电力消费量分别达到14411kW·h、5987kW·h、5004kW·h和8809kW·h，而城镇化率均高于70%以上。

表3-1 主要发达国家碳达峰指标

指标	美国	德国	英国	日本	欧盟	经合组织
峰值时间/年	2005	1979	1973	2007	1990	2007
CO_2总量排放/亿吨	57.72	11.04	6.37	12.42	40.5	131.31
人均GDP（2005）/美元	42414	22229	18831	37213	21218	31324
城镇化率/%	80.7	72.8	77.5	87.8	70.4	70.1
碳强度/（kg/美元）	0.46	0.64	0.6	0.26	0.4	0.35
人均能源消费/吨标煤	11.14	6.71	5.57	5.71	5.00	6.57
人均电力消费/kW·h	14411	5987	5004	8809	5430	8913
中国峰值时间类比	2047	2026	2022	2037	2026	2037
中国人均GDP预测/美元	42001	20187	16507	31129	20187	31129

注：GDP计价按2005年不变价美元。

3.1.2 发达国家发展经历对我国的启示

（1）经济社会发展与能源消费一般规律的不可逾越性

能源消费是经济社会发展的主要支撑，经济社会发展阶段与能源消费特点具有高度相关性，发展阶段不可逾越，能源消费总量和消费替代具有客观的经济社会发展阶段性规律。

（2）高能源消费、高碳排放发展模式的不可复制性

发达国家经济规模、产业结构、工业化与城镇化各具特点，现代化发展的模式不尽相同。按照美国的发展模式，中国能源资源供应、生态环境容量难以为继，必须探索符合国情、能情的能源发展之路。

（3）能源发展与转型的时代背景的差异性

能源转型背后具有特殊的时代背景，不同时代背景下各国能源转型的驱动因素有明显差异。英国能源转型是20世纪50年代以来大气污染、煤炭资源短缺共同催生下，向清洁能源转型，到70年代之后国家能源自给率、能源安全水平等因素推动深海油气资源的开发，90年代以来，碳排放控制与应对气候变化成为推动可再生能源加速发展的原动力。中国面临多重挑战和压力叠加到来的形势，能源转型更加紧迫，同时也面临更多的能源新科技、新产业革命前沿所带来的历史性机遇。

（4）发达国家碳排放管控政策措施的借鉴性

英国通过气候变化立法，建立长效的碳排放预算机制；德国明确可再生能源立法和国家战略。这些措施都为可再生能源、低碳技术研发应用提供持续、可预期的环境政策。

3.2 应对气候变化已达成共识

正视气候变化的科学事实和采取积极行动应对气候变化风险已逐步成为国际共识。2014年11月，IPCC气候变化评估报告（AR5）从大气、海洋、冰川等方面阐述了全球气候变暖及可能导致局部灾害的事实，得到了国际社会和科学界的广泛认同。2015年12月，《联合国气候变化框架公约》近200个缔约方在巴黎气候变化大会上达成《巴黎协定》，这是继《京都议定书》后第二份有法律约束力的气候协议，明确了2020年后全球应对气候变化制度的总体框架。《巴黎协定》进一步确认了控制全球平均气温相比前工业化时期（1850～1900年）水平的升幅低于2℃这一目标，并提出"努力将气温升幅限制在工业化前水平以上1.5℃之内"。2018年10月发布的《IPCC全球升温1.5℃特别报告》发现将全球变暖限制在1.5℃需要在土地、能源、工业、建筑、交通和城市方面进行"快速而深远的"转型，到2030全球二氧化碳排放量需要比2010年的水平下降约45%，到2050年左右达到"净零"排放，这意味着需要通过从空气中去除二氧化碳平衡剩余的排放。

国家自主贡献减排方案（NDCs）对全球气候安全和气候治理有积极作用，但仍难以达到控制温升2℃目标。《巴黎协定》形成了以"国家自主贡献+全球盘点"为主的集体减排行动模式，从2018年之后每五年组织一轮全球盘点与评估，评估各国国家自主贡献目标落实情况及与实现2℃目标减排路径的差距。联合国环境规划署（UNEP）在综合大部分

评估研究结果基础上形成的《2016年减排差距报告》表明，NDCs目标可使全球2030年排放相对现有政策情景下降40亿~60亿吨二氧化碳当量，但距离实现控制2℃温升目标要求的减排路径仍有约150亿吨二氧化碳当量的缺口。未来需要通过每五年的循环机制逐步提高集体减排力度，加快能源体系的革命性变革和经济发展方式的低碳转型，才能在21世纪下半叶实现全球温室气体净零排放的长期目标。

3.3　巴黎协定中升温控制在1.5℃和2℃两种情景

碳排放约束情景值的设定是一个具有较大不确定性的问题，既包括全球温升目标和温室气体排放路径及区间的科学层面不确定性，也包括确定全球碳排放路径下的各个国家碳排放配额分配方案的不确定性，同时还存在实现全球碳排放路径的技术组合的不确定性，如是否包括大规模的负排放（如生物质能源+CCS）技术等。《巴黎协定》中已经就21世纪末全球温升不超过2℃的目标达成了政治共识，此外190多个气候公约成员国递交了国家自主贡献目标。本研究根据中国NDC目标和控制2℃温升目标下的全球碳排放路径研究预测提出若干个2016~2050年中国碳排放空间（碳约束情景）。

根据IPCC第五次评估报告的研究结论，在 > 50%可能性实现2℃目标的全球碳排放路径下，2011~2100年全球总碳排放空间为13000亿吨CO_2，参见表3-2。

表3-2　全球碳排放空间及大气碳浓度

温升目标	实现概率/%	2011~2100年剩余碳排放空间/亿吨CO_2当量	2100年全球大气CO_2当量浓度/10^{-6}
<2℃	> 66	10000（6300~11800）	450
	> 50	13000（9900~15500）	500
	> 33	15000（11700~21000）	550

数据来源：IPCC AR5，2014。

总碳排放中包括化石能源燃烧、工业过程及土地利用变化等各类温室气体排放活动，考虑到化石能源大规模开发利用所带来的温室气体排放为主，而LULUCF（土地利用、土地利用变化与林业）排放数据不确定性较大，本研究选择化石能源碳排放作为未来碳排放空间测算的标的，并将其近似设定取值为全球碳排放空间。

清华大学研究团队按不同全球碳排放空间分配方案（14种典型方案）测算中国2011~2100年碳配额区间。其中，按历史累计人均趋同方案分配对中国最为有利，2011~2100年中国剩余的碳排放空间为4460亿吨；而按照剩余人均趋同方案分配则对中国最为不利，同期中国剩余碳排放空间仅有2210亿吨；14种方案下的中国碳排放空间平均值为3310亿吨。考虑气候变化谈判和各国承担责任的不确定性，本研究设定这三个排放空间作为中国未来不同碳排放约束情景的基准值，见表3-3。

表3-3　全球碳预算不同分配方案下的中国碳排放空间

分配方案	2011～2100中国碳排放空间/亿吨CO$_2$
历史累计人均趋同（高碳排放情景）	4460
14种方案平均值（中碳排放情景）	3310
剩余人均趋同（低碳排放情景）	2210

在2℃目标下，以2210亿吨、3310亿吨、4460亿吨为中国碳排放约束的基准值，结合对中国未来碳排放路径的不同假设情景，分别设定达峰年、峰值、碳中和年（具体假设条件参见表3-4），利用数字拟合、分解测算2011年后中国逐年碳排放量。

表3-4　不同情景下中国碳排放年度分解路径的参数设置

情景设置	2011～2100年中国碳排放空间/亿吨CO$_2$	参数设置
2℃宽约束情景	4460	达峰年2028年左右，峰值约105亿吨CO$_2$；峰值前后平台期较长，之后缓慢下降；2100年实现净零排放
2℃中约束情景	3310	达峰年2025年左右，峰值约100亿吨CO$_2$；峰值后平台期较短，之后较快下降；2080年实现净零排放
2℃紧约束情景	2210	达峰年2020年左右，峰值约95吨CO$_2$；峰值后碳排放量快速下降；2060年实现净零排放

本研究设定的碳排放约束情景有三个，分别为2℃宽约束情景、2℃中约束情景和2℃紧约束情景。不同的碳排放约束目标将对能源生产与消费产生重大的影响。各情景碳排放量的测算方法和碳排放达峰路径参见表3-5。

表3-5　不同情景的中国剩余碳排放空间

情景设置	2016～2050排放空间/亿吨CO$_2$	说明	碳排放路径
2℃宽约束情景	3100	按>50%概率实现2℃温升目标下全球剩余碳排放空间及对中国最为有利的分配方案进行测算	2030年左右达峰，峰值约103亿吨，2050年缓慢下降至60亿吨左右
2℃中约束情景	2500	按>50%概率实现2℃温升目标下全球剩余碳排放空间及不同分配方案下中国排放空间的平均值进行测算	2025年左右达峰，峰值约98亿吨，2050年较快下降至30亿吨左右
2℃紧约束情景	1700	按>50%概率实现2℃温升目标下全球剩余碳排放空间及对中国最为不利的分配方案进行测算	2020年左右达峰，峰值约95亿吨，2050年快速下降至10亿吨以下

作为比照，国家发改委能源研究所在《2050中国能源和碳排放情景暨能源转型与低碳发展路线图》中分析了三种能源发展情景（表3-6），相对应的2016～2050年能源活动碳

排放为4010亿吨CO_2（趋势照常情景）、3265亿吨CO_2（政策部署情景）及2500亿吨CO_2（深化努力情景）。其中，政策部署情景下碳排放约束值与本研究模拟的中国2℃宽约束情景下的碳排放空间大致可比；而深化努力情景下的碳排放约束值同本研究2℃中约束情景基本相同。

表3-6　国家发改委能源研究所研究预测的碳约束情景

发展情景	2016～2050碳排放空间/亿吨CO_2
趋势照常	4010
政策部署	3265
深化努力	2500

数据来源：发改委能源所，2017。

3.4　世界各国应对气候变化的政策

3.4.1　气候目标——欧盟的净零排放之路

欧盟委员会在2018年11月提出了减少温室气体（GHG）排放的长期战略，首次提出实现碳中和的欧洲愿景。2019年12月，新一届欧盟委员会发布《欧洲绿色协议》（以下简称"绿色新政"），阐明欧洲迈向气候中性循环经济体的行动路线，致力于建设公平繁荣的社会、富有竞争力的现代经济，到2050年实现温室气体净零排放，使经济增长与资源使用脱钩。2020年3月，欧盟向《联合国气候变化框架公约》（UNFCCC）提交了其长期战略，并发布首部《欧洲气候法》提案，该提案指出将到2050年实现气候中和的目标纳入法律之中。欧盟委员会的战略愿景呼应了《巴黎协定》中致力于将全球变暖幅度保持在1.5℃（相对于工业化前的水平）的倡议，也完全符合联合国的可持续发展目标。面对新型冠状病毒肺炎疫情冲击的影响，2020年6月，欧盟委员会主席冯德莱恩宣布，欧盟最新的7年1.1万亿欧元中期预算提案和7500亿欧洲复苏计划都将面向绿色发展和数字转型领域，将落实"绿色新政"作为"后疫情时代"的首要任务。在新冠疫情大流行造成前所未有的冲击下，欧洲17位气候和环境部长呼吁欧盟委员会将绿色协议作为大流行之后复苏的核心（Rosenbloom and Markard，2020年）。

另外，值得注意的是，碳边境调节措施为绿色新政的核心内容之一，通过对欧盟进口的产品征收碳税来应对欧盟在实现2050碳中和目标中可能出现的碳泄漏风险，欧盟得以借此向碳宽松国家施加压力。欧盟在2019年绿色新政中正式提出碳边境调节措施之后，已经在2020年3月提交了相关的影响评估报告，并对碳边境调节措施的设计和实施进行公开意见征集和讨论。而欧盟委员会也计划将在2021年的第二季度公布碳边境调节措施提案细则。

除了欧盟层面的努力外，基于对气候变化问题的共识，许多欧洲国家已行动起来。2019年，英国修订《气候变化法案》，确立到2050年实现温室气体净零排放的目标；丹麦议会通过首个气候法案，制定丹麦到2030年实现温室气体减排70%的目标；德国联邦议院通过《气候保护法》，确定德国中长期温室气体减排目标，包括到2030年时应实现温室气体排放总量较1990年至少减少55%，到2050年时应实现温室气体净零排放。此外，芬兰政府承诺最早在2035年实现碳中和，瑞典承诺2045年将温室气体排放缩减为零，挪威政府设定到2030年实现碳中和目标，冰岛提出到2050年完全摆脱对化石能源的依赖等。

3.4.2 美国能源和气候新计划

美国的碳减排实施政策，把保护国内经济发展放在首位。无论是从排放总量还是从人均排放量来说，美国的碳排放量均居世界前列。考虑到过多的碳减排措施对经济可能会产生不利的影响，对能源密集型企业征收碳排放税，会通过价格向下游传递，影响能源的供应价格，影响经济的发展。美国倾向于运用市场的方法进行减排，如美国的二氧化碳排放交易体系。

作为全球最大的经济体，美国温室气体排放总量居世界第二位（2018年，美国人均碳排放量是中国的1.92倍，其他温室气体人均排放量是中国的2.15倍），因此，其对全球气候变化影响重大。美国的能源及气候政策对全球碳减排进程具有直接影响。美国2020年11月退出《巴黎协定》[特朗普任期]并废除了许多环保法规，理由是其在气候问题研究上已经基本成熟，可以减少这些活动的支出。2021年1月20日，拜登就任新一任美国总统，并重返《巴黎协定》。

拜登政府成立了第一个国家气候特别工作组，目标是：①2030年将美国温室气体排放量减少到2005年水平的50%～52%。②2035年实现100%零碳电力。③2050年实现净零排放经济。④将联邦政府在气候和清洁能源方面投资的40%收益提供给弱势社区。拜登政府目前已取得的进步如下：①2021年，美国的清洁能源部署创下纪录，大量太阳能和风能新项目上线，为1000万户家庭提供了电力，并使公用事业规模的电池存储容量增加了两倍。②第200万辆电动汽车上路，在美国电动汽车制造领域投资超过1000亿美元，公共电动汽车充电器安装率几乎翻了一番。③创造了多个第一，包括联邦政府批准的第一个商业规模的水域海上风电项目，第一个商业由100%可持续航空燃料支撑的航班从芝加哥飞往华盛顿，和美国的钢铁和水泥行业第一次承诺在2050年前实现净零排放。④到目前为止，清洁能源是美国能源行业最大的就业岗位创造者，在2021年期间，有超过300万美国人从事清洁能源工作，其工资比全国平均水平高出25%。⑤在国际舞台上，拜登与欧盟同行合作，召集100多个国家加入"全球甲烷承诺"（Global Methane Pledge），这是一个新的伙伴关系，旨在到2030年将超污染甲烷排放量从2020年的水平减少30%。

拜登政府在每个关键经济领域均制定了针对性的减排和清洁能源政策，在能源领域：①启动了美国海上风能产业，批准了第一个大型大西洋和太平洋的新风能区项目，并在纽约湾完成了创纪录的43亿美元的租赁合同——使这一重要的新兴产业步入正轨，以实现2030年部署30GW的海上风电，同时在供应链上创造高薪工作机会。②启动快速清洁能源项目，提高社区就业率和收入。通过批准公共土地上太阳能和其他可再生能源，帮助地方政府推进社区太阳能项目，并发起在弱势社区部署分布式能源的项目。③加速电网升级。

通过"建设更好的电网"计划来提高电网可靠性、降低成本、释放更多的清洁能源，该计划将动用《两党基础设施建设法案》中超过150亿美元的资金，并建设长途输电线路，帮助波多黎各利用120亿美元的联邦恢复基金，加强电网的恢复能力，实现100%清洁电力的目标。④投资农村电力基础设施。通过美国农业部4.64亿美元的投资，扩大智能电网技术，帮助农业生产者和农村小企业安装清洁能源系统。⑤加速创新。通过建立"能源地球计划"来推动清洁能源的突破，并大幅降低关键技术的成本，主办第一届白宫融合峰会，成立了一个新的能源部清洁能源示范办公室，监督来自《两党基础设施建设法案》的200多亿美元。

在交通领域：①让汽车制造商和汽车工人转向电动交通。制定到2030年全国电动汽车销售份额达到50%的目标，并刺激对美国新工厂的投资，以生产电动汽车、电池和充电器。②推出电动汽车充电行动计划。从《两党基础设施建设法案》资金中拨出75亿美元，通过新成立的能源与运输联合办公室，建立一个方便、可靠、公平的全国充电网络。③制订了美国历史上最严格的乘用车标准。将平均燃油经济性提高到49英里/加仑[1英里＝1.609公里，1加仑（美）＝3.785升]，减少温室气体排放，保护社区免受污染，并节省司机的油钱。④加速公共汽车、卡车和港口的清洁化。减少重型运输带来的污染，并投资于用于公共交通、校车车队、货运和港口运营的电动汽车模型，以缓解受污染排放影响最大的社区。⑤加强电池供应链。通过援引《国防生产法》来支持美国生产锂等关键矿物产品和材料，在《两党基础设施建设法案》资金中获得近70亿美元用于国内电池制造和回收——同时遵守可持续性和社区参与标准。⑥推进美国航空业建设。协调联邦政府、飞机制造商、航空公司、燃料生产商等的领导和创新，在2030年生产30亿加仑可持续燃料并将减少20%航空碳排放。

在建筑领域：①《两党基础设施建设法案》投资30亿美元用于气候援助计划，以提高能源效率，使家庭用能更清洁，并为成千上万的美国家庭降低能源费用。②更新节能电器设备标准。到2022年底，制订100项行动的路线图，通过更高效的空调、炉灶、冰箱等，平均每年为家庭节省100美元。③支持地方行动。启动由30多个州和地方政府组成的新建筑性能标准联盟，以减少建筑排放，在能源效率和电气化方面创造高薪工会工作，并降低用能成本。④学校设施升级投资。建设更好的学校基础设施，以支持能效改造和其他改进，从而为学区节省资金并为学生、教育工作者和学校工作人员带来健康和教育福利。⑤加速创新。启动清洁供暖和制冷系统RDD&D（research, development, demonstration & diffusion, 研究发展示范与扩散）的"改善能源、排放和公平倡议"，支持可持续建筑，并更新了ENERGY STAR（能源星）标准，以促进热泵技术创新并鼓励使用电器。

在工业领域：①发展国内清洁生产技术。利用贸易政策奖励美国清洁钢铁和铝制造商、联邦采购低碳建筑材料的采购清洁工作组、《两党基础设施建设法案》提供的95亿美元清洁氢等，以及第一个全面的美国政府建设的能源产业基地。②发布美国甲烷减排行动计划。在多个机构采取了40多项行动，以减少石油和天然气行业、废弃煤矿、垃圾填埋场、农业、建筑等领域的甲烷排放，同时保护公众健康，促进美国的新技术创新，并帮助雇用数千名技术人员及全国各地的工人。③启动淘汰氟代烷烃行动。六个机构采取行动在

15年内将HFC排放量减少85%，同时加强国内替代品制造。④部署碳捕获、利用和封存（CCUS）技术。指导帮助机构确保项目对环境无害，创造工会就业机会，并减少附近社区的累积污染。⑤扩大伙伴关系以减少工业排放。能源部的Better Plants（更好的工厂）项目现在覆盖了3500个工厂，占美国制造业碳排放的近14%，并启动了低碳试点。

在土地与水资源领域：①发起了"美丽的美国"挑战项目，加速地方主导的保护，利用10亿美元的公共和私人投资及自然过程，在应对气候变化的同时加强当地经济，到2030年保护美国30%的土地和水域。②恢复并加强了对重点地区的保护，包括熊耳朵、犹他州大上升阶梯、东北峡谷和海山国家纪念碑，以及阿拉斯加的汤加斯国家森林和布里斯托尔湾。③保护敏感地区免受石油、天然气和硬岩矿产贸易的影响。包括北极国家野生动物保护区、查科峡谷和边界水域，并确保对公共土地上的所有化石燃料项目进行彻底的和基于科学的审查。④通过《两党基础设施建设法案》投资10亿美元。加速五大湖地区的恢复，为该地区的社区提供清洁饮用水、经济发展机会和环境效益。⑤宣布通过一项合作计划。向气候智能型农业投资10亿美元，该计划将为使用气候智能型做法生产的商品创造新的市场机会。⑥扩大城市地区户外休闲空间的影响范围。通过土地和水资源保护基金提供1.5亿美元的赠款，为更多人提供户外休闲机会。⑦重新制定保护美国水道的法规，以确保对社区健康、安全和经济活力至关重要的水体进行重点保护。

中美在气候变化领域的合作对全球碳减排目标的实现至关重要，但在其他方面的冲突不可避免地延伸到气候领域之间的竞争博弈。美国是碳排放大国，其在政治、经济、军事和科技领域的显著优势意味着在国际上掌握更大的话语权，在各国与其开展合作的同时，应当多在技术上开展合作，并尽量在战略上减少对其依赖。

在当前全球能源与气候政策形势的不断转变下，中国需统筹国内国际两个大局，统筹部署，协同行动。以习近平生态文明思想为指导，实现绿色低碳循环的可持续发展路径，在全球能源经济低碳转型大变革中发挥积极引领作用。首先，加强应对气候变化的国际合作。新冠疫情表明"生态全球化"的影响日益增强，若不能有效应对气候变化，未来发生大流行病的风险也将增加，发达国家和发展中家需携手应对气候变化，而向"碳中和"世界转变也将为中美两国带来切实利益。其次，加快能源和经济低碳转型。中国要把控制能源消费和CO_2排放增速反弹作为着力点，严格控制煤化工、煤电站等高耗能产业的扩张，促进产业转型升级，加快经济增长方式转变，继续坚持走绿色低碳循环的可持续发展路径，促进新能源和可再生能源的持续快速发展，加速能源结构低碳化，以能源经济低碳转型支持经济社会高质量发展，打造经济高质量发展、环境质量改善和CO_2减排多方共赢局面。最后，努力实现并争取超额完成《巴黎协定》下国家自主贡献承诺。"十四五"是中国实现自主贡献目标的关键时期，中国要加强碳排放交易市场的作用，突出绿色低碳循环发展的导向，充分发挥市场机制的作用，以新时代社会主义现代化建设目标和方略为指导，制定并实施与全球控制温升2℃目标相契合的长期低碳排放发展战略，为全国实现2030年左右CO_2排放达峰奠定基础，争取在2060年前实现碳中和，以适应并努力超额完成《巴黎协定》不断强化和提高的自主减排承诺的要求。

3.5　中国的碳达峰与碳中和

3.5.1　中国能源结构的特点

（1）化石能源是能源主体，高碳能源占比高

2017年我国能源消费总量44.9亿吨标煤，其中，煤炭消费27.1亿吨标煤，石油消费8.4亿吨标煤，天然气消费3.2亿吨标煤，非化石能源消费6.2亿吨标煤。化石能源消费占能源消费总量的86.2%，是我国能源消费的主体。与世界能源消费结构相比，我国煤炭消费占比高达60.4%，远高于27.6%的世界平均水平。与其他化石能源相比，煤炭碳排放系数为2.64t CO_2/tce，在所有化石能源中的碳排放系数最高（石油2.08t CO_2/tce、天然气1.63t CO_2/tce），是典型高碳能源，大规模的煤炭利用是我国碳排放总量较高的主要原因。

世界和中国一次能源消费结构比较见图3-1。

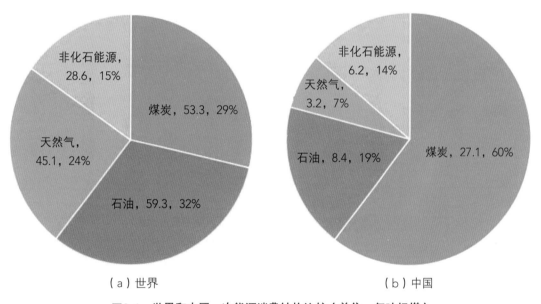

（a）世界　　　　　　　　　　（b）中国

图3-1　世界和中国一次能源消费结构比较（单位：亿吨标煤）

当前我国正处于工业化、城镇化、现代化的发展过程中，能源消费总量仍将增长。由于我国能源资源禀赋"富煤、贫油、少气"，煤炭开发利用成本相对较低，以及非化石能源发展存在瓶颈等，决定了化石能源特别是碳排放强度更高的煤炭，在我国一次能源生产和消费结构中仍将占据主导地位。

化石能源开发利用造成生态环境破坏和碳排放居高不下等一系列问题，要求我国必须在加强化石能源清洁高效开发利用的同时，积极调整能源结构，大力发展非化石能源，持续提高在能源消费中的比例。当前，我国正处于能源加速转型时期，党的十九大报告提出要加快构建清洁低碳、安全高效的能源体系，清洁低碳能源将成为能源供应增量主体。

图3-2所示为2008～2017年我国能源消费增量及非化石能源消费增量占比情况。从图中可以看出，随着我国经济发展进入新常态，主要高耗能行业产品产量增幅下降，2011年后我国能源消费增速明显放缓，除2013年外，非化石能源消费增量在我国能源消费增量中占比均超过31%，2015年、2016年占比分别达到了95.2%和100.9%。图3-3所示为2008～2017年我国新增装机容量及非化石装机占比情况。我国发电装机结构进一步优化，新增非化石能源发电装机在新增装机中的比重持续增加。2017年全国基建新增发电生产能力13372万千瓦，其中新增非化石能源发电装机容量8794万千瓦，占全国新增发电装机容量的66%。从整体上看，非化石能源消费增量在我国能源消费增量中逐渐占据主体地位。

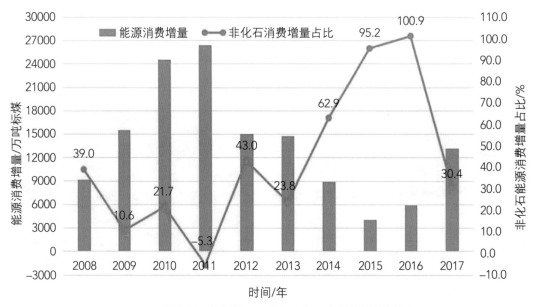

图3-2　我国能源消费增量及非化石能源消费增量占比情况

虽然我国可再生能源发展取得了重大成就，但可再生能源在现有市场条件下还缺乏竞争力，尤其是随着应用规模的不断扩大，非化石能源在逐步融入能源系统的过程中面临着越来越大的挑战。可再生能源方面，除了水电、太阳能热利用等较为成熟的技术外，风电、太阳能发电等新兴可再生能源技术还处于成长阶段，开发利用的成本仍然较高。核电受天然铀资源缺乏、安全性及公众可接受性等因素限制，开发利用面临挑战，核电发电量仅占总发电量的4%，远远低于14%的世界平均水平。此外，我国以常规能源为主导的现有能源体制不适应非化石能源发展需要，电源规划与电网规划存在一定程度失配等问题，进一步阻碍了非化石能源的规模发展。

（2）低碳化是现代能源体系的主要方向

发展低碳经济、实现低碳转型是应对气候变化的必然选择，已成为各国共识。我国是能源消费和温室气体排放大国，在全球低碳经济的背景下，我国能源发展面临推动经济增

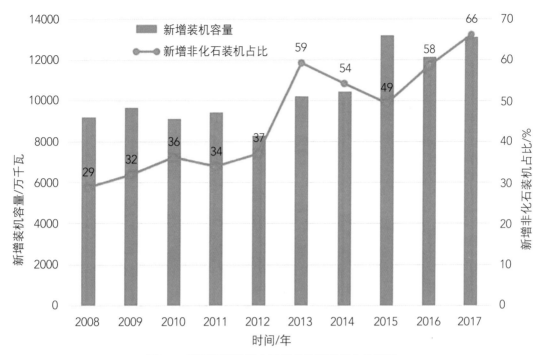

图3-3 **我国新增装机容量及非化石装机占比情况**

长和应对气候变化的重要任务，低碳化已成为我国现代能源体系的主要方向和内在需求。

我国政府提出在2030年实现碳排放达峰并争取尽早达峰，单位GDP CO_2排放比2005年下降60%～65%的减排目标；已初步建成了较有竞争力的可再生能源产业体系，形成了完整的、具有国际竞争力的水电设计、施工和运行体系，太阳能热利用规模、装备产品和技术在全球处于领先地位，全国已建立支撑可再生能源规模化发展的产业制造能力。可再生能源供应总量不断增加，可再生能源发电连续多年在全国新增电源装机中超过30%，在局部地区、部分时段，可再生能源发电已成为重要的替代电源。

自2013年6月国内首个碳市场交易启动，至2015年12月31日，我国7个碳排放交易试点（北京、上海、天津、重庆、广东、深圳和湖北）累计成交配额超过6758万吨，累计成交额超过23.25亿元。经过两年多的运作，试点碳市场成交量成交额大幅攀升，同时试点的履约工作顺利完成，全国碳市场建设正稳步推进。2017年我国全面启动国家碳排放交易体系，可以预见，未来随着我国碳交易市场体系的日益完善，对碳减排的效果将逐渐明显。特别是未来一旦实施碳税等环境税政策，将使化石能源利用成本增加，从而进一步促进非化石能源的开发利用，加速能源的低碳化转型。

3.5.2 中国碳排放现状

据《BP世界能源统计（2018）》数据，2017年，全球来自化石能源燃烧的二氧化碳排放总量为334.4亿吨，其中我国排放量约为92.33亿吨，占比27.6%（图3-4）。

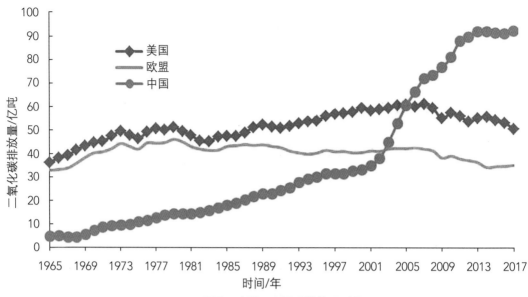

图3-4 **美国、欧盟、中国碳排放量对比**

1965～2017年我国累计二氧化碳排放量约为1879亿吨。全球人均年二氧化碳排放量约为4.0t/人，当前我国人均年二氧化碳排放量为6.7t/人。

3.5.3 中国提出的碳达峰与碳中和目标

随着全球气候变暖压力增大以及后疫情时代绿色经济复苏加速，氢能凭借其低碳清洁、能量密度高、可储存、来源广等特点，成为新时代能源低碳转型的重要抓手。2019年底，在西班牙举行的联合国气候变化框架公约缔约方大会上，77个国家承诺2050年实现零碳排放目标。2020年中国国家主席习近平在第75届联合国大会期间提出，中国二氧化碳排放力争于2030年前达到峰值，努力争取2060年前实现碳中和。

参考文献

[1] 杜祥琬. 低碳发展总论［M］. 北京：中国环境出版社，2016：63-67.

[2] 刘玮，万燕鸣，熊亚林，等. "双碳"目标下我国低碳清洁氢能进展与展望［J］. 储能科学与技术.

[3] 上官方钦，刘正东，殷瑞钰. 钢铁行业"碳达峰""碳中和"实施路径研究［J］. 中国冶金，2021，31（9）：15-20.

[4] 陆成宽. 坚持全国一盘棋找出碳达峰碳中和的科技"最优解"［J］. 科技日报，2021-09-27（002）.

[5] 张宁宁，王建良，刘明明，等. 碳中和目标下欧美国际石油公司低碳转型差异性原因探讨及启示［J］. 中国矿业，2021，30（9）：8-15.

[6] 苏健，梁英波，丁麟，等. 碳中和目标下我国能源发展战略探讨［J］. 中国科学院院刊，2021，36（9）：1001-1009.

[7] BP. BP世界能源统计年鉴. www.bp.com/statistical review，2018.

[8] DECC. The Unconventional Hydrocarbon Resources of Britain's Onshore Basins - Coalbed Methane, 2012.

[9] IEA. International Energy Statistics, U. S. Energy Information Administration, Washington, DC, accessed April 2014. http://www.eia.gov/cfapps/ipdbproject/IEDIndex3.cfm, 2014.

[10] 王晓云. 深度解析印度低碳发展路线图. 碳排放交易网. http://www.tanpaifang.com/tanguihua/2014/0807/36379.html.

[11] 冷雪. 碳排放与我国经济发展关系研究 [D]. 上海：复旦大学，2012.

[12] 朱潜挺，吴静，洪海地，等. 后京都时代全球碳排放权配额分配模拟研究 [J]. 环境科学学报，2015，35（1）：329-336.

[13] 皮伟花. 经济增长、产业结构演变对我国碳排放影响研究 [D]. 天津市：财经大学，2015.

[14] 邵红梅. 人口因素对碳排放的影响研究 [D]. 湖北武汉：武汉大学，2012.

[15] 国家发改委，国家能源局. 能源革命技术创新行动计划（2016~2030年）. 2016.

[16] 杜祥琬，周大地. 中国的科学、绿色、低碳能源战略 [J]. 中国工程科学，2011，13（6）：4-11.

[17] 袁亮. 煤炭精准开采科学构想 [J]. 煤炭学报，2017，42（1）：1-7.

[18] 谢和平. 我国煤炭安全、高效、绿色开采技术与战略 [D]. 北京：中国工程院，2012.

[19] 王家臣，刘峰，王蕾. 煤炭科学开采与开采科学 [J]. 煤炭学报，2016，41（11）：2651-2660.

[20] 袁亮. 煤与瓦斯共采 [M]. 徐州：中国矿业大学出版社，2016.

[21] 房建国，丁瑞，魏国，等. 煤炭企业节能减排现状及对策研究 [G]. 煤炭工业节能减排高层论坛论文集，2010：163-172.

[22] 袁亮，薛俊华，张农，等. 我国煤层气矿井中-长期抽采规模情景预测 [J]. 煤炭学报，2013，38（4）：529-534.

[23] Global Wind Energy Council. Global Wind Report 2021. 2021.

[24] Global Wind installation, Wind Energy International. Available from: https://library.wwindea.org/global-statistics/.

[25] 龚钟明. 从世界能源发展趋势探索未来中国能源战略（上）[J]. 能源政策研究，2005.

[26] 刘玮，万燕鸣，熊亚林，等. "双碳"目标下我国低碳清洁氢能进展与展望 [J]. 储能科学与技术.

[27] 上官方钦，刘正东，殷瑞钰. 钢铁行业"碳达峰""碳中和"实施路径研究 [J]. 中国冶金，2021，31（9）：15-20.

[28] 田原. 我国能源国际合作绿色转型的关键要素分析 [J]. 能源研究与管理，2021（3）：5-8.

第4章 中国碳达峰路径和预测

4.1 中国历年碳排放

我国1998～2018年二氧化碳排放总量及年增长率如图4-1所示。

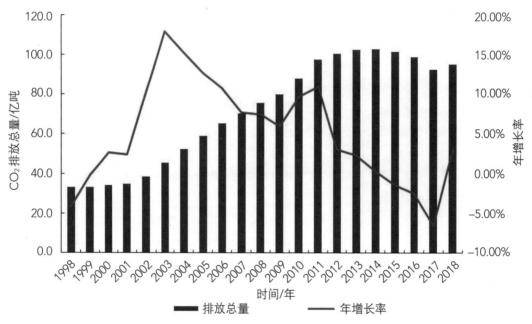

图4-1 1998～2018年中国碳排放总量变化情况

注：数据来源于世界银行。

（1）总量大

中国是世界碳排放大国，近年来由于经济高速发展，能源需求不断增加，二氧化碳排放总量也逐年增长。2018年，我国二氧化碳排放总量达95.7亿吨，占全球总量的28.6%。

（2）增速快

伴随着中国社会的高速发展，基础建设、工业化等进程迅速推进，中国社会碳排放也以惊人的速度不断增长。尤其是进入21世纪以来，二氧化碳排放年增长率居高不下。近年来，随着中国社会逐步进入后工业化时期，碳排放增速有所缓和，2017年甚至出现明显的负增长，但2018年碳排放增长反弹，仍保有3%的年增长率。

4.2 碳排放环节分解

人类社会碳排放主要源于工艺过程与能源活动。

4.2.1 工艺过程

工艺排放主要来源于合成氨、水泥生产等非能源工业过程，非能源工业是除能源开采、自然能源加工转换等以外产业的总称，是指在工业生产活动中，把能源作为原料或材料投入使用，并经由化学反应将能源转化为非能源产品。举例而言，合成氨反应前期利用水煤气制备氢气，伴生大量二氧化碳：

$$CO + H_2O \longrightarrow CO_2 + H_2$$

而水泥生产过程中利用碳酸盐的分解制备生石灰，也将产生大量二氧化碳：

$$CaCO_3 \longrightarrow CO_2 + CaO$$

4.2.2 能源活动

2018年中国各行业能源消费比重见图4-2。

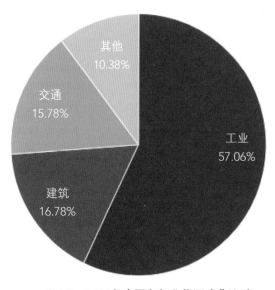

图4-2　2018年中国各行业能源消费比重

注：数据来源于国际能源署。

化石能源消耗是最大的碳排放来源，其中，工业、建筑、交通等行业又是我国能耗大户。不同种类的化石能源排放系数不一，根据《IPCC国家温室气体清单指南》，各化石能源的碳排放及折标煤系数如表4-1所示。

表4-1 各化石能源碳排放及折标煤系数

项目	煤	焦炭	原油	汽油	煤油	柴油	燃油	天然气
碳排放/ （吨碳/吨 标煤）	0.7559	0.8556	0.5860	0.5538	0.5743	0.5919	0.6185	0.4483
折标煤系数	0.7143	0.9714	1.4286	1.4714	1.4714	1.4571	1.4286	1.33

煤的碳排放系数高，我国以煤为主的能源结构是碳排放总量大的关键原因。

4.3 碳排放前景分析

由于现阶段我国仍有较高的经济发展需求，落后的生产力仍难以满足人民对美好生活的向往，且国民经济对能源的依存度依然较高，故短期内碳排放总量仍将保持上升趋势。随着中国社会现代化进程的推进和环保意识的增强，高排放产业将逐步被新兴绿色产业取代，新能源车与低能耗建筑技术不断发展，碳捕集利用形成规模化体系，预计我国碳排放总量将于2020～2030年呈波动式下降，能够较好地实现2030碳达峰承诺，量化预测详见4.4节。

4.4 碳达峰驱动力模型

驱动力模型视研究对象的发展趋势为各影响因素驱动所得的结果，通过识别影响因素，构建因变量与影响因素指标之间的数学模型，再通过对各影响因素的合理预测，可以得出因变量的预测结果。驱动力模型是一种用于预测发展趋势的优良方法，具有应用广泛、考虑全面、结果准确等优点。本书通过建立驱动力模型，探寻影响碳排放的关键因素，预估中国碳排放的未来走势，进而对我国碳达峰情况作出分析。

4.4.1 模型建立

根据前文对碳排放环节的分解分析，本书以非能源工业化石能源消费量、建筑能耗、新能源车销量对数值、火电发电量作为驱动因子，表征非能源工业、建筑、交通、其他能源活动对碳排放总量（E_{CO_2}）的影响，建立驱动力模型为：

$$E_{CO_2} = c_0 + c_1 x_1 + c_2 x_2 + c_3 x_3 + c_4 x_4$$

其中，$x_1 \sim x_4$分别代表非能源工业化石能源消费量、建筑能耗、新能源车销量对数值、火电发电量。

由于影响因素较多，且不同影响因素间往往相互关联，即多重线性，故本书在多元线性回归之前，采用主成分分析法解决共线性问题，其分析流程见图4-3。

① 选取影响因素指标作为自变量。

② 对自变量数据进行标准化处理：

$$x_i' = \frac{x_i - \overline{x_i}}{\sigma_{x_i}}$$

其中，x_i 代表第 i 个自变量；$\overline{x_i}$ 代表数据平均值；σ_{x_i} 代表数据标准差；x_i' 代表第 i 个自变量标准化数据。

③ 检验标准数据间是否具有较强的相关性（相关系数 > 0.3）。若是，则进行主成分分析；若否，则直接进行多元线性回归分析。

④ 利用SPSS软件进行主成分分析，并按特征值大于0.2的标准提取主成分，得到 n 个主成分指标 y_1，y_2，…，y_n。

⑤ 利用 y_1，y_2，…，y_n 进行多元线性回归分析。若某一主成分指标的显著性统计量sig > 0.5，则说明该主成分指标在95%的显著性水平下不显著，剔除该主成分指标后重新进行多元线性回归分析，得二氧化碳排放总量为：

$$E_{CO_2} = a_0 + a_1 y_1 + a_2 y_2 + \cdots + a_n y_n$$

⑥ 将 x_i' 代入上式计算标准化数据的系数，二氧化碳排放总量可以表示为：

$$E_{CO_2} = b_0 + b_1 x_1' + b_2 x_2' + b_3 x_3' + b_4 x_4'$$

⑦ 判断 $b_1 \sim b_4$ 的正负是否与定性判断相一致。若不一致，则返回第一步更换选取的数据指标，重新计算；若一致，则进行下一步。

⑧ 判断 R^2 是否需要进一步改进。若需要，则返回第一步更换选取的数据指标，重新计算；若不需要，则进行下一步。

⑨ 将 x_i 代入上式，以计算原始数据的系数。此时二氧化碳排放总量可以表示为：

$$E_{CO_2} = c_0 + c_1 x_1 + c_2 x_2 + c_3 x_3 + c_4 x_4$$

其中，$c_1 \sim c_4$ 即为各项影响因素的多元线性回归系数。

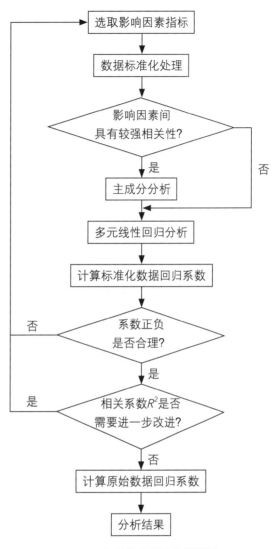

图4-3　主成分分析法分析流程

4.4.2 模型计算与评价

以各影响指标2000～2017年的历史数据拟合求取模型回归系数，各影响指标及中国碳排放总量的历年数据如图4-4所示。

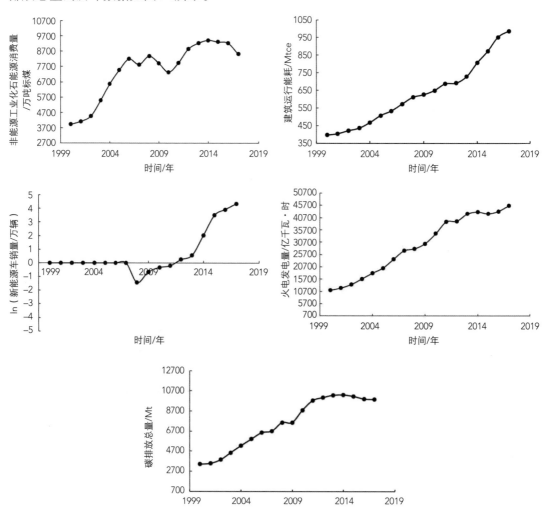

图4-4 2000～2017年各影响指标及碳排放总量演化情况

其中，非能源工业化石能源消费量、火电发电量数据来源于国家统计局；建筑能耗数据来源于《中国建筑节能年度发展研究报告》；新能源车销量数据来源于中国汽车工业协会；碳排放总量数据来源于世界银行。

对影响指标数据做相关性检验，所得相关系数矩阵如表4-2所示。

表4-2 各影响指标相关系数矩阵

指标	x_1	x_2	x_3	x_4
x_1	1.000	0.861	0.430	0.892
x_2	0.861	1.000	0.649	0.987
x_3	0.430	0.649	1.000	0.607

续表

指标	x_1	x_2	x_3	x_4
x_4	0.892	0.987	0.607	1.000

由表4-2可得，数据间具有较强相关性，可以进行主成分分析，最终计算得到各自变量的回归系数如表4-3所示。

表4-3　标准化数据与原始数据回归系数

n	0	1	2	3	4
标准化数据系数 b_n	0	0.0903	0.3231	−0.2372	0.7412
原始数据系数 c_n	−668.25	0.1269	4.4767	−369.5098	0.1558

模型拟合 R^2=0.989、F（方差比率）=434.403，拟合结果较好。对比二氧化碳排放总量的实际值与模型计算值，二者高度吻合，所得模型可用于碳排放发展预测。

2000～2017年碳排放总量实际值与计算值对比见图4-5。

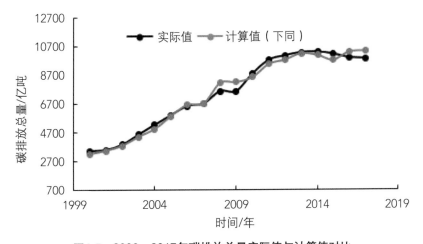

图4-5　2000～2017年碳排放总量实际值与计算值对比

根据标准化数据系数 b_n 的正负性，可得碳排放总量和非能源工业化石能源消费量、建筑能耗、火电发电量存在正相关关系，和新能源车销量存在负相关关系，与定性分析一致；各驱动因子标准化数据系数绝对值 $|b_4| > |b_2| > |b_3| > |b_1|$，即各驱动因子作用效果的相对大小为火电发电量 > 建筑能耗 > 新能源车销量 > 非能源工业化石能源消费量。不同影响因素的作用大小可为未来差异化减排政策的制定提供参考。

4.4.3 未来预测

（1）非能源工业化石能源消费量预测

非能源工业是除能源开采、自然能源加工转换等以外产业的总称，是指在工业生产活动中，把能源作为原料或材料投入使用，并经由化学反应将能源转化为非能源产品，合成氨、合成橡胶、盐碱工业等均属于非能源工业范畴。非能源工业范围广泛、影响因素众多，不易直接预测，通过对2000～2017年非能源工业化石能源消费量与合成氨工业产量的拟合（图4-6），发现二者存在较高的线性关联（R^2=0.9455），本书通过直接预测合成氨工业产量，再通过线性拟合方程间接预测非能源工业化石能源消费量。

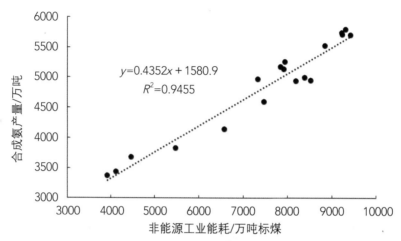

图4-6　2000～2017年非能源工业化石能源消费量与合成氨产量拟合结果

注：合成氨产量数据来源于《中国统计年鉴》。

合成氨工业产量与非能源工业化石能源消费量预测结果如图4-7所示。根据近年合成氨工业产量的增长趋势，自2018年起，其产量以1.3%的年增长率发展，至2025年，随着政策力度的加大，对重点排污工业管控强度的提高，年增长率下降一半至0.6%。

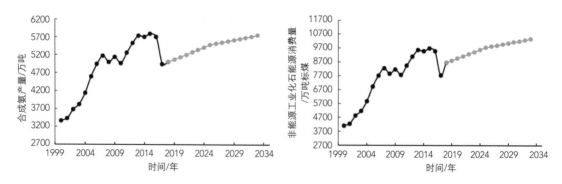

图4-7　合成氨工业产量与非能源工业化石能源消费量预测结果

（2）建筑用能预测

根据《中国建筑节能年度发展报告》，建筑碳排放总量：城镇建筑碳排放＋农村建筑碳排放＋公共建筑碳排放＝城镇人口×城镇人均住房建筑面积×城镇居住建筑排放系数＋农村人口×农村人均住房建筑面积×农村居住建筑排放系数＋公共建筑面积×公共建筑排放系数；建筑能耗：建筑碳排放总量/综合排放因子。各次级因子及建筑运行能耗预测值如图4-8

所示。

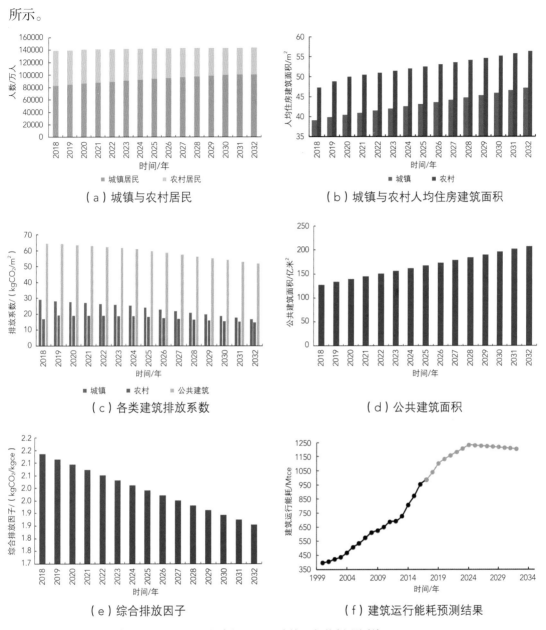

（a）城镇与农村居民

（b）城镇与农村人均住房建筑面积

（c）各类建筑排放系数

（d）公共建筑面积

（e）综合排放因子

（f）建筑运行能耗预测结果

图4-8　各次级因子及建筑运行能耗预测值

（3）新能源车销量预测

根据EVTank《全球新能源汽车市场中长期发展展望（2025）》，预计2025年中国新能源车销量将达500万辆以上；根据德勤咨询的预测，2030年中国新能源汽车销量预计将达1700万辆；而根据"十三五"规划，新能源汽车销售占比在2020年应达7%以上，2025年应达15%以上，2030年应达40%以上。按照关键节点的销量预测值与销量占比规划值，可预测新能源车销量发展趋势，所得结果如图4-9所示。

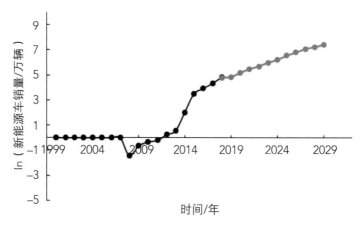

图4-9　新能源车销量预测结果

（4）火电发电量预测

火电发电量按照中国用电需求与火电发电占比的发展情况进行预测。根据"十四五"电力需求已有预测，至2025年，全社会用电量年均增速约为4%～6%，而根据中石油的展望，2030年中国火电发电占比将达45%左右，2035年达40%左右。所得用电需求、火电发电占比发展情况预测见表4-4，火电发电量预测结果如图4-10所示。

表4-4　2018～2035年用电需求、火电发电占比发展情况预测

时间	用电需求增长率	火电发电占比	时间	用电需求增长率	火电发电占比
2018	6.00%	71.12%	2027	4.00%	57.00%
2019	6.00%	69.00%	2028	4.00%	55.00%
2020	5.00%	68.00%	2029	3.50%	53.00%
2021	5.00%	67.00%	2030	3.00%	50.00%
2022	4.50%	65.00%	2031	3.00%	48.00%
2023	4.50%	63.00%	2032	3.00%	46.00%
2024	4.00%	61.00%	2033	2.50%	44.00%
2025	4.00%	59.00%	2034	2.50%	42.00%
2026	4.00%	58.00%	2035	2.50%	40.00%

（5）碳达峰预测

将各驱动因子的预测值代入多元线性回归方程，可预测未来二氧化碳排放总量，所得结果如图4-11所示。

如图4-11所示，根据本书所建立的模型与对各驱动因子的预测，中国社会二氧化碳总排放量将于2027年达到顶峰，所得碳排放峰值为130亿吨，即按照现有的经济社会发展趋势与相关规划，我国可提前3年实现碳达峰目标。

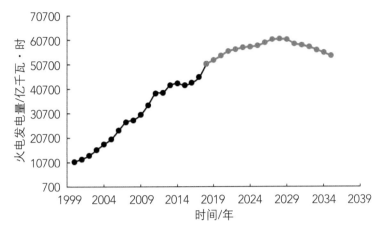

图4-10　火电发电量预测结果

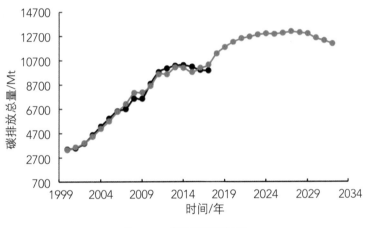

图4-11　碳排放预测结果

（注：进行本研究时，2019年及以后的相关数据均不可获取或不完整，故本研究的拟合时间范围为2000～2018年，预测时间范围为2019年及以后）。

4.5　碳达峰路径图

为保障"双碳"目标顺利实现，需落实行动方案，明确改革路径。2021年10月26日，国务院印发《2030年前碳达峰行动方案》（以下简称"《方案》"），提出"碳达峰十大行动"——能源绿色低碳转型行动、节能降碳增效行动、工业领域碳达峰行动、城乡建设碳达峰行动、交通运输绿色低碳行动、循环经济助力降碳行动、绿色低碳科技创新行动、碳汇能力巩固提升行动、绿色低碳全民行动、各地区梯次有序碳达峰行动，以此为基础勾勒出未来十年中国社会碳达峰行动路线图（图4-12、图4-13）。

图4-12　碳达峰行动路线核心三角示意图

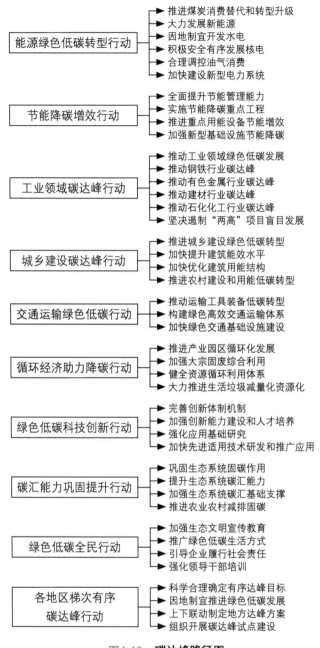

图4-13 **碳达峰路径图**

参考文献

[1] 仲云云，仲伟周. 我国碳排放的区域差异及驱动因素分析——基于脱钩和三层完全分解模型的实证研究 [J]. 财经研究，2012，38（2）：123-133.

[2] 李春鞠，顾国维. 温室效应与二氧化碳的控制 [J]. 环境保护科学，2000（2）：13-15.

[3] 陈思静. 后巴黎时代中国参与全球气候治理的挑战与战略选择 [D]. 北京：北京外国语大学，2017.

[4] 庞军，吴健，马中，等. 我国城市天然气替代燃煤集中供暖的大气污染减排效果 [J]. 中国环境科学，2015，35（1）：55-61.

[5] 李维明. 煤炭分级分质利用任重道远［J］. 中国煤炭报，2016-03-09（003）.

[6] 卢求，Henrik Wings. 德国低能耗建筑技术体系及发展趋势［J］. 建筑学报，2007（9）：23-27.

[7] 马冬，丁焰，张艳，等. 新能源汽车推广应用协同减排政策研究［J］. 绿叶，2019（Z1）：86-92.

[8] 毕研涛，王丹，李春新，等. 全球可再生能源发展现状、展望及启示［J］. 国际石油经济，2016，24（8）：62-66.

[9] 胥杰. 我国水电建设现状及其发展前景［J］. 工程技术研究，2019，4（5）：246，254.

[10] 刘波，贺志佳，金昊. 风力发电现状与发展趋势［J］. 东北电力大学学报，2016，36（2）：7-13.

[11] 宋卓然，陈国龙，赫鑫，等. 光伏发电的发展及其对电网规划的影响研究［J］. 电网与清洁能源，2013，29（7）：92-96.

[12] 马隆龙，唐志华，汪丛伟，等. 生物质能研究现状及未来发展策略［J］. 中国科学院院刊，2019，34（4）：434-442.

[13] 王项南，贾宁，薛彩霞，等. 关于我国海洋可再生能源产业化发展的思考［J］. 海洋开发与管理，2019，36（12）：14-18.

[14] 李天舒，王惠民，黄嘉超，等. 我国地热能利用现状与发展机遇分析［J］. 石油化工管理干部学院学报，2020，22（3）：62-66.

[15] 韩永滨. 规模储能的挑战与对策［J］. 高科技与产业化，2015（12）：69-73.

[16] 袁智勇，肖泽坤，于力，等. 智能电网大数据研究综述［J］. 广东电力：1-12. http://kns.cnki.net/kcms/detail/44.1420.TM.20201125.0905.002.html.

[17] 余少祥. 我国核电发展的现状、问题与对策建议［J］. 华北电力大学学报（社会科学版），2020（5）：1-9.

[18] 杨海林. 浅析世界核电技术发展趋势及第三代核电技术的定位［J］. 科技创新导报，2019，16（12）：30-31.

[19] 杨军，张恩昊，郭志恒，等. 全球核能科技前沿综述［J］. 科技导报，2020，38（20）：35-49.

[20] 陈兵，肖红亮，李景明，等. 二氧化碳捕集、利用与封存研究进展［J］. 应用化工，2018，47（3）：589-592.

[21] Klaus S Lackner, Christopher H Wendt, Darryl P Butt, et al. Carbon dioxide disposal in carbonate minerals [J]. Energy, 1995，20（11）.

[22] 谢和平，岳海荣，朱家骅，等. 工业废料与天然矿物矿化利用二氧化碳的基础科学与工程应用研究［J］. Engineering, 2015，1（1）：299-314.

[23] Wang Jing, Feng Liang, Palmer Paul I, et al. Large Chinese land carbon sink estimated from atmospheric carbon dioxide data [J]. Nature, 2020, 586 (7831).

[24] Shaikh A Razzak, Mohammad M Hossain, Rahima A Lucky, et al. Integrated CO_2 capture, wastewater treatment and biofuel production by microalgae culturing——A review [J]. Renewable and Sustainable Energy Reviews, 2013, 27.

[25] Kelsey K Sakimoto, Andrew Barnabas Wong, Peidong Yang. Selfphotosensitization of nonphotosynthetic bacteria for solar-to-chemical production [J]. Science, 2016, 351 (6268).

[26] 李靖华，郭耀煌. 主成分分析用于多指标评价的方法研究——主成分评价［J］. 管理工程学报，2002，16（1）：39-43.

第5章 中国碳中和路径和前景

5.1 中国碳中和主要因素

　　碳中和目标的实现与碳排放来源及碳减排途径息息相关。人类社会碳排放主要源于工艺过程与能源活动，其中，工业生产、建筑和交通运输是能源消费与碳排放的最主要来源；而目前碳减排的主要发展方向包括以发展清洁能源为主的能源结构调整和碳捕集利用技术的改进等，清洁能源往往具有不稳定性，为此，能源结构调整对规模储能、智能电网的发展建设也提出了较高要求。

　　通过以上分析，本节将从工业、建筑、交通等主要碳排放来源以及可再生能源、碳捕集利用等碳减排相关发展方向入手，分析各因素对碳排放的影响，以期为定量计算和差异化减排政策的制定提供依据。相关因素将于其他章节详细阐述，在本章中只做总括性梳理。

5.1.1 工业

　　工业碳排放分为工艺排放与能源活动排放，其中又以能源活动排放为主。工艺排放主要来源于合成氨、水泥生产等非能源工业过程，能源活动排放主要来源于钢铁、水泥等六大高能耗产业。

　　工业减排需发挥结构与技术减排的双效应：一方面推进能源结构改革，转变我国以煤为主的能源结构，从源头减碳；另一方面，推动产业改革，避免过分依赖重工业，减少不必要的高排放基础产品生产。

　　结构减排的现有尝试包含以天然气替代煤、提高可再生能源消费占比等。天然气是一种相对环保的优质能源，基本不含硫、粉尘和其他有害物质，其二氧化碳排放远少于其余化石燃料，具有巨大的减排潜能。

　　技术减排的现有尝试包含提升发电效率、化工产业精细化发展等。2019年我国火电发电标准煤耗为306.7g/（kW·h），发达国家约为270g/（kW·h），技术依托的发电效率提升有望减少10%的火电碳排放。化工产业精细化发展是资源密集型产业转型的关键，以煤化工为例，煤的分质利用是推动煤炭清洁转化的优良途径。煤的分质利用指通过热解得到焦炭、焦油、气态烃等初级产品，并且集中排污，得到的初级产品针对其不同特性进一步深加工，实现煤炭材料的深加工化与绿色转化。经由上述分质裂解操作，硫等污染物被集中去除净化，可实现煤的清洁化、深加工化、资源价值最大化。目前煤炭资源价值并未得到充分利用，大量富氢烃作为燃气或生产废气被输送至火炬，其中氢元素燃烧后以水的形式大量流失，若能利用好该部分资源，将其作为氢气的重要生产来源，可大大减少制氢工业排放，氢气作为清洁能源也可促进能源消费碳排放的降低。

5.1.2　建筑

建筑运行能耗是能源消费的另一大重要来源，在信息化较为发达的城市（如东莞），建筑甚至超越工业成为最大能耗来源。建筑碳排放主要来源于能源活动。根据《中国建筑能耗研究报告（2019）》，2017年我国建筑运行能耗为9.47亿吨标煤，占总能源消费的21.11%，是第二大能源消费体，建筑二氧化碳排放20.44亿吨，占碳排放总量的19.5%。而按照西方先列国家统计规律，随着城镇化率不断增大，建筑作为生活水平的重要表征将登顶成为能耗首要来源，达到总能耗的30%~40%，因此，降低建筑运行能耗进而降低其碳排放是建成低碳社会的关键。

德国在低能耗建筑领域有着领先经验，其低能耗建筑分三种等级：低能耗建筑[采暖能耗30~70kW·h/（m^2·a）]、三升油建筑[采暖能耗15~30kW·h/（m^2·a）]和微能耗建筑[采暖能耗0~15kW·h/（m^2·a）]。研究表明，利用低能耗建筑技术，如加厚墙体保温层、控制开窗比例、有效遮阳、新风热回收、充分利用风能与太阳能等，可使目标建筑能耗从184kW·h/（m^2·a）降低为44kW·h/（m^2·a），实现住房建筑能源自给。

5.1.3　交通

交通碳排放主要来源于能源活动。交通运输业是我国第三大能源消费体，是碳排放的重要来源之一。根据国际能源署的预测，2035年中国交通碳排放量将占世界交通碳排放量的1/3以上。此外，随着人民生活水平的提高，近年来我国私人汽车保有量逐渐上升，2019年我国私人汽车保有量达2.26亿量，比上年增长13.9%，更使得交通碳排放迅猛增长。

目前我国公路运输装备主要分为化石能源车与新能源车。其中，包括汽油车、柴油车等的化石能源车是公路运输碳排放的主要来源，而包括电动车、氢燃料车等的新能源车是近年来公路减排的重点发展方向。

5.1.4　可再生能源

能源结构的脱碳化是实现碳中和的关键，从全球范围来看，各国也都陆续制定以可再生能源为主导的能源转型政策。对国内而言，全国可再生能源发电规模不断扩大，2019年我国可再生能源发电累计装机达7.9亿千瓦，约占全部电力装机的40%（图5-1~图5-3）。接下来的5年可再生能源可能成为能耗增量大头，到2035可再生能源几乎满足能耗增量，到2050可再生能源成为能源供应大头。

可再生能源下分水能、风能、光能、生物质能、海洋能、地热能等，中国可再生能源供电以水电和风电为主导，太阳能、生物质发电等随着政策导向迅速发展。

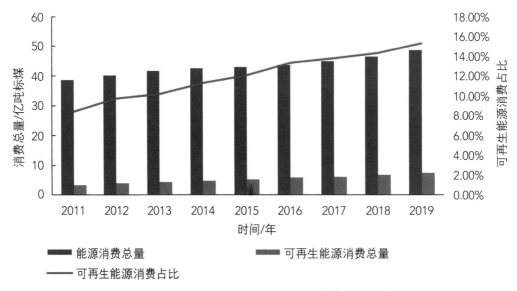

图5-1 2011～2019年中国可再生能源消费总量及占比变化情况

注：数据来源于国家统计局。

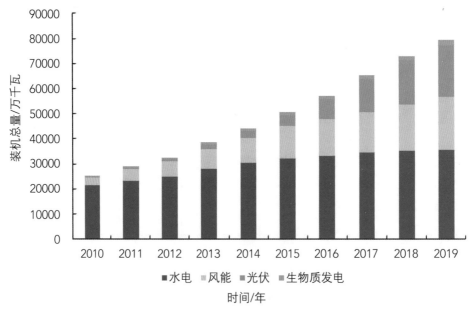

图5-2 2011～2019年中国主要可再生能源装机总量

注：数据来源于《中国电力年鉴》。

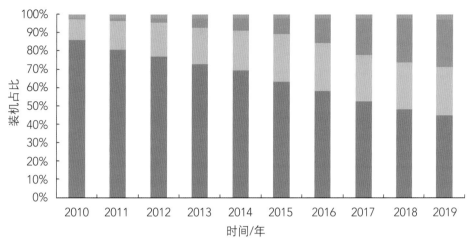

图5-3 2011～2019年中国主要可再生能源装机占比

注：数据来源于《中国电力年鉴》。

5.1.5 碳捕集利用

实现碳中和应做到"缩源扩流"，一方面从源头上减少二氧化碳的产生，另一方面加速现存二氧化碳的捕集与利用，从而促进二氧化碳净排放趋零。目前二氧化碳的捕集利用方式主要分为捕集封存、矿化处理、光合作用、化学品生产与其他利用方式。

5.2 碳中和情景分析

根据前文的影响因素分析，参考袁晓玲等的工作，设置基准、低减排、高减排三种情景，从工业、建筑、交通、清洁能源、碳捕集利用等方面入手，探究各因素可贡献的减排潜力，分析预测2060年中国碳中和目标的实现可能。

根据陈霞等的预测，2060年中国人口约为14.8亿，而根据国家"十三五"规划，按照4.7%的年增长率推算，2060年中国人均GDP约为6.28万美元，则在不采取减排措施的情况下，取单位GDP碳排放强度不变，由2016年碳排放数据推算2060年中国社会碳排放总量为：

$$人口 \times \frac{GDP}{人口} \times \frac{CO_2排放量}{GDP} = 815.71亿吨$$

根据2016年各行业的碳排放比重，同比计算得2060年来自工业、建筑、交通、其他能源活动的二氧化碳排放量如表5-1所示。

表5-1 各行业碳排放现状与同比预测

行业	2016年碳排放总量/ 亿吨	2016年碳排放占比/ %	2060年碳排放总量/ 亿吨
工业	15.42	15.59	127.15

行业	2016年碳排放总量/ 亿吨	2016年碳排放占比/ %	2060年碳排放总量/ 亿吨
建筑	19.60	19.81	161.61
交通	5.18	5.24	42.71
其他能源活动	58.73	59.36	484.25
总计	98.93	100	815.72

注：2016年工业、建筑碳排放数据来源于世界银行，其中工业碳排放是指除能源活动以外的工艺碳排放；为方便后续减排计算，交通碳排放数据按汽油、柴油消费量及排放系数计算而得，能源消费量数据来源于国家统计局，排放系数数据来源于《中国能源统计年鉴》；除工业、建筑、交通（汽油、柴油）以外的碳排放来源于其他能源相关活动。

在不同的减排情景中，受政策与技术发展等影响，工业、建筑、交通、清洁能源发展贡献不同程度的减排量，而后通过碳捕集利用技术回收剩余排放以实现碳中和目标。

5.2.1 基准情景

在所构建的基准情景中，中国经济社会稳步发展，国家按照《"十三五"控制温室气体排放工作方案》等相关规划部署并完成节能减排工作。

在工业方面，随着落后产能的淘汰及工业原料分质利用的发展，来源于工艺本身的二氧化碳排放量减少85%。

在建筑方面，二氧化碳减排量主要来源于能耗总量的下降及能源结构的改良。一方面随着房屋设计的改良与公共建筑能耗的管控，建筑单位面积运行能耗下降，2016年我国平均建筑运行能耗约为120kW·h/（m²·a），参考德国微能耗建筑0~15kW·h/（m²·a）的单位能耗，则基于能耗总量下降的碳减排潜力约为90%，假定我国在2060年可完成半数存量建筑的翻修改造，则建筑能耗总量下降可减少约45%的建筑碳排放；另一方面随着地热能、生物质能等清洁能源的应用，供暖煤炭与炊事燃气的使用大大减少，在能耗总量下降的基础上，能源结构的调整可使剩余建筑碳排放进一步减少85%。

在交通方面，二氧化碳减排量主要来源于汽油车与柴油车保有量的下降。随着燃油车禁售政策的推行，假定2060年汽油、柴油车保有量不足5%，以电动车为主的新能源车成为主流交通工具，则交通碳排放可减少95%。

在其他能源活动方面，二氧化碳减排量主要来源于能源结构的改良，基于清洁能源产生的电力、热力成为2060年能量消费的主流。以煤炭、石油在能源结构中占比的下降计算减排量，2016年中国煤炭、石油消费量占能源消费总量的80.3%，假定2060年煤炭、石油在能源消费结构中的占比下降至5%，则可减少93.8%的能源相关碳排放。

基准情景下各行业的减排情况如表5-2所示。

表5-2　**基准情景下各行业减排情况**

行业		碳排放总量/亿吨	减排力度	减排量/亿吨	剩余排放量/亿吨
工业		127.15	85%	108.07	19.08
建筑	基于能耗总量 基于能源结构	161.61	45% 55%×85%	72.72 75.55	13.33
交通		42.71	95%	40.58	2.14
其他能源活动		484.25	93.8%	455.19	29.05
为达碳中和，需捕集利用二氧化碳总量/亿吨					63.59

　　根据国家林业和草原局相关规划，可推算到2060年碳汇林储碳量将增长约47亿吨，而根据《中国碳捕集、利用与封存（CCUS）技术发展路线图研究》，2060年CCUS技术规模将达到17亿吨二氧化碳/年。综合二者，根据相关规划，2060年碳捕集利用潜能可达64亿吨/年，恰好能够满足基准情景下63.59亿吨/年的碳回收需求，实现碳中和目标，但在该情景下碳中和目标的实现仍需依托大规模的碳回收。

5.2.2　低减排情景

　　在所构建的低减排情景中，受突发事件、人口老龄化等因素影响，中国为保障经济发展而放宽能源转型、工业转型约束，节能减排进程放缓。各行业减排力度下调约5%，所得低减排情景下各行业的减排情况如表5-3所示。

表5-3　**低减排情景下各行业减排情况**

行业		碳排放总量/亿吨	减排力度	减排量/亿吨	剩余排放量/亿吨
工业		127.15	80%	101.72	25.43
建筑	基于能耗总量 基于能源结构	161.61	40% 60%×80%	64.64 77.57	19.39
交通		42.71	90%	38.44	4.27
其他能源活动		484.25	88.8%	426.14	58.11
为达碳中和，需捕集利用二氧化碳总量/亿吨					107.20

　　从表5-3中可以看出，低减排情景下各行业减排力度下降，为实现碳中和目标，需回收剩余的107.20亿吨二氧化碳，即碳汇林与CCUS技术规模应较规划值提升67.5%，碳捕集利用压力巨大，该情景下碳中和目标的实现难度较高。

5.2.3 高减排情景

在所构建的高减排情景中，受国际压力、技术突破等因素影响，中国以更大的政策力度与更高的技术水平推动节能减排进程。各行业减排力度上调约5%，所得高减排情景下各行业的减排情况如表5-4所示。

表5-4　高减排情景下各行业减排情况

行业		碳排放总量/亿吨	减排力度	减排量/亿吨	剩余排放量/亿吨
工业		127.15	90%	114.43	12.71
建筑	基于能耗总量	161.61	50%	80.80	8.08
	基于能源结构		50%×90%	72.72	
交通		42.71	98%	41.86	0.85
其他能源活动		484.25	97.5%	472.14	12.11
为达碳中和，需捕集利用二氧化碳总量/亿吨					33.75

从表5-4中可以看出，高减排情景下各行业减排力度提高，碳排放余量大幅下降，碳捕集利用压力减小，实现碳中和目标的希望较高。

5.2.4 对比分析

不同情景对比分析见表5-5。

表5-5　不同情景对比分析

项目	基准情景	低减排情景	高减排情景
工业减排贡献	13%	12%	14%
建筑减排贡献	18%	17%	19%
交通减排贡献	5%	5%	5%
其他能源活动减排贡献	56%	53%	58%
碳捕集利用贡献	8%	13%	4%
清洁能源贡献	65%	62%	67%
排放余量（回收需求）亿吨	63.59	107.20	33.75

从表5-5中可以看出，清洁能源的发展对碳中和目标的实现贡献巨大，在三个情景中分别占比65%、62%、67%，能源结构的调整是达成碳中和目标的关键。在三种情景中，

基准情景与高减排情景有望在2060年实现碳中和，在基准情景下，各行业减排压力较小，但对碳捕集利用技术的发展提出了较高要求；而在高减排情景下，各行业减排压力较大，能源结构、产业结构转型压力较高，但相对基准情景则碳捕集利用产业的压力较小。从本质低碳的角度考虑，未来碳中和目标的实现应更多依托于人类社会碳排放的主动减少，而非过度依赖碳捕集利用技术的被动回收，故以高减排情景作为实现碳中和目标的参考。

5.3　碳中和路线图

5.3.1　降低能耗总量

根据陈霞等的预测模型，我国2060年人口总量与现阶段基本持平，约为14.6亿。而根据《宏观经济蓝皮书》的预测，我国2050年人均GDP将达到4.1万美元，假定2050~2060年人均GDP增速为2%，则2060年我国人均GDP将突破5万美元大关，已达到现阶段发达国家水平。与此同时，现阶段我国经济发展对能源的依赖度仍然较高，根据《中华人民共和国国民经济和社会发展统计公报》，2019年中国万元GDP能耗0.54吨标煤，同年世界平均万元GDP能耗为0.23吨标煤，发达国家约0.1~0.2吨标煤，若2060年我国万元GDP能耗减少至0.05~0.1吨标煤，则全年能源消费总量为：

$$能耗总量 = 人口 \times \frac{GDP}{人口} \times \frac{能耗}{GDP} = 23.73亿 \sim 47.46亿吨标煤$$

根据《中华人民共和国国民经济和社会发展统计公报》，2019年中国社会能源消费总量为48.6亿吨标煤，则在此愿景下，2060年我国社会总能耗相较于现阶段将有所下降，在最乐观的情景下，能耗总量将下降一半以上。

降低能耗总量不能以牺牲发展为代价，而是要依靠技术进步，提升效率。在工业方面，产业结构调整与技术攻坚刻不容缓，工业高端化、绿色化变革，是降低工业能源消费的关键。在建筑方面，采用房屋重构等低能耗技术，并就地取材利用好地热能、风能等自然可再生能源，可在保障舒适度的前提下，大大降低建筑运行能耗。在交通方面，随着汽柴油车的禁售和新能源车的快速发展，辅以智能化、信息化交通的完备，交通用能问题可得到较好解决。

5.3.2　发展零碳电力

零碳电是中国乃至人类社会最优二次能源。随着碳中和目标的推进，能源结构"去煤化"势在必行，可再生能源与储能技术及智能电网的结合是未来社会能源供应的希望，核聚变技术的突破也是能源供应的曙光。

德国在"去煤化"与零碳电力系统发展中具有较为丰富的经验，其转型路线可为我国能源结构改良提供参考。德国总理于2019年许诺：德国要逐渐关停煤电厂，且在2030年前将可再生能源发电比重由38%提高至65%。德国的"去煤化"道路关键主要包括以下五个方面：一是淘汰煤炭，新燃煤发电厂和露天煤矿不再发展，现有燃煤发电厂陆续关停或改造为调峰电站；二是传统矿区改革，保障传统矿区的退役善后处理，推进其向高技术产区、科研机构等转型；三是大力推进分布式可再生能源与规模储能技术，以新能源替代传统化石能源，并结合化学储能、相变储能、机械储能等方式实现分布式规模储能；四是电力系统现代化，以智能电网保障可再生能源替代煤炭平稳供能；五是稳定市场，解决因退煤带来的电价上涨、工人下岗等问题。

新能源的开发作为零碳电力系统发展的重中之重，已引起国际上的高度重视。以光伏、风电为代表的可再生能源技术日益精进，弃光、弃风比例不断下降，发电成本也逐渐减少。根据国际可再生能源署发布的《可再生能源成本报告》，受技术进步、规模化经济、供应链竞争等影响，2009～2019年间可再生发电所需成本高速下降，2019年大规模光伏发电成本约为0.068美元/（kW·h），陆地及海上风电的成本各自约为0.053美元/（kW·h）和0.115美元/（kW·h），而2019中国火电发电成本大约0.05美元/（kW·h）。与此同时，可再生能源并网电价不断下降，无论从企业投资还是人民生活角度来看，可再生能源的经济性都在不断提升，而为解决其波动性、不稳定性等问题，则需大力发展规模储能。

根据国家统计局的数据，2019年我国可再生能源消费占了15.3%，清洁能源更高，占到23.4%。国际可再生能源署曾公开预测，到2050年世界可再生能源消耗比重需至66%，换言之我国完全有可能在2060年实现零碳电力供能。

5.3.3 化石资源化利用

化石资源化利用是指将煤炭、石油、天然气等作为原料投入非能源产品的生产。化石资源化利用可使碳元素以化合物的形式转向下游产品而非转向大气，化石资源得以从能源结构中脱离，与碳排放解绑。随着低碳需求的不断增加，化石能源的比重必定加速下降，化石资源化利用是响应碳中和目标、推动产业转型的必然选择。化石资源化利用将于第8章进行详细介绍，在此不再赘述。

5.3.4 植树造林与CCUS技术

已大幅减少的二氧化碳可通过植树造林、CCUS技术回收，然而由于长周期视角下，森林通过光合作用固定的碳最终仍会随着植物的腐化回归大气，植树造林只能作为一种短期储碳手段，不是回收二氧化碳的首选方式。对于植物固定的碳，建议通过干馏分解为可利用化学品和多孔生物碳，使之成为长效肥料、农药的载体回归土壤，提高土壤碳汇。

可以预见的是，随着新能源的不断发展，人类将逐渐迈进能源自由时代。在充沛能源的支撑下，资源化利用是回收二氧化碳、实现碳中和最为理想的可行途径。二氧化碳资源化利用方式主要包括光合作用、矿化处理、化学品合成等，已于2.6.5节详细介绍，在此不再赘述。

5.3.5 碳中和总体蓝图

基于上文绘出我国未来40年阶段性目标及2060碳中和总体蓝图，见表5-6和图5-4。

表5-6　中国社会2020～2060阶段性目标

时间节点	2020	2030	2040	2050	2060
人口/亿人	14.1	14.3	14.4	14.5	14.6
人均GDP增速	2.7%	2.4%	2.2%	2.1%	2%
万元GDP能耗/tce	0.54	0.45	0.32	0.15	0.1
可再生能源占比	15.3%	30%	50%	70%	95%

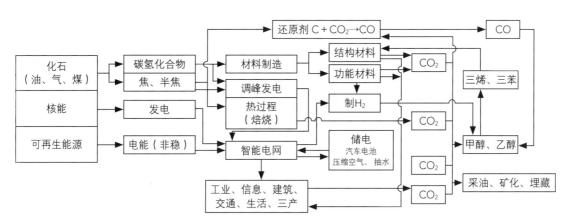

图5-4　2060中国碳中和蓝图

注：三烯指乙烯、丙烯、丁二烯；三苯指苯、甲苯、二甲苯。

参考文献

[1]　兰海强，孟彦菊，张炯. 2030年城镇化率的预测：基于四种方法的比较［J］. 统计与决策，2014（16）：66-70.

[2]　袁晓玲，郗继宏，李朝鹏，等. 中国工业部门碳排放峰值预测及减排潜力研究［J］. 统计与信息论坛，2020，35（9）：72-82.

[3]　陈霞，肖岚. Logistic模型的改进与中国人口预测［J］. 成都信息工程大学学报，2020，35（2）：239-243.

[4]　Lin Danting, Zhang Lanyi, Chen Cheng, et al. Understanding driving patterns of carbon emissions from the transport sector in China: evidence from an analysis of panel models [J]. Clean Technologies and Environmental Policy, 2019, 21 (6): 1307-1322.

[5]　Philipp Litz，涂建军. 德国去煤化公平转型路径［J］. 中国投资（中英文），2020，（1）：66-67.

[6]　胡山鹰，金涌. 碳中和蓝图如何实现［J］. 中国科学报，2021-03-01（003）.

[7]　李维明. 煤炭分级分质利用任重道远［J］. 中国煤炭报，2016-03-09（003）.

[8]　王建立，温亮. 现代煤化工产业竞争力分析及高质量发展路径研究［J］. 中国煤炭，2021，47（3）：9-14.

[9]   王铁峰，蓝晓程，王宇，等. 一种二氧化碳和煤炭生产含氧有机物的系统和工艺.

[10] 蔡建崇，万涛. 增强型催化裂解技术（DCC-PLUS）的工业应用［J］. 石油炼制与化工，2019，50
      （11）：16-20.

[11] 陈继军，魏飞. 原油直接裂解坏产品收率可达70%——访清华大学教授、教育部特聘教授、北京市
      绿色化学反应工程和技术重点实验室主任魏飞［J］. 中国石油和化工产业观察，2020（9）：12-15.

[12] 陈英杰. 天然气制氢技术进展及发展趋势［J］. 煤炭与化工，2020，43（11）：130-133.

[13] 潘珍燕，石勇. 中国天然气化工技术现状及发展方向［J］. 石油化工应用，2020，39（11）：14-16.

[14] 邵聪. 基于化学链技术的天然气利用研究［D］. 成都：西南石油大学，2018.

[15] 赵学英. 部分氧化法天然气制乙炔工艺技术探讨［J］. 中国石油和化工标准与质量，2019，39
      （21）：247-248.

[16] Lei Chen, Sreekanth Pannala, Balamurali Nair, et al. Experimental and numerical study of a two-stage
      natural gas combustion pyrolysis reactor for acetylene production：The role of delayed mixing [J].
      Proceedings of the Combustion Institute, 2019, 37 (4): 5715-5722.

[17] 吴可量. 基于 TiO_2 的异质结复合纳米光催化剂的制备及人工树叶的构建［D］. 石河子：石河子大
      学，2019.

[18] Shaikh A Razzak, Mohammad M Hossain, Rahima A Lucky, et al. Integrated CO_2 capture, wastewater
      treatment and biofuel production by microalgae culturing——A review [J]. Renewable and Sustainable
      Energy Reviews, 2013, 27 (7): 622-653.

[19] Kelsey K Sakimoto, Andrew Barnabas Wong, Peidong Yang. Self-photosensitization of nonphotosynthetic
      bacteria for solar-to-chemical production [J]. Science, 2016, 351 (6268): 74-77.

[20] Klaus S Lackner, Christopher H Wendt, Darryl P Butt, et al. Carbon dioxide disposal in carbonate minerals
      [J]. Energy, 1995, 20 (11): 1153-1170.

[21] 朱维群，王倩，唐震，等. 二氧化碳资源化利用的工业技术途径探讨［J］. 化学通报，2020，83
      （10）：919-922.

[22] 霍景沛，林冲，陈桂煌. 光催化二氧化碳还原催化体系研究进展［J］. 化学推进剂与高分子材料，
      2020，18（3）：8-14.

第6章 中国碳中和目标下能源转型路径

近200年来，人类通过大规模利用化石能源进入工业文明的同时也带来了日益严峻的生态环境问题和气候变化问题。过去100年间，人类消耗的矿物燃料产生的大量温室气体，已导致全球地表平均温度上升0.9℃。若不尽快采取措施，到21世纪末，全球气温上升将超过4℃，会带来冰川融化、海平面上升、粮食减产、物种灭绝等危害，严重威胁人类的生存与发展。人类历史上火的发现、蒸汽机的发明、电能利用和原子能的开发利用等，既推动了人类社会的发展，也带来了大量的能源需求。如今，一个国家的发展仍然需要消耗大量的能源，作为能源生产和消费大国，中国在能源利用率方面还需要进一步提高。同时，随着"碳达峰、碳中和"目标的提出，中国走能源体系低碳转型之路已成必然。

6.1 概述

6.1.1 能源及其分类

能源是人类赖以生存和社会发展最为重要的物质基础，是发展社会生产力的基本条件，人类对能源的开发和利用，推动了工业社会和现代文明的发展。关于能源，《大英百科全书》表示："能源是一个包括所有燃料、流水、阳光和风的术语，人类用适当的转换手段便可让它为自己提供所需的能量。"中国《能源百科全书》表示："能源是可以直接或经转换提供人类所需的光、热、动力等任一形式能量的载能体资源。"

能源是指煤炭、石油、天然气、生物质能和电力、热力等能够直接或通过加工、转换而取得有用能的各种资源，是能量的载体。人类能够利用的能源形式很多，能源在自然界存在的形式多种多样，也有多种分类方法，概括起来主要有以下六种：

（1）按能源的来源

自然界中的能源按其来源可分为：

①来源于太阳。除直接来自太阳的辐射能外，还包括煤炭、石油、天然气、生物质能、水能、风能和海洋能等间接来源于太阳的能源。

②来源于地球自身。包括地下蒸汽、热水和干热岩体等地球内部的热能，以及铀、钍等放射性核燃料，即原子核能。

③来源于月球或太阳等天体对地球的引力，以月球引力为主，如海洋的潮汐能。

（2）按成因或是否经过转换

自然界中的能源按照成因或是否经过转换分为一次能源和二次能源。一次能源是以现成的形式存在于自然界，未经加工和转换的能源，如煤炭、石油、天然气、植物燃料、水能、风能、太阳能、核能、地热能、海洋能、潮汐能等；二次能源是由一次能源经加工或转换而成的能源产品，如煤气、石油制品、焦炭、电力、蒸汽、沼气、酒精、氢气等。一次能源按能否再生分为可再生能源和不可再生能源。其中前者为不会随着它本身的转化或人类的利用而日益减少的能源，大多直接或间接来自太阳；后者是指随着人类的开发利用而越来越少的能源。

（3）按性质

自然界中的能源按照性质可分为燃料能源和非燃料能源。燃料能源包括矿物燃料（煤、石油、天然气等）、生物燃料（柴草、沼气等）、化工燃料（丙烷、甲醇、酒精等）和核燃料（铀、钍等）四种；非燃料能源包括机械能（风能、水能、潮汐能等）、热能（地热能、海水热能等）、光能（太阳光能、激光能等）和电能四种。

（4）按使用的技术成熟度和普遍性

按照使用的技术成熟度和使用的普遍性，能源可分为常规能源和新能源。在一定的历史时期和科学水平条件下，已被人们广泛应用的能源，称为常规能源，如煤炭、石油、天然气、水力等。许多能源需要采用先进的技术才能加以利用，如太阳能、风能、海洋能、地热能、生物质能、核能等，称为新能源。需注意的是，这里的"新"不是时间概念，而是意味着技术不成熟，在不同的历史时期，常规能源和新能源的分类是相对的。

（5）按对环境有无污染

按照对环境有无污染，能源可分为清洁能源（如太阳能、风能、水能、氢能等）和非清洁能源（如矿物燃料、核燃料等）。

（6）按能源本身性质

按照能源本身的性质可分为：

① 含能体能源。指集中储存能量的含能物质，如煤炭、石油、天然气和核燃料等。

② 过程性能源。指物质运动过程产生和提供的能量，该能量存在于某一过程，并随着物质运动过程结束而消散，如电能、风能、水能、海流能、潮汐能、波浪能、火山爆发能、雷电能、电磁能和一般热能。过程性能源目前尚不能大量直接储存。

6.1.2 中国能源结构

能源结构包括生产结构和消费结构。生产结构是指各种能源的生产量占国家能源生产总量的比例；消费结构则是指各经济部门消费的能源量占国家能源消费总量的比例。其中能源生产总量是指一定时期内国家或地区范围内的一次能源生产量的总和，该指标可以用来衡量特定地区的能源生产水平、规模和构成等。能源消费总量是指一定时期内国家或地区范围内用于生产、生活所消费的各种能源数量之和。能源生产总量与能源消费总量之差表示该地区的能源进出口数量，前者大于后者表明该地区能源富余，可用于能源出口，反之则是能源进口。由于能源进口面临着更大的不确定性，其在价格和数量上存在是否稳定和安全的问题。因此，能源安全问题通常指的是能源进口问题。由于中国富煤、缺油、少气的资源禀赋，能源安全问题通常指石油的进口问题，但近几年煤炭和天然气也存在大量的进口，因此，能源安全问题也可以泛指化石能源的进口是否稳定和安全的问题。通过分析能源结构及其发展，可以看出一个国家在能源生产和能源消费方面的特点、能源有效利用情况和发展趋势，为国家确定能源发展方向、制订能源发展规划和政策方针提供科学依据。

世界各国的能源生产结构和能源消费结构因该国的能源资源品种、开发利用成本及科学技术水平等因素的不同而不同。作为世界上最大的发展中国家，随着人均GDP的增加，中国已成为能源生产和消费大国。

中国能源消费水平不断提升，2020年的能源消费总量达到49.8亿吨标煤，比上年增长2.2%。能耗强度持续下降，2020年单位国内生产总值能耗比2015年下降13.2%，单位国内生产总值二氧化碳排放比2015年下降18.8%（国家气候战略中心测算）。单位产品综合能耗不断下降，重点耗能工业企业单位电石综合能耗下降2.1%，单位合成氨综合能耗上升0.3%，吨钢综合能耗下降0.3%，单位电解铝综合能耗下降1.0%，每千瓦时火力发电标准煤耗下降0.6%（图6-1）。

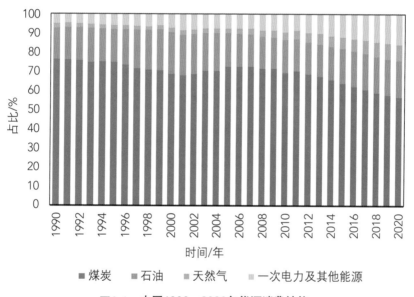

图6-1　中国1990~2020年能源消费结构

中国电气化水平持续加速提升，2020年能源消费弹性系数为0.96，电力消费弹性系数为1.35，电能占终端能源消费比重达到27%，清洁能源发电装机占比为43.4%，比上年增长2.6%。煤炭清洁高效利用水平稳步提升，2020年煤炭在能源消费总量中的占比为56.8%，比上年下降0.9个百分点。到2020年，全国三批冬季清洁取暖试点城市达到43个，京津冀及周边地区和汾渭平原全覆盖。同时新增电力需求不能由清洁能源满足、电气化的经济成本较高且可持续性有待提高等问题对电气化的进程有所影响（图6-1）。

中国大力推动非化石能源发展，2020年非化石能源占一次能源消费比重达15.9%，提前一年完成"十三五"规划目标任务。能源结构持续优化升级，可再生能源装机规模不断增长，2020年全国火电装机容量12.4亿千瓦，增长4.7%。水电装机容量3.7亿千瓦，增长3.4%；核电装机容量4989万千瓦，增长2.4%；并网风电装机容量2.8亿千瓦，增长34.6%；

并网太阳能发电装机容量2.5亿千瓦,增长24.1%;分别是2010年的1.7、4.6、9.5和975倍。但由于新能源出力具有间歇性和波动性,其大规模接入将给电力系统的安全稳定、调峰能力和消纳能力带来新的挑战(图6-1)。

中国可再生能源开发利用规模持续增长,2020年达到6.8亿吨标煤,相当于替代煤炭近10亿吨,减少二氧化碳、二氧化硫、氮氧化物排放量分别达17.9亿吨、86.4万吨与79.8万吨,同时也为经济高质量发展做出了贡献。据估算,若"十四五"期间碳强度目标达到17%~20%的水平,非化石能源占比将达到19%~21%,中国非化石能源将满足45%~67%的能源消费增量需求,累计投资将超过3.7万亿元,可再生能源领域的就业将达到633万~684万人(国家气候战略中心测算)。

中国于2020年提出"碳达峰、碳中和"目标,意味着中国要在能源结构转型方面做出革命性的转变,并将对全球气候治理起到关键推动作用。在碳达峰与碳中和的战略目标下,"十四五"期间,中国将大力构建现代能源体系,加快发展非化石能源,大幅提升风电、光伏发电规模,加快推进特高压工程建设,合理控制煤电建设规模,将非化石能源占能源消费总量比重提升到20%左右,以更高水平的电气化来支撑煤炭、石油和天然气消费的尽早达峰;并在碳达峰基础上,大力推广去碳、负碳技术,同时加快推进碳税、碳交易市场的相关理论研究和建设。

6.2 中国能源流与碳流

作为一个能源消费大国、能源消费增长大国、碳排放大国和负责任的大国,中国已多次公开承诺履行减排责任。熟悉并掌握每一阶段的能源供应及流向情况,能够给下一阶段中国能源发展提供参考,也可梳理出当前亟待解决的问题,为更好地进行减排提供科学支撑。同时,了解每一环节碳排放量有助于认清碳排放的主要来源,为节能减排提供具体指导。

为直观表示一次电力生产到终端消费的过程(电力生产过程无能耗),采用电热当量计算法绘制能流图。为得到更加清晰的能流图结果,将二次能源、加工转换过程和终端消费部门中各项进行合并。其中,煤炭分为原煤和煤制品,油品分为原油和油制品,天然气包括液化天然气。加工转换过程中,仅考虑各类能源间的转化过程,但仍计算能源内部转换过程的损失。依据国家统计局《三次产业分类》(2018年)对终端消费部门进行合并。其中,农、林、牧、渔业为第一产业,工业和建筑业为第二产业,交通运输、仓储和邮政业、批发、零售业和住宿、餐饮业以及其他为第三产业,生活消费单独成项。除终端消费部门外,能源的流动去向还有损失和平衡,该部分包含加工转换过程中的损失量、其他损失量及平衡差额(平衡差额=可供本地区消费的能源量-加工转换投入量+加工转换产出量-损失量-终端消费量)。

6.2.1 中国能源流

基于2018年中国能源平衡表(标准量)绘制2018年中国能流图,如图6-2所示,2018年中国一次能源生产总量为34.23亿吨标煤(电热当量计算法,下同),较2017年(32.58

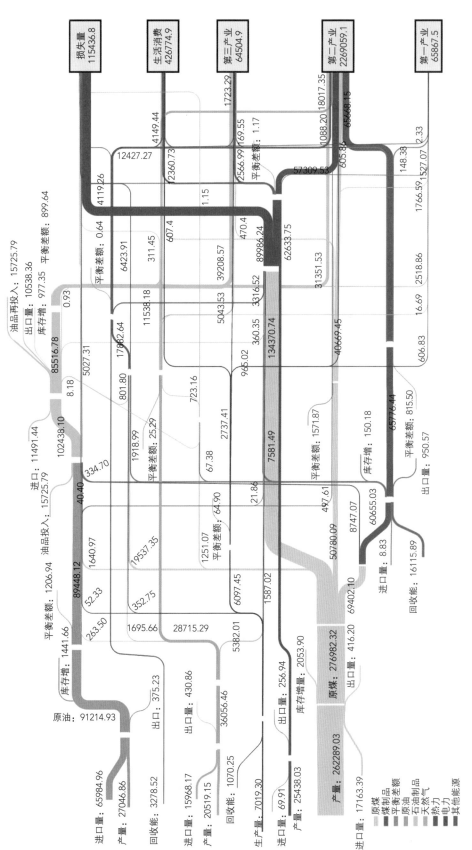

图6-2　2018年能源流图（单位：万吨标煤）

亿吨标煤）增长5.1%。其中，原煤、原油、天然气、电力、其他能源的生产量分别是26.23亿吨标煤（76.62%）、2.70亿吨标煤（7.90%）、2.54亿吨标煤（5.99%）、2.05亿吨标煤（7.43%）和0.70亿吨标煤（2.05%）。与2017年相比，原煤、原油的产量进一步下降，天然气、电力占比上升。2018年中国水电、核电和风电的生产量分别为1.51亿吨标煤和0.36亿吨标煤和0.45亿吨标煤，较2017年分别增加0.05亿吨标煤、0.06亿吨标煤和0.09亿吨标煤。总体而言，中国能源结构仍以煤炭为主，但其总量和占比都略有下降，天然气、电力的产量增加，中国一次能源生产正向更加清洁的方向迈进。

2018年中国净进口9.77亿吨标煤能源（包括境内飞机、轮船在境外的加油量），为近五年来最大值，能源对外依存度达到22.43%，比2014年和2017年分别高出5.12和1.4个百分点（图6-3）。

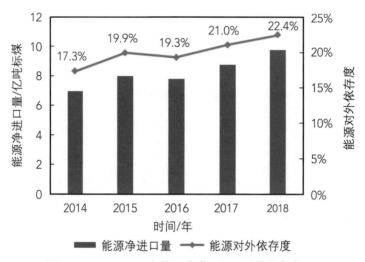

图6-3　2014～2018年能源净进口量及对外依存度

作为中国能源进口中占比最大的能源，石油的消费量、净进口量逐年递增（2018年分别为8.91亿吨标煤和6.65亿吨标煤），但原油生产量偏低且呈逐年递减的趋势，石油对外依存度近年来上升较快，2018年达到74.64%。中国的石油消费量大，原油产量低，石油对外依存度高的问题将持续存在（图6-4）。

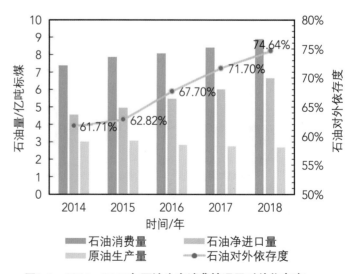

图6-4　2014～2018年石油生产消费情况及对外依存度

6.2.2 中国能源加工转换

2018年，中国能源加工转换总投入量为39.06亿吨标煤，总产出量为29.56亿吨标煤。其中，火力发电、供热、煤炭洗选、炼焦、炼油、制气、天然气液化和煤制品加工投入量分别为15.26亿吨标煤、2.43亿吨标煤、6.35亿吨标煤、5.42亿吨标煤、9.17亿吨标煤、0.13亿吨标煤、0.20亿吨标煤和0.10亿吨标煤，产出量分别为6.26亿吨标煤、1.79亿吨标煤、5.90亿吨标煤、5.01亿吨标煤、1.02亿吨标煤、0.09亿吨标煤、0.18亿吨标煤和0.08亿吨标煤。2018年能源转化效率为75.67%，比2017年增加2个百分点。

（1）火力发电

2014～2018年中国火力发电的总投入、总产出和转化率均整体呈增加趋势。2018年火力发电的投入、产出分别为15.47亿吨标煤和6.26亿吨标煤，较2017年分别增加8.67%和9.30%；电力生产转化率2017年超过40%，2018年达到历史新高40.50%（图6-5）。

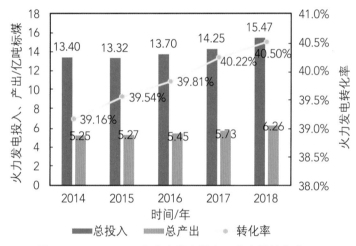

图6-5　2014～2018年火力发电投入、产出及转化率

火力发电各能源品类的投入量整体呈增加趋势，但煤及煤制品的占比逐年下降。作为火力发电的主要能源投入类型，煤及煤制品的投入量由2014年的12.57亿吨标煤增长到2018年的14.20亿吨标煤，但占比由2014年的93.81%降低到了2018年的91.79%，5年来降低两个百分点以上（图6-6）。

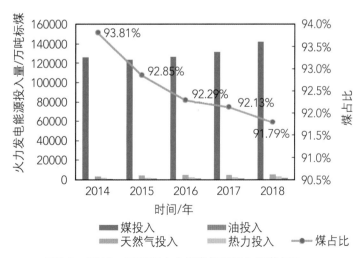

图6-6　2014～2018年火力发电能源投入及煤占比

（2）供热

2014～2018年供热相关投入、产出及转化率情况如图6-7所示。供热总投入量和总产出量分别由2014年的1.78亿吨标煤和1.28亿吨标煤增长到2018年的2.43亿吨标煤和1.79亿吨标煤，分别增长36.56%和40.13%。由于供热转化率的提高，产出量增长速度高于投入量。作为供热相关的主要投入部分，煤炭的投入量逐年递增，由2014年的1.61亿吨标煤增长到2018年的2.15亿吨标煤，增长33.22%，但其在总投入中的占比逐年降低。

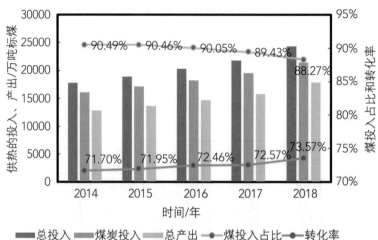

图6-7 2014～2018年供热能源投入、产出及转化率

（3）煤及煤制品加工

煤及煤制品加工包括煤炭洗选、炼焦、煤制品加工三个项目。其中煤炭洗选和炼焦的投入量和产出量较大。2014～2017年煤及煤制品加工的投入量和产出量逐年递减，2018年较2017年略有上升，投入量增加2.43%，产出量增加2.33%（图6-8）。从转化率来看，2015年转化率最低（91.78%），2017年的转化率最高（92.66%）。

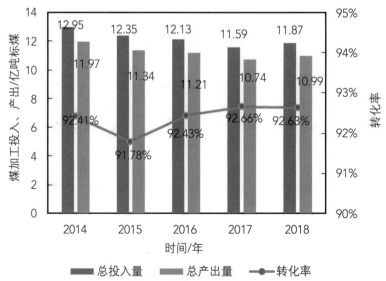

图6-8 2014～2018年煤及煤制品加工投入、产出及转化率

（4）炼油及煤制油

炼油及煤制油的投入主要是原油，还有少量的煤及煤制品，产品是汽油、柴油、燃料油、石脑油等。中国炼油及煤制油的投入量和产出量持续增长，2018年的投入量和产出量分别为10.75亿吨标煤和10.24亿吨标煤，分别较2014年增长28.82%和25.99%。与2017年相比，2018年原油及油品的投入量占比及转化效率均有所下降（图6-9）。

图6-9　2014～2018年炼油及煤制油加工的投入、产出及转化率等情况

6.2.3 中国能源终端消费

中国能源消费总量呈递增趋势，其中2018年涨幅较大，分别较2014年与2017年增加8.54%和4.12%。第一产业能源消费量最少且历年变化不大；第二产业能源消费量先减后增；第三产业能源消费量逐年递增。目前，中国产业结构仍然以第二产业为主，第三产业所占比重逐年上升，中国的服务业仍在迅速发展中。居民生活消费也在逐年增加，居民生活水平逐年提高。同时，2018年能源总消费量为43.56亿吨标煤，其中终端消费占78.20%（34.07亿吨标煤）。终端消费部门中，第一产业、第二产业、第三产业和居民生活消费的能源消费量分别为0.66亿吨标煤、22.69亿吨标煤、6.45亿吨标煤和4.27亿吨标煤，占比分别为终端部门能源消费量的1.94%、66.60%、18.93%和12.53%（图6-10）。

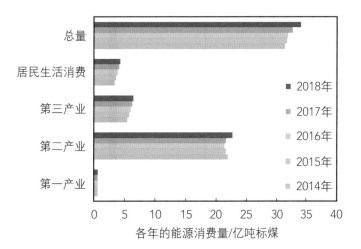

图6-10　2014～2018年不同产业能源消费

　　终端部门能源消费总量逐年增加，其中非煤制品占比增长趋势明显。2014～2018年间，煤及煤制品消费量逐年递减，五年共减少14.11%（1.96亿吨标煤），而非煤制品的消费量和占比逐年稳定上升，2018年非煤制品占比达到64.98%，这意味着中国终端部门能源消费结构正在发生改变，逐步向更清洁能源结构发展（图6-11）。

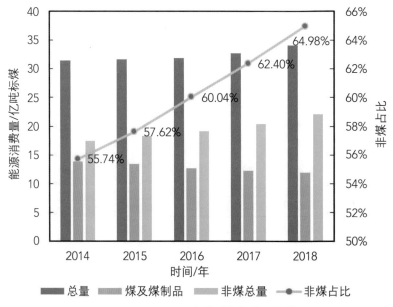

图6-11　2014～2018年终端部门能源消费

　　2018年第二产业是煤及煤制品的主要消费部门，消费量占煤及煤制品消费总量的89.35%（10.66亿吨标煤）；第二产业同时也是电力和油及油制品的主要消费部门；第三产业油及油制品的消费最多，消费量占油及油制品消费总量的46.06%（3.92亿吨标煤）；居民生活消费的能源消费种类多样，其中电力与油及油制品消费较多（图6-12）。

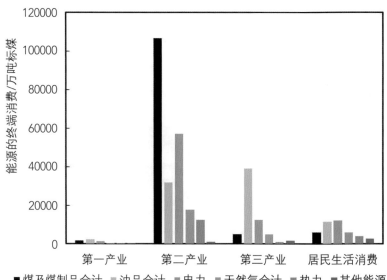

图6-12　2018年不同产业能源消费

城乡居民能源消费总量差别不大，但能源消费品类存在较大差别。热力和天然气主要用于城镇居民消费；城镇和乡村均有油品消费，但城镇消费量是乡村消费量的两倍多；而煤及煤制品的消费中，乡村明显高于城镇，是城镇的6.8倍（图6-13）。

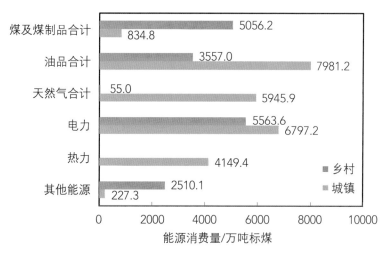

图6-13　2018年城乡能源消费

2014～2018年中国城乡居民平均能源消费量（城乡能源消费总量除以城乡人口总量）整体呈上升趋势。2017年前，城镇和乡村居民平均能源消费差距逐渐缩小，2017年达到最小差值（0.005tce/人）。由于城镇和乡村发展的不均衡，2018年城镇和乡村居民平均能源消费量差距略微拉大，分别为0.312tce/人和0.297tce/人（图6-14）。

图6-14　2014～2018年城乡居民平均能源消费

6.2.4　中国碳流

2018年中国能源相关碳排放100.28亿吨（较2017年增加4.71%），其中煤炭占79.47%、油及油制品占14.61%、天然气（包括液化天然气）占5.84%，分别较2017年增加4.25%、2.09%和17.67%。从加工转化和终端消费来看，2018年火力发电、第二产业、第三产业、供热、居民生活消费和第一产业的碳排放分别占能源相关碳排放的39.81%、37.72%、10.22%、6.46%、4.75%和1.04%，其中火力发电与供热分别较2017年增加8.86%和27.56%，第一产业、第二产业、第三产业和居民生活消费分别较2017年减少7.96%、2.74%、0.68%和4.03%（图6-15）。

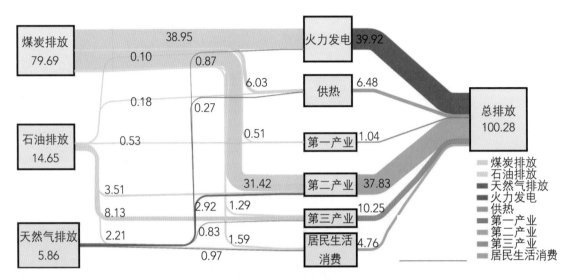

图6-15　2018年中国碳流图（单位：亿吨）

注：能源消费产生的碳排放涉及煤炭、石油、天然气等化石能源在用于火力发电、供热及终端消费时的碳排放，不包括化石能源用作原材料的部分。数据来源于中国能源平衡表（标准量）-2018。

受当前中国能源结构的影响，煤炭仍然是中国碳排放的主要来源。虽然2018年与2017年相比煤炭排放总量有所增长，但增长速度小于平均增长速度，煤炭排放在总排放中占比也在逐渐减少。这意味着中国的减排政策取得一定成效，随着政策推进煤炭排放量将逐步降低。

6.3　碳中和目标下中国能源转型

当前，世界能源格局和供求关系发生着深刻的变化，能源低碳、清洁化发展已成为全球能源发展的重要特征，以可再生能源为代表的非化石能源发展成为世界能源供应体系的重要组成部分和许多国家推进能源转型的核心内容以及应对气候变化的重要途径，也是中国深入推进能源生产和消费革命、推动能源生产和利用方式变革的重要组成部分。中国能源结构长期存在过度依赖煤炭的问题，能源结构调整和优化势在必行。

中国"碳达峰、碳中和"愿景的提出对中国能源结构转型提出了进一步的要求。随着中国经济发展进入新常态、能源结构调整加快，中国能源发展已进入从总量扩张向提质增效转变的全新阶段。当前和今后，中国面临的紧迫任务是切实推动能源生产和消费革命，加快协调以化石能源为主的能源结构，进一步扩大清洁能源的开发利用。未来一段时期内，在煤、石油、天然气等常规能源走向高效利用的同时，风能、太阳能、生物质能等新能源的开发利用和以碳捕集利用与封存（CCUS）为代表的去碳技术将为中国能源体系绿色低碳转型提供强大支撑。

6.3.1 常规能源高效利用

中国化石能源资源缺油少气，资源分布极不均衡，开采条件差，生产成本高。2019年，中国煤炭可采储量2704亿吨，位列世界首位；石油和天然气可采储量分别为36亿吨和8.4万亿m^3，分别位列世界第13位和第7位，石油可采储量人均值（2.57t）只有世界平均值的7.8%，天然气可采储量人均值（4288m^3）只有世界平均值的16.8%。中国的能源资源储量有限，特别是优质的石油和天然气资源短缺，已成为中国能源供应的最突出问题。在"碳达峰、碳中和"提出后，探索煤炭、石油、天然气和水能等常规能源高效利用的转型之路已是必然。

6.3.1.1 煤炭

煤炭的高效清洁利用是指把经过加工的煤炭作为燃料或原料使用。煤炭高效利用包括高效燃烧和高效转化。煤炭作为燃料使用，是将煤炭的化学能转化为热能直接加以应用，或将煤炭的化学能先转化为热能再转化为电能加以利用。煤炭的洁净转化是将煤炭作为原料使用，可将煤炭转化为气态、液态、固态燃料或化学产品及具有特殊用途的炭材料。

（1）煤炭转换利用技术

煤炭的转换利用技术主要有煤气化技术、煤液化技术、煤气化联合循环发电技术和燃煤磁流体发电技术等四种。

① 煤气化技术。煤气化分为常压气化和加压气化两种，这两种技术分别是在常压或加压条件下保持一定温度，通过气化剂（空气、氧气和蒸汽）与煤炭反应生成煤气。煤气的主要成分是一氧化碳、氢气、甲烷等可燃气体。在煤气化过程中要脱硫除氮、排去灰渣后，煤气才成为洁净燃料。一般用空气和蒸汽作气化剂的煤气发热量低；用氧气作气化剂的煤气发热量高。

② 煤液化技术。煤液化有间接液化和直接液化两种。间接液化是先将煤气化，然后把煤气液化，如煤制甲醇，可替代汽油，中国已有应用。直接液化是把煤直接转化成液体燃料，如直接加氢将煤转化成液体燃料，或煤炭与渣油混合浆化后反应生成液体燃料。

③ 煤气化联合循环发电技术。先把煤制成煤气，再用燃气轮机发电，排出高温废气烧锅炉，再用蒸汽轮机发电，发电效率可达45%。

④ 燃煤磁流体发电技术。当燃煤得到的高温等离子气体高速切割强磁场时，就直接产生直流电，然后把直流电转换成交流电，发电效率可达50%～60%。燃煤磁流体发电技术正处于研究与开发阶段。

（2）洁净煤技术

煤炭直接燃烧会产生大量的CO_2、SO_2和NO_x等有害气体，同时还伴有大量煤尘，这也是造成环境危害的主要原因。主要预防措施有：①对产生的污染物进行处理；②在加工和转化过程中控制有害气体产生；③采用先进能量转换技术与节能技术。

为使煤炭清洁高效利用，各国都在推进洁净煤技术（clean coal technology）。该技术是指在煤炭开发利用过程中，旨在减少污染排放和提高利用效率的加工、燃烧、转化及污染控制等高新技术的总称。洁净煤技术可分为煤炭燃前技术、燃中技术、燃后技术、煤炭转化技术、煤系共伴生资源利用及有关新技术5类。其基本内容包括煤炭加工、煤炭转化、煤炭高效洁净燃烧及污染物控制与废弃物管理等四个方面。其主要内容是煤炭的洁净加工与高效利用。污染物控制与废弃物管理包括烟气净化，粉煤灰综合利用，煤矸石、煤层气、矿井水和煤泥水的矿区污染治理。

（3）煤基多联产技术

煤基多联产是指以煤为原料，集煤气化、化工合成、发电、供热、废弃物资源化利用等单元工艺构成的煤炭综合利用系统，也称煤基多联产系统。煤基多联产的龙头工艺是煤气化，核心是煤化工和发电的有机结合，获得电、甲醇、城市煤气、氢等多种二次能源和多种高附加值的化工产品。

煤基多联产是煤化工的发展方向。煤基多联产技术是一个非常复杂的系统过程，它不是多种煤炭转化技术的任意简单叠加，而是以煤炭资源合理利用为前提，在相关技术发展水平的基础之上，以提高煤炭资源利用价值、利用效率、经济效益和减轻环境污染等为综合目标函数的系统优化集成，强调煤炭资源化的分级利用、高效率利用、高经济效益及低污染排放。

煤-电-气多联产技术分为以下几种情况：

①以煤热解为基础的热-电-气多联产技术。以煤热解为基础的多联产技术，是将煤加入热解气化炉，经热裂解析出挥发分，产生的热解气可作为工业用气和民用煤气，热解煤气和焦油也可进一步工艺处理获得苯、萘、蒽、菲及多种目前尚无法人工合成的稠环芳香烃类化合物和杂环化合物，热解产生的半焦可直接送到燃烧炉中燃烧产生蒸汽，用于发电或供热。这种技术可以获得热值较高的热解煤气，且CO含量较低，经简单净化处理即可作为城市煤气；煤的热解工艺与半焦燃烧相集成，在同一个系统中产生高热值热解煤气、蒸汽、电力及其他产品，从而实现由一个系统同时向城镇供给煤气、蒸汽、电力；煤炭中硫、氮等污染源绝大部分在煤的热解过程中以H_2S、NH_3的形式析出，与直接燃烧产生烟气中的SO_2、NO_x等相比，前者脱除更容易。

②以煤部分气化为基础的热-电-气多联产技术。由于煤的组成、结构及固体形态等特点，煤转化过程特别是煤气化过程的固体颗粒反应速度，随转化速度的增加而减缓，若要在单一气化过程中获得完全或较高的转化率，则需要采用高温、高压和长停留时间，由此增加了技术难度，生产成本也相应增加。另外，煤炭的燃烧反应速度远高于其气化速度，若采用燃烧方法处理煤中的低活性成分，则可以简化气化要求，不追求很高的碳转化率，从而可降低生产成本。根据煤中不同组分在化学反应性质上的巨大差别及煤不同成分和不同转化阶段的反应性质不同，可实施煤热解、气化、燃烧的分级转化，使煤炭气化技术简化，减少投资，降低成本，同时，还能经济地解决煤中污染物的脱除问题。此技术的主要特点有：a. 实现煤炭的分级转化利用，对煤气化技术和设备要求较低，从而降低了系统投

资及运行成本；b. 部分气化技术采用较低的气化温度，此技术可与目前相对成熟的煤气低温净化技术直接集成；c. 煤炭中的硫、氮在气化炉中被转化成H_2S、NH_3等，可在气化炉内或煤气净化过程中脱除，半焦中残留的硫、氮、磷、氯和碱金属等污染物相对于原煤大为降低，系统污染物控制成本降低。

③以煤完全气化为基础的热-电-气多联产技术。此技术是将煤在一个工艺过程——气化单元内完全转化，将固相碳燃料转化为合成气，合成气用作燃料、化工原料，或用于联合循环发电及供热制冷，从而实现以煤为主要原料，联产多种高品质产品，如电力、清洁燃料、化工产品以及热能。此技术的主要特点是：a. 以目前已相对成熟的煤炭完全气化技术为核心，使煤炭在气化炉中转化为煤气，随着合成气利用技术的发展，系统技术还可进一步优化；b. 系统中的颗粒物、SO_2、NO_x和固体废物等污染物可以有效控制，采用纯氧气化技术，系统废气是高纯度CO_2，可直接加以利用与处理。

（4）先进煤炭燃烧发电及非传统煤基发电技术

当前世界广泛开展的洁净燃煤技术，追求燃煤机组的高效率与低排放，也是目前中国火力发电机组的热门技术。超临界（supercritical，SC）机组与超超临界（ultra-supercritical，USC）机组、大型CFB（循环流化床锅炉）、PFBC（增压流化床燃气-蒸汽联合循环）、IGCC（整体煤气化燃气-蒸汽联合循环）、GTCC（燃气-蒸汽联合循环）等火力发电新技术，因其高效率和优越的环保性能，在世界发达国家得到了广泛的发展与应用，中国也开展了大量的工作。

6.3.1.2　石油

石油（或称原油，petroleum或crude oil）是从地下深处开采出来的黄褐色乃至黑褐色的流动或半流动黏稠液体。对石油进行加工，简称炼制。建设一座炼油厂，首要任务是确定原油的加工方案。根据目的产品的不同，原油加工方案大体上可分为燃料型、燃料-润滑油型和燃料-化工型3种基本类型。

习惯上将石油炼制过程分为一次加工、二次加工和三次加工。常减压蒸馏属于一次加工，是把原油蒸馏分为几个不同的沸点范围（即馏分）；将一次加工得到的馏分再加工成商品油称为二次加工；将二次加工得到的商品油制取基本有机化工原料的工艺称为三次加工。一次加工采用常压蒸馏或常减压蒸馏；二次加工采用催化、加氢裂化、延迟焦化、催化重整、烃基化、加氢精制等；三次加工采用裂解工艺制取乙烯、芳烃等化工原料。

炼油企业生产所需的主要原料是原油。不同原油由于成分不同，原油的价格、加工原油的工艺过程、消耗的辅助材料等均有所不同，通常加工单位原油得到的各种产品的比例称为产品收率，简称收率。某种原油的收率在其基准收率的一定范围内变化，且可以适当调整（产品收率的调整不影响成本）。原油的产品收率合计称为商品率，且仅与原油种类有关。炼油企业的产品包括主要产品（又称油品或成品油）和化工产品两大类，其中液化气、汽油、煤油、柴油是最主要和最基本的石油产品。随着社会的发展，中国石化产品结构调整势在必行。石化工业的主要产品（石油产品和合成树脂、合成纤维与合成橡胶等合成材料）是石化产品结构调整的重点。

6.3.1.3 天然气

作为重要的能源与资源，天然气既是优质的清洁燃料，又是重要的化工原料，广泛应用于发电、燃料电池、汽车燃料、化工、城市燃气等方面。

（1）天然气发电

天然气作为燃料用于发电，主要有天然气联合循环发电（NGCC）和热电冷联产（BCHP）。前者可满足局部电力需求，并网发电，易于实现大型化；后者主要用于大型楼宇的供电、制冷和供热。

（2）天然气燃料电池

燃料电池按采用的电解质不同，分为磷酸燃料电池（PAFC）、熔融碳酸盐燃料电池（MCFC）、固体氧化物燃料电池（SOFC）和质子交换膜燃料电池（PEMFC）四类。其中MCFC、SOFC还处于试验研究阶段，PAFC、PEMFC技术已经成熟，但需进一步降低成本。燃料电池是通过燃料（H_2）在电池内进行氧化还原反应产生电能的装置。天然气燃料电池是以天然气为原料，通过天然气重整制氢进行发电。

（3）天然气汽车

目前，除压缩天然气汽车（CNGV）已被应用外，液化天然气汽车（LNGV）和吸附天然气汽车（ANGV）尚处于试验阶段。作为一种优质的"绿色汽车"，天然气汽车发展快速，国内一些省份已启动了天然气汽车产业。投入使用的天然气汽车一直沿用的是改装技术，即绝大多数的天然气汽车是由汽油车或柴油车改装而成，发动机为适应这种气体燃料的变更很少，甚至没有。在采用开路发动机控制系统时，一般燃料的燃烧效率和动力性要下降。为改变这种状况，就需在汽车上安装专门设计的天然气发动机来替代汽油和柴油发动机。

（4）天然气化工

天然气化工是以天然气为原料的工业的简称。目前，天然气化工的主要产物为合成氨、甲醇、氯甲烷、二硫化碳、氢氰酸、乙炔等及其下游加工产品，其中合成氨和甲醇为主导产品。

（5）城市燃气

天然气是理想的城市燃气。目前，除了部分直供天然气外，还需要采用非直供方式。其中直供天然气的管道转换时间需要相当长的一段时间；非直供方式需要一个将天然气改制成符合目前城市煤气供气要求燃气的加工过程，即天然气"改质"，而天然气改质工艺流程为重油制气工艺流程取消整套净化及回收车间和污水处理系统简化而来，两者不同之处为制气炉的变动。

（6）天然气凝液利用

天然气凝液（NGL），也称混合轻烃，是从天然气中回收的，且未经稳定处理的液态烃类混合物的总称，一般包括乙烷、液化石油气和稳定轻烃。主要用于生产乙烯和制备芳烃。

6.3.1.4 水能

水能是自然界广泛存在的一次能源，通过水力发电厂可方便地转换为优质的二次能源——电能。水电既是被广泛利用的常规能源，也是可再生能源，且水力发电对环境无污染。因此，水电是世界上众多能源中永不枯竭的优质能源之一。

水能利用的主要方式是发电，称为水力发电。水电站是水能利用的主要设施。水电站按照水源的性质可分为抽水蓄能电站、常规水电站（利用天然河流、湖泊等水源）；按利用的水头可分为高水头（70m 以上）水电站、中水头（15～70m）水电站和低水头（低于15m）水电站；按装机容量可分为大型水电站（10 万千瓦或以上）、中型水电站（5000～10 万千瓦）和小型水电站（5000 千瓦以下）。当今水轮发电机组的发展趋势是大容量、新材料、新技术、新结构、高效率。

6.3.2　新能源开发利用

地球上化石燃料的储量是有限的，在高效清洁利用常规能源的同时，开发和利用资源丰富、清洁无污染、可再生的新能源已势在必行。中国能源资源少、结构不合理、利用效率低、环境污染严重等问题非常突出，未来中国将承受能源资源枯竭、环境污染和生态破坏的沉重压力，特别是"碳达峰、碳中和"目标提出后，大力发展太阳能、风能、生物质能、核能、地热能、海洋能及氢能等新能源将对中国能源转型和经济发展具有深远意义。

（1）太阳能

太阳能既是一次能源，也是可再生能源，其利用的主要方式为光-热转换、光-热-电转换、光-电转换和光-化学转换等。

光-热转换是把太阳辐射能转换成热能加以利用。根据转换成热能达到的温度和用途不同，可分为低温（<200℃）利用、中温（200～800℃）利用和高温（>800℃）利用3种。最方便的低温利用主要有太阳能热水器、太阳能干燥器、太阳能温室、太阳能房和太阳能空调制冷系统等。中温利用主要有太阳灶、太阳能热发电聚光集热装置等。高温利用需通过反射率高的聚光镜片将太阳能集中起来，提高能流密度，如太阳炉可用于熔炼高熔点的金属。

光-热-电转换是利用太阳辐射产生的热能发电。首先利用太阳能集热器将太阳能集中起来加热工质，工质产生的蒸汽驱动汽轮机带动发电机发电。太阳能热发电的缺点是效率低而且成本很高，其投资至少要比普通火电站高5～10倍。因此，目前只能小规模应用于特殊的场合，大规模应用在经济上不划算，还不能与普通火电站或核电站相竞争。

光-电转换是利用半导体器件的光伏效应原理直接将太阳光能转换成电能，又称太阳能电池。它的转换效率取决于半导体材料的性能。太阳能光伏发电就是通过太阳能电池（又称光伏电池）将太阳辐射直接转换为电能的发电方式，其基础与核心是太阳能电池。随着太阳能电池新材料技术的发展和生产工艺的改进，转换效率更高、成本更低、性能更稳定的太阳能电池将不断研发成功。目前，太阳能光伏发电大规模应用的主要障碍是其成本较高。

光-化学转换是由植物的光合作用完成。人工光合作用的研究是生物工程的重大研究课题。

（2）风能

风能是空气流动形成的动能，其大小取决于风速与空气密度。风能是太阳能的一种转化形式，是一种可再生的清洁能源。目前，风能主要用于风力发电、风力泵水、风力制热、风力助航等方面。

① 风力发电。风力发电是风能利用的一种基本形式，也是重要形式。风力发电通常有以下三种运行方式：a. 独立运行方式，通常由一台小型风力发电机向一户或几户供电，用蓄电池蓄电，以保证在无风时提供电力；b. 风力发电与其他发电方式相结合，通常是柴油机发电或太阳能发电，主要用于向一个单位、一个村庄或一个海岛发电；c. 风力发电并入常规电网运行，通常是一个风场安装几十台甚至几百台风力发电机。前两种运行方式都属于独立的风电系统，一般由风力发电机、逆变器和蓄电池等组成，主要建造在电网不易到达的边远地区；第三种向大电网提供电力，属于并网的风电系统，是风力发电的主要发展方向。

风力发电具有很大的潜力，但其大规模应用受风力发电机效率不高、寿命有待延长、成本高、风能资源区远离主电网、联网费用较高等因素的影响。随着风力发电技术的进步和政府对风力发电的扶持，风力发电必将拥有广阔的发展前景。

② 风力泵水。风力泵水从古至今一直都有广泛的应用，尤其近几十年，为解决农村、牧场的生活、灌溉和牲畜用水以及节约能源，风力泵水得到了很大的发展。现代风力泵水根据用途主要分为两类：一类是高扬程小流量的风力泵水机，与活塞泵相配提取深井地下水，主要用于草原、牧区，为人畜提供饮用水；另一类是低扬程大流量的风力泵水机，与螺旋桨相配，提取河水、湖水或海水，主要用于农田灌溉、水产养殖或制盐。

③ 风力制热。风力制热就是将风能转换成热能，也是风能利用的一个发展方向，目前主要用于家庭及低品位工业供热的需要。主要有三种转换方法：一是风力机发电，再将电能通过电阻丝发热产生热能。此方法效率太低，不可取。二是由风力机将风能转换成空气压缩能，再转换成热能，即风力机带动空气压缩机，对空气进行绝热压缩而放出热能。三是由风力机将风能直接转换成热能，这种方法制热效率最高。风力机将风能直接转换成热能的常用方法有搅拌液体加热（即风力机带动搅拌器搅动使液体变热）、液体挤压制热（即风力机带动液压泵，使液体加压后再从狭小的阻尼小孔中高速喷出，使工作液体加热）、固体摩擦制热和涡电流制热等。

（3）生物质能

生物质是指由光合作用产生的各种有机体。中国的生物质资源主要包括农业废弃物及农林产品加工业废弃物、薪柴、人畜粪便、城镇生活垃圾等。生物质能是太阳能以化学能形式储存在生物中的一种能量形式，一种以生物质为载体的能量，其直接或间接地来源于植物的光合作用。在各种可再生能源中，生物质比较特殊，它储存太阳能，更是唯一可再生的碳源，可转化为常规的固态、液态和气态燃料。生物质能的利用技术主要包括：

① 直接燃烧技术。传统的直接燃烧不仅利用效率低，还严重污染环境，利用现代化锅炉技术直接燃烧和发电，可实现清洁而高效的利用。

② 物化转化技术。包括木材或农副产品干馏、气化成燃气，以及热解成生物质油。

③ 生化转化技术。主要利用厌氧消化和特种酶技术，将生物质转化成沼气或燃料乙醇。

④ 植物油技术。将植物油提炼成动力燃油技术。植物油除了可以食用或作为化工原

料外，也可以转化为动力油，作为能源利用。随着生物质能越来越被关注，车用生物质燃料的开发已成趋势，也已面世，开发中的新型车用生物质燃料主要有醇类（甲醇和乙醇）以及生物质柴油等。

（4）核能

核能也称原子能或原子核能，是由人眼看不见的原子核内释放出来的巨大能量。使原子核内蕴藏的巨大能量释放出来的方法主要有核裂变反应和核聚变反应两种，但后者是在瞬间完成的，不易控制。虽然利用的安全性在国际上仍有争议，但发展核能对中国21世纪的经济发展有着重要意义。未来海上核电站、海底核电站、太空核反应堆和核发动机等技术将具有广阔的前景。

（5）地热能

地热能是来自地球深处的可再生能源。它起源于地球上的熔融岩浆和放射性物质的衰变。地质学上常把地热资源分为蒸汽型、热水型、地压型、干热岩性和岩浆型5类。地热资源的常见利用方式有：把地热能就地转变成电能通过电网远距离输送，中低温地热资源直接向生产工艺过程供热、向生活设施供热、农业供热，以及提取某些地热流体和热卤水中的矿物原料等。

（6）海洋能

海洋能是指依附在海水中的可再生能源，包括潮汐能、波浪能、海水温差能、海（潮）流能和海水盐度差能等，更广义的海洋能源还包括海洋上空的风能、海洋表面的太阳能以及海洋生物质能等。海洋能的开发利用主要有以下几种形式：

① 潮汐发电是海洋能利用技术中最为成熟、利用规模最大的一种，其一般分为单库单向型、单库双向型和双库单向型。中国潮汐能开发中的问题有：潮汐电站整体规模和单位容量小，单位千瓦造价高于常规水电站，水工建筑的施工落后，水轮发电机组尚未定型标准化等。其中关键问题是中型潮汐发电水轮机组技术尚未完全解决，电站造价亟待降低。

② 中国波浪能发电技术始于20世纪70年代，80年代以来获得较快发展。其中微型波力发电技术已经成熟，小型岸式波力发电技术已进入世界先进行列。但中国波浪能开发的规模远小于挪威和英国，小型波浪发电距实用化尚有距离。

③ 海（潮）流发电研究国际上始于20世纪70年代中期，主要有美国、日本和英国等进行潮流发电试验研究，至今尚未见有关发电实体装置的报道。中国已经开始研建实体电站，但尚有一系列技术问题需要解决。

④ 温差发电是海水温差能利用的主要方式，其工作方式有闭式循环、开式循环和混合式循环三种。海水温差能发电与潮汐能和波浪能发电的不同之处在于它可提供稳定的电力。为使海水温差能发电实现大规模商业化应用，目前各国正致力于相关技术难题的攻关。

⑤ 海水盐度差能发电系统有渗透压式盐度差能发电系统、蒸气压式盐度差能发电系统、机械-化学式盐度差能发电系统和渗析式盐度差能发电系统，但均处于研发阶段，要达到经济性开发尚需时日。

（7）氢能

氢能是一种清洁能源，也是一种二次能源。氢是自然界中储量最丰富的元素之一，但天然存在的氢单质却极少，所以只能依靠人工把含氢物质分解来制取氢。最常见的含氢物质是水，其次是各种矿物原料（煤炭、石油、天然气等），以及各种生物质。因此，氢的大规模工业制备的常用方法有水制氢、化石能源制氢和生物质制氢。另外，太阳能制氢是目前最有发展前景的制氢技术。

① 水制氢。水制氢常见的有水电解制氢、高温热解水制氢、热化学制氢等。其中水电解制氢是一种传统的制氢方法，该技术具有产品纯度高和操作简便的特点，但生产工艺的电能消耗较高。美国研究出一种低电耗制氢方法，耗电量是普通水电解制氢的一半，该方法的主要特点是以煤水浆进行水电解制氢，在产生氢气的同时，也会产生CO_2。高温热解水制氢突出的技术问题是高温和高压，该方法需要很高的能量输入，一般需要2500~3000℃以上的高温，因而用常规能源是不经济的，采用太阳炉可以实现3000℃左右的高温，但该设备总造价很高、效率较低。关于核裂变和核聚变产生的热能分解水制氢的方法仍在设想阶段，等离子体技术直接分解水的方法也在研究中。热化学制氢是指在水系统中在不同温度下经历一系列不同但又相互关联的化学反应，最终将水分解为H_2和O_2的过程，该过程仅消耗水和一定的热量。

② 化石能源制氢。化石能源制氢主要有煤制氢、气体燃料制氢和液体化石燃料制氢等。其中煤制氢主要有煤的焦化和煤的气化两种方法；气体原料制氢主要为天然气水蒸气重整制氢、天然气部分氧化重整制氢、天然气水蒸气重整与部分氧化联合制氢以及天然气（催化）裂解制氢；液体化石能源制氢包括甲醇裂解-变压吸附制氢、甲醇重整制氢、甲醇水蒸气重整制氢、重油与水蒸气及氧气反应制氢等。

③ 生物质制氢。生物质能的利用主要有微生物转化和热化学转化两类。前者主要是产生液体燃料，如甲醇、乙醇及氢；后者是在高温下通过化学方法将生物质转化为可燃的气体或液体，目前被广泛研究的是生物质的裂解（液化）和生物质气化。严格来说，后者用于生产含氢气体燃料或液体燃料。生物质制氢技术具有清洁、节能和不消耗矿物资源等突出优点。作为一种可再生能源，生物体又能进行自身复制、繁殖，还可以通过光合作用进行物质和能量转换，这一系统可以在常温常压下通过酶的催化作用得到氢气。从长远角度看，以水为原料，利用光能通过生物体制取氢气是最有前途的方法。

④ 太阳能制氢。目前，利用太阳能分解水制氢的方法有太阳能热分解水制氢、太阳能发电电解水制氢、阳光催化光解水制氢、太阳能生物制氢等。

氢能的利用方式多种多样，如航天飞船的燃料、军事上的氢弹、氢气燃烧发电和氢燃料电池等。同时廉价氢源问题、氢的储运问题、氢能大规模利用的末端设备问题等限制了其走向实用化和规模化。

（8）天然气水合物

天然气水合物（natural gas hydrate，简称gas hydrate）又称笼形包合物（clathrate），是在一定条件（合适的温度、压力、气体饱和度、水的盐度、pH值等）下由水和天然气组成的类冰的非化学计量的笼形结晶化合物。自20世纪60年代以来，人们陆续在冻土带和海洋深处发现了一种可以燃烧的冰。这种可燃冰在地质上称为天然气水合物，是由大量的生物和微生物死亡后沉积到海底，分解后和水形成类冰状化合物。天然气水合物在给人类带来新的能源前景的同时，对人类的生存环境也提出了严峻的挑战，因为全世界海底天然气水合物中的甲烷约为地球大气中甲烷总量的3000倍，若开采不慎将会产生无法想象的后果。

6.3.3　CCUS技术

作为有效减少CO_2排放的技术手段之一，CCUS技术对于减少温室气体排放，实现碳中和目标，保障国家能源安全，推进中国可持续发展具有重要意义。联合国政府间气候变化专门委员会（Intergovernmental Panel on Climate Change，IPCC）将CCUS视为实施大气温室气体浓度减缓行动中的一种重要选择。随着外部环境的变化和CCUS技术的发展，国际社会对CCUS的定位由单纯减排技术变成了可支撑能源安全和推动经济协同发展的重大战略技术，这意味着CCUS技术将为全球能源行业的转型升级做出重要贡献。与世界其他国家相比，中国的能源结构以煤为主，因此，CCUS技术将成为使中国减少CO_2排放，实现碳中和目标技术组合的重要构成部分，以及建设绿色低碳多元能源体系的关键技术。而要实现21世纪末温升不超过1.5℃的控制目标，除在化石能源利用行业广泛部署传统CCUS技术外，基于CCUS技术的直接空气捕集与封存（DACCS）和生物能源碳捕集与封存（BECCS）等负碳技术也将发挥巨大的作用。

（1）传统CCUS技术

传统CCUS技术是指能将CO_2从工业、能源生产等排放源分离，并输送到适宜的场地加以利用或封存，最终实现CO_2减排的技术。按技术流程分为捕集、输送、利用与封存等环节。其中CO_2捕集是指利用吸收、吸附、膜分离、低温分馏、富氧燃烧等技术将不同排放源的CO_2进行分离和捕集的过程。根据CO_2从能源系统中分离和集成的方式可分为燃烧前捕集、燃烧后捕集和富氧燃烧捕集；根据成熟度不同分为一代、二代和三代技术。CO_2输送是指将捕集的CO_2运送到可利用或封存场地的过程。根据运输方式可分为罐车运输、船舶运输和管道运输，其中罐车运输包括汽车运输和铁路运输两种方式。从大规模运输的需求出发，可供选择的运输方式主要为管道运输和船舶运输。CO_2利用是指利用CO_2的不同理化特征，生产具有商业价值的产品。根据工程技术手段的不同，可分为CO_2地质利用、CO_2化工利用和CO_2生物利用等。CO_2封存是指通过工程技术手段将捕集的CO_2注入深部地质储层，实现CO_2与大气长期隔绝的过程。按照地质封存体可分为陆上咸水层封存、海底咸水层封存、枯竭油气田封存等。

CCUS技术分类见图6-16。

在全流程CCUS系统中，CO_2捕集和压缩成本占比最大，约为60%。以燃煤电厂和燃气电厂为例，其CO_2捕集成本分别为41～62美元/t和52～100美元/t（2015年不变价）。

目前国内CO_2罐车运输已进入商业应用阶段，主要应用于小规模量级（10万吨/年以下）CO_2的输送，成本约为1.1元/（t·km）。随着运输距离的增加，CO_2运输管道初始投资及运输成本基本都呈现出线性增长的趋势。利用船舶运输CO_2在特定条件下是经济可行

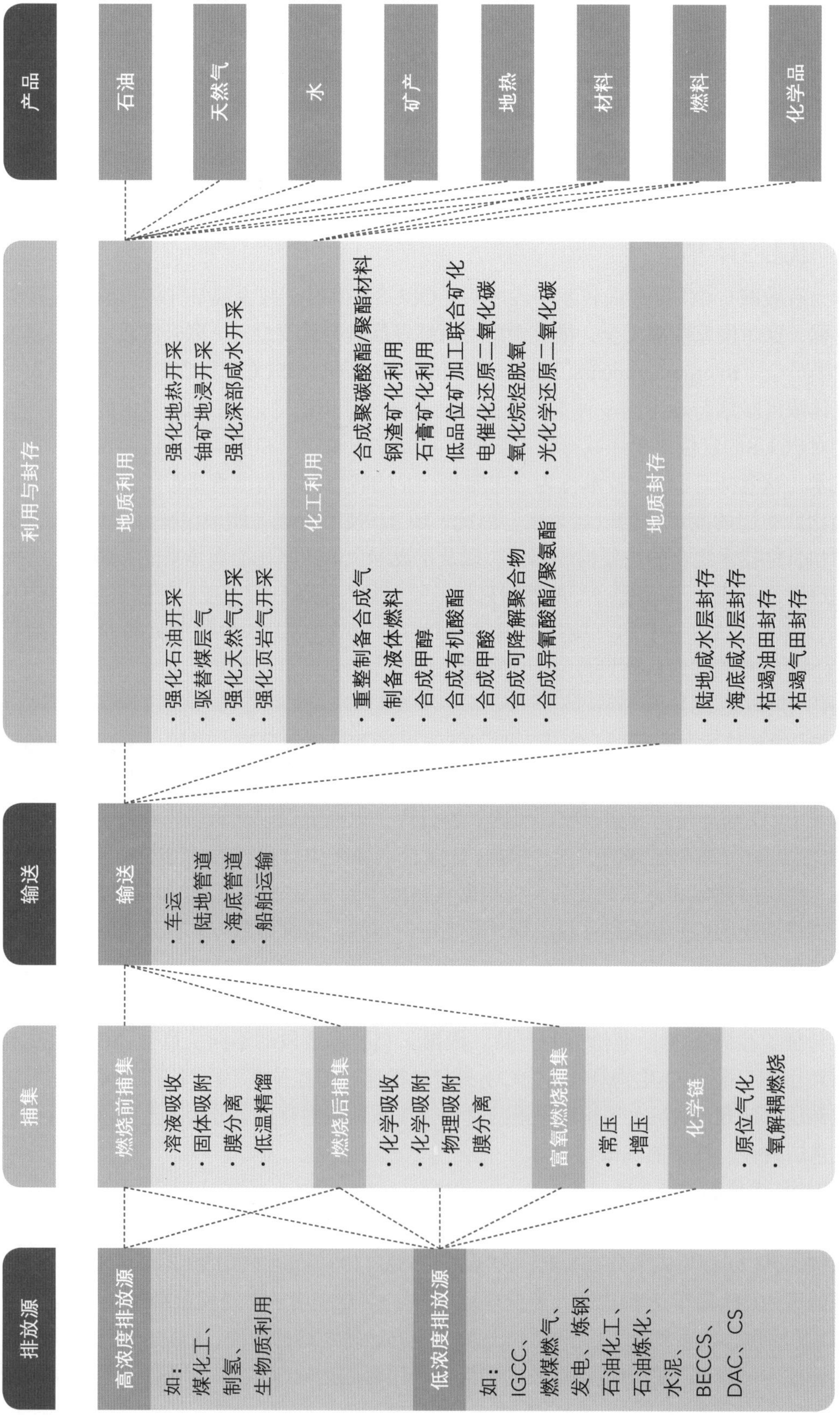

排放源	捕集	输送	利用与封存	产品

排放源

高浓度排放源

如：
煤化工、
制氢、
生物质利用

低浓度排放源

如：
IGCC、
燃煤燃气
发电、炼钢、
石油化工、
石油炼化、
水泥、
BECCS、
DAC、CS

捕集

燃烧前捕集
· 溶液吸收
· 固体吸附
· 膜分离
· 低温精馏

燃烧后捕集
· 化学吸收
· 化学吸附
· 物理吸附
· 膜分离

富氧燃烧捕集
· 常压
· 增压

化学链
· 原位气化
· 氧解耦燃烧

输送

输送
· 车运
· 陆地管道
· 海底管道
· 船舶运输

利用与封存

地质利用
· 强化石油开采
· 驱替煤层气
· 强化天然气开采
· 强化页岩气开采
· 强化地热开采
· 铀矿地浸开采
· 强化深部咸水开采

化工利用
· 重整制备合成气
· 制备液体燃料
· 合成甲醇
· 合成有机酸酯
· 合成甲酸
· 合成可降解聚合物
· 合成异氰酸酯/聚氨酯
· 合成聚碳酸酯/聚酯材料
· 钢渣矿化利用
· 石膏矿化利用
· 低品位矿加工联合矿化
· 电催化还原二氧化碳
· 氧化烷烃脱氢
· 光化学还原二氧化碳

地质封存
· 陆地咸水层封存
· 海底咸水层封存
· 枯竭油田封存
· 枯竭气田封存

产品

石油
天然气
水
矿产
地热
材料
燃料
化学品

图6-16　CCUS技术分类

的，目前还只是小规模进行。若有新电厂或其他排放源建设，将建设地点布局在距离封存地点合理的区域内可以有效降低CO_2运输的建设成本和运营成本。与传统的点对点的CO_2运输系统相比，共享运输网络可节约25%以上的成本支出，具体情况取决于运输网络的规模。但建立超大流量的共享运输网络需要面临由初期大量投资所带来的财政风险。

在CO_2地质封存方面。基于当前技术水平，并考虑关井后20年的监测费用，陆上咸水层CO_2封存成本约为60元/t，海底咸水层CO_2封存成本约为300元/t，枯竭油气田CO_2封存成本约为50元/t。强化采油（EOR）等CO_2利用技术可降低CCUS技术的应用成本，在特定情况下还可实现盈利（CO_2减排成本为负）。中国CO_2地质封存与国际先进水平仍存在较大差距。未来应继续加大对相关理论的研究以及对重大设备的研发，不断积累大规模CO_2封存工程经验，建立CO_2封存的监测、风险预警与安全管理综合平台，降低封存成本。

传统燃煤电厂采用CCUS技术的CO_2避免成本为53～121美元/t，IGCC电厂的CO_2避免成本为60～148美元/t，NGCC电厂的CO_2避免成本为67～160美元/t。三类电厂比较来看，燃煤电厂（PC项目）的CO_2避免成本相对较低。煤制油行业应用CCUS技术的CO_2避免成本为30～70美元/t。根据全球碳捕集与封存研究院（Global CCS Institute，GCCSI）评估结果，对于一个钢铁产能为40t/h的钢铁厂，捕集率为90%、管道运输距离为100km时，应用CCUS技术的CO_2避免成本为52～120美元/t，其中中国的参考值约为74美元/t。首钢京唐钢铁CCUS小规模示范项目的避免成本为43.1～50.8美元/t。根据GCCSI评估结果，对于一个产能为1100m³/h的天然气加工厂，加装CCS设备且管道运输距离为100km时，天然气加工的CO_2避免成本为19.7～26.9美元/t，中国的参考值约为24.2美元/t。根据GCCSI评估结果，对于一个水泥产能为40t/h的水泥厂，加装CCUS设备捕集率为90%，管道运输距离为100km时，成本为104～194美元/t，中国水泥行业大规模应用CCUS技术的避免成本约为129美元/t。

不同碳源的CO_2避免成本见图6-17。

与胺类吸收剂、常压富氧燃烧等第一代捕集技术相比，诸如新型膜分离技术、新型吸收技术、新型吸附技术、增压富氧燃烧技术、化学链燃烧技术等第二代捕集技术，其技术成熟后能耗和成本可比成熟后的第一代技术降低30%以上。目前全球范围内的CCUS项目所采用的均为第一代CO_2捕集技术，且技术渐趋成熟，第二代

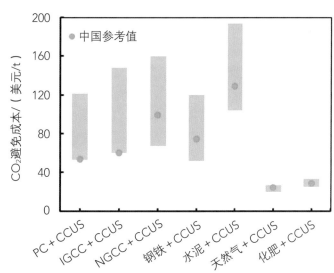

图6-17　不同碳源的CO_2避免成本

捕集技术尚处于实验室研发或小试阶段，2035年前后有望大规模推广应用。

CCUS技术目前仍处在研发示范阶段，高昂的实施成本是其大规模商业化推广面临的

挑战之一。此外，CCUS技术缺乏政策指导、法律法规体系待健全，公众认知程度低、接受能力差等，可能会阻断对CCUS技术的私人投资，进一步加大CCUS项目的融资难度。

（2）DACCS技术

DACCS通常指通过化学过程从大气中直接捕集CO_2的技术，所捕集的CO_2可以被永久封存在深层地质中，或用于生产合成燃料、食品、化学品、建筑材料和其他含碳的产品，当CO_2被地质封存后，即被永久地从大气中去除，从而实现负排放。目前，常用的DACCS技术主要有两种：一种是液体直接空气捕集技术，将空气通过装有化学溶液的液体系统（通常为氢氧化物溶液），利用一系列化学反应去除空气中的CO_2，同时将剩余的空气返回到环境中；另一种是固体直接空气捕集技术（通常为过滤器或干燥化学吸附剂），利用固体吸附剂过滤器与CO_2化学结合，当过滤器被加热时，释放出浓缩的CO_2，用于封存或利用。总体来看，DACCS技术目前尚未发展成熟，大规模应用受到经济成本与能耗过多的限制。但DACCS的理论减排潜力巨大，且部署位置相对灵活，可以通过靠近封存地部署或与可再生能源协同，以降低该技术的减排成本。因此，DACCS技术应作为未来重要储备技术提前进行战略规划部署。

从减排潜力看，综合评估DACCS技术对中国碳中和目标的减排贡献，预计到2060年可贡献减排量达1亿吨/年。从技术成熟度来看，以欧美为代表的发达国家正加大对DACCS技术的研发和项目示范，不断推进基础设施建设。截止到2020年，全球共有15个DAC捕集厂在运营，合计年捕集量超过0.9万吨。但国内DACCS技术仍处于中试阶段，尚无示范项目运营，从当前成熟度发展至商业化阶段预计需要20年以上的时间。从经济可行性来看，目前DACCS面临技术成本过高的挑战，这主要是因为大气环境中CO_2的存在浓度要远比电厂或工厂的排放浓度低，导致了碳捕集环节需要更多的能源消耗和更高的技术成本。多数研究对于DACCS技术目前成本的估算范围为650～2200元/t。

碳中和目标下，多项DACCS核心技术亟须攻关以大幅降低成本，如高效CO_2捕集工艺（如离子液体等），同时在捕集设施周边发展CO_2利用产业，形成具有可观经济社会效益的新业态，用于生产合成燃料、食品、化学品、建筑材料和其他含碳的产品。DACCS在未来的主要应用场景包括：DACCS大规模部署在合适封存地或利用地附近，以节省运输成本；同时，部署位置还要考虑捕集厂运行的能源来源，最好采用相对廉价的可再生能源（比如部署在风能充沛的地方），以保证形成全流程的负排放并进一步降低捕集厂运行成本。

（3）BECCS技术

BECCS通常指将生长过程中从大气环境中吸收CO_2的生物质作为能源或用作生产材料，并与CCS技术相结合，对生物质能利用过程中产生的CO_2进行捕集、运输和封存，从而达到CO_2与大气的长期隔离并实现负排放目的的技术。BECCS技术主要应用于发电、钢铁、水泥以及生物燃料制备等领域。目前，绝大多数综合评估模型都认为BECCS技术在全球变暖1.5～2℃的减缓途径中发挥至关重要的作用，其减排潜力尤其是负排放潜力巨大。总体来看，BECCS技术需要以CCS技术部署为前提，CCS技术的快速发展为BECCS技术创造了有利条件，但BECCS技术仍然面临成本较高、可获得性不足、土地占用和水资源消耗过多等的制约。

从减排潜力来看，中国生物能源总量较为丰富，若将农业剩余物、林业剩余物和能源作物等用于发电、钢铁、水泥以及生物燃料制备等行业，综合评估BECCS技术对中国碳中和目标的减排贡献，预计到2060年可贡献负排放潜力3.5亿～6亿吨/年。从技术成熟度来看，BECCS技术是目前成熟度最高的负排放技术，因为生物能源生产和CCS商业部署都已在现实中大规模推进，尤其是针对生物质发电或乙醇生产的捕集技术已经进入商业化项目示范阶段，但其他BECCS工业应用仍处于中试或原型阶段。目前，以欧美为代表的发达国家正加大对BECCS技术的研发和项目示范，不断推进基础设施建设。截止到2020年，全球BECCS示范项目共有18个（包括部分规划项目），合计捕集规模为140万吨/年，主要基于现有的乙醇工厂、水泥厂、制浆造纸厂、生物质混燃和直燃电厂进行BECCS改造。但国内尚无BECCS示范项目运营，从当前成熟度发展至商业化阶段预计还需要15～20年的时间。从经济可行性来看，多数研究对于BECCS技术目前成本的估算范围为190～2500元/t。其中，用于燃料燃烧的成本为560～1850元/t，用于燃料转化或生物质气化的成本相对较低，为190～1100元/t。此外，当BECCS部署在最合适的地点，周围生物量比较丰富且容易获得，同时距离封存地点距离较短时，减排成本能降低至100元/t。

碳中和目标下，多项BECCS核心技术亟须攻关以大幅降低成本，主要包括：能源植物高效种植及资源潜力评估技术、生物燃料合成制备技术、生物质资源与封存地优化匹配技术、生物质气化联合循环发电技术、先进生物质能利用技术、CCS领域相关技术等。BECCS在未来的主要应用场景包括：将生物质燃烧转化为热能和电力，并结合CCS过程；将生物质热化学转化为生物炭土壤改良剂；将生物质发酵转化为乙醇燃料，并结合CCS过程。此外，结合中国目前大规模燃煤发电的现状，应重点针对燃煤电厂开展生物能源与化石能源掺混发电并耦合CCS的过程，这有助于中国电力部门避免现有基础设施碳锁定，并保障供电安全，促使电力供应率先实现深度脱碳甚至负排放。

6.4　碳中和目标下中国能源转型展望

中国能源结构转型仍有较长的路要走。目前中国能源消费以煤为主，2020年非化石能源消费比重不足16%。实现"碳达峰、碳中和"目标，需要大规模发展可再生能源，而如何统筹解决风、光等新能源电力大规模集中并网的电力系统安全问题还面临较大挑战。除了能源结构调整转型任务艰巨外，产业结构转型难、绿色低碳技术创新能力不足、生态系统碳汇能力总体偏低、绿色低碳转型亟待摆脱路径依赖等也在一定程度上影响着"碳达峰、碳中和"目标的实现，但从整体上来说，中国化石能源消费占比在逐年下降，在能源转型方面取得了一定的成效，为实现"碳达峰、碳中和"目标奠定了较好的基础和条件，但仍需要在常规能源高效利用、新能源开发利用和CCUS去碳技术应用等方面做出努力。

2021年9月22日，中共中央国务院《关于完整准确全面贯彻新发展理念做好碳达峰碳中和工作的意见》（以下简称《意见》）中表示实现碳达峰、碳中和目标，要坚持"全国统筹、节约优先、双轮驱动、内外畅通、防范风险"的原则。《意见》中还表示：

① 到2025年，绿色低碳循环发展的经济体系初步形成，重点行业能源利用效率大幅

提升。单位国内生产总值能耗比2020年下降13.5%；单位国内生产总值二氧化碳排放比2020年下降18%；非化石能源消费比重达到20%左右；森林覆盖率达到24.1%，森林蓄积量达到180亿立方米，为实现碳达峰、碳中和奠定坚实基础。

②到2030年，经济社会发展全面绿色转型取得显著成效，重点耗能行业能源利用效率达到国际先进水平。单位国内生产总值能耗大幅下降；单位国内生产总值二氧化碳排放比2005年下降65%以上；非化石能源消费比重达到25%左右，风电、太阳能发电总装机容量达到12亿千瓦以上；森林覆盖率达到25%左右，森林蓄积量达到190亿立方米；二氧化碳排放量达到峰值并实现稳中有降。

③到2060年，绿色、低碳、循环、发展的经济体系和清洁、低碳、安全、高效的能源体系全面建立，能源利用效率达到国际先进水平，非化石能源消费比重达到80%以上，碳中和目标顺利实现，生态文明建设取得丰硕成果，开创人与自然和谐共生新境界。

现阶段，各能源系统运营相对独立，随着多个能源系统耦合的加深，相对独立的规划策略往往并非经济上最优。因此，要实现多能源系统的集成优化，需要充分考虑各运营主体之间的协同问题，从而实现经济上的最优。在能源转型中系统集成优化有两种形态：一个是终端利用的集成；另一个是能源供应的集成。简单来说就是把不同的能源形态即传统能源和新能源结合起来，向用户提供多样化的产品，包括供电、供热、制冷和燃气供应等。通过系统集成优化的方式，最大利好是显著提高能源系统转化效率，实现能源梯级利用，同时也降低供能的成本和价格，进一步推动能源改革进程。

参考文献

[1] China Hydrogen Alliance, White Paper on China's Hydrogen Energy and Fuel Cell Industry (2019 Edition), China Hydrogen Alliance. http: //www. h2cn.org/publication.html.

[2] IEA. The Future of Hydrogen：Seizing today's opportunities. Paris：International Energy Agency, 2019.

[3] IRENA. Renewable Power Generation Costs in 2019. International Renewable Energy Agency, Abu Dhabi, 2020.

[4] 中国氢能联盟. 中国氢能及燃料电池产业手册. 2021.

[5] 清华大学气候变化与可持续发展研究院. 中国长期低碳发展战略与转型路径研究［M］. 北京：中国环境出版社，2021.

[6] 樊静丽，李佳，晏水平，等. 我国生物质能-碳捕集与封存技术应用潜力分析［J］，热力发电，2021，50（1）：7-17.

[7] Bui, et al. Carbon capture and storage（CCS）：the way forward [J]. Energy & Environmental Science, 2018, 11（5）：1062-1176.

[8] Fuss, et al. Negative emissions——Part 2: Costs, potentials and side effects [J]. Environmental Research Letters, 2018, 13: 063002.

[9] ETP. Special Report on Carbon Capture Utilisation and Storage CCUS in clean energy transitions. 2020.

[10] IPCC. 2006 IPCC guidelines for national greenhouse gas inventories. IGS, Japan: the National Greenhouse

Gas Inventories Programme, 2006.

[11] BP. 2017 年 BP 世界能源统计年鉴［M］. 北京：BP 中国对外事务部，2017.

[12] 焦有梅. 能源统计与核算［M］. 北京：中国统计出版社，2016.

[13] 中国碳中和与清洁空气协同路径年度报告工作组. "中国碳中和与清洁空气协同路径2021". 中国清洁空气政策伙伴关系，北京，中国. 2021.

[14] 国家统计局. 中华人民共和国2020年国民经济和社会发展统计公报. 2021. Retrieved from http: // www.stats.gov.cn/tjsj/zxfb/202102/t20210227_1814154. html.

[15] 国家节能中心. 能源经济新亮点. 2021. Retrieved from http: //www. chinanecc. cn/website/News!view. shtml? id=245621

[16] 国家统计局能源统计司. 中国能源统计年鉴 2020［M］. 北京：中国统计出版社，2021.

[17] 国家能源局. 2021年一季度网上新闻发布会文字实录. 2021.

[18] 国家能源局. 国新办举行中国可再生能源发展有关情况发布会. 2021. Retrieved from http: //www. nea.gov.cn/2021-03/30/c_139846095. htm.

[19] 吴金星，赖艳华，刘泉，等. 能源工程概论［M］. 北京：机械工业出版社，2013.

[20] 刘泉. 新能源技术与应用［M］. 北京：化学工业出版社，2015.

[21] 能源基金会. 中国碳中和综合报告［C］. 北京：能源基金会，2020.

[22] 刘佳佳，赵东亚，田群宏，等. CO_2 捕集、运输、驱油与封存全流程建模与优化［J］. 油气田地面工程，2018（10）.

[23] Simbolotti G. CO_2 capture and storage, IEA ETSAP, 2010 Technology Brief. 2010.

[24] ZEP. The costs of CO_2 capture, transport and storage. EU：European Technolog y Platform for Zero Emission 31 Fossil Fuel Power Plants. 2011.

[25] GCCSI. Accelerating the uptake of CCS：Industraial use of captured carbon dioxide. 2011.

[26] Kuehn N, Mukherjee K, Phiambolis P, et al. Current and future technologies for natural gas combined cycle (NGCC) power plants. 2013.

[27] Fout T, Zoelle A, Keairns D, et al. Cost and performance baseline for fossil energy plants -volume 1a：bituminous coal (PC) and natural gas to electricity -Revision 3, National Energy Technology Laboratory. 2015.

[28] 科学技术部社会发展科技司. 中国碳捕集利用与封存技术发展路线图（2019 版）［J］. 科学技术部社会发展科技司，2019.

[29] Zhou L, Chen W, Zhang X, et al. Simulation and Economic Analysis of Indirect Coal-to-Liquid Technology Coupling Carbon Capture and Storage [J]. Industrial & Engineering Chemistry Research, 2013, 52 (29).

[30] Leeson D, Fennell P, Shah N, et al. A Techno-economic Analysis and Systematic Review of Carbon Capture and Storage (CCS) Applied to the Iron and Steel, Cement, Oil Refining and Pulp and Paper Industries [J]. International Journal of Greenhouse Gas Control, 2017, 61.

[31] Budinis S, Krevor S, Dowell N M, et al. Hawkes A. An assessment of CCS costs, barriers and potential [J]. Energy Strategy Reviews, 2018, 22.

[32] Global CCS Institute (GCCSI). Global costs of carbon capture and storage. 2017.

[33] IPCC. Carbon Dioxide Capture and Storage Summary for Policymakers and Technical Summary. 2005.

[34] IEA. Energy Technology Perspectives 2017 [C]. Paris：International Energy Agency, 2018.

[35] IPCC. climate change 2014: synthesis report. contribution of working groups Ⅰ, Ⅱ and Ⅲ to the fifth assessment report of the intergovernmental panel on climate change PCC special report on cardon dioxide capture and storage [J] Intergovernmental Panel on Climate Change, 2014.

[36] Climate Change, 2014. Mitigation of Climate Change. Contribution of Working Group Ⅲ to the Fifth 18 Assessment Report of the Intergovernmental Panel on Climate Change.

[37] 张贤. 碳中和目标下中国碳捕集利用与封存技术应用前景 [J]. 可持续发展经济导刊, 2020（12）.

[38] 中华人民共和国中央人民政府. 中共中央国务院关于完整准确全面贯彻新发展理念做好碳达峰碳中和工作的意见. 2021. Retrieved from http：//www.gov.cn/xinwen/2021-10/24/content_5644613. htm.

[39] 中华人民共和国中央人民政府. 国务院关于印发2030年前碳达峰行动方案的通知. 2021. Retrieved from http：//www.gov.cn/zhengce/content/2021-10/26/content_5644984. htm.

[40] 项目综合报告编写组. 中国长期低碳发展战略与转型路径研究综合报告 [C]. 中国人口·资源与环境, 2020, 30（11）: 1-2.

[41] 国家统计局. 中国统计年鉴 2021 [M]. 北京：中国统计出版社, 2021.

[42] BP. 2019 年 BP 世界能源统计年鉴 [M]. 北京：BP 中国对外事务部, 2019.

[43] 于鹏伟, 张豪, 魏世杰, 等. 2017 年中国能源流和碳流分析 [J]. 煤炭经济研究, 2019, 39（10）: 15-22.

[44] 张豪, 樊静丽, 汪航, 等. 2016 年中国能源流和碳流分析 [J]. 中国煤炭, 2018, 44（12）: 15-19, 50.

[45] 魏世杰, 樊静丽, 杨康迪, 等. 2011 年和 2016 年山西省煤炭流动及碳排放对比分析 [J]. 矿业科学学报, 2020, 5（3）: 334-341.

[46] Schmidt M. The Sankey diagram in energy and material flow management [J]. Journal of Industrial Ecology, 2008, 12（1）: 82-94.

[47] OECD, IEA, IPCC. guidelines for national greenhouse gas inventories. 2006.

[48] 罗芬, 钟永德, 王怀採, 碳足迹研究进展及其对低碳旅游研究的启示 [J]. 世界地理研究, 2010, 19（3）: 105-113.

[49] 王晓琳, 姬长生, 张振芳, 等. 基于碳足迹的煤炭矿区碳排放源构成分析 [J]. 煤矿安全, 2012（4）: 169-172.

[50] 国家统计局能源统计司. 中国能源统计年鉴 2019 [M]. 北京：中国统计出版社, 2019.

[51] IPCC. 2006 IPCC guidelines for national greenhouse gas inventories. 2006.

[52] 付坤, 齐绍洲. 中国省级电力碳排放责任核算方法及应用 [J]. 中国人口·资源与环境, 2014, 244: 27-34.

[53] 国家统计局. 关于批准发布《国民经济行业分类》国家标准的公告2017年第17号. 中国标准化, 2018（1）: 150.

[54] 国家统计局能源统计司. 中国能源统计年鉴 2018 [M]. 北京：中国统计出版社, 2018.

[55] 国家统计局能源统计司. 中国能源统计年鉴 2017 [M]. 北京：中国统计出版社, 2017.

[56] 国家统计局能源统计司. 中国能源统计年鉴 2016［M］. 北京：中国统计出版社，2016.

[57] 国家统计局能源统计司. 中国能源统计年鉴 2015［M］. 北京：中国统计出版社，2015.

[58] 国家统计局能源统计司. 中国人口统计年鉴 2018［M］. 北京：中国统计出版社，2018.

[59] 张豪，樊静丽，汪航，等. 2016 年中国能源流和碳流分析［J］. 中国煤炭，2018，44（12）：6.

[60] 武倩倩，田娟，张志义，等. 能源环境现状与矿区水污染治理［J］. 陕西煤炭，2010，29（4）：3.

[61] 蒋洪亮. 应对湖南中长期能源短缺问题的战略研究［D］. 北京：国防科学技术大学.

[62] 邵满祥，韩少卿，杜新如. 武安市农作物秸秆气化利用模式分析［J］. 河北农业科学，2012，16（11）：3.

[63] 孙永波. 在双碳目标下促进煤炭产业高质量发展［J］. 煤炭经济研究，2021，41（5）：1. DOI：10. 13202/j. cnki. cer. 2021. 05. 001.

[64] 中华人民共和国2020年国民经济和社会发展统计公报. 中国统计，2021（3）：8-22.

[65] 国家能源局局长章建华在中国可再生能源发展有关情况发布会的发言讲话. 中国电业，2021（4）：4-5.

[66] 刘晓龙，崔磊磊，葛琴，等. 中国中东部能源发展战略的新思路［J］. 中国人口·资源与环境，2019，29（6）：9.

[67] 谷天野. 煤炭洁净加工与高效利用［J］. 洁净煤技术，2006.

[68] 张世诚，孙庶. 大力发展洁净煤技术创建环境友好型社会［J］. 煤炭技术，2008（11）：164-165.

[69] 张少华，王东波. 洁净煤发电技术探讨分析［J］. 能源与节能，2012（3）：13-16.

[70] 刘涛. 关于煤基多联产发展的问题与建议［J］. 煤炭工程，2006（7）：67-69.

[71] 田忠坤. 管式气流干燥器提质低阶煤理论与技术的研究［D］. 北京：中国矿业大学（北京），2009.

[72] 罗洁. 煤的热电气多联产技术分析［J］. 湖南电力，2007（1）：60-62.

[73] 万力利. 热采稠油区块热电联供技术研究［D］. 东北石油大学，2013.

[74] 杨常亮. 浅谈石油化工工艺［J］. 中国石油和化工标准与质量，2012，32（7）：247.

[75] 水能［J］. 能源与节能，2020（1）：36.

[76] 戴理韬，高剑，黄守道，等. 变速恒频水力发电技术及其发展［J］. 电力系统自动化，2020，44（24）：169-177.

[77] 李杏. 水风电随机优化联合运行研究［D］. 长沙：长沙理工大学，2013.

[78] 杨巍. 光伏并网发电系统关键技术的研究［D］. 西安：西安理工大学，2010.

[79] 王兴华. 平板太阳空气集热器增湿工况热效能研究［D］. 兰州：兰州交通大学，2013.

[80] 朱亚俊. 永磁同步风力发电机的控制技术［D］. 广州：华南理工大学，2010.

[81] 王丰华，陈庆辉. 生物质能利用技术研究进展［J］. 化学工业与工程技术，2009，30（3）：32-35.

[82] 刘臻. 岸式振荡水柱波能发电装置的试验及数值模拟研究［D］. 青岛：中国海洋大学，2008.

[83] 张海龙. 中国新能源发展研究［D］. 长春：吉林大学，2014.

[84] 肖曦，摆念宗，康庆，等. 波浪发电系统发展及直驱式波浪发电系统研究综述［J］. 电工技术学报，2014，29（3）：1-11. DOI: 10. 19595/j. cnki. 1000-6753. tces. 2014. 03. 001.

[85] 刘德春. 为什么要打碳达峰碳中和这场硬仗［J］. 中国环境监察，2021（6）：47-48.

[86] 何勇健. 能源变革转型"三大方向"［J］. 智库时代，2017（4）：19.

第7章 迈向零碳电力系统

7.1 电力系统发展总体思路

目前，我国能源领域是二氧化碳排放的主体，约占85%。因此，着力提高利用效能，实施可再生能源替代行动，深化电力体制改革，构建以新能源为主体的新型电力系统是实现碳达峰、碳中和目标的有力抓手，为我国能源领域"十四五"及中长期发展规划指引了方向。

电能是最重要的二次能源，而电力系统正是由发电厂、送变电线路、供配电所和用电等环节组成的电能生产、输配、存储、消费和转化系统。电力系统可以被形象地刻画为一个能量枢纽，汇聚自然界包括风、光、水、煤、油、气等一次能源，通过发电动力装置转化为电能，再输配至千家万户。因此，维持电力系统的安全稳定、经济绿色运行，对于保障国家能源安全、实现现代能源系统清洁低碳转型具有重要意义。近年来，电力系统技术和发展也成为世界各国能源科技战略竞争的焦点之一。例如，美国能源部提出的智能电网技术，旨在通过先进的信息通信技术、优化控制决策技术以及电力系统装备技术，构建一个完全自动化的电力传输网络，使得每个电网节点和用户可以被监视和控制，进而确保整个输配电过程中信息和电能可以在所有节点之间双向流动。再比如，美国著名学者杰里米·里夫金《第三次工业革命》一书中，首先提出了能源互联网的愿景，并预言以新能源技术和信息技术的深入结合为特征的一种新的能源利用体系，即"能源互联网"即将出现。能源互联网是以智能电网为枢纽主干，由各种一次、二次能源的生产、传输、使用、存储和转换装置，以及其信息、通信、控制和保护装置连接而成的网络化物理系统。能源互联网是当前国内外学术界和产业界关注的焦点和创新前沿，正发展成为新一代能源系统和互联网技术，基于互联网理念和技术的新一代能源信息融合网络，可能给传统能源行业的行业结构、市场环境、商业模式、技术体系与管理体制带来颠覆性的影响，同时促进能源系统的开放互联和市场化，能够最大限度开发利用可再生能源，提高能源综合利用效率。

围绕电力系统发展的总体思路，就国内外电力系统的技术现状和发展趋势介绍如下。

7.1.1 国内外电力系统技术现状

电力系统作为电能生产、传输、利用和转化的重要枢纽，世界上诸多发达国家都已将发展电力系统技术作为基本战略之一，加快智能电网、数字电网、能源互联网等新型电力系统技术攻关。

（1）美国

美国是在电力系统技术领域研究起步较早的国家。针对美国电网基础设备老旧、投入不足和事故频发等问题，2001年美国电科院首次提出"智能电网"的概念，旨在融合先进信息及控制技术，实现对电力系统的智能化改造，提升安全运行水平、资产管理水平和供电服务能力。随着可再生能源的大规模开发，以及电动汽车的推广普及，智能电网的重要性进一步拓展到能源、交通等领域。此后，美国政府陆续颁布了《能源独立与安全法案》《复苏与再投资法案》等政策文件，出台了《电网2030》《国家输电技术路线图》《智能电网系统报告》等发展规划，将智能电网作为提高能源利用效率、促进节能减排、助力经济发展和实现国家能源安全的战略举措。

美国电力系统技术发展的重点领域包括电动汽车、储能、智能用电以及分布式能源等方面。美国政府为研究机构、高校、电力公司等的智能电网项目提供了超过40亿美元的资助，项目最高资助比例50%，有效推进了电网态势感知、需求侧响应、高级计量、基础设施升级、储能、可再生能源、电动汽车、分布式电源并网、微电网等领域试点工程建设，重点验证了新技术、设备、商业模式等的适用性。美国政府率先开启了电动汽车竞争市场，向电动汽车项目拨款1.2亿美元，建造了14000座免费充电桩，2016年美国充电桩数量达到4.15万个，特斯拉已成为电动汽车领域的全球领军企业，相关的储能技术领域也取得重大突破，美国拥有全球近半的非抽水蓄能类储能示范项目，在政府持续的政策和资金支持下实现了商业化应用。2016年美国智能电表累计安装数量超过7000万只，预计到2020年智能电表的普及率超过70%；建设了5000多条自动化配电线路，实现了配电网动态电压调节、故障诊断和快速处理，提升了电力系统运行效率和供电可靠性，提高了设备资产利用效率。另外，美国开展了大量小型分布式风力和光伏发电接入、需求响应、智能用电、能源管理等试点示范，注重采用先进的计量、控制等技术使用户参与电力需求响应项目和能源管理。各种互联网企业纷纷进入传统电力行业，促进了新的能源消费商业模式的形成。

美国电力系统技术发展注重物理信息的深度融合以及示范工程的技术推广。IBM、Google、Intel等都提出了智能电网技术解决方案，电气设备制造商则和电网运营商合作，开展了智能电表和分布式电能管理、用户侧分布式发电和热电联产、储能、智能城市和智能家庭等专题的智能电网应用示范研究。西北太平洋智能电网示范工程是美国最大的智能电网示范工程，涉及5个州，超过六万名用户，旨在实现验证智能电网新技术和商业模式有效性，促进大规模可再生能源和分布式能源的接入与消纳，以实时双向的信息通信技术，提升智能电网信息物理系统的安全性和经济性。

（2）欧洲

欧洲以提高可再生能源开发利用比例作为能源低碳转型的重要战略途径，开展智能电网的建设及推动相关技术产业发展。2005年，欧洲成立了"欧洲智能电网技术平台"组织。该组织发布了《未来的欧洲电网——愿景和策略》《未来的欧洲电网——战略性研究议程》《未来的欧洲电网——战略部署文件》等一系列文件，全面阐述了欧洲智能电网的发展理念和路线图，提出了欧洲智能电网的研究策略和重点任务。欧洲更加关注以绿色环保和低碳减排为目标的电力系统技术发展。欧洲在风力发电和太阳能发电的规模和渗透程度上均全球领先，将智能电网作为承载高比例可再生能源的重要平台，从而促进多种能源融合与综合利用，提升零碳能源的全额消纳与能源综合利用效率提升。

欧洲各国一直致力于增加可再生能源发电占比，拟将大西洋海上风电、欧洲南部和北非的太阳能发电融入欧洲电网。为促进可再生能源的消纳，欧洲加强了各国之间的电网互联，目前欧洲电网各成员国之间电网联络线超过300回。此外，欧洲大力推动分布式光伏和分散式风电发展，在光伏并网控制、发电功率预测和主动配电网等方面，技术不断取得突破，以满足未来以分布式能源供应结构为特点的电力系统需求。欧洲各国积极构建统一的能源市场，完善辅助服务机制，促进可再生能源在更大范围内消纳。通过成立技术联盟、发布相关规划和建立统一电力市场，推动形成发展共识，提出2020年及以后的欧洲电网和电力市场应满足灵活性、分布式及可再生电源的开放接入、高可靠性和经济性的要求。

借助互联网技术、理念及完善的电力市场，着眼于技术融合及商业模式创新，广泛开展工程示范。欧洲各国智能电网发展水平不尽相同，西欧地区的智能电网示范项目数量要远多于东欧地区，英国、德国、法国和意大利是欧洲智能电网建设的四个主要国家。欧洲着重开展了泛欧洲电网互联、智能用电计量体系、配电自动化、新能源并网和新型储能技术应用等工程。意大利、瑞典几乎所有家庭都安装了智能电表。意大利电力公司投资21亿欧元安装了大约3000万台支持双向信息传输的智能电表，每年可节省约5亿欧元运行成本，用户年均服务成本从原来的80欧元降至50欧元。德国的"E-energy"项目于2007年4月由德国联邦政府经济技术部发起，目前由联邦环境自然保护部与核安全部共同推进。"E-energy"项目重点强调信息通信技术（ICT）在综合能源行业中的关键作用，旨在创建一种自学习、自适应的智慧能源系统，实现商业能源供应链中所有要素的数字互联与协同。德国正致力于构建欧洲统一的综合能源市场，通过多能源之间的互联互通，促进市场充分竞争以降低能源价格和成本。

（3）日本

日本能源资源相对短缺，因此将能效提升作为发展智能电网的首要目标，并选择太阳能发电作为可再生能源利用的主要方面。2010年日本发布《智能电网国际标准化路线图》，2011年提出了日本版智能电网完整的体系化发展理念。2016年发布《能源与环境创新战略》，提出将重点发展能源系统综合技术和新一代能源体系的核心技术。此外，日本还注重发挥其在智能电网相关领域的技术优势，争取主导国际标准制定，强化国际话语权，促进技术装备出口。

日本电网基础设施相对完善，自动化水平较高，供电可靠性整体处于全球领先地位。日本建立了分层级的智能电网体系架构，制定智能电网技术路线图。从体系架构上来看，日本智能电网可以分为国家、区域和家庭三个层面，各层具有相应的功能定位。家庭和建筑层面的内容包括智能住宅、电动汽车、家用燃料电池、蓄电池、零能耗建筑等，将实现能源高效利用、减少排放作为主要目的；区域层面的主要功能则是基于区域能量管理系统保证区域电力系统稳定，并通过先进通信及控制技术实现供需平衡；国家层面则是构筑坚强的输配电网络，实现大规模可再生能源的灵活接入。

此外，智能电网示范工程也得到了日本政府、企业和民众的广泛支持。日本根据各个城市自身定位和特点，在横滨市、丰田市、京阪奈学研都市和北九州市等分别开展了具有不同功能的智能电网示范工程建设。东京燃气公司提出"智慧能源网络"的概念和系统，推动光伏、风电与生物质能等可再生能源与天然气热电联产的协同发展，提升能源综合利用效率，促进实现碳减排的目标。此外，提出了深度挖掘海量智能楼宇电能与热能互补潜力的构想，通过热力网的蓄热能力平抑新能源与电力负荷的波动性。日本智慧社区联盟成立于2010年4月，所提出的"智慧社区"正发展为一种新型社会系统。利用ICT与储能技术，精准控制综合能源系统中分布式能源供给与需求，挖掘智慧社区技术在节能和减排方面的双重红利，并将该项技术纳入生活支持服务。

近年来，日本除了通过研究和实践缓解能源供应短缺、综合利用效率不足的问题外，还大力发展分布式光伏和智能社区，着力构建能够抵御灾害的坚强电网。通过构建新型的分布式电网控制系统以满足新能源接入，进而提高电网抵御灾害的能力。截止到2020年，日本商业和住宅屋顶光伏发电容量累计达41GW，总光伏发电装机量累计达71GW，占全国总发电量的8.4%。为实现其减排目标，日本预期于2030年实现100GW国内光伏发电装机量，占全国总发电量的11.6%。基于信息技术和储能技术，通过大规模可再生能源接入去维持区域供电平衡，并提高保障区域在灾害时的供电能力。实现家庭、楼宇的用电信息智能化管理，以实现提高能源利用率、节约电能的目标。

（4）中国

2011年以来，我国将电力系统技术装备与智能电网建设作为能源电力发展的重要战略，国务院、科技部、发展改革委和能源局等先后出台了《智能电网重大科技产业化工程"十二五"专项规划》《能源生产和消费革命战略（2016—2030）》《能源发展"十三五"规划》《电力发展"十三五"规划（2016—2020年）》《电动汽车充电基础设施发展指南（2015—2020年）》《关于促进智能电网发展的指导意见》《中国制造2025—能源装备实施方案》等一系列文件，大力推动智能电网的发展。在《国家"十二五"科学和技术发展规划》《"十三五"国家科技创新规划》《"十四五"国家科技创新规划》等国家重大战略规划中，都将智能电网纳入了大力培育和发展的战略性新兴产业，明确提出了发展智能电网的指导思想和发展目标。

经过多年发展，我国电网建设成效显著，源-网-荷领域新技术研发与产业化进程正在不断加快，部分核心技术与装备实现了从"跟跑"到"并跑"，部分技术实现了国际引领。在电源侧，系统性地开展了大规模可再生能源发电并网系列技术研究，建成了世界上规模最大的集风电、光伏发电、储能及智能输电于一体的新能源综合性示范项目——张北风光储输示范工程，有力支撑了我国电网成为世界上风电、光伏发电并网规模最大的电网。在电网侧，全面掌握了自主知识产权的特高压交、直流输电核心技术，柔性直流输电技术打破国外垄断，构建并成功运营了世界上运行电压等级最高、规模最大、技术水平最高的交直流混联特大电网。在用户侧，安装智能电表超过4亿只，建成了全球规模最大的用电信息采集系统及国内覆盖面最广的开放智能充换电服务平台。在重大设备研制方面，自主研发了智能变电站成套设备、特高压输变电设备、智能电网调度控制系统等高端电工装备，达到国际领先水平。

2017年，我国国家发展改革委和国家能源局联合印发的《能源生产和消费革命战略（2016—2030）》提出了全面建设"互联网＋"智慧能源的战略，旨在通过电、热、气的耦合构建能源互联网。自"互联网＋"智慧能源战略实施以来，全国各地启动了相关试点工作。南方电网广州珠海项目是首个通过能源局验收的智慧能源示范项目，项目通过智慧能源大数据云平台和运营平台，打造了开放互通的能源互联网生态，有效提升了配网智能化与信息化水平。除了技术上的创新外，上海崇明综合示范区着力于体制机制的改革，在隔墙售电、综合能源联合交易和商业模式等方面取得创新突破。

7.1.2 我国电力系统发展趋势

当前，世界能源格局正在进行深刻调整，能源电力体系正在向清洁低碳、安全高效的方向蓬勃发展。习近平总书记曾指出"我国发展中不平衡、不协调、不可持续问题依然突出，人口、资源、环境压力越来越大。我国现代化涉及十几亿人，走全靠要素驱动的老路难以为继。物质资源必然越用越少，而科技和人才却会越用越多，因此我们必须及早转入创新驱动发展轨道，把科技创新潜力更好释放出来。"为充分发挥科技在能源转型进程中的引领作用，研判电力能源领域技术发展趋势，前瞻性统筹布局国家科技重心，具有重要意义。

经历多年发展，我国电网的规模和结构形态发生了巨大变化，我国电网已经供应了大约四分之一的终端能源，成为现代能源体系的重要组成部分。未来我国电力系统将向清洁能源规模化、能源终端电气化、能源体系零碳化的方向发展。

（1）清洁能源规模化

大力发展以风能和太阳能为代表的新能源电力是我国能源清洁低碳转型的当务之急。截至2020年，我国包括风、光、水、核、生物质在内的非碳基能源装机容量占比达到44.5%，尤其是风电、光伏双双突破2.5亿千瓦（占总装机24.1%），装机规模均居世界首位。在2021～2030年碳达峰阶段，优先发展以风光为代表的技术成熟度高、度电成本低的非碳基能源技术。近十年来风电、光伏成本下降比例分别达到56%和89%，较传统煤电已具备发电竞争力，预计到2030年，我国非碳基能源装机容量达到58%，风光总装机突破12.5亿千瓦（占总装机40%）。到2060年碳中和阶段，着力突破非碳基能源技术迭代，构建多源协同、灵活可控的新能源电力系统，我国非碳基能源装机容量有望超过90%，风光总装机进一步突破39亿千瓦（占总装机68%），除风电、光伏以外的稳定性电源（包含光热）占比达到36%，实现近无碳电力的同时极大程度保障能源电力安全。

（2）能源终端电气化

提升能源终端综合利用效率是构建清洁低碳、安全高效现代能源体系的必然选择。一直以来，我国经济增长过多依靠投资和出口拉动，高能耗产业发展过快，一次能源消费总量持续增加，2020年达49.8亿吨标煤，我国一次能源消费总量中非碳基能源占比仅为15.9%，发电结构中风光电量占比仅为10%，全国新能源弃电量达到519.6亿度。尽管我国能源供给侧结构性改革不断向清洁能源转型发展，但能源转化和利用效率偏低，2020年电能占能源终端消费比重仅为27%左右，较发达国家存在一定差距。近年来，能源消费环节积极推进"以电代煤、以电代油"的清洁电能替代技术，大力发展新能源汽车、燃料电池、分布式能源、微电网等技术，显著提升了能源终端电气化水平，支撑工业、交通等领域的自动化和智能化发展。但据国家电网能源研究院预测，为实现双碳目标，到2030年电能占能源终端消费比重需达40%左右，到2060年则至少需占70%。提高电能在终端能源消费中的比重，实现再电气化，依然任重道远。

（3）能源体系零碳化

一方面，我国未来电力系统仍然要充分发挥大范围资源优化配置的能力，我国电力能源结构呈现集中式与分布式发电并举的态势。在我国"西电东送"战略下，直流互联的电力传输格局已经形成，新能源的集中式开发、规模化外送已成为实现我国能源资源大范围优化配置的重要手段；同时，我国中东部地区的海上风电和陆上风光等分布式资源蕴藏巨大储量，仅海上风电可开发资源就超过5亿千瓦，预计到2030年有望开发1亿千瓦。另一方面，受制于能源电力灵活调节需求，预计到2060年，我国火电机组仍要有一部分保有量，不可替代化石能源的消耗必然伴随相应的碳排放，此外诸如冶金、化工、建材、采矿等部分工业领域也存在难替代的困境。低能耗CCUS技术，是解决碳中和最后一公里难题的必由之路。未来40年，着力突破煤炭清洁高效利用与碳捕集封存利用（CCUS）技术被广泛认为是中和不可替代化石能源排放的重要手段。目前，我国超低排放机组容量突破8.1亿千瓦，超超临界发电煤耗下降至256g/（kW·h），发电效率突破48%，处于世界领先水平；已投运或建设中的CCUS工程约40项，年捕集能力超过300万吨。

7.1.3　电力系统技术瓶颈与挑战

传统电力系统难以消纳更高比例的新能源电力，能源的生产、传输、消费方式面临根本性变革。受制于"富煤、缺油、少气"的资源禀赋特征，挖掘火电机组的调节潜力是提升我国电力系统运行灵活性的主要抓手，然而深度调峰引起的稳燃成本和碳排放剧增极大程度限制了火电机组进一步调节的能力；柔性输电技术有效提升应对源荷双侧波动的灵活性，实现电力系统电能传输的灵活可控，然而我国柔性输电技术仍处于示范工程阶段，尚未广泛应用；储能技术是破解电力供需实时平衡约束的关键，有效平抑新能源波动性，然而我国现有储能规模小、占电源结构比重低。预计到2030年，分布式风电、光伏单体数量将超过百万，电动汽车总量将突破千万，传统"全国一张网"的结构形态愈发难以支撑指数级增长的分散资源调控，现有电力系统安全稳定、绿色经济运行面临巨大挑战。

高比例新能源的并网接入和开发利用对我国电力系统的安全稳定运行提出前所未有的挑战。随着风能、太阳能向主导性能源转变，高比例新能源的强随机性使得能源供给在更大的范围内波动，2060年的风光装机比重将达70%左右，由于风速波动、云层遮挡等不可预测气象因素，我国能源系统可能突然失去1/3甚至更高比例的发电能力，同时在千万级分布式能源"即插即用"的影响下，源荷双侧的强随机性使现有能源系统安全稳定运行几乎无法维系。此外，风电、光伏等新能源抗扰性差，易受到随机波动的影响而脱网甚至引起连锁故障；大规模电力电子装置故障形态更加多变，对我国能源安全提出更严峻的挑战。

制约我国构建新能源电力系统的重大基础理论与关键核心技术亟待攻克。构建以新能源为主体的新型电力系统，无论从技术上还是模式上均史无前例，是科技创新"无人区"，迫切需要从能源生产、传输、存储、消费各环节各领域突破重大基础理论与关键核心技术。

在能源生产领域，亟待突破煤炭灵活发电、清洁转化以及碳高效多途径利用技术，实现煤电近零排放，保障国家能源安全；加强光电转化新机理、新结构、新材料的高效光伏电池及其工艺制备技术的前瞻性布局，突破传统硅电池效率的理论极限；攻克超大型海上风电叶片等关键零部件制备技术，弥补我国深远海风电技术的国际差距；作为极具前景的零碳燃料，亟待加快生物质定向转化液体燃料的核心装备与调控技术攻关；积极推动我国氢能、地热能、潮汐能、海洋能等零碳能源替代与供给侧清洁化结构转型。

在能源传输领域，部分新概念、新原理、新技术的科技创新能力亟待提升。尽管我国在低/分频输电、无线输电等新型输电技术领域开展了理论研究，但面向实际应用场景的关键装备技术、大容量和远距离无线电能传输技术、长距离超导直流能源管道工程设计、安全防护与运行控制技术等仍需突破从实验室研发到工程示范应用的巨大挑战。

在能源存储领域，关键材料的成本、寿命和安全性等方面仍面临诸多挑战。目前投入商业化运行的规模储能只有抽水蓄能、铅酸电池等少量技术选择，固态电池、钠离子电池等新型储能技术与国际先进水平存在一定差距，关键核心材料尚未实现100%自主研发，亟待突破支撑新能源电力系统发展的高安全、低成本、长寿命储能核心关键技术。

在能源消费领域，我国长期以来存在着用电选择少、互动弱、能效低、资源利用不足等问题，亟待攻克电力物联网、电动汽车与电网互动等关键技术。目前物联网技术在实现大规模用户调控时仍存在覆盖度低、通信延时大、层区调控不精准等各类难题。随着电动汽车的指数级发展，大规模电动汽车无序充电将严重影响电力系统安全经济运行，亟待攻克千万辆级电动汽车与电网智能互动基础设施和关键技术研发。

7.2 火电电力

非化石能源替代化石能源是世界能源变革的大趋势，但是中国目前的能源资源分布和消费结构决定了相当长的时间内仍将是以煤电为主，水电、核电和新能源为辅。随着中国能源的逐渐转型升级，新能源（风电和太阳能）将逐步替代煤电成为主体电源，然而新能源的间歇、随机、波动性制约着电网大规模的消纳，需依靠煤电作调节性电源来支撑，煤电依然将是我国能源结构的"压舱石"。中国的大部分火电机组对化石燃料燃烧产生的污染排放物如粉尘、NO_x、SO_x的减排控制已达到世界领先的超低排放标准。煤电机组每发$1kW \cdot h$电还产生约$0.8kg$的CO_2气体排放，CO_2气体排放被认为是全球气候变化的主要原因，按2020年全国火电总发电量5.17万亿千瓦·时估算，全国火电机组年CO_2气体排放约41.5亿吨。

火力发电工业流程见图7-1。

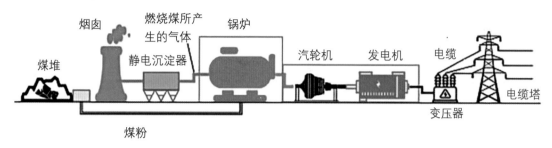

图7-1　火力发电工业流程

火电机组实现碳减排的主要途径包括：

① 提高火电机组的热效率以降低每单位发电量的煤耗和二氧化碳排放量。图7-2比较了不同功率机组采用超临界二次再热、超临界一次再热和亚临界一次再热热力循环技术对机组单位发电排放CO_2量的影响。

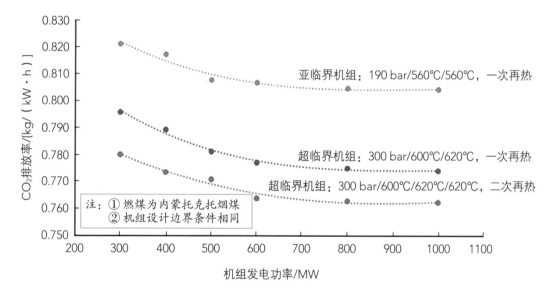

图7-2　不同功率等级火电机组碳排放率曲线（注：$1bar=10^5Pa$）

在同样的设计边界条件下，以一台1000MW的机组为例，采用高效先进的超临界二次再热水汽热力循环技术设计建造的机组比传统的亚临界一次再热机组的单位碳排量可减少约45g/（kW·h）。按2020年全国火电总发电量5.17万亿千瓦·时估算，相当于全国火电机组CO_2气体年减排量约2.3亿吨。

提升现役火电机组热效率水平的技术途径，包括设备翻新、水汽参数的升级、优化运行操作等。如华润徐州电厂翻新320MW国产亚临界燃煤纯凝机组，水汽参数进行高温亚临界升级的技术改造试验，即保持机组压力在亚临界水平不变，提高机组主蒸汽和再热蒸汽温度水平，实现了提高机组整体热效。

② 改变燃料结构，如改烧或混烧天然气或生物质燃料。在天然气丰富的区域如美国，有100多台燃煤机组已改烧天然气，可相当于每台机组的单位发电量二氧化碳排放量

减少近40%。在生物质燃料丰富的区域，燃煤机组可改烧或混烧生物质燃料，生物质（如木屑、草芥等）因为在生长过程中通过光合作用吸收消耗了大气中的CO_2，被认为是碳中和燃料。煤电机组通过部分改造可以直接混烧20%~30%的生物质燃料，相当于每单位发电量二氧化碳排放量减低20%~30%，例如英国最大的DRAX燃煤电厂（3906MWe）从2010年开始改造试行混烧生物质（木屑），至2018年已将其燃煤机组中的7台（共2600MWe）成功改烧100%的生物质。

③碳捕集和埋藏技术（CCUS），该技术在其他章节有详细介绍。

7.2.1 火电效率提高技术

根据"全球煤电追踪系统"数据，2017年全球煤电机组在运总装机容量为19.653亿千瓦。中国2017年煤电装机容量高达9.221亿千瓦，占全球46.9%；其次是美国，装机容量为2.811亿千瓦，占全球煤电总装机量的14.3%；第三位的是印度，装机容量为2.181亿千瓦，占全球煤电总装机量的11.1%。

截至2018年底，中国发电装机容量达到19亿千瓦，其中火电累计装机容量11.4亿千瓦（含煤电10.1亿千瓦，气电8330万千瓦，其余为油电等），占全部装机容量的60%。煤电是中国火电厂最主要的技术形式，装机容量占总装机容量的比重近几年呈下降趋势，但在我国发电装机中仍占主导地位，2018年装机占比53.2%。面向碳中和目标，我国电力产业呈现以传统能源发电为基础，以核电、风电、太阳能等为代表的新能源发电快速发展的态势，其中以煤电为主的火电仍然是我国电力供应的主力、基础电源。

"十三五"期间，我国积极推进煤电转型升级，出台了一系列相关政策，用以规范和引导煤电产业向更加健康有序的可持续轨道发展。严格控制煤电规划建设，采取"取消一批，缓建一批，缓核一批和停建煤电项目"等措施，力争将新增投产规模控制在2亿千瓦以内。全面开展煤电机组超低排放和节能改造，提高在役煤电机组运行的经济性和环保性。加快淘汰落后产能，坚决淘汰关停不符合相关强制性标准要求的煤电机组，力争关停2000万千瓦。目前，我国经济逐步由高速增长转变为高质量增长阶段，同时，我国还处于工业化中后期、城镇化快速推进期，第三产业和居民用电比重偏低，仍然有很大的发展空间。

中电联、电规总院和工程院发布的2020~2050全社会煤电机组和其他机组装机容量对比见表7-1。

表7-1 中电联、电规总院和工程院发布的2020~2050全社会煤电机组和其他机组装机容量对比

机构	类型	2020年	2030年	2035年	2050年
中电联	煤电	11	13	12.8	—
	气电	0.95	2.35	2.74	—
	核电	0.53	1.37	2.07	—
	水电	3.74	5.49	5.91	—
	风电	2.2	5	6	—

机构	类型	2020年	2030年	2035年	2050年
中电联	光伏（热）	2	4.3	6	—
	其他	0.55	0.6	0.63	—
	合计	21	32	36	—
电规总院	煤电	10.8	—	13.4	—
	气电	1.1	—	2	—
	核电	0.58	—	1.2	—
	水电	3.8	—	5.7	—
	风电	2.4	—	5.9	—
	光伏（热）	2	—	6.9	—
	其他	0.23	—	0.9	—
	合计	21	—	36	—
工程院	煤电	10.765	9.13	8.29	3.97
	气电	1.099	2.99	3.71	4.24
	核电	0.58	1.2	1.4	2.4
	水电	3.4	4.5	4.5	4.5
	风电	2.116	4.775	7.2	14.38
	光伏（热）	1.106	5.73	8.88	21.58
	其他	0.147	0.415	0.63	1.41
	合计	19.213	28.74	34.61	52.48

未来双碳背景下，火电在我国电力系统中的发展方向包括：

①煤炭在中国能源供应的地位在可预见的未来不易动摇，煤电在今后相当长的时间内仍是我国的基础电源，发挥着"顶梁柱""压舱石""稳定器"的关键作用，中国去煤化不是一蹴而就的过程。

②我国电力结构分布不均衡，主要表现为区域电力资源供应与需求分布不平衡、清洁能源资源与用电负荷分布不平衡、热力供应与采暖需求也存在着不平衡，煤电机组寿命管理宜"因地制宜、因机制宜、因时制宜"地制定退役路线，不宜在碳中和过程中使用粗暴的"一刀切"式处理。

③煤电机组是实现电网调频调峰的主要灵活电源；热电联产机组是保障民生采暖供热的重要热源点，部分机组还是某些区域唯一的供热点，保障供热安全。

对火电机组本身的技术改造而言，主要有两方面：

①提高现有设备工业流程整体热效率，进一步降低发电煤耗。随着非化石能源和可再生能源发电的快速发展，及全社会用电量增长趋于平缓，煤电增速放缓是大势，但相对于我国电力需求增长的预期和再电气化进程的深入推进，新增电力供应方式的供电安全性、经济性尚无法替代煤电机组，批量退役煤电机组不仅影响电力供应的安全稳定性，也

是存量资源的浪费。坚持煤电高效、清洁、灵活的发展方式，充分挖掘存量煤电机组潜能是煤电机组的发展趋势。

② 火电灵活性改造升级。煤电是我国电力安全运行的重要保障，在优化网源结构、保证系统运行稳定性、改变潮流方向、应对极端气候下的稳定供电等方面都发挥着系统核心作用。进一步提升现有煤电机组运行灵活性性能是加大新能源消纳的必要措施和关键手段。

能耗水平升级改造技术内容概述如下。

《煤电节能减排升级与改造行动计划（2014—2020年）》提出的能耗目标是："全国新建燃煤发电机组平均供电煤耗低于300g/（kW·h）；到2020年，现役燃煤发电机组改造后平均供电煤耗低于310g/（kW·h），其中，现役60万千瓦及以上机组（除空冷机组外）改造后平均供电煤耗低于300g/（kW·h）。"截至2018年三季度末，全国节能改造累计完成6.5亿千瓦，占全国煤电机组装机总量的65%左右，其中"十三五"期间完成改造3.5亿千瓦，提前超额完成"十三五"3.4亿千瓦改造目标。2018年底，全国6000kW及以上火电厂供电标准煤耗308g/（kW·h），比1978年降低163g/（kW·h）；厂用电率4.8%，比1978年降低1.81个百分点。煤电机组供电煤耗水平持续保持世界先进水平；单位火电发电量烟尘排放量、二氧化硫排放量和氮氧化物排放量分别为0.04g/（kW·h）、0.20g/（kW·h）和0.19g/（kW·h），煤电机组发电效率、资源利用水平、污染物排放控制水平等已处于世界先进水平。

火电厂降低发电能耗是个复杂的技术问题，要从各厂自身设备条件和经营环境入手，选择技术可行、效果经济的方案。一般来说火电厂提升自身煤耗效率从以下几个方面着手开展。

① 提升关键设备效率和优化工艺流程是降低能耗的主要手段。影响发电能耗的主要设备参数包括锅炉热效率、汽轮机热耗率、管道效率、热力系统效率等。对于汽轮机来说通流改造是传统火电升级煤耗的常见手段，通流改造是对原汽轮机的蒸汽流通的部分进行重新设计，采用先进的设计技术和加工工艺，采用先进的附属设备和部件，对汽轮机通流部分进行改造，可以提高机组容量和缸效率，从而大幅度地降低发电煤耗。对于锅炉来说，改善燃料方式是常见手段，比如采用先进的煤粉燃烧技术。煤粉燃烧稳定技术可以使锅炉适应不同的煤种，特别是燃用劣质煤和低挥发分煤，而且能提高锅炉燃烧效率，实现低负荷稳燃，防止结渣，并节约点火用油；可优化启动点火技术，如采用新型的无油技术（等离子点火技术、少油点火技术等）。

② 改善厂内耗能系统，降低厂用电，用可再生能源代替厂用电。厂用电水平主要取决于辅机设备运行经济性，厂用电率每降低1%相当于降低发电煤耗3.5g/（kW·h）左右。比如对风机等动力设备进行变频改造，采用性能较好的变频器不但可靠性高，而且风机节电率可达40%~60%。目前火电厂在争取自行建设可再生能源替代厂用电的新能源建设权限，如果可行，则用可再生能源替代自身火电发电量，也将是降碳排的一个有效举措。

③ 改善全电力系统出力组合，优化机组运行负荷曲线，这与电网调度方法直接相关。让高参数的大容量火电机组多发电，小机组相对少发点，这样可以有效降低机组群碳

排放，而且还能减少大气污染。机组运行负荷降低则锅炉热效率会明显降低，供电煤耗率会明显增加；机组启停过程整体热效率不稳定，期间热效率也会低于其设计水平。如果电网分配负荷时可以把机组运行的动态碳排放函数考虑进去，把降低系统碳排放也作为优化调度的目标函数，则在运行方式上也有一定的降碳空间。

④ 优化一次能源市场运行，优化入炉燃料配比，稳定燃料价格、来源和品质。如果实际入炉燃料指标严重偏离设计燃料，则会给锅炉安全经济运行带来较大的影响，可通过完善燃料采购、配煤掺烧的管理，努力克服能源市场的不利因素，尽量提高入炉煤的质量，确保锅炉燃烧煤质最大限度地接近设计煤质。电厂可根据自身工艺设计情况建立配煤模型，当煤质发生变化时，及时调整制粉系统运行方式，保证经济的煤粉细度，减少飞灰和炉渣可燃物，提高锅炉热效率。

⑤ 利用工业数字化转型，提升经营管理质量，优化工业控制过程。不同火电厂的技术人员素质有所差别，同样的设备其整体生产水平也不同。当前正是工业数字化转型的重要阶段，把先进生产经验总结起来开发运行绩效监督模型，用软件工具提升技术员操作水平，这样可以用模型工具帮助运行人员监督运行效率，及时处理现场问题，做好运行维护，保障运行质量。

7.2.2 火电发展方向：IGCC和调峰电站

7.2.2.1 IGCC

整体煤气化燃气-蒸汽联合循环（简称IGCC）是一种先进的高效低污染的清洁煤发电技术，是多种煤基能源技术的合成，主要由气化、动力、脱硫、空分四个单元组成。其工业流程大致为：首先将原煤制成煤粉或水煤浆，与氧气通过煤气化反应生成粗煤气，然后粗煤气在净化系统脱除粉尘、硫化物等有害物质，将净化后的煤气作为燃料送入燃烧室，燃烧产生高温高压气体通过透平膨胀做功，使发电机发电。从燃气轮机产生的热烟气进入余热锅炉，烟气热量在余热锅炉中产生蒸汽，蒸汽带动汽轮发电机发电，由此实现了燃气-蒸汽联合循环发电。其流程图如图7-3所示。

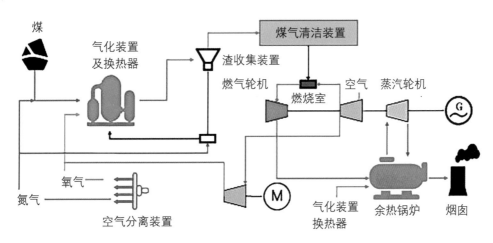

图7-3　**典型IGCC工业流程图**

G—输出发电；M—电机

中国从"九五"期间即开始IGCC技术攻关，在"十五""十一五"863计划的持续支持下，我国经过20年的小试、中试和工业化探索，已于2012年投运了我国第一座250MW容量的IGCC示范电站，并于2016年研制出世界首座基于IGCC的10万吨级燃烧前CO_2捕集装置，是我国洁净煤发电技术的重要成果。IGCC系统性能水平取决于各子系统性能，以及各子系统间的协调水平。在IGCC发电系统中，燃气轮机、余热锅炉、汽轮机都是成熟的技术，所需要持续优化的主要是煤气化和煤气净化过程，所以一般来说煤气化和煤气净化系统也是整个IGCC系统性能的关键。

（1）煤气化技术

利用高压煤气化技术生产合成煤气，以取代天然气作为燃料，是发展IGCC技术的一个重要内容。煤气化是以煤为原料，以干煤粉或调配成水煤浆的形式，进入高温气化炉与氧气、水蒸气或氢气等气化剂在高温贫氧环境下通过煤气化反应将煤中可燃部分转化为气态燃料的过程。

（2）煤气净化系统

需除去气化炉产生的粗煤气中的硫化物、粉尘、氮化物以及碱金属与卤化物等有害物质，再进入燃气单元。现多采用常温湿法除尘脱硫工艺，相对成熟。由于在净化前，先要将高温煤气冷却降温，虽然可以回收部分煤气显热，但由于能量的品位降低，必将影响到IGCC整体的效率。因此，人们正致力于研究开发高温干法脱硫技术，它与煤气低温净化技术相比能使IGCC的净效率提高0.7%~2.0%。

相比传统的燃煤发电形式IGCC具有以下优点：

① 发电效率高，就报道的案例来说普遍可超过43%，且仍有提升空间。据报道未来IGCC发电效率有望提高到55%~60%水平，是发电效率最高的燃煤发电技术。

② IGCC是燃煤发电技术中最清洁的发电方式，可节省满足超低排放环保标准的减排系统投入。IGCC中煤气化过程没有NO_x生成，煤气在燃气轮机燃烧过程中采用低NO_x燃烧，控制NO_x排放在较低的水平较容易。

③ 燃料适应性广。IGCC发电技术可以燃用储量丰富、限制开采的高硫煤，既可以有效利用资源，又可以节省燃料成本。

④ 可以实现多联产。IGCC项目本身就是耦合煤气化的发电技术，煤气化后生产的碳氢气体，可以进入其他煤化工工业流程，实现联产多种化学品，使传统燃煤发电行业具有延伸产业链。

⑤ 为较经济地附加CCS创造燃前碳捕集条件，实现低成本低能耗捕集CO_2，在IGCC中附加碳捕集是CO_2脱除成本最经济的方式。

⑥ 燃气发电可调出力范围大，可实现深度调峰。通过联产化工产品，可在更大范围内实现煤炭发电深度调峰程度，充分发挥煤炭资源的能源和资源双重属性，提高煤炭利用率和发电经济性。

综上，IGCC是突破煤电效率瓶颈、污染物减排瓶颈、CO_2减排瓶颈的一条有效技术途径，为煤电像天然气发电一样清洁高效开辟了技术路径。IGCC发电效率可超过50%，可实现低成本CO_2捕集；结合煤基多联产，提高煤电经济性和深度调峰能力，是国际能源领域的新一代清洁煤发电技术。

7.2.2.2 增强调峰能力：火电对系统的兜底保障作用

从长远来看，新能源替代传统能源、非化石能源替代化石能源是中国乃至世界能源变革的趋势。近年来，随着我国能源的转型升级，非化石能源发电比例不断提高，煤电在我国发电结构中的比例不断下降，二者之间形成了"你进我退"的关系，煤电最终将会从主体电源转变为主要电源之一。但是，考虑到我国资源禀赋特征和社会用电成本，新能源短期内还不能真正发挥主体作用，我国目前的能源消费结构决定了相当长时间内还必须以煤炭为主，水电、核电和新能源为辅。

受全国用电增速放缓、清洁能源资源富集和用电负荷逆向分布、清洁能源项目集中投产等因素影响，我国清洁能源发电产业在不断壮大的同时，面临日益严重的消纳问题，"弃风、弃光、弃水"现象已困扰行业发展。部分地区如新疆、甘肃、吉林等地，风光消纳问题依然突出，进一步改善压力较大；云南、四川等西南地区水电消纳形势依然严峻，消纳问题的集中度进一步上升。

为确保供电稳定和清洁能源消纳，需要系统内的火电和抽水蓄能等调峰电源配套运行，尤其需配套大量的火电机组应急调峰。我国天然气调峰机组和抽水蓄能机组规模严重不足，在储能、燃料电池等调峰设施未能大规模经济推广前，煤电因具有"一次能源可储、二次能源易控"的特性，可有效解决新能源间歇性强、波动大、预测难等随机性和不稳定性问题，在确保电量供应的同时可满足出力可靠性要求。煤电仍是我国最适宜的调峰电源，进一步挖掘煤电机组的调峰潜力，对机组进行适应性改造，是促进可再生能源消纳，保障电力供应安全的重要支撑。

我国灵活调节电源比重低。截至2018年底，我国发电装机容量达到19亿千瓦，其中抽水蓄能、燃气发电等灵活调节电源装机占比不到6%。反观西班牙、德国、美国等国家，灵活调节电源占比分别达到34%、18%、49%。"十三五"电力发展规划将"加强调峰能力建设，提升系统灵活性"作为重点任务之一，提出"从负荷侧、电源侧、电网侧多措并举，充分挖掘现有系统调峰能力，加大调峰电源规划建设力度，着力增强系统灵活性、适应性，破解新能源消纳难题"。其中一个重要举措即全面推动煤电机组灵活性改造，实施煤电机组调峰能力提升工程，加快推动灵活性改造试点示范及推广应用。

火电灵活性改造大多数是针对机组深度调峰能力开展的，仅少数电厂对负荷响应速率进行了提升，这与我国当前弃风、弃光以及热电矛盾突出等主要矛盾有关。总结试点项目的灵活性改造方案，主要有以下几种技术路径：

（1）锅炉、汽轮机本体改造

锅炉、汽轮机本体改造方案是指，通过对锅炉、汽轮机本体及机组控制系统等的改造实现煤电机组低负荷不投油稳定运行，从而实现深度调峰。例如可通过省煤器增加旁路系统、燃烧调整优化、主汽门配汽优化、给水控制优化、热控逻辑优化等技术，实现纯凝工况最小技术出力降低至额定负荷的20%，并保证全负荷工况下NO_x污染物排放指标不高于50mg/m³（标）；某电厂通过省煤器烟气旁路改造、省煤器水侧旁路改造、在水冷壁及省煤器吊挂管等处增加壁温测点、控制系统逻辑优化等技术，实现深度调峰至30%负荷运行。

（2）蓄热调峰技术

储热技术适用于火电厂源侧储能，一般有传统热水蓄热和固体电蓄热等技术。热水蓄热调峰方案是指设置热水蓄热罐，在用电高峰时段将多余的热储存起来，在用电低谷时段利用蓄热装置对外供热，补充热电联产机组由于发电负荷降低带来的供热能力不足，以实现热电解耦。固体电蓄热设备由高压电发热体、高温蓄能器、高温热交换器、热输出控制器和自动控制系统等构成。在热电解耦时间，通过高压电网为高压电发热体供电，将电能转化为热能，对外供热时经过高温热交换器用高温蓄能器储存的热能加热热网循环水。

蓄热罐工作原理见图7-4。

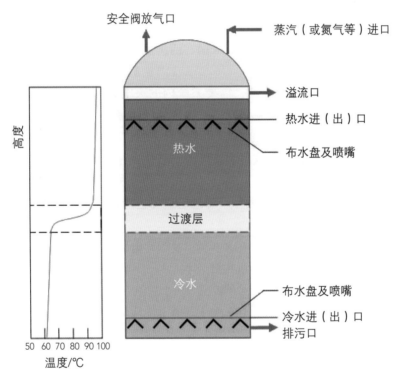

图7-4　蓄热罐工作原理示意图

（3）调整热电联产机组供热方案

火电机组低压缸零出力技术是指，在供热期间切除全部低压缸进汽，仅维持少量的冷却蒸汽，使低压缸在高真空条件下"解列运行"，中压缸排汽全部进入热网加热器，从而提高汽轮机的供热抽汽能力。余热回收供热方案是指，在不影响机组本体安全的情况下，在深度调峰期间，通过一定的余热回收技术，扩大机组供热能力。余热回收技术包括热泵技术、低真空/高背压供热技术、双转子高背压技术等。主汽、再热蒸汽减温减压供热技术是指，将主蒸汽、再热蒸汽等高品质蒸汽减温减压后直接用于供热，减少汽轮机蒸汽做功份额，既提高机组的供热能力，又提高机组的调峰能力。但是，由于主汽、再热蒸汽减温减压供热方案采用高品位能源进行调峰，调峰成本高。一般是在通过蓄热系统的调节仍然无法进行机组深度调峰、对机组深度调峰的能力有限或者需要消纳热电解耦时段锅炉富裕蒸汽时，可以抽取再热蒸汽或者主蒸汽在减温减压后进行供热。电极式锅炉的基本原理为将三相电极浸没到含电解质的水筒内，利用液位的高低调节电极之间的电阻，以达到调节发热功率的目的。电极锅炉一般与原有供热首站联合运行，电极锅炉热网供回水系统直接与原热网循环水系统相连，共同承担供热需求。

电极式锅炉 + 热水蓄热罐调峰原理见图7-5。

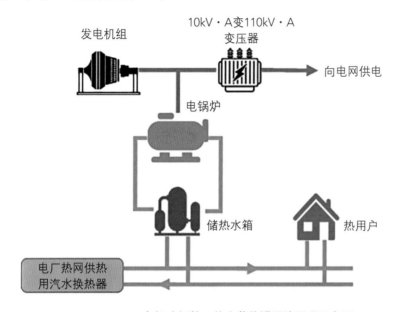

图7-5　**电极式锅炉 + 热水蓄热罐调峰原理示意图**

火电机组提供调峰辅助服务时要牺牲一定的效率和经济性，但同时也可以获得因提供辅助服务贡献而由系统带来的补偿收益。根据区域资源条件、装机结构、用电负荷特性、电网网架结构及输送通道等不同电力系统特点，不同区域对辅助服务类型的需求也不尽相同。结合不同区域电力系统特点，因地制宜推动辅助市场建设，给予火电厂相应的合理经济补偿，也是未来调动火电厂调峰积极性，实现新能源消纳的关键举措。未来针对火电机组原有设备情况，用市场建设推动区域性差异化的灵活性改造，不仅是提升整个电力系统灵活性和稳定性的需求，也是火电机组未来发展的一个重要方向。

7.3 新能源电力

7.3.1 光伏

7.3.1.1 光伏发电概述

随着社会的迅速发展，世界逐渐向经济全球化方向发展，化石能源，如石油、天然气和煤炭等主要能源正逐步消耗，世界各国共同面临着能源危机。除此之外，化石能源造成的环境污染和生态失衡等一系列问题也在一定程度上制约社会经济发展甚至威胁人类生存。全球正在大力发展新能源，加强生态文明建设。太阳能资源是一种分布范围广且对环境友好的可再生能源，其代替其他能源的优势已成为国际上的共识。

光伏发电技术通过光伏效应将太阳光辐射能直接转换为电能，是一种新型发电形式，不污染环境且能够提高居民生活质量。目前大部分光伏发电系统选用配备蓄电池组的独立运行方式。独立运行的光伏发电系统属于面向公共电力系统的后备储能，而并网型光伏发电系统为当前人口密集区域用电高峰时期面临的电力容量高与安全系数低等问题提供了解决方案。根据官方统计，当前光伏发电设备中约一半为光伏并网系统，引领了光电领域的发展。太阳能光伏发电如图7-6所示。

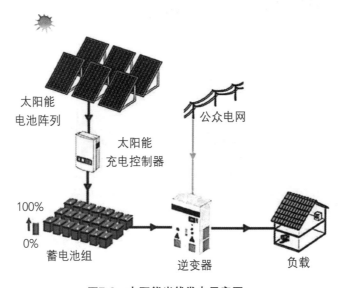

图7-6　太阳能光伏发电示意图

法国科学家贝克勒尔（A.E.Becqurel）在1839年率先提出了"光生伏打效应（photovoltaic effect）"。但是，115年后美国贝尔实验室才研制成第一个实用单晶硅光伏电池（solar cell）。自20世纪70年代中后期起，光伏太阳能光电转换技术得到了国际上高度重视，是世界上增长最快的新兴产业之一。到2004年，世界太阳能光伏发电装机总容量达到964.9MW，到2005年底，估计达到4 961.69MW。太阳能光伏电池的类别主要为非晶硅电池、单晶硅电池、多晶硅电池、薄膜电池、带状硅电池与聚光电池，这几种电池均具有实用且商品化的优势。根据国际上的售卖行情，当前太阳能光伏电池定价大约为3.15美元/W，并网系统定价为6美元/W，约为光伏电池价格的两倍，发电成本为0.25美元/（kW·h）。随着光伏发电技术的发展，光伏电池的光电转换效率得到大幅提升，其中，晶体硅光电池的转化率较低，仅为15%；其次是单晶硅光电池和砷化镓光电池，转化率分别为23.3%和25%，但在实验室中特制的砷化镓光电池转化率已提高至35%~36%。另外，相关技术研究也延长了太阳能光伏电池/组件的工作期限，使其使用寿命增加至30余年。

2011年前，美国、日本和欧盟的光伏发电成为世界主流，约占世界光伏发电总量的80%。未来的光伏发电系统发展将降低发电成本并提高发电效率，同时增加使用年限，对发电设备外观进行美化，也增加了整个系统的实用性。专家对太阳能光伏发电总量进行了预测，预计到2050年，太阳能光伏发电将占发电总量的13%～15%，到2100年将占64%。

7.3.1.2　光伏发电基本原理和光伏发电系统

光伏发电原理如图7-7所示。当P型硅和N型硅相接时，会在晶体中P型和N型硅之间形成界面，即PN结。在PN结两侧，多数载流子如N^+区中的电子和P区中的空穴，向对侧区域扩散从而形成空间电荷区W，其宽度较窄，从而形成电场E_i。它两侧的多子是势垒，对其扩散行为造成了阻碍。但它对两侧的少数载流子（N^+区中的空穴和P区中的电子）却有吸引作用，能将它们牵引至对侧区域。稳定后，由于少数载流子的数量极少，无法构成电流或输出电能。然而，如图7-7所示，在太阳光子冲击光伏电池后，光伏电池内部形成很多处于不稳定状态的电子-空穴对，其中光生非平衡少数载流子（即N^+区中的非平衡空穴和P区中的非平衡电子）可以被内部形成的电场E_i牵引到对侧区域，并在PN结中形成光生电场E_{pv}，外电路连通后即可构成电流，同时输出电能。光伏电池组件采用串联和并联的方式将一系列上述小型太阳能光伏电池单元进行组合，从而可在太阳光的照射下输出较大电能。

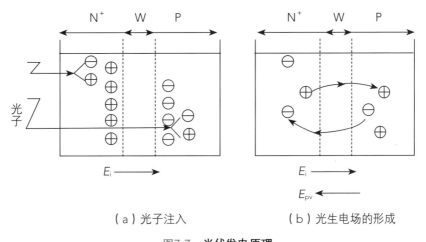

（a）光子注入　　　　　　　　　（b）光生电场的形成

图7-7　光伏发电原理

太阳能电池的单二极管等效电路模型如图7-8所示。太阳能电池实际上是一个大面积平面二极管，即包括一个串联电阻、一个并联电阻、一个二极管和一个电流源，在阳光照射下可产生直流电。在输出端接入负载R_L可形成回路并产生电流I_L。根据基尔霍夫定律可得出电流的关系如下：

$$I_L = I_{ph} - I_D - I_{sh} \qquad (7-1)$$

式中，I_{ph}为光电流，受温度和光照的影响；I_D为PN结的正向电流；I_{sh}为PN结的漏电流。

将电压和电流值代入式（7-1）可得：

$$I=I_{ph}-I_0 e^{\frac{q(U_L+I_LR_S)}{AKT}-1}-\frac{U_L+I_LR_S}{R_{sh}} \tag{7-2}$$

式中，I_L，U_L为输出电流、电压；I_0为反向饱和电流；q为电子电荷；K为玻尔兹曼常数；T为热力学温度；A为二极管特性因子；R_s为串联电阻；R_{sh}为并联电阻。

一个理想的太阳能电池，总是R_s很小而R_{sh}很大，在一般性的分析中，可近似认为：$R_s=0$，$R_{sh}=+\infty$，得流过负载的电流为：

$$I_L=I_{ph}-I_0(e^{\frac{qU_L}{AKT}}-1) \tag{7-3}$$

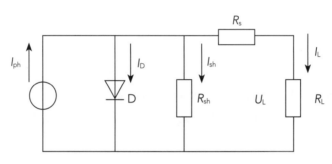

图7-8　太阳能电池的单二极管等效电路模型

短路电流I_{sc}，即负荷端被短路的电流，是太阳能电池中最关键的基本参数，其他参数包括开路电压V_{oc}、最大工作电压V_m、最大工作电流I_m、填充系数FF、转换效率η、串联电阻R_s和并联电阻R_{sh}。常用的关系式包括（其中P为太阳辐射功率）：

填充系数：
$$FF=\frac{V_m I_m}{V_{oc} I_{sc}}$$

转换效率：
$$\eta=\frac{V_m I_m}{P}=FF\frac{V_{oc} I_s}{P}$$

填充系数FF是反映太阳能电池质量的一个关键参数，根据填充系数的关系式和电流公式可知，当并联电阻越大，串联电阻越小时，填充系数便越大，此时太阳能电池的利用率较高。

光伏发电系统是一种发电与电能变换装置，由太阳能电池方阵、控制器、交直流逆变器和蓄电池组等环节构成。光伏电池板将太阳光输出的光能转换成电能，该电能为直流电，通过电缆、控制器后可存储在蓄电池组中，也可直接供给直流负载。若要供给交流负载，则需要经过逆变器将直流电转换为交流电。图7-9是一个典型光伏发电系统的结构图。

按是否并入电力系统分类，光伏发电系统通常分为独立光伏发电系统（stand-alone PV system）和并网光伏发电系统（grid-connected PV system）。

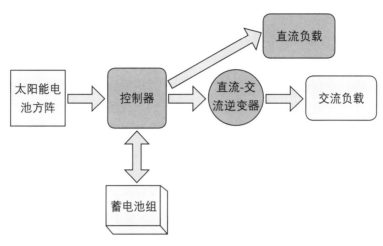

图7-9　**典型光伏发电系统结构图**

　　常规发电系统作为电能供应方与电力系统相连，独立光伏发电系统孤立运行，运行过程中与电力系统相连。太阳能供应一般在白天完成，然而负载使用电能是全天候不间断的，因此需要在白天将太阳能存储在系统中的储能元件中。普遍而言，独立光伏发电系统在白天阶段将太阳能转化为电能，一部分供给负荷，另一部分储存于蓄电池或充电器中，晚上需要使用时再利用放电器释放电能。天气情况与环境因素对光伏发电系统可靠输送电能的影响较大，且负荷波动性也会影响电能质量，然而对居住于偏远地区的居民来说，公共电网还未完全接入其生活区域，大多数用电设备消耗的功率等级较低。因此对于这类居民，独立光伏发电系统能有效保障其用电安全并提高供电可靠性。

　　并网光伏发电系统与常规发电系统类似，都是直接与电力系统相连，并为电力系统输出有功功率和无功功率。

　　太阳能输送至光伏电池后转换为直流电能，直流电能通过逆变器转换为与电网频率一致的交流电能，该电能可等效为电压源或电流源作为电力系统的能量来源。为使光伏电池工作于最大功率点，并且逆变后交流电能的波形、频率与功率达到电力系统输入电能的基本要求，需要对控制器进行设计。控制器的核心由数字信号处理芯片和单片机构成，除保证太阳能利用率和交流电能要求外，还需确保光伏电池输出的最大功率与电网消耗的功率相等。逆变器主要由电力电子器件与电感电容连接而成，通过正弦脉宽调制（SPWM）技术向电网输送电能。并网系统接入的公共电网可以看作无穷大系统，储存输送的电能。与独立光伏发电系统相比，由于并网系统中的公共电网可代替蓄电池作为储能环节，其运行成本大大减少，供电可靠性和运行稳定性也得到了显著提升。因此，并网光伏发电系统的电能利用率高于独立光伏发电系统，在光伏发电领域的应用更加广泛。

　　针对光伏并网技术中仍存在的关键性问题，目前的研究方向为：

　　① 设计光伏并网电路结构。

　　② 实施能量管理制度和经济运行策略。

　　③ 远程控制与实时监控。与独立系统相同，其光电转换效率问题是系统应用发展的关键。

④ 对电网的电能质量及稳定性的影响。

7.3.1.3 光伏发电相关政策

我国幅员辽阔，具有极其丰富的太阳能资源。光伏电池的设计与应用于20世纪50年代开始，约20年后光伏发电产业才正式问世。20世纪90年代后，由于世界产业结构的发展与变化，我国的光伏发电技术得到业界重视，光伏发电设备的装机容量得到显著提升。但由于我国光伏发电技术水平的局限性，光伏产业链主要集中于材料生产与出口，而在工程应用层面的发展较为落后。

2002年，政府出台了"光明工程"，光伏发电技术也有了飞跃性的提升。随后，政府加大了对光伏发电产业的扶持力度，针对关键问题出台了大量政策，如"金太阳示范工程"、《关于加强金太阳示范工程和太阳能光电建筑应用示范工程建设管理的通知》《关于促进光伏产业健康发展的若干意见》（国发〔2013〕24号）等，推动了光伏产业的发展。在政府一系列的保护和支持政策下，2009年正式启动了中国光伏产业的研究与应用，中国仅用约4年时间就形成了世界第一大光伏市场，成为全球光伏发电容量增长最迅速的国家。截至2016年，我国光伏发电累计装机容量达到7742万千瓦，中国也因此成为新增和累计装机容量均为全球第一的国家。

国家发展改革委印发《关于2021年新能源上网电价政策有关事项的通知》（发改价格〔2021〕833号），针对2021年新能源如风电、光伏发电等领域制定了上网电价政策。截至2020年底，我国风电、光伏发电的装机容量达到约5.3亿千瓦，与十年前相比增加了17倍。当前光伏发电成本下降，已具备平价上网条件。在此背景下，国家发展改革委制定了2021年新能源上网电价政策，从2021年起，新提出的工商业分布式光伏项目和新建设的集中式光伏电站均实行平价上网政策，取消中央财政的补贴额度，新建项目不再通过竞争模式确定具体上网电价，直接采用当地燃煤发电基准价，由当地省级价格主管部门制定，有利于各地结合当地资源条件、发展规划、支持政策等合理制定上网电价政策，调动各方积极投资，推动光伏、风力发电产业快速发展，助力建设以新能源为主体的新型电力系统。

国家能源局印发《关于2021年风电、光伏发电开发建设有关事项的通知》（国能发新能〔2021〕25号），对于2021年新建成的用户分布式光伏项目，拟定国家财政补贴预算额度为5亿元。下一阶段将确定实施方案的具体细则，扩大新建户用分布式光伏项目的规模，预计将高于1500万千瓦。

7.3.1.4 分布式与集中式光伏发电优缺点

分布式光伏主要分散于建筑物表面，也接入电力系统以补偿供电缺额并向负荷输送电能，有利于用户的日常用电。与分布式光伏相反，集中式光伏多处于偏远空旷区域，如荒漠地区。由于荒漠地区太阳能供应丰富且相对稳定，集中式光伏接入高压输电系统并完成高压远距离电能传输。近几年分布式光伏快速发展，其成本也迅速下降，很多省市都出台了相关补贴政策支持分布式光伏，且政策在2017年开始便收到了显著的效果。随着集中式光伏发电补贴的逐年下降，分布式的优势更加明显。然而，集中式电站易受区域影响，其电站规模受限、电价不断下滑且部分地区需要根据电能供应量来实施限电策略。同时，受环境和地理条件的约束，人为不合理收费等不稳定因素，集中式的发展速度相对缓慢。

分布式优点：

① 分布式光伏与用户联系更紧密。分布式光伏一般集中于用户处，采用屋顶光伏等灵活多样的应用形式，限制因素较少。而且，补贴政策与分布式光伏的发展关联性较低，对于部分商业或工业用户而言，其电能多采用自发自用的模式，补贴政策的适用性和经济性不高。另外，由于光伏发电的投资规模得到迅猛的发展，多数项目能自给自足且收益颇丰，不再需要利用补贴政策盈利。在分布式光伏发电的发展过程中，应用范围、电力市场与居民用电意识产生了明显变化。分布式光伏市场的范围和规模得到进一步扩大，为业界与民众的用电带来驱动性效果。民众、投融资机构等也对分布式有了进一步的认识，他们的积极性与参与度得到显著提升。市场的商业模式和运营模式都逐步走向成熟。

② 分布式光伏盈利具有优势。随着产业的进步、效率的提升，近年来新建光伏发电和风电项目的成本不断降低。"十三五"期间，光伏用电价格逐步下降且补贴退坡。补贴的缓和退出可保证产业发展步入缓慢上升的平台期。在全国大部分的省区市中，用户通过分布式光伏发电的补贴政策可获得一定的收益，其经济程度高于集中式光伏电站。

③ 分布式光伏具有技术性优势。由于太阳能资源丰富且随处可得，可就近向用户供应电能，免去电能在长输电网中的传输损耗。另外，以家庭房屋建筑为单位，能充分利用其表面。将光伏电池作为屋顶、外墙等建筑材料，不仅具有一定的隔热功能，也能更方便地与建筑物结合，不单独占用资源。从电网的角度来看，分布式光伏具有与智能电网和微电网的有效接口，运行灵活可靠，受限制程度较低，且在适当条件下可与电力系统分离，作为独立发电系统运行。

分布式缺点：

① 由于太阳能无法被大面积完全捕捉，分布式光伏板接收太阳能的效率较低，且需要将分散收集到的电能聚集到一起，过程中会产生一定额外损耗。

② 接入大容量的光伏后，由于电压和无功调节与传统同步发电机有很大差异，存在功率因数的控制问题，短路故障造成的电流也将增大。

③ 光伏的接入提高了系统的复杂程度，需要在配电网级的能量管理系统中对负载进行统一管理，对二次设备与通信提出了新要求。

集中式优点：

① 由于选址受限因素较少，电能分布较为集中，输出的电能较为稳定，且根据正调峰性质，太阳辐射可有效解决负荷达到峰值时的电能供应问题。

② 具备灵活的运行方式，有利于电力系统根据无功功率变化进行调压，另外集中式的发电结构便于电网在有功功率的波动下调频。

③ 集中式电站所需建设时间较短，且能更好地适应所处环境，运行时不包括水力资源和燃料资源的成本，管理方便且对空间几乎没有依赖性，有利于后期规划扩容。

集中式缺点：

① 集中式光伏电站普遍地处于荒漠区域，与用电区域的距离较远，通常需要通过电

缆进行远距离传输才能到达电网。而在电能传输过程中也存在电能损耗、电压波动等问题，对电力系统的稳定运行造成干扰。

② 大容量的光伏电站需要多台变换装置组合发电，它们的协同工作也应制定新的管理方案，目前这方面的技术尚不太成熟。

③ 为保障电力系统的安全运行，大容量集中式光伏系统接入电网过程中需要经过一定的调整，如低电压穿越（LVRT）等，但是该功能与电站脱网运行相悖。

7.3.1.5 中国光伏未来发展趋势

在当前中国经济快速发展的局势下，各项工程的发展对能源的依赖程度较高，而由于传统能源正不断减少，加速了能源危机。就中国电力行业的发展而言，太阳能光伏发电是未来能源供给的主体。太阳能光伏发电技术的大范围应用，能有效缓解环境污染，为人们的身体健康提供更有利的保障。同时，该技术也对资源进行了合理的分配，保障生态可持续发展，为国家发展提供了有利的帮助。随着光伏电价不断下调，光伏产业需要引入市场竞争机制，这也要求调整相关技术的研发工作，从而适应产业变革的需要。

未来光伏发电并网技术发展的主要趋势如下：不断加大集中式和组串式逆变器的功率，提高效率和电压等级，从而降低产能成本，减少电能损耗；丰富微型逆变器等组件级产品，以适应不同需求的市场类型；提高电网在波动情况下的适应性，完善低电压穿越和高电压穿越功能；增加具有高可靠性的保护功能；扩大其应用规模，未来光伏逆变器将接入互联网，完成信息化控制，并存储于云端或计算机数字化平台。总之，将来光伏逆变器应具有高效、可靠、智能化的优点。

我国正不断建设大功率地面光伏电站，光伏监控及能量管理系统势必成为未来发展的重点方向之一。除了保证光伏发电系统的安全稳定运行外，监控系统未来还将增加多种功能，例如控制电站运行，降低光伏并网功率的随机波动性，对光伏与水电、储能等其他发电系统的多能源互补控制，以及基于云数据的远程监控等功能。

此外，光伏高压直流并网技术在未来将会逐步体现其优势，尤其对西部偏远地区的大容量光伏电站而言，直流并网的优势更加明显，相应直流并网设备的研究也将成为未来的研究热点。

7.3.2 风能

7.3.2.1 风能发电概述

能源是人类发展和进步的重要基础，随着化石能源的大量消耗，能源危机逐渐成为人类社会亟待解决的重要问题。与此同时，大规模使用化石能源所产生的温室气体和空气污染物也在危害着人类的生存环境和人类自身的身体健康。因此，以风能、光伏（太阳能）、核能等为代表的新能源技术逐渐受到世界各国的重视。其中，风能具有能量密度高、占地面积小、原料成本低等特点，是当前技术最成熟、市场前景最好的新能源之一。

早在几千年前，风能就已经被当时的人类所利用。帆船的诞生便是人类利用风能的典型例子之一。在我国，古人对帆船的使用最早可以追溯到战国时期，东汉末年的刘熙在《释名·释船》中写道："帆，泛也，随风张幔曰帆，使舟疾，泛泛然也。"在国外，自公元1350年以来，荷兰就开始使用风车来对沼泽和浅湖进行排水，并将它们变成生产性的农业用地。

随着科技的不断进步，尤其是第二次工业革命之后，风能开始逐渐被用于发电。在1887年7月，世界上第一台风力发电机由英国的詹姆斯·布莱斯（James Blyth）教授在苏格兰格拉斯哥建成。同样在1887年，美国的查尔斯·F.布拉什（Charles F. Brush）教授在俄亥俄州的克利夫兰建成了一台更加庞大的风力发电机，该发电机建在18m高的塔台上，发电机转子的直径长达17m，但是其发电功率仅有14kW（图7-10）。

图7-10　**查尔斯·F.布拉什建成的风机**

之后的一个多世纪里，风力发电系统的发展呈现出快速性和规模化的特点，其发电量在电网中的占比越来越大，据世界风能协会统计，2013～2019年全球风力发电机组累计装机连年增长（如图7-11所示），平均年增长率在10%左右。截至2019年，风能发电量分别占丹麦、德国、美国全国发电量的40.2%、24.5%、7.29%。同时，风能发电的环境效益也得以凸显，在2010年，得益于风能，西班牙国内电力行业的二氧化碳排放量减少了26%。

当前，中国在风能发电方面处于世界领先地位，装机容量居世界首位，新增风电设施持续快速增长。中国拥有广阔的陆地和漫长的海岸线，有着得天独厚的风电资源，据估计，中国陆地风电可开发量约为2380千兆瓦，海上风电可开发量约为200千兆瓦。截至2020年底，风电已成为中国第三大电力来源，占全国发电装机总容量的12.8%，我国已将风能发电确定为社会经济增长的关键组成部分。专家表示，从中国当下的新能源发展趋势来看，我国有望在2030年前达到碳排放峰值，在2060年前实现碳中和。

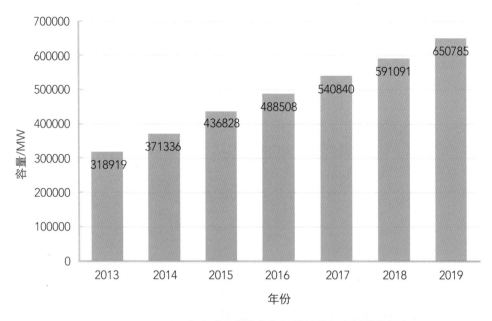

图7-11　2013～2019年全球风力发电机组累计装机和新增装机容量

7.3.2.2　风能发电基本原理和控制技术

一个完整的风能发电系统由塔台和塔台顶部的风力发电机组构成。风力发电机组的主要组成部件有叶片、传动装置、发电机、偏航系统、控制器，如图7-12所示。

风力发电机的基本发电原理是自然环境中的风带动叶片转动（风的动能传递给了叶片），叶片转动产生的机械能（动能）通过传动系统带动发电机转子转动，进而产生电能，风力发电系统再将产生的电能通过变电装置输送至电网中，就完成了风力发电、输送的全过程。

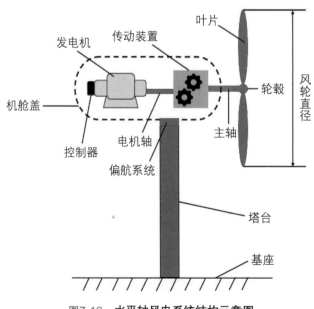

图7-12　水平轴风电系统结构示意图

根据风力发电机旋转轴的空间位置特点，风力发电机可分为水平轴风力发电机和垂直轴风力发电机。相较于垂直轴风力发电机，水平轴风力发电机在同等情况下的发电量较多，同时也更常用，因此本节以水平轴风力发电机作为主要的介绍对象。

由空气动力学可知，水平轴风力发电机（以下简称为"风电机"）的输入功率 P_1 为：

$$P_1 = \frac{1}{2}\rho A v^3 \tag{7-4}$$

式中　ρ——空气密度，kg/m^3；

　　　A——风电机叶片的扫掠面积，m^2；

　　　v——风速，m/s。

气流功率不会全部被风电机吸收并转化为机械能，两者之间的比例关系称为风能利用系数（也称风电机的功率系数），即：

$$C_p = \frac{P_m}{P_1} \tag{7-5}$$

因此，风电机"捕获"的总风能 P_m 为：

$$P_m = C_p P_1 = \frac{1}{2}\rho A v^3 C_p \tag{7-6}$$

根据桨距转角 β 和速比 λ（风轮叶尖速度和风速之比）的关系可拟合得到风能利用系数 C_p 的参数方程：

$$\begin{cases} C_p = 0.5176\left(\dfrac{116}{\lambda_i} - 0.4\beta - 5\right)e^{\frac{21}{\lambda_i}} + 0.0068\lambda \\[3mm] \dfrac{1}{\lambda_i} = \dfrac{1}{\lambda + 0.008\beta} - \dfrac{0.035}{\beta^3 - 1} \end{cases} \tag{7-7}$$

C_p 曲线如图7-13所示。在不同的桨距转角下，风能利用系数均存在最大值 C_{pmax} 以及其对应的最佳速比 λ_{opt}。因此，在不改变桨距转角的前提下，若要更好地利用风能，可通过控制风轮叶尖转速跟随风速的变化相应地改变，以保持最佳速比 λ_{opt}，即变速发电技术。

一般地，风能利用系数 C_p 在理论上的最大值为16/27，约为59.3%，称为贝茨极限（Betz limit）。

与化石能源不同，风能具有随机的特性，即风速和风向随时都有可能发生变化，当风速超过风力发电机组的额定风速时，由于机械强度和发电机、电力电子容量等物理性能上的限制，必须通过降低风力发电机的风能捕获以使得功率输出保持在额定值附近，该技术称为"功率调节"。在工业上，功率调节的方式主要有：a. 定桨距失速调节；b. 变桨距角度调节；c. 混合调节。

定桨距失速调节主要依赖于叶片独特的翼型结构，在风速大时，流过叶片背风面的气流产生紊流，降低叶片气动效率，产生失速，限制了功率的增加。但由于失速特性不易控制，故定桨距失速调节很少运用于兆瓦级以上的大型风力发电机组。

变桨距角度调节是在风速过高时通过将桨距角 β 向迎风面积减小的方向转动一个角度，相当于减小攻角 α，从而实现对功率的限制。变桨距角度调节的优点是使得风力发电机输出功率曲线平滑，在阵风时，塔台、叶片、基础受到的冲击较失速调节要小很多。但缺点是需要一套变桨距机构，要求其对阵风的响应速度足够快，减小由风的波动引起的功率脉动，这在控制上较为复杂。

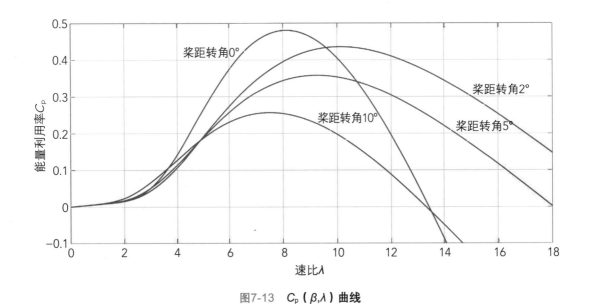

图7-13　$C_p\,(\,\beta,\lambda\,)$ 曲线

混合调节是上述两种功率调节方式的组合，综合了二者的优点，具体的过程为：在低风速时采取变桨距角度调节以达到更高的气动效率；在风力发电机达到额定功率后，令桨距角 β 向减小的方向转动，增大攻角 α，加深叶片的失速效应，从而实现了对功率的限制。

7.3.2.3 风电系统的分类

根据风电系统包含的风电机数目的不同，风电系统可分为单机和风电场；根据风电场安置的位置不同，风电场又可分为陆上风电场和海上风电场。截止到2020年，全球海上风电场的总装机量达到35300MW，英国、中国、德国分别占29%、28%、22%，三国的海上风电场装机量总和占到世界的79%。其中，位于北海海域的英国霍恩西风电场（Hornsea Wind Farm）是世界上最大的海上风电场。

相比陆上风电场，海上风电场有诸多优点，例如海上风能资源更加丰富，风速更加稳定，在海上建立风电场更加节约土地资源，海上风电场对生态环境影响较小，适宜大规模开发等。但同时，海上高温、高湿、盐雾腐蚀、雷电、台风等恶劣气候条件也会导致风电机组故障频发，因此海上风电场的维护费用往往高于陆上风电场。

7.3.2.4 并网型风力发电机组

随着风电技术的不断发展和日益成熟，风力发电机组的单机容量也在不断增加，人们考虑借助电网将由风力产生的用不完的电力输送到离风电场所在地较远的地区，由此便开始了对并网型风力发电机组的研究和发展。

根据电气部件与电网连接方式的不同，风电系统可分为三类：a. 直接耦合型风电系统；b. 半耦合型变速风电系统；c. 非耦合型变速风电系统。

直接耦合型风电机组包含定速和变速两种典型类型（结构如图7-14所示）。其中定速风电机组采用笼型异步发电机；变速风电机组采用绕线转子异步发电机，并且转子回路带可变电阻。直接耦合型风电机的风轮机和发电机之间一般需要齿轮箱耦合以匹配转速，此外，发电机和电网之间需要软启动器来降低风电机组启动时的冲击电流以平滑并网暂态过程，正常工作时还需要三相电容器组来提高风电机组的功率因数。

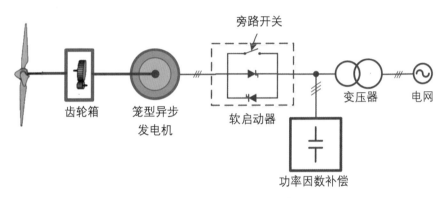

（a）直接耦合型定速风电机组

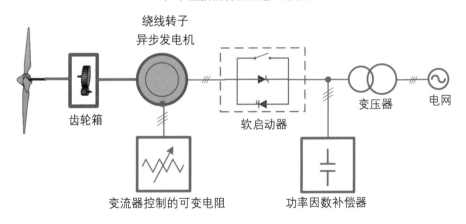

（b）直接耦合型变速风电机组

图7-14 **直接耦合型风电机组**

半耦合型风电系统也称为双馈型风电系统（结构如图7-15所示），主要特点是发电机定子和电网直接相接，转子通过交-直-交整流逆变环节接入电网，借助变流器来控制发电机的电磁转矩，使其变速运行。通过这种方式，发电机转速变化范围增大到额定转速的±30%，进而提高风速变化时的能量转换效率。

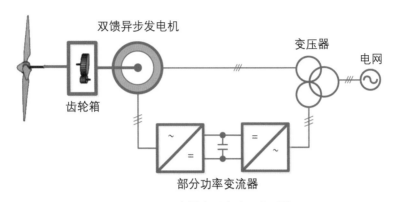

图7-15　半耦合型变速风电系统

基于全功率变流器的非耦合型变速风电系统（结构如图7-16所示，直驱式风电机组当中的齿轮箱可省略），可接笼型异步发电机、绕线式同步发电机、永磁同步发电机。该结构下，发电机与电网实现完全解耦，发电机的转速运行范围进一步增大，网侧变流器还可进行连续的无功调节以支撑电网。

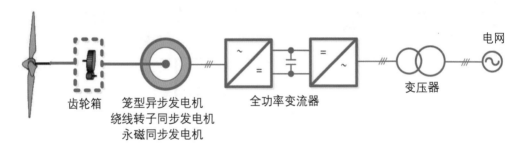

图7-16　非耦合型变速风电系统

7.3.2.5　风能发电相关政策

当前，风电行业仍处在新兴阶段，其发展需要世界各国政府相关政策的推动，风电相关的激励政策主要可以分为以下三类（如图7-17所示）：a. 强制性政策；b. 激励性政策；c. 公共服务性政策。

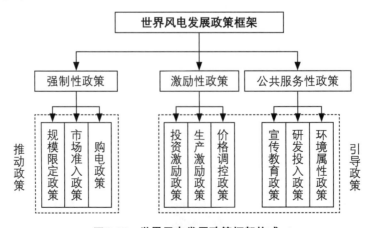

图7-17　世界风电发展政策框架构成

强制性政策主要是为了对新兴的风电市场提供基本保障。如德国规划到2010年、2020年和2050年风电占比分别上升到10%、20%和50%，可以保证目前仍处弱势的风电产业能够在市场上占有足够份额。此外，对于电力公司的强制性购电政策也有利于保障风电的发展，如西班牙早在1994年颁布的促进可再生能源利用的法律，要求能源供给企业必须收购可再生能源生产的电力并给予合理的补偿。

激励性政策主要分为投资侧与生产侧。由于风电产业初步投资较大且存在风险较高、回报慢的问题，政府在投资侧有效的激励政策能够提高投资者的积极性，如印度风电项目在投产后的10年内免征80%风电生产所得税。对于生产侧而言，主要是政府对风电的价格进行补贴等，从而提高风电产量。我国也出台了相关的政策法规，如《国家发展改革委关于完善风电上网电价政策的通知》（2019年5月）等，规范了风能发电的电价，以鼓励和规范风电行业的发展。

公共服务性政策是通过媒体宣传、研发资金投入，使得厂商和用户对风电树立正确的认识，从而积极投身风电产业，使用风电资源，促进风电发展。

7.3.2.6　风能发电优缺点

作为当前最具开发前景的新能源技术之一，风能发电的优势众多，集中体现在其环境效益和经济效益。

① 风能是一种无污染、可再生的能源。与传统火力发电相比，风能发电技术几乎不会对环境造成污染。以内蒙古自治区巴彦淖尔乌拉特后旗风电场为例，该风电场在2010年度的上网量为700MW，将其与同年上网量2×350MW的火电机组进行对比，测算出的节能减排量及相关费用见表7-2，其中a表示时间单位"年"。由此可见，风能发电能够大大降低温室气体CO_2和空气污染物NO_x、SO_2的排放量，有利于缓解全球变暖、酸雨、雾、霾等环境问题。

表7-2　测算节能减排及费用

项目	量值	费用/万元
节约厂用电	52.5GW·h	1517.25
节约煤炭（标准煤）	560700t/a	16821
节约水	1127700t/a	169.2
节约油	572t/a	350.1
CO_2减排	1556150t/a	32400
SO_2减排	1930t/a	47.1
NO_x减排	2731t/a	94.22
灰渣减排	231300t/a	2.175

② 发展风电可以缓解能源和电力不足的问题。仍以巴彦淖尔乌拉特后旗风电场为

例，与火力发电相比的各方面投资与成本对比见表7-3。

表7-3　火力发电与风能发电投资比较

项目	火力发电	风能发电	差值
工程动态总投资/亿元	29.2	78.7	−49.5
单位投资/（万元/MW）	4166.2	11243.6	−7077.4
上网电价/[元/（MW·h）]	247.79	521.36	−273.57
投资回收期/a	11.58	11.94	−0.36
建设期/a	3	1	2
运营年限/a	22	24	−2
运营成本/（万元/a）	18850	0	18850
职工定员/人	280	80	200
职工年工资/（万元/a）	5	3	2
年发电资本/（万元/a）	20250	240	20010
年发电排污治理费/（万元/a）	32500	0	32500
年发电总成本/（万元/a）	52750	240	52510

通过对表7-3中数据的分析，可知风电具有建设期较短、职工需求量少、单台运营成本和年发电总成本低的特点，即风电设施建成后可以立即投入使用，起到有效缓解电力短缺的作用。

③ 近十余年来，国内风电电价呈现下降趋势，尤其是国务院在《能源发展战略行动计划（2014—2020）》中提出了"2020年实现风电与煤电上网电价相当"的目标后，风电产业的竞争力大大增加。

④ 由于风电机组发电过程中对于风能的捕获会降低风速，在北方地区发展风电还可以减少沙尘暴等自然灾害的发生，从而遏制土地荒漠化问题。

⑤ 风电同样推动着社会经济的发展。在美国，风电产业为社会创造了上万个工作岗位以及数十亿美元的经济活动。值得一提的是，由于风电所使用的风力机一般安置在乡村地区，这能够有效地推动乡村新能源产业的发展和土地的利用。

但是，风电也具有其负面的效应。首先，风力机的生产和维护的费用高昂，对经济欠发达的地区会造成较大的负担；其次，风电对环境具有较高的依赖性；再次，风力机转动的叶片会对当地的野生鸟类造成生存上的威胁；最后，风力机产生的噪声也会对当地居民的生活和身体健康造成一定的危害。

7.3.2.7　中国风电未来发展趋势

风电作为新能源的典型代表，具有巨大的经济效益和环境效益，受到世界各国的大力推崇，据预测，风电将在2050年供应全世界20%的电力。我国作为世界第一风电大国，风能资源丰富，主要分布在三北地区（东北、西北、华北）以及东南沿海地区，其中甘肃酒泉风电基地是我国第一个千万千瓦级风电基地，也是世界上最大的风电场之一。

但在发展风电产业的过程中，我国同样面临着诸多的困难，例如产能过剩、风能发电量缩减、缺乏功能完备的辅助服务市场等等。其中，产能过剩是指在火力发电量和水力发电量不变的情况下，风能发电量超过了电力需求的实际增长量；风能发电量缩减是指风能发电厂的产量降低到其最大发电能力以下；而缺乏功能完备的辅助服务市场则会使得风能发电不稳定性问题难以解决。对于这些问题，我国提出了许多针对性的解决方案，例如优化能源产业结构、协调能源供需平衡、鼓励新兴辅助市场的建立、提高风电技术的自主研发水平等等。

实现"双碳"目标的过程是一场广泛而深刻的经济社会系统性变革。在过去的20年中，中国的风电产业取得了举世瞩目的成就。未来，相信在政府和社会各界的协同努力下，中国能够克服能源转型过程的种种挑战，迎来一个清洁、智能、可持续的新能源时代。

7.3.3　水力发电（含河流海洋）

7.3.3.1　水力发电（含海洋能）概述

在工业革命以前，人类对河流中水能的利用主要是通过修建水利设施如水车、水坝等，利用河流水的势能进行农业灌溉、切割大理石、锻造铸铁等。在我国历史上，古人巧妙地借助水利工程改善自然环境、推动农业的发展，例如由先秦时代蜀郡太守李冰主持修建的大型水利工程——都江堰极大地改善了成都平原早先"恶劣"的自然环境，使成都平原逐渐成为水旱从人、沃野千里的"天府之国"。

化石能源的过度使用导致能源危机和环境污染成为了制约人类社会发展的重要问题，因此，人们对新能源发电技术越来越重视，光伏、风电等技术不断成熟，研究人员开始将目光投向我们赖以生存的河流以及广袤的海洋，水力发电技术应运而生。我国第一座水力发电站——石龙坝水力发电站于1910年开始建设，两年后两台240kW水轮发电机成功安装完毕并正式开始发电。如果说石龙坝是我国引进外国先进技术和设备的一次尝试，那么1957年4月开工建设的新安江水电站便是由我国自行设计、自制设备、自主建设的第一座大型水电站。自改革开放以来，国家实施"西部大开发"和"西电东送"战略，全国水电装机容量由1979年时的1911万千瓦增长到2017年时的34119万千瓦。值得一提的是，1994年开工建设的三峡工程共安装32台单机容量在70万千瓦以上的水轮机组，总装机容量高达2240万千瓦，是世界上总装机规模最大的水利工程。

除了江河水能外，海洋中同样蕴藏着大量可被用于发电的能量，如波浪能、海流能、潮汐能、温差能等。中国拥有漫长的海岸线和丰富的海洋能资源，并且中国东部沿海地区经济发达、电网强大，为海洋能的大规模开发利用创造了有利条件。

7.3.3.2　水力发电原理

水力发电的基本原理是将由水位落差产生的势能经水轮机转换为机械能，再经发电机将机械能转换为符合电网要求的电能并输送到电网中。传统的水电站为满足电网频率的要求，一般采用的是恒速水力发电系统（如图7-18所示），即水轮机和发电机需要保持恒速运行，此时，水力发电系统的输出功率P_{out}计算公式为：

$$P_{out}=\eta mg\Delta h \qquad (7\text{-}8)$$

式中　η——水轮机功率系数；

　　　m——水的质量流率，kg/s；

　　　g——重力加速度，m/s^2；

　　　Δh——高度差，m。

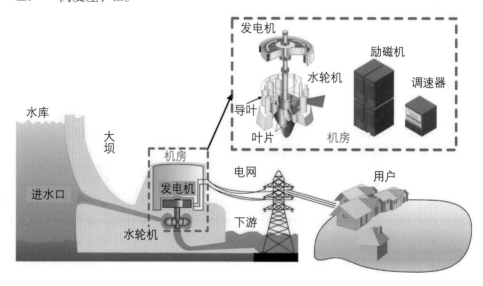

图7-18　恒速水力发电系统

恒速水力发电系统多用同步发电机，电机输出频率f（与电网频率相同）与发电机转速之间的关系是：

$$f=\frac{pn}{60} \qquad (7\text{-}9)$$

式中　p——发电机极对数；

　　　n——发电机机械转速，r/min。

受到地区季节性降水等因素影响，水电系统的输入端进水量可能长时间偏离预期工作点，然而恒速水力发电系统的水轮机需要一直维持额定转速，因此会使得水轮机转速与流量不匹配，进而影响机组的水能捕获效率，并且严重降低水电站输出功率。针对上述问题，变速水力发电系统的研究工作受到越来越多的关注。

当水电站水头、流量恒定时，水轮机效率与运行转速呈单峰曲线关系（如图7-19所示），即水轮机存在一个最佳转速值使效率达到最高值；当流量变化时，每一个流量值对应着一个最佳效率运行转速，并且当流量不断增加时，最佳运行转速也会随之升高。基于此，变速水力发电系统可根据流量的变化随动地调节转速，使水轮机的效率始终保持在一个较高的水平。相对于恒速水电系统，变速水电系统具有如下优点：提高水轮机效率，有利于生态流量下泄，有利于水电站节水，水电站选址和机组容量选择更加灵活，达到更好的控制性能和输出更高质量的电能。

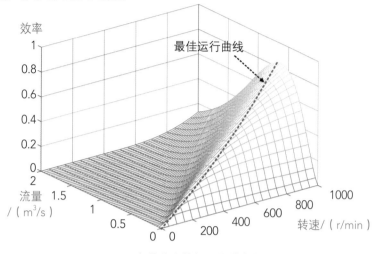

图7-19　卡普兰水轮机三维效率曲面

7.3.3.3 海洋能发电原理

海洋的总面积占地球的71%左右，太阳辐射、月球引力等来自宇宙的能量大多落在了海洋的上空以及海水中，这些能量中的部分转化为了各式各样的海洋能。海洋能是可再生的清洁能源，开发好并利用好海洋能对于缓解全球能源危机和气候问题具有重要的意义。本节以海洋能中的波浪能、海流能和潮汐能作为主要介绍对象，除此之外，海洋能还包括温差能、盐差能、潮流能等。

（1）波浪能

波浪是大气层和海洋在相互影响过程中，在风和海水重力作用下形成的永不停息、周期性的上下波动，这样的运动具有一定的动能和势能，称为波浪能。波浪能转换装置通常由两个部分组成：漂浮设备和锚定系统。波浪能-电能转换过程包含三级能量转换：第一级是波能捕获系统，即漂浮设备（如附子、摆板等）跟随波浪往复运动，捕获波浪能并转换为机械能；第二级是将第一级捕获到的波动的机械能转换为稳定机械能量；而第三级便是利用第二级输出的机械能来驱动发电机输出电能。

波浪能的特点主要体现为：a. 在可再生能源中，能量密度最大；b. 波浪发电装置较为环保；c. 在温带季候区，波浪能的季节性变化基本同电力需求一致，更易满足供需平衡等。

（2）海流能

海流是指海面上的风力驱动产生的风海流或者是因海水温度、盐度分布不均等产生的热盐环流。海流能发电机组和现代风力发电机组有着相似的工作原理，故海流能发电机组也称为"水下风车"。从整体上来看，海流能发电机组一般包括以下几个部分：海上安装载体、机组能量捕获机构、能量传动系统、机电转换单元、电能变换单元、控制系统、电力传输与负载系统等。海流能发电原理是：海流携带的动能带动叶片转动产生机械能，通过传动装置将叶片的机械能传递给机电转换装置并驱动发电机产生电能。但是，通过这样的方式产生的电能品质较差，因此在并网前还需借助控制系统对发电机的输出电压、输出频率、功率因数等进行调节。

海流的能量与流速的平方、流量均成正比，由于海流的流速和流向满足相对严格的周期规律，因此海流能具有显著的周期性和间歇性，但可以准确地进行人为预报。除了具有较强的规律性之外，海流能还具有电力调度便利、无需修建大坝等优点，逐渐开始受到国际上的广泛关注。

（3）潮汐能

潮汐能是月球和太阳等天体的引力使海洋水位发生潮汐变化而产生的能量。潮汐发电的工作原理与常规水力发电的原理类似，前者是利用潮水的涨落产生的水位差所具有的势能来发电。而潮汐发电和常规水力发电之间的差别在于海水与河水不同，蓄积的海水落差不大，但流量较大，并且呈间歇性，从而潮汐发电的水轮机的结构要适合低水头、大流量的特点。

潮汐能的能量E可以表示为：

$$E = E_k + E_n \tag{7-10}$$

式中，E_k为动能；E_n为势能。

$$E_k = \frac{1}{2} \rho \int_F \int h(u^2 + v^2) \mathrm{d}F \tag{7-11}$$

$$E_n = \frac{1}{2} \rho g \int_F \int \zeta^2 \mathrm{d}F \tag{7-12}$$

式中，u和v分别为潮流速度沿水平和垂直坐标轴的平均分量，m/s；ρ为海水密度，kg/m³；ζ为潮位的升高高度，m；g为重力加速度，m/s²；h为海水深度，m；F为全球海洋总面积，m²。

从潮汐能能量的表达式可以看出潮位的变化影响着发电量的大小。现有的潮汐发电主要都是利用潮位变化来发电，有如下三种常见形式（潮汐电站示意图见图7-20）：

① 单库单向发电，即落潮发电。水库在涨潮时蓄水，落潮时放水，利用水的势能驱动水轮机发电。优点是原理、设备简单，投资较少；缺点是能源利用率偏低，且发电不连续。

② 单库双向发电。与单库单向发电相同，只利用一个水库，但是涨潮和落潮时均可发电。优点是发电效率、发电量、发电时间相比单库单向型较高；缺点是选址和设备要求较高，且结构复杂、投资大。

③ 双库双向发电。利用高低水位的两个水库，在涨潮时向高位水库内蓄水，落潮时从低位水库放水，保持二者的水位落差，在涨落潮全程均可平稳发电。优点是能够实现连续不间断发电；缺点是选址要求高、投资大，经济性也较差。

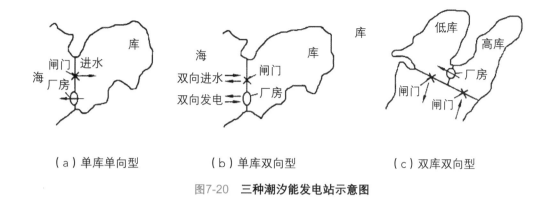

（a）单库单向型　　　　（b）单库双向型　　　　（c）双库双向型

图7-20　三种潮汐能发电站示意图

7.3.3.4 我国水力发电（含海洋能）相关政策

水力发电的发展离不开国家政策的支持和推动。国家能源局发布的《水电发展"十三五"规划》提出"要把发展水电作为能源供给侧结构性改革、确保能源安全、促进贫困地区发展和生态文明建设的重要战略举措，加快构建清洁低碳、安全高效的现代能源体系，在保护好生态环境、妥善安置移民的前提下，积极稳妥发展水电，科学有序开发大型水电，严格控制中小水电，加快建设抽水蓄能电站。"在国家政策支持下，预计2025年全国水电装机容量将达到4.7亿千瓦，其中常规水电3.8亿千瓦，抽水蓄能约9000万千瓦，年发电量将达到1.4万亿千瓦·时。

对于海洋能，我国同样制定并颁布了一系列政策加以扶持。2006年，我国制定《可再生能源法》，将海洋能列入国家可再生能源发展的范围予以支持。在《可再生能源法》框架下，我国将海洋能列入了《可再生能源发展"十三五"规划》《能源生产和消费革命战略（2016—2030）》等国家重大规划。2022年6月发布《"十四五"可再生能源发展规划》，将稳妥推进海洋能示范化开发。

7.3.3.5 水力发电（含海洋能）优缺点

电力是当今社会发展必不可少的能源资源之一，水力发电作为一种重要的清洁能源，为社会的可持续发展做出重大贡献。水力发电的优势众多，主要表现为：水力发电能够有效缓解能源短缺问题，减少碳排放，具有较高的社会综合效益。

（1）缓解能源短缺

据统计，截至2004年底，我国的石油剩余可采储量约为23×10^8t，仅占世界总量的1.3%，石油储采比为13.4，远低于世界平均水平。根据国际能源署（IEA）的预测，未来25年内，世界能源需求总量还将增加近1倍。期间，发达国家能源消费增长速度将减慢，但在世界能源消费总量中仍占较大比重，以亚太地区为主的发展中国家能源消费依然处于高增长状态。

无论是江河中的水能，还是海洋能，都是可再生的清洁能源，充分利用水能和海洋能进行发电能够在很大程度上缓解我国乃至世界的能源短缺问题。

（2）减少碳排放

水力发电是获得可再生清洁能源的技术，与煤和石油等化石能源相比，水力发电不会产生烟尘、CO_2、SO_2等有害物质，能够有效地保护环境。《京都议定书》责成世界发达国家在2012年前将温室气体排放量减少5.2%，以控制全球二氧化碳、甲烷等排放量，水力发电所获得的电能在任何国家都是最主要的清洁能源。

（3）社会综合效益高

能源运用不可只限于个别工程技术的功能效益上，电力技术安全必须依靠电网建设和管理，而电网中不能缺少强大的水力发电装机容量。这是因为水力发电的优点除了获得可再生的清洁能源外，还在于水电机组的启动、停机迅速，可调整负荷，在电网中进行调峰、调频和作为事故备用。此外，我国20余年来抽水蓄能电站的兴建更加强了负荷调节的功能，这方面的研究已成为专一的重大学科，因此，水力发电的综合效益不是风能、太阳能可以替代的。

水电站的建设所担负的任务范围更广阔，除了发电的作用外，还兼具水资源配置、减灾抗旱、改进环境生态的效能。例如美国哥伦比亚河上的大古力水坝，坝高168m，顶长1272m，蓄水量117.95亿立方米，既提供灌溉用水，又用于发电、防洪、航运，是美国最大的灌溉和发电两用水库。

此外，开发海洋能可以极大地增强海洋资源开发能力，海底有富集的矿床，海底砂矿存在于水深不超过几十米的海滩和浅海中，该矿砂矿物富集且具工业价值，开采方便。

但是，大型水利工程如大坝也存在工程和技术上的诸多困难和缺陷，例如阻断河道、建设周期长、项目投资大、改变河流原本的水文水力学要素等等。

7.3.3.6 我国水力发电（含海洋能）发展趋势

（1）水力发电

据国家能源局在2016年的最新统计，我国水能资源可开发装机容量约6.6亿千瓦，年发电量约3万亿千瓦时，按利用100年计算，相当于1000亿吨标煤，在常规能源资源剩余可开采总量中仅次于煤炭。

与此同时，我国的水电事业依旧面临诸多挑战。国家能源局发布的《水电发展"十三五"规划》中指出，我国的水电发展存在生态环保压力不断加大、移民安置难度持续提高、水电开发经济性逐渐下降、抽水蓄能规模亟待增加等问题。因此，我国提出了"十三五"期间的水电发展的十大"重点任务"，力求建设清洁低碳、安全高效的现代能源体系。

中国水力发电技术经过一百多年的发展，在世界上已处领先地位，水电作为一种清洁可再生能源，将为我国社会的可持续发展提供强劲的动力。

（2）海洋能发电

"十二五"时期，我国海洋能发展迅速，整体水平显著提升，进入了从装备开发到应用示范的发展阶段。基本摸清了海洋能资源总量和分布状况，完成了重点开发区潮汐能、潮流能、波浪能资源评估及选址规划。自主研发了50余项海洋能新技术、新装置，多种装置走出实验室进行了海上验证，向装备化、实用化发展，部分技术达到了国际先进水平，我国成为世界上为数不多的掌握规模化开发利用海洋能技术的国家之一。

《中华人民共和国国民经济和社会发展第十四个五年规划和2035年远景目标纲要》第九篇"优化区域经济布局促进区域协调发展"中的第三十三章"积极拓展海洋经济发展空间"为涉海内容，在第一节中提到"培育壮大海洋工程装备、海洋生物医药产业，推进海水淡化和海洋能规模化利用"，可见我国在未来对于海洋能的开发是必然趋势。

7.3.4　核能

7.3.4.1　核能发电概述

核能又称原子能，是指原子核结构发生变化时释放出的能量。原子核反应时产生的能量十分巨大，核能比化石燃料燃烧放出的能量大得多。核反应分为重核裂变与轻核聚变，其中聚变释放的能量大于裂变释放的能量。

核裂变反应是质量较重的原子核分裂成较轻原子核的反应，如果核裂变反应中重核裂变所产生的中子不断引起其他重核裂变，就可使核裂变反应不断地进行下去，称为"链式反应"。1kg铀-235完全裂变时释放出的能量高达8.32×10^{13}kJ，相当于2000t汽油或者2800t煤燃烧时释放的能量。

核聚变反应是两个质量较轻的原子核聚合成一个较重原子核的反应，如氢的同位素氘和氚的原子核聚合在一起可生成氦核，这个过程释放出的巨大能量即核聚变能。核聚变能大于核裂变能，1kg氘聚变时放出的能量相当于4kg铀-235裂变释放出的能量，为3.5×10^{14}kJ。

但是目前人类还不能实现可控核聚变，现有较为成熟并应用在核电站中的技术手段是可控核裂变链式反应。

7.3.4.2　核电站基本类别及其发电基本原理

① 轻水堆（light water reactor，LWR）是采用轻水（即普通水H_2O）作为慢化剂和冷却剂的核反应堆。轻水堆包括压水堆（pressurized water reactor，PWR）和沸水堆（boiling water reactor，BWR）。

② 压水堆内部压力较高（>15MPa），冷却剂水的出口温度低于相应压力下的饱和温度，因此水在堆内不会沸腾。压水堆是比较成熟的堆型，世界上绝大多数在役核电站采用的都是压水堆。

如果允许冷却剂在反应堆内直接沸腾产生蒸汽，则称为沸水堆。沸水堆直接在堆内产生蒸汽。沸水堆产生的蒸汽直接送至汽轮机做功，所以汽轮机会受到放射性污染，需要进行相应的防护。

③ 重水堆（heavy water reactor，HWR）是采用重水（D_2O）作为慢化剂、重水或轻水作为冷却剂的核反应堆。重水对中子的慢化能力强且吸收中子的概率小，以重水慢化的反应堆可以采用天然铀作为核燃料，并且比轻水堆节约天然铀。

重水堆按其结构特点可以分为压力壳式和压力管式。由于压力壳式重水堆的堆内燃料栅格间距大，同功率下的压力壳式重水堆体积要大于压力管式，所以发电的主要是压力管式重水堆。代表堆型为加拿大坎杜堆，坎杜是"加拿大氘铀（Canada deuterium uranium，CANDU）"的缩写。坎杜堆以重水作为慢化剂和冷却剂，用压力管将慢化剂重水和冷却剂重水隔离，慢化剂不承受高压，冷却剂在压力约为9.5MPa的压力管内，再到蒸汽发生器中传递给动力工质水生成约为4MPa的蒸汽。

④ 石墨气冷堆（gas cooled graphite moderated reactor，GCR）是采用石墨作为慢化剂、气体作为冷却剂的核反应堆。与水相比，气体作为冷却剂可以达到较高的温度，提高热力循环效率。

⑤ 改进型气冷堆是第二代气冷堆，是天然铀气冷堆的改进型，以低浓缩铀作燃料。但仍由于经济性差等并未在世界范围内得到广泛应用，目前仅存在于英国。

⑥ 高温气冷堆是核能反应堆中的一种堆型，是在早期气冷堆、改进型气冷堆基础上发展起来的先进堆型。高温气冷堆的燃料元件是将全陶瓷型包覆颗粒弥散在石墨球基体中制成的，能够提高各类工况下对裂变产物的阻挡能力。

⑦ 石墨沸水堆（light water graphite moderated reactor，LWGR）是采用轻水作为冷却剂的石墨反应堆，其中最知名的便是发生过重大核泄漏的苏联切尔诺贝利核电站。这种堆型在其他国家并没有采用，只在苏联建有部分电站。

⑧ 快中子增殖堆，也叫快堆，需要较高浓度（约20%）的钚（^{239}Pu）作为燃料。以钠为冷却剂的快堆产生的中子速度快、能量高，称为快中子。快中子引起核裂变时，一部分中子被^{238}U俘获转换为钚（^{239}Pu），而且所产生的钚比所消耗的要多，这就是快堆的"增殖"作用。快堆堆芯功率密度要比压水堆高4倍左右。

根据《2020年世界核能运行报告》的统计，截止到2019年底，全世界共有442台在运核电机组，其中超过2/3的机组都是压水堆，具体见表7-4。

表7-4 2019年世界核电机组堆型统计

堆型	非洲	亚洲	东欧及俄罗斯	北美洲	南美洲	西欧及中欧	合计
沸水堆	—	21	—	34	—	10	65
快中子增殖堆	—	—	2	—	—	—	2
石墨气冷堆	—	—	—	—	—	14	14
高温气冷堆	—	13	—	—	—	—	13
坎杜堆	—	24	—	19	3	2	48
压水堆	2	92	38	64	2	102	300
合计	2	137	53	117	5	128	442

7.3.4.3 核能发电的利与弊

能源活动是排放二氧化碳的主要原因之一，二氧化碳会造成全球气候变暖。传统的发电方式主要是通过煤、石油等化石能源产生热能，进行火力发电，而核电是一种清洁能源，核电不会向大气中排放二氧化碳等温室气体，所以用核能发电代替传统的火力发电，不仅可以减少环保部门针对大气污染所花费的治理费用，还具有一定的环保作用。

核能发电所用的核燃料热值极高，1kg铀可产生高达3.5×10^6千瓦时的电，只需少量的核燃料就可以产生大量的电。传统火力发电能源如煤，每千克能源仅能产生3千瓦时的电。除此之外，煤原料需要从煤矿运输到发电厂，运输成本很高。与传统化石燃料相比，核能在运输过程中可以节约大量运输成本。同时，由于化石燃料需要不断开采，对人力、物力的消耗也是巨大的，采用核能发电可以降低人力与物力的消耗，进而降低发电成本。所以，与传统发电方式相比，核能发电能够大大节约社会成本，提高经济效益。

核裂变反应可控性高，可以在短时间内控制核电站的发电量，以降低负荷高峰，填补负荷低谷。减小电网负荷峰谷差，使整个电网的发电、用电趋于平衡。

虽然核能是清洁能源，但它是所有新能源中最具危险性的，一旦发生事故，造成的后果几乎比较严重。现有核电站是利用核裂变能产生电能的系统，它既是一个巨大的热源，又是一个极强的放射性辐射源。以1986年苏联的切尔诺贝利核电站泄漏事故为例，这次事故遭受最大辐射照射的群体是事故当晚在现场的工作人员、参与事故响应和恢复工作的人员。

事故发生的当晚在现场应急工作人员遭到了最大的辐射照射，主要是外照射（相对均匀的全身γ外照射和广泛的体表β外照射）。吸入放射性核素的内照射相对较小。

7.3.4.4　核能未来发展趋势

（1）第三代核电技术

核电厂的发展历经三代，分别是原型验证堆、批量商用堆和商用安全堆。

第三代核电技术是在更高安全性和经济性要求下出现的新一代先进核电技术，它在经济效益上能够媲美天然气机组，在能量转换系统方面采用了第二代成熟技术。美国三里岛核事故发生后，针对公众对核电安全性、经济性的疑虑，美国电力研究所（EPRI）在美国能源部和核管会的支持下，制定了《用户要求文件》（User Requirement Documents，URD），从安全性、经济性和先进性三大方面提出要求。在安全性方面，第三代核电技术把设置预防和缓解严重事故作为设计核电站必须满足的条件。

第三代核技术中最具代表性的是美国西屋公司研发出的AP1000非能动型压水堆核电技术，所谓"非能动型"，即在反应堆上方设置多个千吨级水箱，在紧急情况下利用水箱自重驱动安全系统对反应堆进行冷却，保证核电站的安全。该技术在理论上被称为国际上最先进的核电技术之一，由我国的国家核电技术公司负责消化和吸收，且多次被核电决策层确认为日后中国主流的核电技术路线。

（2）第四代核电技术

2000年1月，在美国能源部的倡议下，英、法、美、日等核电发达国家组建了第四代核能国际论坛，共同合作研究开发第四代核能系统，并于2002年5月在第四代核能国际论坛研讨会上，选定了六种反应堆型作为第四代核能技术的优先研究开发对象，包括三种快中子堆和三种热中子堆。三种快中子堆分别是带有先进燃料循环的钠冷快堆（SFR）、铅冷快堆（LFR）和气冷快堆（GFR）；三种热中子堆分别是超临界水冷堆（SCWR）、超高温气冷堆（VHTR）和熔盐堆（MSR）。目前，参加第四代核能系统国际论坛（GIF）的国家或组织共有13个：阿根廷、巴西、加拿大、法国、日本、韩国、南非、瑞士、英国、美国、欧盟、中国和俄罗斯。第四代核能系统从循环经济的角度出发，将先进反应堆技术和先进核燃料循环技术作为一个系统工程进行研究，考虑包括发电、供热、海水淡化和制氢等电力与非电力应用。国际上第四代核能技术的目标是到2030年实现商用化。

在第四代核电机组的研发中，我国走在了世界前列。清华大学10MW高温气冷实验堆是我国自主研发的世界上第一座具有非能动安全特性的模块式球床高温气冷堆，各项技术指标均达到世界先进水平，为商业化奠定了坚实的基础。

（3）可控核聚变

根据反应类型，核反应分为裂变反应和聚变反应。对于裂变能，重金属元素（如铀-235）的原子发生裂变反应进而释放出的巨大能量，目前商业化核电站中的反应均为裂变反应。裂变能核电站已经应用近60年，技术成熟，运行经验丰富。但裂变能应用具有明显的局限性是：原料储量有限，产生辐射较强，核废料难以处理。

核聚变反应中，极高温下的原子核处于等离子态发生反应，高温等离子体难以用传统的容器进行约束。所谓可控核聚变就是利用不同方法实现对高温等离子体的有效约束，约束高温等离子体不使其逃逸或飞散，从而控制聚变反应有序发生。目前，主要有3种约束途径：磁约束、惯性约束和重力约束。目前，磁约束核聚变被认为是最有前途的。托卡马克（Tokamak）是一种利用磁约束来实现受控核聚变的环形容器，将氘和氚两种元素注入热核反应实验堆的环形真空室，将其加热到$1.5 \times 10^8 \, ^\circ\text{C}$的高温，也就是太阳温度的十倍，形成等离子体，从而激活热核聚变反应。

当前开展核聚变研究规模最大的国际合作项目是国际热核实验堆（international thermonuclear experimental reactor，ITER），这个计划是从1985年开始的，我国于2006年正式参与该项计划。ITER的主要目的是实现氘氚燃料点火并持续燃烧，其未来发展计划包括一座原型聚变堆在2025年前投入运行，一座示范聚变堆在2040年前投入运行。

7.3.5 地热

7.3.5.1 地热发电概述

大量存储于地下的地热能是一种可再生能源，据预估，约有1.46×10^{26}J的地热能储存在地下5km。与风电、光伏发电等其他新能源发电方式相比，地热能发电成本较低、效率高、发电稳定性好、空间占用率低、对环境的影响较小。对于地热的利用主要是发电，自其第一次发电后便长期处于发电产业的前列。地热能具有不均匀分布的劣势，但其发电潜力仍被世界多国广泛认可，根据地热协会估计，2021年的全球地热发电装机容量达到约1840万千瓦。地热发电的原理与火力发电类似，均将热能在汽轮机中转化为机械能，进而输入发电机，由发电机输出电能。与火力发电相比，地热发电不需要通过锅炉燃烧燃料来产生热能，电能由地热能转换而来。

世界地热发电始于1904年，意大利人在拉德瑞罗的试验成功发明天然地热蒸汽发电装置，点亮了5个灯泡。1913年，意大利建成并运行了第一座装机容量250kW的地热电站——拉德瑞罗地热电站，是人类利用地热流体发电的开端，也是商业性地热发电的开端。之后，拉德瑞罗地热电站不断更新旧机组，引进新机组，图7-21展示了其装机容量的发展历程。

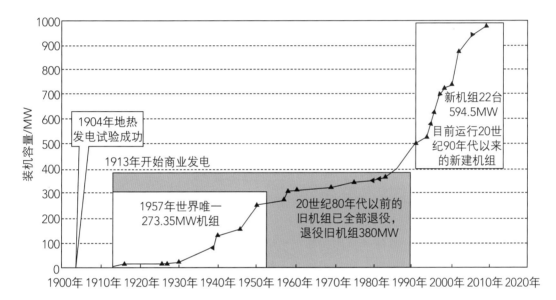

图7-21　拉德瑞罗地热电站装机容量的发展历程

20世纪50年代末，更多国家开始进行地热发电，如美国和新西兰。美国的盖瑟尔斯地热电站是当今世界上规模最大的地热发电站，其第一台地热发电机组（11MW）于1960年启动。之后随着美国政府对地热的逐步重视，美国地热发电一直呈平稳增长的趋势，装机容量长期处于引领世界的状态。

截至2012年初，全球24个国家地热发电并网电量约为11224MW。据中国能源网统计，截至2018年9月底，全球地热发电总装机容量为14369MW。其中美国的装机容量占全球总装机容量的24.9%，约为3591MW，位居世界第一，紧随其后的分别是印度尼西亚和菲律宾。图7-22展示了不同国家装机容量的详细情况。

我国每年大约可利用相当于18.65亿吨标煤的水热型地热能，西藏南部、四川西部、云南西部和台湾省的地热资源多为低温型，更有利于发电，而西南地区每年大约可采相当于1800万吨标煤的高温水热型地热能，总发电量可达7120MW。我国第一座地热试验电站在1970年于广东丰顺建成，以积累建设变电站的经验并获得实验相应数据，后来又在河北怀来、辽宁熊岳、湖南灰汤、江西宜春、山东招远等地建立了几座50～300kW地热试验电站，利用100℃以上的地热水进行发电。但由于经济利益和发电站运行稳定性等问题，目前只有广东丰顺的3号机组仍在运行，至今已长期稳定运行了30年。截至2015年12月底，我国全口径地热发电装机容量为4.3万千瓦。西藏羊八井电站是我国最大的地热电站，在1977年后的14年中，总装机容量达2.718万千瓦，选用闪蒸发电技术；羊易装机1.6万千瓦，选用双循环工质发电技术。

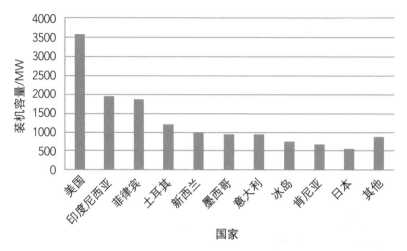

图7-22 全球地热发电装机容量情况

7.3.5.2 地热发电基本类别

地热发电是将地热能流体的热能转换为机械能，利用机械能带动发电机发电进而产生电能的过程，采用地热进行发电的技术便为地热发电技术。该技术为用户侧提供电能，同时不需要通过燃烧化石燃料产生热能，有效减少燃烧过程中二氧化碳的排放，延缓了全球变暖的进程。根据地热利用形式的差异，可将地热发电技术分为四种：地热蒸汽发电、地热水发电、干热岩发电和岩浆发电。

（1）地热蒸汽发电技术

地热蒸汽发电技术利用生成的蒸汽带动汽轮机做功而发电，一般利用分离器将蒸汽从汽水混合物中分离后再引入汽轮机，如图7-23所示。根据实地条件也可直接利用地下干饱和蒸汽。

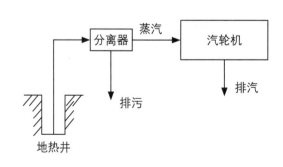

图7-23 地热蒸汽发电技术流程图

　　由于地热蒸汽发电技术的发展时间较长、发电过程安全性与可靠性较高，目前世界大多数地热发电选用该技术。根据2014年统计的数据，世界上干蒸汽的地热装机容量为2863MW，由于意大利存储了大量高温干蒸汽地热资源，其地热发电领域的主流便是地热蒸汽（干蒸汽）发电技术。

　　（2）地热水发电技术

　　地热能可根据热源的温度不同进行划分，一般划分为三种，分别是高温（高于150℃）热源、中温（90～150℃）热源和低温（低于90℃）热源。以液体形式存于地下的地热水大部分属于中低温热源，需要转换为蒸汽进而推动汽轮机发电。转换也有不同的形式，可根据其转换方式分为减压扩容法和中间工质法。

　　① 减压扩容法。减压扩容法主要利用水的沸点与气压的正相关性完成转换，气压降低时水的沸点也降低。将100℃以下的地下热水送入密闭容器内并进行抽压，使温度不太高的地下热水因气压降低而沸腾为蒸汽，蒸汽推动汽轮机做功，分离后的热水可继续利用后排出，其工作原理如图7-24（a）所示。地热蒸汽技术简单且易于实现。这种方法需要较大尺寸的设备，设备容易积累污垢且被腐蚀，热能利用率不高；工质直接采用地下的热水蒸气，因此地下热水的温度、矿化度及不凝气体的含量均会对发电产生一定的影响。

　　实际生产时，根据地热水经过"扩容器"次数的差异，可分为单级扩容法、双级扩容法和多级扩容法。单级扩容法具有简易的结构和稳定的运行过程，但热能的转换效率不高且出口处的水温较高；双级扩容法的设备和转换工艺较为复杂，但具有较高的能量转换效率，在冷热源相同的情况下，系统转换效率可提高20%～30%；多级扩容法具有复杂的转换工艺，因此目前尚未得到应用。

　　② 中间工质法。在中间工质法中，地下水进入蒸汽发生器产生的热量使某种低沸点的工质转化成蒸汽，随后该蒸汽推动汽轮机输出机械能，再通过发电机将机械能转换为电能。发电过程中利用了两种液体：一种是地热流体，其作为热源在热交换器中被冷却，随后排入环境或地下；另一种是低沸点工质流体，其作为工作工质（如氟利昂、异戊烷、异丁烷、正丁烷、氯丁烷等）被转化成蒸汽推动汽轮机旋转。这些低沸点工质在蒸汽发生器内吸收地热水冷却所释放的热量而汽化，生成的工质蒸汽被送入汽轮机产生机械能以驱动发电机组发电。蒸汽推动汽轮机工作后便排出至冷凝器，冷凝成液体后经过循环泵运回蒸汽发生器再次工作。图7-24（b）展示了中间工质法的工作原理。

　　与减压扩容法相似，中间工质法也可分为单级、双级和多级。其中，单级中间工质法与双级中间工质法相比，设备及流程简单，设备成本更低，但热效率更低（比双级低20%左右）。综合来看，单级和双极中间工质法均需要定期添加中间工质，同时具有一定的安全隐患，如介质易燃易爆、液体泄漏等问题，泄漏或爆炸生成的物质也可能对环境造成一定的危害，所以这种方法尚未得到广泛应用。

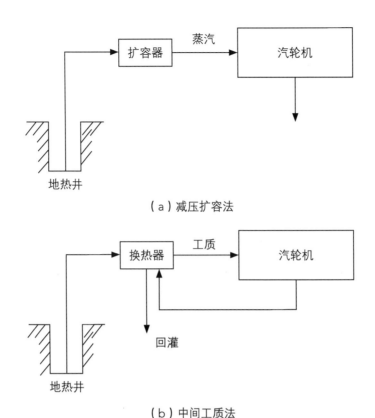

（a）减压扩容法

（b）中间工质法

图7-24 地热水发电技术示意图

（3）干热岩发电技术

热岩存在于地球深处，是一种高温岩体，由于地表降水较少且水分难以穿透，热岩附近几乎没有水或水蒸气，因此也叫"干热岩"，其直接被利用的难度较高。但是大部分地热能储存于各种变质岩或结晶岩中，地理位置不受约束，所以干热岩能量的利用价值较高且发展前景广阔，能缓解全球能源短缺的问题。干热岩能量的利用最早出现在美国，目前干热岩已在国际社会中有多年的研究经验，很多国家开始勘探和开发热岩，并进行热岩发电实验。

干热岩发电技术也可被称为"增强型地热发电技术（enhanced geothermal systems，EGS）"。图7-25展示了其技术原理。基本原理是通过水力压裂等方法在高温且无水无渗透的热岩体中产生一个人工热能储备，将地面冷水导入地下深处获取热能，最后利用热能汽化产生的蒸汽驱动汽轮机与发电机组发电。一端采用压力泵将冷水注入地下4～6km，此处的岩体可达200℃的高温；另一端通过增加压力将热水压出，

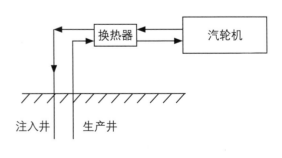

图7-25 干热岩发电技术示意图

然后注入热交换器以便将其他沸点较低的液体汽化，从而驱动汽轮机转动，实现热能向电能的转换。目前，最大的困难在于人们对干热岩系统连接部分的裂缝分布了解还不全面，且在人工热储过程中水分流失问题还未解决。

（4）岩浆发电技术

目前位于地热储层中的热源是地下深部的熔融岩浆。岩浆是一种含挥发成分的高温稠状熔融液体，主要由硅酸盐组成，产生于地幔和地壳深处，通常为900～1200℃，最高可达1400℃，蕴含大量的热量。据估计，美国有5万多个岩浆活动点，蕴含可折合成250亿～2500亿桶石油燃烧的能量，多于美国所有矿物燃料燃烧产生的总热能。温度较高的岩浆所具有的热量可推动汽轮机-发电机组发电，但其实际应用仍处于理论研究的阶段。目前岩浆发电技术仅停留于将井钻至岩浆层直接获得热能，如何钻井是岩浆发电的重大难题，需要进一步提出有效钻入地下深处岩浆层的方法。

（5）联合循环地热发电技术

随着科学技术的发展与发电流程的改进，为最大限度地实现对地热能的利用，可将两种及以上单独的发电技术相结合从而设计出一个新的系统。从20世纪90年代中期开始，以色列奥马特公司结合两种发电技术，设计了基于地热蒸汽发电技术和地热水发电技术的联合循环地热发电系统。该发电系统中，大于150℃的高温热源流体在形成蒸汽后经过汽轮机完成一次发电，出口处的液体在中温（不低于120℃）条件下进入中间工质系统与低沸点液体进行热交换，完成二次发电，如图7-26所示。这种发电方式充分利用了地热流体的热能，具有较高的发电效率，且循环利用一次发电出口处的液体，节约能源，具有环境友好性和经济效益性。

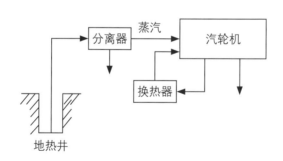

图7-26　**联合循环地热发电技术示意图**

7.3.5.3 地热发电相关政策

"十三五"期间，国家出台了首份"地热能开发利用规划"，推动了地热能产业的改革。为推动未来地热产业的广泛应用，应顺应热电共存、先热后电、高效利用、综合效益的发展要求。对于能源利用的顺序，应遵循优先发展热能供应的原则，在房屋供暖、温泉供应、农畜业养殖、工业生产等方面提供热能；随着地热发电技术的完善，在中长期阶段可适当发展地热发电产业。为提高能源的利用效率，不应局限于热电领域，也需结合多种可再生能源，形成多能源协同发展的产业结构，以地热资源的阶梯式利用为基础，追求产业变革与创新性发展，突破地热发电与地热供暖的传统思维定势，实现高温与低温的分层利用，最大限度提高地热资源发电的经济效益。

水热和地热资源的开发也得到中国石油、中国石化等石油企业与大量民营企业的支持。中国石化以"雄县模式"为蓝本，对地热进行开发利用，提出构建20个地热供暖无烟城的计划；在新的发展进程下又对"雄县模式"进行改善，提出"雄安模式"，以"地热＋"为关键因素对地热进行开发和利用，覆盖范围从中小县城逐步过渡到农村和大中型城市。

近中期需聚焦高温地热发电。目前，各地区电力供应已经实现多元化，兼顾发展绿色电力与稳定电力供应的双重目标，发展地热发电的意义更加具体且现实。若某地区的能源分布范围广泛且种类较多，便可结合多种发电方式，促进各能源协同发展，保证电能供应的稳定性。其中，滇藏两地区富集高温地热资源，可主要用于电能转换。腾冲区域地热资源的发电潜力巨大，但其他非电能利用的方面却是该地区的开发关键。其原因之一是该区域的电能储备充足，其二是考虑到地热在该区域旅游行业中带来的收益，开发其他方面的应用可提高地热的经济性。

中长期阶段主要立足于低温地热与干热岩发电。中国地质调查局在青海共和盆地恰卜恰地区勘探了四处干热岩，取得了干热岩勘测技术的突破性进展。长远来看，地热能发电作为电力供应的备用资源，可从青海开始并与青海地区光伏发电项目相结合，构建青海区域的新型电力系统。

现在，我国拥有世界上规模最大的地热能产业，地热供暖面积超过11.4亿平方米，加上温泉、旅游、康养等项目的折算，我国已经拥有人均1平方米的地热清洁供暖资源。科技研发正不断转化为现实生产力，使地热产业逐步走上高质量发展的道路。2023年世界地热大会将在中国举办，初步彰显了中国地热行业在国际上的地位，也逐步形成了海内外的地热交易市场。

7.3.5.4 地热发电优缺点

比较地热蒸汽发电、地热水发电以及干热岩发电技术这三种地热发电形式，其适用范围、能量利用效率和装机容量有较大的不同。

（1）地热蒸汽发电技术

地热蒸汽发电技术适合在温度大于250℃的高温热田中采用，发电效率大于20%，具有较低的发电成本但开采难度较大。环境方面，若保证回灌，对环境的影响较小。

优点：装机容量较大，系统结构简单，技术成熟，安全可靠。

缺点：所需温度高、埋藏较深，开采难度较大，也需要合适的岩体内压力与温度等地热参数，以便去除蒸汽中混杂的岩屑和水滴。

（2）地热水发电技术（减压扩容发电）

这一技术适用于温度在130℃至250℃的中高温热田，其发电效率约为15%～20%，开采难度与地热蒸汽发电技术相比更小，且发电成本较低。若在保证回灌的前提下，对环境的影响程度较低。

优点：目前具有较大的装机容量，装置简易且制造工艺简单，适合使用混合式热交换器。

缺点：具有较大的占地面积且容易受腐结垢，发电过程中需要合适的地热水温、矿化度以及不凝气体含量。

（3）地热水发电技术（中间工质发电）

这一技术具有约35%～50%的发电效率，发电成本较高，适合在中低温（90～130℃）热田采用，由于有机工质参与发电，存在一定的污染隐患。

优点：充分利用热水的热量，从而降低发电的热水消耗率。

缺点：增加投资和运行的复杂性。

（4）干热岩发电技术

这一技术适用于高温热田，开采难度较大，但对环境的影响较小。

优点：干热岩分布广泛，不受自然地热田的局限；运行过程中压力和水分流失较少，热量高，不存在废水、废气等环境污染。

缺点：注水井与抽水井之间距离的经济性问题尚未解决，勘探与开发技术尚不成熟，目前装机容量很小。

（5）联合循环发电技术

这一技术主要适用于温度大于150℃的高温地热流体发电，可最大限度利用热能。

优点：提高了发电效率，实现了排放尾水的二次利用，节约资源，具有良好的经济效益、环境效益和社会效益。联合循环发电的过程主要在封闭环境内完成，排放的废水不会进入环境且不会散发化学物品的味道，具有环境友好性。全部地热水均会被回灌进入发电系统，地热田一般不会被污染，工作寿命更长。

缺点：实践论证较少。

7.3.5.5　中国地热未来发展趋势

2021年是"十四五"开局之年。国家提出"2030年前碳达峰""2060年前碳中和"两个新的奋斗目标。我国能源发展由清洁高效进入了降碳节能的新阶段。而作为清洁、零碳能源的地热能，迎来了前所未有的发展机遇。

我国地热能在"十四五"时期的发展，有以下几个着力点。

一是城镇地热供暖（制冷）产业发展迅速。基于大型优质层状碳酸盐岩热储，中深层地热能实现了地热供暖规模化。其中，雄安新区的雄县打造了堪称世界样板的"无烟城"。浅层地热能更是向江湖河海的"水空调"技术方向迈出了一大步。在江苏南京的江北新城，长江水空调项目规模达到千万平方米，具有很广阔的发展前景与迅猛的发展速度。最新调研显示，长三角地区的这类资源具有较大的潜力，在未来地热能产业中将占据很大的比重。

二是从事能源生产的大型央企普遍投资地热能。这些企业在清洁高效和降碳节能双重压力下，试图借助地热能实现能源结构转型。煤炭、石油、核能等大型国有企业在资源、基础设施和技术上拥有多重优势，已经引领地热能产业的发展。例如，中核集团在西藏谷露成功打出高温地热井，正在推进地热发电项目；中国石油计划在大庆油田大规模开发利用地热能。

三是地方政府在政策上加大了对地热能的扶持。结合当地的国民经济和社会发展规划，可在建筑节能、文化旅游和康养医疗等方面，支持地热能的发展。以河南省为例，为了扭转"火电围城"的被动局面，近年来该省出台了大量优惠政策，同时大力研究科技转型，大大推动了地热能产业发展。大湾区的广东等地发挥财政和技术方面的优势，近几年在地热能技术研发上的投资增长很快。如果能够抓住"建筑制冷"这个现实需求，也可以实现快速发展。

应该看到，制约地热能发展的因素仍然存在，政府可以做的事情还有很多。

"十四五"时期，从体制和政策层面考虑，建议要解决好五大问题。第一，调整"政策供暖线"的黄河边界为长江边界。第二，改进市场准入模式，宣传"特许经营权"。第三，考虑经济层面的支持，制定电价补贴政策。第四，由于地热能属于可再生能源，应制定并落实免税政策。第五，改革地热矿权管理机制，建立适合地热流体矿产的新机制。

7.3.6 其他新能源电力

除了常见的光伏、风能、水电、核能、地热发电之外，本节将主要介绍的生物质能也是新能源发电的重要手段。

7.3.6.1 生物质能概述

生物质指的是植物赖以生存的主要物质，是由植物的叶绿体在光照下进行光合作用后合成的有机物。光合作用过程可表示为：

$$6CO_2 + 12H_2O \xrightarrow[\text{太阳能}]{\text{叶绿体}} C_6H_{12}O_6 + 6H_2O + 6O_2 \qquad (7\text{-}13)$$

植物通过光合作用吸收二氧化碳，释放氧气，合成的有机物固定了大气中的碳元素，可以有效改善大气环境，所以生物质能对于解决未来能源短缺问题具有重要意义。

生物质能源转换技术包括生物转换、化学转换和直接燃烧。生物质能源转换的方式有生物质直接燃烧发电、生物质气化、生物质固化、生物质液化四种方式。

7.3.6.2 生物质能基本类别

（1）生物质直接燃烧发电

我国生物质能资源丰富，特别是在我国许多偏远农村地区，生物质能仍是主要的生活能源，但均是传统的低效利用方式（如直接就地燃烧），资源浪费严重。我国《可再生能源中长期发展规划纲要》（2006—2020年）指出，到2020年我国生物质发电机组装机容量达到30000MW，生物质成型燃料5000万吨，将生物质秸秆发电和秸秆成型燃料确定为秸秆能源利用重点技术。

典型生物质燃料与烟煤、无烟煤的组分对比和燃烧特性如表7-5所示。

表7-5　生物质燃料和煤的组分对比和燃烧特性

燃料种类	工业成分分析/%				元素组成/%					低位热值 Q^v_{dw}/（kJ/kg）
	W^f	A^f	V^f	C^f_{gd}	H^f	C^f	S^f	N^f	K_2O^f	
豆秆	5.10	3.13	74.65	17.12	5.81	44.79	0.11	5.85	16.33	1616
稻草	4.97	13.86	65.11	16.06	5.06	38.32	0.11	0.63	11.28	1398
玉米秆	4.87	5.93	71.45	17.75	5.45	42.17	0.12	0.74	13.80	1555
麦秸	4.39	8.90	67.36	19.35	5.31	41.28	0.18	0.65	20.40	1537
牛粪	6.46	32.40	48.72	12.52	5.46	32.07	0.22	1.41	3.84	1163
烟煤	8.85	21.37	38.48	31.30	3.81	57.42	0.46	0.93	—	2430
无烟煤	8.00	19.02	7.85	65.13	2.64	65.65	0.51	0.99	—	2443

注：W^f为水分，A^f为灰分，V^f为挥发分，C^f_{gd}为固定碳。

与煤相比，生物质燃料具有含氢氧元素多、碳硫元素少、密度小的特点，这使得生物质具有前期燃烧较容易、需要氧气量少、更容易燃尽、燃烧产生的硫化污染物较少的优点，但也具有燃料热值较低的缺陷。煤单独燃烧时的放热主要集中在燃烧后期，而生物质单独燃烧主要集中在燃烧前期，结合二者特点的生物质型煤可以有效提高煤炭的燃尽率。

丹麦生物质燃烧发电技术先进，得到世界范围内的广泛应用。丹麦BWE公司于1998年投产了世界上第一台生物质燃烧发电厂。目前丹麦生物质燃烧发电等可再生能源占到丹麦能源消费量的24%以上。

（2）生物质气化

生物质气化技术是一种热化学处理技术，通过气化炉将固态生物质转换为清洁的可燃气体。其基本原理是将生物质原料加热，生物质原料进入气化炉后析出挥发物并高温裂解；裂解后的气体和碳在气化炉的氧化区与供入的气化介质发生氧化反应并燃烧，最终生成了含一定量CO、H_2、CH_4、C_nH_m的混合气体，去除焦油和其他杂质后即可燃用或者发电。生物质气化原理如图7-27所示。

生物质气化技术处于世界领先水平的国家有瑞典、丹麦、奥地利、德国、美国和加拿大等。在20世纪80年代，美国、瑞典和芬兰等国就已将生物质气化技术应用于水泥和石灰生产；90年代起，生物质气化开始应用于热电联产。

与国外相比，我国生物质气化基础较好，在20世纪60年代就已经开发出谷壳气化发电系统。在"九五"期间和"十五"期间分别研发出了生物质气化发电系统和生物质气化燃气蒸汽联合循环发电系统。

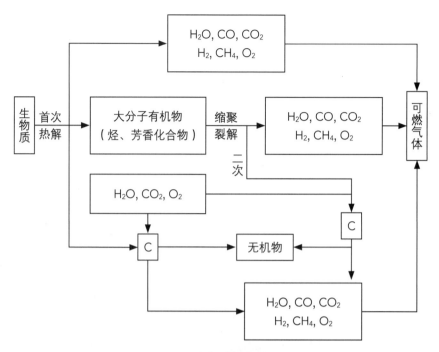

图7-27 生物质气化原理图

（3）生物质固化

生物质固化也叫生物质固化成型，是将生物质原料经干燥、粉碎到一定粒度，在一定的温度、湿度和压力条件下，使生物质原料颗粒位置重新排列并发生机械变形和塑性变形，成为形状规则、密度较大、燃烧值较高的固体燃料的过程。生物质固化按技术手段主要分为热压缩成型技术、冷压缩成型技术和炭化成型技术。

热压缩成型技术是把粉碎后的生物质在高温及高压下压缩成高密度燃料，200℃左右的高温可以使木质材料中的木质素释放出来，充当胶水的作用。但这种技术对于原料的含水率要求严格，且制作成本很高，经济效益较差。

冷压缩成型技术，也称湿压成型工艺技术，是在常温下对粉碎的生物质纤维挤压成型的技术，由于制作成本较低，相比于热压缩成型技术优势明显。

炭化成型技术是将生物质燃料经干燥后低氧燃烧得到木炭的技术，在炭化过程中高分子成分受热裂解转化为炭。但是木炭相比于压缩成型的燃料，结构较为松散，不易储存和运输，所以炭化成型过程中一般需要加入黏结剂，否则就需要成型机提供较高的成型压力，但这将明显提高成型机的制造成本。

（4）生物质液化

从产物来分，生物质液化可分为制取液体燃料和制取化学品。本节主要介绍的是生物质液化制取液体燃料的内容。

生物质液化工艺分为生物化学法和热化学法。生物化学法主要是指采用水解、发酵等手段将生物质转化为燃料乙醇。热化学法主要包括快速热解液化和加压催化液化等。生物质快速热解液化能够减少液化产物中的焦炭和气体产物。自20世纪80年代以来，生物质快速热解技术取得了很大进展，成为最有开发潜力的生物质液化技术之一。

生物质加压液化是在较高压力下的热转化过程，温度一般低于快速热解。生物质转化为液体后能量密度提高，热效率是直接燃烧的4倍以上。但是生物质含氧量较高，稳定性差的同时腐蚀性较强，采用加氢精制的方法可以解决以上问题，但是成本较高且技术难度较大，因而生物质加压液化距离实际投产还有一定的距离。

7.3.6.3 我国生物质能发展相关政策

生物质能作为一种清洁的可再生能源，对于正处于能源转型过程的中国具有重要的现实意义，我国也相继出台了一系列政策加快发展生物质能。2005年第十届全国人民代表大会常务委员会第十四次会议通过了《中华人民共和国可再生能源法》，该法提出"国家鼓励清洁、高效地开发利用生物质燃料，鼓励发展能源作物"，并且明确规定了符合入网技术标准的相关经营企业应当被接受入网。

2007年5月，农业部出台了《农业生物质能产业发展规划（2007—2015年）》提出要重点发展以村（户）为单位的生物质循环利用系统，加快农村沼气建设步伐。2016年国家能源局印发《生物质能发展"十三五"规划》，提出"坚持分布式开发""坚持用户侧代替""坚持融入环保""坚持阶梯利用"四项发展生物质能的基本原则。我国在"十三五"期间大力发展生物质能发电项目，截止到2019年，全国已投运的生物质能发电项目1094个，累计装机容量达2254万千瓦。由于生物质能的利用，我国的化石能源使用量和污染气体排放量得到了显著的降低，有效地缓解了全球气候变化和能源供需矛盾带来的问题。

7.3.6.4 我国生物质能发展趋势

生物质能作为全球第四大能源（前三分别为石油、煤炭、天然气），是世界能源转型的重要力量。据国家能源局《生物质能发展"十三五"规划》统计，截至2015年，全球生物质发电装机容量约1亿千瓦，其中美国1590万千瓦、巴西1100万千瓦。生物质热电联产已成为欧洲国家的重要供热方式。生活垃圾焚烧发电发展较快，其中日本垃圾焚烧发电处理量占生活垃圾无害化处理量的70%以上。

我国的生物质能资源丰富、能源化利用价值高，同时我国的生物质发电产业已形成一定规模，呈现良好发展势头。截至2015年，我国生物质发电总装机容量约1030万千瓦，其中，农林生物质直燃发电约530万千瓦，垃圾焚烧发电约470万千瓦，沼气发电约30万千瓦，年发电量约520亿千瓦·时，生物质发电技术基本成熟。

但是，我国的生物质发电仍然面临诸多的挑战，如：利用生物质能发电成本较高；生物质发电相关法律法规还有待完善；我国目前在发展生物质发电方面的资金、人才、技术短缺等。为此，我国提出了"积极发展分布式农林生物质热电联产""稳步发展城镇生活垃圾焚烧发电""因地制宜发展沼气发电"等发展建设目标，力求在未来全面实现生物质发电的商业化、规模化和智能化。

7.4 以新能源为主体的新型电力系统

大力发展以风电、光伏为代表的新能源技术，构建以新能源为主体的新型电力系统，促进电力领域脱碳，是推动能源清洁低碳转型，实现碳达峰、碳中和目标的必然选择。截至2020年，我国风电、光伏发电容量双双突破2.5亿千瓦，装机规模均居世界首位。预计到2030年，我国风光总装机容量将突破12亿千瓦，装机占比突破50%，发电量占比将从2020年的9.5%增长到20%~26%；到2060年，风光装机比重将超过75%，发电量占比预计进一步提升到约60%。尽管我国新能源产业发展突飞猛进，但现阶段非化石能源占一次能源消费比重不足16%，能源电力领域面临的减碳形势严峻。未来40年，大力发展风电、光伏等新能源，实现煤炭从主体能源向基础能源的重大转变，构建以新能源为主体的新型电力系统，促进能源电力领域脱碳，是我国碳净排放从当下100亿吨归零的关键。

新型电力系统结构框架见图7-28。

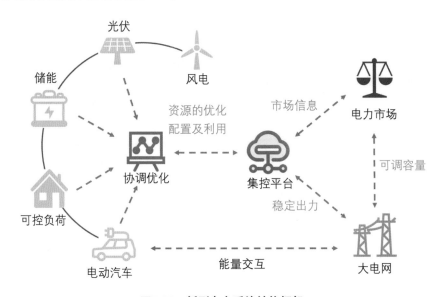

图7-28 新型电力系统结构框架

以下围绕新型电力系统中能源生产、传输、消费和存储全环节，介绍相关技术发展路径。

7.4.1 高比例新能源并网支撑技术

7.4.1.1 海上风电并网技术

风电有望成为未来高比例新能源电力系统的主要电力来源之一，而海上风电将是促成这一转变的重要支柱。海上风电由于其地理位置原因，风速平稳，风能资源的能量效益高于陆地风电，发电效率更高，同时受地形、气候影响较小，不存在占地扰民问题，且距离沿海电力负荷中心近，因而具有较高的经济效益优势。随着风机技术和并网技术的最新发展，预计海上风电装机容量的增长速度将比过去20年快得多。2020年，全世界风电装机容量为732410MW，其中海上风电装机容量为34367MW。2010年至2020年十年间海上风电装机容量增长了31311MW，占风电总装机容量比例从不足0.2%增长至4.7%。不过海上风电相较陆上风电具有并网更加困难的问题，大规模的风电并网会给电力系统带来电压波动、频率波动、谐波等电能质量问题，甚至进一步降低系统的安全稳定性，因此并网技术的研究对于海上风电发展具有重要意义。

现有的海上风电并网技术根据其电能变换和传输形式可以划分为三类：高压交流并网技术（high voltage alternating current，HVAC）、高压直流并网技术（high voltage direct current，HVDC）、分频输电并网技术（fractional frequency transmission system，FFTS）。HVAC将风电以工频交流电的形式接入电网，不进行电能频率和形式的变换。这种技术路线结构简单，建设成本较低，但由于交流输电海底电缆的电容效应，需要提供无功补偿，输电距离受限，只适用于小规模的近海风电场并网。同时通过工频交流直接并网会造成电网与风电之间故障的强耦合，这对二者的安全与可靠运行极为不利。HVDC将风电转换为直流电能后进行传输并网，克服了远海风电的传输距离限制。HVDC方案主要有两条技术路线：一是基于线性换相换流器的HVDC；二是基于自换向的电压源换流器的HVDC，也即柔性直流输电技术。前者技术成熟性较高，成本相对较低，可靠性高，但需要配合大量滤波和无功补偿装置，且只能进行有源逆变，适用场景有限。后者更加灵活智能，可以提供电压支撑，可以隔离交直流系统故障，但是其成本较高，变流器功耗较高，系统稳定性和可靠性尚需实际运行验证。除此之外，还存在综合二者部分优势的混合直流输电技术以优化工程造价。FFTS采用分频技术，即改变电能传输频率做到低频输电、高频用电，为海上风电远距离并网、大容量输送提供了一种具有竞争力的方案。该方案可以减少交流线路的电气距离，从而提高功率传输能力，而主要缺点是低压侧变压器的体积和造价增大，同时变频器需要考虑滤波和无功补偿。由于海上风速差异性小，全场最优频率导致的部分风机功率捕获非最优所产生的损失较小，因而FFTS更加适合海上风电系统。

目前海上风电并网技术快速发展，以德国TenneT公司为代表的欧洲产业界正在海上风电的高压直流并网技术上持续发力，如其在2015年建成Helwin1和HelWin2海底电缆系统采用柔性交直流输电技术，使德国莱茵集团在北海的295MW Nordsee Ost海上风电场和WindMW的288MW Meerwind Süd/Ost海上风电场连接德国陆地电网。TenneT公司于2021年9月在欧洲北海深水区铺设了33km的海底高压直流电缆，作为Dolwin6电力传输系统建设的一部分，该系统将把德国水域的海上风电场与陆上电网连接起来。德国和挪威在2021年5月启用了Nordlink海底高压直流系统，用于将德国风电场的过剩电力出口至挪威。目前中国已核准的海上风电项目以近海风电场为主，并网方式以柔性直流以外的技术方案为主，但目前在跨海柔性直流输电方面也做出了积极尝试。如2014年，舟山柔性直流输电工程岱山换流站作为世界首个五端柔性直流跨海输电工程正式投运，以及大连的320kV/1000MW跨海柔性直流输电重大科技示范工程等。除高压直流并网外，分频输电的并网方式目前也是国内外研究的一个新潮流，有大量研究针对低频交流风力发电系统开展了有益的工作。

纵观全世界，近海风电由于受到生态环境、交通航道的限制，其站址资源日趋紧张，海上风电项目正在向着离岸远、容量大的方向发展，以英国、德国等为代表的欧洲国家正在加快远海风电布局，推动其科技和产业发展，而柔性直流并网技术将成为远海风电的首选。中国的海上风电起步时间晚、发展速度快，目前中国已核准的海上风电项目以近海风电场为主，但受到生态环境、交通航道的限制其站址资源日趋紧张。近年来，中国远海风电逐渐起步，未来我国海上风电平均离岸距离预计超过100km，2050年我国远海风电装机规模有望达到4000万千瓦。2021年9月，国内首个用柔性直流输电的海上风电工程——三峡能源江苏如东H6海上风电项目主体工程顺利完工，该项目离岸直线距离达到50km，是目前国内电压等级最高、输送距离最长的柔性直流输电海缆。

7.4.1.2 分布式可再生能源主动支撑技术

构建以新能源为主体的新型电力系统，必须协调安全与发展，坚守电力安全供应的底线。大规模高比例新能源对电力系统安全稳定运行和电力供应保障带来许多挑战，主要原因在于新能源发电的间歇性、波动性和随机性。2020年中国新能源发电装机总容量占比达24.3%，新能源发电量占比达9.4%，预计2030～2035年前后，新能源发电装机占比有望超过50%，将成为新型电力系统的主体电源，新能源并不天然具备与传统常规电源类似的系统友好特性（如大惯量和一次调频特性），仅依靠剩余规模的常规电源项目，无法实现电力安全可靠供应。因此，面向未来高比例新能源电力系统，为了保障电力供应，需要新能源具备对电网的主动支撑能力，具有接近甚至高于传统常规电源的支撑能力，能够自主运行并参与到系统调峰调频，保障电压、频率稳定，提供备用容量等。

根据GB/T 19963—2021关于风电场接入电力系统的技术规定，当风电场有功功率在总额定出力的20%以上时，场内所有运行机组应该能够实现有功功率的连续平滑调节，并能够参与系统有功功率控制。为此，风电主动支撑技术目前主要着力于机组惯性支撑和附加一次调频控制。在惯量支撑技术方面，目前主要有基于锁相同步和基于虚拟同步机控制两条技术路线。前者利用锁相同步控制策略附加虚拟惯量，利用存储在旋转质量中的动能响应系统频率变化，可提供快速有功功率支撑，但不可持续。后者基于同步机转子运动方程把虚拟惯性控制引入风机和电力电子变流器的控制算法中，使其具有同步发电机的惯量特性。附加一次调频则可以通过桨距角控制、转速控制、桨距角与转速协调控制实现。不同于具有旋转结构的风机，光伏发电逆变器的出力完全依赖于电力电子器件的数学控制，其大量接入会使得系统变为对扰动极为不稳定的"弱电网"。现有研究主要针对光伏逆变器的并网控制技术，以达到低电压穿越、附加虚拟惯量等目的。同时人工智能（AI）技术的加持也将赋能光伏发电从适应电网走向支撑电网。如华为在最新推出的AI BOOST智能光伏6.0＋方案中引入业内首次出现的阻抗重塑的AI自学习算法，通过AI自学习动态地调整电站本身的电气特性来匹配电网，更好地提高电网的安全性和稳定性。

基于虚拟同步机控制和基于自适应学习算法的可再生能源主动支撑技术是未来研究和发展的重要方向。虚拟同步机控制方面，如何实现控制方法与附加保护装置的协同配合、次同步振荡抑制、高频率谐波抑制、与多端柔性直流并网系统的协同稳定性分析等问题还需要深入的研究和考量。在自适应算法提高可再生能源主动支撑能力的赛道上，愈来愈多的非传统能源行业的科技企业正在加快入局，利用信息科学的科技成果迁移助力技术发展。

7.4.1.3　储能与高比例新能源协同控制技术

新能源发电具有间歇性、波动性和随机性，全世界包括中国在内，最主要的新能源装机容量和发电量来自风电和光伏，二者均易受到地形、天气的影响，其中风电还具有显著的"逆调峰"性质，因此新能源的消纳成为一定程度上阻碍新能源进一步落地的一大原因。传统电网只具有"发-输-配-用"四大环节，源荷之间的能量需要实时平衡，常规发电机组（如火电、水电）可以快速可靠地响应电网调度指令参与调峰，但是新能源出力往往不能尽遂人愿。储能环节将是未来高比例新能源电力系统中不可或缺的一环，将储能与高比例大规模的新能源发电协同规划、调度将有效促进新能源电力消纳，通过在负荷低谷储电并在负荷高峰放电，可以做到平抑新能源发电波动性，为电网提供宝贵的灵活性资源，助力零碳电力结构的实现。

如何将风光电与储能系统形成联动，解决当前新能源并网发电的实际问题是当前研究的主要重点。从工程问题上出发，这牵涉到新能源发电与储能系统的协同规划和容量配置、新能源与储能的运行调度优化、集成系统的能量管理策略、新能源功率预测、并网运行的效益及风险评估等。在具体工程应用场景上，目前主要是风光储联合发电的自动发电控制，同时还有风光储联合系统参与电网主动支撑（如黑启动电源）。风光储联合发电现有的研究和工程实践相对较多。现有的研究主要从规划、运行两方面优化和评估方法及模型建构展开。2019年2月，美国首个风光储发电项目并网发电，该项目是由波特兰通用电气公司与发电商NextEra Energy联合建设的一套储能（30MW·h）配套风电（300MW）、太阳能（50MW）多能互补项目。澳大利亚新南威尔士州目前在建一个总发电容量达4GW的大型风光储项目，包含3.4GW的风电装机、700MW的光伏装机和一个100MW/150MW·h的电池储能系统，电池还将与在Walcha高原东部和南部的峡谷地区的抽水蓄能系统连接。国内最早在2009年，张北的国家风光储输示范工程采用世界首创的风光储输联合发电建设思路和技术路线，是集风电、光伏、储能装置和智能输电"四位一体"的新能源综合性示范工程，截止到2021年8月4日，一期、二期工程已安全运行3510天，累计向北京和雄安新区输出绿色电能78.1亿千瓦·时。风光储参与调频、黑启动等应用的研究目前主要着眼于可行性评估及运行优化策略研究。2014年10月，中国国家风光储输示范电站成功完成"黑启动"试验，成为具有"黑启动"功能的大规模新能源联合发电站。

储能与新能源的协同配置、源网储荷的一体化将成为未来电力系统发展的重要趋势之一。2020年8月，国家发改委、国家能源局共同发布了《关于开展"风光水火一体化""源网储荷一体化"的指导意见（征求意见稿）》，文件中提出了"风光火储""风光水储""风光储"三个"一体化"，侧重于指导电源侧系统工程发展，因地制宜地采用和选择包括风、光在内的新能源和包括水能、煤炭在内的传统能源互补发电，结合储能系统，提高能源系统利用效率，促进我国能源结构转型。未来应该继续积极探索储能与新能源联合发电的落地实践，加强研究储能与新能源协同参与电网支撑技术。

7.4.2 新型电力系统运行控制技术

7.4.2.1 "双高三低"电力系统形态演化技术

面向2060碳中和背景,电力行业必须要有一个新形态的电力系统与之相适应,新型电力系统形态特点可以被概括为"双高三低"。"双高"即高比例新能源、高比例电力电子;"三低"即低惯量、低短路电流比与低调节能力。"双高"中的高比例新能源是零碳电力结构愿景所提出的直接要求,与之相适应的是电力电子器件的大量渗透,这将变革当前电网的形态。随着出力随机的新能源电源比例渐高,电网将呈现低调节能力的特点;随着传统电力设备电力电子化,柔性交直流输电技术快速发展,电网将呈现低惯量的特点;随着电网输电容量提升,并联线路增加,电气距离缩短,电网将呈现低短路电流比的特征。这些是未来新型电力系统形态演化的方向和特征,也意味着相比过去电力系统将发生翻天覆地的变化。

如何确定电力系统发展和演化的路径,是保障电力安全可靠供应、推动能源结构平稳转型、促进国民经济快速健康发展的重要课题。从电网的灵活性平衡能力出发进行路径规划是其中一种重要途径。由于未来由风电、光伏发电主导的新型电力系统,其电力供需的实时平衡需要"源-网-储-荷"多环节多流向的互动,需要包含储能在内的灵活性资源进行支撑,以电能为核心、多能源互联耦合的综合能源系统峥嵘渐显。美国国家可再生能源实验室(NREL)和国际可再生能源机构(IRENA)曾分别对未来高比例新能源电力系统的运行特性进行分析,得到相似的负荷供需平衡曲线,发现电网自身的平衡能力不足将会催生对于储能乃至打破能源边界的综合能源系统的巨大需求,因此从灵活性出发进行考察,是一个极具代表性和针对性的角度。除此之外,还有考虑碳排放和调峰能力约束的演化分析、基于生态学共生协同理论的演化分析、考虑暂态稳定与电压稳定的演化分析、从群体博弈论出发的演化分析等。在具体形态演化技术方法上,有基于多场景的路径演化分析方法、基于不确定性因素的全局灵敏度分析方法。基于多场景的路径演化分析较为直观,从认为设置的具体案例场景出发进行模拟,分析较为简便,缺点是难以保证选取场景的典型性,过多的场景则可能导致分析过程的繁复和效率低下。基于不确定性因素的全局灵敏度分析方法则是考虑影响路径演化的各种不确定因素,采用抽样方法得到海量样本,并将样本作为边界条件输入路径演化模型之中,求解优化问题,得到演化路径结果,再对海量路径演化结果进行统计分析,避免了人为设置场景的局限性,因此在某种程度上是一种更优越的方法。

对电力系统在中长期尺度上的宏观层面形态演化分析是具有前瞻性、指导性的研究,不仅对于技术发展,而且对于推动市场体制改革也有重要意义。在2060碳中和目标背景下,提高电力系统新能源渗透率,电力设备电力电子化和随之而来的"三低"局面是大势所趋,把握电力系统的形态演化规律意义重大。

7.4.2.2 高弹性电力系统韧性提升技术

能源转型对电力系统应对小概率大损失极端事故的能力提出了更高的要求。电力系统作为最为复杂和庞大的人工动力学系统，容易受到极端自然灾害和极端人为攻击的严重影响，而随着新能源渗透率提高、智能电网转型升级，电力系统的不确定性、开放性和复杂性增加，使得电力系统运行在极端条件下的风险大为上升。高弹性电力系统的提出正是为了应对这一问题。所谓弹性，即恢复力，也称为韧性，其概念最早在生态学的领域中被提出，现广泛用于描述系统受到扰动后承受、吸收冲击并保持系统稳定的能力。弹性电力系统的概念过去就已存在，但其重点关注电网自身的"自愈能力"，高弹性电力系统的提出将研究面扩展至系统协同内外部资源进行主动预判、积极防护、主动保护、快速恢复的层面上。因而高弹性电力系统更能够适应变化的环境，迅速、高效地进行事故预防和灾后恢复。

高弹性电力系统韧性提升不仅应该同时包含代表电力传输本体的一次系统和代表信息传输的二次系统，还应该包含事故前后全周期。对于一次系统，在灾前需要最大风险和薄弱环节的识别分析技术，以便提前进行事故预测并准备应对方案，现有的研究方法多从单一元件故障入手，用蒙特卡洛模拟、混合暂态仿真、风险指标计算的方法评估事故风险，但对于电力系统能源转型的潜在风险考虑不足，导致分析结果往往偏理想化。在遭遇事故时和事故后，配电网需要有应急响应和快速恢复的技术和能力，现有研究大量尝试了利用分布式电源和微电网提供配电网应急响应和快速恢复能力，核心方法是通过改变配电网拓扑结构来协调分布式电源和微电网，实现突发事故下配电网的安全运行。未来的综合能源系统因为具有极强复杂性，因此还需要有针对于此的弹性理论提醒，包括系统建模、弹性评估方法、弹性提升综合策略等。除此之外，发挥市场力量，通过需求侧响应也可能给出比传统机组调节更快速灵活的响应。在二次系统安全层面，一方面有赖于网络安全技术的提升，另一方面还有赖于"大云物移智链"等新兴技术的融合。

发展高弹性电力系统是保障电力安全可靠供应的内在要求，也是能源转型、智能电网升级驱动下所需的配套基础。未来高弹性电力系统韧性提升，应该结合我国发展实情，重点针对各环节关键技术进行突破。如未来可以在最大风险和薄弱环节评估技术中引入包括新能源机组模型、电力电子装置模型等新增模型，在配电网应急响应与快速恢复技术中更加深入地研究各类新型负荷（如电动汽车、储能、电化工负荷等）在事故中的响应特性，在电力市场辅助韧性提升技术上重点考虑市场机制的建立和完善等。

7.4.2.3　新型电能传输技术

新型电力系统将依靠高比例可再生能源实现能源转型和碳中和愿景，然而可以预见随着电力能源转型升级，由于可再生能源的地理分布往往远离负荷中心，将绿色电力传输到消费者终端的成本将大幅增加，需要探索新型电能传输技术来推动绿色电力成本的下降。国际能源研究公司伍德麦肯兹（Wood Mackenzie）曾预计，对电网建设投资的步伐很可能会保持到21世纪末，而且相较于投资新的可再生能源的成本而言，同期电网的投资规模可能会高出5倍左右，这些成本中有很大一部分来源于新的电力输送线。因而发展新型电能传输技术对于建设新型电力系统具有重要意义。

新型电能传输技术是区别于传统高压交流、高压直流输电方式以外的电能传输技术，主要有柔性直流输电、分频输电、高温超导输电、无限电能传输等。柔性直流输电技术是其中最具前景的新型输电技术，它具有可控性强、较少低次谐波污染问题、无需无功支撑、可接入无源系统支撑孤岛供电、潮流反转迅速等优点，柔性直流输电技术的出现使得多端直流输电系统和直流输电线路组网成为可能，但是其环流和传输损耗远高于传统直流输电，且柔直关键设备成本居高不下。柔性直流输电技术需要从硬件和软件两方面出发进行攻坚，即换流站和控制技术。中国在柔直技术的研究中起步晚但发展快，现已具备了柔性直流输电技术研发和设备制造能力，并达到了国际先进水平。2020年12月，由南方电网公司投资建设的昆柳龙直流工程正式启动投产送电，这是世界首个特高压柔性直流工程，该多端混合直流工程电压等级和输送容量均位居世界首位。高温超导技术是一项目前备受关注的技术，通过在接近-200℃的液氮环境下，利用超导材料的超导特性，使电力传输介质接近零电阻，电能传输损耗接近零，从而实现低电压等级的大容量输电。我国首条35千伏公里级高温超导电缆示范工程于2020年4月在上海开工，该项目是高温超导电缆输电技术在国内的首次商业化应用。该项目核心技术国产化率达100%，并填补多项国际标准空白，标志着我国在高温超导输电领域已居于国际领先地位。分频输电是另一项具有广阔前景的新型电力传输技术，其目标是通过低频输电缩短线路电气距离提高远距离输电容量，该技术一大应用场景是海上风电的并网输送，但目前工程实践较少，主要技术难点是倍频器装备的制造。除此之外，无线电能传输的概念由来已久，但直到近年来才越发受到关注，其应用场景包括消费电子、植入式医疗设备、工业制造、电动汽车、水下设备等。

中国在新型电能传输技术的赛道上取得了喜人的成绩，但也应清楚地意识到与世界先进水平之间存在的客观差距。事实上，在高端电力电子器件的生产和制造上，国产行业商离世界顶尖的器件制造商（如ABB、西门子、Infineon等）还存在较大差距，导致在柔性直流输电、分频输电、无线电能输电等领域存在诸多"卡脖子"的技术环节。未来新型电力传输技术的突破应该从高端制造着手，在硬件技术上取得完全的自主知识产权。

7.4.3 多元需求侧资源供需互动技术

7.4.3.1 电动汽车与需求响应技术

需求侧是指电力用户接收供电方发出的诱导性减少负荷的直接补偿通知或者电力价格上升信号后，改变其固有的习惯用电模式，达到减少或者推移某时段的用电负荷而响应电力供应，从而保障电网稳定或抑制电价上升的短期行为。与过去以拉闸限电为手段进行调峰的方式不同，需求侧响应更加有利于社会经济的健康发展，而且新型电力系统面临的挑战向需求侧响应技术提出了响应速度更快、响应模式更多、响应效果更灵活的要求。在高比例新能源从发电侧给电力系统带来了极大挑战的同时，规模逐渐增长的电动汽车也从配电侧冲击和威胁着电网的安全与稳定运行。截止到2021年6月底，中国的新能源汽车保有量达到603万辆，占汽车总量的2.1%，其中纯电动汽车达493万辆，占新能源汽车的81.7%，有预测显示，到2025年仅新能源汽车销量一项数据即将达到542万辆，而纯电动汽车在新能源汽车市场占据的份额将增长至90.9%。大量的电动车充电负荷足以对配电网造成强烈影响。通过需求侧响应技术，不仅有望避免大规模电动车接入带来的负面影响，还可以为电力系统提供宝贵的灵活性资源，为系统稳定可靠运行提供支撑。

对于电动汽车参与需求响应技术的研究，可粗略分为运行机制和交互技术两大层面。运行机制方面包含系统架构设计、基于价格激励的市场机制优化、业务分析与建模、网荷联合规划等。交互技术方面包含V2G建模仿真技术、充放电互动设备、试验检验设备、互动协调控制系统等。根据需求响应技术的自动化程度，可以将其分为人工需求响应、半自动需求响应和自动需求响应。美国作为需求响应概念的先驱者，在该技术上已形成较为成熟的业务体系，劳伦斯伯克利国家实验室开发的开放式自动需求响应（Open automated demand response，Open ADR）通信规约已成为美国首批16条智能电网"互操作性"标准之一，目前最高版本Open ADR 2.0已成为国际标准。中国也已经在需求响应技术方面开展了许多有益的实践。2014年，上海市成为国家发改委指定的首个需求响应试点城市，更是在电动车参与需求响应的试点工作中关于技术流程、技术规范、激励机制、市场关系等方面积累了丰富且宝贵的经验。2018年，中国制定了《电力需求响应系统功能规范》（GB/T 35681—2017），规定了电力需求响应系统的组成及参与者，需求响应服务系统、聚合系统以及终端的功能及要求。

未来电动车作为需求响应资源将有两种重要的形式：一是有序充电；二是车电互联。有序充电是让电动汽车以可控负荷的形式参与电网调控，车企、充电站运营商均可作为负荷主体参与其中。但目前有序充电的大规模实施还面临充电站不足，完善的技术标准、电价机制和市场模式的缺乏等问题，未来需要重点解决。车电互联下电动汽车作为分布式储能单元，以充电和放电的形式参与电网的调控，这一形式更加仰赖于完善的市场机制和成熟的商业模式，同时还需有先进的交互技术作为支撑。这些都是未来发展中的重点。

7.4.3.2 虚拟电厂与柔性配电网技术

可再生能源的规模化接入不仅给电网的安全稳定运行带来影响，由于其内在的不确定性也导致其无法直接、灵活地并网并加入电力市场运营，如何实现分布式可再生能源的市场运营和灵活交互是一个问题。为此人们提出了虚拟电厂技术和柔性配电网技术。虚拟电厂是以市场为主要驱动的多种能源、储能、负荷实体之间的一种聚合方式，本质是基于协调控制和调度的灵活合作，其目标一般是实现新能源可靠并网、参与电力市场运营、参与需求侧响应等。虚拟电厂的聚合关系并不直接改变系统不同实体之间的硬件连接，而是通过先进的通信、计量、控制技术来协调不同资源之间的高效调配。虚拟电厂往往承担着商业和技术两方面的角色职能，作为商业单位它从最大化商业收益的角度出发制订发电计划、参与市场竞标，作为技术单位它为地区提供电力平衡和相关辅助服务。而柔性配电网技术是柔性输电技术的延伸，它基于电力电子器件的柔性开关技术对配电网进行改造，它与传统配电网最大的区别和优势就是柔性配电网可以实现柔性闭环运行，这使得它可以具有极高的可控性和灵活性，在广域网络中进行多支路、多方向的潮流调度，同时闭环运行也极大增加了配电系统的可靠性，提高了配电网设备的利用率。

国内外对虚拟电厂的研究由来已久。欧美国家对于虚拟电厂的研究开始于21世纪初，但欧洲和美国的虚拟电厂发展侧重有所不同。欧洲方面的虚拟电厂技术侧重于清洁能源的可靠并网和参与电力市场交易，如法国于2008年开展的PREMIO示范项目，用以验证虚拟电厂对分布式能源、储能、负荷的整合效果，再比如欧盟在2009年设立的FENIX项目，旨在通过虚拟电厂的技术整合，实现分布式可再生能源电力的低廉、安全和可靠。而美国感兴趣于将用户侧分布式能源聚合成虚拟电厂，目前美国能源部已为一个名为SOLACE（太阳能关键基础设施激励系统）的项目提供了500万美元的资助，该项目将房屋太阳能电池板连接在一起，并在Austin Energy公司的大型蓄电池中存储电能。在国内，对虚拟电厂的工程实践也在逐步推进。2019年12月，国内首个虚拟电——国网冀北泛在电力物联网虚拟电厂示范工程正式投入运行，将"源网荷储售服"等泛在可调资源聚合优化，通过配套的调控技术、通信技术实现与电网柔性互动。柔性配电技术在配电领域属于一项比较新的技术，一直以来只有国外的ABB和西门子两家公司有能力运用技术完成工程应用，但我国近年来在柔性直流配电技术上取得了极大突破，技术水平来到世界前列，2015年6月，国家电网宣称智能电网研究部门研制的电压源换流设备试验成功且运行良好，国网研究院成为全球第二家掌握柔性直流配电技术核心设备相关技术的机构，成功打破了国外企业ABB在串联型换流器技术上的独家垄断。2018年9月，贵州电网牵头的我国首个中压五端柔性直流配电示范工程也投入试运行。

未来虚拟电厂技术和柔性配电网技术将作为促进新能源灵活可靠并网的重要支撑，应该得到重点发展，对其中的关键技术进行突破。除虚拟电厂的协调控制、优化调度、市场机制外，泛在物联网新技术、"云计算"与"边缘计算"技术、区块链技术、大数据技术也将对虚拟电厂技术的发展起到极大的推动作用。柔性配电技术需要从器件制造、规划配置和控制策略上分别着手，提升该技术的工程实践能力。未来，虚拟电厂和柔性配电网技术拥有极为广阔的发展前景。

7.4.3.3 综合能源技术

随着清洁能源规模化、能源终端电气化、能源体系零碳化目标的推进，随着能源互联网概念的提出，以电能为中心的综合能源服务得到了极大的关注。所谓综合能源就是利用先进物理信息技术和创新管理模式，整合区域内电、热、水、风、光、氢、煤、油、天然气等多种能源，实现多种异质能源之间的协调优化、交互响应、互补互济。电能是人类使用最为广泛的二次能源，电力系统是当前规模最大、传输最为便捷的能源系统，未来电能将作为中心能源打破与其他能源的边界，进行深度耦合，是实现综合能源服务的重要载体之一。综合能源是一个十分复杂且综合的命题，它牵涉宏观层面的能源政策布局、系统的设计和规划、能源传输和转换过程的优化控制、需求侧的数字化管理等。

综合能源技术从实施理念上可以分为4个阶段：能源的梯级利用、能源的因地制宜、能源的多能互补、能源的互联互济。前三个阶段是当前正在着力实践的综合能源技术。能源的梯级互补是根据能源用户的需求特征，依据能量品位高低（所谓品位高低，即能量中有用成分占比的高低）将能源进行梯级利用，以提高能源利用效率，简言之就是在能量的使用形式上分配得当、各得其所。具体做法是在能源利用上实现能量的温度匹配和梯级利用，依据热力学第二定律，将高品位能源用于高端需求，将低品位能源用于低端需求。应用实例包括热电联产、冷热电联供、各种工业系统中的余热回收等。能源的因地制宜其原因是各个国家和地区的资源禀赋差异和能源需求特征差异，具体体现在各种能源尤其是可再生能源的分布式就近利用。如中国在风光资源丰富的西北地区大力发展风电光伏电站，在水资源丰富的西南地区开发水电，在低品位地热资源较好的华北平原开展地热直接利用，在高温地热资源丰富的滇藏地区开发地热发电等。能源的多能互补可以看作是前两种实施理念的结合，当本区域的资源难以满足本地用户的用能需求时，结合该区域内外的不同能源进行优势互补，从而满足能源需求。本质上是充分利用了不同能源在物理、化学性质上的差异和时间、空间层面的分布差异进行互补匹配，需要依靠各种能量转换、系统耦合的硬件技术和能量调度管理的软件技术。2016年7月，国家发改委联合国家能源局发布了《关于推进多能互补集成优化示范工程建设的实施意见》，提出了多能互补项目的两种主要模式——终端一体化集成供能和风光水火储多能互补，首批入选多能互补集成优化示范工程项目名单的23个项目中包含前者17个、后者6个。

　　能源的互联互济理念将在终极的能源互联网形态中得到体现。能源互联网将具有信息互联网的分布式架构特点，实现不同区域不同能源系统之间的相互连接，打破现有的资源禀赋和用能特征限制，实现全社会综合能源的共建、共用。

7.4.4　新型电力系统能量存储技术
7.4.4.1　电化学储能技术

　　储能作为一种能量转换技术，可以将难以直接存储且要求实时平衡的电能进行时间和空间上的转移，提供了能源高效、灵活利用的方式，将是未来新能源大规模并网的支撑技术。电化学储能是通过电化学反应将电能以蓄电池内电解质化学能的形式进行存储和释放，目前最为常用的蓄电池包括铅酸电池、铅炭电池、锂离子电池、钠硫电池、液流电池等。电化学储能具有效率高、响应快的优点，在电力储能中的重要性日渐凸显。

　　铅酸电池是蓄电池技术中最为成熟、应用最广的一种。铅酸电池在发电厂、变电站中充当备用电源由来已久，为维持电力系统安全稳定做出了重要贡献，如德国柏林BEWG.的8.5MW×1h铅酸电池储能系统作为电力系统热备用和频率调节资源。大多数铅酸电池储能系统容量在兆瓦时量级。铅酸电池的优势在于技术成熟、成本低廉，但是由于能量和功率密度低、充电时间长、循环寿命短、污染环境等问题，已经不是未来电化学储能技术的发展方向。

　　锂离子电池是另一种商业化较为成熟的蓄电池技术，它依靠锂离子在电池正负极之间的转移来完成充放电。锂离子电池在新能源并网、改善电能质量等方面已有不少应用案例，如日本宫城县仙台变电站40MW锂离子电池储能项目作为备用参与电网调频。锂离子电池单体电压高、能量密度高、安全性好、自放电弱，但在使用时应避免过充过放，且其高昂的造价在一定程度上阻碍了它的大规模应用。

　　铅炭电池是铅酸电池在负极材料中加入炭制成的，与铅酸电池相比主要优势体现在功率密度的显著提升。国外先进的铅炭电池供应商有美国东宾制造公司、Xtreme Power等，国内研制铅炭电池比较早的有南都电源。

钠硫电池是一种高温（300℃）蓄电池，钠和硫作为电极材料处于熔融液态，以掺有氧化铝的陶瓷材料作为固体电解质和点电极隔膜。日本NGK公司是最早将该技术产业化的机构，目前全球最大规模的钠硫电池储能项目可达百兆瓦量级。钠硫电池能量密度高、电流大、放电功率高、充放电效率高，但是材料易燃、安全问题较大、需要配套加热保温装置。

液流电池将化学能存储在不同价态的钒离子硫酸溶液中。液流电池也早已在商业化程度上迈步很远，在可再生能源并网、改善电能质量和备用电源等方面国内外都有不少应用。2013年11月"国电龙源沈阳卧牛石风电场储能项目"在辽宁并网运行，是全球最大的全钒液流电池储能电站示范项目。液流电池输出功率大、循环寿命长、响应速度快、安全性高，但是能量密度低、占地面积大。

除了上面提到的蓄电池技术外，还有镍铬、镍氢、锌溴、钠镍蓄电池等。随着蓄电池储能技术的不断进步和相关技术标准的不断完善，蓄电池将助推整个电力储能行业不断发展，并在其中占有极为重要的份额。

7.4.4.2 机械储能技术

机械储能是将电能以储能装置或物质机械能（势能或动能）的形式进行存储和释放的技术。机械储能技术主要包含抽水蓄能、压缩空气储能、飞轮储能三类。

抽水蓄能在电力负荷低谷时将水抽至上水库，将电能转化为水的重力势能，再在电力负荷高峰时放水，将势能转化为电能，从而起到调峰作用。在国内外，抽水蓄能电站均得到了广泛实践。日本现共有抽水蓄能电站45座，总装机容量25756MW，占其电力系统总装机容量的10.9%。国内截止到2021年6月底，抽水蓄能电站总装机容量达32.14GW。抽水蓄能技术较为成熟、效率高、容量大、储能周期不受限，但是建设周期长、投资耗费巨大，且抽水蓄能电站的选址受地理位置、生态环境等影响极大。抽水蓄能电站的变速机组技术、地下抽水蓄能电站等将是未来可能的发展方向。

压缩空气储能利用电能通过空气压缩机组将空气压缩进特定地质结构或人工装置内从而储能，在释放时将放出气体加热后推动汽轮机发电。早在1978年，全球首个投入商业运行的压缩空气储能电站——德国Huntorf压缩空气储能电站就正式投入商业运行。除此之外，美国亚拉巴马压缩空气储能电站（全球第二座商业化运行压缩空气储能电站）、日本北海道压缩空气储能示范项目、英国曼彻斯特液态空气储能项目等也都是压缩空气储能的示范项目。2021年9月，江苏金坛压缩空气储能国家试验示范项目并网实验成功，这是世界首个非补燃压缩空气储能电站。国内现有许多科研团队也正在进行压缩空气储能的研究，包括中科院工程热物理研究所储能团队、清华大学电机系梅生伟教授团队、清华大学电机系储能团队等。压缩空气储能技术具有机组寿命周期内新能不衰减的优势，在电力系统中具有广泛的应用前景，近年来在国内正处于蓬勃发展的时期。

飞轮储能的原理是利用电力电子装置驱动电机使飞轮加速旋转，从而将电能转化为飞轮的机械能进行存储，当需要释放时再通过电力电子装置控制使飞轮制动运行，驱动电机发电反馈电网。飞轮储能系统在不间断电源、微网支撑、新能源并网等方面有广泛的应用。美国宾夕法尼亚州黑索镇20MW飞轮调频电站于2014年建成并投入运营，采用了100kW的飞轮单机。欧洲首个飞轮-铅酸混合储能项目于2015年在爱尔兰罗德岛正式投运，项目使用了2套Beacon Power 160kW飞轮储能系统。国内飞轮储能技术起步晚于国外，但目前发展迅速。2019年4月，由二重（德阳）储能公司研制的国内首套100kW飞轮储能不间断供电系统建成并投入运行。飞轮储能功率密度高、循环寿命长、响应速度极快，但是其自放电率高，技术成熟度不够，现在尚缺乏较大容量的飞轮储能系统。未来兆瓦量级的飞轮储能系统研制工作将是一个重点方向。

7.4.4.3 综合能源存储技术

综合能源存储技术基于P2X（Power to X）技术，将电能转化为互补的综合能源形式进行存储和利用，是对传统意义上储能的拓展。其中包括P2H（电制氢）、P2G（电制天然气）、P2H（电转热）等。牵涉到的综合能源存储形式包含储氢、储气、储热、储冷等。

储氢、储气的技术理念基本相同，核心是利用电解水反应生成氢气，后续可以选择将氢气用于化工合成氨、甲烷或其他燃气，主要区别在于产物和最终用途的不同。最早发展起来的是P2G技术，将电解水制得的氢气与甲烷混合后进入天然气管道，或是直接进行甲烷化制备燃气。制得的燃气可以直接输往燃气用户，也可以存储在储气系统中，在有需求时通过燃料电池或燃气轮机发电。目前电制氢和电制气技术越来越受到重视，被认为是未来可再生能源电力消纳的重要途径。2019年11月，德国天然气行业组织DVGW称，德国将建立5GW的"电制气"项目，利用可再生能源电解水制氢以及生物质制沼气等"绿色"燃料，为居民、工厂以及交通等领域提供"清洁能源"，根据计划，到2050年德国"电制气"产业规模预计将达到40GW。2020年2月，荷兰石油巨头壳牌公司宣布启动欧洲最大的海上风电制氢项目NortH$_2$，计划到2030年在北海建成3～4GW的海上风力发电能力，完全用于制造绿色氢气。国内首个风电制氢项目——沽源风电制氢综合利用示范项目于2015年投入建设，于2020年完成全部设备的安装。未来电制气不仅将作为可再生能源电力消纳的重要手段，还将参与到电力系统的更多支撑性应用当中，具有极为广阔的前景。

广义上的储热技术不仅指存储并利用高于环境温度的热能，还包含存储并利用低于环境温度的热能，即通常意义上的储冷。储热技术中热量通常以显热和潜热两种形式进行存储。显热是依靠储热介质温度升高来存储热量，而潜热是利用储热介质发生相变（如从固态溶解成为液态）时的吸热性质来存储热量，热量释放后介质回到初始状态，相变的反复循环形成了存储、释放能量的过程。储热技术在综合能源系统中有极大的应用潜力，对其相关商业模式和工程实践的探索正在快速发展。国际上，包括西门子公司、EnergyNest公司、美国国家能源实验室（NREL）等产学机构都在致力于将这种技术引入主流。NREL目前启动了一个旨在提高热储能效率的项目，致力于开发一种使用电力为高性能热交换器提供能量的系统，该系统首先采用电力将储热固体颗粒加热到1100℃以上，这些颗粒可以在绝缘筒仓中存储热量长达几天的时间。Echogen公司于2018年开发了一种热储能系统，使用二氧化碳热泵循环通过加热储热层将电能转化为热能，然后根据需要将热能转换回电能。除此之外，还有利用熔融铝、熔融硅储热等技术路线。目前国内储热技术产业发展尚慢一步，但是潜能极大。国家发改委等五部门联合印发的《关于促进储能技术与产业发展的指导意见》中指出要集中攻关一批具有关键核心意义的储能技术和材料，重点包括相变储热材料与高温储热技术等；要支持在可再生能源消纳问题突出的地区开展可再生能源储电、储热、制氢等多种形式能源存储与输出利用。

7.5 碳中和目标下的零碳电力系统

7.5.1 氢能制-储-输-用全产业链促进电力系统零碳化

氢能作为一种清洁高效的二次能源具有广阔的应用前景，甚至被称作人类的"终极能源"。在面向碳中和目标下的新型电力系统研究中，氢也越来越受到重视。事实上，从电力系统的角度出发，氢并不仅仅是一种可供选择的储能形式，更是可以与电力深度耦合的另一终端能源，这一潜力亟须深入挖掘。氢能的制-储-输-用所构成的全产业链对于未来促进电力系统零碳化，并辐射其他工业领域，构建零碳经济体系具有极为重要的现实意义（图7-29）。

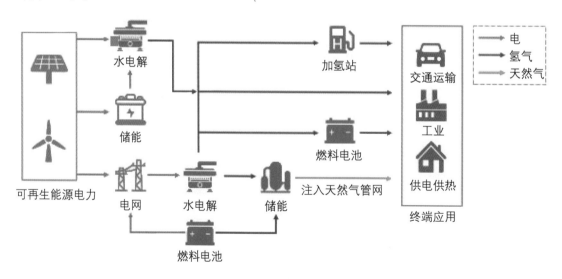

图7-29 氢能系统框架图

在碳中和愿景下，氢的制取将主要通过电解实现。不同于现在主要以煤、天然气等资源制取的"灰氢"，通过电解所制取的氢气被称为"绿氢"。这是因为一方面通过电解水制取氢气的生产过程本身不会产生碳排放，另一方面电解水装置使用的电力将主要或全部来自可再生能源发电，因此电解制氢是绿色低碳的。电制氢为风、光等可再生能源提供了好便捷的消纳途径，可以有效解决可再生能源弃电的问题。国家发改委和国家能源局联合发布的《能源生产和消费革命战略（2016—2030）》中要求到2030年中国非化石能源发电量要达到总发电量的50%以上，届时电制氢的发展将初具规模，在新能源电力消纳中起到极为重要的作用。电制氢的主要技术路线包括碱性电解池（AEC）、质子交换膜电解池（PEMEC）和固体氧化物电解池（SOEC）等。

相比电能的各种存储形式，无论是飞轮、抽水蓄能等机械储能，还是超级电容、超导储电等电磁储能，以及各类电化学电池，氢的存储具有得天独厚的优势，即大规模长时间存储。相较于电化学储能和电磁储能，氢的规模化存储更易实现，也不像抽水蓄能一样受到地理、生态等因素的限制；氢存储也不存在电池以及超级电容的自放电现象，可以达成跨月、跨季度的长时间存储，这不仅为氢能的商品化提供了坚实的基础，更可以为电力系统提供宝贵的时间灵活性资源，用以平抑新能源发电在不同季节的出力变化。氢存储技术可以分为物理存储和化学存储两类。物理存储主要通过加压或降温的方式将氢气存储在储罐、管段或地下，主要目的是增大储氢密度，减小存储体积。化学存储将氢转化为氨或者有机化合物以液态形式存储，其优势在于方便进行管道运输；或者将氢与金属结合生成金属-氢络合物进行固态存储，其优势在于体积较小，但氢气存储的质量分数较低。在氢气的大规模存储方面，利用地质结构进行地下存储的方式是极具优势的，常见的可利用结构包括枯竭油气藏、地下含水层、盐穴等。

氢的运输可以用依托交通运载、运输管道的方式进行，可以实现能量在空间内的灵活传输，为能源系统提供了空间灵活性。对于电力系统来说，氢的运输可以缓解电网的输电阻塞，延缓输送线路的扩容投资，也将极大地改善可再生能源弃电的问题。氢运输方式主要有压缩气体卡车运输、低温液态卡车运输、管道运输三种方式。管道运输在容量、效率和距离方面具有绝对的优势，但是建设成本高，适合长期发展。压缩气体卡车运输容量较小、距离较短，但是灵活性高、成本较低，适合短期内发展。低温液态卡车运输容量和效率介于两者之间，若采用轮船运输，可以实现较大容量和远距离的运输，适合中期发展。

氢能是极具潜力的终端能源，具有极为广阔的应用场景。氢首先可以通过燃料电池、氢燃气轮机等技术进行电力生产，满足电力调峰、热能供应、分布式供电等需求。其中燃料电池技术主要包含碱性燃料电池（AFC）、质子交换膜燃料电池（PEMFC）和固体氧化物燃料电池（SOFC）。氢还可以作为清洁燃料，担当交通运载工具的动力来源，实现交通领域的零碳化。特别地，相较于锂电池技术，基于氢燃料的重型交通运载工具（如重卡）在效率、重量、能量密度、工作环境、加气速率等方面具有明显的优势，因而是氢能开拓交通应用领域的先行。氢在工业生产中也具有极大的需求，它不仅可以作为原料被广泛用于氨、化肥、甲醇、合成汽油等化工产品的生产，还可以作为还原气参与冶金、炼油。随着可再生能源占比的提高和碳排放交易市场的完善，氢有望取代传统的化石能源，在相关工业领域实现真正的低碳乃至零碳化生产。

7.5.2 可再生能源制氢呈现高速发展趋势

可再生能源制氢不仅是未来氢生产发展的必然趋势，也是建设高比例新能源电力系统的要求。通过电制氢消纳富余的可再生能源电力，既有助于零碳电力系统的建立，也可以带动和辐射难以脱碳的产业进行低碳生产。目前国内外都对可再生能源制氢倾注了极大的关注，在资金、技术、政策等方面推出了众多举措，可再生能源制氢已呈现高速发展的趋势。

欧洲是全球最早大规模发展可再生能源发电的地区，也最早开展可再生能源制氢方面的探索。2017年欧盟28国风、光发电量占到总发电量的27%，预计到2030年和2050年这一比例将达到52%和62%，同时弃风弃光量预计将达1200亿千瓦时和2000亿千瓦时。政策层面，欧盟最早在2011年制定了"2050能源技术路线图"，以脱碳为核心目标将氢能纳入了能源系统的重要组成部分。法国在2019年制定了《氢能计划》，在工业上进行无碳化改革，实现可再生综合能源制氢与氢-电转换。欧洲燃料电池和氢能联合组织于2019年发布《欧洲氢能路线图》，提出了面向中期（2010—2020年）和长期（2020—2050年）的氢能发展路线图。依托政策的持续出台和施行，欧洲范围内可再生能源制氢的工程项目也在加快落地。2013年，世界上第一座以氢能源作为电力存储中介的混合能源电站于德国勃兰登堡建成，该电站将电解获得的氢气进行燃烧以驱动发电机，产生的电能则可以用于继续电解制氢。2015年，德国美因茨风电制氢示范项目建成，现已投入商业化运营。2021年，壳牌公司在德国莱茵启动了一个总装机量为10MW的绿氢电解槽项目，也是目前欧洲规模最大的绿氢项目。英国、法国等也正在加快布局可再生能源制氢。

日本是在氢能技术发展、氢能产业化布局和氢能社会建构上走在全球前列的国家。在政策方面，2013年日本政府发布的《日本再复兴战略》中将氢能发展确定为国策。在第4次《能源基本计划》中，日本政府将氢能定位为与电力、热能并列的核心二次能源，提出了建设"氢能社会"的愿景。在可再生能源制氢工程项目上，日本也走在世界前列，2020年4月由日本新能源产业技术综合开发机构（NEDO）牵头，东芝能源系统与解决方案公司、东北电力株式会社和岩谷产业株式会社共同参与的全球最大规模（10MW）可再生能源电解水制氢示范厂FH2R在福岛顺利竣工，该示范厂由20MW光伏电站和10MW级别电解水制氢系统组成。

国内可再生能源制氢起步晚但发展极快。2020年国家能源局印发《2020年能源工作指导意见》，提出推动氢能技术进步与产业发展、制定实施氢能产业发展规划。2021年4月《中国氢能源及燃料电池产业白皮书2020》在北京发布，其中预测中国可再生能源制氢有望在2030年实现平价，以及到2060年可再生能源制氢规模可达1亿吨。国内对于氢能技术和产业发展的高度重视和响应政策的出台施行保障了可再生能源制氢产业的良好发展态势。2016年，大连"十二五"863项目建成了我国首个风光互补发电制氢站。我国目前最大的风电制氢项目——河北沽源风电制氢项目于2020年完成设备安装，项目进入收尾阶段，投入运行后，每年产氢量可达1752万立方米。

7.5.3 氢转X具有广阔的应用前景

氢转X是将电制氢技术生产的绿氢用于电力生产、交通运输、化工生产、金属冶炼等工业领域，是发挥氢能清洁低碳的辐射作用，带动其他工业和经济部门完成脱碳，构建绿色氢能经济带和产业链的核心技术。通过将氢能转化为电力、燃料、化工产品、冶金还原气等，将绿色氢能全方位渗透进基础工业部门，是面向"2060碳中和"愿景的重要发力方向。

氢转电基于燃料电池和燃气发电技术，进行分布式电能生产和供给，对于构建综合能源系统和能源互联网具有重要意义。燃料电池由于其效率高、体积小、噪声低、排放少的优势，极适用于靠近用户侧的千瓦至兆瓦量级的分布式发电系统，如微型分布式热电联供系统、大型分布式电站和热电联产系统。其中最具开发前景的无疑是基于燃料电池的分布式热电联供（产）系统，它直接针对终端能源用户，可以同时满足多种用能需求，最大限度地减少了运输损耗，有效利用余热，最大限度地提高了系统能效。2020年全球固定式燃料电池出货量达5.3万台，占燃料电池总出货量的64%。从出货量来看，微型家用热电联产系统占主要份额，而大型分布式电站在发电容量上贡献不容忽视。日本在微型家用热电联产系统发展上处于世界领先水平，其家用燃料电池Ene-Farm项目是世界上最大的微型燃料电池分布式电站示范项目，目前系统综合效率超过95%。美国在大型固定式燃料电池发电站上的发展最为迅猛，BloomEnergy公司为用户提供200kW～1MW级的分布式供电方案，系统初始发电效率高达53%～65%，截至2020年上半年，该公司在全球部署运行了近500MW的发电系统，且在过去10年中发电量超过160亿千瓦时。

氢由于极强的还原性，可以在钢铁冶金工业中充当还原气的角色。钢铁行业是资金、技术、能源密集型产业，同时也是碳排放的集中来源之一。全球范围内平均每生产1t钢铁会排放1.8t的二氧化碳。随着减碳形势日益严峻，碳市场日益完善，氢冶金将是钢铁行业进行低碳革命和高质量转型的重要突破口，在未来具有极为广阔的发展前景。现有的氢冶金技术主要有富氢还原高炉和气基直接还原竖炉两条技术路线。前者受限于传统高炉结构，碳仍是还原气的主要成分，减碳潜力有限，后者以氢气作为还原气主要成分，具有更强的减碳潜力。由此可见，氢冶金技术的研发和对氢气的需求在未来都将迅速增长。2019年德国杜伊斯堡蒂森克虏伯钢厂正式启动"以氢代煤"作为还原剂的实验项目。韩国政府从2017年至2023年将共计投入1500亿韩元（合约9.15亿人民币）发展氢冶金技术。国内相关技术发展紧随其后。宝武钢铁集团是国内第一家掌握大型高炉复合喷吹富氢还原低碳冶炼技术的钢铁企业。2020年5月，中国钢研科技集团与京华日钢控股集团共同签署协议，启动了具有中国自主知识产权的首套年产50万吨氢冶金及高端钢材制造项目。2021年5月，河钢集团启动建设全球首例120万吨规模的氢冶金示范工程，可替代传统高炉碳冶金工艺，预计年可减碳幅度达60%。

氢还可以作为化工产业的重要工业原料，在合成氨化工、石油化工、煤化工领域具有极高的应用价值和丰富的应用场景。合成氨是化工领域中氢的主要消耗去向，我国工业用氢的50%～60%被用于合成氨工业。在石油化工领域，来自氢的成本仅次于原油，石油的精制、裂化、渣油炼化、润滑油加氢等生产环节均需要大量用到氢气。在煤化工领域，焦油和芳香化合物的加氢也是生产中的重要环节。正是由于氢转X在化工领域的极大发展潜力和潜在需求，目前能源、制造、化工企业都在加速布局氢能产业。德国于2021年8月发布的《德国氢行动计划2021—2025》中为有效实施国家氢战略提出了包括绿氢获取在内的80项措施，德国的所有钢铁、化工行业巨头，如巴斯夫、蒂森克虏伯均申报了氢项目。在丹麦，化工巨头壳牌公司与氢基础设施开发商Everfuel就氢工厂的建设达成了战略合作，未来目标是安装总容量高达1GW的电解制氢装置。国内化工行业目前也在加紧氢能产业的发展布局。中国中化在2017年选定氢能作为四大重点推进领域之一，开始进行技术与项目积累。中国石化在2021年4月宣布了公司碳达峰、碳中和目标及成为"中国第一大氢能公司"的实施路线图。

7.5.4 燃料电池领域核心技术逐步突破

目前全球最为主流的燃料电池包含质子交换膜燃料电池（PEMFC）、磷酸燃料电池（PAFC）、固体氧化物燃料电池（SOFC）、熔融碳酸盐燃料电池（MCFC）、碱性燃料电池（AFC）。从2019年全球氢燃料电池行业细分产品出货量数据来看，位列前三的分别是PEMFC、PAFC和SOFC。其中PAFC的技术相对较为成熟，商业化发展较快，而PEMFC和SOFC将是下一代燃料电池技术发展的趋势。虽然全球范围内，燃料电池出货量已突破1GW，7万套，而且其中以PEMFC为主，AFC所占份额很小，但是国内燃料电池市场规模尚小，年出货量才达到百兆瓦和千套量级，目前燃料电池应用最多的仍是AFC。所以国内燃料电池技术发展，既要紧跟PEMFC、SOFC等前沿技术发展潮流，也要在既有的较成熟的燃料电池技术基础上进行进一步的改进和研发。事实上，近年来国内在燃料电池核心技术上正在逐步取得突破，发展态势良好。

燃料电池核心技术突破无非三个层面，即"三电"——电池、电堆和电控。电池层面体现在电极材料及工艺、膜材料及工艺。电堆层面体现在电堆结构改进和电堆流动性改进。电控层面则体现在对燃料电池系统温度、流量、压力、供电的运行控制优化，以提高运行效率，优化效应效果。对于AFC技术而言，国产技术较为成熟，电堆成本较低。但是AFC的缺点极为明显：一是能效相对较低，其系统效率大致可达60%～70%左右；二是由于其膜结构不致密，含有5μm以上的孔隙结构，一定条件下容易发生氢氧交叉渗透，存在二者混合导致爆炸的风险。为调高效率，解决氢氧混合问题，高温膜和阴离子膜将是具有革命性意义的技术。高温膜可以使AFC工作在更高温度的碱液下，从而改善电池动力学性能，提高系统效率。而阴离子膜是一种只允许负离子通过的致密膜，可有效避免氢氧渗透。PEMFC的主要技术优势和高昂的成本都来自其催化剂和膜电极。一方面由于PEMFC中电解质一般为酸性环境，催化剂和电极材料往往需要采用贵金属；另一方面PEMFC的膜电极有着导质子、阻电子的严苛要求，其材料和制造工艺水平要求很高，成本居高不下，加之膜材料性能衰减和降解问题影响了使用寿命，进一步损害了其经济性。除此之外，PEMFC的两相排气问题、热管理问题也是研究中正在逐步攻克的难点。SOFC具有所有燃料电池中最高的理论运行效率，且是唯一可以进行可逆运行的燃料电池，其优势决定了该技术在未来的极大前景。但是SOFC碍于高温（650～1000℃）工作环境，其材料性能衰减问题较为突出，近年来的研究中也正在逐步突破。

未来氢燃料电池将在移动式交通应用和固定式发电应用中实现其巨大价值，随着核心技术的逐年突破，燃料电池将成为氢能经济链中极为重要的一环。

参考文献

[1] 游亚戈，李伟，刘伟民，等. 海洋能发电技术的发展现状与前景［J］. 电力系统自动化，2010，34（14）：1-12.

[2] 戴理韬，高剑，黄守道，等. 变速恒频水力发电技术及其发展［J］. 电力系统自动化，2020，44（24）：169-177.

[3] 李辉，杨顺昌. 可调速双馈水轮发电机组控制系统的稳定性分析［J］. 中国电机工程学报，2004（6）：156-160.

[4] Guo B, Mohamed A, Bacha S, et al. Variable speed micro-hydro power plant: Modelling, losses analysis, and experiment validation//2018 IEEE International Conference on Industrial Technology (ICIT) [J]. IEEE, 2018: 1079-1084.

[5] 李辉. 双馈水轮发电机系统建模与仿真及其智能控制策略的研究［D］. 重庆：重庆大学，2004.

[6] 黄守道. 无刷双馈电机的控制方法研究［D］. 长沙：湖南大学，2005.

[7] Zhou Z, Knapp W, MacEnri J, et al. Permanent magnet generator control and electrical system configuration for Wave Dragon MW wave energy take-off system//2008 IEEE International Symposium on Industrial Electronics [J]. IEEE, 2008: 1580-1585.

[8] Karim A H M Z, Rahman M D M, Karmoker S. Electricity generation by using amplitude of Ocean wave//2015 3rd International Conference on Green Energy and Technology (ICGET) [J]. IEEE, 2015: 1-7.

[9] 王世明，杨倩雯. 波浪能发电装置综述［J］. 科技视界，2015（28）：9-10.

[10] 陈雅. 浮子式波浪发电系统的模型预测控制［D］. 天津：天津大学，2016.

[11] 张丽珍，羊晓晟，王世明，等. 海洋波浪能发电装置的研究现状与发展前景［J］. 湖北农业科学，2011，50（1）：161-164.

[12] 方红伟. 波浪发电系统设计与控制［M］. 北京：科学出版社，2020.

[13] 李伟，刘宏伟，林勇刚. 海流能发电技术与装备［M］. 北京：科学出版社，2020.

[14] 李书恒，郭伟，朱大奎. 潮汐发电技术的现状与前景［J］. 海洋科学，2006，30（12）：82-86.

[15] 张雅洁，赵强，褚温家. 海洋能发电技术发展现状及发展路线图［J］. 中国电力，2018，592（3）：98-103.

[16] 古云蛟. 海洋能发电技术的比较与分析［J］. 装备机械，2015，000（4）：69-74.

[17] 龚钟明. 从世界能源发展趋势探索未来中国能源战略（上）［J］. 能源政策研究，2005.

[18] 王国仁. 我国水利发电技术应用对生态环境影响探析［D］. 沈阳：东北大学，2008.

[19] 左东启. 水力发电与环境生态［J］. 水利水电科技进展，2005（2）：1-7.

[20] 张凯. 浅谈美国西部的水利建设及意义［J］. 陇东学院学报，2008（1）：106-109.

[21] 汤鑫华. 论水力发电对生态环境的影响［J］. 水电与新能源，2010（5）：67-73.

[22] 莫政宇. 能源动力工程概论［M］. 成都：四川大学出版社，2015.

[23] 袁竹书. 轻水堆核电站简介［J］. 物理教学，2011.

[24] 陈伯清. 重水堆核电站技术简介［J］. 福建能源开发与节约，1996.

[25] Tang C, Tang Y, Zhu J. Research and development of fuel element for chinese 10 MW high temperature gas-cooled reactor [J]. Journal of Nuclear Science & Technology, 2000, 37 (9): 802-806.

[26] 王洲. 我国重点发展的先进堆型——快中子增殖堆［J］. 科技导报，1992，10（9209）：47-48.

[27] 王恒德. 切尔诺贝利核事故及其后果［J］. 辐射防护通讯，2000，020（5）：38-41.

[28] 张茂龙. 第三代核电核岛主设备关键制造技术及发展［J］. 南方能源建设，2015，002（4）：16-17.

[29] 臧明昌. 第三代核电和西屋公司 AP1000 评述［J］. 核科学与工程，2005，25（2）：106-115.

[30] 蒋林立. 积极发展我国第四代核能技术［J］. 中国核工业，2009（9）：38-41.

[31] Aldrich MJ, Laughlin AW, Gambill DT. Geothermal resource base of the world: A revision of the electrical power research institute's estimate [J]. Los Alamos Scientific Laboratory Report LA-8801-MS, University of California, Los Alamos, New Mexico, April, 1981.

[32] National Renewable Energy Laboratory, 2008 geothermal technologies market report, http: //www1.eere. energy.gov/geothermal/pdfs/2008_market_report. pdf.

[33] Li K, Bian H, Liu C, et al. Comparison of geothermal with solar and wind power generation systems [J]. Renewable & Sustainable Energy Reviews, 2015, 42: 1464-1474.

[34] 赵宏，伍浩松. 世界地热发电产业概况［J］. 国外核新闻，2017（12）：18-22.

[35] 孙云莲，杨成月，胡雯，等. 新能源及分布式发电技术［J］. 2 版. 北京：中国电力出版社，2015.

[36] 1913-2013—The First Century of Italian Experience in Electricity Generation from Geothermal Resources. CAPPETTI G [J]. 中国高温地热勘查开发，2013.

[37] 郑克棪，潘小平. 拉德瑞罗地热电站可持续开发经验——记拉德瑞罗地热发电 100 周年［J］. 中外能源，2014，19（2）：25-29.

[38] BP Statistical Review World Energy, June 2014.

[39] 胡达，刘凤钢，黄云，等. 国内外地热发电的新技术及其经济效应［J］. 中国能源，2014，36（10）：30-34，43.

[40] 李克勋，宗明珠，魏高升. 地热能及与其他新能源联合发电综述［J］. 发电技术，2020，41（1）：79-87.

[41] 胡斌，王愚. 浅谈地热发电技术［J］. 东方电气评论，2019，33（3）：84-88.

[42] Meyers R. Encyclopedia of sustainability science and technology [D]. New York：Springer, 2012.

[43] Bertani R. Geothermal power generation in the world2010–2014 update report [J]. Geothermics, 2016，60 (1): 31-43.

[44] 汪集暘，龚宇烈，陆振能，等. 从欧洲地热发展看我国地热开发利用问题［J］. 新能源进展，2013，1（1）：1-6.

[45] Liu Q, Shen A, Duan Y. Parametric optimization and performance analyses of geothermal organic Rankine cycles using R600a/R601a mixtures as working fluids [J]. Applied Energy, 2015, 148: 410-420.

[46] 刘广林，吕鹏飞. 简述地热发电利用形式 [J]. 科技创新导报，2013（28）：68.

[47] 吕太，高学伟，李楠. 地热发电技术及存在的技术难题 [J]. 沈阳工程学院学报（自然科学版），2009，5（1）：5-8.

[48] 周大吉. 地热发电简述 [J]. 电力勘测设计，2003（3）：1-6.

[49] 彭第，孙友宏，潘殿琦. 地热发电技术及其应用前景 [J]. 可再生能源，2008，26（6）：106-110.

[50] 张二勇，王璠，王贵玲. 干热岩：前景可期的新能源 [J]. 紫光阁，2018（3）：87.

[51] 高学伟，李楠，康慧. 地热发电技术的发展现状 [J]. 电力勘测设计，2008（3）：59-62.

[52] 高峰. 未来新能源：岩浆发电 [J]. 环境保护与循环经济，2013，33（8）：30-31.

[53] 刘茂宇. 地热发电技术及其应用前景 [J]. 中国高新区，2018（3）：20.

[54] 王卫民. 河北省地热资源梯级利用研究 [J]. 中国资源综合利用，2020，38（10）：57-59.

[55] 罗佐县，刘芮，宫昊，等. 中国地热产业发展空间分析 [J]. 国际石油经济，2021，29（4）：40-47.

[56] 庞忠和，汪集暘. 地热能迎空前发展机遇 [J]. 中国科学报，2021（3）.

[57] 彭第，孙友宏，潘殿琦. 地热发电技术及其应用前景 [J]. 可再生能源，2008，26（6）：106-110.

[58] 赵宏，伍浩松. 世界地热发电产业概况 [J]. 国外核新闻，2017（12）：18-22.

[59] 马洪儒，苏宜虎. 生物质直接燃烧技术研究探讨 [J]. 农机化研究，2007（8）：161-164.

[60] 刘豪，邱建荣，董学文，等. 生物质和煤混合燃烧实验 [J]. 燃烧科学与技术，2002，008（4）：319-322.

[61] 金山. 生物质直接燃烧发电技术的探索 [J]. 电力科技与环保，2015，01（1）：50.

[62] 王建楠，胡志超，彭宝良，等. 我国生物质气化技术概况与发展 [J]. 农机化研究，2010.

[63] 吴创之，刘华财，阴秀丽. 生物质气化技术发展分析 [J]. 燃料化学学报，2013（7）：798-804.

[64] 景元琢，董玉平，盖超，等. 生物质固化成型技术研究进展与展望 [J]. 中国工程科学，2011，13（2）：72-77.

[65] 刘延春，张英楠，刘明，等. 生物质固化成型技术研究进展 [J]. 世界林业研究，2008（4）：41-47.

[66] 刘荣厚. 生物质热化学转换技术 [M]. 北京：化学工业出版社，2005.

[67] 何方，王华，金会心. 生物质液化制取液体燃料和化学品 [J]. 能源工程，1999（5）：14-17.

[68] 常杰. 生物质液化技术的研究进展 [J]. 现代化工，2003（9）：13-16.

[69] 袁惊柱，朱彤. 生物质能利用技术与政策研究综述 [J]. 中国能源，2018，40（6）：16-20，9.

[70] 罗梦悦. 我国生物质能政策演变及政策绩效研究 [J]. 河南科技，2014（21）：204-206.

第 8 章 开启化石资源低碳利用的新时代

8.1 化石资源利用目标的转变

8.1.1 化石资源利用策略

化石资源化利用是低碳时代的必然选择。一方面，应着力优化能源结构，减少化石能源的使用，大幅提升非化石能源的占比，发展可再生能源；另一方面，应注重增强化石的"材料"属性，将化石作为资源投入精细化产品的生产链。

值得一提的是，化石资源化利用的发展需与二氧化碳资源化利用（即CCUS技术）的发展相结合，共筑工业界良性碳循环，其技术细节详见下文。

8.1.2 化石资源利用科技创新

（1）煤炭

我国富煤缺油缺气，故煤炭资源化利用关系着我国国计民生。现阶段我国煤炭资源化利用主要通过煤化工实现，根据不同工艺可分为煤气化、煤焦化、低温干馏、煤加氢直接液化等。煤制化学品主要包含煤制油、煤制烯烃、煤制芳烃、煤制乙二醇和甲醇等，近年来甲醇工业快速发展，由煤制合成气经由甲醇生产丙烯、芳烃及下游精细化学品的产业链蓬勃发展，成为工业主流。

尽管煤化工能将煤炭转化为化学品，曾被视作煤炭资源化利用的优良途径，但在近年的尝试中，成本高、效率低、排放大等问题陆续浮现，2020年第3季度煤化工碳排放占工业排放的13%，且亏损企业数量与亏损规模日益增长，从长远看，煤化工终将被更优的资源化利用方式取代。我国石油对外依存度的改变，绝非靠煤化工，而是大力发展可再生能源。

未来煤炭资源化利用的推动应依靠分质利用。将煤充分裂解得到半焦与碳氢化合物，随后，少部分用于蒸汽-燃气联合循环发电以供电网调峰，大部分进入后续生产链。其中，半焦作为优质还原剂，参与二氧化碳（CO_2）的资源化利用，将CO_2还原为CO进入后续乙醇等化学品的生产过程中；碳氢化合物进一步裂解生产大量氢气（H_2）。按现阶段我国燃煤消耗量计算，通过该方法每年可生产至少1.5亿吨H_2，代替当前我国0.2亿吨/年的煤制氢，由于生产1t煤制氢伴随11t CO_2，则该方法相当于减少29亿吨的碳排放。同时，大量的H_2可推动合成氨、氢燃料电池、氢能炼钢及CO_2资源化利用等产业的发展。煤分质利用示意图见图8-1。

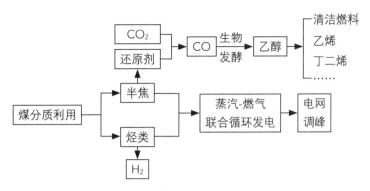

图8-1 煤分质利用示意图

（2）石油

原油传统加工路线如图8-2所示，原油中约有20%通过热解及催化裂解等手段经由烯烃、芳烃被用于有机化学品的生产，目前存在的问题包括反应条件苛刻、原油向化学品的转化率低等。

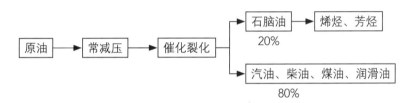

图8-2 原油传统加工路线示意图

石油资源化利用需大力推动催化裂解技术的突破，实现原油材料加工路线（图8-3）。近年来新兴技术不断涌现，例如中石化公司利用DCC-plus催化裂解技术使得汽油、柴油收率由原设计的45%降低至39%；清华大学魏飞教授团队通过提高反应温度至600℃，同时提高催化剂/原油比例大于15，控制催化剂与原油接触时间小于1s，使所得产品中烯烃、芳烃等化学品收率接近70%～80%，而汽油、柴油产率极低。通过改良催化剂、改善反应器等方式，提高乙烯、丙烯、芳烃等化学品单程收率，将打通石油与下游精细化学品的连接，使石油大规模资源化利用成为可能。

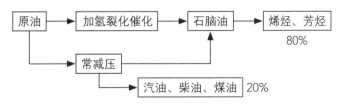

图8-3 原油材料加工路线示意图

（3）天然气

天然气作为一种丰富、相对清洁的化石资源，其资源化利用至关重要。目前由于价格原因，天然气很大部分被用作炊事燃气，热利用率低。天然气资源化利用需改变其根本用途，从民用转向工业应用，民用炊事应从用气转向用电。

现阶段天然气资源化利用方式主要包括天然气制氢、天然气化工合成低碳烯烃等。天然气富氢，且制氢伴生的CO_2排放较少（天然气制氢5.5t CO_2/t H_2，煤制氢11t CO_2/t H_2）。此外，天然气常用于催化合成低碳烯烃，如利用锌-铬催化剂，在405～410℃、4.2～4.4MPa的条件下，生成13.7%的乙烯、39.5%的丙烯与24.7%的丁烯。

未来天然气的资源化利用应充分挖掘其还原剂潜能，如作为还原剂参与CO_2资源化利用，生产下游化学品；更有研究已实现在极短接触时间的条件下，利用天然气与O_2直接合成乙炔，且副产物CO和H_2均有很高利用价值。

$$CH_4 + CO_2 \longrightarrow 化学品$$

$$4CH_4 + O_2 \longrightarrow C_2H_2 + 2CO + 7H_2$$

同时还应充分发挥天然气富氢潜能，以新兴技术高效率生产绿色H_2。为提升能源利用效率，以天然气和煤分质利用生产的大量H_2应更多地用于材料生产、输入电池等，而非用作燃料。此外，利用核电站余热制氢也是未来大有潜能的发展方向。

8.2 石油资源低碳利用

8.2.1 从石油到化工品

随着世界经济的发展尤其是亚太地区消费升级的带动，化工品需求预期会保持强劲的增长（图8-4）。相对而言，液体燃料需求的增长则持续放缓，一方面受来自交通电动化持续发展的压力，另一方面在双碳目标下也承受巨大的环保与碳排放压力。因此，基于我国重质原料油为主的能源结构，立足我国在流化催化裂化领域的技术优势，开发重质油或原油制化工品（heavy oil to chemicals，HOTC）是我国未来炼油产业的重要发展方向，是化石能源低碳利用的关键，可为下游高端新材料、专用化工品和精细化工产业提供更加优质的原料保障，进一步拓展炼化行业发展空间，带动行业的提质增效和转型升级。

截止到2013年底，我国催化裂化加工原油能力的比例高达42.0%，催化裂化汽油占汽油总量的70%，催化裂化柴油约占柴油总量的30%，并且提供了约40%的丙烯，这均凸显了我国催化裂化/裂解技术在炼油工业中的重要地位。然而，按照我国每年成品油消费量3.15亿吨、65%的成品油收率和80%的开工率计算，合理配置炼油能力应为6.1亿吨/年，我国现有炼油能力达7.48亿吨/年，过剩大约为1.38亿吨/年。随着我国电动汽车的快速发展以及LNG液化天然气用于柴油车，车用燃料的增长放缓甚至下降（如图8-5所示）。与此相对应，我国是全球最大的化学品生产与需求国，虽然乙烯、丙烯等三烯产量全球前列，但仍要大量进口烯烃及其衍生产品；三苯（苯、甲苯、二甲苯）作为化工基础原料在我国的进口量更大，以对二甲苯为例，近年来其年进口量均在1000万吨以上，是我国单一化学品进口外汇消费最多的产品。然而，我国目前的炼油工艺仅可将大约20%的油生产为高附加值的化学品。因此，利用有限的石油资源生产高附加值的化学品，既能够有效降低全周期碳排放，又能够提供高附加值的化工品，是未来炼油产业的重要方向。

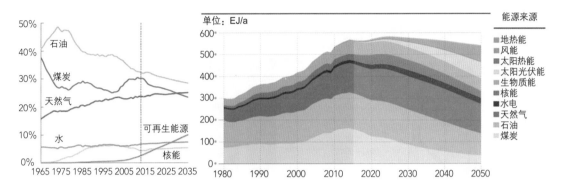

图8-4　世界能源消费结构趋势图

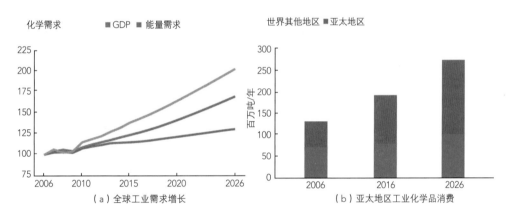

（a）全球工业需求增长　　　　　（b）亚太地区工业化学品消费

图8-5　世界化学品消费量、GDP与能源消费量增长关系（a）及亚太地区工业化学品消费量示意图（b）

8.2.2 传统石油的催化裂化技术

催化裂化（FCC）是最重要的生产汽柴油的工序，也是石油炼化企业最重要的生产环节，此外，FCC过程还是主要的丙烯来源并提供其他丰富的化工原料。催化裂化是迄今为止全球最大也是最具有经济效益的催化过程，每天FCC催化剂的产量就高达2300t。

催化裂化过程的核心是反应-再生系统（图8-6）：新鲜原料油经换热后与回炼油混合，经加热炉加热至200～400℃后至提升管反应器下部的喷嘴，原料油由蒸汽雾化并喷入提升管内，在其中与来自再生器的高温70μm催化剂（600～700℃）接触，汽化并进行反应。油气在提升管内的停留时间一般只有几秒钟，反应产物经旋风分离器分离出夹带的催化剂后离开反应器去分馏塔。积有焦炭的催化剂（即待生催化剂）由沉降器落入下面的汽提段，汽提段内装有挡板并在底部通入过热水蒸气。待生催化剂上吸附的油气和颗粒间油气被水蒸气置换出而返回上部。经汽提后的待生剂通过待生斜管进入再生器。再生器的主要作用是烧去催化剂上因反应而生成的积炭，使催化剂的活性得以恢复。再生用空气由主风机供给，空气通过再生器下面的辅助燃烧室及分布管进入流化床层。再生后的催化剂（即再生催化剂）经再生斜管送回反应器循环使用。由此可见，催化裂化/裂解是一个通过流态化这类强化传热传质手段来实现反应-再生、氧化-还原以及吸热-放热耦合的化工过程，是反应工程的一个创举。

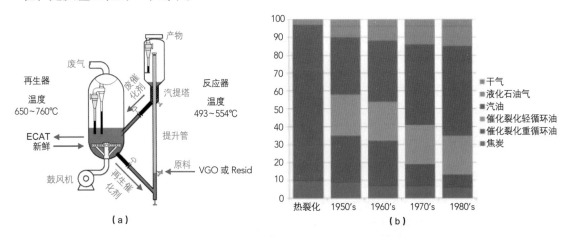

图8-6　常规催化裂化反应-再生系统（a）与随着催化剂和反应器技术发展催化裂化产品分布的变化（b）

　　传统的催化裂化原料是重质馏分油，主要是直馏减压馏分油（VGO），也包括焦化重馏分油（CGO，通常需要加氢精制）。由于对轻质油品的需求不断增长及技术进步，近30年来更重的油料也作为催化裂化的原料，例如减压渣油、脱沥青的减压渣油、加氢处理重油等。当减压馏分油中掺入更重质的原料时则通常称为重油催化裂化。原料油在500℃左右，2~4atm（1atm=101325Pa）与裂化催化剂接触的条件下，经裂化反应生成气体、汽油、柴油、重质油以及焦炭。反应产物的产率与原料性质、反应条件及催化剂性能有密切关系。在一般工业条件下，气体产率约为10%~20%，其中主要是C_3、C_4，且其中的烯烃含量可达50%左右；汽油产率约30%~60%，其研究法辛烷值约80~90，安定性也较好；柴油产率约0~40%，由于含有较多芳香烃，其十六烷值更低，安定性也较差；焦炭产率约5%~7%，原料中掺入渣油时的焦炭产率更高，可达8%~12%。焦炭是裂化反应的缩合产物，其碳氢比约为1：（0.3~1）。焦炭沉积在催化剂的表面上，只能用空气烧去而不能作为产品分离出来。催化裂化气体富含烯烃，是宝贵的化工原料和合成高辛烷值汽油的原料。例如，丙烯是合成聚丙烯及聚丙烯腈的原料，干气中的乙烯可用于合成苯乙烯或制汽油等，C_3、C_4还可用于民用液化气。

　　最早的商业汽油可追溯到1859年，其生产过程采用原油蒸馏的方法，当时汽油产率还不到20%，辛烷值也仅有50左右。在20世纪初，随着内燃机的发展，汽油短缺日益严重。1913年，热裂化技术（即将重馏分油转化为汽油馏分的技术）诞生，提高了汽油产率。但该过程的汽油质量很差，1925年诸如四乙基铅等添加剂广泛用于增加汽油辛烷值。采用固体酸性催化剂的Houdry催化裂化工艺是炼油技术中的一个空前成就。经过上百种催化剂筛选，Houdry选定酸性白土作催化剂，并采用空气烧掉催化剂上积炭，这一成果很快引起石油公司的注意，于1936年在Paulsboro炼厂建成了100kt/a的固定床催化裂化装置。然而，固定床反应器设备结构复杂、操作烦琐、控制困难，亟待解决催化剂在反应和再生操作之间的循环问题。为此，移动床催化裂化和流化床催化裂化相继出现，由于当时的裂化深度和再生条件都比较缓和，两类工艺都广泛用于石油炼制过程中。但是随着40年代硅铝微球催化剂的问世，流化床中颗粒间的传质传热阻力远小于移动床，促使了流化催化裂化（FCC）的大发展。从此，流化床成为化工过程中十分重要的单元操作。流化床的超强传递性能及其输运催化剂颗粒在反应-再生系统中循环是反应工程的一次革命。60年代早期分子筛以及70年代Y型分子筛配合强气固接触低返混提升管反应器的出现，极大改善了催化裂化过程的活性和选择性，被称为催化裂化技术的第二次革命；1973年ZSM-5助剂的加入显著增大了汽油和丙烯的产率。

面对市场需求的变化，基于提升管反应器国内外各大石油公司相继开发了高苛刻度催化裂化技术多产化工品的技术。中石化石油科学研究院开发了多产液化石油气（LPG）并兼顾高辛烷值汽油组分的深度催化裂解技术（deep catalytic cracking，DCC），并在此基础上开发再生剂与油气分段接触的增强型深度裂化技术（DCC-plus），可增加碳烯烃产率与降低干气和焦炭选择性。中石化石油科学研究院还开发了以低碳烯烃为主要目的产物兼顾轻质芳烃收率的催化热裂解（catalytic pyrolysis process，CPP）。UOP公司开发了以重质油为原料、丙烯产率超过20%并副产芳烃的PetroFCC以及KBR与Mobil Technology公司共同开发了以重质油为原料生产丙烯的Maxofin。然而，这些工艺中一般可以得到的乙烯产率均较低，一般不能利用残碳高的重质油进行低碳烯烃的生产，同时要求原料中的氢含量高。因而重新认识分子筛中重油的传递、吸附、反应失活机制，并考虑反应器的相应调控方式是提高化学品收率得到更多目标产物的现实需求。重油为原料时，其传递受限易在分子筛表面吸附结焦，而高苛刻度、大剂油比的深度裂解并不能得到更多的低碳烯烃，其主要原因是强吸附的芳烃及大分子在分子筛这类以表面吸附与单列扩散传递的纳米通道内是表面扩散控制，会使小分子的传递下降2到5个数量级，而大的吸附性强的分子扩散则不受影响，造成小分子的乙烯、丙烯的传递受到极大的限制，使其收率下降。这样在催化剂的设计上需表面平整的纳米晶短通道分子筛并利用大剂油比与逆流接触的方法，实现强吸附芳烃与失活催化剂的接触，而小分子的烯烃、烷烃与新鲜催化剂接触，使低碳烯烃的传递效率提高，再利用大剂油比平推流反应器设计，解决因低碳烯烃传递受阻造成的二次反应加剧，引起柴油及油浆收率提高的问题。

8.2.3　石油低碳利用新技术

在提升管反应器中，微球催化剂由于重力作用会在上升过程中与油气产生滑移进而造成返混，这在高剂油比和近反应器壁面与油气喷嘴处尤为显著。此外，提升管反应器内因微球催化剂加速过程以及气固噎塞难以实现小于1s的短停留时间和大剂油比。针对提升管反应器的气固返混严重以及停留时间长等缺点，气固并流顺重力下行式反应器技术成为继提升管反应器后又一项革命性多相反应器形式。气固下行床是指催化剂微球与气体顺重力场方向流动。下行床中停留时间分布曲线为较窄的单峰，与相近操作条件下提升管中颗粒停留时间的双峰分布曲线在形状上有较大的差异。提升管中停留时间分布有与下行床停留时间分布相似的窄峰，随后出现一个十分宽的拖尾峰，整个出峰时间比下行床要长数倍，意味着提升管中颗粒的轴返混较为严重。下行床的优点在于催化剂与油气混合后沿反应器向下流动，最大限度地避免提升管内偏离理想平推流的滑落和返混现象，可有效降低干气和焦炭产率进而改善产品分布。目前，世界范围内持续在高苛刻度下行床产业化方向努力的主要有清华大学（Fluidization Lab of Tsinghua University，FLOTU）以及沙特阿美石油公司（Saudi Aramco）。FLOTU自1982年由金涌院士牵头开发气固下行床技术，历经魏飞教授的持续攻关和创新，针对下行式反应器中的流动、出入口结构以及床内返混进行了深入研究，完成具有自主知识产权的下行催化裂解（downer catalytic pyrolysis，DCP）工艺路线，并在济南炼厂成功地运行了15万吨/年柔性下行式催化裂化，试验结果表明这种概念是可行的，并有提高轻油收率、抑制干气与生焦的优势。此外，沙特阿美石油也提出了基于下行床的HS-FCC™工艺并于2016年在韩国完成了120万吨/年的工业示范，拟于2025年在沙特建立250万吨/年工业装置（图8-7）。

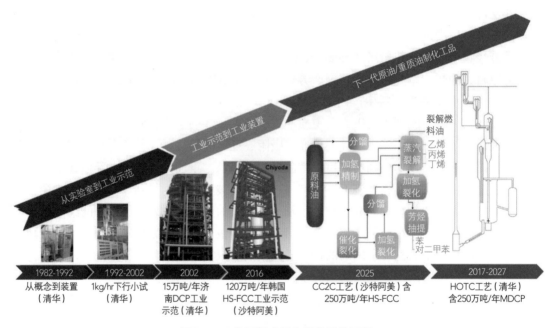

图8-7 工业下行式反应器的开发历程

然而，无论是提升管还是下行床反应器原料油与催化剂均是顺流接触，这就使得高温再生催化剂与新鲜原料油直接接触，一方面原料油尤其是重质原料油在分子筛孔道中的扩散是以表面扩散为主，其中的多环芳烃会优先吸附到催化剂表面占据活性位点，由于其反应活性低，这种影响会因大分子的吸附状态、分子筛孔道拓扑结构及小分子的性质而变化，会使小分子因孔道限域及大分子吸附而扩散受到很大的阻力，使得其传递下降2～5个数量级，但大分子的扩散则不受限制。提高裂解苛刻度会进一步增加芳烃缩合生成油浆与柴油的量。针对上述问题，我们提出了从催化剂与反应器两方面入手，首先在催化剂方面，不仅需要介孔丰富的多级孔结构分子筛，更为重要的是表面原子级平整，减少表面结焦，利用纳米晶分子筛减短扩散距离。在反应器设计上，提出多级逆流下行催化裂解技术

（MDCP™），采用两级气固逆流接触的下行式反应器，重质原料油在较低苛刻度下与略积炭催化剂接触，在第二级反应器下行短接触进行反应，如图8-8所示。将原料中芳烃等吸附性强而反应活性弱的组分吸附分离出来。轻质小分子的烷烃、烯烃由第二级快分后逆流进入第一级反应与新鲜催化剂进行接触，从而使得大的强吸附芳烃组分对小分子的扩散阻力大大减弱，实现活泼组分的裂化过程，并可有效防止多环芳烃对新鲜催化剂活性位的吸附，称为一段下行反应器（Downer-Ⅰ）；经过气固快分的分离，一段裂解气进入苛刻度较高的阶段与高温再生的新鲜催化剂接触，完成"最后一公里"的深度裂化，称为二级下行反应器（Downer-Ⅱ）。在此基础上，以MDCP™为核心单元介绍了综合化工原料收率大于75%（质量分数）的重油制化工品的工艺路线（heavy oil to chemicals，HOTC）。在大幅提高轻质烯烃与芳烃的基础上，耦合芳烃抽提、蒸汽裂解以及加氢精制，从全局来看成为仅生产化工品而不产燃料油品的全新工艺流程，是石油资源低碳利用的典范。

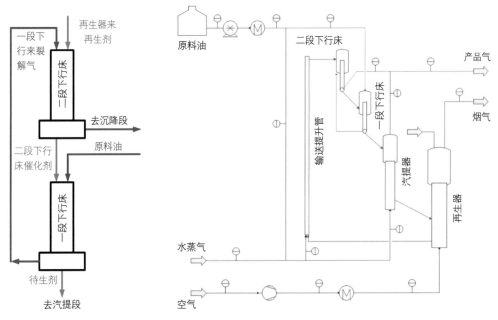

图8-8　多级气固逆流下行床示意（a）和多级气固逆流下行床实验装置（b）

提升管、下行床以及多级下行床反应器的对比见表8-1。

表8-1　提升管、下行床以及多级下行床反应器的对比

项目	提升管	下行床	多级下行床
油气＋催化剂流向	并流向上	并流向下	气固逆流
催化剂返混	有	基本无	基本无
反应推动力	小	小	大
芳烃竞争吸附	有限制	有限制	基本无

项目	提升管	下行床	多级下行床
反应时间/s	2~5	<1	<1
剂油比/（kg/kg）	<15	约30	约30
甲烷氢与焦炭	高	低	低
二次反应	强	弱	弱

如表8-2所示，单下行中重质油的裂化深度随反应温度升高而增大，从550℃的38.69%（质量分数，下同）提高至43.9%，汽油芳烃也由61.47%升高至69.58%；而液体收率则随着反应温度升高而下降，由15.81%下降至10.21%。甲烷氢以及焦炭都控制在较低的范围内，说明气固并流下行床的近平推流时间分布可有效抑制二次反应产生的干气与焦炭。然而，对比550℃到600℃以及600℃到650℃，前者反应温度升高50℃，轻质烯烃与苯系物（BTEX）的收率提高了6.61%，与此同时甲烷氢仅升高了0.10%且焦炭仅升高了0.66%；相比之下，后者反应温度升高50℃，甲烷氢提高了0.46%，焦炭升高了0.95%，但是后者轻质烯烃与BTEX的收率仅提高了5.36%。这说明由于单下行床油气与催化剂颗粒并流接触，过高的苛刻度会使得初期裂化反应过于剧烈，且重芳烃会吸附活性位点，极大抑制了裂化深度的提高。

表8-2 下行催化裂解（DCP）与多级逆流下行催化裂解（MDCP）产品分布的对比

反应器形式	DCP			MDCP
反应温度/℃	550	600	650	620/670
剂油比/（kg/kg）	30	30	30	30
停留时间/s	0.8	0.8	0.8	0.3/0.5
产品分布/%				
甲烷氢	1.06	1.16	1.62	7.91
乙烯	2.74	2.88	3.43	16.06
丙烯	19.29	20.32	20.55	24.57
丁烯	16.66	17.47	19.98	10.91
轻质烯烃	38.69	40.68	43.96	51.54
汽油	27.84	26.93	26.19	14.27
汽油芳烃	61.47	67.11	69.58	80.78
BTEX	6.19	10.81	12.89	9.32
柴油＋柴油	15.81	13.36	10.21	9.23
焦炭	6.99	7.65	8.60	9.54

相对而言，MDCP^{TM}由于在一段反应器，略结焦的催化剂与重质油先接触，可有效抑制重质芳烃对催化剂活性位点的优先吸附，当不存在高温结焦限制时，在二段反应器可大幅提高反应温度（＞650℃）增加裂化深度，而焦炭收率增加并不显著。由表8-2可知，MDCP^{TM}可在不显著增加干气与焦炭收率的基础上继续提高轻质烯烃（从43.96%大幅提高至51.54%）与汽油芳烃（从69.58%大幅提高至80.78%）的收率，说明多级逆流下行床可同时实现毫秒级接触时间和近平推流的停留时间分布，以抑制二次反应进而减小干气和焦炭的产生，并且重质原料油与深度裂解催化剂的逆流接触，防止重质芳烃的优先吸附和短链烷烃的深度裂解，最大化催化裂解程度。从上述数据可以看到，利用MDCP技术，不仅可以利用重油，使反应温度由蒸汽裂解的800℃以上降低到650℃，同时利用反应积炭的再生器供热，可使得过程能耗大大下降，双烯能耗由DCC、CPP的280kg标油/t烯烃、260kg标油/t烯烃，下降到165kg标油/t烯烃，降幅达70%。

如图8-9所示，下行床顺重力场流动的短停留时间和近平推流特征是提高轻质烯烃与芳烃收率的基础，相比提升管反应器，可实现更低焦炭收率的条件下获得更高的低碳烯烃与BTEX。而对于MDCP^{TM}，由于实现了原料油与催化剂的逆流接触，MDCP^{TM}相对HS-FCC^{TM}以及DCP大幅提高轻质烯烃的同时可进一步抑制焦炭的生产（相对焦炭的增加较延长线以下），极大扩展了催化裂解的操作弹性。另外值得注意的是，MDCP^{TM}轻质烯烃尤其是乙烯可大幅提高，其提高量不能由正碳离子机制解释也不能完全由自由基机制解释，说明乙烯的提高与抑制芳烃竞争吸附密切相关。

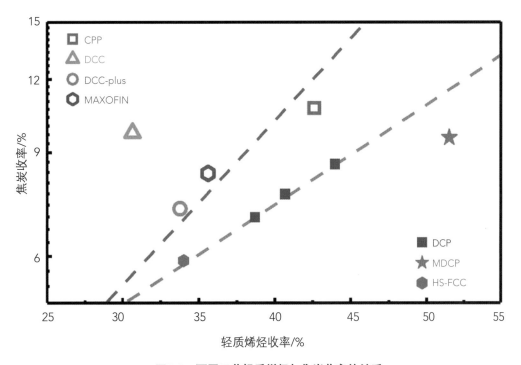

图8-9　不同工艺轻质烯烃与焦炭收率的关系

以MDCP™为核心单元的HOTC（heavy oil to chemicals）的总流程如图8-10所示。常减压单元来催化原料以及渣油进入MDCP™单元进行催化热裂解反应后，反应油气先进到分馏塔得到裂解气、裂解石脑油和裂解轻油。裂解气经压缩后进入气体精制和分离系统，得到聚合级的乙烯和丙烯产品，乙烷和丙烷进入裂解炉进一步裂解生成乙烯和丙烯，C_4组分可返回MDCP™单元先裂化生产乙烯与丙烯，综合轻质烯烃收率可达62%。裂解石脑油经加氢精制处理后进行芳烃抽提，得到苯、甲苯、二甲苯等化工产品；非芳烃部分与部分柴油馏分通过加氢后进行回炼，综合BTEX收率达13%。

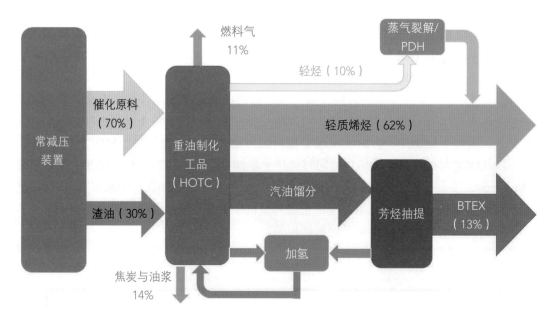

图8-10　**重油制化工品流程图**（heavy oil to chemicals, HOTC）

利用有限的石油资源生产高附加值化工原料（轻质烯烃与芳烃）是石油资源低碳利用的重要途径。清华大学开发了多级逆流下行催化裂解技术（multi-stage downer catalytic pyrolysis，MDCP™），通过多级气固并流顺重力下行反应器串联，实现：a. 毫秒级接触时间和近平推流的停留时间分布，进而抑制二次反应并减少干气和焦炭的产生；b. 重质原料油与深度裂解催化剂的逆流接触，有效分离了强吸附重芳烃，避免了其对小分子烷烃、烯烃裂解过程的影响，实现短链烃的深度裂解，得到高收率的乙烯、丙烯。1kg/h的全流程实验结果显示，单程轻质烯烃51.54%的收率且汽油芳烃可达80.78%的优异产品分布。在此基础上，以MDCP™为核心单元介绍了综合化工品收率大于75%的重油制化工品的工艺路线（heavy oil to chemicals，HOTC），可使得重油制化学品的碳排放降低70%以上。

8.3 煤低碳利用

由于我国化石资源禀赋中煤最多，石油与天然气极少，因此，煤炭仍然是支撑我国化石基材料（烯烃、芳烃、化纤、塑料、医药等制品产业）供应链的最重要原料，也是我国相关材料国产化供应链的安全保障之一。因此，在碳中和背景下，遵循"源头治理、节能降耗、循环经济"的理念，进行高附加值、低碳化的技术开发与利用途径。

8.3.1 煤化工产品的高端产品转化

传统煤化工包括煤炭气化/焦化，煤炭制合成氨，煤制甲醇，煤制乙炔。这些产业链，分别服务于焦炭制造、化肥、甲醇溶剂以及电石制备PVC（聚氯乙烯）领域。由于工业技术的进步，目前可以利用甲醇制备烯烃、芳烃、汽油，合成气制备烯烃，芳烃等，从而与石油加工的产业链条产生了交集。而烯烃与芳烃是高端化学品最重要的平台化合物，产品更加高端、多元化、高附加值。

8.3.1.1 甲醇制备烯烃

甲醇制备烯烃是在中国首先实现的重要清洁煤化工过程。其机制是基于ZSM-5、SAPO-34等分子筛的一步催化转化过程。其中，催化剂的酸性是甲醇脱水与碳碳链增长生成低碳分子的关键。从酸性的角度来看，强酸性会促进碳碳链的持续增长，以及烯烃氢转移反应，因此，控制适中的酸性是控制以烯烃为主要产品的关键。比如，以ZSM-5分子筛来说，其孔道直径为0.5～0.57nm，小分子烯烃的直径主要在0.38～0.4nm。因此，无法依赖ZSM-5的孔道尺寸来提高烯烃分子的选择性。因此，常采用硅铝比极大的ZSM-5（酸性较低）来获得较高的烯烃选择性。而SAPO-34分子筛属于孔口小、肚子大的结构，内部的烃池机制生成了多种烃类，但由于孔口直径接近小分子烯烃的尺寸，可以抑制尺寸大的烃产物逸出。因此，SAPO-34建立起来了酸性与孔口择形两个效应来提高烯烃选择性。目前德国鲁齐开发的固定床甲醇制备丙烯技术，采用ZSM-5分子筛。清华大学开发的流化床甲醇制丙烯技术采用SAPO-34分子筛，大连化物所开发的流化床甲醇制烯烃技术以及衍生出来的神华MTO技术，以及后来中石化发展的SMTO技术等均采用SAPO-34分子筛。SAPO-34使用占比大，也说明催化剂的烯烃选择性是重要因素。

从过程控制的角度来讲，如果甲醇转化率不高，不但导致经济性不佳，而且甲醇进入产品的水相后，回收困难，且增加了废水处理的难度。因此，常采用升温或多段流化床的措施，来保证甲醇的完全转化。另外，新鲜催化剂酸性高，使用过程中不断积焦导致其酸性下降。而传统的反应器常是大量甲醇与新鲜的催化剂反应，产生大量的烯烃，而烯烃又不可避免地被通过氢转移反应变为难转化的烷烃。清华大学采用两段逆流反应器技术，使催化剂由上向下运动，气体由下而上运动。这样，大量的甲醇接触的是部分积炭的催化剂，反应程度可控，氢转移程度可控。新鲜催化剂接触到的是后期的物料（甲醇浓度很小），可以保障甲醇的全部转化。上述反应器技术显著提高了烯烃选择性。

从经济性的角度，还可以设置两个反应器，将部分碳四物料回炼，最大限度地得到$C_2 \sim C_3$烯烃。清华大学最先申请的相关专利以及理念，被广泛地运用到国内的工业实践。这两种烯烃可以生产聚乙烯、聚丙烯，在过去的十年内，有力地支撑了中国包装业与家装业对于聚乙烯与聚丙烯的需要。甲醇制备烯烃的产能，目前占中国所有烯烃产能的15%～20%，已经在一定程度上可以影响烯烃的定价权，以及区域的烯烃总量供应。显然，生产的烯烃变为聚烯烃产品时，其化学稳定性大大增加，可以有效地延长碳排放周期。

2009年清华大学化学工程系在国际上率先完成甲醇处理量为3万吨/年的工业试验。甲醇转化率与丙烯选择性明显高于鲁齐技术及神华DMTO（甲醇/二甲醚制烯烃）技术（石油化工，2004，33，S，1532）。FMTP的反应器及万吨级装置见图8-11，FMTP与其他丙烯制备技术的比较见表8-3。

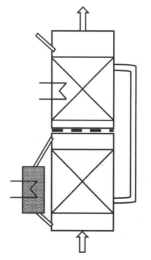 

图8-11　FMTP的反应器及万吨级装置

表8-3　FMTP技术与其他丙烯制备技术的比较

项目	流化床甲醇转化丙烯（FMTP）技术	神华甲醇制烯烃（DMTO）	鲁齐
反应器	多段流化床	单段流化床	固定床
催化剂	SAPO-34	SAPO-34	ZSM-5
甲醇转化率/%	>99.9	>99.5	>99.5
总烯收率/%	>82	>80	>78
丙烯与乙烯比	2∶1	（1∶1.5）～（1.2∶1）	约1.3∶1

另外，由于煤价便宜（时有波动），产品销路通畅，刺激了甲醇制备烯烃装置的大型化技术发展。而装置大型化技术又整体降低了产品的能耗与各种物耗，从而使得该技术具有很强的生命力。

从长远的角度来看，即使聚乙烯、聚丙烯逐渐饱和了，利用乙烯与丙烯生产乙丙橡胶属于高端产品，仍然具有很强的技术经济性。另外，碳四烯与碳四烷的聚合技术逐渐成熟，为该技术的产品链延伸提供了多种可能。

8.3.1.2 甲醇制备芳烃

在煤的清洁高效利用中，煤制芳烃是公认的高端发展方向，其中甲醇制芳烃是在世界范围内目前尚未实现工业化应用的关键技术，已经成为发展新型煤化工的瓶颈。目前我国甲醇产能严重过剩，而芳烃国内供给严重不足。甲醇制备芳烃技术的实施将既解决甲醇出路问题，又解决芳烃来源问题，符合我国能源特征，并能带动下游高端化工产业发展，具有重要的战略意义。

与甲醇制备烯烃相比，甲醇芳构化过程相当于继续把烯烃转化为芳烃。由于二者都在分子筛孔内进行，因此遵循着相同的芳烃池与烯烃池双循环的烃池机制。但是，以芳烃为产物时，宏观上需要脱氢、环化等必要环节。因此，需要更强的金属脱氢作用，高温与酸性配合的活化与环化作用。因此，甲醇制备烯烃主要是以分子筛为活性组分，当采用流态化操作时，成型剂为分子筛与粘接剂的混合物。而甲醇制备芳烃必要的活性组分为金属-分子筛双功能催化剂，当采用流态化操作时，成型剂为金属、分子筛与粘接剂的混合物。同时，甲醇制备烯烃过程的温度一般要比甲醇制备芳烃的温度低 $50 \sim 100\,^\circ C$。而在高温与高水蒸气分压条件下，存在催化剂水热失活、积炭失活与金属迁移等问题，因此甲醇制备芳烃过程的技术挑战更大。清华大学化工系经过长期攻关，通过金属、稀土改性以及结构设计，较好解决了这些问题，在国际上首次开发成功以微纳米 ZSM-5 分子筛为基础的ZnxPyRemMnZSM-5（1-x-y-m-n）流化床催化剂（代号 FloMAT-1）。该催化剂可以跨不同气氛及不同温域操作，同时完成甲醇芳构化、轻烃芳构化与苯/甲苯的甲醇烷基化功能。同时，清华大学化工系首次提出了"两反一再"流化床连续反应再生技术，并将多段流化床等先进技术用于甲醇芳构化、轻烃芳构化反应及催化剂的烧炭再生过程。清华大学与华电煤业集团公司 2011 年起合作开发流化床甲醇制芳烃工业技术，并于 2012 年 9 月建成了世界首套万吨级流化床甲醇制芳烃（FMTA）全流程工业试验装置（图 8-12）。2012 年12 月 26 日完成联动试车，2013 年 1 月 13 日一次点火成功。连续运行 443h，圆满完成了各项工况标定与技术指标考核。

图8-12　万吨级FMTA装置

技术流程如图8-13所示。

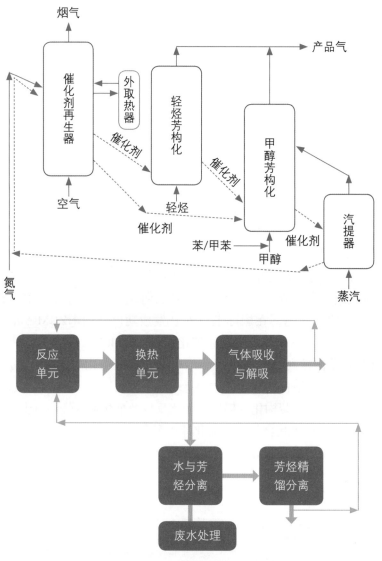

图8-13　FMTA两反一再流程技术及全流程示意图

（1）工艺流程说明

本核心的反应-再生技术设有甲醇芳构化反应器、轻烃芳构化反应器、汽提器及催化剂再生反应器，全部为流化形式，使用同一种FloMAT-1催化剂。

将甲醇原料预热后通入反应单元的芳构化流化床主反应器中，在催化剂上，470~500℃下生成水、芳烃、干气与液化气等组分。同时在催化剂上沉积一定量的焦炭，将积焦失活的催化剂移入催化剂再生流化床反应器中，通空气进行烧炭再生后，携带热量返回芳构化主反应器中继续使用，这样形成一个闭路的芳构化-催化剂再生的反应循环。当催化剂磨损及跑损一定程度时，根据需要补入催化剂，维持反应单元的稳定操作。

所生成的高温气体（含水、芳烃、干气与液化气）经过换热与气液分离，水与芳烃分离后，利用余热产生蒸汽，大部分回用。少量携带催化剂废渣，排出处理。芳烃根据需要可以直接销售轻质芳烃（BTX），也可以将苯-甲苯（BT）与二甲苯（X）分离后，将BT打入芳构化流化床反应器中继续生成X。所得重组分（三甲苯或四甲苯以上组分）与X分离后，在积累一定量后，作为高级溶剂油直接销售。如果具有芳烃转化单元，也可以将甲苯与三甲苯转化为X与B，最大化地生产X。

所得气体组分（干气与液化气）经过气体吸收与解吸单元，将部分C_2组分与全部液化气组分循环至反应单元的轻烃芳构化反应器中在催化剂上（550～600℃）继续生成芳烃。也可以根据需要直接销售液化气。所得干气最终为氢、甲烷及少量C_2组分，其中氢气体积分数大于80%～85%。通过变压吸附产生纯氢他用，甲烷与少量的C_2组分可以作为燃料入燃气管网。对于极大规模的系统，可以考虑将氢、甲烷与乙烷全返回甲醇合成系统，可以使吨芳烃的甲醇消耗降至2.4～2.5t。

其工艺特点在于连续化，产品选择性好，副产物少，三废少。由于芳烃组成比较单一，芳烃分离能耗低，是目前最节能、流程最短的芳烃制备技术。与甲醇制烯烃技术相比，制芳烃技术为加压操作（反应器出口表压0.3MPa），设备与管道尺寸小，投资少，产品易运输。

（2）物料平衡图（原料、产品、副产品）

该过程物料平衡见图8-14。

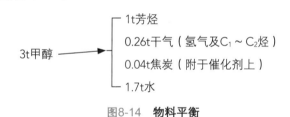

图8-14　物料平衡

其中芳烃为产品（苯含量＜10%，甲苯28%，二甲苯53%，三甲苯10%），有机相的液体产品中芳烃含量＞90%。副产品为干气[含约85%（体积分数）氢气，他用]，附在催化剂上的焦炭通过烧炭再生后为反应供热，且取出部分蒸汽。

通过持续改进催化剂，目前催化剂连续评测寿命超过3081h，使甲醇的单耗降至2.97t/t芳烃（还副产氢气、甲烷与乙烷）。同时，用可靠的动力学模拟得到，催化剂可连续使用8000h以上。由于催化剂酸性变化，后期催化剂氢转移（副反应）受到抑制，可多产烯烃，使得芳潜收率持续提高（注：此甲醇单耗值为较小生产规模下的保守估计值）。如果在30万吨/年以上规模时，可使生产吨芳烃的甲醇消耗降到2.8t。

由于混二甲苯中对二甲苯含量高，用目前成熟的芳烃联合装置生产对二甲苯时，可降低加工成本20%左右，同时乙苯含量低，有利于选配效果最好、投资最低的乙苯转化技术，本技术生产的混合芳烃生成对二甲苯的消耗大致1t对二甲苯/1.05t混合芳烃。同时可以实现氢气、液化气与乙烷在系统中的最优利用。

利用清华大学的MTA技术，成熟的芳烃联合装置可以直接与甲醇制备芳烃装置联立，可以将原来芳烃联合装置中生成的液化气与C_5副产物转化为芳烃，实现了装置内副产物的高值化。在关键技术不变的前提下，最大化生产对二甲苯（PX）。由于甲醇制备芳烃所得产品中芳烃含量高（＞90%），二甲苯中PX含量高，乙苯含量低，利用目前成熟流程，可比石脑油所得混合芳烃加工PX的装置投资大幅降低，生产成本显著降低，经济效益可观。最新研究表明，近来开发了苯完全返回与甲苯部分循环烷基化技术，可以使得所出产的甲苯与三甲苯以质量比为1：1，在后面的联合芳烃装置中，最优化地得到PX。还有可能直接实施多段流化床进料技术，直接调变甲苯与三甲苯的组成，有可能完全省去苯/甲苯循环流程，大幅度降低芳烃联合装置单元的投资与分离能耗。

另外，进一步提高甲醇制备芳烃主反应器的效率，对于减少气态烃的收率，降低分离能耗，也是非常重要的技术。研究发现，甲醇非常容易转化，但生成的副产物（小分子烷烃）比较难转化。为此，提出了下列的三段变温流化床构想。首先在第一段转化绝大部分甲醇，第二段有针对性地提高温度转化烷烃，第三段则将烯烃转化完全。同时，在第三段中，选择烯烃与苯/甲苯的烷基化以及烯烃的芳构化进行了对比研究。

（3）甲醇芳构化-烷烃芳构化-烯烃烷基化的结果

具体实施过程中，分别将第一段、第二段、第三段温度设置为470℃、510℃、310℃，来分别转化甲醇、烷烃及烯烃[图8-15（a）]。

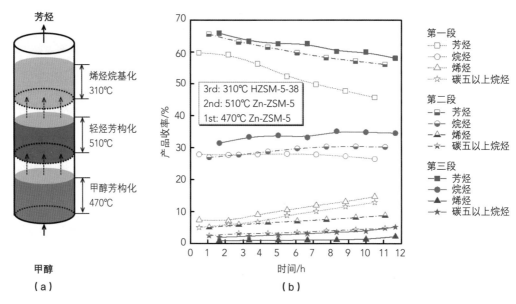

图8-15 三段变温流化床分区分功能转化的示意图

由图8-15（b）可知，在一段与二段使用造粒后的流化Zn-ZSM-5催化剂，第一段中甲醇可实现完全转化，芳烃初始收率可达60%。在第二段中，由于高温促进了C_5^+与烯烃的继续芳构化，使芳烃收率提高5%~10%。到达第三段（使用HZSM-5）时，烯烃与芳烃继续发生烷基化反应，使芳烃收率再提高1%~2%。同时发现，当第一段催化剂随着反应时间失活比较严重时，第二段与第三段的催化剂失活不严重。呈现出第一段的芳烃收率随时间延长，由起初的60%逐渐下降到48%（11h）。相比较而言，第三段的芳烃收率随时间延长，由起初的65%逐渐下降到60%（11h）。从曲线的趋势来看，第二段中烷烃芳构化对芳烃总收率的贡献，随着反应时间延长越来越大。而第三段的芳烃收率下降趋势，基本与第二段的趋势持平。但在反应后期，贡献会略微增大。

同时，烯烃（乙烯、丙烯、丁烯）的含量从第一段到第三段显著降低，说明三种不同的工艺可以提高其转化深度[图8-16（a）~（c）]。相比较而言，轻烷烃（甲烷、乙烷、丙烷与丁烷）从第一段到第三段的含量上升的幅度，没有烯烃幅度下降得显著[图8-16（d）~（g）]。因此，无论是总烯烃/总烷烃的值[图8-16（h）]，还是同一碳数烯烃/烷烃的值[图8-16（i）~（k）]，都呈现出从第一段到第三段逐渐降低的规律。这为简化后续烯烷分离、降低能耗提供了基础。

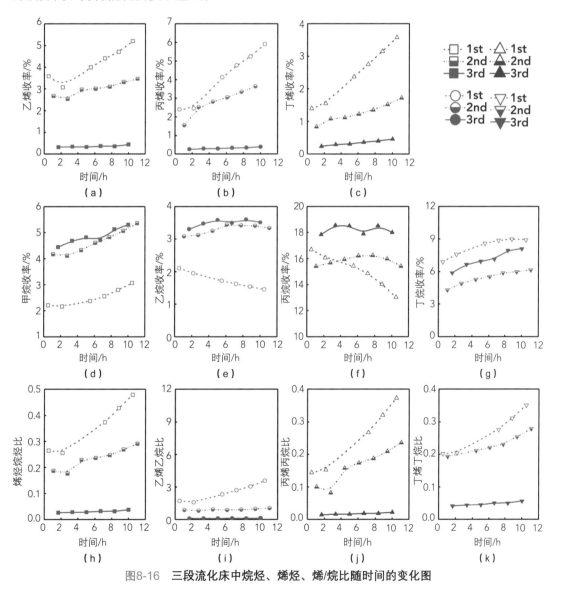

图8-16　三段流化床中烷烃、烯烃、烯/烷比随时间的变化图

（4）甲醇芳构化-烷烃芳构化-烯烃芳构化的结果

三段变温流化床分区分功能转化的示意图见图8-17。

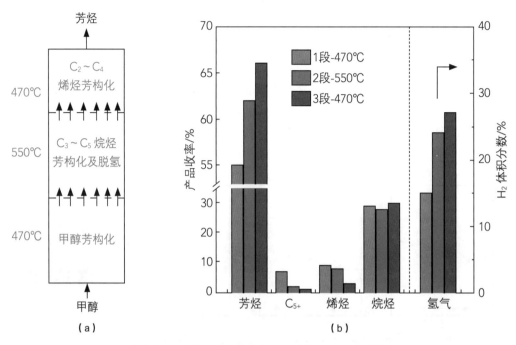

图8-17　三段变温流化床分区分功能转化的示意图

在三段中都使用同一种催化剂（造粒后的流化Zn-ZSM-5催化剂），进一步提高第二段轻烃芳构化的转化温度以及第三段烯烃芳构化的温度[图8-18（a）]，C_5^+非芳烃与烯烃的含量逐渐降低，到第三段出口含量已经极低。与此同时，芳烃收率与氢气收率逐渐提高。同样地，在第一段甲醇转化率开始降低时，第二段与第三段甲醇转化率保持100%不变，也与不同段催化剂的积炭状态相关。

同时，对比了不同段温度调变优化结果（图8-18），发现对于第三段烯烃烷基化工艺，温度可以继续下探，弹性较大。但对于第三段烯烃芳构化工艺来说，需要较高的反应温度。不过，在反应后期，似乎是烯烃芳构化对芳构的收率贡献比例变大。

多段变温流化床的工程实现主要取决于两条。第一，烷烃转化是吸热的，过程中有没有相应的热源来提供转化的推动力。事实上，这类催化剂都面临高温积焦失活的可能，都是需要连续反应再生的。当然，对于单纯的甲醇芳构化过程来说，如果不考虑烷烃的接力转化，其是一个放热过程。因此，虽然催化剂需要再生，但没有热能耦合的紧迫需求。而烷烃的芳构化则是吸热的，需要再生催化剂为其提供热量。因此，可以用催化剂再生烧焦时的高温位为其供热。目前，甲醇芳构化与烷烃芳构化的催化剂，由于负载了金属，不需要像FCC的纯分子筛那样，采用高温烧焦，但仍然可以提供610~650℃的温位。而三段流化床中，最高的反应温度为烷烃的芳构化，大约在550~570℃。因此，通过催化剂提升技术，还是可以满足其供热的（图8-19）。

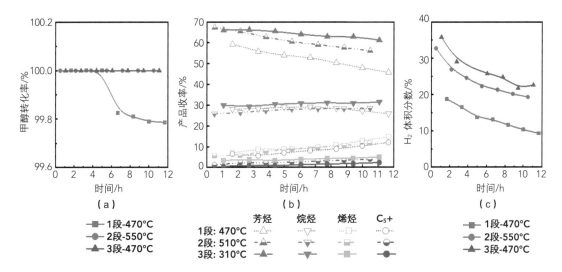

图8-18　三段中甲醇转化率随时间变化关系图

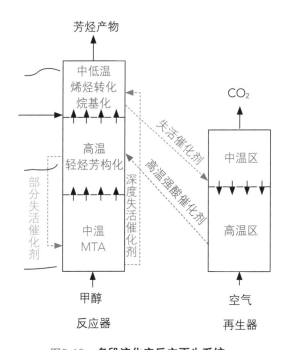

图8-19　多段流化床反应再生系统

　　一个工业上操作的流化床，气速高、催化剂量大，是无法像实验室流化床那样，采用开孔率低的开孔板的（会导致压降过大、催化剂过度磨损）。因此，一个流化床中不同位置存在着不同温度区域，催化剂的积焦状态不同，如何在实际操作的流化床上控制催化剂的状态至关重要。根据以前的工业实践，可以在流化床上设置溢流管，将第二段部分失活的催化剂转移到第一段去。略微积焦的催化剂，酸性有所下降，有利于抑制第一段的氢转移反应，直接减少轻质烷烃含量。同时，也可以将第一段深度失活的催化剂（对于芳构化反应而言），通过提升装置送到第三段去。烯烃与芳烃的烷基化反应，不需要太强的酸性，既可以实现反应，还可以抑制烯烃生成焦油状物质。另外，随时将活性最高的再生后的催化剂输送到第二段，保证第二段的烷烃芳构化效果。

这样，既实现了多段流化床的工程供热问题，也更加灵活地调变了催化剂的酸性或活性状态，使之更加适用于分区分功能转化的过程强化目的。

考虑到反应气氛以及过程吸热与放热的关系，本团队还研究了甲醇与烷烃的共进料芳构化过程。已有的研究中，采取了以475℃甲醇转化为主的温度，发现烷烃的直接加入，并不太影响甲醇的转化率（图8-20）。同时，可在很大程度上调变甲醇与烷烃的比例，来调变催化剂上的积焦率。也可以调变过程的热平衡，但不太影响各种芳烃产品的组成。同时由于热能耦合的关系，可以原位促进部分烷烃的转化。并且这种协同效应与烃的氢碳比相关。

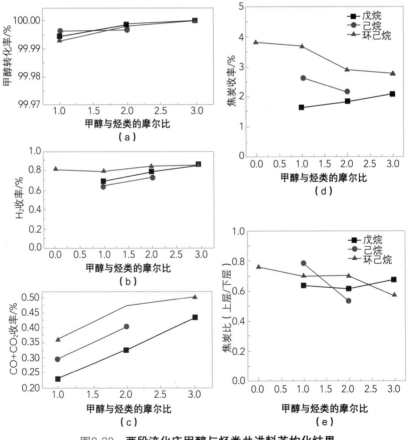

图8-20　两段流化床甲醇与烃类共进料芳构化结果

下一步，将继续优化甲醇与烷烃共进料的研究，利用三段变温流化床的思路实现强化。同时，醇烃共进料技术及多段流化床技术对于整个系统的简化与优化起到了显著作用（主要是简化了分离流程），从而可以显著降低过程能耗。这种反应器过程强化技术，有望助力传统加工工业与新兴煤化工在"双碳目标"下取得实效。

8.3.1.3 甲醇制备氢氰酸与蛋白质

除了制备烯烃与芳烃这类石化类基础化学品之外，甲醇经过氨氧化反应，制备氢氰酸，再与丁二烯制备己二腈。这条路线中，氨、甲醇都是煤化工的最典型产品，丁二烯可由乙炔（煤化工电石法的产品）制备而得。由于所有关键原料都可由煤基路线制得，因此是一条全新的制备尼龙的技术路线。由于我国很多地区氨、甲醇与乙炔过剩，上述新路线的开发，为传统煤化工产业的升级转型提质增效，提供了良好的思路。

另外，甲醇制备氢氰酸后，再制备蛋白质（丝氨酸等），也是一条有活力的技术路线。众所周知，畜牧业的发展需要大量富含蛋白质的饲料。传统垦种式的畜牧业占用大量土地，既耗水，又可能导致土地过垦贫瘠化、荒漠化。利用北方丰富的煤资源生产蛋白质饲料，具有规模大、集成度高、水耗低等优点，从而是一条更加节约的碳中和技术路线。

8.3.2 煤低碳利用新技术

8.3.2.1 合成气制备烯烃

从反应路线的角度看，上述过程主要依赖甲醇为平台化合物，生产烯烃与芳烃。大连化学物理研究所等提出利用将氧化物与分子筛耦合的催化剂，直接将合成气高选择性地制备出烯烃的技术路线。该技术起源于由煤基合成气生产液体燃料的费托法，这是目前合成气直接转化为低碳烯烃的唯一有效途径。但费托合成的缺点是目标产物的选择性低，$C_2 \sim C_4$烃（含2-4个碳原子的烃，包括烷烃和烯烃）在烃中的选择性不超过58%。2012年，德容团队通过优化费托催化剂的组成和结构，当CO转化率小于1.5%时，低碳烯烃选择性达到61%。当CO转化率达到88%时，低碳烯烃的选择性仍高达52%。2016年，中科院大连化学物理研究所（简称大连化物所）提出了一条不同于传统费托合成工艺的新路线（OX-ZEO法），创造性地采用了一种新型双功能纳米复合催化剂，该催化剂巧妙地有效分离了一氧化碳分子活化和中间碳碳耦合两个关键步骤的催化活性中心：一氧化碳和H_2分子在部分还原的金属氧化物缺陷部位被吸附活化生成CH_2中间体，活性CH_2和一氧化碳结合形成气态中间体CH_2CO，进入分子筛MSAPO酸性孔道的受限环境中进行选择性碳碳耦合反应，实现低碳烯烃的定向生成。使低碳烯烃的选择性高达80%，$C_2 \sim C_4$烃类选择性超过90%，远高于传统费托合成工艺中低碳烃类58%的理论上限。

该路线的出发点为合成气不用再制备为甲醇，省去了复杂的分离装置，降低了过程能耗，而且合成气的氢碳比可调，可以节省大量工艺水。最近这类技术得到了长足的发展。大连化物所、中科院上海高等技术研究院已经在积极地进行千吨级中试实验，逐渐为该技术接近商业化奠定基础。

8.3.2.2 合成气制备芳烃

合成气制备芳烃的思路也与合成气一步法制备烯烃类似，只不过把烯烃看成中间体时，过程需要再耦合一个烯烃芳构化的过程。显然上述过程在一个反应器中进行时，存在着催化剂耦合功能多、反应中间历程复杂、反应温度不匹配等技术挑战。目前有两种技术路线（图8-21）。一种是使用多功能复合型催化剂，直接由合成气制备芳烃。目前技术进展为：合成气转化率约为17%～30%，CO_2选择性较高，所得烃基产物中芳烃选择性大于60%～80%。另一种技术路线中，考虑到合成气制备芳烃是一个链增长的反应，会经过甲醇/烯烃中间体。而传统的甲醇合成，费托合成的条件均与这两种物质的芳构化具有极大的差异，存在着反应活性温区不易耦合、反应平衡限制等挑战。因此，主要使用多种成熟催化剂的搭配，或进行少量工艺的开发，以提高效率，避开过程限制的难题。但是，目前还没有太多的研究从过程的限度角度回答，合成气制备芳烃的技术水平达到什么程度，就可以优于合成气制备甲醇，再由甲醇制备芳烃技术。

合成气一步法制芳烃是对传统工艺路线的简化，由合成气同时或连续发生费托合成（F-T合成）反应或者甲醇合成反应和芳构化反应生成芳烃，具有流程短、反应条件温和等特点。目前合成气一步法制备芳烃的研究方法有单段法和两段法，单段法是通过合成双功能催化剂或将FT催化剂与芳构化催化剂进行机械混合再进行催化反应，但由于两种催化剂最佳反应温度以及失活周期不一致，效果不如在两段式反应器中分别填装催化剂和控温。

一个成套的化工加工流程需要反应及分离过程的相互耦合，因此一个反应路线的可行性与否还需要看能否有匹配的分离循环方案，在这个基础之上与原路线进行对比，探究其是否具有经济可行性。基于以上分析，引出了此课题，由于合成气间接法制芳烃已经投入生产，而一步法制备芳烃还处在实验研究阶段。通过ASPEN流程模拟的方式对两种路线进行对比分析，从而认识到一步法路线在工业化方面将可能遇到的瓶颈，同时评估催化过程的关键因素，探究反应过程的转化率以及产品分布会对后续的分离过程有哪些方面的影响，以及为后续工业化需求的新型催化剂的开发提供发展方向。

首先建立了四个转化率条件下的全流程分析。从物料平衡、能源消耗以及经济成本的角度对流程中的数据进行定性以及定量的分析（图8-22）。

从所得到的数据来看，随着转化率的提升，反应器出口总流量会降低，同时产品中水的分压会提高。在产品脱水操作后，合成气的分压随着转化率的提升从90%降低到70%，显著降低后续的合成气与轻烃分离的能耗。

从过程能耗的角度来看，转化率的提升也可以显著降低冷热公用工程的使用量以及总体的换热量。从温焓图的角度来看，热物流能够在满足最小传热温差的条件下完全提供冷物流的换热。

在完全换热的条件下，最多能节省49.5%的总公用工程费用。

利用经济分析软件对各个部分投资进行分析，在低转化率的情况下，过程中的主要投资主要集中在合成气的压缩及精馏过程，转化率升高时，系统中的气体循环量显著降低，压缩过程所占的投资比例逐渐下降，精馏单元的投资比例逐渐上升，同时系统的总投资、设备投资以及公用工程投资都呈现出非线性下降的关系。

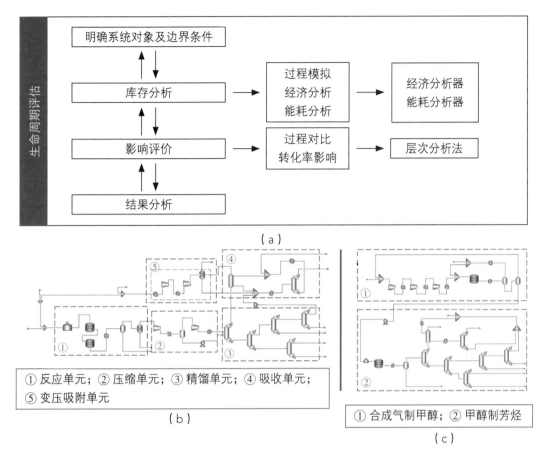

图8-21　合成气制备芳烃全生命周期分析示意图（a），直接法合成气制备芳烃加工流程图（b）与间接法合成气制备芳烃加工流程图（c）

将50%～80%转化率范围内的经济效益分析和能耗分析数据进行非线性回归，能够得到在一定范围内，转化率对经济成本和能耗的映射关系。

间接法系统总投资近似于转化率为61%～66%左右的一步法投资，系统操作费用与共用工程费用等效于72%转化率下的一步法投资。合成气一步法制芳烃至少在实现66%的单程转化率的条件下能够表现出相对间接法的路线优势。能够实现的转化率越高，表现出的经济优势也越大。

显然，建立全生命周期的分析方法，对于了解合成气一步法制备芳烃，与合成气经过甲醇，再制备芳烃的技术经济性非常重要。发现可以将合成气中CO转化率作为过程经济性的评价指标。在产品选择性不变的前提下，CO转化率越高，芳烃占比越大，H_2占比越少，产品越容易液化与分离，装置投资大幅度下降。定量地说，不考虑CO变为CO_2的选择性，假设未反应的CO可以完全循环，两个过程在CO转化率为60%～70%时持平。当CO转化率超过这个范围后，合成气一步法制备芳烃的优势就越来越明显，这为相关技术的开发提供了参考作用。

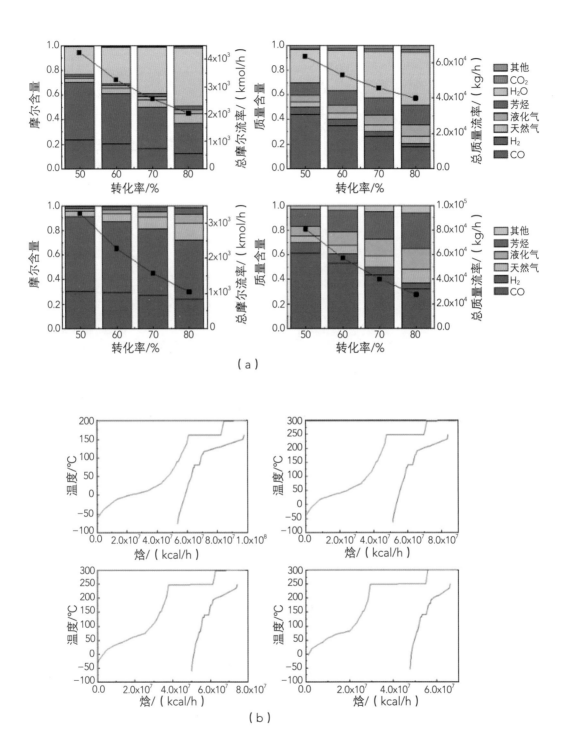

（a）

（b）

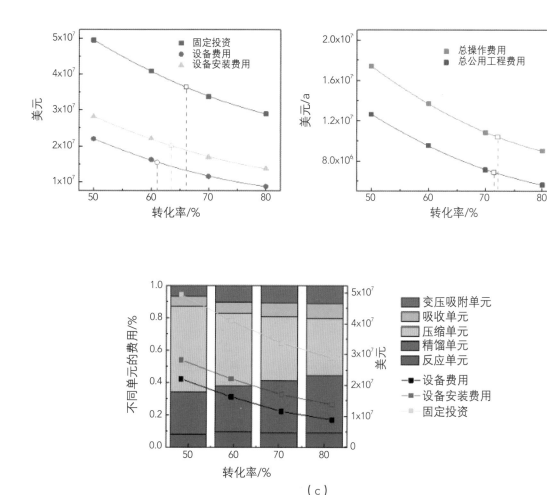

（c）

图8-22 **不同转化率下反应器出口物料平衡图（a），不同转化率下系统总冷热负荷曲线（b）及直接法流程与间接法流程经济成本对照图（c）**

事实上，由于合成气一步转化时可以生成烯烃，烯烃可以换个温度区间与催化剂种类，再变为芳烃。这样在一个反应器中，通过变温与变催化剂的设置，可以打破过程的强耦合性，从而起到更加高效的转化效果。在这方面，费托合成过程常产生烯烃与烷烃中间体，只要烷烃不过分惰性，都可以芳构化变为芳烃。

这样，就可以把成熟技术的优势和经验，与新的技术结合起来，降低全新技术开发的风险，加快技术的产业化进程。

（1）耦合技术路线的提出

利用反应器内不同段的耦合技术，可以单独设置温区，提高反应推动力及实现局部转化优化。据此，首先以甲醇为中间体考虑了过程耦合特性。欲提高合成气制备甲醇的效果，需要使用高压、低温操作。而欲由各种醇、烃、醚中间体制备芳烃，需要高温操作。结合上述换热特性与催化剂反应的先后关系，提出在一个多段流化床中，一种合成气制备

芳烃的两段变温流化床反应器及方法（图
8-23）。

以甲醇作中间体为例，该两段反应器第
一段为低温的合成气制甲醇区域，第二段为
高温的甲醇芳构化区域。第一段的换热器与
第二段的换热器相连，实现冷却水在第一段
中换热变为饱和蒸汽，且控制第一段的温
度；饱和蒸汽在第二段换热变为过热蒸汽，
且控制第二段的温度。该装置具有原料气转
化率高、压力条件温和、温度易控等优点
（一种合成气制备芳烃的两段流化床反应器
及方法，申请号：201711384742.9）。同理，
也可以以烯烃为中间体，实现相近的两段变
温流化床工艺。

（2）其中的关键工程问题与解决思路

①不同催化剂的失活不同，功能不同，
不能混合的问题。甲醇合成或费托合成的催
化剂，经过长时间优化，在低温下的寿命较
长。而第二段的制备芳烃过程，一般使用分
子筛催化剂，易在高温下积炭失活，需要频
繁再生。由此产生两个工程问题，首先两段

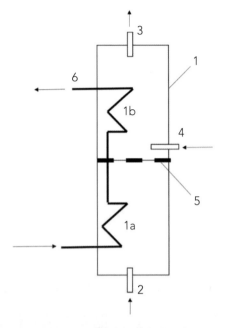

图8-23　两段变温流化床示意图
1—两段变温流化床（1a为合成甲醇催化剂
区，低温；1b为甲醇制备芳烃催化剂区，高
温；中间用多孔分布板隔开）；2—原料进口；
3—产品出口；4—第二段的原料进口；5—多
孔分布板；6—换热管

流化床中的催化剂功能不同，失活状态不同，因此不能混合。根据催化剂颗粒的流动速度
与带出速度，可以将下段（制烯烃或甲醇）的催化剂设计成较大颗粒的催化剂，在一定气
速下，保持其不吹向上段。同时提出，将甲醇合成催化剂与芳构化催化剂分别制备成较大
粒径与较小粒径的流态化催化剂。在气速作用下，甲醇合成催化剂主要停留在第一段，芳
构化催化剂主要停留在第二段。

②使用流化床的必要性问题。第二段催化剂的再生问题，需要流化床工艺。结合第二
段分子筛催化剂在反应温度下的失活特性，申请了基于两段流化床的循环流化床连续反应
再生系统及方法的发明专利（图8-24，合成气制备芳烃的两段循环流化床反应再生-系统
及方法，201810332927.3）。

③合成气制备芳烃的放热与撤热问题。合成气制备烯烃/甲醇放热量显著，在高压下保
持一定的气速，导致反应空速大，过程放热量大。由于流化床的总体传热系数是固定床总体
传热系数的1000倍左右，采用流化床可以有效解决反应过程的放热与撤热，控制温度平稳且
在最合适的温度下，获得最高的烯烃或芳烃选择性。清华大学在2005年左右，系统研究了不
同甲醇合成催化剂的成型工艺，获得流化床合成气制备甲醇的专利授权，发表了相关文章，
证实了该工艺完全可行。合成气制备烯烃的加压费托工艺，本身就是流化床工艺，相关催化
剂制备成熟，具有完全可行性。

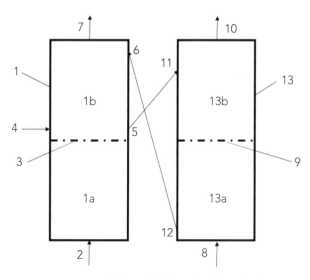

图8-24　**两段变温流化床反应再生系统示意图**

1—芳构化反应器（1a为合成烯烃的区域；1b为烯烃芳构化区域）；2—原料入口；3—多孔分布板；
4—第二段的原料入口；5—失活催化剂的出口；6—再生后催化剂入口；7—产品气体出口；8—再生器
的空气入口；9—多孔分布板；10—烟气出口；11—失活催化剂进入再生器的入口；12—再生后催化剂
出再生器的出口；13—再生器（13a为高温烧炭区；13b为低温烧氢区）

8.4　天然气低碳利用

8.4.1　天然气化工概述

　　天然气是一类较为清洁的化石能源，在"双碳"目标的大背景下，使用天然气作为原料制备高附加值的化学品，具有重要的意义。我国的常规天然气和非常规天然气资源非常丰富，使用其作为原料具有重要的经济价值和战略意义。截至2020年，全球天然气探明储量188.1万亿立方米，其中中国探明储量8.4万亿立方米，位列世界第六。同时，值得注意的是，我国常规天然气的探明程度并不高，近三年每年新增探明储量8000～10000亿立方米，说明未来仍有较大的储量和产量增长基础和潜力。而非常规天然气方面，我国的地质资源量高达275.8万亿立方米，其中技术可采资源量为60.6万亿立方米，远高于常规天然气储量，未来具有极大的资源潜力。目前，天然气作为最清洁的化石能源，已经成为各国向绿色低碳经济发展的主要过渡能源。

　　此外，天然气作为石油的替代资源，在化工领域的综合应用受到了世界各国的广泛关注，其潜在的产业链也十分丰富，产品不仅包括合成气、乙炔、氨、甲醇等重要的传统化工产品，还包括烯烃、油品等重要的石油替代产品。天然气化工最早发展于20世纪20年代，最初是为合成氨工业提供氢源，后来受到石油化工的冲击，地位有所下降，但是仍然在天然气资源丰富的地区占据重要地位。一般来说，天然气化工大致可以分为两类路径，分别是合成气路径和乙炔路径。前者将天然气先转化为合成气，方法包括干气重整、水蒸气重整、部分氧化等。进一步分离出合成气中的氢气，用作合成氨的原料，制得各类氮肥。抑或是不分离一氧化碳，直接使用合成气合成甲醇，进一步通过MTO工艺（即由合成气经过甲醇转化为低碳烯烃的工艺）得到乙烯、丙烯等化工产品。后者乙炔路径则是使用部分氧化法、等离子体法、热裂解法等等方法，由天然气得到乙炔，进而用于合成丙烯酸、氯乙烯、丁二烯等产品。除了这两类路径以外，还有一些经过氢氰酸的路径，进一步可以用于合成氨基酸、氯氰、草甘膦等。

天然气化工部分下游产业结构见图8-25。

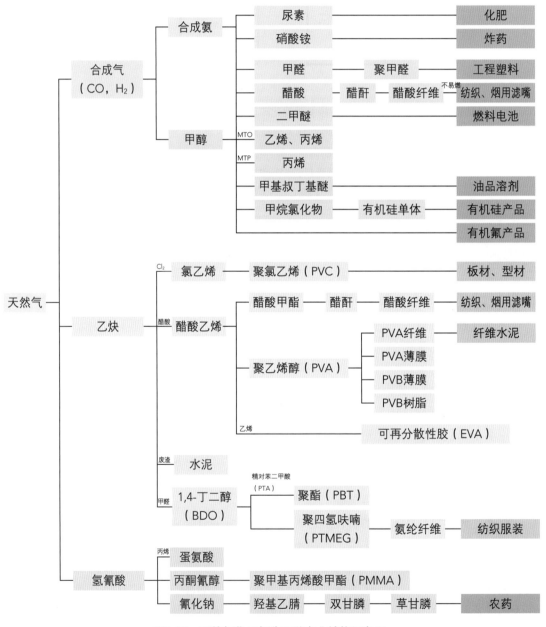

图8-25　天然气化工部分下游产业结构示意图

8.4.2　天然气传统化工工艺

（1）天然气制合成气

无论是制备甲醇还是使用氢气合成氨，都需要先将天然气转化为合成气。这一步骤的投资一般占据天然气合成氨装置总投资的50%以上，且其对应的工序能耗也在合成氨工艺中占据了决定性的地位。目前工业上的转化途径主要包括蒸汽转化和部分氧化。前者使用水蒸气与甲烷反应，得到CO和H_2，反应过程吸热；后者将氧气或空气通入甲烷中，转化得到CO和H_2，是放热反应。

使用蒸汽转化一般在高温和适当的压力条件下进行，因为高温在热力学上有利于甲烷的转化，常见温度为850~950℃，但是过高的温度则会导致副反应积炭的增加。压力方面，该反应为分子数增加的反应，高压不利于反应的转化，但是从动力学角度考虑又需要一定的压力，因此一般选择适中的压力条件进行。在合成氨工艺中，还会同时通入氮，出口气经过脱除CO_2工艺后，可以直接用于合成氨反应。

甲烷非催化部分氧化反应一般在1300~1500℃和6~7MPa的条件下进行反应，催化剂的添加可以将反应温度降低至750~800℃，其产物中的氢碳比接近2∶1，比较有利于甲醇的合成。但是同时，由于部分氧化反应的放热性质，床层热点和飞温是一个亟须解决的重要问题，催化剂的积炭和稳定性也是一个研究的重点。

目前，工业上使用的工艺有德国Uhde公司的CAR工艺、丹麦Topsoe公司的ATR工艺和美国Syntroleum的含氮合成气生产工艺。CAR（combined autothermal reformer）工艺将蒸汽转化和部分氧化两段过程置于一个管壳式反应器内，蒸汽转化在管内发生，而自热氧化在壳程内进行。该工艺的反应压力在4MPa左右，可以降低后续压缩的费用，这一工艺相较于传统蒸汽转化可节省投资30%，降低能耗27%。ATR（autothermal reforming）工艺则将氧气和水蒸气同时通入，天然气先发生部分氧化，再在催化剂表面进行蒸汽转化，其反应器相比于CAR工艺要更简单，操作压力也可以达到7MPa。Syntroleum的含氮合成气工艺主要用于合成氨反应，使用空气作为进料，通过自热转化直接得到含氮合成气。

（2）天然气合成氨

20世纪60年代以来，天然气被广泛用作合成氨的原料，Kellogg、Uhde、Topsoe等企业均开发出了独特的合成氨工艺，目前天然气合成氨的产能占据了总生产能力的80%以上。常见天然气制氨的工艺步骤如图8-26所示，初始的天然气制合成气过程与上一节类似，由于合成氨不需要CO的参与，甲烷仅仅被用作氢源，因此在蒸汽变换后加入了CO变换过程，对应于CO和水的反应，用于进一步提高H_2占比。此外，合成氨一般需要在高温、高压条件下进行，因此甲烷制得的合成气还需要经过脱除CO_2、甲烷化和压缩过程，才能被用于合成氨。

目前工业上的合成氨工艺主要有美国Kellogg公司的KAAP工艺、美国Braun公司的KBR Purifier工艺、英国ICI公司的AMV工艺、德国Uhde公司的UHDE-ICI-AMV工艺和丹麦Topsoe公司的低耗能工艺。

KRES-KAAP工艺使用换热式转化炉进行合成气转化，联合使用了蒸汽转化和部分氧化的过程。合成氨催化剂使用Kellogg公司开发的钌基催化剂，活性高，催化剂装填少，反应塔尺寸较小，有利于防止床层过热。整个流程的综合能耗约30.3GJ/t NH₃。

KBR Purifier工艺的主要特点是使用深冷净化单元将含氮合成气净化到极高的纯度，使得氨合成塔可以使用绝热式结构，延长了催化剂寿命，降低了生产成本。此外，合成回路不直接排放驰放气，节省了回收装置的成本。整个流程的综合能耗在29GJ/t NH₃左右。

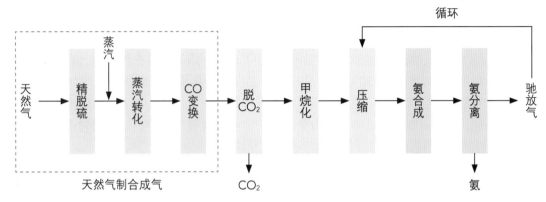

图8-26 天然气制氨的工艺步骤示意图

AMV工艺主要优化了各工序的效率，而并未改变整体的操作流程，也不会增大初始投资。其特点是使用铁基催化剂作为合成氨催化剂，反应压力在7~8MPa左右，综合能耗在28.4~29.3GJ/t NH₃。

Uhde的低能耗工艺是在AMV工艺的基础上进行了一些改进的结果，其主要特色体现在能量利用的优化方面。比如其优化了合成塔的温度分布，通过大直径的三床层径流式氨合成塔，该工艺可以有效利用废热锅炉的高压蒸汽。其一般使用铁基含钴催化剂，操作压力在18MPa，综合能耗可以进一步降低到27.1~28.8GJ/t NH₃。

Topsoe公司的低耗能工艺在合成气转化中使用其自身研发的铜基催化剂，可以降低水碳比至2.8~2.0，从而减少燃料使用。该工艺的综合能耗在28.4~29.3GJ/t NH₃。

（3）天然气制甲醇

在天然气化工中，仅次于合成氨的大宗商品就是甲醇，而在全球的甲醇产量中，使用天然气作为原料合成的也占据了90%以上。近年来，我国天然气制甲醇的占比也从总甲醇产量的10%快速提高至30%以上。

天然气制甲醇的工艺步骤示意图如图8-27所示。其前半部分仍然为天然气制合成气过程，与前文类似。而在合成气制甲醇的过程中，工艺又可以被分为高压法、低压法和中压法三类。合成气到甲醇的反应为放热反应，高压（20~30MPa）使得该反应的反应热对温度变化不

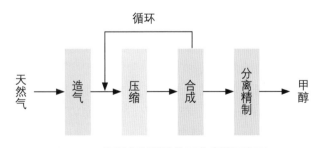

图8-27 天然气制甲醇的工艺步骤示意图

敏感，因此高压法可以在高温下操作，而低压（5～8MPa）条件下，反应热随温度和压力变化十分明显，需要严格控制温度压力，因此一般在低温条件下操作。

高压法最早被提出，由BASF开发并应用于工业，使用的催化剂为Zn-Cr催化剂，操作温度为360～400℃，操作压力为19.6～29.4MPa。目前，由于其投资和能耗等指标均劣于低压法，发展长期处于停滞状态，也没有新建装置。

低压法以ICI工艺和Lurgi工艺为主，其生产的甲醇占据了世界总产量的80%以上。低压法一般使用Cu基催化剂，活性高于Zn-Cr催化剂，反应温度一般在240～270℃，反应压力为5.0～8.0MPa。目前ICI主要使用的催化剂是ICI51-7，在ICI51-1催化剂即Cu-Zn-Al的基础上加入了MgO，提高了分散度并基本解决了稳定性的问题。Lurgi工艺的代表性催化剂则是其公司开发的LG-104催化剂，基本组成仍然为Cu-Zn-Al，但是比例与ICI的51系列催化剂略有差异。整体来说，低压法选择性好，甲醇收率高，但是由于压力限制，管道和设备较大。

在低压法的基础上，为了满足装置大型化的需求，中压法被提出并发展。其催化剂仍然为Cu基催化剂，反应温度也与低压法类似，只有压力提高到了10～20MPa，在产量提高的同时，也导致了动力消耗的增加。

8.4.3 天然气氧化制乙炔及乙烯

早在20世纪40年代，巴斯夫（BASF）就实现了甲烷部分氧化制乙炔过程的工业化。该工艺主要的流程包括三部分：a. 快速混合，预热到600～650℃的甲烷和氧气进行快速混合；b. 混合气体进入燃烧室点燃进行毫秒级反应；c. 在燃烧室末端喷水进行淬冷以组织产品进一步裂解。最终乙炔产品的收率约为33%。

天然气部分氧化的核心技术是乙炔炉反应器，一直被德国BASF等国际大公司垄断。中石化四川维尼纶厂于20世纪80年代从BASF引进7500t/a乙炔炉技术，是国内最早的工业化装置。由于涉及高温快速混合和毫秒级反应过程，乙炔炉放大难度很大，因此BASF公司于20世纪70年代开发成功7500t/a乙炔炉技术后，直至最近十几年才成功实现进一步工业放大。

清华大学化工系与中石化川维厂合作，对乙炔炉的混合和反应过程进行深入研究，提出了新型混合器结构，成功设计了1.0万吨/年和1.5万吨/年乙炔炉，并于2006年6月一次开车成功。满负荷运行的技术指标优于BASF的7500t/a装置，标志着我国在天然气部分氧化制乙炔技术上打破了国外公司垄断，达到国际先进水平。

清华大学化工系在后续工作中，进一步在新工艺开发、反应器新结构开发和原料拓展等方面取得新进展，并申请了系列发明专利，形成了具有自主知识产权的技术。

甲烷部分氧化制乙炔为快速混合和快速反应过程，对混合时间和反应时间有严格的限制。一方面，由于O_2和CH_4的比例对反应效果有显著的影响，因此要求进入反应器的混合气体必须达到均匀混合，即混合段必须实现O_2和CH_4的均匀混合。另一方面，O_2和CH_4的混合气体在600℃下经一定时间会发生自燃（此时间定义为自燃诱导时间），如果在混合段的停留时间大于O_2和CH_4混合气体在该温度下的自燃诱导时间，则会导致早期着火。因此，混合器设计必须满足在停留时间小于自燃诱导时间的前提下实现均匀混合。

甲烷部分氧化过程是快速反应，反应时间在3～5ms时得到最高的乙炔收率。这样的快速反应对反应器设计提出了苛刻的要求。

采用N-甲基吡咯烷酮作为吸收剂，将物料分离成三部分：

① 高级炔烃和芳香族化合物，具有最高的溶解度。

② 产品乙炔，具有较高的溶解度。

③ 合成气组分，具有较低的溶解度。

从工业装置的数据来看，由清华大学设计的1.0万吨/年和1.5万吨/年乙炔炉反应器均一次开车投产成功，生产出的乙炔产品浓度＞99.2%（体积分数），高于国外专利商的设计数据98.8%。设备投资显著降低，天然气消耗有所下降，乙炔炉混合段早期着火引起的连锁大大减少，代表了工业乙炔炉的最好技术水平。

另外，经过多年的研究，清华大学研究团队对低碳烷烃部分氧化过程有了全面、深入和机理性的认识。并建立了过程定量分析和反应器优化放大的方法，保证了核心技术不断提升，保持技术优势。具体体现在以下方面：

① 基于基元反应动力学和计算流体力学模拟，能有效指导反应器设计和新工艺开发，还可以定量描述气体组分发生变化的影响，为确定最佳操作条件提供指导，如图8-28所示。例如，新疆美克乙炔炉天然气原料组成发生变化时，乙炔炉不能正常运行。清华大学采用基元反应网络进行深入分析，提出工艺操作调整方案，不仅实现了乙炔炉在新原料条件下的正常运转，还提高了乙炔收率。

（a）温度 　　　（b）乙炔质量分数 　　　（c）CO质量分数

（1）

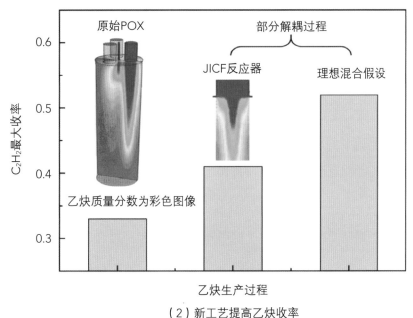

（2）新工艺提高乙炔收率

图8-28 CFD耦合基元反应动力学模拟天然气部分氧化过程

② 低碳烷烃部分氧化技术不限于甲烷转化，对于富含低碳烷烃的炼厂气、焦炉气、油田气和煤层气等均有很好的适用性。但是由于组成不同，现有的部分氧化技术不能照搬应用。清华大学对乙烷、丙烷及其与甲烷的混合物进行了大量的实验和模拟研究，掌握了部分氧化技术用于其他低碳烷烃的核心技术，为该技术的进一步拓展提供了技术储备。

③ 部分氧化技术的目标产品不限于乙炔，也可以根据市场需求和产业链规划的需要生产乙烯。由甲烷和乙烷等低碳烷烃制乙烯也成为国外研究机构和大公司重点关注的技术发展方向之一。清华大学对此进行了大量研究，在同类技术的研究与开发中处于国际前沿。

④ 清华大学研究团队不仅设计了目前世界上规模最大、指标先进的乙炔炉反应器，并且在裂化气高温余热回收（图8-29）方面进行了大量基础研究工作，为部分氧化技术进一步降低能耗打

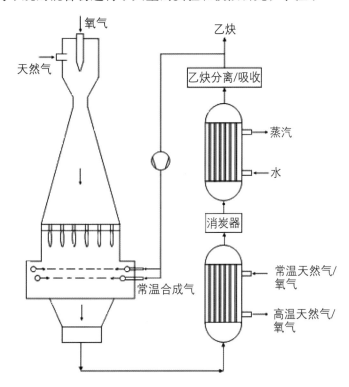

图8-29 气-气淬冷高温余热回收工艺流程图

下了基础。

与直接引进技术相比，采用国内自己开发的技术，不但大大降低投资，更重要的是企业拥有了自己的核心技术，有利于通过技术创新保持在天然气化工中的领先地位。在页岩气等低碳烷烃在全球被普遍看好的大背景下，掌握相关核心技术并在技术竞争中处于领先地位，对于企业的长远发展具有战略性意义。

8.4.4 天然气转化研究新进展

近年来，研究者们也设计提出了一系列新的天然气转化利用思路，包括甲烷无氧直接制备芳烃、甲烷氧化直接制备甲醇等。甲烷无氧直接制备芳烃的反应缩写为MDA（methane dehydroaromatization），其产物除了目标芳烃以外，一般还包括氢气，是近年来广受关注的热点课题。甲烷直接氧化制甲醇则可以避免经过合成气的步骤，节约能耗、降低成本。

（1）甲烷无氧芳构化

甲烷直接制芳烃的催化剂一般使用分子筛作为载体，包括ZSM-5、ZSM-8、MCM-22、MCM-36等，其负载的活性金属一般有Mo、W、Cr、Fe、Co等。其中最早被报道的，也是研究最多的催化剂是Mo/HZSM-5催化剂。目前MDA反应的主要优势是产物选择性高、附加值高、过程无污染，而面临的主要挑战是单程转化率较低及催化剂表面容易积炭导致失活。单程转化率受限于低平衡常数，在700℃条件下，甲烷的平衡转化率只有14%，因此催化剂的设计策略主要聚焦于高效抗积炭催化剂的筛选。此外，也有一些研究者尝试设计新的流化反应器或薄膜反应器，以抑制积炭。

催化剂设计方面，主要的调控策略包括：改变负载元素种类、对负载元素进行掺杂改性、调控分子筛结构等。最为常见的活性金属为Mo，其他还有VO_x/ZSM-5、CrO_x/ZSM-5、WO_x/ZSM-5、ReO_x/ZSM-5、FeO_x/ZSM-5等催化剂，这些活性金属与ZSM-5分子筛的结合位点不尽相同，由此导致不同的金属氧化物和Si、Al氧化物界面，进而产生不同的催化性质。整体而言，MoO_x的催化活性高于绝大多数其他活性金属。而针对活性金属Mo，研究者们发现其价态、局部酸位点性质等，都对催化剂性能有显著影响。可以通过掺杂第二金属、改变负载方式、调控颗粒尺寸等方法来调变催化剂的性质，进而影响其反应性能。比如Ni的掺杂可以占据过多的B酸位点，进而抑制积炭的形成。Silicalite-1分子筛包裹的Mo/HZSM-5也表现出了更高的芳烃收率和更好的稳定性。对于载体的调控也可以有效提高催化性能，比如使用具有多级孔道结构的分子筛可以提高分子扩散速率，减少传质阻力，抑制积炭。新的分子筛，如ITQ-13具有独特的三维孔道，也在芳构化反应中表现出了更高的选择性。此外，也有研究者将多种调控方法耦合，比如Fe©SiO_2催化剂中不仅改变了活性金属，也没有使用分子筛作为载体。新的活性位点Fe以氧化物的形式，直接嵌入载体SiO_2晶格中，与Si和C直接连接，进而表现出了优异的催化性能，尤其具有极高的抗积炭能力。

反应器设计方面，主要的策略包括流化床、膜反应器等。由于Mo/HZSM-5催化剂极易积炭失活，研究者设计了循环流化床（CFBR）工艺，失活的催化剂直接从反应流化床底排出，并被载气吹入再生流化床，使用H_2再生后的催化剂从反应流化床顶通入，这样的方式可以连续再生Mo/HZSM-5催化剂。薄膜反应器则可以及时分离产物H_2，使得反应可以突破化学平衡，但是H_2的移除可能会增强积炭，进一步降低催化剂的稳定性。也有研究者使用选择性透氧膜，将H_2以水的形式移出，避免了积炭的增加。

（2）甲烷的氧化偶联

甲烷的氧化偶联目标产物是乙烯，可以被进一步加工为高附加值化学品，但是反应需要加入氧气，因此很容易导致甲烷过度氧化为H_2O或CO_2。此外，氧化偶联反应是强放热反应，极易导致局部过热，对反应器设计和传热过程都造成了较大的挑战。也有研究者尝试将氧化剂替换为S_2，进而反应会变得较为温和，缓解局部移热的压力。同时，产物中的乙烯选择性也可以显著提高，在非贵金属的Fe_3O_4催化剂上，使用S_2作为氧化剂，可以得到33%的乙烯选择性。但是这一工艺的副产物是H_2S气体，可能会带来较多的污染。

（3）甲烷直接氧化制甲醇

甲烷直接氧化制甲醇虽然可以避免蒸汽转化步骤，进而节省大量的能源消耗，但是目前尚未工业化，其主要困难在于目前的催化剂单程转化率仍然较低。从催化机理的角度来说，主要有两个挑战：一个是甲烷C—H键十分稳定，难以活化；另一个是热力学上选择性地生成甲醇较为困难，甲醇C—H的键能低于甲烷C—H键能，因此甲醇很容易被过度氧化。概括而言，理想的甲烷直接氧化催化剂，需要有极高的甲烷C—H键活化能力，同时还需要抑制甲醇的过度氧化，才能同时具备高活性和高选择性。

目前常见的催化活性金属有贵金属系列（Pt、Pd、Rh）和非贵金属系列（Fe、Cu），催化反应体系有液相均相催化流程和固体非均相催化流程，反应机理有亲电取代、自由基反应等。不同的催化位点和催化流程具有不同的反应路径，也因此导致这一反应较为复杂，缺乏统一的设计范式。

目前最具有工业应用潜力的是Cu改性的分子筛类催化剂，包括Cu/ZSM-5、Cu/MOR、Cu/SAPO-34等，但是研究者对于活性位点的认识仍然存在争议。有观点认为ZSM-5上的双核中心（2+）是活性中心，也有观点认为三核铜氧簇（2+）与MOR分子筛的两个Al原子键合，形成类似生物酶的活性位点，才是反应的高活性位。在催化剂性能的优化方面，Hutchings等报道了Cu-Fe/ZSM-5分子筛，通过双金属效应，其氧化制甲醇的TOF可以达到$2200h^{-1}$（50℃，30.5MPa，氧化剂为H_2O_2），而甲醇的选择性也可以达到90%。也有研究者使用H_2O作为氧化剂，在Cu-MOR催化剂上甲醇产率也可以达到$0.202mol_{产品}/mol_{Cu}$，对应的甲醇选择性也可以达到97%。

目前常见的甲烷直接氧化制甲醇的流程需要经过高温活化、低温反应、水蒸气萃取，这样的工艺流程避免了甲烷和氧化剂的直接接触，进而降低了安全风险，但是也使得整个流程复杂化。有研究者初步实现了甲烷、氧气、水同时通入固定床反应器，并连续转化甲醇的装置，但是未来匹配该反应的工艺设计仍然需要更多的研究。

8.4.5　天然气低碳利用展望

在目前工业化的天然气化工技术中，合成甲醇、合成氨等与煤化工路线相比没有竞争优势，非催化部分氧化制乙炔和合成气是最具经济优势的路线，并且能形成产业链优势，通过产业链优化和附加值提高，能实现单位产值CO_2排放显著降低的目的。天然气直接转化从工艺路线上看最简单，但是挑战性也最大，因此天然气催化也被称为催化领域的圣杯。甲烷无氧芳构化、氧化偶联和直接氧化制甲醇如能取得突破，将成为天然气制芳烃、烯烃和醇类的先进技术，也必将为CO_2减排做出更大的贡献。

8.5 低碳化工下的环境保护与永续发展

化学工业的低碳发展是在传统发展模式基础上进行的创新和发展，其内涵是提高能源效率、加强生态环境保护、控制温室气体排放，并对化工生产工艺进行改进升级，从而推动传统石油化工等化石资源产业转型发展，是缓解环境恶化、解决资源与能源短缺的重要途径之一。针对国家碳达峰与碳中和的战略发展目标，以及日益严峻的环境问题，为了降低环境污染带来的安全隐患，如化工生产出现的有毒气体、交通运输产生的大量废气等。

挥发性有机物（VOCs）会形成雾、霾，以及化石燃料燃烧过程产生的大量CO_2废气可以造成全球变暖和城市热效应，都会对环境造成污染。为了解决CO_2和VOCs对我国环境造成的影响，同时要坚持走资源消耗低、污染排放少的可持续发展道路，本节列举出了基于碳纳米管固定VOCs、工业尾气低碳利用技术、工业废液吸收CO_2、膜分离法分离CO_2和生物净化法处理VOCs等创新低碳工艺技术。

8.5.1 用碳纳米管吸附挥发性有机化合物

8.5.1.1 挥发性有机物处理的重要性与碳排放的关系

人类的生产生活消耗大量能源与资源，不可避免地排放了大量二氧化碳。我国最近制定的二氧化碳排放2030年达到峰值、2060年实现碳中和的目标，是我国可持续发展的战略决策。在各种应对之策中，对各个行业采用高效能的技术及在控制各环节中的节能降耗提出了明确要求。除各种生产生活的主流行业外，我国各种加工过程（生产、储存、转运、倒装等）中产生的挥发性有机化合物（VOCs）排放量每年也超过2000万吨。

另外，从定量的角度，VOCs气体的起始处理浓度往往在$3000 \sim 5000mg/m^3$（标）左右，排放的标准为非甲烷总烃含量，从原来的$100mg/m^3$（标）逐渐过渡到$50mg/m^3$（标），甚至到了$20mg/m^3$（标）。其中对人体危害大的芳烃，有更加严格的排放标准。比如，《石油炼制工业污染物排放标准》（GB 31570）、《石油化学工业污染物排放标准》（GB 31571）要求"非甲烷总烃去除率≥95%（重点地区要求97%）、苯≤$4mg/m^3$、甲苯≤$15mg/m^3$、二甲苯≤$20mg/m^3$"。而中石化出台的《关于加快推进炼油企业VOCs提标治理工作的通知》，指标最为严格，要求"VOCs控制指标小于$50mg/m^3$，苯小于$2mg/m^3$，甲苯小于$8mg/m^3$，二甲苯小于$10mg/m^3$"。

众所周知，VOCs的处理技术主要包括：蓄热式燃烧、催化降解、吸附-脱附-燃烧及膜法等。其关键的技术特征如表8-4所示。

表8-4   目前VOCs处理的不同技术的特征

处理技术	是否配备空气（助燃剂）	介质是否需要升温	是否配备化石燃料	CO₂排放
蓄热式燃烧	是，大量	是	是，大量	最大
催化降解	是，中量	是	否	次之
吸附-脱附-燃烧	是，少量	基本不用	否	最少

由表8-4可知，蓄烧式燃烧由于需要把所有的气体加热到燃烧温度（＞800℃），所以既需要配空气，又需要配燃料，故CO_2排放最大。催化降解过程中，只是需要把所有的气体都加热到催化温度（200～300℃），因此配备的燃料量大幅度下降，CO_2排放减少。采用吸附-脱附法可以浓缩有机物，即使再用于燃烧，需要的空气大幅度降低，因此直接的CO_2排放（来自有机物）与间接的CO_2排放（来自过程能耗）都显著下降。因此，该行业既有环保压力的技术要求，又同时伴随着处理方法的碳排放代价。

8.5.1.2 碳纳米管吸附-脱附-固碳新技术理念的提出

受到上述过程启发，开发出了吸附-脱附-固碳的技术路线（图8-30），利用碳纳米管吸附剂高效吸附与脱附有机物，并将脱附的有机物在高温催化剂的作用下再生成碳纳米管，形成了废气制造吸附剂的产业闭环。

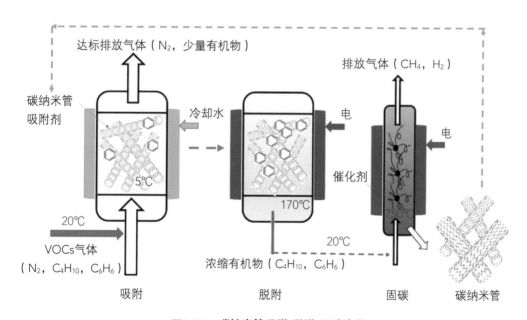

图8-30   碳纳米管吸附-脱附-固碳流程

从这个循环来看，由于将脱附的有机物大部分固定成了碳，因此，绝对碳排放大幅度降低，是目前来看最有利于减少碳排放的环保处理理念。同时，碳纳米管吸附剂比活性炭吸附剂更加容易再生，使用寿命长，也降低了碳材料报废后处理的碳排放。

当然这个过程中吸附、脱附与固碳都需要能耗，仍然具有潜在的碳排放。然而，如果使用灰电,则在吸附过程中冷却吸附剂、气体以及克服吸附热,需要制冷消耗量,会产生较大的CO_2排放量;吸附过程中灰电对应的CO_2排放,几乎为工艺气体燃烧所对应的排放量的22%。同理,在脱附过程中,如果使用灰电加热以及启动真空泵进行脱附,则脱附过程中灰电对应的CO_2排放约为工艺气体燃烧所对应的排放量的2倍。计算表明,使用灰电将产生巨大的CO_2排放,使得过程的CO_2排放量是预想的2.2倍。显然,有必要重视灰电导致的隐性碳排放量。或者说,如果使用灰电,固碳过程中的电耗与吸附和脱附过程的总电耗差不多。该工艺除了获得高附加值的碳材料外,并不能大幅度地降低过程的总CO_2排放量。

对于不具备CH_4与H_2再应用的场景,将其直接排放是目前国际与国家标准所允许的。但考虑到CH_4温室气体效应远高于CO_2,因此,将固碳过程中生成的CH_4和H_2与空气反应,用燃烧热量来为固碳设备及脱附设备供热,也是流程与工艺方面合理的选择,可使CO_2排放降低76.5%。

8.5.1.3 提高绿电比例对不同工艺碳排放的影响

假定以苯和丁烷为两类处理代表物,其处理要求如表8-5所示。

表8-5 原料气处理要求

原料气	进气/(mg/m^3)	出气/(mg/m^3)
丁烷	1206	≤50
苯	5516	≤2

在以绿电/灰电比例为变量的条件下(图8-31),几种工艺中需要CH_4量、需要供电量、需要空气量属于不变的量,对CO_2产量随绿电/灰电比例的变化情况分析如下。由于直接燃烧方法与电没有关系,因此其二氧化碳排放是固定的。但对于催化氧化方法而言,如果全使用绿电供能,则该过程中的碳减排可以大大改善,仅相当于直接燃烧方法的24%。对于吸附-脱附-燃烧方法而言,如果增加供电中绿电的比例,则过程中吸附与脱附环节的

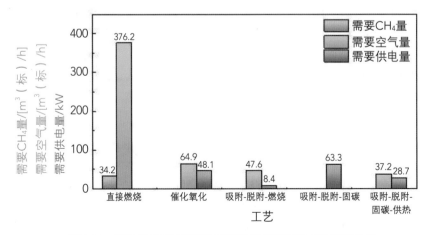

图8-31 绿电/灰电比例变量下不同VOC处理方式的固定参量

CO_2排放量显著减少（图8-32）。当全使用绿电时，仅在燃烧环节存在CO_2排放。这充分说明一个过程中是否具有绿色化潜力，是将来真正实现CO_2减排的关键。

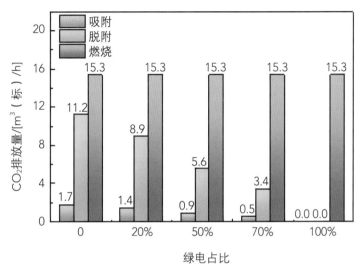

图8-32　吸附-脱附-燃烧工艺中绿电比例变化时产生CO_2量的变化

同时，使用绿电的优势也在吸附-脱附-固碳工艺中体现得非常充分。在使用绿电，并将过程产生的CH_4与H_2用作其他过程的有用原料时，吸附、脱附、固碳环节的CO_2排放都趋于零（图8-33），处理$1m^3$（标）的VOCs的CO_2排放量仅为$0 \sim 0.05m^3$（标）（图8-34）。显然，本技术的固碳作用是使得过程总的CO_2接近零的重要因素，这显然是非常有吸引力的。

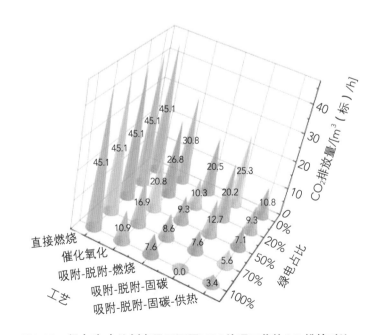

图8-33　绿电/灰电比例变量下不同VOC处理工艺的CO_2排放对比

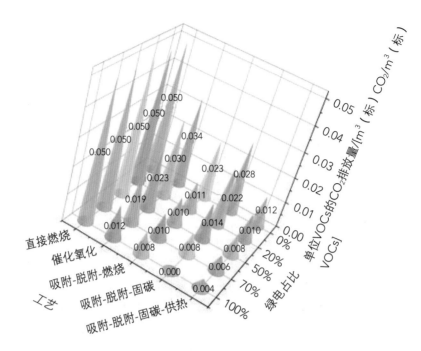

图8-34　绿电/灰电比例变量下不同VOCs处理工艺的单位VOCs的CO₂排放对比

　　而且，只有在固碳工艺中，可至少产生出6.4kg/h的碳纳米管有用产品。而当1.0m³（标）/h的CH₄和2.8m³（标）/h的H₂也用于产品的话，则附加值持续增加。利用固碳工艺中的碳纳米管再制成吸附用的吸附剂，将大大降低该工艺的投资成本。理想化的产业闭环循环工艺（图8-35）在全部绿电供电情况下，只有供热环节有碳排放。

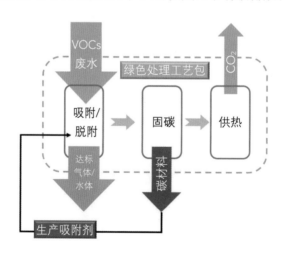

图8-35　产业闭环循环示意图

8.5.1.4　基于碳纳米管构筑有机挥发性气体处理的绿色循环链的工业实践

　　传统活性炭具有复杂的大孔、中孔与微孔结构[图8-36（a）]，使得脱附比较困难。而碳纳米管具有比表面积大、凸孔结构、介孔孔容大与化学稳定性高（sp²杂化碳）的优势，其吸附原理是通过π-π吸附机理作用于VOCs物质，具有快速的吸脱附优势[图8-36

（b）]。同时，大范围离域π键和由之带来的高导热、导电特性，为其在吸脱附过程中的升降温操作提供了高效的热传导优势。目前碳纳米管已经商业化生产，并大规模用于锂离子电池的导电浆料。中国已实现碳纳米管年产量达数千吨，目前碳纳米管与石墨烯部分品种的价格已与活性炭相近，品质控制优良[图8-36（c）]。经过成型配方探索与优化，制得高强度、高介孔率、大比表面积、高导电性的碳纳米管吸附剂（图8-36），具有比活性炭吸附剂脱附快速与脱附率高、循环使用性能好的优势[图8-36（g）]。

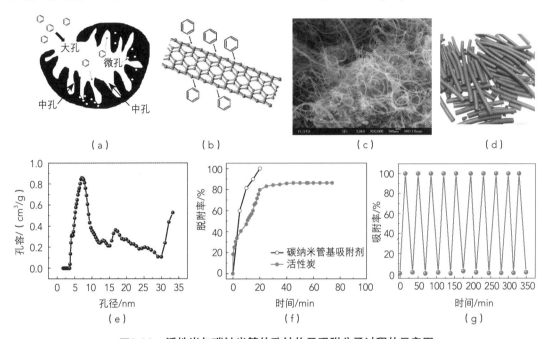

图8-36　活性炭与碳纳米管的孔结构及吸附分子过程的示意图

同时，开发了纳米金属固碳催化剂，在750℃可高效转化丁烷、戊烷与芳烃等，生成碳纳米管，并使尾气中的非甲烷总烃远低于国家排放标准。基于这些技术集成，2020年，建成了国际首套碳纳米管吸附剂处理芳烃罐区油气处理及回收的装置[处理能力为900m³（标）/h]（图8-37）。针对芳烃罐区油气，实现了无明火的处理工艺与芳烃挥发气的捕集，同时固碳工艺的实施为碳元素闭环链和碳物质近零排放提供了条件。

图8-37　所建成的碳纳米吸附剂的梯度吸附脱附＋固碳的油气综合处理装置照片

8.5.1.5 碳吸附-脱附-固定绿色循环链的未来展望

在以化石燃料与灰电为能源的流程中，直接燃烧法的碳排放最大。吸附-脱附-燃烧流程则具有极大的绿色化潜力，有效降低CO_2总排放量。吸附-脱附-固碳工艺中，得到了有价值的产品，进一步降低了工艺气体的碳排放，但其供能方式仍有隐性的碳排放。而随着绿电的使用，吸附-脱附-固碳-供热工艺最有利于碳减排，成为绿色循环。显然，这个吸附-脱附-固碳-供热工艺理念，也适用于有机废液的绿色化与低碳化处理。将来的发展趋势是开发更加高效的催化剂，使得所有的VOCs全部生成碳纳米管与氢气，不副产甲烷。这个工艺体现了最清洁的过程发展理念，发展前景光明。在世界范围内碳减排和中国"双碳"的时代背景下，该工艺将为碳税/碳排放权交易配额的降低提供技术保证，并可推迟负碳经济到来的时间。

8.5.2 工业尾气低碳利用技术——氧化碳生物发酵制乙醇

钢铁、铁合金、电石、石油炼化、煤化工、黄磷等行业生产过程中副产大量富含CO的工业尾气。这些工业尾气蕴含了大量的化学能和热能，直接排放造成资源浪费也带来环境污染。工业尾气的排放是温室气体的主要来源之一，降低工业尾气的碳排放，充分利用工业尾气中的有效组分是碳减排的关键。典型工业过程的工业尾气组成如表8-6所示。

表8-6 典型工业过程的工业尾气组成

工业尾气	CO/%	CO$_2$/%	H$_2$/%	N$_2$/%	CH$_4$/%
转炉煤气	45~55	15~20	0.5~1.5	25~30	—
高炉煤气	22~28	15~25	1~3	45~55	—
焦炉煤气	5~10	3~7	55~60	2~5	25~30
炭黑尾气	9~13	2~3	9~12	36~38	0.2~0.8
铁合金尾气	65~75	10~15	5~10	5~10	0~2
电石炉尾气	70~80	0~5	10~20	5~8	0~1
磷化工尾气	75~80	2~5	10~15	3~7	0
生物质气化合成气	15~20	8~12	10~15	30~45	2~5

目前工业尾气的利用方式主要包括用于生产化工产品、燃烧取热和工业尾气发电。其中最常用的方式是建设煤气发电项目，但工业尾气燃烧发电也会带来大量的CO_2排放。随着我国"碳达峰"和"碳中和"战略的提出，通过燃烧发电的方式利用工业尾气将面临越来越大的挑战。工业尾气的化学利用受到重视，一种化学利用方式是通过干式重整或水煤气变化调整尾气中的氢碳比，调整后作为合成气进一步制备基础化学品。尾气化学利用的方式往往需要经过较多的操作单元，工艺流程比较复杂，一定程度上限制了化学转化的工业应用。

利用工业尾气中的CO进行生物发酵是尾气转化利用的另一种重要方式。工业尾气中CO生物发酵的主要产物为乙醇，同时副产菌体蛋白。乙醇是重要的清洁能源和基础化学品，乙醇与汽油按一定比例混合可用作车用燃料，能够有效减少汽车尾气中颗粒物和一氧化碳等污染物的排放。此外，乙醇可作为基础化工原料生产化工材料，实现碳的固化。副产的菌体蛋白也是一种高价值的饲料蛋白质原料。本节重点介绍基于生物发酵法的工业尾气低碳利用技术。

8.5.2.1 CO生物发酵制乙醇技术原理

1987年棒状革兰氏阳性厌氧菌杨氏梭菌被发现，它能够将一氧化碳和氢气发酵成乙醇和乙酸。随后，CO发酵研究取得了重大进展，数十种新物种被发现。能够利用CO、H_2/CO_2进行生长代谢的微生物主要为厌氧微生物，且多以产乙酸为主，少量微生物可以产乙醇。微生物菌体利用CO、H_2/CO_2厌氧发酵产出乙醇通过Wood-Ljungdahl代谢途径实现。该类微生物菌体中存在CO脱氢酶（CODH），这种酶消耗CO作为细胞代谢的唯一能量来源，将CO氧化成CO_2并且脱掉H_2O里面的氢原子。H_2与铁氧还原蛋白结合形成还原性铁氧还原蛋白。这也被称作生物水气转换反应，其化学反应过程如下：

$$CO + H_2O \xrightleftharpoons{CODH} CO_2 + 2[H]$$

从代谢过程看，CO既是碳源，也是能量来源。CO在代谢过程中提供足够的能量以合成乙醇、乙酸等代谢产物。

8.5.2.2 工业发酵过程强化

工业尾气生物发酵的转化效率远低于传统热催化过程。其中，气相组分在液相中的低溶解度是核心的限制因素之一。提高发酵反应器中的传质效率是推进工业尾气发酵技术商业化的关键问题。反应器是发酵过程的核心，常见的发酵反应器有搅拌釜反应器、鼓泡床反应器、膜生物反应器、气升式反应器、滴流床反应器、固定化细胞反应器等。反应器设计在尾气发酵过程中起着重要的作用。高传质速率、低运行成本以及易于规模化是设计高效发酵反应器的关键。体积传质系数可以作为比较不同反应器构型下传质能力的可靠参数。表8-7总结了不同反应器结构和操作条件下的体积传质系数。与传统的反应器相比，中空纤维膜生物反应器具有显著的传质优势。在膜生物反应器中，气体基质通过中空纤维膜的腔体流动，并在微孔膜中扩散而不形成气泡，微生物以生物膜的形式生长在膜的另一侧。膜组件提供了一个充足的表面积，气液传质和细胞附着发生在相对较小的反应器体积。CO通过微孔膜从气相到液相的转移受膜两侧的气液边界层的阻力限制，增大气体和液体的流速会减小边界层的厚度，从而增大体积传质系数。

表8-7　不同反应器结构和操作条件下的体积传质系数k_La

反应器结构	气体基质	k_La/h^{-1}	数据来源
滴流床	合成气	22.0	Cowger, 1992
连续搅拌釜反应器	合成气	28.1	Bredwell, 1999
鼓泡床反应器	CO	72	Chang, 2001

反应器结构	气体基质	k_La/h^{-1}	数据来源
中空纤维膜生物反应器	20%CO，5%H_2，15%CO_2，60%N_2	1096.2	Shen，2014
气升式反应器	CO	129.6	Munasinghe，2014

8.5.2.3 生物发酵制乙醇工业化应用

工业尾气生物发酵法具有反应条件温和、副产物少、流程简单的特点。首钢朗泽于2011年开始了钢铁工业尾气生物发酵法制燃料乙醇项目工业化研究，并于2012年底建成了全流程300t/a工业尾气发酵制燃料乙醇中试示范项目。其发酵乙醇浓度达到50g/L，CO单程转化率为85%，连续稳定运行周期超过3个月。

在中试研究成果基础上，首钢朗泽进一步建设了全球首套4.5万吨/年钢铁工业尾气生物发酵法制燃料乙醇工业化示范项目，该项目以首钢京唐公司炼钢转炉煤气为原料，年产燃料乙醇4.5万吨，同时联产蛋白饲料5000t，粗天然气500万m^3（标）。其工艺流程包括气体预处理、发酵、蒸馏脱水、尾气处理、蛋白分离干燥、污水处理等。如图8-38所示，工业尾气经压缩、净化、脱氧等处理后连续送至发酵罐中。微生物在发酵罐中以CO为单一碳源，通过氨水调节pH并作为氮源，将气体中CO持续地转化为乙醇等代谢产物，将无机碳转化为有机碳，实现碳的固定，同时实现菌体自身持续增殖。发酵过程为连续发酵，持续地向发酵罐补充原料气及营养液，同时持续排出乙醇浓度约5%（质量分数）的成熟醪液。发酵过程中CO单程利用率大于85%，发酵尾气中含有少量未反应的CO，通过洗涤塔洗涤后送入尾气处理装置并回收热量产出蒸汽。发酵成熟醪液经蒸馏脱水系统提纯乙醇，蒸馏工艺采用多塔差压蒸馏技术，实现高效热量梯度利用集成。含有微生物菌体的余馏水通过浓缩干燥工艺得到蛋白饲料副产品。余馏水可大部分直接回用于发酵工艺，剩余废水送入污水处理系统，通过厌氧反应器降解大部分的COD（化学需氧量）。回收产出的沼气（$CH_4 > 70\%$）可用作高热值燃料，销售至上游钢厂或进一步脱碳加压后用作车用压缩天然气。处理后废水可进一步回用于工艺，少量反渗透浓水可用于钢厂浇渣使用，实现资源的循环利用。

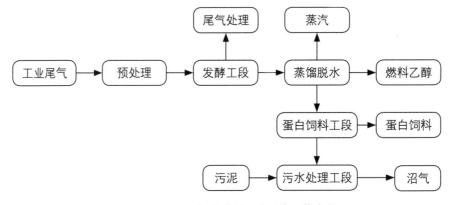

图8-38 工业尾气发酵制乙醇系统工艺流程

首钢朗泽的示范项目自2018年5月投入试运行，各项运行参数达到了设计指标，单批次最长实现连续稳定运行超过300天，验证了工业煤尾气发酵法制燃料乙醇技术的工业化可行性和经济性。产出的燃料乙醇符合车用乙醇汽油国家标准，副产的乙醇梭菌蛋白产品的粗蛋白含量在80%以上，氨基酸种类齐全、平衡性好，易于动物消化吸收，是一种高价值的蛋白饲料原料。

工业尾气发酵法制燃料乙醇工业化项目将钢铁工业与燃料乙醇新能源有机结合起来，为钢铁工业尾气高价值利用提供了一条新途径，能促进钢铁企业节能减排及循环经济发展，为钢铁、炼化、铁合金、磷化工等行业减排及循环经济发展了良好的示范。目前我国燃料乙醇缺口大，工业尾气发酵法乙醇为我国燃料乙醇的来源提供了一种非粮燃料乙醇来源的新途径。同时，乙醇作为一种基础化学品，也可以用于合成乙烯等重要的化工产品。

8.5.2.4 工业尾气生物发酵制乙醇展望

与传统的化学热催化合成相比，将合成气用于化学品的生物技术生产具有流程简单、反应条件温和的优势。此外，生物发酵对原料的组成比例具有一定灵活性，原料中H_2、CO和CO_2的比例不需要按化学计量比设置。在氢气和CO_2存在下，微生物也能将气相反应物转化为化工产品。

表8-8给出了不同组分气体合成乙醇的化学式。单独以CO为碳源，可将1/3的碳固化到乙醇中，但仍有2/3的碳转化为CO_2排放。随着反应中H_2的增加，CO_2的产出逐步降低，原料气中碳的固化比例也逐步提高。当H_2/CO比例＞2：1时，整个反应消耗CO_2生成乙醇。以CO_2和H_2为原料进行生物发酵对减碳具有重要的意义，从热力学上看也具有可行性，但这个过程依赖于高效率的生物菌。目前文献报道，以CO_2和H_2为原料进行发酵时，其发酵产物一般为乙酸。合成气生物发酵的反应机理中，CO既是碳源，也是能量来源。因此，在无CO参与下，生物发酵的效率会明显降低。更具有可行性的工业应用场景将以H_2、CO和CO_2三种组分为发酵原料，生物菌充分利用H_2和CO的能量，同时将部分CO_2固碳为乙醇等化学产品。

表8-8 CO/H_2/CO_2合成乙醇反应式

序号	反应式	
1	$6CO + 3H_2O \rightleftharpoons C_2H_5OH + 4CO_2$	$\Delta G = -217.0 \text{kJ/mol}$
2	$3CO + 3H_2 \rightleftharpoons C_2H_5OH + CO_2$	$\Delta G = -156.9 \text{kJ/mol}$
3	$2CO + 4H_2 \rightleftharpoons C_2H_5OH + H_2O$	$\Delta G = -136.8 \text{kJ/mol}$
4	$2CO_2 + 6H_2 \rightleftharpoons C_2H_5OH + 3H_2O$	$\Delta G = -96.70 \text{kJ/mol}$
5	$3H_2 + CO + 1/3CO_2 \rightleftharpoons 2/3C_2H_5OH + H_2O$	$\Delta G = -99.60 \text{kJ/mol}$

大量的工业尾气为生物发酵制乙醇提供充足的原料，此外另一种可行的路径是将煤炭分质利用与气体发酵耦合。如图8-39所示，将煤炭资源进行分质利用，形成的焦炭作

为还原剂，将二氧化碳还原成一氧化碳，进一步结合生物发酵技术，将一氧化碳转化为乙醇。在"双碳"背景下，煤分质利用耦合气体发酵技术为煤炭资源利用提供了新途径。利用气体发酵将CO和CO_2转化成乙醇等化工产品并实现CO_2的净减排，有赖于绿色氢能的发展。未来随着电解水制氢技术的发展，在风能、太阳能等发电充足下，以CO、CO_2和H_2为原料发酵制备乙醇，实现CO_2固化成化工产品将是一种潜在的固碳技术路线。

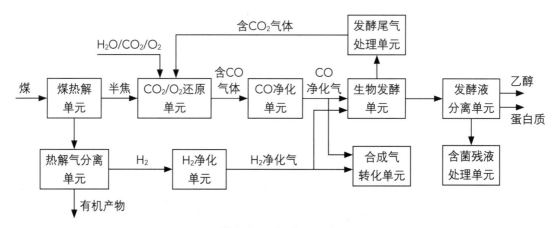

图8-39　**煤炭分质利用耦合气体发酵技术**

8.5.3 利用工业废液作吸收剂捕集废气中CO₂

二氧化碳的过量释放使得地球变暖的趋势越发加快。限制碳排放量可以有效缓解全球变暖的现状，已经在全球许多发达国家得到广泛共识。对此，我国布置了"碳达峰、碳中和"的重点任务，并把碳达峰、碳中和纳入生态文明建设的总体框架中。在此背景下，作为传统高碳行业的化工企业也将成为碳中和的直接参与者，需要促进企业的低碳转型升级与可持续发展。

8.5.3.1 工业废液吸收CO₂技术理念的提出

化工行业实现碳中和的路径之一就是碳资源化利用，CO_2的资源化利用技术方向较多，其中之一为利用低浓度CO_2作工业废液的碱性中和剂，即利用工业废液对低浓度CO_2进行吸收。电镀业、造纸和纸浆业、皮革业、纺织业、染色厂、水泥和混凝土业、石油化工等众多行业都会产生大量的碱性废水和废液，这些工业废液中的有害成分如果泄漏到湖水、河流、小溪、地下水、海洋以及其他水域，则会引发严重的水污染，对人类的健康造成威胁。有许多方法可以处理这些碱性废水，如引入酸，特别是硫酸、盐酸或硝酸；或使用中和材料，如石灰和石灰石等。其中，石灰和石灰石因为含有一定毒性、储存不便、产生次级污染物等问题，导致很难被有效处理。在这种情况下，可以选择CO_2作碱性废水的中和剂，CO_2具有毒性低、无过度酸化作用、成本低、热稳定性好、是亲水物质等优点，可以解决上述遇到的问题。用作中和碱性工业废液的CO_2可以是煤炭燃烧烟道气、沼气燃烧废气等工业废气，这些废气是工业生产中排放废气的主体。

一些研究表明，工业废液pH值越高，碳酸所电离出的H^+会越多。当pH值大于10.3时，碳酸根上的两个H^+可以全部电离出来，此时CO_2就具备与硫酸一样的中和性能。当pH=8.3时，碳酸只电离出一个H^+，CO_2就具备和盐酸一样的中和性能。因为CO_2的分子质量还不足硫酸的一半，所以这样就能够大幅降低酸的用量。CO_2的用量也能通过污水pH值和盐酸或硫酸使用量来进行准确计算。图8-40对二氧化碳与硫酸、盐酸的中和用量进行了比较，具体给出了中和1kg烧碱所需要的硫酸、盐酸和CO_2的用量。

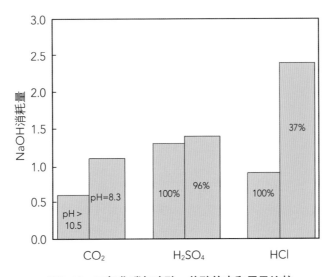

图8-40 二氧化碳与硫酸、盐酸的中和用量比较

如果采用盐酸或硫酸作为中和剂则会对工艺设备和仪器产生腐蚀，同时也会对工作人员的安全造成威胁，但由于CO_2是一种化学性质比较稳定的气体，便能够避免这些问题。在工业废液处理过程中通入CO_2可以中和废水酸碱性，并且不会加大废水中无机盐的处理工作，但通过硫酸或盐酸都难以减少其对废水的盐化。并且，因为硫酸盐和盐酸盐无法直接排放，所以要进行二次处理才能达到国家规定的排放标准，而利用CO_2中和之后反应生成的碳酸盐却不会引发这些问题。所以，工业废水通过CO_2中和排放可以降低环境致污风险，并且在降低废水中无机盐组分的治理成本上也都具有很大优势。

8.5.3.2 业废液吸收CO_2工艺介绍

工艺设计包括能源消耗最小化和材料的可回收利用，能够实现能源的优化。工业废液吸收CO_2的工艺流程主要是液相吸收，液相吸收CO_2的常用案例为微生物转化和碱性工业废水吸收。具体案例如CO_2调节废水的酸碱值工艺，流程图见图8-41。相比于以往使用硫酸或盐酸中和废水，CO_2处理回用水工艺在调节酸碱度的同时也能有效解决过度中和导致的无机盐废水危害。

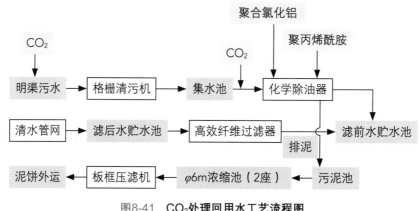

图8-41　CO_2处理回用水工艺流程图

上述研究提出了利用含有高浓度金属阳离子（如钙离子）工业废水的CCU技术的可能性，其中采用了精盐生产装置产生的工业废水作为金属离子供给源。在该工艺中，由于钙离子相对较高的反应活性和热力学状态，会产生一定量的碳酸钙盐。对沉淀的碳酸钙盐进行了X射线衍射（XRD）光谱分析和扫描电子显微镜（SEM）图像分析的结果表明，沉淀碳酸钙主要以方解石的形式存在。如果这项技术被应用，这种利用浓缩工业废水进行碳捕获和利用的新方法应该是一种有用的环境技术，在经济上也是可行的。

8.5.3.3　工业废液捕集CO_2的挑战与应用潜力

当下利用工业废液去吸收低浓度CO_2的技术手段还不太成熟，并且因为工业废液中组分多样，工业废液在吸收低浓度CO_2的同时还会使得含量小的重金属和其他废盐被碳酸盐夹带析出液相，这一现象对后续产品品质影响严重，并且还大大提高了分离提纯的难度，降低产品自身价值。后续可以通过结合生命周期评价和经济可行性分析的方式，对产品做出更适合的处理和规划。

目前利用工业废水废液富集低浓度CO_2的技术已经有了一定的进展，这种吸收CO_2的方式有望实现CO_2的资源化利用。利用工业废液富集CO_2的试验已取得了一些成果，但在现实工业生产过程中使用大体量、低成本的工业废液吸收CO_2来实现低碳减排仍面临诸多问题，如二氧化碳和工业废液的来源不唯一、运输成本高、存储成本高、吸收效率低等问题。随着各地区工业产业园区的开发建设，在不久的将来能够实现不同工厂的工业废液集中处理，彼时工业废液吸收CO_2的方法有可能会有进一步的发展。

8.5.3.4　工业废液与CO_2协同处理技术对环境保护的意义

众所周知，超过某一阈值的温室气体浓度会捕获地球发出的辐射能量，从而改变地球表面的热平衡。为了减轻与温室效应和气候变化有关的问题，世界各地的研究小组正在研究降低大气中温室气体浓度的方法。实际上，在众多的温室气体中，CO_2不是温室效应最明显的气体，但由于排放量大，它也是产生温室效应的最主要的原因。CO_2排放量的主要来源包括火力发电、交通燃料和工业生产使用在内的各种领域燃烧化石燃料。为此目的，碳捕获、储存和利用技术已经发展了十多年。

鉴于目前我国能源利用现状，仍然是"一次能源以煤炭为主，二次能源以煤电为主"的基本能源结构，尽管近年来我国可再生能源迅速发展，但产能仍相对不足。我国规划2030年非化石能源占比达到20%，并且我国已郑重承诺在2030年CO_2排放达峰。碳捕获、储存和利用技术（CCUS）能在避免能源结构过激调整、保障能源安全的前提条件下达到减排目标，使我国能源结构实现从化石能源主导向可再生能源主导的平滑转变，将能够在2030年后的去峰阶段起到关键作用。

采用成本低廉且总量巨大的工业废液来富集CO_2是一种创新型的碳捕获、储存和利用技术。通过总结和分析得出，工业废液吸收CO_2在原理和工艺上是可行的。目前工业废液与CO_2的协同处理主要还停留在试验阶段，正往工业化应用过渡。工业废液与CO_2协同处理的同时，能够降低对环境的污染，并且能够实现工业废液和废气中CO_2的资源整合、回收和利用。因此，利用工业废液富集CO_2工艺是将来我国减少碳排放、构建生态文明和可持续发展的重要手段之一。

8.5.4　利用中空纤维膜捕集CO_2工艺

8.5.4.1　中空纤维膜的膜吸收原理

中空纤维膜分离法利用混合气体中的各种组分在透过薄膜材料上的层孔时传质速度的差异，来获得对各种气体的隔离效应。通过覆膜材料，使在混合气体中要求分散的各种气体与组件之间形成了截然不同的物理条件和化学反应，进而使要求离散的气体组分快速地透过覆膜，从而导致分散废气在原料侧的含量迅速减少，并在另一侧富集。图8-42为膜分离CO_2气体的原理示意图。因为薄膜分离法的驱动力一般是吸附废气两端的成分差异与压力，所以覆膜材料在分散废气时消耗能量的高低取决于材料对废气的选择性和废气的含量。研究表明，大部分聚合物的渗透率与热选择性具有相反的关系，即热选择性随渗透率的升高而降低，相反，具有较高热选择性的聚合物的渗透性较低。由于CO_2在分压差比较高的环境下能够迅速地透过膜，所以膜分离法更适用于分离CO_2分压比较高的原料气。但是，膜分离法的分离效率还有待提升，需要进行脱水及过滤等预处理过程，大多使用的分离工序在二级以上才能保证获得理想的分离效果，如图8-43所示。

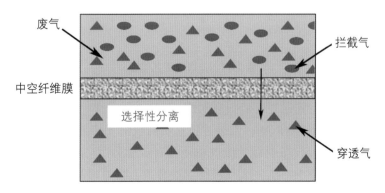

图8-42　膜分离法原理图

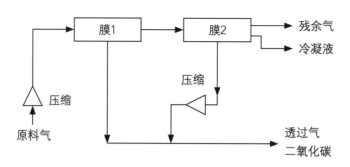

图8-43 两级膜分离法工艺流程图

8.5.4.2 中空纤维膜工艺流程的建立

膜分离法中使用的材质一般为促进传递膜材质、高分子聚合物材质和混合材质等3大类,聚合物材质是最先进行研发的一种膜材质,技术上相对比较成熟。有研究团队选取聚酰亚胺进行氟化改性后合成的膜材料,由于氟化改性,大大提高了膜在分离过程中的质量渗透。

膜分离装置大多可以分为螺旋卷式、管式、平板式和中空纤维式等四类。其中,中空纤维膜具有生产成本低、填装密度比较高、抗压性能好的优势,在工业中的应用最为普遍。图8-44为中空纤维膜装置的工艺模型。

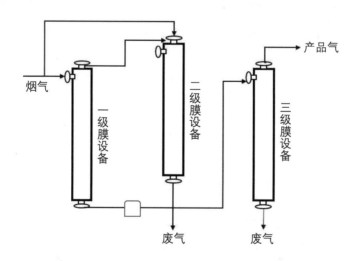

图8-44 三级膜工艺流程

烟气经过预处理之后先通过一级设备对CO_2与N_2进行分离,透过膜的气体将从装置的底部排出,其中含有大部分的CO_2;未透过膜材质的截留气从膜设备的顶部排出,截留气中包含大部分N_2。在一级设备拦截的废气中还含有少部分CO_2。为了进一步提升CO_2的回收率,需要在二级膜设备中对这些废气进行二次分离,将原料进口烟气与回收的CO_2进行合流,从而构成一次新的局部循环。最后,使一级膜透过的气体再次进入三级膜设备,再次进行分离，最后的CO_2产品气将从三级膜设备的底部排出，获得的CO_2气体纯度可以达到产品级别的要求。

8.5.4.3　中空纤维膜分离CO_2对吸收剂再生性能影响

采用聚四氟乙烯（PTFE）中空纤维膜吸收技术处理混合气中的CO_2已经在实验室阶段取得良好成果，但是因为客观条件因素，在工业生产过程中产生的混合废气还无法大规模地应用膜吸收技术，仍然需要继续研究和改进。

因为基于PTFE中空纤维膜的膜吸收法在去除CO_2过程中，CO_2能够与醇胺类吸收剂发生可逆反应，当吸收CO_2的吸收剂饱和时，升高温度会促使CO_2被释放出来，之后醇胺类吸收剂得以再生及循环使用。醇胺类吸收液的再生一般受吸收液种类、浓度、真空度、温度、吹扫条件等操作条件因素的影响。目前常用于中空纤维膜吸收法的醇胺吸收液主要有伯胺、叔胺、仲胺和混合胺吸收液，以下为吸收工艺参数对吸收剂再生性能的影响。

① 工艺中当醇胺吸收剂例如叔胺的浓度增大时，其再生速率也随之增加。但是如果醇胺吸收剂的浓度过大时会导致溶液黏度变大，使得各化合物之间的扩散速率降低，从而CO_2的再生速率变慢。

② 通过对比伯胺、叔胺、仲胺和混合胺吸收液对再生CO_2能力的强弱，发现叔胺的再生性能大于仲胺的再生性能、仲胺则大于伯胺的再生性能，混合吸收液的再生性能位于叔胺和伯胺之间。

8.5.4.4　中空纤维膜吸收CO_2的应用分析和展望

目前膜吸收过程走向实际应用的技术难点包括以下方面。

① 已有大多数研究采用的模拟烟气都十分干净，而实际烟气中含有各种成分，如粉尘、NO_x、SO_x、H_2S、CH_4等，少量这些成分便会给膜吸收过程带来不利影响。目前仅极少数研究者采用实际烟气进行试验。

② 膜吸收试验大多在环境温度下进行，而实际烟气的排放温度较环境温度高很多。虽然高温有利于CO_2与吸收液进行反应，但高温会严重影响膜材料的性能，如膜的稳定性、力学性能等。耐高温膜材料的开发将是本领域研究的一个重要方向。

③ 现有膜材料种类和疏水性需进一步拓展、加强，如何开发出疏水性强、质优价廉的膜材料对下一步工业化应用至关重要。

④ 研究者们目前采用的模拟烟气中CO_2分压较实际烟气中CO_2分压高很多，低CO_2分压下的膜吸收性能在进一步研究中必须加以考虑。

尽管如此，近20年来，新型膜吸收技术应用领域的快速发展有目共睹。众所周知，膜吸收技术是CO_2减排技术发展的一个重要方向。因为煤炭的燃烧会使得发电厂排放尾气中存在大量的CO_2，从而产生了严重的温室效应和大气污染。研究者已经在工业中尝试利用CO_2膜吸收技术从烟道废气中分离高纯二氧化碳，其中有的研究者成功利用了膜吸收技术从燃气热电厂烟道尾气中分离CO_2，并将CO_2用于温室作物的生长（图8-45）。

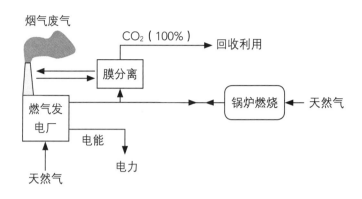

图8-45　燃气热电厂尾气分离CO₂示意图

CO_2膜吸收技术在医学上也有较多独特的应用，如CO_2膜吸收器在麻醉呼吸循环系统中的成功应用。此外，膜吸收CO_2技术在大气压下还可应用于沼气处理等多个方面。总体来看，膜吸收CO_2技术在工业、园艺业、医学等多个行业领域中实际利用潜能巨大，市场前景广阔。对于工业烟气、水煤气、天然气等工业生产过程中的脱除CO_2，并不仅仅是为了工业过程处理本身的需求，而且是为了维持人类生存环境及减轻温室效应所必需的，具有迫切的环保需求。

8.5.5　利用生物法处理挥发性有机化合物

近年来，由于含低强度苯、甲基乙烯、多环芳烃、有机硫代物等挥发性有机化合物（VOCs）及工业产生的VOCs逐年增多，因此而形成的大气环境污染愈发严重。工业产生的VOCs环境污染监控日益得到全球的普遍关注，1991年联合国通过了《有关VOCs跨国大气污染议定书》，这一工业废气的净化处理在我国也是一个引起关注的话题。生物净化法处理低浓度的工业VOCs，是针对这类既无经济利用价值又污染环境的工业废气的处理而开展研究的。通过国外近十多年的实践证明，生物净化法处理效果好、运行速度平稳、运营费用低廉，并且不会产生二次污染，是目前阶段净化处理低浓度VOCs的有效方法。生物净化法处理VOCs主要是在传统微生物处理工业废水基础上进一步发展出来的。按照微生物处理有机合成废物过程中的存在形态，生物法净化有机合成废物方式主要包括生物学吸附方式（悬浮态）和生物过滤法（固着态）。利用吸附法，使细菌和滋养物等存在于液相中，而废气中的有机质在和悬浮液相接触后迁移到了液相中，被细菌所分解。利用生物学过滤法，将细菌气体黏附于固化介质表面（填充材料）上，废气从由介质表面形成的固定床层（填充材料层）中经过时被直接吸附、汲取，最后被细菌分解，一般处理过程形态有生物滤池（或称生物学滤池）、生物滴滤池（滴流床固定生物过滤器）等。

8.5.5.1　新兴的生物吸收法

生物吸收法的主要装置是吸附室和再生池，工艺流程如图8-46所示。

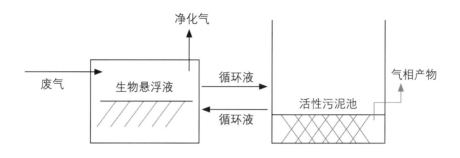

图8-46　生物吸收法工艺流程

循环液（生物悬浮液）自吸附室顶部喷淋而下，使废气和氧气进入水相，实现质量传递。生物悬浮液吸附废气中的有毒有害物质后流入活性污泥池中，通入氧气使悬浮液再生。吸附在悬浮物中的有机质则在微生物的作用下进行了氧化反应，液、固态的氧化产物从再生池中迁移到传统活性污泥悬浮液里，而气态物质则随空气从再生池顶部除去。通过生物净化法吸收净化VOCs，吸收效率不仅与污水的含量、pH值、溶解性氧等各种因素关联，也同时与污水驯化与否、营养物的投加量和投加持续时间等各种因素关联。在一些研究机构研制的二级清洗脱臭设备中，将恶臭物质由下至上经二级清洗，操作费用很低。在生物吸附法中，气、水两相间的传质除液相喷淋外，还可选择气相鼓泡法。通常，当气体间密度较大时采用喷淋法，当液相里密度较大时采用鼓泡法。在国外有些城市的污水处理厂，把带有恶臭物质的空气直接输送到曝气槽，废水处理与尾气处理一起完成，脱臭率在99%左右。

8.5.5.2　生物过滤法工艺及设备

氯浓度较大的有机物生物降解难度也很大，在生物过滤器中，对气态污染物的生物降解作用速度约为10～100g/(m³·h)。生物过滤器对VOCs的去除率达到95%以上，对恶臭废气物的去除率也达到99%。

在生物过滤器中，当有机废物增湿后与黏附于其他物料表面的细菌相接触，有机成分被细菌吸附、汲取，并快速氧化为无害的无机物。在有空气存在和中度至微碱度条件下，转变步骤主要由异养型细菌进行。通常，有机质的最后溶解产品是二氧化碳；有机氮首先被转变为NH_3，而后转变为硝锱水；硫代物首先被转变为H_2S，而后氧化为硫酸。目前生物过滤器的通常形态有开放型单滤床、密闭式多滤床等。生物过滤床的厚度范围大约为一米，面积大小决定了设计处理效果和气体处理量。选择生物过滤器材质时所考虑的因素主要包括多孔、有利于细菌繁殖、对水分的保持力较强等，因此一般采用生物堆肥、土壤、泥炭、活性炭等。封闭式生物过滤器则对维护设备的需求较少、占地小、受天气的影响也较小且易于监控，但是设备费用往往较高。

8.5.5.3　生物吸收法净化VOCs效率分析

在生物净化法处理有机废气过程中，利用微生物将废气中的有机部分作为其生存活动的基本能量和某些营养物质，再经过代谢降解，逐渐转变为较简单的无机物（二氧化碳、水等）或由细胞组成物质。

因为细菌将废气中的危害产物发生转移的流程无法在气相中完成，所以废气的生物净化流程和废气生态处理的最大不同之处就是气态污染物先要经过从气相迁移到液相或固态表面，而后污染物才能从液相或固相表面被细菌所吸收降解。事实上，关于利用生物法净化处理废物的原理研究已经作了不少工作，形成了一些较有影响的机理解释如荷兰学者Ottengraf S. P. P.根据生物吸收操作中的双膜理论提出的生物膜学说，以及我国学者孙佩石根据生物吸收学说提出的吸收生物膜理论等。

目前研究和使用的生态处理装置有生物滤池（biofilter）、生物滴滤塔（biological trickling filter）和生物洗涤器（bioscrubbering）等，相当于是一个生物活性的污泥处理工艺。生物技术净化有机废气的这三套系统的工艺性能比较如表8-9所示。

表8-9   生物工程技术在净化挥发性有机废气方面的性能对比

工艺	特性	适用条件	运行特性	不适用的场合
生物滤池	单一化学反应器；微生物数量固定；溶液流动	适于处理过程气量大、含量较少的VOCs，处理过程能量大	运行流程简单，工序简化，能耗低，操作费用较少，有很大的缓冲能力	不适合用于处置降解时产酸的过程，不适合用于降解产物以及中间产品对细菌生长有抑制的VOCs
生物滴滤塔	单一化学反应器；微生物数量固定；溶液流动	适于对处理气量大、含量少、有机负载高、分解步骤中产酸及容量大的VOCs	处理过程能量大，工况容易调整，不宜阻塞，且使用寿命长	传质表面积较低，需处置剩余污泥；运行费用较高
生物洗涤器	两个化学反应器；微生物悬浮于液相；液体流动	适于处理气量较小、含量高、易溶且生物学新陈代谢速率较低的VOCs	电压下降较大，细菌易于由液相中排出；对较难溶的废气，可使用鼓泡塔、多孔板型塔传质	需要大规模供应氧气，才能保证最高降解量；需要处理剩余污泥；设备投入、运营费用较高

生物吸收可以应用于高亲水性及易分解的VOCs废物净化流程中，对于疏水性及难分解的VOCs废物而言，需要培养专门的细菌生物，并提供适宜的生长环境。另外，针对双液相学工艺来说，还需要添加不溶于水中的第二有机相，这也就可以增强细菌生物对疏水性物质的吸收能力，并且可以在反应器上将微孔膜和透膜有效融合，以提升使用效能。在节省资金投入和改善能源利用效果等方面，要提高生物滤料、填充剂等的物理性能，以延长使用寿命。

8.5.5.4 生物净化法对可持续发展的意义

生物法净化技术在处置有机废物方面的效果优异，使废水中有机废物迅速转变为CO_2等无毒物质，所产生的氧化反应完全，不形成二次污染，而且具有易于运行，使用设备简便等优点。因此生物法技术最早运用在废气的除臭方面，如国外一些城市污水处理厂的恶臭物质处理就是将恶臭物质带入曝气池后同时进行废气、污水的处理，脱臭效率接近100%。后来产生了以此种处理工艺处理胺、乙醛等高污染废气的方法，并通过使用二级脱臭设备明显提高了去除效率。通过生物净化吸收法能够高效吸收VOCs，并且生物法在处理VOCs的过程中成本低廉，相比于物理法和化学法而言有一定优势。

生物工程技术运用于有机尾气处理的研发已有一定时间，在实验过程中可以达到一定的成效，但在实际使用范围上还面临着一定的局限性。尽管当前的生物技术研发水平已实现了突破，但是还必须通过不断研发，让更多的生物科学技术运用到实际之中。在未来，还将会有更多的生态反应器被研发，以进一步减少能耗，提升有机废物的净化效果，从而推动环境保护事业的持续向前发展。

如果通过生物法净化处置低强度工业废物的关键技术能够得以进一步的推广应用，将会在减少低强度工业废物污染、降低异味废气扰民事故、减轻工业企业污染负担、保护城市人居环境和形成相关环境产品等方面，产生显著的环境效益和社会效益。同时，随着该技术的产业化推广与应用，也可能形成相应的环保行业，从而在实际的运用中促进环境设备、工业微生物、机械制造、工业生产过程电子与自动控制等相关产业的发展。在研发过程中，可以通过持续开展技术创新，针对有机废物处理工艺的实际状况合理地开展微生物的选择，提升有机废物处置的效果。这些技术的发展，既能改变以往环保技术投入大、成本负担重的窘境，也能够为碳达峰与碳中和的国策做出行业性贡献。

8.6　化石资源零碳利用的新时代

以史为鉴，石器时代的结束并不源于矿石的枯竭，而是由于青铜冶炼、铸造技术的发展。同理，化石能源时代的终结不会是由于化石能源的枯竭，而是人类通过突破技术主动向化石资源时代迈进。在新能源主导的未来，资源化利用既能解决碳排放问题，又能改善人类物质生活，是顺应碳中和时代潮流的不二选择。中国社会各行各业需及时调整，应对大变革，迎接新时代。

参考文献

[1] Wang S, Chen Y Y, Qin Z F, et al. Origin and evolution of the initial hydrocarbon pool intermediates in the transition period for the conversion of methanol to olefins over H-ZSM-5 zeolite [J]. Journal of Catalysis, 2019, 369: 382-395.

[2] Xue Y F, Li J F, Wang S, et al. Co-reaction of methanol with butene over a high-silica H-ZSM-5 catalyst [J]. Journal of Catalysis, 2018, 367: 315-325.

[3] Chen Y Y, Zhao X H, Qin Z F, et al. Insight into the Methylation of Alkenes and Aromatics with Methanol over Zeolite Catalysts by Linear Scaling Relations [J]. Journal of Physical Chemistry C, 2020, 124 (25): 13789-13798.

[4] Qian W Z, Wei F. Reactor technology for methanol to aromatic //multiphase reactor engineering for clean and low-carbon [J]. Wiley press, 2017, 295.

[5] Zhang C X, Qian W Z, Wang Y, et al. Heterogeneous catalysis in multi-stage fluidized bed reactors: From fundamental study to industrial application [J]. Canadian Journal of Chemical Engineering, 2019, 97 (3): 636-644.

[6] Wang T, Tang X P, Huang X F, et al. Conversion of methanol to aromatics in fluidized bed reactor [J]. Catalysis Today, 2014, 233: 8-13.

[7] Chen Z H, Hou Y L, Song W L, et al. High-yield production of aromatics from methanol using a temperature-shifting multi-stage fluidized bed reactor technology [J]. Chemical Engineering Journal, 2019, 371: 639-646.

[8] Chen Z H, Hou Y L, Yang Y F, et al. A multi-stage fluidized bed strategy for the enhanced conversion of methanol into aromatics [J]. Chemical Engineering Science, 2019, 204: 1-8.

[9] Yang Y F, Hou Y L, Chen Z H, et al. Enhanced production of aromatics from propane with a temperature-shifting two-stage fluidized bed reactor [J]. Rsc Advances, 2019, 9 (45): 26532-26536.

[10] Wang H Q, Hou Y L, Sun W L, et al. Insight into the effects of water on the ethene to aromatics reaction with HZSM-5 [J]. Acs Catalysis, 2020, 10 (9): 5288-5298.

[11] B Group. BP世界能源统计年鉴2021年. 2021.

[12] 中国天然气发展报告白皮书（2017～2020）. 国家能源局石油天然气司, 2017～2020.

[13] 樊栓狮, 王燕鸿, 郎雪梅, 等. 天然气利用新技术［M］. 2版. 北京：化学工业出版社, 2020.

[14] 柏锁柱, 赵刚, 王利君, 等. "一带一路"助力中哈天然气化工领域合作［J］. 国际石油经济, 2017（12）：17-22.

[15] 曾毅, 王公应. 天然气制乙炔及下游产品研究开发与展望［J］. 石油与天然气化工, 2005（2）：89-97, 77.

[16] 罗伯特·J·特得斯奇. 从煤和天然气制取乙炔及其衍生物［M］. 徐力生, 潘正安, 译. 北京：化学工业出版社, 1992.

[17] 张爱明. 天然气化工利用与发展趋势［J］. 天然气化工（C1化学与化工）, 2012, 37（3）：69-72.

[18] 周昌贵, 陈华茂. 天然气化工技术开发趋势［J］. 现代化工, 2012, 32（2）：1-5.

[19] 王玉飞, 李建, 马向荣, 等. 石油与天然气加工工艺［M］. 西安：西安交通大学出版社, 2021.

[20] 黄风林. 石油天然气化工工艺［M］. 北京：中国石化出版社, 2011.

[21] 黄鑫, 焦熙, 林明桂, 等. 甲烷无氧直接制备芳烃研究进展［J］. 燃料化学学报, 2018（46）：1087-1100.

[22] Sun K, Ginosar D M, He T, et al. Progress in nonoxidative dehydroaromatization of methane in the last 6 years [J]. Industrial & Engineering Chemistry Research, 2018, 57 (6): 1768-1789.

[23] Xu Y, Yuan X, Chen M, et al. Identification of atomically dispersed Fe-oxo species as new active sites in HZSM-5 for efficient non-oxidative methane dehydroaromatization [J]. Journal of Catalysis, 2021, 396: 224-241.

[24] Kiani D, Sourav S, Tang Y, et al. Methane activation by ZSM-5-supported transition metal centers [J]. Chemical Society Reviews, 2021, 50 (2): 1251-1268.

[25] Menon U, Rahman M, Khatib S J. A critical literature review of the advances in methane dehydroaromatization over multifunctional metal-promoted zeolite catalysts [J]. Applied Catalysis A: General, 2020: 117870.

[26] Ravi M, Ranocchiari M, van Bokhoven J A. The direct catalytic oxidation of methane to methanol——A critical assessment [J]. Angewandte Chemie International Edition, 2017, 56 (52): 16464-16483.

[27] 徐锋，李凡，朱丽华，等. 甲烷直接催化氧化制甲醇催化剂及反应机理［J］. 化工进展，2019，38（10）：4564-4573.

[28] Agarwal N, Freakley S J, McVicker R U, et al. Aqueous Au-Pd colloids catalyze selective CH_4 oxidation to CH_3OH with O_2 under mild conditions [J]. Science, 2017, 358 (6360): 223-227.

[29] Wu Xingyang, Zhang Qian, Li Wanfang, et al. Atomic-Scale Pd on 2D titania sheets for selective oxidation of methane to methanol [J]. ACS Catalysis, 2021.

[30] 骞伟中，陈兆辉，侯一林，等. 基于甲醇制芳烃的三段流化床的连续反应再生系统及方法与流程［P］. CN201810826662. 2. 2020-09-15.

[31] 骞伟中，陈兆辉，侯一林，等. 分区分功能将甲醇转化为芳烃的流化床装置及方法［P］. CN201811577849. X. 2020-12-01.

[32] 张晨曦，蔡达理，贾塑，等. 流化床中气固均匀分布的失稳现象［J］. 化工进展，2019，38（1）：162-177.

[33] 骞伟中，侯一林，杨逸风. 将 C_3-C_9 非芳烃类转化为芳烃的催化剂，制备方法及应用［P］. CN201910449989. 7. 2020-09-29.

[34] 骞伟中，侯一林，崔超婕，等. 一种将烷烃转化为芳烃的催化剂、制备方法及使用方法［P］. CN111530493A. 2020-08-14.

[35] Chang S, Qian W Z, Xie Q, et al. Conversion of methanol with C_5-C_6 hydrocarbons into aromatics in a two-stage fluidized bed reactor [J]. Catalysis Today, 2016: 264.

[36] 张丹，杨敏博，冯霄，等. 反应器级数对甲醇制芳烃过程的影响分析［J］. 化工进展，2020，39（9）：3556-3562.

[37] 张丹，杨敏博，冯霄. 循环流化床甲醇制芳烃分离工艺的模拟与改进［J］. 华东理工大学学报（自然科学版），2019，45（5）：704-710.

[38] 本刊编辑部. 碳中和——中国应对气候变化强而有力的承诺［J］. 节能与环保，11：1.

[39] 新华社. 中共中央关于制定国民经济和社会发展第十四个五年规划和二〇三五年远景目标的建议. http: //www.gow.cn/zhengce/2020-11/03/content_5556991. htm, 2020-11-03.

[40] 张龙强. 百年征程波澜壮阔百炼成钢书写辉煌. 世界金属导报.

[41] 中国能源部. 建国70年来我国环境保护效果持续显现，生态文明建设日益加强，2019（9）.

[42] 生态环境部. 2020年全国生态环境质量简况. http: //www.mee.gov.cn/xxgk2018/xxgk/xxgk15/202103/t20210302_823100. htm.

[43] 中华人民共和国生态环境部. 2019年中国生态环境状况公报. https: //www.mee.gov.cn/hjzl/sthjzk/

zghjzkgh/202006/P020200602509464172096.

[44] 习近平. 推动我国生态文明建设迈上新台阶 [J]. 求是，2019（3）：4-19.

[45] 习近平. 在深入推动长江经济带发展座谈会上的讲话 [J]. 求是，2019（17）：4-14.

[46] 习近平. 在黄河流域生态保护和高质量发展座谈会上的讲话 [J]. 求是，2019（20）：4-11.

[47] 韩鑫. "十三五"以来全国能耗强度累计下降 11.35%（数读）[J]. 人民日报，2019，6.

[48] 生态环境部. 生态环境部12月例行新闻发布会实录. http://www.mee.gov.cn/xxgk2018/xxgk/ xxgk15/202012/t20201229_815398.html.

[49] 刘毅，孙秀艳. 实践：绿色发展，走向生态文明新时代——党的十八大以来加强生态文明建设述评 [J]. 精神文明导刊，2016，（4）：12-14.

[50] 生态环境部. 2020年中国生态环境状况公报. https://www.mee.gov.cn/hjzl/sthjzk/zghjzkgh/202105/ P020210526572756184785.

[51] 习近平. 在第七十五届联合国大会一般性辩论上的讲话 [J]. 人民日报，2020-09-23.

[52] 新华社. 中央经济工作会议在北京举行 [J]. 人民日报，2020-12-19.

[53] 陈玺名，尚杰. 低碳经济视角下我国循环农业发展的创新与探究 [J]. 农业开发与装备，2019，205（1）：1.

[54] 潘苏楠，李北伟，聂洪光. 中国经济低碳转型可持续发展综合评价及障碍因素分析 [J]. 经济问题探索，2019，000（6）：165-173.

[55] 崔龙燕，崔楠. 生态文明视角下农村低碳经济发展路径探新 [J]. 生态经济，2019，035（3）：216-219.

[56] 黄光球，徐聪. 低碳经济视角下能源产业可持续发展与政策仿真研究 [J]. 煤炭工程，2020，052（5）：187-193.

[57] 王会钧，王新. 新常态下借鉴国际经验发展黑龙江绿色低碳经济 [J]. 知识经济，2019，（3）.

[58] 邢刘平. 探讨国外低碳经济发展对我国的启示 [J]. 消费导刊，2019，000（17）：142-143.

第9章 再造基础工业低碳流程

9.1 钢铁行业低碳技术

9.1.1 钢铁行业发展现状

在工业部门中，钢铁是一个主要部门，是现代世界的基本材料，是许多国家经济的关键组成部分。它被用于建筑、军事和国防，以及制造业（如汽车）。前20名的钢铁生产国家和地区见图9-1。作为一种全球贸易商品，钢铁生产自2000年以来产量增加了两倍，2018年的销售额达到2.5万亿美元。它也是一个巨大的温室气体来源：今天的主导生产途径高炉转炉（BF-BOF）是非常碳密集的，而钢铁行业产生的二氧化碳排放量约占全球的6%。

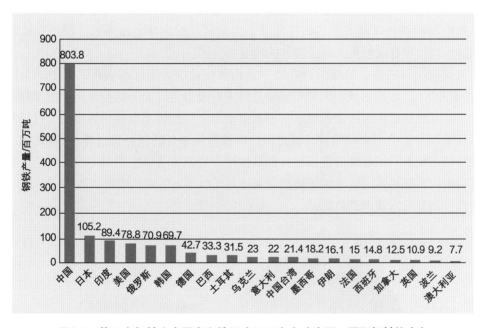

图9-1 前20名钢铁生产国家和地区（2015年）（来源：国际钢铁协会）

2018年世界粗钢产量超过18.08亿吨，与2017年的水平相比有4.5%的增长。三种主要的生产工艺贡献了99.6%的钢产量，具体如下。

① 高炉-转炉（BF-BOF）。这是钢铁行业最主要的钢铁生产途径，包括在高炉中将铁矿石还原成生铁。BF-BOF操作几乎完全依赖煤炭产品，在综合工厂中排放70%的二氧化

碳（BF炼铁）。然后，热铁被装入碱性氧气转炉（BOF）以制造钢（BOF炼钢）。一个BF-BOF综合生产厂还包括焦化、球团、烧结、精加工和相关电力生产的加工厂。

②电弧炉（EAF）。这种炼钢工艺使用电弧来加热带电材料，如生铁、钢屑和直接还原铁（DRI）产品（也称为海绵铁），以电力作为唯一的能源来源。今天，电弧炉是钢铁回收的主要方式（即二次钢铁生产），同时也通过升级或精炼DRI海绵铁为一次钢铁生产做出贡献。EAF的钢铁生产是以批量方式进行的，而不是像BF-BOF工厂那样连续进行。

③直接还原铁（DRI）。这种铁的生产过程直接在固态下还原铁矿石，反应温度低于铁的熔点。还原气体由天然气（气基DRI）或煤（煤基DRI）产生，称为合成气，是H_2和CO_2的混合物。尽管DRI生产比从BF生产生铁更节能，但需要额外的加工（通常是EAF）来提升DRI海绵铁的市场价值。

这些工艺以不同的原料运作。BF-BOF途径将原铁矿石转化为生铁，然后转化为钢，而EAF将废钢和海绵铁转化为钢。DRI将原铁矿石转化为海绵铁，这是一种多孔的、可渗透的、高活性的产品，在出售给市场之前需要经过EAF处理。

从技术角度看，脱碳的挑战涉及两个过程：铁矿石精炼的化学还原（工艺排放），通常使用冶金煤和焦炭，以及来自操作高炉（BF）和其他生产反应器所需的高温热源。与电力部门不同，管理这些挑战的技术方案相对较少。

从非技术角度看，挑战包括商品的全球贸易性质、国家对安全和经济福祉的依赖性、大多数生产商的微利以及劳工政治。此外，运营资产的资本寿命很长，预计将运营几十年，限制了替代现有设施从而减少排放的速度和范围。

作为众所周知的难以削减的行业之一，钢铁行业的大幅度脱碳将大大增加生产成本（＞120美元/t）。脱碳的核心问题不是缺乏技术解决方案，而是这些解决方案带有高额的削减成本，这直接影响到市场份额、贸易和劳动力。下面将重点探讨炼钢的全过程脱碳技术，包括上面讨论的三个初级或二级过程，以及任何必要的预处理过程（如BF-BOF生产中的烧结和焦化）。回收部分能源输入的具体综合脱碳方法将根据具体情况讨论，如淬火气体再利用、顶部气体回收、用于碳捕获和储存（CCS）的废热或H_2生产等。

按路径划分的钢铁生产见图9-2。

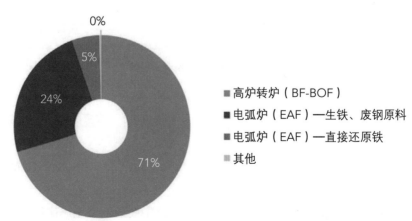

图9-2 按路径划分的钢铁生产（来源：国际钢铁协会）

9.1.2　钢铁行业低碳关键技术

首先，我们使用三个假设的工厂来代表全球炼钢资产基础：一个综合BF-BOF工厂，一个以废钢为原料的EAF工厂，以及一个DRI-EAF配置。实际上，EAF可以采用DRI海绵铁（如印度和伊朗）、BF生铁（如我国）和废钢（大多数经济合作与发展组织国家）的原料，并将它们一起加工。同样，如果合成气由煤基工艺或气基工艺生产，DRI的碳足迹将有所不同。因此，该分析虽不全面但具有代表性和包容性。

利用这些数据和生产方案，我们评估了适用于现有设施或途径的多种脱碳方案，包括氢气（H_2）、生物质、零碳电和顶部气体CCS。现有工厂的改造是至关重要的，因为大多数生产能力都在亚太地区（如我国），而且大多数设施的平均资本寿命都超过25年。

（1）氢气的使用

在化学上，H_2是无碳的，能够满足炼钢的加热（直接燃烧）和还原（替代焦炭和CO）要求。今天，几乎所有的H_2供应都是由化石燃料生产的，2018年全球需求量超过7390万吨。H_2生产消耗了全球6%的天然气和2%的煤炭，排放了8.3亿吨二氧化碳。因此，从生命周期评估（LCA）的角度来看，目前的氢气生产远非无碳。然而，蓝氢（化石燃料＋CCS H_2生产）和绿氢供应（可再生电力＋水电解H_2生产）显示出潜力，并且相当成熟，具有在近期成本下降和产量增长的潜力。在本节中，蓝氢生产自蒸汽甲烷重整（SMR）＋89% CCS。将H_2改造成炼铁（BF和DRI）有很大的潜力，可以进行深度脱碳，并且作为原料的功能，具有无碳或碳中性的成分。

无论蓝氢还是绿氢，都能提供实际的碳减排。鉴于绝大多数（71%）的炼钢是来自BF-BOF操作，而且设施寿命很长，注氢已经可以为改造脱碳提供一个技术上可接受的解决方案。在大多数市场和情况下，蓝氢似乎比绿氢增加的每单位钢生产成本要少得多。绿氢注入也可以被视为电气化渗透的一个版本，因为它采用了零碳的电力来替代化石燃料。但目前仍有两个重要的限制。首先，BF-BOF注氢的脱碳潜力约为20%，不太可能符合"深度脱碳"的要求。要么需要一套综合技术，要么需要替代基于DRI的初级钢铁生产来提高其脱碳潜力。其次，绿氢的成本很高，不太可能在大多数市场上具有成本竞争力。电解能力的大幅提高和零碳电的价格大幅下降，才能将钢铁生产成本降低到商业范围。

另外，用于制氢的生物质原料可能导致非常不同的氢气LCA。最近的研究比较了氢气生产途径的中点全球变暖潜能值（GWP）LCA，发现基于生物质的氢气生产的LCA可能比SMR（标准化死亡比）基线高或低。另一项研究发现，在所有投资案例中，利用生物甲烷和CCS生产氢气将导致净负排放，在温室气体减排中显示出非常大的潜力。不过由生物质生产氢气常常是高度不确定的，因为原料各异，过程复杂，以及成本的不确定性。

（2）固体生物质的使用

鉴于上面讨论的使用氢气燃料使钢铁生产脱碳的挑战，用固体生物燃料可能被证明是一个更有用的途径。生物质，特别是固体生物燃料，为低碳热能和可能的低碳焦化原料提供了一个有希望的选择，用于初级生产。

生物质原料并不一定是真正的碳中和。使用生物炭实际减少的二氧化碳对许多因素很敏感，最重要的是生物质的LCA和LUC。碳减排潜力（LUC）对土地利用变化和种植实践非常敏感，碳足迹在很大程度上取决于土地、生产、加工、运输和最终应用。正如许多人已经记录的那样，生物质必须在种植、收获、加工和运输过程中实现最小的生命周期二氧化碳排放，才能通过化石燃料替代实现大量的二氧化碳减排，而且一些生物质在正确的操作环境下具有低生命周期碳足迹记录。

鉴于高炉中铁矿石的还原完全依赖于主要由煤和焦炭提供的碳，生物质能源因其潜在的可持续碳含量而被认为是一种潜在的替代物，在适当的情况下，固体生物燃料可以很容易地替代传统的投料系统，表现出钢铁生产中所需的关键物理特性（即机械强度）。其中生物木炭的制造是一个缓慢的热解过程，温度约为300～400℃。作为最广泛的商业化木质生物质工艺技术，生物木炭的含碳量最高，可达85%～98%，在化学上最适合用于炼铁、化学还原和替代焦炭。

结果表明，使用由高温分解产生的生物质还原剂具有最佳的操作性能。焦化是在无氧条件下将生物质加热到250～300℃，这样可以提高生物质的性能（如能量密度和强度），使焦化的木材或生物煤性能与化石煤相似，可以替代焦煤。高质量的固体燃料在BF炼铁中是必不可少的，而许多常见的生物质燃料并不符合要求的标准。通过干燥和去除挥发物，可以进一步提高生物质质量。

一些案例研究表明，用生物燃料完全取代化石燃料的注入，可以减少炼钢的温室气体排放达25%。其他研究表明，如果使用的生物质是碳中性的，通过正常的BF-BOF途径，生物质可以减少二氧化碳的净排放达58%。但是，生物质的实际应用有很大限制，在BF-BOF工艺中使用生物质完全取代化石燃料仍有很大的技术限制，具体如下。

① 价格。目前，焦炭（经过炼焦过程的煤）大约为每吨200美元，而生物炭的成本为每吨295美元至525美元。从纯粹的经济角度来看，生物质今天无法与煤炭竞争。

② 物理特性。物理性能（如机械强度等）与煤或焦炭不一样，制造性能标准可能无法保证。直接用于替代BF中焦炭的生物焦必须具有与传统煤相似的性能。

③ 供应链质量。生物质资源分布不均，全球供应链并不成熟，往往管理不善。巴西是最大的生物炭生产国，有989.3万吨，其次是印度（172.8万吨）、美国（94万吨）和我国（12.2万吨）。在这些市场上，生物炭可以可靠地服务于其钢铁工业的一部分。与此相反，欧盟目前70%的生物木炭来自非洲，这加剧了对森林砍伐、生物多样性丧失和生态殖民主义的担忧。在日本和韩国，当地没有供应，引起了类似的担忧。

许多国家已经对生物质在BF-BOF炼铁中的应用进行了研究，并取得了良好的效果。在巴西，小型高炉已经完全用生物炭代替了焦炭和煤。日本的研究表明，压制的木质生物质在与煤混合后可用于制备冶金焦，实现部分脱碳。德国的研究表明，当使用生物质焦粉完全替代煤粉时，高炉中的二氧化碳输入量减少了45%。芬兰的研究表明，尽管生物质焦在高炉中的替代率只能达到25%左右，但考虑到未来焦炭价格和污染物排放，这在经济上仍是可行的。

为简单起见，考虑到原料的可用性和稳健的分析，在以下BF的建模中只考虑木质生物质热解产生的碳含量大于80%的固体生物炭，包括替代率、脱碳潜力、成本、LCA结果和LUC效应。对使用其他文献证明的生物质原料的煤基DRI进行了特殊处理，其他原料没有进行建模，生物气体替代气体基DRI在技术上是简单的，关键是考虑成本和碳足迹的限制。

与注氢分析结果类似，生物质替代与基于DRI的途径相关的脱碳潜力高于BF-BOF。DRI涉及的成本较低，与目前其他生物质原料替代的选择也较低（部分原因是使用残余或废弃生物质）。基于DRI的途径中的生物质替代将需要更多的研究、原型测试和示范，以验证估计值和可行的大规模使用的潜力。

（3）直接电气化：能源通量要求和碳足迹

尽管工业部门是众所周知的难以削减的部门之一，但电气化通常被认为是一种去碳化的选择。需要考虑的最直接的机会是用零碳的电力资源取代目前钢铁设施中使用的电力负荷。然而，鉴于目前的钢铁生产仍然是以BF-BOF为主导的初级钢铁生产（71%）和以EAF为主导的次级钢铁生产（24%），在全球范围内应用零碳电只能使全球钢铁生产最多脱碳13.3%。

要超过这一小部分，需要更深层次的电气化。例如，尽管目前使用废钢的电弧炉仍占全球产量的24%，但增加DRI-EAF在初级炼钢中的比例对去碳化有双重效果：该工艺本质上更节能，可以减少碳排放，同时也可以提高电力在总能耗中的比例，使零碳电在去碳化中发挥更大作用。更高的电力渗透率将需要电力负荷的增长，以反映生产的能量通量要求，简而言之，需要额外的零碳发电。

在此，我们介绍了三种以零碳电力为特征的情景：替代现有全球生产份额中的电力供应，在初级炼钢中用DRI-EAF完全替代BF-BOF工厂，以及用新的革命性的技术，如熔融氧化物电解技术（MOE），来替代现有工厂并使用零碳电力。前两个方案在技术上是成熟的，现在可以部署。新型技术方案尚未达到商业规模，但有可能在未来实现零碳初级钢生产。

零碳电的假设是为了简化，以避免讨论各种可再生的LCA结果，并展示其最大的去碳化潜力。当地成本估算必须逐个评估每个钢铁设施的可再生电力供应，基于电网的电力需要更复杂的LCA结果。具体需要从四方面入手：a. 当前生产情况下的零碳电力供应；b. 使用DRI＋EAF替代BF-BOF的深度电气化；c. 使用零碳电的热金属和碳减排的成本；d. 采用先进技术实现钢生产的全面电气化。

（4）碳捕获、利用和储存（CCUS）再利用

长期以来，人们都知道可以从现有的或新的钢铁厂捕获二氧化碳，并无限期地储存在地下。这主要是因为许多钢铁设施的二氧化碳量大且浓度高，而综合工厂内的大型排放源数量少。这部分反映了碳捕集能够管理和消除铁矿石精炼过程中的副产品化学排放以及高温加热的排放。CCUS被广泛认为是从今天的化石能源社会到可再生未来的关键桥梁。

在传统的初级生产设施中，大部分排放物直接从BF-BOF排出，少量排放物也来自焦化和烧结单元。捕捉这些排放物需要对这些来源进行燃烧后的应用。从一个典型的DRI工厂来看，大部分二氧化碳从DRI装置排出，需要在那里进行燃烧后捕集。另外，运营商可以在DRI系统的前端将燃烧前捕集应用于蓝氢生产（或在BF-BOF中用煤替代）。

世界上许多主要的钢铁生产设施都位于可行的二氧化碳储存地附近。我国东部省份、北海周边地区、美国五大湖区、东欧国家、巴西和印度的一些大工厂都是如此。关于有多少钢铁排放可以通过CCUS的应用得到有效管理，目前还没有正式的估计。然而，估计全球储存能力在10万亿~20万亿吨之间，这表明有足够的能力处理钢铁生产中的二氧化碳排放。在这方面可以实现多种策略并举：改造高炉、改造DRI系统、综合改造（氢气＋零碳电，生物质＋CCS改造等）。不过目前所有这些都面临着成本增加和技术障碍。

9.1.3 在碳中和发展中的展望

鉴于以上论述，迫切需要更多、更好的选择来实现炼钢的去碳化。考虑到碳中和的紧迫性，今天可用的选择应该尽快部署，钢铁生产去碳化最有希望的选择是H_2、生物质、零碳电和CCS改造。每种脱碳技术，无论是单独还是组合，都有基于生产化品或操作的潜在限制。所有这些选择都应该被进一步分析、开发和测试，为政策制定者提出一个创新议程以及部署议程。

除了技术之外，生产成本将限制任何脱碳技术的采用。每吨钢铁生产成本的估计增长只包括边际成本的增长，而涉及生物质和氢气的技术是更加昂贵的，尽管它们对深度脱碳有价值。从钢铁生产成本的角度来看，CCS和零碳电似乎是更好的选择，但总的脱碳潜力不大。以400美元/t钢铁作为炼钢的标准平均成本，CCS和零碳电可以将成本增长控制在100美元/t钢铁之内（<25%），而大多数深度脱碳方案的成本增长>50%（＋200美元/t钢铁），在某些情况下>100%（＋400美元/t钢铁）。

以上说明了炼钢业脱碳的两难境地，以及该行业难以消减的原因：成本效益高的方法潜力有限，而采用深度脱碳的方案将导致生产商的高成本负担。这种困境要求采取政策措施，无论是激励措施还是法规，都足以加速炼钢业的脱碳进程。

从每吨二氧化碳减排成本的角度来看，理想的生物质、CCS和零碳电可以提供相对较低的减排成本（<200美元/t二氧化碳），其中CCS改造似乎既有低成本的特点，又有很大的潜力。CCS改造也与生物质替代兼容。只要CCS是可行的，鉴于其巨大的潜力和相对较低的成本（以美元每吨钢铁和美元每吨CO_2计算），它似乎是最有希望的选择。相反，今天的绿色氢气在大多数市场上是非常昂贵的，而蓝色氢气应该被更广泛地认真考虑。在CCS可行的地方，可以改造包括蓝氢和顶部气体捕获，并在共享基础设施中获得一些经济效益。

这些发现促使调查人员、政策制定者以及钢铁生产和钢铁脱碳方面的潜在投资者得出一系列结论。其中最重要的结论是，现有的钢铁生产设施在本质上具有挑战性，而且减排成本很高。这意味着应该考虑一系列的政策来完成现有钢铁生产的深度脱碳。鉴于钢铁生产对许多经济体和国家的重要性，包括国家安全和劳动力方面，应优先考虑钢铁生产脱碳。为了加快脱碳方案的发展和部署，各国应采取这些措施和其他措施。钢铁去碳化的内在困难将需要政策和市场设计的创新，包括多种选择和可能的所有选择。这些政策将对劳工、贸易、安全和气候产生影响，需要谨慎进行。理想情况下，本章的技术发现和未来的工作将有助于为该政策设计过程提供建议。

9.2 有色金属行业低碳技术

改革开放以来，我国工业快速发展，作为经济发展的基础和重要引擎，有力地推动了中国经济平稳较快发展。然而，中国"高能耗、高排放"的粗放型工业发展模式也带来了大量的资源消耗和严重的环境污染。面对环境污染和资源短缺的制约，为了加强环境保护，实现经济可持续发展，中国先后颁布了《环境保护法》《大气污染防治法》和《清洁生产促进法》。与此同时，中国政府还制定了一系列节能减排目标。例如，到2020年，能源消耗总量将限制在50亿吨标煤，单位工业增加值的二氧化碳排放量将比2015年减少22%。此外，2020年9月22日，中国政府在第七十五届联合国大会上做出承诺，将提高国家自主贡献力度，采取更加有力的政策和措施，二氧化碳排放力争于2030年前达到峰值，努力争取2060年前实现碳中和。作为我国七大工业耗能大户之一，有色金属行业是推进二氧化碳减排的重点行业。

9.2.1 有色金属行业发展现状

有色金属，是黑色金属以外的金属的总称（除铬、铁、锰），其种类繁多。现在已经广泛应用于航空、航天、汽车、建筑和机械制造等行业。

我国有色金属行业2020年碳排放量约6.6亿吨。其中，冶炼行业为5.88亿吨，占总排放量的89%。因此，有色金属工业碳减排的主要目标在冶炼环节，尤其是铝冶炼环节。因此，降低铝的冶炼环节的碳排放是实现铝产业及有色金属工业碳减排的重要途径，因为我国铝工业的碳排放占有色金属整个行业的比例为83.3%。

湿法冶金、电冶金、火法冶金是三种主要的有色金属冶炼工艺。湿法冶金是利用浸出剂将矿石中的有价金属成分溶解在溶液中或在新的固相中沉淀、精炼、煅烧等，进行金属分离、富集和萃取的技术。该过程耗能少，对环境影响小。火法冶金是在高温下从冶金原料中提取或精炼有色金属。电冶金是指利用电能从矿石或其他原料中提取、回收和精炼金属的冶金过程。这两种过程消耗大量能源，对环境影响很大，是有色金属行业碳和污染物排放的主要来源。有色金属冶炼过程中的碳排放是由化石燃料的直接或间接消耗产生的：火法冶金直接消耗化石燃料，直接向大气排放二氧化碳气体；电冶金直接消耗电力，我国电力系统以火电为主，约占全国总发电量的70%，因此电冶金过程消耗化石燃料并向大气排放二氧化碳气体。

9.2.2 有色金属行业低碳关键技术

（1）碳捕获、利用与封存技术

CCUS（carbon capture，utilization and storage）是碳捕获、利用与封存技术，是未来实现碳中和必不可少且最具潜力的技术之一。

该技术由CO_2的捕获、CO_2的运输以及捕获的CO_2的再利用或者安全封存等过程构成。

CO_2捕获适合的排放源包括发电厂、钢铁厂、水泥厂、冶炼厂、化肥厂、合成燃料厂以及基于化石原料的制氢工厂等，其中化石燃料发电厂是CO_2捕集最主要的排放源。

CO_2运输是指将捕集的CO_2运送到利用或封存地的过程，是捕集和封存、利用阶段间的必要连接。根据运输方式的不同，主要分为管道运输、船舶运输、公路槽车运输和铁路槽车运输四种。

CO_2利用是指利用CO_2的物理、化学或生物作用，在减少CO_2排放的同时实现矿产资源增采、能源增产增效、化学品转化合成等。可分为CO_2化工利用、CO_2地质利用和CO_2生物利用三大类。

CO_2地质封存可以实现与大气长期隔绝但不产生附带经济效益的过程。按封存地质体及地理特点划分。长期安全性和可靠性是CO_2地质封存技术发展所面临的主要障碍。全球陆上理论封存容量为6万亿～42万亿吨，海底理论封存容量为2万亿～13万亿吨。我国理论地质封存潜力约为1.21万亿～4.13万亿吨，容量较高。现阶段CCUS技术系统各环节的进展如表9-1所示。

表9-1　CCUS全链中各环节发展现状

技术环节		可选技术	研究阶段	示范阶段	特定条件下经济可行	商业应用
CO_2捕获		燃烧前捕获			√	
		富氧燃烧		√		
		燃烧后捕获				√
		化学链燃烧	√			
		煤炭分级气化技术	√			
CO_2运输		管道				√
		罐车				√
		船舶				√
CO_2利用与封存	资源化利用	物理利用				√
		化工利用				√
		生物利用		√		
	地质封存利用	CO_2强化石油开采技术				√
		驱替煤层气技术		√		
		强化天然气开采技术	√			
		增强页岩气开采技术	√			
		增强地热系统	√			
		铀矿地浸开采				√
		强化深部咸水开采		√		

技术环节		可选技术	研究阶段	示范阶段	特定条件下经济可行	商业应用
CO_2利用与封存	地质封存	深部不可采煤层		√		
		深部咸水层		√		
		枯竭油气藏		√		
	深海封存		√			
	矿化封存		√			

过去十年来，CCUS技术的应用迅速扩大，到2020年，全球二氧化碳捕获能力已经达到4000万吨。但CCUS在全球的部署一直很缓慢。到目前为止，全球只有大约20个CCUS设施在运营，缺口巨大。各国正在加大对CCUS项目的投入。已经有30多个新的CCUS设施的计划相继宣布，各国政府和行业也在2020年承诺向CCUS项目提供超过45亿美元的资金。

中国CCUS技术虽然起步较晚，但在相关政策的推动下，该技术已取得长足进步，建立起一批工业级技术示范项目。当前国内开展的碳捕集项目绝大多数为工业化集中捕集，燃烧前、燃烧后、富氧燃烧技术均有示范项目；而CO_2利用封存项目则以CO_2-EOR为主，资源化利用项目很少。CO_2-EOR是一项石油工业已经应用了几十年的成熟技术，目前在中国乃至全球的CCUS项目中都占据主导地位，但其收益严重依赖于石油价格，经济上可持续性较差。而在CO_2资源化利用方面，有文献报道，每年在工业上被利用并转化为化学品的CO_2只有110万吨，其中90%转化为尿素、无机碳酸盐等，极少转化为其他高附加值的化学品。目前绝大部分CO_2资源化利用产业尚未实现商业化应用，未能建立相关的产业链集群。尽管碳捕集项目成本高昂、能耗过高，但其与碳利用阶段的脱节问题让其难以产生经济效益，成为制约碳捕集项目发展的根本原因。因此在研发低成本、低能耗碳捕集技术的同时，加快CO_2资源化利用布局，才能加快CCUS项目落地发展、规模化推广。目前，CCUS项目在有色金属行业有巨大的应用发展空间。

（2）开发使用清洁能源的低碳冶金工艺

化石能源的消耗是有色金属行业碳排放的主要原因，使用清洁能源取代化石能源有望从根本上解决碳排放问题。清洁能源是指不排放污染物、能够直接用于生产生活的能源，如水能、风能、太阳能、氢能等，其发展对能源生产和消费革命的推动具有重大战略意义。近年来，在政策大力推动下，清洁能源已经广泛应用在电力行业。水能、风能及太阳能的利用等受自然条件的影响较大，存在较大的波动性和间歇性，难以在有色金属工业实现大规模应用。相比之下，氢能由于不受自然条件的约束，很有希望在有色金属工业得到大规模应用。

氢作为一种无污染能源，一直是国内外重点研发的目标。氢气也是一种清洁的还原剂，无需使用转化机即可参与还原反应。与碳相比，它具有更高的还原效率，还可作为冶金技术中的还原剂，改善冶金工程中二氧化碳的排放问题，这也是实现无碳冶金的主要方向。氢冶金技术的化学反应是以化学反应式为基础的。还原剂为氢气，产生的物质为水，不会产生二氧化碳，不会对周围环境造成污染。传统高炉冶炼技术生产的物料都含有二氧化碳，如果二氧化碳气体直接排放到空气中，也会造成二次污染，对周边生态环境造成严重污染。由于氢是一种具有极高生态效益的环保清洁能源，国内不少冶金企业响应低碳环保号召，立足自身发展，全面推广氢冶金技术，也取得了显著成效。氢冶金技术的应用通常是在低温条件下用氢气还原铁矿物。根据化学反应，可以形成具有特殊金属性能的海绵铁。但是，我国氢冶金技术的发展起步较晚，还存在技术层面的问题。很多地方还需要进一步完善。例如，铁矿物的低温氢还原反应需要大量的氧气，导致资源利用率进一步降低，冶金工艺成本也变得更高。

目前国内部分氢能冶金技术已建成示范工程并投产，取得一定的创新突破，但示范工程尚处于工业性试验阶段，还存在基础设施不完善、相关标准空白、成本较高、安全用氢等问题，而且现阶段考虑气源、制备、储运、成本等因素所用氢气多数仍为"灰氢"，距离实现"绿氢冶金"还有很长的路要走。未来还需深入研究分布式绿色能源利用、氢气制备与存储、氢冶金、CO_2脱除等领域的关键技术，形成以氢能为核心的新型冶金生产工艺。

根据国家印发的能源生产和消费革命战略，非化石能源占一次能源消费比重将由15%（2020年）升至2030年的20%，在2050年将会达到50%。随着清洁能源利用技术的不断完善，清洁能源将得到大力推广，有色金属行业也将顺应时代潮流，逐步发展清洁能源冶金技术，从源头上控制，减少碳排放。

（3）发展有色冶金新工艺

我国有色金属工业经过几十年的发展，基本具备了世界上所有已知的冶金工艺，但各个冶金企业的发展状况各不相同，有的企业还在使用落后的生产工艺，造成了大量的废钢。有色冶金企业在实现碳中和过程中，要逐步淘汰落后技术，采用新技术，降低能耗，提高能源利用率。例如，铜冶炼应优先采用先进的富氧闪蒸和富氧浴熔炼工艺，替代反射炉、高炉、电炉等传统工艺；氧化铝优先发展选矿拜耳工艺技术，逐步淘汰直接加热冶炼技术；电解铝生产优先采用大型预焙电解槽，淘汰自焙电解槽和小型预焙槽；铅冶炼优先采用氧气底吹炼铅工艺和其他氧气直接炼铅工艺，改造烧结高炉工艺，淘汰本土炼铅工艺；锌冶炼优先开发新的湿法工艺，并消除本土锌冶炼工艺。通过改进设备和安装隔热材料，减少冶金过程中的热辐射损失。合理优化工艺流程，回收热能、锅炉余热、高炉煤气压力等余热发电，降低能耗，实现碳减排。

9.2.3 在碳中和发展中的展望

有色金属工业要实现以电解铝行业为重点的碳达峰，需要在以下几个方面展开工作：

一是严控有色金属工业产能总量。电解铝产量是决定有色金属工业碳排放的关键因素，要严控电解铝产能4500万吨"天花板"不放松，严禁以任何形式新增产能，对铜等品种也要严控冶炼产能总量，并探索建立有色金属消费峰值预警机制。

二是提升再生有色金属产业水平，承接需求结构转化。当前，再生铜、再生铝、再生铅、再生锌产量占比稳步提升，承接了有色金属需求结构的转化，为实现碳达峰、碳中和目标提供了保障，要继续完善相关产业政策，提升再生有色金属行业企业规范化、规模化发展。

三是优化产业布局，改善能源结构。在考虑清洁能源富集地区生态承载力的前提下，鼓励电解铝产能向可再生电力富集地区转移、由自备电向网电转化，从源头削减二氧化碳排放。

四是推动技术创新，降低碳排放强度。有色金属行业要加强余热回收等综合节能技术创新，提高智能化管理水平，减少能源消耗间接排放；提高短流程工业比重，持续优化过程控制，进一步降低能耗和物耗，降低行业碳排放强度。

五是推动革命性技术示范应用。加强基础研究，开展以惰性阳极电解铝生产为代表的颠覆性技术研发、推广，降低二氧化碳排放总量。

未来的中国有色金属行业需要告别粗放式增产的路，走向附加值更高、需求更广的有色金属深加工的路子，充分利用中国目前产能充足的特点，积极发展技术，形成一条完整的产业链。目前，国家相关政府部门不断出台相关政策。预计在未来，中国有色金属行业将逐步向绿色化道路转型升级。

9.3 水泥金属行业低碳技术

2020年，我国水泥产量23.77亿吨，约占全球55%，排放二氧化碳（CO_2）约14.66亿吨，约占全国碳排放总量14.3%。吨水泥、吨水泥熟料CO_2排放量分别约为616.6kg、865.8kg。随着人口城市化趋势及基础设施建设需求，我国建筑面积每年将增加约20亿平方米，因此我国对水泥的需求量仍将处于高水平。为了实现我国2030年碳排放达到峰值、2060年前实现碳中和的目标，对水泥行业进行碳减排尤为重要。

水泥的生产过程主要为"两磨一烧"，按顺序分别是生料和煤的粉磨、熟料煅烧以及水泥终粉磨。其生产过程中的碳排放主要出现在熟料煅烧阶段，约占水泥碳排放的92%，既包括燃料燃烧产生的CO_2，又包括原料石灰石中的碳酸钙等碳酸盐分解生成的CO_2。因此，减少碳排放可以从原料和燃料两方面考虑，目前水泥行业的碳减排的技术主要有效能提高技术、水泥窑协同处置技术、熟料替代技术、替代燃料技术和替代原材料技术。接下来分别介绍以上各技术的应用情况。

9.3.1 效能提高技术

水泥生产过程中需要对生料和煤进行粉磨，最后由熟料到水泥还得进行粉磨，因此粉磨的电耗极高，占水泥生产总电耗的70%，尽管使用电力的过程不排放CO_2，但是从二次能源的生产源头来看，电力的生产过程需要排放CO_2，因此减少电耗也有助于降低碳排放。近年来有不少企业在研究开发新型粉磨设备。如合肥水泥研究院中亚装备公司研发的HRM型低阻外循环立磨作为水泥预粉磨设备，较之前电耗在30～36kW·h/t范围内的辊压机水泥联合粉磨系统，采用HRM预粉磨立磨和半终粉磨工艺，粉磨电耗低于26kW·h/t，吨水泥至少可节约5kW·h左右的电能。除了粉磨设备外，对风机工艺进行改进也能有效降低水泥生产能耗。莒县中联水泥有限公司通过对生料磨采用的三风机工艺系统进行节能改造，达到了节能降耗的目标，吨熟料节约电能2.18kW·h。熟料冷却系统的改进也有利于窑系统的平稳运转，降低能耗。广西云燕特种水泥建材有限公司对篦冷机进行改造，吨熟料煤耗降低20kg，电耗降低3kW·h。

综上，窑系统设备的升级改造能够助力碳减排。但除了设备生产系统的设备外，高效利用生产线中没有被完全利用而被排除的中、低温废气，将其作为二次燃料，也能减少能源的消耗。但水泥厂的废气余热是由生产规模决定的，因此对于余热的利用应当视具体情况而定，但目的都是最优化能源的利用，实现节能减排。

9.3.2 水泥窑协同处置技术

水泥窑协同处置技术是先对固体废弃物进行预处理，得到衍生燃料和衍生原料，随后使用喂料系统投进水泥窑系统中进行处理和煅烧，在生产过程中，这些衍生燃料和衍生原料也一起被消纳烧尽。衍生燃料可以用于水泥的煅烧过程，节省部分燃煤；衍生原料的使用可以减少水泥生产使用的天然矿石原料量。

近年来，我国生活垃圾、市政污泥等固废的量不断增加，原有的固废处置方法，如填埋，因渗滤液、臭气污染等问题造成二次污染，而水泥窑协同处置技术不仅能够减少水泥生产的原料及燃料的使用，还能为固废的处理提供途径，一举两得。为此，华新水泥股份有限公司发明了水泥窑高效生态化协同处置固体废弃物成套技术。该成套技术的一个核心是垃圾衍生燃料（refuse derived fuel，RDF）系统装备与稳定控制技术，该技术提出了RDF和煤的分级燃烧，并为了实现分解炉对RDF的适应性和处置效率的提高，设计并生产了RDF-煤分级耦合高效燃烧环保型分解炉；该成套技术的另一个核心是全程高环保标准消解技术，用该技术处理固废，剧毒物质去除率可高达99.9999%。经研究，水泥窑协同技术相较于垃圾填埋、焚烧发电和污泥填埋、堆肥，在碳减排上具有极大的优势，1t垃圾可以减少0.404t的碳排放，1t污泥可以减少0.014t的碳排放。因此，华新水泥窑协同处置技术给我国水泥行业碳减排工作做出巨大贡献。

9.3.3 熟料替代技术

熟料替代技术是目前公认的水泥行业碳减排最直接有效的方法，该技术是将细石灰石、高炉矿渣或粉煤灰等矿物质成分进行单掺或混掺，替代部分熟料，减少水泥生产使用的熟料量，降低水泥的熟料系数。正如前文介绍，熟料生产过程中原料碳酸盐的分解会产生CO_2，且所产生的CO_2量约占水泥生产过程的62%，因此，水泥中减少熟料或混凝土中减少水泥的使用无疑会降低CO_2的排放量。替代熟料的材料被统称为辅助胶结材料（supplementary cementitious materials，SCM），目前使用最广泛的SCM是细石灰石，由于其只是经过研磨，而不是加热到高温，所以它不会失去其CO_2，从而具有非常低的碳排放。但受限于反应性，其取代量不能超过10%~15%。另两个最常用的SCM是粉煤灰和高炉渣，二者分别是火力发电厂和钢铁工业的副产物。虽然二者在减少环境影响方面非常有价值，但当几乎所有的粉煤灰和高炉渣都已经用于水泥或后来添加到混凝土中后，由二者生产的水泥总量也仅仅占目前水泥生产的15%。但是随着我国煤炭使用率的降低以及更多的钢铁被回收利用，粉煤灰和高炉渣数量将会减少。然而，通过更广泛地使用黏土来大规模减少CO_2有很大的潜力，这种黏土在世界范围内非常普遍，当煅烧到相对温和的温度时，可以产生高反应活性的SCM。Adrian Alujas等研究发现低品位高岭石黏土在800℃下煅烧后，其反应活性最佳，在替代量为30%时，得到的水泥具有良好的强度。用煅烧黏土和石灰石的组合替代熟料使水泥具有更好的性能，即使是在高替代水平（50%）下仍具有良好的性能。如果熟料替代不受SCM量的限制，就像使用煅烧黏土一样，估计在全球范围内，水泥生产过程中减排的CO_2总量可达到目前水平的15%～30%。

由于SCM在水泥生产中的使用量会影响水泥的性质，因此，在使用熟料替代技术的同时，应相配套使用改性技术对SCM进行处理，如采用碱激发矿渣、碱激发粉煤灰或纳米材料（纳米碳酸钙、碳纳米管等）来改性水泥或混凝土制品。尽管目前我国水泥工业熟料替代总量居世界首位，但也应注意不能一味地追逐熟料替代的量，而是将其控制在一定的范围，确保不同等级水泥用量比例的合理，确保我国水泥混凝土工业的健康发展。

9.3.4　替代燃料技术

替代燃料是指水泥工业生产熟料所使用的废料，这对水泥生产企业和社会都具有重要意义。传统上，熟料的煅烧是采用煤、天然气或燃料油。替代燃料的使用始于20世纪80年代中期。相比于煤炭，替代燃料如生物质能的燃烧排放的CO_2比煤炭少20%～25%。燃烧过程中无机化合物的结合使这些替代燃料最适合于减排和成为更好的熟料产品。

水泥工业使用的替代燃料主要是废轮胎、污泥、动物残骸、废油、造纸渣、塑料、纺织物和块状材料等。在一些水泥窑中，已经实现了100%的替代，而在某些地方，当地情况限制了替代率。水泥窑炉的温度分布和冷却条件也可以随着这些燃料的加入而改变。由于这些燃料的化学性质与传统燃料不同，因此在实际应用中存在一定的局限性。例如，轮胎在水泥窑中燃烧时，熟料中氧化锌含量增加，使不同成分通过灰进入熟料，导致水泥产品质量降低，如凝结时间缩短、强度降低。通过对生产过程的严格监测，使替代原料在窑内实现最佳燃烧，以控制燃料替代出现的问题，这将产生质量更好的熟料产品，满足水泥标准。在一些发达国家，比如日本，替代燃料的使用已经从实验室转向实际应用，到2050年可达到更高的40%～60%的替代，而发展中国家的这一数值将在25%～35%左右。由于燃料排放的CO_2约占总排放的40%，使用替代燃料可以显著减少排放。

然而，燃料的高替代率面临着强大的法律和政治障碍。为了利用非化石燃料，水泥行业必须获得环境规制机构的许可。为此必须进行环境评估，以确定利用废物是否会比传统资源产生更大的效益。此外，废物管理立法极大地影响了替代燃料的可用性。工业垃圾的堆积量如此之大，千兆规模的固废处理已成为一种普遍现象，只有在立法限制垃圾填埋或焚化处理的情况下，才可能有更好的替代方案。此外，水泥厂处理垃圾的社会接受程度对当地的垃圾收集工作有很大的影响。多数人误认为只要对水泥厂进行良好的管理和运营，其碳排放也会明显低于使用替代燃料的碳排放。因此，传统燃料替代目标必须在法律、技术、经济各方面保障下才能实现。

9.3.5 替代原材料技术

上节介绍了熟料替代技术，研究表明，SCM的掺量不宜太高，否则，水泥的力学性能将大大降低。而采用新型原材料来取代目前使用最广的硅酸盐水泥，能够进一步降低CO_2的排放。如碱活化水泥、高贝利特硅酸盐水泥、硫铝酸钙（CSA）水泥、贝利特-硫铝酸钙铁氧体（BYF）水泥、镁基水泥、水合硅酸盐钙水泥和可碳化硅酸钙水泥。接下来将对以上七种采用新原材料制作的水泥进行介绍。

（1）碱活化水泥

碱活化胶结物属于水化胶结物的一类，其特征是铝硅酸盐结合相含量较高，主要原料有高炉矿渣、钢渣、偏高岭土、粉煤灰、高岭土黏土、赤泥。铝硅酸盐与水不反应，或者它们的反应太慢。然而，由于其高无定形含量，在碱性介质中水解缩合，形成具有承重能力的三维聚合物结构。在水泥中，体系和硅酸盐的天然碱度完成了这些反应，而在没有硅酸盐水泥的情况下，需要一个强碱来激活无定形铝硅酸盐。与硅酸盐水泥相比，碱活化水泥在成本、性能和更少的CO_2排放方面具有更大竞争力。此外，它们被证明具有更强的耐久性以及回收数百万吨工业副产品和废物的能力。

（2）高贝利特硅酸盐水泥

富贝利特硅酸盐水泥的熟料矿物学与普通硅酸盐水泥（OPC）相同，它们也被称为高贝利特水泥。现代硅酸盐水泥与传统OPC的关键区别在于熟料组成中阿利特与贝利特的比。在富含贝利特的硅酸盐水泥中，贝利特的含量超过50%，而阿利特的含量约为35%，这使贝利特成为丰富的相，而传统OPC中阿利特的含量最多，约为50%~65%，贝利特仅为15%~30%。

富贝利特水泥的生产工艺与传统的OPC相同，但在熟料原料混合料中使用较少的石灰石。阿利特的形成需要较高的能量，因此比贝利特排放更多CO_2，故生产富含贝利特的熟料能耗更低，CO_2排放更低，排放量的减少约为10%。同时，高贝利特水泥不仅降低了热演化，而且具有良好的和易性、较高的力学性能和耐久性，也表现出更好的抗硫酸盐和氯化物性质。但由于贝利特的硬度相对高于阿利特，所以要将富含贝利特的水泥磨成与OPC相同的细度需要多5%左右的电能，这也要求对设备进行节能改造，技术升级。

（3）硫铝酸钙（CSA）水泥

CSA水泥是一种高氧化铝含量的水泥，与硅酸盐水泥相比，通过使用CSA成分，石灰石的数量减少了，这不仅有利于减少高达25%的热能，而且还减少了高达20%的CO_2排放量。工业废料也可以作为制造CSA水泥的原料，因此CSA水泥具有显著的优势。由石灰石和二氧化硅制成的阿利特每克原料产生0.578g CO_2，同时，由石灰石、氧化铝和硬石膏制成的每克硫铝酸钙原料只产生0.216g CO_2，远低于生产阿利特时所释放的CO_2，这也使得CSA熟料极具吸引力。

（4）贝利特-硫铝酸钙铁氧体（BYF）水泥

CSA水泥相较于OPC具有更强的竞争力，也是对CSA水泥技术的扩展，但其生产受铝量的限制，导致其成本较OPC高。这些熟料可以在传统的硅酸盐水泥厂生产，只需要改变配合比，在投资成本方面就可具有优势。开发BYF技术的目的是降低CSA熟料的生产成本，实现使用更少的富铝材料，生产比传统OPC制成的具有相似特性的混凝土更强的低碳混凝土产品。与OPC相比，BYF需要的石灰石少20%～30%，导致更少的CO_2排放。此外，由于BYF熟料不需要矿渣来源，但仍显示矿渣含量与OPC相似，因此与矿渣水泥相比，BYF熟料具有更大规模生产的潜力。但BYF水泥仍处于研发阶段，存在一定的挑战，限制了BYF水泥与OPC相比的能力。该技术的两个大挑战与不同时间尺度下的反应性控制有关：首先是如何通过硫铝酸钙水化使水泥更快达到目标强度；其次是使贝利特在反应中随着时间的推移获得平稳的强度变化。

（5）镁基水泥

镁基水泥的主要反应成分是氧化镁（MgO），与传统OPC相比，它具有高强度、高耐火性、高耐磨性和免湿养护等优势。但其长时间接触水后，氯氧镁相不稳定，会以氯化镁和氧化镁的形式渗出，限制了水泥在建筑中的实际应用。同时，MgO的来源主要是菱镁矿（$MgCO_3$）的煅烧，一方面$MgCO_3$比碳酸钙更稀缺，另一方面$MgCO_3$煅烧也会产生大量CO_2，这也阻碍了镁基水泥的发展。但有趣的是，镁基水泥的固化反应会消耗CO_2，这意味着这种类型的水泥可以作为CO_2吸收剂。早在2008，Liska等就开始研究镁基水泥，研究了碳化作用对镁基水泥力学性能的影响。2020年，Bhagath Singh等研究发现镁基水泥在28天的碳化养护之后，强度达到60MPa。因此，镁基水泥碳化能够实现水泥优异性能的同时实现碳减排，但仍需解决的关键问题是降低从天然镁硅酸盐到氧化镁的能耗。

（6）水合硅酸盐钙水泥

水合硅酸盐钙水泥是一种新型的水硬性胶凝材料。材料和生产过程由卡尔斯鲁厄理工学院（KIT）开发。这些黏结剂的原料、混合和凝固与传统的胶凝黏结剂相似。它是以无定形水合硅酸盐钙为基础的。适合生产水合硅酸盐钙水泥的原料是碳酸盐（如石灰石）和硅酸盐（如矿渣、沙子和粉煤灰）。原料的碳酸盐含量在40%～50%之间，而OPC的碳酸盐含量约为70%。氧化钙与二氧化硅的比例在1～2之间。原料的加工包括两个步骤。第一阶段，在150～200℃和饱和蒸汽压力下使用高压锅炉处理原料，这个过程产生水合硅酸钙化合物。第二阶段，将合成的水合硅酸钙与硅酸盐组分混合和研磨，生成无定形的水合硅酸钙。因为，与传统OPC（1450℃），热处理发生在低温约150～200℃，这大大减少水泥生产消耗的能量，同时碳酸盐的用量少，所释放的CO_2的量也相应减少。另外，砂浆养护28天后抗压强度可达80MPa。主要存在的问题是水合硅酸盐钙水泥的生产过程非常复杂，涉及许多加工步骤。尽管如此，水合硅酸盐钙水泥仍是水泥行业碳减排的潜力股。

（7）可碳化硅酸钙水泥

硅酸钙既可通过水化作用也可通过碳化作用硬化。石灰石基黏合剂通过大气碳化硬化，但这一过程非常缓慢，因为大气中CO_2浓度太低，此外，CO_2从外向内的扩散会导致不均匀的硬化轮廓。部分碳化养护已经在一些预制混凝土工厂中应用，与潮湿养护相比，它提高了水泥强度，但这种方法消耗的CO_2更少。特殊的可碳化硅酸钙熟料（CCSC）技术的发展已经通过在不利用过多能量的情况下改进碳酸化工艺。CCSC在常规水泥窑中利用低钙硅酸钙矿物如硅灰石制成。这些熟料需要大约45%的氧化钙，相比之下，OPC需要70%的氧化钙，可减少材料来源的CO_2排放30%。此外，合成这些熟料所需的温度在1200℃左右，而在OPC生产过程中熟料的煅烧温度高达1450℃，窑温的降低还能减少CO_2排放。产生的熟料不会通过简单水化而固化，只能在相对纯净的CO_2气体中并控制温度和相对湿度条件下固化，对CO_2实现了捕捉。但由于可碳化硅酸钙水泥的pH值很低，使用这类水泥的混凝土不能保护钢抗腐蚀，从而其只适用于非增强水泥产品。

除了以上在源头上减少碳排放外，对于已经释放出来的CO_2，还可以采用CO_2捕捉技术和CO_2封存技术。

根据全球水泥低碳技术路线图分析，到2050年，水泥行业CO_2的减排潜力约50%依赖于碳捕集利用技术。目前，常见的碳捕集技术有全氧燃烧技术、燃烧后捕集技术、钙循环技术、间接换热技术等，其中，全氧燃烧技术在燃烧过程中实现烟气CO_2的自富集，不论是直接封存利用，还是进一步捕集提纯，其投资、运行成本是四种技术中最经济的。即便如此，全氧燃烧捕集技术仍面临着投资成本高、碳捕集利用成本高的问题。CO_2封存技术有化学封存、矿物碳化封存、地质封存、海洋储存和生态封存等，但与CO_2捕捉技术相同，封存技术仍处于初步研究阶段，因成本极高而难以推广。

9.4 化肥行业低碳技术

农业生产活动在人类排放各种温室气体的活动中占据了重要比例。仅仅从种植业与养殖业生产的环节来看，农业生产活动对温室气体总排放量的贡献率达到了20%左右。而中国作为农业大国，以化肥为中心的种植业生产活动对温室气体的贡献率不容忽视。2009年，国际肥料工业协会发布了一份关于肥料与气候变化的文件，总结了现有化肥行业的生产，并描述化肥对全球气候变化的各方面影响，指出化肥在生产、物流运输以及具体使用过程中的碳排放不容忽视，三个过程总碳排放量约占据全球温室气体总排量的2%～3%。随着"零碳中和"理念的提出，化肥技术也逐渐将目光放置在低碳环保上，农业农村部与社会各行也都更加重视化肥技术的低碳减排。传统化肥所带来的巨大污染与能耗不容忽视，传统化肥工业直接或间接地影响了土地农田质量、作物质量与生态环境。因此，农田可持续发展，建设土壤肥沃而无污染的新型农业是乡村农业的必经之路。而其中以有机肥料和微生物肥料为主的低碳肥料产业细分种类繁多，且应用前景广阔，并以其低碳环保等特点逐渐进入农业发展的视野中。整体来看，我国在新微生物肥料产品开发方面相对落后于其他国家，但在有机肥方向上目前已有大规模生产，在增加化肥使用能效、减少化肥对环境的影响（排放温室气体、有害废气）等方面取得了一定的成果。而除了肥料本身外，科学配方肥料与施用肥料同样为低碳肥料技术做出了贡献。因此，本节主要介绍有机肥与微生物肥目前在中国的研究发展情况以及配方施肥策略在低碳农业领域的相关研究。

9.4.1 有机肥的制备与施用

现代有机肥料指的是一种新型的多功能低碳的肥料，以现代微生物技术作为支撑，利用废弃的风化煤作为能源，通过发酵工程技术和综合物理粉碎技术等实行生产。实际上中国自古以来就有使用有机肥的悠久传统，中国农业生产勤劳耕作与休养生息相结合的方案中，"养地"就主要依靠较为原始的有机肥，而这也是中国传统农业兴盛的原因之一。有机肥不仅能活化土壤，还能减少土壤养分流失，保护地下水资源，减少化学蒸发和废气污染，平衡土壤养分，稳定植物生态系统等。有机肥生产主要包括粉碎、脱水、发酵、搅拌、翻转、造粒、粉碎、干燥、冷却、筛选等工艺流程，得益于数字化技术的不断发展，数字化定量干燥方法可以减少对电、煤、气的消耗和生产过程的污染。目前，现代低碳有机肥的研究成果在中国已经达到了较为先进的水平，将进一步促进现代农业特别是干旱地区农业的可持续发展和环境保护相关工作。本节主要关注有机肥在生产制造与施用过程中的节能减排效益。

此处介绍一种较为完备的低碳有机肥生产工艺流程，并与传统氮化肥制备过程中的污染进行横向对比。有机肥的制备：用称重秤称重原料后，将原料与废水进行混合，同时控制肥料的含水量与碳氮比，其中肥料的含水量和碳氮比根据原料的组成进行灵活调整。原料进入初发酵过程，混合物由加料机送入初发酵罐，堆放在发酵堆中，用于产生氧气的发酵罐底部强制通风以形成供氧环境。在此期间，翻堆大约两天。在发酵过程中，需要定时定量添加废水。此时有氧发酵的温度约保持在500～650℃。一周后进一步处理发酵的原料，进入下一道工序，根据含水量分别对材料进行处理，按比例添加一定微量元素后，搅拌混合，形成成品，最后单独包装并储存以供销售。同时，将筛选的顶部材料返回研磨过程以供再次使用，同比下该种技术所能节省的能源更多，从工艺制备上实现了减排目的。在整个过程中，废渣得到了合理而高效的利用。而传统氮化肥的制备流程中往往会释放各种废气、废液与废渣。例如，氮肥中的氮元素产生的氨气泄漏与光化学烟雾氮氧化物的废气产生对温室效应有显著影响；氮化肥工厂排出废液中往往含有较高浓度的氨、尿素以及各种重金属物质，后续进行水处理时需要消耗较大能源等。因此对比有机肥与传统氮化肥的生产过程排放，有机肥在低碳生产上具有传统肥料无可比拟的优势。

从肥料的施用层面看，农业土壤中的碳排放受到多种农业措施的调节和影响，包括氮肥和有机肥的施用。一般认为，使用有机肥会增加农业土壤的二氧化碳排放量。这是因为有机物质可以改善土壤微生物活性和土壤呼吸，改善土壤的性质以及根系的生长和发育情况，因此增加了CO_2的排放。但作物的CO_2排放不仅取决于农业土壤的二氧化碳排放，植物光合作用吸收的CO_2作用同时也得到了提升，因此有机肥在施用过程中对温室效应的贡献是一个整体的系统过程，需要从整体排放量上进行考量。因此相关研究表明，虽然有机肥会增加土壤的二氧化碳排放量，但通过使用有机肥料改善土壤呼吸并不会增加大气二氧化碳浓度，相反还能对减缓温室效应做出贡献。Ding等研究表明，使用有机肥料会增加土壤CO_2排放量，与不施肥的对照相比，使用有机肥料后土壤温室气体排放通量显著增加。但通过研究发现，种植作物的固碳作用也显著提升，同比无机化肥的固碳作用显著提高。因此，通过实验与计算得出，与无机化肥相比，有机肥一方面显著提高了作物产量，同时整体上有效减缓了温室效应。为了更广泛地证明有机肥温室气体减排效果以及对其他种植作物的良好作用，相关研究人员探索了不施肥（CK）、只施用一种肥料（T1）、混合肥料和有机肥料（T2）的烟株温室气体排放情况。结果发现，施肥后15天内，土壤的二氧化碳排放率较高。施肥后45天，烟草植物长时间旺盛生长，二氧化碳排放率逐渐增加，并在施肥后90天左右达到峰值。换句话说，在烟草植物的旺盛生长阶段，排放率开始下降。如图9-3所示，T1和T2土壤的CO_2排放量分别增加了39.92%与48.34%。与T1处理相比，T2处理层的CO_2排放量略有增加，作者认为这可能与有机肥改善土壤微生物活性和土壤理化性质密切相关。但由图9-3（b）所示，根据计算最终得到温室气体排放强度为T2最优，T1次之，证明虽然T1与T2实验组可能加快植物排放CO_2速度，但可能对植物光合作用即植株的固碳量同样也有较为显著的提升，同时提升了种植作物的产量。其他的相关研究也表明，有机肥的使用普遍提高了各种种植作物的产量，还能够有效缓解温室气体效应，提升作物与土壤的固碳能力。

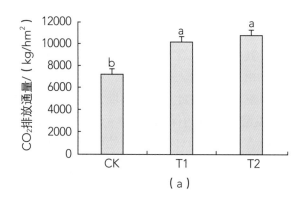

（a）

处理	CO_2的变化量 △SOC/（kg/hm²）	碳的排放量/ （kg/hm²）	植株固碳量/ （kg/hm²）	烟叶产量/ （kg/hm²）	温室气体排放强度 GHGI/（kg/kg）
CK	7 198.97b	1 963.36c	1 308.57b	1 708.85c	4.21b
T1	10 072.57a	2 747.06b	2 877.22a	2 190.09b	4.60a
T2	10 080.90a	2 912.47a	2 970.85a	2 560.28a	3.94b

（b）

图9-3　不同施肥处理对土壤CO_2排放通量的影响（a）及不同施肥处理对烟叶产量和土壤碳排放强度的影响（b）[CK：对照组T1 T2：实验组；a、b、c表示差异达到显著水平（$P < 0.05$）]

　　将有机肥料与其他物质混合也已成为节约能源和减少CO_2排放的一种方式。这是由于单一肥料所含养分以及固有成分的不同，在具体施用过程中所体现出的差异性影响。例如，贾俊香等使用盆栽模拟研究方法研究了氮肥、生物炭以及有机肥不同对照组在N_2O、CH_4和CO_2排放以及全球增温潜能效应方面的作用。结果表明，生物炭和有机肥联合处理不仅可以抑制二氧化碳等温室气体的排放，同时各种排放因子也有显著降低，在温室气体排放强度上有了较为显著的降低，但没有降低蔬菜产量，成为可以替代氮肥的有效策略之一。但是由于混合肥料成分复杂，对温室气体排放的具体影响以及对温室效应潜在的影响仍需要进一步深入研究。陈丽美等则针对竹炭与有机肥的混合施用做了一系列的研究，研究发现竹炭与有机肥的混合肥能有效提高土壤中的营养含量，有效提升过氧化氢酶与蔗糖酶的活性，同时，脲醛酶的有关指标显著下降。最终得出添加竹炭比例在3%~6%之间为最优比例，此时种植作物产量达到峰值。针对不同肥料掺杂物，不同作物的相关研究成果同样也相当丰富，此处不再赘述。

为了实现肥料生产的碳中和，多学科交叉复合技术也被广泛应用于低碳有机肥料生产当中。例如，酶生物技术是建立在微生物学、分子生物学、生态学、营养学和医学的基础上的，经过多年的科学研究、研发经验和应用实践，有机酶产品富含多种有益微生物、多种活性酶和微生物次生代谢物，是一种特殊的生物活性物质和生物催化剂。例如采用A级环保酶对玉米淀粉等农业生产废弃物进行发酵，加入少量的蛋白质饲料，生产出高质量的"生物质发酵食品"。有效调节喂养动物的肠道健康，提高免疫力，利用环境友好型酶B发酵畜禽粪便，添加玉米淀粉等农业废弃物，可将畜禽粪便转化为优质有机肥。使用多学科交叉复合技术制备获得有机肥，可以减少畜禽粪农牧业污染源对土壤和水体的污染，成为"开源节能"、污染控制和低碳减排的新途径，从而促进农业生态循环发展，形成兼顾降低碳排放与质效提升的新型技术。

9.4.2　微生物肥的制备与施用

微生物肥因其各方面的优异特性同样在生态农业可持续发展、绿色低碳农业建设与土地营养均衡过程中占据举足轻重的地位。之前提到，有机肥料的研究是以现代微生物技术作为支撑进行的，而微生物肥与有机肥料的区别在于，微生物肥重点关注将营养物质催化发酵而形成肥料的微生物，该种微生物应能提供或改善营养物质的有机元素与无机元素（微生物本身并不直接提供主要营养物质），从而有效供给农产品。除了供给营养外，部分微生物可以和腐殖酸类共同催化土壤中的盐类物质，在整个过程中提升植物的光合作用与固碳能效，达到兼顾增肥与低碳的目的。之所以说微生物肥也是低碳肥料技术的重要组成部分之一，是因为微生物肥制备过程的低碳性与使用过程中的减排性。微生物肥的制备通常是聚集培养土壤中对种植有益的微生物进行培养，达到一定数量后掺入土壤中达到微生物增生的目的。如前一节对传统制备氮化肥产生危害的描述，微生物肥在生产过程中更加绿色、节约以及环境友好，在生产过程中不会产生诸如氨气、光化学烟雾、氧化硫与各种粉尘等问题，生产过程与最终产品对种植物与人类都更加友好。

目前国内已开发固氮菌、促生菌、溶磷菌、溶钾菌等菌种，它们之间所制备得到的复合菌种综合了各种菌种的优势。以固氮菌与溶磷菌为例，通过盆栽实验对比不同对照组植株最大叶面积、株高与株直径证明了复合固氮菌与溶磷菌可以得到比单一菌种更加良好的结果。虽然目前普遍认为，国内的微生物肥制备技术较落后于其他农业发达国家，但微生物肥在我国未来的技术发展与市场前景上仍不可忽视，具有较大潜力。这是因为微生物肥的使用可以从根本上改善土壤生态，改善土壤基质与肥力。例如，传统农业频繁使用的污染性较大的肥料与农药，可能致使重金属与部分有害盐的累积，更可能导致施用土壤被永久不可逆转的破坏。在循环的农业生产活动中，这些累积的有害物质可能对人类的生命健康造成严重的影响。而微生物肥可以有效降解土壤中残余的有害盐类与重金属物质，提高种植农产品产量，最终恢复土地系统的健康，达成恢复绿色农业的目的。此外，通过研究复合性功能菌剂还可以解决肥化土壤与特定污染的问题，如可以使用特种菌剂以降解土壤中的邻苯二甲酸二丁酯（农业用膜污染物）。若通过传统焚烧或统一收集的办法处理邻苯二甲酸二丁酯需要消耗大量的能源，并产生各种温室气体与有毒有害物质。使用复合微生物肥料兼顾了土地腐殖质与肥料需求，也间接节省了人们处理相关污染废物的能源。除此之外，在处理重金属物质与土壤盐碱改良的课题上也有相关研究。总而言之，复合微生物肥因其多功能性，能妥善解决产量与低能耗之间的矛盾。

9.4.3 配方施肥策略

关于碳中和的肥料技术关键不仅仅在于肥料本身，还要依靠"配方施肥"的方法：针对不同情况、不同地域、不同作物的土地，根据测土结果合理施用不同的肥料。在这个过程中，配方施肥的决策除了受到作物的影响，诸如品类、产量等因素外，还受限于环境的气候、纬度、土壤质量与种类等客观因素。因此，脱离具体实际而谈论肥料效用是不合理的，同时在这个过程中，前期土壤的采样与测试，田间实验性的种植与各种肥料的适配方案实验同样也有着举足轻重的地位。换言之，低碳中和肥料技术是一整个系统工程，应是肥料施用的先决步骤，与肥料的生产、制造和施用相互配合完成整个农业过程中肥料的使用。

配方施肥的步骤包括：

① 收集土样。土样的采集时间通常定在秋收后，密度依照不同的场地而定，一般按丘陵区域50亩（1亩≈667m²）左右一个土样、平原区域200亩一个土样进行采集。采集的地点需具有代表性，采样的深度通常需要视种植作物与植物根深而定。

② 土样测试。通常采取的化学检测项目为碱解氮、有机物质、pH、速效钾与磷，是后续步骤配方确定与加工肥料方式的重要数据支撑。

③ 规划配方与科学施配。根据提供的地区、作物以及土样测试信息，由专家进行专业决策并决定规划肥料配方与用量，农户进行科学施配。

④ 后续购置肥料。农户或当地需依照专家规划配方进行合理配肥，选择肥料时需使用可靠性较高、品质较好与污染性较低的肥料进行配置。

接下来本节以四川眉山葡萄园的测土配方策略为案例来分析配方施肥对化肥碳中和技术的独特贡献。葡萄种植产业作为四川地区农民收入的重要来源之一，已经积累了较多的种植经验。但通过土样收集与土样测试步骤后，科研人员发现以眉山"香悦"为代表的葡萄肥料施用主要存在的问题有：a. 有机肥施用不足而化肥施用有余，土壤缺少腐殖质且重金属与硝酸盐污染严重；b. 施用过多氮肥而较少施用钾肥，导致葡萄钾元素不足；c. 对大量元素的补充过多，而对植株需要的中微量元素需求不及时补充等。这些存在的肥料施用不科学与过量肥料使得葡萄出现叶片黄化等病症以及土壤肥力不足等问题，对当地与周边环境带来了不利影响。通过科学施配方案，笔者提出了施用硫酸镁或硫酸锌等物质可以有效改善植株与土壤情况，同时减少传统化肥对环境的有害影响。

与传统的低碳肥料相比，低碳肥料与配方施肥策略具有明显的经济、环保、安全、高效、和谐等优势，其发展理念体现了低碳农业、资源节约型等特点。绿色农业、优质安全农业的发展需要低碳肥料技术的同步发展。此外，低碳肥料扩大了现代肥料的生产、安全、气候调节、环境保护、金融价值等方面，对于现代农业提高国际竞争力、调整农业结构、改善农村环境有重要的意义。低碳肥料技术的发展有助于减缓全球变暖，有效保护生态环境，保持农业生态平衡，提高农产品质量和安全性。因此，为增加农民收入，发展低碳肥料技术仍然是我国未来农业发展的重要方向和思路。

9.5　零碳建筑

建筑部门的"零碳"是指从事建筑部分相关活动导致的CO_2排放量和同样影响气候变化的其他温室气体的排放量为零。建筑部门相关活动导致的碳排放可以被分为建筑运行过程中的直接碳排放、间接碳排放、建筑建造和维修导致的间接碳排放和建筑运行过程中非CO_2类温室气体排放。接下来按上述分类分别阐述我国建筑碳排放现状与实现零碳排放的路径。

9.5.1　建筑运行过程中的直接碳排放

建筑运行的过程中，直接通过燃烧方式使用煤、石油、天然气这些化石能源所排放的CO_2是建筑运行过程中的直接碳排放。目前我国城乡建筑面积约为600亿平方米，以这些建筑为边界，发生在建筑内的碳排放大致由以下几种造成：

① 炊事。我国城市居民、餐饮业大多采用燃气灶具，而农村除了燃气燃煤灶具外还使用柴灶，由于柴灶使用生物质能源，其排放的CO_2不属于碳排放范围。其中，燃气每释放1GJ热量，需要排放50kg CO_2，燃煤需要释放92kgCO_2。我国全年用于炊事的碳排放约为2亿吨，占全国年碳排放总量的2%。推进全面电气革命，实现炊事的电气化，电气炊事灶具全覆盖，是实现炊事零碳排放的可行之路。由于电气炊事灶具的热效率为80%以上，燃气灶具一般为40%～60%，按照目前的价格体系，炊事电气化并未造成成本上升。推动炊事电气化的关键是树立低碳烹饪文化。

② 分布式燃气与燃煤供暖。约70%以上农村与城乡接合部的居住建筑冬季采用分布式燃煤取暖，其余大部分通过近年来的清洁取暖改造使用分布式燃气供暖，北方城镇住宅建筑约5%采用分布式燃气供暖。上述的这些采暖设施导致每年碳排放超过3亿吨。为了减少采暖的碳排放，除了室外温度可达-20℃以下的严寒地区，绝大多数地区都可以在冬季采用分散的空气源热泵采暖，其运行费用、初始投资成本也不高于燃气系统，而对于少数严寒地区，可以直接采用电暖方式，其成本是燃气供暖的1.5～2倍。

③ 生活热水。目前我国已经基本普及生活热水。除了少量太阳能烧水外，电驱动已经与燃气平分市场。目前全国在生活热水方面的二氧化碳排放为0.8亿吨左右，接近全国碳排放的1%。全面推进电力热水器是未来低碳发展的必然趋势。目前，无论是热泵热水器还是电动热泵电热水器，其综合成本都不高于燃气热水器，推进"气改电"的关键也在于消费者接受度。

④ 其他建筑运行过程中的直接碳排放。医院等公共建筑使用的燃气驱动的热水锅炉

或蒸汽锅炉，用于消毒、干衣与炊事等，以及由于历史原因，部分公共建筑采用的燃气型吸收式制冷机，其不仅造成碳排放，也使得运行费高于电动制冷机。上述碳排放均可以通过电气化，全面降低碳排放。

由上述介绍可知，我国目前建筑运行过程中的直接碳排放的总量约为6亿吨。这一部分的碳排放减排过程中，没有技术问题与经济问题，这一部分的减排本质是需要全面推进"气改电"，实施的关键在于理念的转变与设施初始投入与补助。

9.5.2 建筑运行过程中的间接碳排放

建筑运行过程中的间接碳排放主要来自外部输入的电力与热力。我国2019年建筑运行用电量为1.89万亿千瓦·时，对应的总碳排放为11亿吨。北方城镇广泛使用集中供热系统，通过热电联产或集中的燃煤燃气锅炉提供，这一部分带来的间接二氧化碳排放约为4.5亿吨。建筑运行过程中的间接碳排放为15.5亿吨，占我国目前二氧化碳排放总量的16%。而随着建筑逐渐电气化，会使得建筑用电量进一步增加。接下来分别以零碳电力和低碳热力介绍降低建筑运行过程中的间接碳排放。

（1）建筑运行过程中的零碳电力

发展低碳电力是碳中和的必由之路。以风光为代表的可再生能源的不稳定性输入势必会对电网带来冲击，影响人民生产生活用电。在建筑屋顶与零星空地发展分布式风光电，通过分布式蓄电和需求侧响应的柔性用电负载来平衡风光电的随机变化，通过用电侧的自平衡，在一定程度上能缓解未来的供需不匹配。

充分利用城乡建筑的屋顶空间和其余零散空间表面安装光伏，很大程度能解决大规模发展发电的空间资源不足与供需地区不匹配的问题。除了利用建筑的空间安装光伏外，建筑中和周围停放的电动汽车可以构筑起调节资源的网络，缓解可再生能源供电与用电侧需求不匹配的问题。清华大学建筑节能研究中心的江亿院士团队提出的"光储直柔"新型配电系统可以解决上述问题。

"光储直柔"的基本原理如图9-4所示，配电系统与电网通过AC/DC整流变换器连接。依靠系统内配置的蓄电池，与通过智能充电桩连接的电动汽车以及建筑内各种用电装置的需求侧响应用电方式，AC/DC整流变换器可以通过调整输出到建筑内部直流母线电压来改变每个瞬态系统从交流外电网引入的外电功率。当系统内蓄电池足够多，比如连接的电动车足够多时，任何瞬间从外接的交流网取电功率都可能根据需求实现0到最大功率之间的调节，而与当时建筑的瞬时实际用电量无关。某个区域内，每个采用"光储直柔"配电方式的建筑可以直接接受含高比例可再生能源的外网的取电功率。如果"风光直柔"建筑系统有足够的调节能力，根据外网的风光需求调度用电，则可以认为这一建筑系统的电力需求全部来自风光，实现建筑用电的零碳。

（2）零碳或低碳热力的途径

目前冬季，我国北方城镇建筑约有150亿平方米需要供暖，预计需要42亿GJ的热量满足供暖需求，其中约40%是燃煤燃气锅炉提供的，50%为热电联电厂提供的，10%主要通过不同的电动热泵从空气、污水、地下水及地下土壤的各种低品位热源提取热量。目前我国约有30亿平方米的建筑是20世纪80～90年代建造的不节能建筑，热耗是同一地区节能建筑的2～3倍。此外，供暖普遍的过热现象也是能源浪费、碳排放增多的重要因素。在未来有希望通过节能改造与节能运行使得每平方米热耗降低1/3。

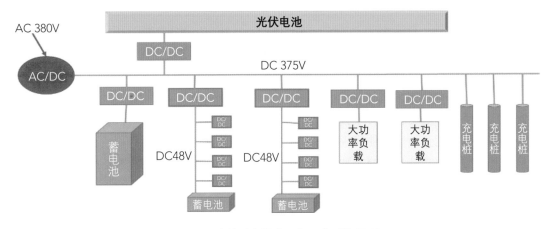

图9-4　建筑"光储直柔"配电系统原理

我国目前建成了全球范围内最广泛的集中供热网络。未来可以通过充分利用热电厂和工业生产过程中的余热资源，来降低热力碳排放。

核电是未来零碳电力系统的重要电源，同时也是重要热源。目前我国已在沿海地区建成并运行0.5亿千瓦核电厂，按照规划，未来将在东部沿海建设2亿千瓦的核电。每1亿千瓦的核电需要排放1.5亿千瓦的低品位余热，目前这些余热都排至海中。若能有效回收这部分热量，在冬季3000小时能得到12.3亿吉焦的热量。若采用跨季节蓄热，每年可以获得32亿吉焦的余热，几乎能满足北方地区冬季80%的供热需求，核电余热具有巨大的深度开发潜力。目前可行的技术为利用余热通过蒸馏法进行海水淡化，向需要热量与淡水的人口密集区输送热淡水（150～200km内），预计可以在冬天为北方提供10亿吉焦的热量与30亿吨淡水，接近目前南水北调中线工程的年调水量。

对于远离海岸线的北方内陆地区，则可采用用于冬季调峰的火电厂以热电联产模式运行所输出的余热。1kW发电量同时可以产生1.3kW以上的热量。北方1.3亿千瓦的调峰火电可以输出3.5亿千瓦热量。冬季平均运行2000h可提供25亿吉焦的热量，其中70%就可以完全满足北方内陆100亿平方米建筑的供暖需求。

未来城建建筑面积的20%可能难以连接集中供热网络，可以采用电动热泵热源，如空气源、污水源和2～3km深的中深层套管换热热泵方式。40亿平方米的建筑需要8亿吉焦热量，需要消耗900亿千瓦·时的电量，大约为冬季用电量的3%。

9.5.3 建筑建造和维修导致的间接碳排放

钢铁、有色与建材三大产业是我国制造业主要的碳排放产业。这三个产业也具有巨大的产能。例如，我过钢产量全球第一，比第二到第十国家的产量总和还多，水泥、平板玻璃的产量达世界总产量的50%以上。这些建筑制造材料的巨大产量是巨大需求导致的。21

世纪以来，我国经济发展的主要驱动力是快速城镇化带来的城镇建设和大规模基础设施建设。目前我国高速公路、铁路总里程都是全球第一。我国城乡建筑建成面积已超过600亿平方米，仍有100亿平方米的建筑处于施工阶段。全部完工后，人均建筑面积达50平方米，已超过日本、韩国与新加坡。快速增长的房屋建造消耗了我国钢铁产品的70%、建材产品的90%和有色产品的20%。这些产品的生产与运输过程也形成了巨大的碳排放。据统计我国民用建筑建造过程的二氧化碳排放已达16亿吨，与建筑运行需要的22亿吨碳排放相加，占到我国碳排放总量的40%，成为最大的碳排放部门。

据统计，目前我国房屋的空置率已超过20%，待仍在建造的房屋竣工后，空置率将超过25%。住房的总量能满足后续城镇化的需求，居民的住房问题不是供给问题而是分配问题。若再进一步无止境增加住房规模，将衍生出更多的"鬼城"。

未来我国建筑建造与维修主要分为"大拆大建"与维修改造两种模式。"大拆大建"已成为建筑业的主要模式，目前拆除的建筑平均寿命仅为三十几年，远远没有达到建筑结构的寿命。这是因为高昂的土地价格驱动，拆建已提升建筑的性能和功能，优化土地利用，这也加剧了对于钢铁、水泥、建材的旺盛需求。而建筑的维修改造对钢材与水泥的需求少，导致产生的碳排放远低于拆建。但是目前人们宁愿拆建也不愿维修改造，拆建所需要的人工费远低于维修改造，还能增加面积，带来巨大的商业利益，这后续也需要住建部门从生态文明理念出发，合理制定政策引导建筑行业的可持续发展。

9.5.4 建筑运行过程中非二氧化碳类温室气体排放

除了二氧化碳外，仍有其他气体排放至大气后也会导致温室效应。建筑里通常采用氢氟烃与氢氯氟烃类制冷，这二者造成温室效应的程度远高于二氧化碳。氢氟烃与氢氯氟烃类若进行严格密封工艺，在空调制备的过程中无泄漏，能实现制造和运行过程中的零排放。在建筑空调与冰箱这些静置的使用场景内，已经能做到完全杜绝泄漏，但长期处于振荡状态的车辆空调，也需要开发新型无氟制冷方式。目前已有大量的新技术来实现无氟制冷技术，如在干燥地区采用间接式蒸发冷却技术，通过获得低于当时大气温度、湿度的冷水冷却。利用工业排出的100℃左右的低品位余热吸收式制冷，以及热声制冷、磁制冷、半导体制冷、电驱动制冷等，但这些方式功率小、效率低，理论与技术仍在进一步开发研制阶段。

除了制备和使用外，制冷设备在拆除过程中，尤其是居住分散的建筑场景内，空调废弃时，往往直接放空，导致制冷介质直接排放至大气中。后续需要通过合理的政策制定，形成全链条制冷介质的回收，禁止制冷介质的随意排放，可以有效消除这部分碳排放。

9.6 零碳交通

9.6.1 交通运输部门能耗和碳排放现状

作为一个资源密集型行业，交通运输业的碳减排是实现碳中和的重要组成部分。交通运输领域的净零排放非常重要，因此我们需要实现零碳交通以应对严峻的气候变化形势。

首先，中国交通运输部门的二氧化碳排放量仍持续快速增长。中国交通运输部门在2018年的能源消耗量为4.96亿吨标煤，相当于当年全国总能源消耗量的10.7%。如果按照能源类型计算，交通部门的直接二氧化碳排放量

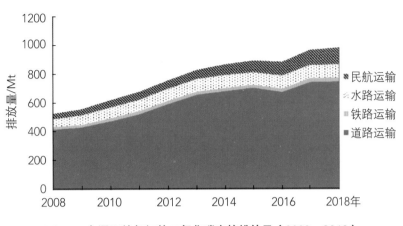

图9-5　交通运输部门的二氧化碳直接排放量（2008～2018）

为9.8亿吨。从2008年到2018年，交通运输部门的二氧化碳直接排放量变化情况如图9-5所示。在这其中道路运输所占的碳排放比例是最高的。在这十年间，四种运输方式中，民航运输方面的直接二氧化碳排放量增速最快。

在交通运输部门之中，以化石燃料为能源的交通运输工具是目前的主要部分，因此由汽油和柴油等产生的二氧化碳的排放仍然是目前碳排放的主体，从中短期来看，我们想要实现交通领域的碳减排，可以通过改善交通运输结构、优化货运运输方式等来实现，但从长期来看，要想实现零碳交通，根本上还是要替换目前以汽油、柴油等为主体的化石燃料体系，需要大力发展电动化的交通工具以及开发远距离可运输可运用的零排放燃料，才能够真正达到零碳交通。

替代传统化石燃料，我们主要依靠电力、生物质燃料和氢能。2050年电动汽车普及率领先，势必大幅提升用电量。从生物质中提取的生物喷气煤油将成为传统航空煤油的重要替代燃料，预计到2050年将占机队能源消耗的70%以上。总体而言，氢能和生物质燃料将是实现零碳交通的关键。在全球变暖控制在2℃以内的情况下，预计2050年石油产品占能源消费总量的比重将下降到54%，生物质、电力和氢的比重将逐步提高到19%、14%和5%。全球变暖控制在1.5℃时，油品占比将进一步下降至19%。到2050年，新能源汽车在车队中的比例要接近100%。除部分重型卡车为燃料电池汽车外，电动汽车将全面普及；在运输方面，62%的车队将由生物质燃料驱动，38%的车队将由氢能驱动。

对道路运输和铁路运输而言，电气化是实现零碳交通的重要措施。相比传统汽车，电动汽车能效要高出50%，电动汽车全生命周期排放考虑整个生产流程，其中包括大量发电过程中的碳排放。在未来，随着中国电力结构朝着清洁低碳的方向转变，电气化的优势也将更明显。

诸如大客车、重型货运汽车、重型船舶和客机等对能量密度要求较高的交通方式，氢燃料电池技术将可能成为这些方式的重要替代燃料技术。氢燃料电池汽车在运行过程中的零排放有助于很好地实现零碳交通，有报道显示，氢能客机在全生命周期二氧化碳排放为0.014kg，相比于航空煤油减少98.6%。目前，氢能发展的主要阻碍还是在基础设施方面，

在修建加氢站以及对氢燃料进行存储和运输方面仍然存在较多的技术障碍。民航作为交通运输部门实现零碳难度最大的子部门，除了对氢能技术的应用外，生物质燃料也有可能成为民航运输深度脱碳的关键措施。

9.6.2 电能的应用及展望

与传统的燃油汽车相比，作为新能源汽车主导的电动车有很多优势：污染少、效率高、噪声低、操作顺畅等。但是电动车在续航里程、能耗、安全性等方面也存在一些比较严重的问题。目前而言，传统燃油汽车具有更强劲的动力，更好的灵活性和操控性。但是电动车较高的成本并不是限制其推广的根本因素，有限的续航里程才是其根本因素。

回首电动车的发展历史，电池技术一直是其最大的软肋，严重阻碍了其商业化道路。因此，对于电池技术的研发人们投入了巨大的精力，也取得了长足的进步。

电池能量密度在很大程度上影响电动车续航里程。在繁多电池体系中以锂离子电池为例，其中最为普遍的是三元材料锂电池和磷酸铁锂。然而，即使经过多年的研发，到目前为止，电池的能量密度仍然较低，且无法满足电动车的需求。电动车对电池系统能量密度的需求约为500W·h/kg。这意味着单电池的能量密度需要达到800~900W·h/kg。这远超现有的电池技术水平，与汽油的能量密度（约2700W·h/kg）仍有很大的差距。虽然金属锂的能量密度（高达43.1MJ/kg）与汽油不相上下，但是锂离子电池的能量密度却远低于该值：不能充电的锂离子电池只有1.8MJ/kg；能充电的锂离子电池更低，只有0.36~0.875MJ/kg。电动车总质量比燃油车重约10%~20%，质量每增加1kg，百公里能耗约增加5~10W·h。因此，通过增加单电池的数量来提升续驶里程的效果相当有限。

传统燃油汽车的续航里程受发动机寿命的影响，但是其影响很小，相比之下，电动车的续航里程和性能都与电池的寿命休戚相关。随着电池容量的衰减，车辆的续航里程也会随之明显减少。影响锂离子电池寿命的因素有很多，包括电池材料、环境温度、循环电流和放电深度等。

此外，电池的充电速度也限制着电动车的应用，电动车的充电时间通常远高于传统燃油汽车的加油时间，严重制约着电动车的商业化。电动车如果采用"慢充"，通常需要6h以上。与传统燃油汽车的加油时间相比，电动车完全没有竞争力。因此，"快充"自然而然被提出，用来解决充电时长的问题。充电速度过高会产生过多的热量，带来一定的安全隐患。"快充"是要求电池具有良好的功率密度，而足够的续航里程要求电池具有优秀的能量密度。在电池中，这两种属性通常是矛盾的，需要在这之中找到平衡点。

在基础设施等方面，电动车的充电也面临着一些问题，无论"快充"还是"慢充"。通常，电动车会在夜间接入处于用电高峰的居民配电网，而居民配电网容量较小。在"峰上加峰"的情况下，这毫无疑问给居民配电网提出了更大的挑战。因此，电动车充电对于居民配电网来说是非常高的负荷，会对电网造成相当的冲击。无论是建设专用的配电网络还是建立微电网，在资金和技术上都有不小的难度。

此外，锂离子电池能够安全工作的温度范围比较狭窄。当温度在90~120℃之间时，电池的固体电解质相界面膜会发生热分解，部分电极在69℃时会分解。当温度达到130℃

时，电池隔膜开始熔化，温度继续上升到150℃时，正极材料开始分解。当温度升高到200℃以上时，电极会分解产生可燃气体和氧气，引起火灾。此外，过低的温度对电池也是不可接受的。在极低的温度下，电池的阴极会直接分解，导致电池短路。低温还会干扰电池内部的离子传输和化学反应，影响电池性能。此外，应用在电动车上，还要考虑碰撞安全和爆炸风险。

总之，作为实现零碳交通的必要技术，电能的利用核心还是要开发高比能、高安全、充电快的动力电池。我们需要在平衡这几个互相矛盾的属性中寻求突破，以达到更理想的效果。此外，在未来，动力电池的回收利用也将成为新能源汽车产业发展的一个重要问题。后续需要逐步建立全国性的动力电池回收网络，形成有效的回收模式，健全相应的市场规范。

9.6.3　氢能的利用与展望

想要实现零碳交通，氢能也是必不可少的途径，利用氢能的整个产业链主要包括氢的制取、储存、运输和应用等环节。

制氢方法主要有热化学重整、电解水和光解水等。目前的主流仍然是化石燃料的化学重整。从成本上看，煤气化制氢成本最低，其次是天然气制氢，电解水制氢成本最高。目前，煤气化制氢技术成熟，适合规模化生产。煤炭资源丰富，成本也低，但碳排放量高，不环保。然而，可用于水电解制氢的风能、光能等资源目前供应不稳定。但未来随着风能、太阳能等可再生资源的进一步利用，电解水的成本将迅速下降，预计2030年后，将逐步取代煤气化制氢的现状。到2050年，可再生能源发电和电解水将成为主流制氢技术。

从储运的角度看，氢的体积能量密度低，极易燃。如何将分散在各地的氢气高效、安全地配送到加氢站，提高储运效率和氢气质量，是推动氢能实用化的焦点。安全、高效、廉价的氢储运技术将成为氢能商业化应用的关键。目前用于储氢的主要材料和技术包括高压储氢、液氢储氢、金属氢化物储氢和有机氢化物储氢。目前高压气态氢储运技术虽然相对成熟，但仍无法实现大规模、远距离储运。目前储氢研究方向呈现复合化趋势，如高压与金属氢化物复合化，距离储氢商业化还有很长的路要走。

此外，氢燃料电池汽车发展的一大难题是基础设施建设。加氢站的数量直接影响氢燃料电池汽车的商业化。但目前加氢站建设成本非常高，氢气运输成本相对较高，进一步推高了加氢成本。同时，加氢站等基础设施不完善，也限制了氢燃料电池的商业化和规模化应用。加强加氢站关键材料和核心部件的研发，进一步降低加氢站建设成本，加快加氢站建设。

在氢能应用方面，常见的燃料电池包括：质子交换膜电池、磷酸电池、熔融碳酸盐电池、固体氧化物电池等。综合考虑工作温度、功率密度等各项指标，交通运输行业最常用的是质子交换膜燃料电池。其中，电堆是燃料电池的核心，由膜电极、双极板、密封件等组成。一方面，我国氢燃料电池技术的一些关键材料和核心部件尚未实现量产。但另一方面，我国在高活性催化剂等方面的技术水平已达到甚至超过国外商品化水平，但大多停留在实验室和样品阶段，尚未形成量产技术。因此，我们也需要推进技术改造的进程。

同时，燃料电池的高成本制约了其发展。需要进一步提高电堆的比功率，减少电堆中铂的用量，以降低其成本。此外，电堆和系统的耐用性和可靠性也有待提高。当然，氢燃料电池系统的可靠性和寿命并不完全由电堆决定，还取决于系统配套，包括燃料供应、氧化剂供应、水热管理、电控等。因此，需要加强对氢燃料电池系统整体过程机理和控制策略的研究。

9.6.4 生物质能的利用与发展

生物质能作为一种实现零碳交通的重要能源，其中生物柴油就可以应用于重型交通领域，与氢燃料电池等共助零碳交通的实现。这里以航空领域为例进行剖析，除了氢能的利用之外，生物航空煤油的应用是航空方面实现深度脱碳达到零碳的重要方式。

虽然航空业温室气体排放占全球比例较小，但航空业发展速度很快。生物航空煤油作为一种重要减排方式，在美国、荷兰等地已经进行多次生物燃料试飞。2011年，荷兰进行了世界上第一次生物燃料商业飞行，使用的原料是餐饮"地沟油"。中国是世界上第四个拥有生物喷气煤油自主研发和生产技术的国家，并于2015年3月成功利用可持续航空生物燃料载客。中国石化是我国第一家拥有生物喷气煤油生产技术和2011年完成了一套生物航空煤油工业设备的企业。

生物航空煤油通常是以油脂或农林废弃物等可再生资源为原料，制造时需要吸收大气中的二氧化碳，而在燃烧时再将二氧化碳全部排放到大气中，由于原料来自油脂等可再生资源，且生产到燃烧的过程中部分二氧化碳实现了循环，所以生物航空煤油的使用有助于零碳交通的实现。航空煤油对冰点的指标要求较高（不高于$-55℃$），而生物柴油及化石柴油的烯烃、芳烃含量较少，其只能达到冰点不高于$-47℃$的标准，因此需要相应生产工艺对其进行改性，防止高空温度过低引起燃料固化。生物航空煤油生产工艺主要包括加氢法、气化-费托合成法、生物质热裂解和催化裂解法等，其中加氢法和气化-费托合成法较为常用。

动植物油、微藻油、餐饮废油是加氢生产生物航空煤油的原料。主要成分是甘油三酯，脂肪酸链主要是C_{16}和C_{18}。之所以称为加氢，是因为原料油经过脱氧、加氢、加氢异构化和选择性裂解，生产生物航空煤油。由于原料油含氧量过高，含有大量不饱和键，原料油的稳定性较差。加氢可以提高进料油的稳定性，并以水和二氧化碳的形式将其除去，以降低含氧量。加氢法所得产品质量好、收率高、投资成本低。

高温费托合成主要以汽油、柴油等产品为主，而低温费托合成的主要产品为煤油、柴油和润滑油基础油。气化-费托合成工艺主要包括生物质气化、合成气费托合成工艺和蜡烃加氢裂化，以减少生物煤油的碳数和分布，降低凝固点。该方法投资成本较高，整体原料成本较低，技术和运行稳定性较差。与加氢技术相比，没有明显的竞争优势。目前，该技术还没有达到相当成熟的阶段。

总之，生物航空煤油目前还没有理想的工艺，现有的相对成熟的工艺还存在一定的缺陷。加氢脱氧和异构化是现阶段比较成熟的生产工艺，但生产过程的深度加氢会出现问题。其结果是芳烃用量过低，残留的少量脂肪酸酯会使燃料的凝固点升高，稳定性变差；

而费托合成法生产的燃料与传统的石油基航空煤油相似，但产品的润滑性较差。

　　生物喷气煤油面临的另一个主要问题是原料来源。目前，废食用油和木本油料作物主要用于生产生物喷气煤油。但原材料的收集成本可占到生物喷气煤油成本的70%～80%。有多种原因使原料来源不稳定，进而增加原料成本。首先，虽然我国每年都有大量的废食用油，废食用油的回收利用既有环境效益，又有经济效益，但地沟油来源比较分散，回收难度较大。其次，木本油料作物的供给受季节的影响，难以保持持续稳定的供给。例如我国的棕榈油就是主要依赖进口，且价格受天气、需求等因素的影响。至于微藻油还需要解决海藻收集、海藻油萃取等技术上的问题。想要降低成本，为避免占用耕地，可以开垦荒地，建设生物质能源林基地来增加原料供给，也可以通过如基因工程等技术，培育出生长快、含油量高的原料。总之，增加原料供给是降低生物航空煤油生产成本、推进其商业化应用的重要途径。

9.6.5　总结与展望

　　要实现交通行业的净零排放这必然是一个长期的过程，虽然短期内我们可以通过改善运输结构，例如推广货运多式联运，倡导市内公交，以及优化货运运输方式，如采用货运甩挂运行的方式来降低碳排放，但中长期目标想要实现零碳交通，还是需要优化能源结构，使用电能、氢能、生物质能这些清洁能源才能达到净零排放。氢燃料和生物质燃料应用的可行性都已经得到了证实，但是目前也还存在相应的成本问题和技术瓶颈需要突破。在未来，随着电池技术的突破和可再生能源发电的不断发展，清洁电力将使得电动化的优势进一步凸显，电动化将会是中远期实现交通领域净零排放主要的力量。

9.7　新型低碳工业

　　工业是我国经济社会发展过程中消耗大量能源的部门，其排放的二氧化碳在我国碳排放中占很大比例，同时也是我国经济发展的主要动力。为达到我国"碳达峰、碳中和"的目标，工业需要向低碳化方向转变。当前，绿色化以及低碳化已经成为工业转型的重点目标。2020年成功召开了全国工业和信息化工作会议，指出应实施工业低碳行动，工业领域要以碳达峰和碳中和为目标。可以推测，在中国工业进程中，很快将全面开展工业向低碳化转型的浪潮，对工业领域进行升级优化。"碳达峰、碳中和"目标的提出，对我国各领域低碳化的转型提出更高的要求。更高的水平会在中国工业向低碳化道路上转变中得以实现，发现蕴含在其中的机遇，对于即将到来的挑战积极地面对将成为关键。实现"碳达峰、碳中和"目标，水泥、钢铁、建材、石化等一些传统产业将逐步收缩其发展空间，将工业模式转向精细化与高质量，而抛弃过去的规模化粗放型的发展模式。如若一些传统产业对其技术、装备、工艺等各方面进行优化升级，同样可以拥有强劲的市场竞争力和发展机遇。依靠自身优秀的低碳属性和高技术禀赋，在不久的将来新型低碳工业会迎来一轮快速发展的机遇，在中国产业结构中的地位也将逐渐提升，产业发展潜力将得到进一步释放。

9.7.1 能源互联网

能源互联网是一种建立在电力电子技术与信息通信技术ICT（information communication technology）的基础上，利用能量信息管理系统将集中或分布式可再生能源、储能装置、耗能负荷等联结为一有机的整体，使其协调工作，通过能量与信息紧密耦合实现安全高效协调共享的新型能源利用体系。美国学者杰里米·里夫金在其著作《第三次工业革命》中首次提出能源互联网这一构想。他希望不同空间分布的各类发电设备、储能设备和可控负荷联系在一起，实现该目标可利用智能电网与ICT技术，在该构想中用户可以方便地获得能源，并且参与能源的生产、消费以及优化的过程。这一构想深深吸引了众多的学者与IT界人士，成为热门研究方向。但是迄今为止能源互联网概念仍然没有形成统一的定义。

图9-6是有关能源互联网定义的基本框架。电力系统在能源互联网中具有核心地位。能源互联网被要求具有即插即用、对等开放、实时响应、广泛分布以及高度智能等特性，因此解决能源互联网所存在的各种问题需要IT领域的高新技术，故吸引了大量IT界人士共同解决此问题。

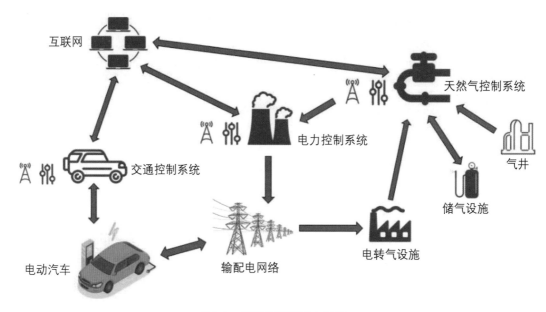

图9-6　能源互联网基本框架

图9-7为能源互联网组网示意图。各微电网之间的联系由控制子站负责，区域之间与它们内部能力的重新调配和交换由能量控制系统进行控制。传统电站（如燃煤电站、水力发电站等）与其他类型电站产生的各种能量可以在它们之间互相传递、转化，实现最合理的利用。各个能源消耗端同样也是小型的电站，可以以集中或分散的方式将能源接入能源互联网。在系统内，能量流由信息流进行控制，以此来保证整个能源互联网的安全性。能源互联网可以认为是智能电网的升级迭代，能源互联网除了保持智能电网所具有的优势外，还在其基础上具有升级和功能的拓展。其可以提高分散式可再生能源接入的比例，可

以通过更加精准的计算，将能源进行平移，达到平衡供需关系的目的；相较于智能电网中的信息技术主要运用在控制系统中，信息流存在于能源互联网中的各个环节，涵盖其所有领域；具有不同物理形式的能源之间转换可以进行得更加频繁。进行总结，能源互联网具有的特点为：从不可再生能源向可再生能源转变；可以将大规模的储能装置进行引入，并且可将能量平滑地输出；可在同一地点进行收集、储存和利用；可在消耗端消耗能源的同时，进行能源的生产；可以在不同形式能源之间发生转化；在能源流的各个环节都具有信息通信技术。

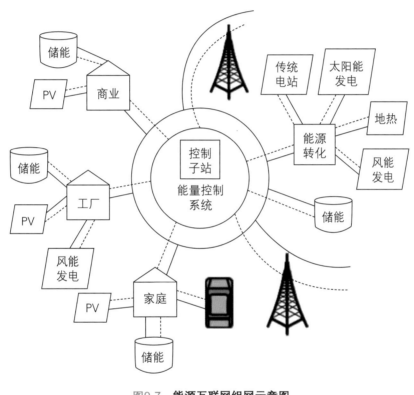

图9-7　能源互联网组网示意图

——能量流；……信号流

具有绿色、低碳、可持续发展性质的能源互联网，已经成为学者们所关注的热门。但是能源互联网的构建是一个复杂的工作，其建设需要多学科（如信息通信技术、市场管理、材料学等）协同发展。实现我国成为科技强国的梦想需要学者、企业及政府进行不断地创新变革。而能源作为关系国计民生的重中之重，需要不断地探索与创新。

9.7.2 新型绿色电力体系

在电力行业中"碳达峰、碳中和"目标将在多个维度对其产生影响，能源电力行业将面临巨大的变革。在电力系统的各个方面都需要做出全新的调整和部署。这些优化升级，应面向同一个目标——可持续环境收益。下面将对绿色电力体系进行介绍，以及电力企业向绿色低碳转型的新思路与新方法。

　　下面将从绿色电厂、绿色电网和绿色能源消费三方面对新型绿色电力体系（图9-8）进行介绍。

　　现在还没有对绿色电厂的权威定义以及制定的评判标准。对于绿色电厂，之前的研究人员大多专注于环保措施和绿色建筑技术，随着进一步的研究，绿色电厂的建设应具有以下特点。在节能方面，绿色电厂对燃煤电厂热动系统、环保系统的节能技术尤为看重，对热能和燃料化学能品位的关系也十分重视。在减排方面，其具有一套完整健全的燃煤管理体系，在源头对污染物的排放进行严格的控制。首先，在采购端就严格控制煤的质量，尽可能减少

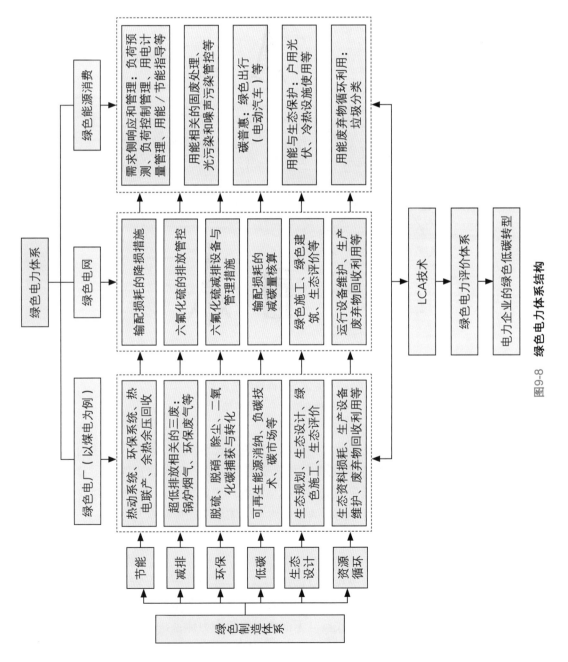

图9-8　绿色电力体系结构

其在燃烧过程中产生大量的污染气体；其次，提高煤的燃烧效率，可通过优化燃烧设备的设计来实现此目的。在环境保护方面，根据污染物的性质，采用合适的脱硫、脱硝、除尘技术对污染物进行处理，不断推动污染物超低排放的技术改造，以满足国家规定的技术要求。在低碳方面，绿色电厂的建设更注重开发和利用可再生能源，负碳技术的研发和应用是煤电企业实现低碳发展的重要技术方法。在生态保护方面，在项目实施前，对此项目可能会对环境产生的影响进行分析，并且对项目的生态评价应持续进行，实现与生态环境协调发展。在资源循环利用方面，煤电企业秉持循环经济发展理念，按照"资源节约→节能→减碳"的思路，采用以"资源→产品→废弃物→再生资源"为路径的循环利用模式。

绿色电网也可从上面提到的6个方面进行解读。在节能方面，绿色电网可采用多种方法降低输配电过程中的线损。在减排方面，对于SF_6的排放，源头严格管控与回收处理并行，对所有SF_6进行严格管理。在低碳方面，对绿色电网主要通过减少SF_6在电力设备中的使用量以及减少电能在输配过程中的损失量来进行碳排放的缩减。在生态方面，尽可能减少对资源的浪费以及环境的破坏，符合绿色施工的要求。在资源循环利用方面，通过资源的节约达到节能的目的，从而实现减少碳排放的目标。

能源产业的末端是能源消费。绿色能源消费：在节能方面，追踪碳排放流的演化足迹，这对于实现系统的源-荷互动、协同增效具有十分重要的意义；在减排方面，绿色能源消费应妥善处理能源消耗侧污染的治理；在低碳方面，其落脚点在碳普惠机制（PHCER）上，现阶段碳普惠机制发挥了非常重要的作用，使得大众在节约能源方面具有积极性；在生态方面，能源消费不能破坏生态环境，应始终保持保护生态环境的理念，维持生态平衡；在资源循环利用方面，应注重对该过程中产生的废弃物进行再利用。

"碳达峰、碳中和"目标的提出对各个领域都产生了或大或小的影响，对电力行业带来的影响尤为深刻，大力促使其向绿色低碳化方向进行转型，新型绿色电力系统的概念因此应运而生，对未来"双碳"目标实现具有积极意义。

9.7.3 新型绿色工业园区

工业园区内包含众多的生产制造工厂，是工业发展的重要组分，其对我国经济的强有力发展发挥不可磨灭的作用，是区域经济发展的"发动机"。

低碳工业园区与低碳经济密切相关，工业园区达到低碳的定义，需要满足两个条件。首先，工业园区应具有较低的碳排放强度，并且二氧化碳排放的总量也应较低；其次，工业园区可以通过最少的碳排放量得到最大化的经济收入，具有低碳效率。判断工业园区是否为低碳工业园区不能仅从碳排放强度的高低来判断，还应参考同类别园区的碳排放强度标准，因为对于不同类别的工业园区其碳排放强度标准也是不同的。

在建设低碳工业园区的过程中，应该遵照国家制定的方案进行，对工业园区不同方面进行低碳化改进，这是一个达到工业园区低碳化的完整策略。在这个战略中，对产业结构进行合理的调整以及优化增长速度是其重点。以降低不可再生资源的消耗，增长可再生能源的利用为主要方法，以实现能源的低碳化。对园区中建筑设施的空间位置进行优化，以实现将基础设计进行低碳化。与其他国家进行的工业园区低碳化进程不同，我国特有管理低碳化，其要求利用管理制度进行严格监督，举措大多为对碳排放进行控制，从而实现低碳化。我们不仅在能源、产业等领域实施具体的举措，并且为实现我国低碳工业园区试点的建设，还要建立相关机制与制度，以此维护园区低碳发展。上述四个方面的措施对于不同类型园区的低碳发展具有不同的效果。因此对于不同类型的园区，应实施不同的发展模式。将来，工业仍将是我国经济发展的主要动力，是工业发展的依靠。

对于新型绿色工业园区当前存在的一些问题，提出响应的对策及建议。首先，用实际行动来践行绿色可持续发展理念，努力奋进地将工业园区建设得更加生态化、绿色化、低碳化，做到经济与环境协调发展。在园区内进行国家生态工业示范园区的建设，对于不同地区的建设，可根据地区特色制定不同的机制推动建设的实施。同时，注意预防环境风险，保证环境的安全。建设完整健全的风险防控体系，全面地将环境风险的状况掌控，编制可能出现的重点风险源的名单，并且建立环境安全隐患信息动态管理数据库；完善健全环境风险的预警以及防控机制，依据各企业环境风险等级的不同实施差异化的监督管理；在未来的绿色工业园区发展中，加强包括人员、基础设施、物资在内的应急能力建设，增强对环境突发事件的处理能力，提升园区的应急管理水平及风险方案能力。另外，对管理机制进行创新，对监督管理进行强化。对于工业园区先创建试点创新基地，再根据园区的不同特征制定创新的合理的环境管理机制。我国东西部园区建设发展不平衡，可以根据园区的类型进行点对点帮扶，将东部园区的先进管理经验带到西部园区，再进行创新发展，加快新型绿色工业园区在西部的发展。

9.7.4 蓬勃发展的新型低碳工业

① 石头造纸。石头纸又被称作复合纸，其主要成分为$CaCO_3$，辅助材料为高分子树脂以及其他有机物试剂，其制造工艺包括密炼、造粒、挤出、压延等。与传统的造纸相比，由于其在制造过程中不涉及水和木浆的引入，同时也不会产生对环境有危害的废物（如废水、废气等），因此其具有绿色低碳性。因为石头纸的主要成分为$CaCO_3$，因此其对水、油和化学品具有稳定性，而且在石头纸的生产过程中不涉及水的加入，也不需要进行化学试剂漂白，因此就从根源处解决了环境的污染问题。由于石头纸具有零苯、抗菌性和零甲醛的优点，因此在某些应用场景中可以替代传统纸。一位苏联专家发明了这项技术，他采用的$CaCO_3$来源为凝灰岩或玄武岩。其制造工艺为：首先从玄武岩溶液中拉出纤维，然后在所得到的半成品薄页上加入白土粉，最终获得石头纸。当前制造石头纸采用的原料多为方解石，其主要成分也是碳酸钙。其制造工艺为：采用磨粉机将原料方解石打碎，磨成具有微米级尺寸的粉末颗粒，再依次进行混炼、挤出、压延等工序实现石头纸的生产。随着我国经济水平的提高，对绿色化产品及可持续越来越重视，而非一味地追求产品的高利益。而石头纸的生产在源头上解决了造纸污染环境的问题，正符合可持续发展的目的，受到了广泛的关注与支持。同时石头纸的制造成本是传统造纸成本的70%～80%，因此将大概率成为未来造纸业的趋势。但当前制造石头纸的技术还不是很成熟，因此还不能完完全全地取代传统纸，但是相较于传统纸，其具有的种种优势必将会吸引大量企业加大研发力度，使其生产技术不断完善成熟，相信在不久的将来石头纸定将出现在大众视野中。

②生物质工业。其含义是指使用生物的粪便、农业残渣等可以再生的生物质资源作为原料，生产各种能源或者产品，因此具有绿色、低碳、可循环的性质。我国地域广阔，农业、畜牧业较为发达，具有大量的生物质资源，具有先天发展生物质能的优势。近些年来，我国生物质能快速且多元化发展，在生物质供热、发电以及规模化沼气方面取得很大的进步。

在生物质供热方面，21世纪初期开始，该技术快速发展。随着生物质成型燃料成型设备、供热炉与燃料燃烧技术的不断发展，使得该技术在全国范围内实现产业化。生物质供热在农村具有大规模的应用，尤其是在北方的冬季取暖，自家产生的农业残渣、禽畜粪便在原地就可进行加工处理，然后进行利用。不仅可以减少农村秸秆在室外露天焚烧造成的空气污染，还具有成本低、绿色、可循环的特点，对低碳化及环境保护具有重要的意义，得到了政府的大力支持。

③生物质发电。在我国生物质发电所采用的主要原料为农林生物质、沼气及部分生活垃圾。近些年来，我国生物质发电快速发展，国家也推出很多政策，大力推进农业林业残渣发电项目的建设。近年来，农家沼气池发电不断推广，使用生活垃圾、粪便为原料生成沼气，通过沼气的燃烧产生电力，供农家生活使用。但常常会发生沼气池爆炸等危及群众生命健康安全的事故，因此应加强对居民合理使用沼气池的安全教育，对沼气池的建设规范化，防止此类事故再次发生。

④生物液体燃料。新中国成立以来我国农业快速发展，21世纪初，我国粮食产量富裕，因此在一些农业大省建立了许多以粮食为原料的生产燃料乙醇的工厂，并开始在部分地区销售车用乙醇汽油，在随后的几年中就在全国范围内使用。但是我国人口众多，以粮食为原料生产燃料的成本相对较大，因此采用生物质生产燃料还具有很多挑战。在生物柴油方面，我国的生产水平与西方国家之间还存在很大差距，具体表现在：生产规模较小，生产质量较低，产品质量没有一个统一的标准。还需要业内外人士共同努力，提升生物柴油制造技术水平，推动"碳达峰、碳中和"目标的实现。

⑤生物基产品。其定义为采用生物质为原材料，制造出的新型绿色产品。因为制造这些产品的原料为生物质有机物，因此其可在自然环境中快速降解，在一些应用中可以取代塑料，并且与塑料制品相比不会增加大自然的压力，具有绿色、低碳、可循环的优点。另外，由于塑料制品的原材料归根到底为石油，而我国又是石油紧缺型国家，因此生物基产品的推广可以缓解我国对石油进口的依赖。2017年，国家发展和改革委员会印发的《"十三五"生物产业发展规划》中提出，提高生物基产品的经济性和市场竞争力。其涉及的产品覆盖衣物、床上用品、一次性餐具等领域，已进入我们的生活。

综上所述，生物质工业的发展将强有力地促进我国减少碳排放事业的发展，在供热与供电方面不仅可以取代煤炭等不可再生能源的消耗，减少碳排放，还可以使农村人口生活更加便捷，生活质量可以在一定水平上得到提高。在生产液体燃料方面，不仅可以减少对大自然的危害，还可以缓解我国对石油进口的依赖，实现一举多得。但我国甚至世界在生物质的利用方面还存在很多不足，需要海内外学者共同努力，为"人类命运共同体"这一伟大实践添砖加瓦。

　　我国作为发展中国家在实现"碳达峰、碳中和"目标的道路上必然是充满坎坷与艰难险阻，但这一目标有利于我国对经济结构的优化与调整，同时对全球气候恶化具有重要意义。发展低碳经济是一项复杂且巨大的工程，需要各个学科学者及业内外人士协作努力，保证我国低碳经济持续且健康发展。

参考文献

[1] 孙亚楠，迟新东，宋有涛. VOCs污染治理技术——沸石转轮浓缩催化燃烧技术处理VOCs［D］. 2019中国环境科学学会科学技术年会论文集，2019（4）：3573-3576.

[2] 宋媛媛. 吸收—吸附联合法回收尾气中甲醇和丙醇的研究［D］. 天津：河北工业大学，2016.

[3] 蔡俊红. PTA污水处理过程中的VOC治理［J］. 山东化工，2020（49）：235-240.

[4] 苏伟，周理. 高比表面积活性炭制备技术的研究进展［J］. 化学工程，2005：44-47.

[5] 赵丽媛，吕剑明，李庆利，等. 活性炭制备及应用研究进展［J］. 科学技术与工程，2008（8）：2914-2919.

[6] Yin Z, Cui C, Chen H, et al. The application of carbon nanotube/graphene-based nanomaterials in wastewater treatment [J]. Small, 2020 (16): 1902301.

[7] Baloch K H , Voskanian N, Bronsgeest M, et al. Remote joule heating by a carbon nanotube [J]. Nat Nanotechnol, 2012 (7): 316-319.

[8] Hu N, Li H, Wei Q, et al. Continuous diamond-carbon nanotube foams as rapid heat conduction channels in composite phase change materials based on the stable hierarchical structure [J]. Composites Part B: Engineering, 2020 (200): 108293.

[9] Duoni, Di Z, Chen H, et al. Carbon nanotube-alumina strips as robust, rapid, reversible adsorbents of organics [J]. RSC Adv, 2018 (8): 10715-10718.

[10] Chen H, Qian W, Xie Q, et al. Graphene-carbon nanotube hybrids as robust, rapid, reversible adsorbents for organics [J]. Carbon, 2017 (116): 409-414.

[11] Bednar J, Obersteiner M, Baklanov A, et al. Operationalizing the net-negative carbon economy [J]. Nature, 2021 (596): 377-383.

[12] World steel in figures 2019 [J]. Worldsteel Association, 2019.

[13] Mehmeti A, Angelis-Dimakis A, Arampatzis G, et al. Life cycle assessment and water footprint of hydrogen production methods: From conventional to emerging technologies [J]. ENVIRONMENTS, 2018，5.

[14] Antonini C, Treyer K, Streb A, et al. Hydrogen production from natural gas and biomethane with carbon capture and storage - a techno-environmental analysis [J]. SUSTAINABLE ENERGY & FUELS, 2020，4: 2967-2986.

[15] Johnson E. Goodbye to carbon neutral: Getting biomass footprints right [J]. ENVIRONMENTAL IMPACT ASSESSMENT REVIEW, 2009, 29: 165-168.

[16] Special report on carbon dioxide capture and storage [J]. IPCC, 2005.

[17] 20 years of carbon capture and storage [J]. International Energy Agency, 2016.

[18] Bains P, Psarras P, Wilcox J. CO_2 capture from the industry sector [J]. PROGRESS IN ENERGY AND

COMBUSTION SCIENCE, 2017, 63: 146-172.

[19] Fan Z, Friedmann S J. Low-carbon production of iron and steel: Technology options, economic assessment, and policy [J]. JOULE, 2021, 5: 829-862

[20] 蓝虹. 从"十四五"规划建议解读绿色金融发展趋势［J］. 中国金融家，2020（12）：46-48.

[21] 杨司戎. 开放获取冶金特色文献资源的建设［J］. 科技情报开发与经济，2011，21（6）：94-96.

[22] 张伟伟. 有色金属工业碳排放现状与实现碳中和的途径［J］. 有色冶金节能，2021，37（2）：1-3.

[23] 刘占华. 有色冶金技术的现状与发展讨论［J］. 冶金冶炼，2020（12）：13-14.

[24] 刑力仁. CCUS 产业发展现状与前景分析［J］. 国际石油经济，2021，29（8）：99-105.

[25] 赵志强. 全球 CCUS 技术和应用现状分析［J］. 现代化工，2021，41（4）：5-10.

[26] 米剑锋. 中国 CCUS 技术发展趋势分析［J］. 中国电机工程学报，2019，39（9）：2537-2544.

[27] 郭甲男. 低碳经济下的冶金工程技术分析［J］. 冶金与材料，2021，41（3）：90-91.

[28] 丁美荣. 水泥行业碳排放现状分析与减排关键路径探讨［J］. 中国水泥，2021（7）：46-49.

[29] 本刊. "双碳目标"催动建筑行业低碳转型［J］. 建筑，2021（8）：14-17.

[30] 李琛. 关于水泥行业碳减排工作的几点看法［J］. 中国水泥，2018（12）：22-26.

[31] 刘福永. HRM 立式磨水泥半终粉磨系统节能分析［J］. 新世纪水泥导报，2020，26（1）：36-40.

[32] 赵小雷. 高效节能循环风机在 ATOX 生料磨系统中的应用［J］. 水泥技术，2019（2）：44-47.

[33] 王志通. 硫铝酸盐水泥熟料烧成系统的技术改造［J］. 新世纪水泥导报，2021，27（2）：38-39.

[34] 李叶青，韩前卫，甘玉蓉. 环保战略结合碳交易对水泥行业可持续发展的实践［J］. 中国管理会计，2019（4）：104-109.

[35] Alujas A, Fernández R, Quintana R, et al. Pozzolanic reactivity of low grade kaolinitic clays: Influence of calcination temperature and impact of calcination products on OPC hydration [J]. Appl Clay Sci, 2015 (108): 94-101.

[36] Cancio Díaz Y, et al. Limestone calcined clay cement as a low-carbon solution to meet expanding cement demand in emerging economies [J]. Dev Eng, 2017 (2).

[37] 高长明. 我国水泥工业低碳转型的技术途径——兼评联合国新发布的《水泥工业低碳转型技术路线图》［J］. 水泥，2019（1）：4-8.

[38] Habert G. Assessing the environmental impact of conventional and "green" cement production [J]. Eco-Effic Constr Build Mater, 2014：199-238.

[39] Schneider M, Romer M, Tschudin M, et al. Sustainable cement production-present and future [J]. Cem Concr Res, 2011 (41): 642-650.

[40] Cement M. FAS 12 Novel cements: low energy, low carbon cements [J]. 2013.

[41] World Business Council for Sustainable Development. Cement Technology Roadmap 2009, Carbon Emissions Reductions up to 2050 [J]. Energy Consumption, 2009.

[42] Scrivener K L, John V M, Gartner E M. Eco-efficient cements: Potential economically viable solutions for a low-CO_2 cement-based materials industry [J]. Cem Concr Res, 2018.

[43] Naqi A, Jang J G. Recent progress in green cement technology utilizing low-carbon emission fuels and raw materials: A review [J]. Sustainability, 2019, 11 (2).

[44] Liska M, Vandeperre L J, Al-Tabbaa A. Influence of carbonation on the properties of reactive magnesia cement-based pressed masonry units [J]. Advances in Cement Research, 2008, 20 (2): 53-64.

[45] Bhagath Singh G V P, Sonat C, Yang E H, et al. Performance of MgO and MgO–SiO₂ systems containing seeds under different curing conditions - ScienceDirect [J]. Cement and Concrete Composites, 108.

[46] Stemmermann P, Schweike U, Garbev K, et al. Celitement——A sustainable prospect for the cement industry [J]. Cem Int, 2010 (8): 52-66.

[47] Atakan V, Sahu S, Quinn S, et al. Why CO_2 matters-advances in a new class of cement [J]. Zkg International, 2014.

[48] International energy agency and the cement sustainability initiative, technology roadmap: Low-carbon transition in the cement industry [J]. 2018.

[49] Melillo J M, Steudler P A, Aber J D, et al. Soil warming and carbon-cycle feedbacks to the climate system [J]. Science, 2002, 298 (5601): 2173-2176.

[50] 黄爱萍. 土壤化肥污染问题研究［J］. 中国化工贸易，2019，011（16）：229.

[51] 李小瑞，黄洁，关佑君. 农业可持续发展土壤肥料存在问题分析与对策研究［J］. 甘肃科技，2017，33（19）：141-142.

[52] 谢鹏. 农村固体废物的处理方式研究［J］. 生物技术世界，2012，000（3）：60.

[53] 王勇，胡进. 一种低碳环保有机肥生产设备［P］. CN211098508U. 2020.

[54] Chen Y, Wu C Y, Shui J G, et al. Emission and fixation of CO_2 from soil system as influenced by long-term application of organic manure in paddy soils［J］. Agricultural Sciences in China, 2006, 5 (6): 456-461.

[55] Ding W X, Meng L, Yin Y F, et al. CO_2 emission in an intensively cultivated loam as affected by long-term application of organic manure and nitrogen fertilizer［J］. Soil Biology and Biochemistry, 2007, 39 (2): 669-679.

[56] 梁太波，赵振杰，刘青丽，等. 增施有机肥对烟田土壤有机碳组分特征及 CO_2 排放的影响［J］. 烟草科技，2017，050（12）：8-13.

[57] 侯会静，韩正砥，杨雅琴，等. 生物有机肥的应用及其农田环境效应研究进展［J］. 中国农学通报，2019，35（14）：82-88.

[58] 贾俊香，熊正琴，马智勇，等. 生物炭与有机肥配施对菜地温室气体强度的影响［J］. 应用与环境生物学报，2020，26（1）：74-80.

[59] 陈丽美，李小英，岳学文，等. 竹炭与有机肥混施对火龙果产量和品质影响及其改土作用［J］. 生态环境学报，2019，028（11）：2231-2238.

[60] 陈丽美，李小英，李俊龙，等. 竹炭与有机肥配施对土壤肥力及紫甘蓝生长的影响［J］. 浙江农林大学学报，38（4）：10.

[61] 孙文彬，连玉武，张艳梅. 开源节粮·节能减排·变废为宝——应用生物酵素技术开发生物质发酵饲料与有机肥［J］. 标准科学，2016（S1）：99-101.

[62] 肖明，周晨昊，蒋秋悦，等. 一种复合微生物肥料的制备方法：CN103664254A. 2014.

[63] 赵光辉. 微生物肥前景不"微"！［J］. 中国农资，2021（28）：2

[64] 李凌凌，陆雅琳，汪汉正，等. 一株固氮菌的筛选，鉴定及混菌发酵制备复合型菌糠菌肥的研究

［J］. 武汉科技大学学报，2021，196（1）：37-45.

[65] 董俊伟. 功能菌剂复配对邻苯二甲酸二丁酯污染土壤的修复研究［D］. 哈尔滨：东北农业大学.

[66] 李慧文，向华. 微生物功能菌肥在重金属污染土壤改良中的应用研究［J］. 农业开发与装备，2018，201（9）：66-68.

[67] 吴德敏，周海燕，吕世祝，等. 测土配方施肥与低碳农业发展［J］. 华东地区农学会，山东农学会2010 年学术年会.

[68] 王进. 葡萄园配方施肥及镉污染植物修复研究［D］. 雅安：四川农业大学，2016.

[69] 菲尔·琼斯，姚佳伟. 迈向零碳建筑［J］. 建筑技艺，2020（8）.

[70] 江亿. 胡珊. 中国建筑部门实现碳中和的路径［J］. 暖通空调，2021，51（5）：1-13.

[71] 褚英男，宋晔皓，孙菁芬，等. 近零能耗导向的光伏建筑一体化设计路径初探［J］. 建筑学报，2019（S2）：41-45.

[72] 郭天超，孙善星，张文娟. "碳中和"目标下，核能积极有序发展策略研究［J］. 中国能源，43（5）：7.

[73] 于慎航，孙莹，牛晓娜，等. 基于分布式可再生能源发电的能源互联网系统［J］. 电力自动化设备，2010，30（5）：104-108.

[74] 杰里米·里夫金，张体伟，孙豫宁. 第三次工业革命——新经济模式如何改变世界［M］. 北京：中信出版社，2012：27-67.

[75] 余晓丹，徐宪东，贾宏杰，等. 综合能源系统与能源互联网简述［J］. 电工技术学报，2016，31（1）：1-13.

[76] 张国荣，陈夏冉. 能源互联网未来发展综述［J］. 电力自动化设备，2017，37（1）：7-13.

[77] 赵国涛，钱国明，王盛. "双碳"目标下绿色电力低碳发展的路径分析［J］. 华电技术，2021，43（6）：11-20.

[78] 尹硕，郭兴五，燕景，等. 考虑高渗透率和碳排放约束的园区综合能源系统优化运行研究［J］. 华电技术，2021，43（4）：1-7.

[79] 张冰华. 燃煤发电企业循环经济发展水平评价研究［D］. 唐山：华北理工大学，2018.

[80] 曾博，杨雍琦，段金辉，等. 新能源电力系统中需求侧响应关键问题及未来研究展望［J］. 电力系统自动化，2015，39（17）：10-18.

[81] 林一亭. 石头造纸——传统造纸技术的重大突破［J］. 华东纸业，2010（1）：55-57.

[82] 田宜水，单明，孔庚，等. 我国生物质经济发展战略研究［D］. 北京：中国工程科学院，2021，23（1）：133-140.

[83] 袁志逸，李振宇，康利平，等. 中国交通部门低碳排放措施和路径研究综述［J］. 气候变化研究进展，2021，17：27-35.

[84] 刘俊伶，孙一赫，王克，等. 中国交通部门中长期低碳发展路径研究［J］. 气候变化研究进展，2018，14：513-521.

[85] Pan X, Wang H, Wang L, et al. Decarbonization of china's transportation sector: In light of national mitigation toward the paris agreement goals [J]. Energy, 2018, 155: 853-864.

[86] Kejun J, Chenmin H, Songli Z, et al. Transport scenarios for china and the role of electric vehicles under

global 2℃/1.5℃ targets [J]. Energy Economics, 2021, 105172.

[87] Peng T, Ou X, Yan X. Development and application of an electric vehicles lifecycle energy consumption and greenhouse gas emissions analysis model [J]. Chemical Engineering Research and Design, 2018, 131: 699-708.

[88] Bicer Y, Dincer I. Life cycle assessment of nuclear-based hydrogen and ammonia production options: A comparative evaluation [J]. International Journal of Hydrogen Energy, 2017, 42: 21559-21570.

[89] 鲍金成, 赵子亮, 马秋玉. 氢能技术发展趋势综述 [J]. 汽车文摘, 2020: 6-11.

[90] 陈子童, 王童, 陈轶嵩, 等. 燃料电池储氢材料及未来发展趋势 [J]. 汽车文摘, 2021: 1-6.

[91] 周莎, 刘福建. 基于全生命周期的加氢站成本收益评估 [J]. 重庆理工大学学报（自然科学）, 2019, 33: 58-65.

[92] 蒋东方, 贾跃龙, 鲁强, 等. 氢能在综合能源系统中的应用前景 [J]. 中国电力, 2020, 53: 135-142.

[93] 朱明原, 刘文博, 刘杨, 等. 氢能与燃料电池关键科学技术: 挑战与前景 [J]. 上海大学学报（自然科学版）, 2021, 27: 411-443.

[94] 邵志刚, 衣宝廉. 氢能与燃料电池发展现状及展望 [J]. 中国科学院院刊, 2019, 34: 469-477.

[95] 黄瑞荣, 盛宣才, 任开磊, 等. 生物能源发展现状与战略思考 [J]. 林业机械与木工设备, 2021, 49: 15-20.

[96] 秦曼曼, 孙仁金, 李喆, 等. 生物航空煤油发展问题及对策研究 [J]. 现代化工, 2019, 39: 1-4.

[97] Arabkoohsar A, Andresen G B. Design and analysis of the novel concept of high temperature heat and power storage [J]. Energy, 2017, 126: 21-33.

[98] Arabkoohsar A, Andresen G B. Dynamic energy, exergy and market modeling of a high temperature heat and power storage system [J]. Energy, 2017, 126: 430-443.

[99] Arabkoohsar A, Andresen G B. Thermodynamics and economic performance comparison of three high-temperature hot rock cavern based energy storage concepts [J]. Energy, 2017, 132: 12-21.

[100] Esence T, Bruch A, Molina S, et al. A review on experience feedback and numerical modeling of packed-bed thermal energy storage systems [J]. Solar Energy, 2017, 153: 628-654.

[101] Arabkoohsar A. Combined steam based high-temperature heat and power storage with an Organic Rankine Cycle, an efficient mechanical electricity storage technology [J]. Journal of Cleaner Production, 2020, 247: 119098.

[102] Alsagri A S, Arabkoohsar A, Khosravi M, et al. Efficient and cost-effective district heating system with decentralized heat storage units, and triple-pipes [J]. Energy, 2019, 188: 116035.

[103] Nami H, Arabkoohsar A. Improving the power share of waste-driven CHP plants via parallelization with a small-scale Rankine cycle, a thermodynamic analysis [J]. Energy, 2019, 171: 27-36.

[104] Arabkoohsar A, Alsagri A S. A new generation of district heating system with neighborhood-scale heat pumps and advanced pipes, a solution for future renewable-based energy systems [J]. Energy, 2020, 193: 116781.

[105] Thermal energy storage with ETES I Siemens Gamesa. https: //www.siemensgamesa.com/products-and-services/hybrid-and-storage/thermal-energy-storage-with-etes.

[106] Arabkoohsar A, Dremark-Larsen M, Lorentzen R, et al. Subcooled compressed air energy storage system for coproduction of heat, cooling and electricity [J]. Applied Energy, 2017, 205: 602-614.

[107] Arabkoohsar A. An integrated subcooled-CAES and absorption chiller system for cogeneration of cold and power [J]. in 2018 International Conference on Smart Energy Systems and Technologies (SEST), 2018: 1-5. doi: 10. 1109/SEST. 2018. 8495831.

[108] Arabkoohsar A, Andresen G B. Design and optimization of a novel system for trigeneration [J]. Energy, 2019, 168: 247-260.

[109] Odukomaiya A, et al. Thermal analysis of near-isothermal compressed gas energy storage system [J]. Applied Energy, 2016, 179: 948-960.

[110] Briola S, Di Marco P, Gabbrielli R, et al. A novel mathematical model for the performance assessment of diabatic compressed air energy storage systems including the turbomachinery characteristic curves [J]. Applied Energy, 2016, 178: 758-772.

[111] Arabkoohsar A, Machado L, Farzaneh-Gord M, et al. The first and second law analysis of a grid connected photovoltaic plant equipped with a compressed air energy storage unit [J]. Energy, 2015, 87: 520-539.

[112] Wolf D, Budt M. LTA-CAES-A low-temperature approach to Adiabatic Compressed Air Energy Storage [J]. Applied Energy, 2014, 125: 158-164.

[113] Arabkoohsar A. Non-uniform temperature district heating system with decentralized heat pumps and standalone storage tanks [J]. Energy, 2019, 170: 931-941.

[114] Sun W, et al. Numerical studies on the off-design performance of a cryogenic two-phase turbo-expander [J]. Applied Thermal Engineering, 2018, 140: 34-42.

[115] Arabkoohsar A, Andresen G B. Supporting district heating and cooling networks with a bifunctional solar assisted absorption chiller [J]. Energy Conversion and Management, 2017, 148: 184-196.

[116] Sadi M, Arabkoohsar A. Modelling and analysis of a hybrid solar concentrating-waste incineration power plant [J]. Journal of Cleaner Production, 2019, 216: 570-584.

[117] Mathiesen B V, et al. Smart energy systems for coherent 100% renewable energy and transport solutions [J]. Applied Energy, 2015, 145: 139-154.

[118] Gallo A B, Simões-Moreira J R, Costa H K M, et al. Energy storage in the energy transition context: A technology review [J]. Renewable and Sustainable Energy Reviews, 2016, 65: 800-822.

[119] Thermal, mechanical, and hybrid chemical energy storage systems [J]. Academic Press, 2020.

[120] Morstyn T, Chilcott M, McCulloch M D. Gravity energy storage with suspended weights for abandoned mine shafts [J]. Applied Energy, 2019, 239: 201-206.

[121] Botha C D, Kamper M J. Capability study of dry gravity energy storage [J]. Journal of Energy Storage, 2019, 23: 159-174.

[122] Lund H, Duic N, Østergaard P A, et al. Smart energy systems and 4th generation district heating [J]. Energy, 2016, 110: 1-4.

[123] Alsagri A S, Arabkoohsar A, Rahbari H R, et al. Partial load operation analysis of trigeneration subcooled compressed air energy storage system [J]. Journal of Cleaner Production, 2019, 238: 117948.

[124] Diesendorf M, Elliston B. The feasibility of 100% renewable electricity systems: A response to critics [J]. Renewable and Sustainable Energy Reviews, 2018, 93: 318-330.

第10章 储能技术支撑可再生能源的规模化

10.1 储能技术与产业

10.1.1 可再生能源与储能技术的关系

储能科学与技术是一门具有悠久历史的工程交叉学科，进入21世纪以来，呈现快速发展的态势。发展的驱动力主要归结为全球能源可持续发展的需要，实现可再生清洁能源结构转型，增强能源安全性，提升能源经济性。解决能源领域所面临的问题的4种途径，即先进能源网络技术、需求响应技术、灵活产能技术和储能技术。

在能源革命的驱动下，可再生能源开发利用力度持续加大，接入电网的比例和在终端能源消费的占比将不断提高。根据国际能源署的研究，为满足新能源消纳需求，预测美国、欧洲、中国和印度到2050年将需要增加310GW并网电力储存能力，为此至少需投资3800亿美元。麦肯锡的研究则将储能列为到2025年将产生颠覆性作用、对经济发生显著影响的技术，预测市场价值将达0.1万亿～0.6万亿美元。世界许多国际组织和国家把发展储能作为缓解能源供应矛盾、应对气候变化的重要措施，并制定了发展战略，提出2030年、2050年明确的发展目标和相应的激励政策。

通过大规模导入能源转化与储能技术，能够在很大程度上解决新能源发电的随机性和波动性问题，使间歇性的、低密度的可再生清洁能源得以广泛、有效地利用，并且逐步成为经济上有竞争力的能源。储能技术的应用将贯穿于电力系统发电、输电、配电、用电的各个环节，可以缓解高峰负荷供电需求，提高现有电网设备的利用率和电网的运行效率；可以有效应对电网故障的发生，提高电能质量和用电效率，满足经济社会发展对优质、安全、可靠供电和高效用电的要求；储能系统的规模化应用还将有效延缓和减少电源和电网建设，提高电网的整体资产利用率，彻底改变现有电力系统的建设模式，促进其从外延扩张型向内涵增效型的转变。

伴随世界各国不断发展的智能电网、可再生能源高占比能源系统，以及多能互补的智慧能源发展，特别是我国新型电力系统建设过程，储能成为重要组成部分和关键支撑技术。

随着清洁能源发电占比增高以及电网规模加大，电力系统存在巨大的能量调节和功率调节需求。储能技术可应用于电力系统新能源接入、削峰填谷、调频调压、提高系统稳定性和能源利用效率、微网及需求侧管理、电能质量控制等方面，覆盖系统发、输、配、用各环节。在新能源接入比例较高的局部电网和末端电网中，对储能技术的近期需求尤为迫切，远期需求将进一步扩大。

10.1.1.1　储能是新型电力系统的支撑技术

为了实现碳达峰碳中和战略目标，支撑构建新型电力系统，加快推动新型储能高质量规模化发展，国家发改委、能源局在印发《关于加快推动新型储能发展的指导意见》基础上，2022年初，再次颁布《"十四五"新型储能发展实施方案》，规划到2025年，新型储能由商业化初期步入规模化发展阶段、具备大规模商业化应用条件。明确指出，储能是智能电网、可再生能源高占比能源系统、"互联网+"智慧能源的重要组成部分和关键支撑技术。储能能够为电网运行提供调峰、调频、备用、黑启动、需求响应支撑等多种服务，是提升传统电力系统灵活性、经济性和安全性的重要手段；储能能够显著提高风、光等可再生能源的消纳水平，支撑分布式电力及微网，是推动主体能源由化石能源向可再生能源更替的关键技术；储能能够促进能源生产消费开放共享和灵活交易、实现多能协同，是构建能源互联网，推动电力体制改革和促进能源新业态发展的核心基础。

（1）能源互联网

能源互联网是将各种一次、二次能源的生产、传输、使用、存储和转换装置，以及它们的信息、通信、控制和保护装置，直接或间接连接的以电网为主干的物理化网络系统。该系统具备如下基本特征：

① 实现可再生能源优先、因地制宜的多元能源结构；
② 集中分散并举、相互协同的可靠能源生产和供应模式；
③ 各类能源综合利用、供需互动、节约高效的用能模式；
④ 面向全社会的平台性、商业性和用户服务性。

能源互联网是以能源的互联互通、管理与使用为对象，以智能电网为基础，以接入可再生能源为主，采用先进信息和通信技术及电力电子技术，通过分布式动态能量管理系统，对分布式能源设备实施广域优化协调控制，实现冷、热、气、水、电等多种能源互补，提高用能效率的智慧能源管控系统。

（2）储能技术对能源互联网的支撑作用

以储能装备作为技术支撑，将太阳能、风能、生物质能、水能和地热能等多种可再生能源的互补生产与多种多样的消费需求灵活地结合在一起。所生产的电力和冷热能源，首先满足本地用户的需要，富余部分电力可以通过智能电网提供给邻近用户。多种能源、资源和用户需求进行优化整合，可实现资源利用最大化，大大提高综合能源系统的效率。利用各种可用的分散存在的能源，包括本地可方便获取的化石燃料和可再生能源，因地制宜、统筹开发、互补利用传统能源和新能源，优化布局建设一体化集成供能基础设施，实现多能协同供应和能源综合梯级利用，提高能源系统效率，增加有效供给。

电力系统的储能应用可以分为三种场景，即电-能-电（具有调节特性），电-能（具有负荷特性）和能-能-电（具有电源特性），分别在电力系统中承担不同的作用。储能的出现增加和丰富了电力系统的有功调控手段，储能的技术指标已经能够满足电力系统大部分暂态、动态、稳态全过程的功率调节需求。系统调节应用面临的科学问题包括基于储能的系统有功功率调控技术和智能电网环境下的协调控制体系。

充分利用多能源发电过程互补特性，在一定区域内集成风力发电、太阳能发电、火力发电、储能等构成虚拟发电单元，形成多源互补、源网协调、安全高效的新能源电力开发利用整体解决方案。

（3）新型电力系统与储能技术协调发展

由于风力发电、光伏发电具有强波动性和不确定性，新能源大规模并入电网为储能在电力系统中的规模化应用提供了新的机遇。功率型和能量型两类储能设备对电力系统的安全性和充裕性具有不同的作用。在储能的规模化应用之前，势必存在过度限制新能源并网的问题，在新能源渗透率达到何种水平时，储能才会成为最经济的解决措施，需要根据应用场景进行具体分析。储能的规模化应用将取决于2个关键因素：a. 储能的各种功能对于电网的经济价值的量化；b. 储能技术本身安全可靠性的提高及成本的降低。

10.1.1.2 储能在不同场合的应用

不同存在形式的能量具有不同的能级，再加上不同应用的驱动，导致了储能技术发展的多样性。根据功率与容量，储能技术与应用场合匹配关系如图10-1所示。

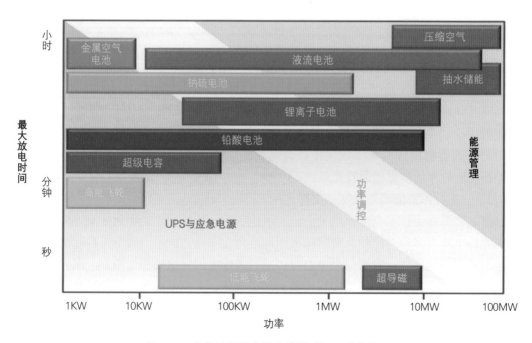

图10-1 各类储能技术的充放能时间及功率范围

需要指出，尽管储能技术具有多样化和潜在应用，其发展与应用应遵循以下两个原则：
① 能量应尽可能根据需要，按"能源质量（能级）"存储和释放；

② 所有储能技术都包含热力学中的不可逆过程，发展新型技术，降低过程可逆性，提高储能过程效率具有重要意义。

按照不同应用对储能时间长短需求的不同，可以分为短时高频次储能（<2min），中等时长储能（2min~4h）、长时间储能（>4h）。应对电压暂降和瞬时停电、提高用户的用电质量、抑制电力系统低频振荡、提高系统稳定性、能量回收等属于短时高频次储能。多数储能需求在小时级以上，例如电网调峰、大型应急电源、可再生能源接入、分布式能源、微网离网、数据中心等。较长时间的储能，主要为削峰填谷、可再生能源接入、家庭储能、通信基站。随着动力电池循环寿命、安全性和能量密度的提升，电动汽车的续航里程可以显著超过日常使用需求，可以发展电动汽车和电网之间的能量双向流动。通过有序充电和智能控制，改革用电结算方式和提高响应速率，电动汽车将有望发展成为重要的分布式储能载体。

10.1.2 发展规模化储能技术基本准则

储能技术作为战略性新兴产业之一，得到世界各发达国家和经济体，以及相应学术界、工程界、产业界的高度关注，从新技术开发到产业示范，呈现欣欣向荣的发展态势。另外，由于储能技术种类繁多，应用场景与需求千差万别，关于储能技术发展方向的判断，往往表现为众说纷纭、见仁见智的现状。在结合大规模储能技术的需求和前人研究的基础上，笔者提出评价与比较储能技术和产品的四项基本准则（图10-2），有助于理解和判断储能产业发展态势。

（1）安全性准则

安全性即储能装备在正常使用条件下和偶然事件发生时，仍保持良好的状态并对人身安全不构成威胁。安全性是储能技术评价的第一要素，也是基本要素。储能应用不同于移动通信、电子产品和汽车等领域的电池应用，最主要的区别是其规模大，电池数量多且集中，控制复杂，并且投资巨大，一旦发生安全问题，造成的损失巨大。因此，安全必须作为评价电化学储能的首要指标。安全是一个系统工程，包括零部件安全、电气结构安全、火灾和爆炸风险控制、功能安全、运输安全等指标，需要系统性地研究建立储能安全评价体系。

（2）资源可持续利用准则

资源可持续利用是指组成储能产品的资源是否可以持续循环利用。储能是资源密集型行业，尤其对于电池储能，更是涉及多种元素。然而各元素在地壳中的含量不同，比如钒元素在地壳中的含量为0.002%，但分布较散，几乎没有含量较多的矿床；钴元素在地壳中的含量为0.001%，多伴生于其他矿床，含量较低，随着动力电池的猛增，消耗逐渐增多。尽管如此，在电池储能技术中，这些贵重金属均具有可回收性。例如，全钒液流电池电解液回收率高、工艺简单；动力电池中提高钴的回收率、简化工艺流程也是目前的研究热点。

（3）全生命周期环境友好性准则

储能装置运行过程往往伴随与环境的相互作用，包括废水、废气、噪声、废热以及固体废弃物等方面。一方面要减少储能系统在建设和使用过程中对环境的破坏，另一方面要做好储能系统中材料的回收再利用，如锂离子电池中金属离子、电极和隔膜等材料，全钒液流电池中钒电解液等的回收再利用。

（4）技术经济合理性准则

储能系统的技术性能往往与项目的经济收益密切联系，在满足客户使用功能前提下，如容量、功率、循环效率、寿命、放电深度等因素，需要通过储能提高经济效益。这种经济性因为涉及复杂的能源定价机制，受国家政策等多方面因素影响，或者表现为潜在的社会边界成本，往往难以直接体现，成为储能产业发展的阶段性障碍。

一般来讲，储能成本可以这样定义：储能系统全生命周期内，每千瓦时电成本（针对容量型储能应用场景，连续储能时长不低于4h）和里程成本（针对功率型储能应用场景，连续储能时长15～30min）。储能系统的成本及经济效益是决定其是否能产业化及规模化的重要因素。储能技术只有在安全基础上实现低成本化，才可以具备独立的市场地位，成为现代能源架构中不可或缺的一环。

$$每千瓦时电成本 = \frac{总投资}{全生命周期内总放电量} = \frac{安装成本+运行成本}{循环寿命 \times 充电容量 \times 系统能量效率 \times 容量保持率} \qquad (10\text{-}1)$$

$$里程成本 = \frac{总投资}{总调频里程} = \frac{安装成本+运行成本}{有效调频响应次数 \times 调频出力系数 \times 系统能量效率 \times 有效AGC调频响应时长} \qquad (10\text{-}2)$$

总而言之，需要采用多维角度来评价储能技术，将储能技术安全性置于首位考虑。通过发展高效储能技术，合理优化配置储能装备，实现降低成本目标。需要对各种储能技术的具体特性进行综合评价，根据应用领域选出合适的技术。

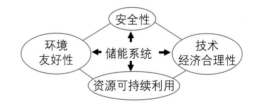

图10-2 储能技术评价的四项基本准则

10.1.3 电化学储能技术性能比较

经过多年发展，电化学储能技术与产品性能得到快速提高，种类也在不断增多。在大规模储能中得到实际工程验证的，主要包括铅酸电池、钠硫电池、锂离子电池和液流电池等。电化学储能具有系统简单、安装便捷、运行方式灵活等优点，储能规模为百千瓦～百兆瓦。典型的电化学储能技术性能比较见表10-1所示。电化学储能系统既可用于分布式微网，也可配置在电源侧、电网测进行大规模储能，用于电力系统调峰、调频，正成为国内外电力系统储能行业主要发展方向。

在电化学储能技术中，铅酸电池发展至今已有150多年的历史，是最早规模化使用的储能电池，目前已经成为交通运输、国防、通信、电力等各个部门最成熟和应用最广泛的电源技术之一。但是铅酸电池的循环寿命短，能量密度低，使用温度范围窄，充电速度慢，过充电容易放出气体，加之铅为重金属，对环境影响大，在电站规模的储能场合受到很大限制，特别是不可深度放电、运行和维护费用高等问题，适用于浅充、浅放或备用工况，主要作为电力系统备用电源使用。

钠硫电池是以金属钠和液态硫为活性物质，工作在350℃的高温型储能电池，具有储能密度高、转化效率高等优点，适用于电力系统调峰、调频。钠硫电池的电极材料是钠和硫，储量丰富，成本较低。大规模电网储能的要求对钠硫电池的发展提出了新的挑战。高温（350℃）运行的钠硫电池，其内部的陶瓷管破裂形成短路，将直接引发安全事故。目前，高温下钠硫电池的腐蚀问题仍是阻碍其进一步发展的主要障碍之一。

锂离子电池具有高比功率和高转化效率的优点，特别适用于电动汽车等移动式储能方式，近年来在电力系统备用电源及电网调频等方面的应用也备受关注。但锂离子电池储能技术的安全性是目前限制其工业应用的重要因素。

液流电池是一种新型电化学储能装备，具有储能容量大、寿命长、成本低、安全可靠的技术特征，在国际上处于产业化快速发展阶段。以钒液流电池为例，通过不同价态的钒离子相互转化实现电能的储存与释放，将正极电解液、负极电解液分别储存在两个不同的储槽中，当它们流过电堆时发生氧化/还原反应，完成电能与化学能的相互转换。电池内部使用质子传导膜将流过电堆时的两种电解液隔离，避免不同价态钒离子相互渗透产生交叉放电导致能量损失。目前，已经在储能工程中得到验证的液流电池主要是钒液流电池、锌溴液流电池。

表10-1　典型的电化学储能技术性能比较

电池类型	铅酸电池	钠硫电池	锂离子电池	钒液流电池
功率上限	5MW	10MW	5MW	100MW
经济容量区间	1～10MWh	10～40MWh	1～20MWh	5～500MWh
比容量/（W·h/kg）	35～50	100～150	150～200	25～40
循环寿命/次	1000～3500	1500～5500	1000～5000	>16000
服役寿命/a	3～5	3～8	3～6	>15
充放电系统效率/%	60～75	70～85	85～95	65～75
自放电/（%/月）	2～5	—	1～3	无自放电
深度充放电能力	不能深度充放电	在20%～85% SOC（荷电状态）区间内使用，深度充放电严重影响寿命和安全性	在25%～85% SOC区间内使用，深度充放电严重影响电池寿命	可在5%～95% SOC范围内使用，深度充放电对寿命无影响

续表

电池类型	铅酸电池	钠硫电池	锂离子电池	钒液流电池
容量恢复	20%可恢复	不可恢复	不可恢复	在线100%可恢复
成本/[元/(kW·h)]	1500（当前）~ 1200（未来）	3000（当前）~ 2000（未来）	2000（当前）~ 1500（未来）	3500（当前）~ 2300（未来）
安全性	高	中	差	高
技术优势	技术成熟、价格低	能量密度高、占地少	能量密度高、效率高	大规模、长寿命
技术劣势	能量密度低、不能深度放电、寿命短	运行条件苛刻、价格偏高	容量低，控制复杂	价格偏高、占地面积大

10.2 物理储能

10.2.1 抽水蓄能

（1）基本工作原理和特性

抽水蓄能电站（pumped hydro storage plants，PHSP）由两个相互连接且位于不同高度的水库（上水库、下水库）、输水道、厂房以及开关站等组成，输水道将上部和下部水库连接。在充电过程中，电动机

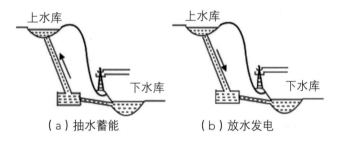

（a）抽水蓄能   （b）放水发电

图10-3　抽水蓄能电站示意图

带动水泵，将水从下水库通过输水道输送到上水库，电能转化为势能。在放电时，存储在上水库中的水可以通过涡轮机返回到下水库，势能转化成机械能，并且在发电机的帮助下再次产生电能。

抽水蓄能电站示意图见图10-3。

涡轮输出的能量可用式（10-3）表示：

$$P_t(t)=\eta_t\rho ghq_t(t)=c_tq_t(t) \tag{10-3}$$

其中，η_t表示涡轮/发电机组的整体效率；$q_t(t)$表示涡轮的体积流量，m^3/s；c_t表示涡轮的发电系数，$km·W/m^3$。

存储在上水库的势能为：

$$E_C=\eta_{day}E_{load}=\frac{\eta_t\rho Vgh}{3.6\times10^6} \tag{10-4}$$

其中，E_C为水库的蓄能能力，$kW·h$；η_{day}为自然天数；E_{load}为每天消耗的能量；ρ为

水的密度；V 为上水库的体积，m^3。

在任意时刻上水库存储的水量可以表示为：

$$Q_{UR}(t)=Q_{UR}(t-1)(1-\alpha)+q_p(t)-q_t(t) \tag{10-5}$$

其中，α 代表泄漏和蒸发损失；q_p 表示泵的流量，m^3/s。

充满电所需要的时间为：

$$t_c=\frac{V}{q_p} \tag{10-6}$$

上水库的水位可以被认为是充电状态（state of charge, SOC），因此上水库的SOC可以表示为：

$$SOC(t)=\frac{Q_{UR}(t)}{Q_{UR_{max}}} \tag{10-7}$$

上水库的水量还受到以下控制：

$$Q_{UR_{min}} \leqslant Q_{UR} \leqslant Q_{UR_{max}}=V \tag{10-8}$$

其中 $Q_{UR_{min}}$ 和 $Q_{UR_{max}}$ 是上水库的流量下限和流量上限。

抽水蓄能电站的分类标准很多，最基本的是根据发电阶段涡轮水的来源进行分类。基于此标准，抽水蓄能电站可分为纯抽水蓄能电站和混合式抽水蓄能电站。在纯抽水蓄能电站中，所有用于发电的水都来自先前抽的水，上水库发电系统没有（或几乎没有）其他天然径流来源。从物理上讲，纯抽水蓄能电站的水库是隔离的，不从任何水道接收水，只从泵系统接收水。在混合式抽水蓄能电站中，上水库和下水库沿河流梯级安装，上水库有天然径流来源，用于发电的水来自上水库的抽水和汇入水库的天然河水。

抽水蓄能电站作为一个中间存储系统，通常被用作电力辅助服务设施，以维持电网的稳定性。抽水蓄能电站具有调峰填谷、调频、调相、储能、紧急事故备用、黑启动等多种功能。

① 削峰填谷。电力负荷在一天之内是波动的。抽水蓄能电站在用电低谷和新能源发电量较大时段，用富余的电把低点的水抽到高处储存起来；在用电高峰时，放水发电。抽水蓄能有利于弥补新能源存在的间歇性、波动性短板。

② 调频。电网频率要求控制在（50±0.2）Hz，因此，电网所选择的调频机组必须快速灵敏，以便随电网负荷瞬时变化而调整出力。由于抽水蓄能机组具有迅速而灵敏的开、停机性能，特别适宜于调整出力，能很好地满足电网负荷急剧变化的要求。

③ 调相。在交流电路中，由电源供给负载的电功率有两种，一种是有功功率，另一种是无功功率。有功功率是保持用电设备正常运行所需的电功率，也就是将电能转换为其他形式能量（机械能、光能、热能）的电功率。无功功率比较抽象，它是用于电路内电场与磁场的交换，并用来在电气设备中建立和维持磁场的电功率。它不对外做功，而是转变为其他形式的能量。凡是有电磁线圈的电气设备，要建立磁场，就要消耗无功功率。若电力系统无功电力不足，会造成电力系统电压下降，影响电力系统的供电质量和安全可靠运

行。抽水蓄能电站可通过发电工况和抽水工况进行快速调相，能很好地服务于电力系统无功平衡，保障电力系统安全稳定。

④储能。当电力系统中各类电源总发电出力大于负荷需求时，抽水蓄能电站通过从下水库抽水至上水库的方式，将电能转化为水的势能储存起来，在负荷高峰时再将水能转化为电能。特别对于风电、光伏等新能源装机占比较大的新型电力系统中，由于风、光资源不可控的特点更需要抽水蓄能电站配合运行，减少弃风弃光，提高清洁可再生能源利用效率。

⑤紧急事故备用。在电网发生故障或负荷快速增长时，要求有快速响应电源，能承担紧急事故备用和负荷调整功能，抽水蓄能电站因其快速灵活的运行特点，是承担紧急事故备用的首要选择。

⑥黑启动。整个电力系统因故障停运后，系统全部停电，处于全"黑"状态，无法正常运行。抽水蓄能机组作为启动电源，可在无外界帮助的情况下迅速自启动，并通过输电线路输送启动功率带动电力系统内的其他机组，从而使电力系统在发生事故后在最短时间内恢复供电能力。

（2）历史发展

抽水蓄能是历史最悠久的储能技术之一。实际上，最早运行的一个抽水蓄能电站是1909年在瑞士开通运营的。如今，大部分抽水蓄能设施在欧洲和亚洲运营。我国抽水蓄能电站的发展起步较晚，在20世纪60年代后期才开始研究抽水蓄能电站的开发，但起步晚、起点高是我国抽水蓄能产业的特点。1968年，我国首次在河北岗南水库安装了1台从日本引进的容量为11MW的抽水蓄能机组。1972年在北京密云水库安装了容量为22MW的国产抽水蓄能机组。但由于调度和机组质量问题，加之水头低、容量小，这些机组并未受到电网的重视。1992年投产的潘家口抽水蓄能电站，安装了3台单机容量90MW的可变速抽水蓄能机组，在电网中发挥了重要作用，抽水蓄能电站首次得到电网的认可和重视。

2002年，中国的监管机构开始对电力行业进行重组，这导致了电力系统从垂直一体化向具有竞争力的发电和输电分离的批发市场的转型。在重组的早期阶段，还不清楚谁有资格参与抽水蓄能电站的建设和运营过程。2004年，政府规定，电力建设和运营原则上应由电网公司承担。抽水蓄能专业运营公司以国家电网公司成立国网新源控股有限公司，南方电网公司成立调峰调频发电公司为标志。这两家发电公司专门建设、运营抽水蓄能电站，为电网提供调峰、调频、调相等辅助服务。在21世纪的头10年里，中国的抽水蓄能电站建设高速发展。2010年，全国已建成24个电站，总容量16.95GW，同时在建的有14个电站，总容量13.84GW。当时的抽水蓄能电站主要建在用电总量和用电高峰负荷较高的华北、华东、华中地区。

2014年7月，国家发改委公布《关于完善抽水蓄能价格形成机制有关问题的通知》（发改价格〔2014〕1763号），明确说明：电力市场形成前，抽水蓄能电站实行两部制电价。电价按照合理成本加准许收益的原则核定。准许收益按无风险收益率（长期国债利率）加1%～3%的风险收益率核定。两部制电价中，容量电价体现抽水蓄能电站提供备用、调频、调相和黑启动等辅助服务价值，电量电价主要体现抽水蓄能电站通过抽发电量实现的调峰填谷效益。电网企业提供的抽水电价为燃煤机组标杆上网电价的75%。

截至2017年底，我国抽水蓄能电站在运规模29.64GW，在建规模达38.71GW，在建和在运装机容量均居世界第一。国网新源控股有限公司运行抽水蓄能电站25家，总装机容量达20.61GW，占全国抽水蓄能容量的66%，运行电站分布在全国14个省（市）。南方电网调峰调频发电有限公司运行抽水蓄能电站5家，总装机容量为7.8MW。

"十三五"以来，中国经济进入新常态，按照国家"十三五"能源发展规划要求，"十三五"期间新开工抽水蓄能6000万千瓦，到2025年达到9000万千瓦左右。截至2020年底，我国在运抽水蓄能电站32座，合计装机3149万千瓦。

在抽水蓄能的发展中，最大的制约因素就是盈利能力和商业模式。一直以来是把抽水蓄能当作电网的运行工具对待的，所以一直把它放在电网的管理之中。然而电力体制改革之后，电网为抽水蓄能电站出资却不能在电网运营中得到全部补偿，致使抽水蓄能电站发展积极性大打折扣。而如今随着电改的深入，峰谷电价制度的推进，以及各省在抽水蓄能商业模式上的诸多尝试，抽水蓄能电站的发展获得了再次迈进。国家发展改革委2021年5月发布的《关于进一步完善抽水蓄能价格形成机制的意见》已经明确，以竞争性方式形成电量电价，将容量电价纳入输配电价回收，同时强化与电力市场建设发展的衔接，逐步推动抽水蓄能电站进入市场，为抽水蓄能电站加快发展、充分发挥综合效益创造更加有利的条件。

国家电网规划"十四五"新开工2000万千瓦以上抽水蓄能电站，2025年经营区抽水蓄能装机超过5000万千瓦，2030年达到1亿千瓦。南方电网规划"十四五"和"十五五"期间分别投产500万千瓦和1500万千瓦抽水蓄能，2030年抽水蓄能装机达到2800万千瓦左右。按造价10000元/kW，建设周期8～10年计算，十四五期间抽水蓄能投资规模将达9500亿元。我国抽水蓄能装机容量占比仅为1.43%，而发达国家平均水平在4%～6%，行业补短板前景巨大。我国水电装机量全球第一，大部分梯级电站都可以进行加泵和扩机，经过改造后常规水电也可以变成抽水蓄能电站。

我国抽水蓄能电站建设虽然起步比较晚，但由于后发效应，起点较高，已经建设的几座大型抽水蓄能电站技术已处于世界先进水平。广州一、二期抽水蓄能电站总装机容量2400MW，为世界上最大的抽水蓄能电站。天荒坪与广州抽水蓄能电站机组单机容量300MW，额定转速500r/min，额定水头分别为526m和500m，已达到单级可逆式水泵水轮机世界先进水平。西龙池抽水蓄能电站单级可逆式水泵水轮机组最大扬程704m，仅次于日本葛野川和神流川抽水蓄能电站机组。十三陵抽水蓄能电站上水库成功采用了全库钢筋混凝土防渗衬砌，渗漏量很小，也处于世界领先水平。天荒坪、张河湾和西龙池抽水蓄能电站采用现代沥青混凝土面板技术全库盆防渗，水平世界先进。

（3）抽水蓄能的特点

抽水蓄能有着100年的发展历史，和其他储能技术相比，技术成熟度极高。抽水蓄能电站有长达80年甚至100年的使用寿命。抽水蓄能电站的存储效率极高，可实现75%～82%的整体效率，除了充放电过程中的能量损耗外，自放电率极低，约为0.005%/d至0.02%/d。与其他存储技术相比，抽水蓄能的存储成本极低，响应时间快（约3min从输出功率的负最小值到正最大值）。

抽水蓄能可以减少火电厂的使用，以满足峰值需求，从而减少化石燃料的使用和相关的温室气体、其他污染物的排放。此外，抽水蓄能被认为是利用和整合多种可再生能源的最佳方式，特别和太阳能、风能结合。太阳能和风能这类间歇性能源必须在发电时及时使用，或将其转换为另一种能量，以便储存起来以后使用。在电力系统中，供需同步是电网稳定的基础，需要不同类型电厂的组合来保证调节的灵活性。国际水电协会表示，储能系统的灵活性就在于它无论出于何种原因，当供应或需求经常出现大而快速的波动时，都能够保持不间断的服务。这种灵活性可以通过灵活的电源供应、灵活的电力需求、与相邻电力系统的互连和储能来实现。灵活性与电网频率、电压控制、交付的不确定性和变异性以及功率爬坡率有关。灵活性中的一些问题可以通过抽水蓄能来解决和改进。小型和大型抽水蓄能电站的主要应用是：电网削峰填谷，二次和（主要）三级频率调节。抽水蓄能的主要优点是可以远程操作，劳动力低，维护要求低。

抽水蓄能的能量密度较低，一般为0.27W·h/L至1.5W·h/L。抽水蓄能电站的一个工程问题是受到极大的地理位置限制，需要寻找适合的地形，满足上下水库再较劲的距离，且具有较高的高度差。在高度差有限的情况下，抽水蓄能电站能达到的能量密度极为有限。由于环境限制，许多建造抽水蓄能电站的潜在地点可能位于具有特殊生态的地区（如山区）。在这个意义上，环境影响和限制可被认为是与抽水蓄能电站有关的主要问题之一。建设水电站（考虑到水电站有水坝、水库）最明显的影响是水流的改变或减少，无论大坝的规模大小，都会造成生态影响。流量减少会影响水流的物理特性（如水流速度、泥沙运移、水温），并改变水生栖息地的数量和质量，对河流生物群系产生影响，例如脉动流对鱼类群落的影响，包括搁浅、下游位移、产卵减少。

但是，建造抽水蓄能电站对环境的影响，从理论上讲，与建造常规水力发电厂的影响是一样的。例如，森林和/或农业地区的洪水泛滥、河流自然流动的中断、水质的改变和对生态系统的影响。这种不确定性需要对每个抽水蓄能电站项目的环境约束逐一进行分析。另外，在某些条件和良好的工程实践下，抽水蓄能电站可能比传统电厂对环境造成的影响更小。考虑到环境限制，将传统水力发电厂改造成抽水蓄能电站是可行的，因为这些电厂已经产生了相应的环境影响。不仅如此，除了传统的水力发电厂外，用于其他用途（例如供水）的水坝和水库，甚至水道的水工建筑物都可以改造为抽水蓄能电站。另一种减少抽水蓄能电站对环境影响的可能性是在系统中使用废水，而不是使用自然水源。

（4）发展展望

实现碳达峰、碳中和目标，构建以新能源为主体的新型电力系统，是我国政府作出的重大决策部署。当前，正处于能源绿色低碳转型发展的关键时期，风、光等新能源大规模高比例发展，新型电力系统对调节电源的需求更加迫切。

面对电网消纳和安全稳定带来的巨大挑战，必须大幅提高电网的调节能力。加快灵活性电源和储能建设，是提高电网调节能力的根本途径。抽水蓄能电站因其运行灵活、技术成熟、经济环保，以及可为电力系统提供转动惯量等优势，具有广阔的发展空间。

为推进抽水蓄能快速发展，适应新型电力系统建设和大规模高比例新能源发展需要，国家能源局发布《抽水蓄能中长期发展规划（2021—2035年）》（以下简称《规划》），提出，按照能核尽核、能开尽开的原则，在规划重点实施项目库内核准建设抽水蓄能电站。到2025年，抽水蓄能投产总规模较"十三五"翻一番，达到6200万千瓦以上；到2030年，抽水蓄能投产总规模较"十四五"再翻一番，达到1.2亿千瓦左右；到2035年，形成满足新能源高比例大规模发展需求的，技术先进、管理优质、国际竞争力强的抽水蓄能现代化产业，培育形成一批抽水蓄能大型骨干企业。

充分发挥抽水蓄能电站保障能源和电力安全可靠的"稳定器"作用、新能源消纳的"调节器"作用、拉动经济增长的"动力器"作用，需要汇聚社会各方力量协同推进，确保"十四五"时期抽水蓄能电站健康有序发展，凝心聚力为构建以新能源为主体的新型电力系统，为碳达峰、碳中和目标做出更大贡献。

10.2.2　压缩空气储能

随着可再生能源技术的快速发展，可再生能源发电量迅速增加。但是由于可再生能源发电存在间歇性和不稳定性等问题，导致电网在维持稳定性和可靠性方面面临着巨大的挑战。压缩空气储能是一种具有发展潜力的大规模物理储能技术，它能减小可再生能源的波动性和间歇性对电网电能质量的影响，能够增强电网对故障的应对能力，满足用户对电能安全、可靠、高效的要求。压缩空气储能技术的发展对我国智能电网建设和未来能源转型有着重要的战略意义。

（1）基本工作原理和特性

压缩空气储能是利用电力系统负荷低谷时的剩余电量，由电动机带动空气压缩机，将空气压入密封空间中，即将不可储存的电能转化成可储存的压缩空气的内能并储存于贮气容器中。当系统发电量不足时，将压缩空气经换热器与油或天然气混合燃烧，导入涡轮机做功发电，满足电力系统调峰需要。压缩空气储能工作原理示意图如图10-4所示。

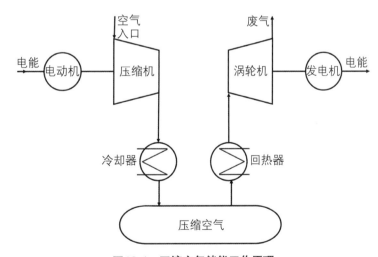

图10-4　压缩空气储能工作原理

传统的一套完整的压缩空气系统一般由七大关键设备组成：电动机、压缩机、冷却器、压力容器、回热器、涡轮机以及发电机。各部件作用如下。电动机：把电能转换成机械能；压缩机：将空气压缩，将电能转化为空气内能，空气压力可达70～100bar（1bar=10^5Pa），温度可达1000℃；冷却器：热交换设备，用于压缩空气存入压力容器前的冷却，防止空气在压力容器中压力减小；压力容器：存储冷却后的压缩空气，压力容器需要满足耐压程度高、密封性好等特点；回热器：热交换设备或燃烧室，将空气温度提高至1000℃左右，使涡轮机持续长时间稳定运行工作；涡轮机：空气通过涡轮机降压，内能转化为动能；发电机：将动能转化为电能。

压缩空气储能是一种间接性、大型储能技术。近年来，随着压缩空气储能技术的快速发展，出现了各种各样的压缩空气储能系统，对其进行分类处理，可分为补燃式压缩空气储能系统、非补燃式压缩空气储能系统、新型压缩空气储能系统。

补燃式压缩空气储能技术是以燃气发电为基础展开的，主要特征是在电能输出时从压力容器中排出的高压空气先在燃烧器内与天然气实现混合燃烧，温度提升后再进入膨胀机做功。补燃式技术的运行依赖于大量的天然气等化石燃料的消耗，排放的气体对环境存在污染，致使全球气候变化加剧，不符合我国能源结构转型的策略与趋势。为解决传统的压缩空气储能系统采用化石燃料补燃带来的环境污染等问题，可以采用两条技术路线：一是寻求可替代的清洁燃料；二是完全摒弃补燃方式。就目前而言，可替代天然气的清洁燃料，如氢气，从制备到最终的利用尚未形成完整的规模和体系，投资成本及燃烧等关键技术仍有待进一步的探究。

非补燃式压缩空气储能系统较补燃式系统的区别在于热压分储方式的不同。非补燃式压缩空气储能系统不仅能将高压空气以压力势能的形式存储在储气室中，还能把压缩过程产生的压缩热以热能的形式存储在蓄热罐中，补燃式系统仅存储了压力势能，热能靠燃料在燃烧室中的燃烧提供。绝热式压缩空气储能技术通过储热装置回收压缩热并储存，使压缩及膨胀过程近似于绝热过程，不必燃烧化石燃料，并且能保持较高的储能密度及效率。其具体工作过程是通过压缩机将空气压缩至高温、高压状态后，然后通过储热系统将压缩热储存，空气降温并储存在储罐中。用电高峰时，将高压空气释放，利用储存的压缩热使空气升温，由高温、高压空气推动膨胀机做功发电。该系统回收了压缩过程中产生的热量并且再利用，使系统效率显著提高，同时去除了燃烧室，实现了零排放。但是，实际过程中需要考虑储热器存在的散热损失，换热器存在的传热温差，压缩机、膨胀机中存在的泄漏和流动损失等情况。由于高温压力容器的制造、安装不易解决，所以较理想化的高温绝热式压缩空气储能技术目前仍难以实现。目前被广泛应用的储热介质的最高工作温度仅为350～400℃，因此压缩机出口温度被限制在400℃以下，意味着获得较高的储气压力需要采用多级压缩机和中间冷却方式，这就诞生了蓄热式压缩空气储能系统。蓄热式压缩空气储能系统与绝热式压缩空气储能系统的区别在于蓄热式压缩空气储能系统采用了压缩机级间冷却、膨胀机级间加热的方式，而绝热压缩空气储能系统是在全部压缩过程结束后储热的。相较于绝热压缩空气储能系统，蓄热式压缩空气储能系统的储热温度及储能密度较低，但其压缩机耗能减小，且对于压缩机材料要求不高，工程实践性和可靠性更高。但是该系统的缺点在于增加了多级换热及储热系统，系统初期投资有所增加。此外，多级换热器导致能量损失增加，使系统效率降低。

等温式压缩空气储能系统是指通过一定措施，如活塞、喷淋、底部注气等，利用比热容大的液体（水或者油）提供近似恒定的温度环境，增大气液接触面积和接触时间，使空气在压缩和膨胀过程中无限接近等温过程，将热损失降到最低，从而提高系统效率，其理论效率可达70%以上。此外，该技术不必提供外部热源，还可以减少部件的热应力。但该系统也存在一定的问题，在压缩过程中，部分空气溶解于水中而没有存储到储气罐，造成部分能量损失。此外，等温式压缩空气储能技术着重于减少压缩侧功率，采用资源丰富且成本低的水作为冷却介质，但也意味着膨胀侧空气温度不能被加热到较高温度，输出功率降低，最终整体系统功率未必能得到真正的提高。

为解决传统压缩空气储能的技术瓶颈问题，近年来，国内外学者开展了许多新型压缩空气储能技术的研发工作。本书讨论的新型指的是不使用大型储气室的压缩空气储能系统，主要包括液态压缩空气储能系统、超临界压缩空气储能系统等。

液态压缩空气储能系统是将电能转化为液态空气的内能，以实现能量存储的目的。储能时，利用富余电能驱动电动机将空气压缩、冷却、液化后注入低温储罐储存。用电高峰发电时，液态空气从储罐中引出，加压后送入储冷装置将冷量储存并使空气升温气化，高压气态空气通过换热器进一步升温后进入膨胀机做功发电。由于液态空气的密度远大于气态空气，储气室的容积可减少为原来的1/20，降低占地面积，不受限于地域地形，综合成本有所下降。但是由于系统增加液化冷却和气化加热过程，增加了额外损耗。

超临界压缩空气储能系统的工作原理是在储能的过程中，利用富余电能通过压缩机将空气压缩到超临界状态，通过储热系统回收压缩热后，利用储冷系统存储的冷能将空气冷却液化，并储于低温储罐中。在高峰用电释放能量过程中，液态空气加压后，空气吸热至超临界状态，并吸收储热系统储存的压缩热使空气进一步升温，通过膨胀机驱动电机发电。超临界压缩空气储能技术利用超临界状态下的流体兼有液体和气体的双重优点，比如具有液体的较高密度、比热容和溶解度，良好的传热传质特性，同时也具有类似气体的黏度小、扩散系数大、渗透性好、互溶性强等优点。

（2）历史发展

用压缩空气储存电能的基本想法可以追溯到20世纪40年代早期，当时F.W. Gay向美国专利局提交了名为用液体存储方法发电的专利申请。然而，直到20世纪60年代末，压缩空气储能技术也没有在科学领域和工业领域得到进一步发展，直到随着核电和褐煤火力发电厂的出现导致用电需求发生了变化，人们突然意识到在用电低峰时储存廉价的电力，并将其转移到高峰用电时，就可以从中获取利润。从20世纪70年代中期开始，人们对压缩空气储能技术的兴趣开始上升，直到今日压缩空气储能技术还在不断发展。图10-5展示了压缩空气储能技术的主要发展历程。

世界上最早投入运行的2座大型商业化运行的压缩空气储能电站是德国的Huntorf电站和美国的McIntosh电站。Huntorf是德国1978年投入商业运行的电站，目前仍在运行中，是世界上最大容量的压缩空气储能电站。机组的压缩机功率为60MW，释能输出功率为290MW，最长额定输出时间为2h。系统将压缩空气存储在地下600m的废弃矿洞中，矿洞总容积达$3.1 \times 10^5 m^3$，压缩空气的压力最高可达10MPa。机组可连续充气8h，连续发电2h。该电站在1979年至1991年期间启动了5000多次，启动可靠性为97.6%。Huntorf的启动方式有正常启动和紧急启动两种方式，正常启动下，系统从冷态启动至满负荷约需

11min，而紧急启动需要6min。然而，该电站采用天然气补燃方案，实际运行效率约为42%，扣除补燃后的实际效率为19%。

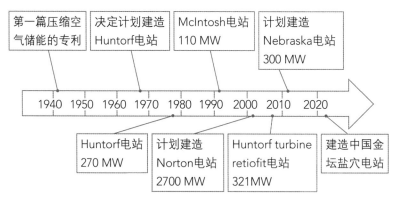

图10-5 **压缩空气储能技术的主要发展历程**

美国Alabama州的McIntosh压缩空气储能电站于1991年投入商业运行，是世界上第二座投入运营的商业压缩空气储能电站。该系统压缩机组功率为50MW，发电功率为110MW。储气洞穴在地下450m，总容积为$5.6 \times 10^5 m^3$，压缩空气储气压力为7.5MPa。可以实现连续41h空气压缩和26h发电，机组从启动到满负荷约需9min。该电站由Alabama州电力公司的能源控制中心进行远距离自动控制。与Huntorf类似的是，McIntosh仍然采用天然气补燃，实际运行效率约为54%，扣除补燃后的实际效率为20%。

我国对压缩空气储能系统的研究开发开始比较晚，于2003年开始压缩空气储能的研究，前期研究大多集中在理论和小型实验层面。目前在建的项目有江苏金坛盐穴压缩空气储能电站。金坛盐穴储能项目采用了先进的非补燃式压缩空气储能技术。据测算，金坛盐穴压缩空气储能项目投运后，全年可节约标准煤3万吨，减少二氧化碳排放6.08万吨。

（3）压缩空气储能系统的特点

压缩空气储能系统规模大，仅次于抽水储能，场地限制较小，适用于大型电站，同时建造受地穴、矿井等特殊地形条件的限制，表10-2总结了各种储气装置的应用场景及优缺点。此外，压缩空气储能系统的建造成本和运行成本也低于抽水储能，具有很好的经济性。压缩空气储能使用的原料是空气，不会燃烧，没有爆炸的危险，不会产生任何有毒有害气体，因此安全性和可靠性高。

压缩空气储能的缺点主要为两方面：一是效率较低，由于空气受到压缩时温度会升高，空气释放膨胀的过程中温度会降低，因此在压缩空气的过程中，一部分能量以热能的形式散失，在膨胀前需要重新进行加热。传统方法是以天然气作为加热空气的热源，后面发展的各种压缩空气储能系统，回收利用了压缩热，使得效率得到提高，但是很多还是在实验和示范项目阶段，离实际的商业化应用还有很长的路要走。二是依赖大型储气装置。目前还是依赖于特殊地质和地理条件，无法摆脱地理条件对压缩空气储能系统的限制。虽然研究开发了人造洞室、金属材料及复合材料储气等新型储气形式，摆脱了压缩空气储能系统对地理条件的依赖，但是这些新型储气形式还有待进一步细致的探究。

表10-2　各种储气装置的应用场景及优缺点

储气装置类型		应用场景	优势	不足
天然地下洞穴储气	盐穴 地下含水层 硬岩层洞穴	地下	储气规模大，成本低，其中盐穴应用较为广泛，已实现商业运行	依赖特殊地理条件，难以大范围推广，漏气不易监测，岩石层地质环境复杂，运行安全稳定性需要论证难以保障
人造洞室储气	人工衬砌洞穴	地下	规模较大，储气压力较高，削弱了特殊地理条件的限制，可利用废弃巷道和矿井	成本较高，循环交变载荷作用下硬脆性的混凝土衬砌容易出现裂纹，导致密封失效
	混凝土储气室	水下	能够实现恒压储释气，高压储气与水接触，充放气更接近等温过程	部分水溶于高压储气，易造成做功设备腐蚀损坏，运行安全稳定性较差，尚未实现工程应用
金属材料储气装置	高压储罐	地面	存储压力高，密封好，便于灵活安装布置，运行稳定性好，是应用最为广泛的地面储气装置	规模较小，占用空间，成本高，储气装置内压力和温度载荷变化范围大，频率高，存在疲劳失效的风险
	管道储气	地面/地下	存储压力高，密封性好，能够灵活安装布置，便于集成管网形成规模，可浅埋地下，避免占用空间	成本相比高压储罐较低，较少应用于压缩空气储能领域，同样需要关注其真实工况下的疲劳特性
复合材料储气装置	增强热塑性连续管	地面/地下	存储压力较高，密封性好，耐腐蚀，抗疲劳，原材料便宜，生产能耗低，便于运输和安装布置，失效模式安全	复合材料管道价格高，管径较小，材料性能复杂，目前尚未应用于压缩空气储能领域
	涂层织物气囊	水下	可任意折叠变形，耐腐蚀，密封性好，能实现恒压储释气，可避免高压储气与水接触，已存在示范项目	深水环境中安装布置难度较大，气囊成本较高，运行过程中气囊折痕处应力集中，容易导致结构失效

中国压缩空气储能技术尚处于示范及商业化发展初期，未实现如抽水储能技术那样的大规模产业化，主要原因包括：

①技术研发门槛较高。由于压缩空气储能系统是多学科交叉、多过程耦合的系统工程，需要组建较大规模的研发团队，并且研发投入大、周期长，技术研发门槛高，因此开展压缩空气储能技术研发的机构较少，并且大多处于理论研究和系统分析阶段，开展实验及中试系统建设的单位较少，技术研发及示范周期较长。

②项目投资门槛高。压缩空气储能系统是适用于大规模储能的能量型存储技术，系

统规模越大，储能容量越高，其单位成本越低，系统效率越高，经济性越好。因此，其最有优势的单体设备规模为100～300MW，主要应用于电网侧、电源侧及少量高能耗用户侧，建设投资达数亿元，项目应用及投资门槛高，影响该技术大规模产业化推广的进程。

③ 尚未形成合理的价格机制。压缩空气储能技术可实现包括调峰、调频、调相、应急响应等一系列功能，但目前往往只按照其中某种功能进行结算，没有形成合理的市场价格机制，无法真正体现压缩空气储能的价值，未形成合理的、可复制的商业模式。

④ 系统效率相对较低。目前压缩空气储能示范项目的循环效率普遍达到60%左右，但与理想的90%以上的储能效率还存在较大差距，这也是压缩空气储能在中国商用电力储能市场上与较为流行的蓄电池储能竞争的最大劣势之一。

（4）发展展望

全球温室效应日益加剧的今天，绿色发展已然成了全世界的命题。在碳达峰、碳中和的大背景下，可再生能源的利用占比会逐渐提高，而储能技术是从根本上解决可再生能源间歇性、不稳定性的核心技术，因此目前能源领域的大形势对于储能产业的发展非常有利。据国际能源署预测，到2050年，储能装机将占电力总装机的10%～15%，是公认的万亿级市场，发展空间极大。目前，虽然抽水蓄能技术仍然占储能总装机的90%左右，但是近些年来压缩空气等新型储能技术发展迅速。先进压缩空气储能技术具有规模大、成本低、寿命长、清洁无污染、储能周期不受限制、不依赖化石燃料等优势，是极具发展潜力的大规模储能技术，可广泛应用于电力系统调峰、调频、调相、旋转备用等方面。先进压缩空气储能技术的发展还需要更多的人关注储能行业，更多的人才流入储能行业，从而推动储能行业更快更好地发展，为碳中和目标的实现提供助力。相信在国家政策的支持下，储能产业必将迎来快速发展，后续压缩空气储能的占比也会稳定提高。

10.2.3 飞轮储能

（1）基本工作原理和特性

飞轮储能是指利用电动机带动飞轮高速旋转，根据需要再用飞轮带动发电机发电的储能方式。飞轮储能系统（FESS）作为一种机电能量转换的储能装置，不受化学电池的局限，用物理方法实现储能。通过电动/发电互逆式双向电机，电能与高速运转飞轮的机械动能之间相互转换与储存，并可以通过调频、整流、恒压与不同类型的负载接口。

飞轮储能的基本原理是电力、电子变换装置从外部输入电能驱动电动机旋转，电动机带动飞轮旋转，飞轮储存机械能（动能），当外部负载需要能量时，用飞轮带动发电机旋转，将动能转化为电能，再通过电力、电子变换装置变成负载所需要的各种频率、电压等级的电能，以满足不同的需求。如图10-6所示，飞轮储能系统通常包括飞轮、电机、轴承、密封壳

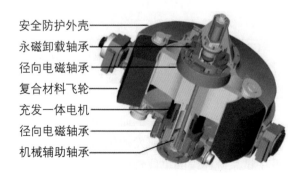

安全防护外壳
永磁卸载轴承
径向电磁轴承
复合材料飞轮
充发一体电机
径向电磁轴承
机械辅助轴承

图10-6 飞轮储能系统结构

体、电力控制器和监控仪表等6个部分。

飞轮储能系统中最重要的环节即为飞轮转子，整个系统得以实现能量的转化就是依靠飞轮的旋转。飞轮旋转时的动能E表示为：

$$E=\frac{1}{2}J\omega^2 \tag{10-9}$$

式中，J、ω分别为飞轮的转动惯量和转动角速度。由式（10-9）可见，为提高飞轮的储能量可以通过提高飞轮转速和增加飞轮转子转动惯量来实现。这需解决以下几个问题：转子的材料选择、转子的结构设计、转子的制作工艺、转子的装配工艺。

支承高速飞轮的轴承技术是制约飞轮储能效率、寿命的关键因素之一，轴承损耗在飞轮储能系统损耗中有较大贡献（$10^2 \sim 10^4$W），因此轴承的研究设计目标主要为提高可靠性、降低损耗和延长使用寿命。飞轮储能的支承方式主要有三类：机械轴承、磁悬浮轴承（被动磁轴承、主动磁轴承）、组合式轴承。

机械轴承由于摩擦损耗大，承载的转速低，不适合单独作为高转速飞轮储能系统的支撑方式。但由于其具有支持强度高、结构紧凑的优点，使得机械轴承适合于作为保护轴承或作为短时间快速充放电飞轮系统的支撑方式使用。

磁悬浮轴承可以在无机械接触的情况下承载，无机械摩擦损耗，提高系统储能效率，延长轴承使用寿命，使其成为飞轮储能系统的理想支撑方式。磁悬浮轴承分为永磁轴承、超导磁轴承和电磁轴承。

一般来说，为取长补短，采用多种轴承实现混合支撑。目前飞轮储能系统经常选择几种类型的轴承组合起来使用：永磁轴承与机械轴承相混合，电磁轴承与机械轴承相混合，永磁轴承与电磁轴承相混合，永磁轴承与超导电磁轴承相混合。韩国电力公司研究所研发的组合式轴承飞轮储能系统，飞轮转速可达到12000r/min，该系统的组合式轴承由一个高温超导磁轴承、一个角接触球轴承和一个主动电磁阻尼器组成。

总的来看，机械轴承、永磁轴承和电磁轴承可以基本满足功率型飞轮储能系统工业应用的需求，而更大能量（100kW·h级）的飞轮储能系统高速支撑技术还需要高温超导磁悬浮技术的突破。

飞轮储能中的电动/发电机是一个集成部件，主要充当能量转换角色，充电时充当电动机使用，而放电时充当发电机使用，因此，可以大大减少系统的大小和重量。选择电机时通常要考虑几方面因素：

①经济方面考虑：选择能满足要求的最低价格的电机即可。

②使用寿命长：由于所设计的飞轮储能系统要求长时间地储能运行，要求电机的空载损耗极低，所以电机必须满足这一要求。

③能量转换效率高，调速范围大。

④飞轮储能过程中要求系统有尽可能快的储能速度，要求电机作为电动机使用时有较大的转矩和输出功率。

目前条件下可选择应用于飞轮储能系统的电机有开关磁阻电机、感应电机、永磁电机等（表10-3）。

表10-3 几种电机的相关性能参数对比

电机类型	永磁电机	感应电机	开关磁阻电机
峰值效率/%	95~97	91~94	90
10%负载效率/%	90~95	93~94	80~87
控制相对成本	1	1~1.5	1.5~4
最高转速/（r/min）	大于30000	900~15000	大于15000
电机牢固性	良好	优	优

飞轮储能系统的核心是电能与机械能之间的转换，所以能量转换环节是必不可少的，它决定着系统的转换效率，支配着飞轮系统的运行情况。

飞轮储能系统中的动能和电能之间的转换是电动/发电机在电力电子装置的控制下实现的，输入电能时将交流转化为直流驱动电机，使飞轮转速升高，存储能量；输出电能时将直流转化为交流并经过整流、调频、稳压后供给负载。而且电力电子装置的使用寿命也决定了飞轮储能系统的寿命。

总结起来，在能量转换装置的配合下，飞轮储能系统完成了从电能转化为机械能，机械能转化为电能的能量转换环节。

真空室是飞轮储能系统工作的辅助系统，保护系统不受外界干扰，不会影响外界环境。主要作用：提供真空环境，以降低风损，以及屏蔽事故。要提高飞轮储能系统的效率，除了要减少摩擦损耗外，尽量降低风阻损耗也是非常必要的，对于高速飞轮减少风阻的有效方法是将飞轮置于真空室内，这样既可以有效降低风阻损耗又可以对事故进行屏蔽。以目前的技术制造这样的真空条件并不难，但是如何长时间保持这种状态才是问题的难点，要想解决这个问题就必须解决密封问题和真空室内材料逸出气体的问题。

（2）历史发展

现代飞轮储能技术自20世纪50年代开始发展，至今已有超过70年的研究、开发和应用的历史。通过前几十年的技术积累，20世纪90年代中后期，技术最先进的美国进入产业化发展阶段，首先在不间断供电过渡电源领域提供商业化产品，近10年来飞轮储能不间断电源（UPS）市场稳定发展。1992年美国飞轮系统公司（AFS）开发了一种用于汽车上的机-电电池（EMB），每个"电池"长18cm，直径23cm，质量为23kg。电池的核心是一个以20万转/分旋转的碳纤飞轮，每个电池储能为1kW·h，它们将12个"电池"放在IMPACT轿车上，能使该车以100km/h的速度行驶480km。电池共重273kg，若采用铅酸电池，则共重396kg。机-电电池所储的能量为铅酸电池的2.5倍，使用寿命是铅酸电池的8倍，且它的"比功率"极高，是铅酸电池的25倍，是汽油发动机的10倍，它可将该车在8s内由静止加速至100km/h。

国内从2010年前后出现了飞轮储能系统商业推广示范应用的技术开发公司，如北京奇峰聚能科技有限公司、苏州菲莱特能源科技有限公司、深圳飞能能源有限公司、上海中以投资发展有限公司、北京泓慧国际能源技术发展有限公司、唐山盾石磁能科技有限责任公司等，这和15年前美国的情况相似。

随着磁悬浮技术、复合材料技术和电力、电子转换技术取得突破性进展，飞轮储能作为一种新的储能方式得到各国的普遍关注，并且已经成功应用于许多领域。

① 车辆动力。随着能源危机和环境问题的日益凸显，开发节能环保型汽车已成为未来汽车工业的发展趋势，各个制造商纷纷把目光投向混合动力电动汽车和纯电动车，由于飞轮储能与化学蓄电池相比具有储能密度大、能量转换效率高、充电速度快、使用寿命长、对环境友好等特点，因此可以将飞轮储能系统应用在电动汽车中，飞轮储能系统既可作为独立的能量源驱动汽车，也可以作为辅助能源驱动汽车。同时，加入飞轮储能系统的汽车其再生制动效率也比较高。20世纪50年代，瑞士Oerlikon公司设计了飞轮电池驱动巴士，在欧洲和非洲运行了16年，直到1969年。该型电动车有32个座位，飞轮电池储能32MJ（直径1.6m），行驶1200m再次充电。混合动力车辆传动中，采用电池、电容和飞轮等3种储能方式，高速飞轮与内燃机通过无极变速器连接简单可靠，已经发展了数十年，已具备量产推广应用水平。另一种电动车用飞轮储能技术中，引入电机和功率控制器实现电力传动，飞轮燃油混合动力车的节油可达35%。电动车技术局限于电池高功率特性不足，采用飞轮储能与化学电池混合动力是一个可行的解决方案。

飞轮储能作为电动车的辅助动力，早在20世纪70年代的石油危机期，在美国就掀起研究热潮，实施"车用超级飞轮电池"计划。因为主要在车辆加速阶段使用，飞轮储能容量为500W·h，飞轮转速多在20000~40000r/min之间。

此外对于轨道交通而言，轨道交通车辆因质量大，刹车动能很大，如引入制动回收和储能系统，则可实现节能减排目标。RADCLIFF等分析1MW飞轮储能系统应用于伦敦地铁投资回收期为5年。使用储能2.9kW·h/725kW飞轮储能系统的轻轨车辆节能可达到31%。将飞轮储能系统连入直流电网，可以实现节能21.6%，变电站的电压跌落减少29.8%，容量减少30.1%。

② 电网调频。近年来飞速发展的风力发电、太阳能发电是清洁低碳能源，受自然条件影响，风力发电的频繁波动是突出的问题，引入储能技术环节，对风力发电功率平滑控制，改善其电压和频率特性，实现更好的新能源应用。与众多储能方式比，飞轮储能技术的经济优势应用领域在电能质量和调频，其放电时间为分秒级，总投资约900欧元/kW，是锂电的75%，年化循环（1000次/a）成本为200欧元，为锂电的50%。随着波动新能源的更多并网，电网的频率波动问题更加突出，研究飞轮储能系统的优化调频控制策略，满足较长时间尺度（15min以内）和实时调频需求十分关键。

③ 电源。20世纪80年代以来，磁约束受控核聚变工程关键技术迅速发展、高温等离子体的参数逐渐提高，主要物理参数已接近达到实现受控核聚变所要求的数值。供电系统的平均电源容量为数百兆瓦，由于容量大、工作时间短，一般采用大型飞轮储能发电机组实现供电，以减少对公共电网的冲击。应用于托卡马克电源的飞轮储能发电系统是一种典型的高功率脉冲电源（典型脉冲宽度为毫秒到秒），其特点是电动机与发电机独立设置。

传统的不间断电源（UPS）、应急电源（EPS）用化学蓄电池作为储能单元。化学蓄电池储能密度大、价格低廉，被广泛采用，但是它需要定期维护、寿命短、充电时间长，还会给环境带来污染。由于飞轮储能系统具有高比能量、长寿命、高效率、无污染等特性，用飞轮储能系统代替化学蓄电池将成为趋势。飞轮储能不间断电源系统在国外已经是成熟的产品，供应商有Active Power、Piller、VYCON和Powerthru。Active Power公司采用7700r/min的磁阻电机飞轮一体；Piller公司采用大质量金属飞轮和大功率同步励磁电机，工作上限转速为3600~3300r/min。采用永磁电机和金属飞轮，VYCON产品转速为36000r/min，采用了电磁全悬浮，Powerthru公司FES转速为53000r/min，采用了同步磁阻电机和分子泵技术。

（3）飞轮储能的特点

飞轮储能的主要特点为储能密度高，功率密度大，因而在短时间内可以输出更大的能量。此外其能量转换效率高，一般可达85%~95%，并且对温度不敏感，对环境友好。总之，飞轮电池兼顾了化学电池、燃料电池和超导电池等储能装置的诸多优点，主要表现在如下几个方面：

① 功率密度高，可达5000~10000W/kg。

② 能量转换效率高，工作效率高达90%。

③ 体积小，飞轮直径约二十多厘米。

④ 工作温度范围宽，对环境温度没有严格要求。

⑤ 使用寿命长，不受重复深度放电影响，能循环几百万次运行，预期寿命20年以上。

⑥ 低损耗、低维护。磁悬浮轴承和真空环境使机械损耗可以被忽略，系统维护周期长。

由于在实际工作中，飞轮的转速可达40000~50000r/min，一般金属制成的飞轮无法承受这样高的转速，容易解体，所以飞轮一般都采用碳纤维制成，制造飞轮的碳纤维材料目前还很贵，成本比较高。

飞轮一旦充电，就会不停转动下去。能量密度不够高、自放电率高，如停止充电，能量在几到几十个小时内就会自行耗尽。只适合于一些细分市场，比如高品质不间断电源等。

（4）发展展望

为实现碳中和的宏伟愿景，利用储能设备进行能量回收，削峰填谷等是最为有效的方式之一，储能技术将迎来百花齐放的局面。飞轮储能作为制造型能源，基于不同应用场景，将发挥高频次物理储能技术优势，结合其他储能技术彰显最优效果，促进能源行业面向安全、绿色、高效的创新和变革。

飞轮储能技术发展已历时70余年，仍然存在多种挑战和进一步发展的空间，新型飞轮用高比强度新材料、高温超导磁悬浮技术、高速高效电机转子材料与结构、飞轮储能阵列化应用技术都在碳中和背景下有着很多的应用场景。车辆混合动力、风力发电和电网调频应用领域在3~5年内有望突破，实现小规模示范应用。电网规模能量调控的大容量飞轮、微损耗轴承技术方面还需要进一步积累。飞轮储能技术发展面临超级电容器和高功率电池的技术竞争。

总之，在"双碳"的背景下，飞轮储能凭借安全稳定、功率密度大、响应速度快、寿命长、回收残值高等特点，在部分垂直领域的独有特性，已经逐渐走进人们的视野。在各类储能技术中，飞轮储能对比其他储能技术具有功率密度高、充放电次数高、寿命长、环境友好等独一无二的优势。但此前高昂的成本相对制约了其在储能领域的大规模应用。未来，在国家政策影响下，随着能源产业的变革和产能规模的扩张以及材料和技术本身的创新，飞轮储能成本将随着大规模化生产快速下降，打破市场壁垒。

10.2.4　储热

地球上的能源形式主要包括电和热两种，也因之产生了储电和储热两种技术。尤其需要关注的事实是，热能占终端能源的消费需求高于50%，也就是说，储热的价值和发展空间并不比储电小。国际可再生能源署（IRENA）于2020年发布的储热专项报告《创新展望：热能存储》指出，当前全球约有234GW·h的储热系统正在发挥着重要的灵活性调节作用。到2030年，全球储热市场规模将扩大三倍。在未来10年，储热装机容量将增长到800GW·h以上，储热市场发展的浪潮不可阻挡。

从全球的发展大势来看，中国作为能源大国，发展储热技术更应该提到更高的战略层面上，这是长期的国际储热技术竞争的需要，更是实现碳达峰、碳中和目标的要求。

（1）基本工作原理和特性

储热技术是以储热材料为媒介将太阳能光热、地热、工业余热、低品位废热等热能储存起来并在需要的时候释放或转化的一种技术。储热技术旨在有效解决由时间、空间或强度上的热能供给与需求间不匹配所带来的问题，可以最大限度地提高整个系统的能源利用率。根据机理的不同，储热技术的实现方式分为显热储热、潜热储热（也称为相变储热）和热化学反应储热等。

显热储热是利用材料所固有的热容进行的热量储存形式。该方式通过材料吸热升温实现热量存储，降温放热实现热的释放。目前主要应用的显热储热材料有硅质、镁质耐火砖，三氧化二铁，铸钢铸铁，水，导热油，沙石等热容较大的物质（表10-4）。其中，水的比热容大，成本低，主要用于低温储热；导热油、硝酸盐的沸点比较高，可用于太阳能中温储热。这种蓄热方式原理简单、技术较成熟、材料来源丰富且成本低廉，因此广泛地应用于化工、冶金、热动等热能储存与转化领域。但这类材料储能密度低，不适宜工作在较高温度环境中。

表10-4　显热储热材料及性质

项目	水	熔盐	导热油	液态金属	岩石	混凝土
适用温度范围/℃	0～100	250～600	20～400	100～1550	20～700	20～550
比热容/[kJ/(kg·K)]	4.2	1.2～1.6	2.0～2.6	0.14～1.3	1.2～1.8	0.91
密度/(kg/m)	992	1800～2100	700～900	780～10300	2000～3900	2400

续表

项目	水	熔盐	导热油	液态金属	岩石	混凝土
材料成本/（千元/t）	0.005	4～91	25～45	13～85	0.4～1	0.2
主要问题	适用温度范围小，低温易凝固膨胀，高温易汽化	价格较高，腐蚀性强，部分有毒性，需要辅热防止凝固	价格较高，易燃，蒸气压大，高温运行中易氧化、易结焦劣化	价格较高，腐蚀性强，有毒性及氧化性	稳定性不佳，强度随时间会降低	热导率不高，需增强传热性能，容易开裂
技术成熟度	高	高	高	低	高	中

热化学反应储热是利用可逆化学反应，通过热能与化学热的转化来进行储能的。吸收热量时反应平衡向吸热方向改变，实现能量的存储，反之亦然。目前已经研究过的储能用热化学反应多达70多种，但很理想的反应体系，即反应吸热的焓变大、可逆性强、材料安全的化学过程并不多。典型的热化学反应储能体系有无机氢氧化物分解、氨的分解、碳酸化合物分解、甲烷-二氧化碳催化重整、铵盐热分解、有机物的氢化和脱氢反应等。热化学反应储能的主要优点是蓄热量大，使用的温度范围比较宽，不需要绝缘的储热罐，而且如果反应过程能用催化剂或反应物控制，可长期储存热量，特别适用于太阳能热发电中的太阳热能储存。但该技术实现化学反应系统与储热系统的结合还处于研究阶段，距离规模应用尚远。

潜热储热是利用相变材料在物态变化时，吸收或放出大量潜热而进行的。根据相变形式的不同，相变材料可分为固-固相变、固-液相变、固-气相变和液-气相变。其中固-气相变和液-气相变两种形式，虽有很大的相变潜热，但由于相变过程中大量气体的存在，使材料体积变化较大，难以实际应用。固-固相变、固-液相变是研究和实际中采用较多的相变类型。然而，固-固相变储能材料的开发时间相对较短，大量的研究工作还没深入开展，因此其应用范围没有固-液相变材料宽广。固-液相变储能材料的研究起步较早，是现行研究中相对成熟的一类相变材料。按照相变温度范围的不同，相变材料又分为高温、中温、低温相变储热材料。各温度范围间并没有明显清晰的界限，常发生较大范围的重叠，但因实际应用时需要储存的热源有一定的温度范围，这种按相变温度分类的方法更实用。一般地，把相变温度为120℃和400℃作为低、中、高温相变储热材料温度节点（图10-7）。

低温相变储热——相变温度在120℃以下，此类材料在建筑和日常生活中的应用较为广泛，包括空调制

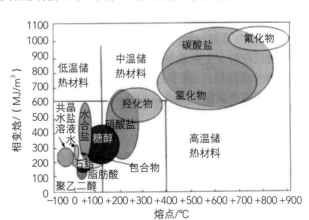

图10-7 相变储热材料的相变温度及相变焓

冷、太阳能低温热利用及供暖空调系统，尤其以热水应用最为广泛。这类相变材料主要包括无机水合盐、有机物和高分子等。在此温度范围内的蓄热技术基本成熟。

中温相变储热——相变温度范围为120~400℃。中温相变储热材料的效率相对较低，体积和质量相对庞大，适合大规模应用，主要针对地面民用领域，经常作为其他设备或应用场合的加热源，可用于太阳能热发电、移动蓄热等相关领域。这类材料有硝酸盐、硫酸盐和碱类。另外，通过将两种或两种以上无机或有机类相变材料结合在一起进行复合也是制备中温相变储热材料的一种可行途径。

高温相变储热——相变温度在400℃以上，主要应用于小功率电站、太阳能发电、工业余热回收等方面，一般分为3类：盐与复合盐、金属与合金和高温复合相变材料。

显热储热技术目前主要应用于工业窑炉和电采暖、居民采暖、光热发电等领域中。目前显热技术规模化应用主要集中在光热电站中。2009年3月，西班牙Andasol槽式光热发电成为全球首个成功运行的配置熔盐储热系统的商业化CSP电站。随着熔盐储热技术的日渐成熟，越来越多的CSP电站开始使用熔盐技术。中国熔融盐储热尚处于开发初期阶段，截止到2019年底，熔融盐储热累计运行装机规模为420MW，同比增长91.4%。

潜热储热技术主要用于清洁供暖、电力调峰、余热利用和太阳能低温光热利用等领域。近年来，随着清洁采暖、电力系统调峰等的需要，潜热储热技术越来越多地应用在发电侧和用户端。典型案例包括：采用江苏金合固体相变蓄热材料技术的中广核阿勒泰市风电清洁供暖示范项目；采用复合二元盐相变材料的内蒙古丰泰热电厂相变储热供暖调峰项目；采用北京华厚能源相变储能材料的北软双新科创园储能供暖项目等。

热化学储热技术目前尚处于小试研究阶段，在实际应用中还存在着许多技术问题，因此项目案例较少。

（2）历史发展

清洁供暖系统是储热技术最早的应用之一。水储热是其中主要的技术路线，主要是在谷值电价时利用电锅炉进行热水加热，储于储水罐；在峰值电价时利用储水罐热水供暖。水储热技术具有热效率高、运行费用低、运行安全稳定、维修方便等优点，在国内外都有很多应用实例，但是也存在储水罐体积较大、受占地空间限制等问题。在20世纪80年代初，欧洲已成功开发和运行水储热技术的电力供暖系统，以解决冬季供暖高峰负荷问题，美国也采用上述相关技术，并取得了很大成效。

高温固体电储热技术是清洁供暖系统的主要技术之一，其在谷值电价时利用电加热设备直接将电能转化为热能，并储存于固体储热器；在峰值电价时与供暖系统热水进行换热，进而为建筑供暖。高温固体具有储热密度大、储热温度高、储热体积小等优点，不但克服液体储热技术的缺点，而且兼具环保、高效、节能、安全等多项优势。国外对高温固体电储热技术的研究始于20世纪70年代，到80年代初，欧洲部分发达国家已开始进行实际应用。我国高温固体电储热技术的应用已达到国际领先水平，但是目前研究多为应用形式的设计和经济性的分析，对于技术涉及的传热传质过程等基础研究缺乏深入的探讨。

相变电储热供暖技术是近些年开始发展的技术，具有储热密度高、储释热过程温度恒定等优点。目前，相变电储热技术结构主要有两种：一种类似于水储热技术，将相变储热装置替代储水罐，在电价谷值时，开启电锅炉制热，并利用相变储热装置将热量进行储存，在电价峰值时，相变储热装置为建筑供暖；另一种类似于高温固体电储热技术，将相变材料做成相变材料砖，并放置于固体储热器中，在电价谷值时直接储存电加热装置的热量，在电价峰值时为建筑供暖。相变电储热装置在家用电采暖领域也具有很大的应用价值。与高温固体电储热技术类似，我国相变电储热技术领域的研究也多为应用形式的设计和经济性的分析，需要加强对相变电储热传热机理等基础内容的研究。

太阳能热发电技术是利用大规模阵列抛物或碟形镜面收集太阳热能，通过换热装置提供蒸汽，结合传统汽轮发电机的工艺，从而达到发电的目的。采用太阳能热发电技术，避免了昂贵的硅晶光电转换工艺，可以大大降低太阳能发电的成本。而且，这种形式的太阳能利用还有一个其他形式的太阳能转换所无法比拟的优势，即太阳能所烧热的水可以储存在巨大的容器中，在太阳落山后几个小时仍然能够带动汽轮机发电。在国际上，大力推进太阳能热发电的项目诞生于2009年7月，这一号称"欧洲沙漠行动"的行动，计划在未来10年内投资4000亿欧元，在中东及北非地区建立一系列并网的太阳能热发电站，来满足欧洲15%的电力需求以及电站所在地的部分电力需求。我国第一家工业化运行的太阳能光热发电项目在柴达木盆地建成，这个总投资9.96亿元的50MW光热项目位于青海省海西蒙古族藏族自治州德令哈市西出口，由青海中控太阳能发电有限公司建设（图10-8）。按照IEA预测，中国光热发电市场到2030年将达到29GW装机，到2040年翻至88GW装机，到2050年将达到118GW装机，成为全球继美国、中东、印度、非洲之后的第四大市场，照此看来，光热发电万亿级市场才刚刚拉开帷幕。

图10-8　50MW塔式光热电站

储热技术是光热发电关键技术之一，而传热介质的工作性能直接影响系统的效率和应用前景。传热介质中，使用较多的有水/水蒸气、空气、液态金属、导热油以及熔盐等。其中，熔盐具有工作温度高、使用温度范围广、传热能力强、系统压力小、经济性较好等一系列的优点，目前已成为光热电站传热和储热介质的首选。常见的光热熔盐品种有二元盐（40% KNO_3+60% $NaNO_3$）、三元盐（53% KNO_3+7% $NaNO_3$+40% $NaNO_2$）和低熔点熔盐产品等。对于光热发电而言，二元熔盐的应用较为广泛及成熟。以使用二元熔盐为例，槽式电站的使用量约是塔式电站的2.5倍左右。对于50MW、配置8h储能的塔式电站，熔盐需求量约为1.2万吨；对于50MW、配置8h储能的槽式电站，熔盐需求量约为3万吨。

与目前商业化的熔融硝酸盐技术相比，下一代储热技术应该具有更高的运行温度和更低的成本，目前研究的主要技术包括基于更高热稳定性无机盐（如基于氯盐和碳酸盐）的下一代熔盐技术、基于无机盐的相变材料（PCM）储热技术和固体颗粒技术（如使用烧结的铝土矿颗粒）。在这些储热技术中，下一代熔盐技术是人们最熟悉的技术，也被认为是下一代光热电站中最有应用前景的储热技术之一。下一代熔盐技术可以保留目前商业化熔盐储热塔式电站的主要设计，可大大减少下一代光热技术的研发和商业化风险。熔融氯盐（如$MgCl_2/NaCl/KCl$）是下一代熔盐技术中最具发展前景的储热/导热材料之一，原因是其具有出色的热物性（如黏性、导热性）、较高的热稳定性（>800℃）和较低的材料成本（<0.35美元/kg）。此外，目前商业熔融硝酸盐技术的开发经验也可用于开发这种新型熔盐技术，大大减少技术研发风险和成本。但与商业熔融硝酸盐相比，熔融氯盐在高温下对金属结构材料（即合金）有强腐蚀性，这是研发中面临的最主要技术挑战之一。因此，寻找一种高效且低成本的腐蚀控制技术至关重要。

（3）储热技术特点

储热最大的潜力就在于解决由于时间、空间或强度上的热能供给与需求不匹配所带来的问题。储热技术的开发和利用能够有效提高能源综合利用水平，对太阳能热利用、电网调峰、工业节能和余热回收、建筑节能等领域都具有重要的应用价值。

显热储热技术在储热规模、效率、寿命、成本、技术成熟度等方面具有较大的优势，但是储能周期较短、能量密度较低等方面也限制了其应用发展，特别是一些储热体积限制较大的应用场合。热化学储热技术在储热周期、能量密度等方面具有较大的优势，但是储能规模、效率、寿命、成本、技术成熟度需要进一步改善，且相关研究仍处于实验室验证阶段，需要大量的时间和经费进行基础研究以推进实际应用。相比之下，相变储热的储热密度是显热储热的5~10倍甚至更高，具有温度恒定和蓄热密度大的优点，目前正处于示范向商业化市场转化的阶段，也是储热领域研究最广泛、应用前景最广阔的储热技术。

（4）发展展望

未来灵活性电源、需求侧响应能力的建设是一个持续且必要的巨大需求，储热是大规模储能的一种，必须参与。目前，储热（冷）技术在火电灵活性改造、需求侧管理措施、可再生能源消纳及其他形式的应用中具有重要的作用。在当前，储热行业发展还面临储热供暖成本依然较高、附加值有限、参与电力辅助服务领域较少、标准体系缺失等问题，需要在未来发展中进一步攻关。就储热介质而言，需要寻找兼顾储热温度、储热密度和传热能力的优质储热材料；就储热方式而言，显热/潜热混合储热能降低系统成本、提升热效率；就储热系统设计而言，优化系统设计能大幅度降低成本并提高系统安全性。随着储热应用技术的进步，成本的进一步降低，其布局灵活、能量效率高、规模大等优势将不断凸显。在"风光水火储一体化""源网荷储一体化"等发展政策的支持下，大规模储热供热技术发展将迎来机遇。

10.2.5 储冷

（1）基本工作原理和特性

储冷技术是根据水、冰或其他物质的蓄热特性，利用低谷电力，使制冷机在满负荷条件下运行，将空调所需的制冷量以显热或潜热的形式全部或部分地储存在水、冰或其他物质中，一旦出现空调负荷，使用这些储冷物质储存的冷量满足空调系统的需要，进而实现电网负荷被平衡、环境温度被控制和节能等目的。

储冷式空调系统是在夜间电网低谷时间（低谷电价），同时也是空调负荷较低的时间，制冷主机开机制冷并由储冷设备将冷量储存起来；在白天电网高峰用电时间（高峰电价），或者空调负荷高峰时间，再将冷量释放出来满足高峰空调负荷的需要。储冷式空调系统全部或部分地将制冷主机的负荷由白天转移至夜间，由此实现"移峰填谷"，达到节能和降低成本的目的。

空调系统中合理采用储冷技术可以提高机组效率、减少设备容量，并尽可能降低整个空调系统的造价。因此，储冷技术非常具有发展前景，可以作为空调发展的一个方向。通过储冷技术来参与电力调峰和平衡电网，充分利用谷期电力，将部分电力峰期需要转移到谷期，从而缓解国家电网高峰负荷，同时提高能源使用效率。通过估算，假设全面开放使用商用建筑储冷空调系统，每年大约可为国家节约38.4亿元电费，节约煤炭319万吨，减少二氧化碳排放量867万吨和二氧化硫排放量11.2万吨。同时，储冷技术的实施还可看成为大气减少217万辆汽车尾气的排放，相当于种树474万亩。

（2）历史发展脉络

储冷技术在国外应用已达50年之久，20世纪70年代末80年代初，由于世界范围的能源危机，各工业发达国家电力供应紧张的局势促进了储冷技术的研究和发展。

1987年，美国的一些研究人员开始呼吁在空调行业推广应用储冷技术来满足移峰填谷的要求。有40多家电力公司实行奖励措施来鼓励用户使用储冷技术进行移峰。1986年，美国圣地亚哥州立大学建立了能源工程研究所。1990年5月，美国开始了一个3年计划，进行储冷技术的研究、储冷系统的优化设计、控制和计算机模拟以及节能问题研究。这极大地推动了储冷空调技术的发展。

日本是在80年代初开始储冷技术研究工作的，到了1985年就已有两项工程中应用了冰储冷技术。日本于1988年实行了电力费用的大幅度改动，这极大地促进了储冷技术的发展，特别是冰储冷技术。冰储冷技术已成功地应用在建筑物的空调、水产品的加工和储藏及商品加工行业。至1993年东京电力区域内采用冰储冷系统的项目已达到316项。在英国、加拿大、德国、澳大利亚等国，储冷技术也得到了应用。至1988年，在北美、欧洲、澳大利亚和日本已有720多套冰储冷设备在运行，其中用于空调的占61%。

在我国，对于水储冷特别是利用地下蓄水层储冷的研究已经有较长的历史。20世纪80年代中期，我国的科技人员就在积极倡导使用冰储冷空调技术。在台湾省，储冷空调技术应用较早，发展也比较快，1992年有3个储冷空调系统，到1994年底发展到225个。为推进储冷空调技术的发展，1995年中国节能协会成立了储冷空调研究中心。一些大专院校也在积极从事储冷空调技术的研究工作。这对于促进我国新型空调设备的国产化进程，推进储冷技术的发展和进步起到了积极的作用。我国大陆地区从20世纪90年代初开始建造水储冷和冰储冷空调。截止到2015年，中国储冷项目总量是1133项，其中971项为冰储冷，162项为水储冷。我国开始建造水储冷和冰储冷空调工程时，就引进、吸收、消化国外先进技术，同时发挥我们中国人的聪明智慧，自主开发蓄冰装置。虽然只经历了20多年的工程实践，我国储冷空调工程项目还不太多，但有不少工程规模较大，储冷量亦比较大。储冷采用大温差、低温送风、与热泵相结合的蓄能系统，储冷空调效果良好，已步入世界先进行列。我国自主开发的闭式外融冰储冷设备和系统，以及RUNPAQ（源牌）纳米导热复合盘管蓄冰装置和技术，都具有世界先进水平。不过，现在只有RUNPAQ（源牌）纳米导热复合盘管蓄冰装置和技术还在进一步生产和发展。储冷空调工程采用的源牌纳米导热复合盘管现有三种型式，即单层型、重叠型和圆盘型，目前已应用于许多工程中。

目前水储冷或冰储冷技术与传统分布式能源系统耦合应用已到达商业应用阶段，根据用户需求，应用形式也不尽相同，但是其设计思路主要有利用余热储冷和低谷电储冷，相关系统流程如图10-9所示。余热储冷技术是将分布式能源系统余热进行制冷。在满足用户需求时，将余冷进行冷量储存，在余热制冷不足时，利用储冷或备用电制冷机进行供冷。低谷电储冷技术是分布式能源余热制冷全部供冷，并在低谷电时进行额外电制冷机制冷储存，在余热制冷不足时，利用储冷进行供冷。常丽等设计了一种传统分布式能源系统与余热储冰耦合应用系统，并在广州地区商业建筑中运行，余热储冰技术可满足23%的供冷量，运行成本日节省815.67万元，投资回收期为5.09年。王琅等分析了余热储冷装置对分布式能源系统的运行能耗和经济性的影响，确定储冷容量为120kW·h时，系统有最大年生命周期成本节约率。卢海勇等耦合应用了低谷电水储冷技术与传统分布式能源系统，建立了冷、热、电和天然气能量平衡的优化配置模型，结果表明该耦合系统在满足供冷需求的同时具有最佳的经济性。李正茂等也将低谷电水储冷技术与分布式能源系统应用于数据中心，得到类似的结论。上海申通能源中心大楼采用低谷电冰储冷技术与分布式能源耦合系统，运行结果表明，系统稳定，发电成本低于市电，冰储冷技

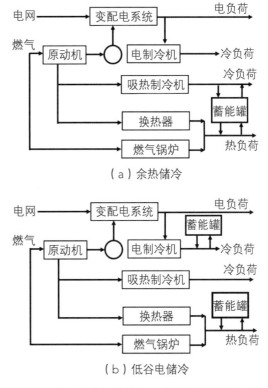

（a）余热储冷

（b）低谷电储冷

图10-9　储冷技术与传统分布式能源系统耦合应用方式

术每天可节约电费0.17万元。秦渊等也将低谷电冰储冷技术应用于传统分布式能源系统，并发现当峰谷电价比达到3∶1时，系统具有很好的经济效益。

随着新能源利用技术的发展，分布式能源系统向多能源化方向发展，储冷技术也进行了多种耦合应用。Somma等和潘雪竹等分别设计了一种水储冷技术与含太阳能集热器的分布式能源系统，如图10-10所示，可以利用太阳能集热器的集热或内燃机余热进行制冷并进行冷量的蓄积。程杉等将冰储冷技术与风光分布式能源耦合应用系统进行建模计算，确定了系统电量和冷量可以满足用户需求，系统调度成本进一步减少。

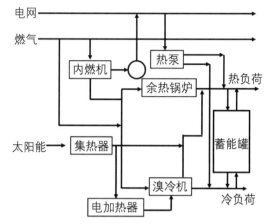

图10-10　水储冷与含太阳能集热器的分布式能源系统

（3）储冷技术的特点

空调系统中合理采用储冷技术可以提高机组效率、减小设备容量，并有可能降低整个空调系统的造价，因此说储冷技术是很有发展前景的，也可以是空调发展的一个方向。下面分别对水储冷、冰储冷、共晶盐储冷和气体水合物储冷等空调储冷方式的优缺点加以简要评述。

水储冷就是利用水的显热来储存冷量的一种储冷方式，储冷温度在4～7℃之间，储冷温差6～11℃，单位体积的储冷容量为5.9～11.3kW·h/m³。只要空间条件许可，水储冷系统是一种较为经济的储存大冷量的方式，而且储冷罐体积越大，单位储冷量的投资越低。当储冷量大于7000kW，或储冷容积大于760m³时，水储冷是最为经济的。这种储冷方式系统简单、投资少、技术要求低、维修方便，并可以使用常规空调制冷机组储冷，冬季还可蓄热，适宜于既制冷又取暖的空调热泵机组。水储冷空调系统的主要缺点是储冷槽容积大、占地面积大，这在人口密集、土地利用率高的大城市是个问题，也是它的使用受到制约的主要原因。

水储冷技术适用于现有常规制冷系统的扩容或改造，可以在不增加或少增加制冷机容量的情况下提高供冷能力。另外，水储冷系统还可利用消防水池、蓄水设施或建筑物地下室作为储冷容器，从而进一步降低系统的初投资，提高系统的经济性。

冰储冷是利用水相变潜热的一种储冷方式。0℃冰的储冷密度高达334kJ/kg，储存同样多的冷量，冰储冷所需的体积仅为水储冷的几十分之一。但是，由于冰储冷的制冷主机要求冷水出口端的温度低于-5℃，与常规空调冷水机组出水温度7℃相比，冰储冷制冷机组制冷剂的蒸发温度、蒸发压力大大降低，制冷量约降低30%～40%，制冷系数COP也有所下降，耗电量约增加20%。由于制冰槽及冰水管路温度常低于0℃，还需增加绝热层厚度，以避免外部结露，减少冷损失。另外，冰储冷温度几乎恒定；设备容易标准化、系列化；对储冷槽的要求比较低，可以就地制造，为广泛应用创造了有利条件。当然，冰储冷空调系统设备的管路复杂，低温送风还会造成空气中的水分凝结，导致送到空调区空气量不足和空气倒灌。在常规空调系统改造为冰储冷空调时，会因为制冷主机的工况变化太大、空调末端设备（风机盘管）的不适应和保温层厚度不符合要求等变得很困难。

共晶盐储冷是利用固液相变特性储冷的一种储冷方式。储冷介质主要是由无机盐、水、成核剂和稳定剂组成的混合物，也称优态盐，目前应用较广泛的相变温度约8~9℃，相变潜热约为95kJ/kg。这些储冷介质大多装在板状、球状或其他形状的密封件中，再放置在储冷槽中。共晶盐储冷能力比冰储冷小，但比水储冷大，所以共晶盐储冷槽的体积比冰储冷槽大，比水储冷槽小。共晶盐储冷的主要优点是相变温度较高，可以克服冰储冷要求很低的蒸发温度的弱点，并可以使用普通的空调冷水机组。但共晶盐储冷在储释冷过程中换热性能较差，设备投资也较高，阻碍了该技术的推广应用。

20世纪80年代美国橡树岭国家试验室开始研究气体水合物储冷，其机理是在一定的温度和压力下，水在某些气体分子周围会形成坚实的网络状结晶体，同时释放出固化相变热。气体水合物属新一代储冷介质，又称"暖冰"，其相变温度在5~12℃之间，适合常规空调冷水机组，熔解热约为302.4~464kJ/kg，与冰的储冷密度334kJ/kg相当。采用气体水合物储冷，储冷温度与空调工况相吻合，储冷密度高，而且储、释冷过程的热传递效率高，特别是直接接触式储、释冷系统。气体水合物低压储冷系统的造价相对较低，被认为是一种比较理想的储冷方式。但该方法还有一系列问题有待解决，如制冷剂蒸气夹带水分的清除、防止水合物膨胀堵塞等，工程实用还有困难。

（4）发展展望

储冷技术作为一种移峰填谷调节能量供需、节约运行费用、实现能量的高效合理利用的手段已经引起了人们的高度重视，许多国家的研究机构都在积极进行研究开发，其目标集中在如下几个方面：

①区域性储冷空调供冷站。已经证明，区域性供冷或供热系统对节能较为有利，可以节约大量初期投资和运行费用，而且减少了电力消耗及环境污染，建立区域性储冷空调供冷站已成为各国热点。这种供冷站可根据区域空调负荷的大小分类自动控制系统，用户取用低温冷水进行空调就像取用自来水、煤气一样方便。

②冰储冷低温送风空调系统。储冷与低温送风系统相结合是储冷技术在建筑物空调中应用的一种趋势，是暖通空调工程中继变风量系统之后最重大的变革。这种系统能够充分利用冰储冷系统所产生的低温冷水，一定程度上弥补了设置储冷系统而增加的初投资，进而提高了储冷空调系统的整体竞争力，在建筑空调系统建设和工程改造中具有优越的应用前景，在21世纪将得到广泛的应用。

③开发新型的储冷空调机组。对于分散的暂时还不具备建造集中式供冷站条件的建筑，可以采用中小型储冷空调机组。

④开发新型储冷、蓄热介质。储冷技术的发展和推广要求人们去研究开发适用于空调机组，且固液相变潜热大，经久耐用的新型储冷材料。

⑤发展和完善储冷技术理论和工程设计方法。储冷技术的进一步发展要求加强对现

有储冷设备性能的试验研究，建立数值分析模型，预测储冷设备的性能，从而对储冷空调系统进行优化设计。

⑥ 建立科学的储冷空调经济性分析和评估方法。在进行储冷空调系统可行性研究时，如何综合评价储冷空调系统转移用电负荷能力、能耗水平和用户效益，如何比较常规空调和储冷空调系统，是人们一直关心的一个问题。储冷空调系统并非适用于所有场合，必须通过认真分析评估，确保能够降低运行费用、减少设备初投资、缩短投资回收期，才能确定是否采用。

储冷技术具有广阔的发展前景，需要在吸收众多技术优点的基础上，向低成本、高效率、全自动化方向发展。另外，政府部门应大力提倡、宣传储冷空调的社会效益和经济效益，制定合理的分时电价政策，鼓励广大用户采用储冷空调系统。要积极开办储冷空调系统的设计、施工、调试、运行的培训，使广大工程技术人员和施工安装人员深入了解储冷空调系统，使我国的储冷空调事业步入迅速发展的良性轨道。

10.2.6 新型物理储能

为了进一步提高传统的储热、储冷以及机械储能等物理储能技术的效率并扩大应用范围，近年涌现出多种新型储能技术。本节将主要介绍三种已有试点项目或商业活动的新型储能技术。限于篇幅，下面主要介绍其定义、工作原理和基本属性，并在最后讨论其优缺点。

（1）高温热电储存

基于与PHES（泵浦式蓄热）类似的思想（即以高温热的形式储存电能），2016年出现了高温热电储存（HTHPS）的概念。这种存储技术使用简单的线圈将可用的剩余电力转换为高温（约700℃）热量，并将其存储在石床中。然后，为了使储存的能量在放电阶段产生电力，高温的热量被用于驱动传统的功率单元（蒸汽循环或燃气轮机循环）。从动力单元的供热单元（蒸汽循环的锅炉或燃气轮机循环的供热室）排出的热量仍处于高温状态，可用于区域供热等中温供热应用。因此，HTHPS系统是一种适用于任何大规模设施的热电联产技术。该技术的功率转换效率大约在28%～35%的范围内，其功率转换效率约在45%～65%的范围内，具体取决于功率单元的技术和设计。

该技术的主要思想是在TES装置中以热量的形式储存电能，然后使用储存的热量以传统方式热电联产，如丹麦Stiesdal公司使用的热电联产（CHP）系统。TES装置的选择取决于系统所需的温度和材料的可用性。然而，迄今为止对该系统的研究仅集中在岩石填充床作为一种廉价且可靠的高温蓄热方法。基于迄今为止该系统的设计，在充电模式下，电能通过电线圈以几乎100%的效率转换为高温热流。产生的热量通过循环气流传递到石料堆积床，然后通过风扇从上到下通石料堆积床。图10-11展示了HTHPS系统中的石料堆积床。如图所示，通过使用多个风扇将空气从底部循环到存储顶部的电线圈，再从那里进入石料堆积床，线圈用于将电流传输到TES装置。HTHPS技术又分为两大类：基于空气的HTHPS技术和基于蒸汽的HTHPS技术。

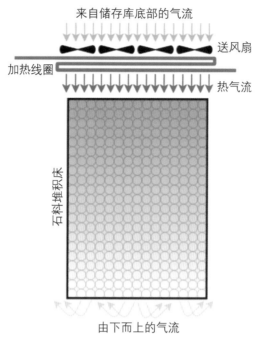

图10-11 石料堆积床示意图

图10-12显示了基于空气的HTHPS系统的配置。从图中可以看出，该系统的发电单元为双级压缩/膨胀Bryton循环，带有冷却和加热的热交换器，以提高循环效率。更多的级数提高了效率，但也增加了系统的成本。因此，需要进行详细而严格的技术经济权衡，以确定最合适和最具成本效益的发电装置配置。

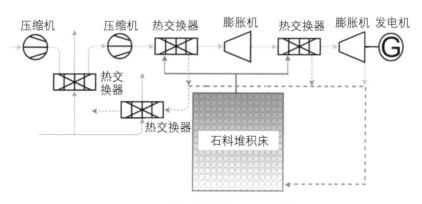

图10-12 基于空气的HTHPS系统

对于上述系统，充电阶段石料填充床处于运行状态，发电单元处于待机模式。在放电阶段，发电单元和石料填充床都将工作。在这个阶段，压缩机产生热量并压缩环境空气。每一级压缩机后都有热交换器，使气流在进入下一级压缩机前冷却，从而提高循环效率。在这里由于只有两级压缩机，因此系统中只有一个中冷器。该热交换器将收集气流中产生的热量，并将其用于供热应用。大多数对HTHPS进行的研究都建议将这种热量供应给以加压水作为主要热载体（即中间冷却器的辅助工作流体）的区域供热系统。

在第二台压缩机之后，压缩空气在膨胀过程之前被加热到所需的温度。该加热过程通过另一个热交换器进行，该热交换器的热量由储存在石料填充床中的高温热量提供。由于有两个膨胀阶段，这里还需要两个预热换热器。从这些热交换器出来的加热气流通过膨胀器膨胀以产生功。来自这两个热交换器的排出气流和最后一级涡轮（仍然具有高温）的排出气流被带回石料填充床以减慢排出速度。由于填充床的压力不应随时间变化，因此进入系统的剩余气流通过使用另一个热交换器用于进一步供应区域供热系统。可以看到基于空气的HTHPS系统通过两个膨胀机产生功（然后该功通过发电机转换为电能），并通过两个热交换器（一个是压缩机级的中间冷却器，另一个是利用运行时进入系统的剩余空气的热交换器）。这种配置取决于压缩和膨胀级的数量以及涡轮机械的压力比，可以分别提供高达30%、60%和90%的电、热和整体效率。

图10-13显示了基于蒸汽的HTHPS系统的原理图。该系统采用传统设计的Rankine循环，带有三级蒸汽涡轮机和两个蓄热器。在这种配置中，与使用来自石料填充床的热空气用于在膨胀机之前预热气流的基于空气的系统不同，由石料填充床提供的热空气用于蒸发水流，由泵加压，产生高压、高温过热蒸汽。蒸汽通过三级涡轮膨胀，在涡轮之间有两个再生回路，以提高循环效率。低压汽轮机末级后的冷凝蒸汽进入冷凝器回收。由于目标是热电联产，涡轮机最后一级的温度保持足够高，以便能够将通过冷凝器的蒸汽流的废热供应给当地的区域供热系统。这意味着循环的发电量减少，并且没有充分利用通过涡轮机的蒸汽流。一般区域供热系统的供水温度为80℃，而低温区域供热系统为50～55℃的较低温度水平，直至超低温区域供热系统为35～40℃。冷凝蒸汽然后被泵入锅炉以重复循环并热电联产。该循环的电效率约为35%，而其热效率可高达60%，从而使往返充放电循环的整体能效达到95%左右。HTHPS系统的这种方案（即基于Rankine的设计）最近由西门子公司在德国进行了试点。

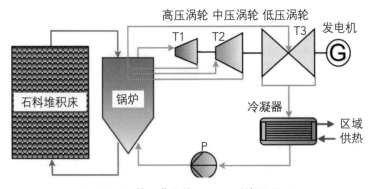

图10-13　基于蒸汽的HTHPS系统原理图

两种HTHPS设计相比较，基于空气的设计更具成本效益（由于其简单的设计）并提供了敏捷性的关键优势（即对电力需求和可用性的突然变化做出快速响应）。这种敏捷性是电力存储系统最重要的特征之一。另外，基于蒸汽的设计则具有更高的整体效率以及更好的产热和电力效率，但由于蒸汽准备工作所需的启动时间较长，因此不够灵活。同时基于蒸汽的HTHPS系统的建造成本远高于基于空气的系统。

（2）过冷压缩空气储能

另一类电力存储系统是新近出现的过冷CAES（SCAES）概念，它在大规模应用和不同能源区块的集成方面表现出有吸引力的性能。顾名思义，该技术是CAES技术的改进配置，在前述章节中，我们介绍了压缩空气储能（CAES）技术，CAES作为最有前途的机械储能（MES）系统之一，因为与其他现有MES技术相比，它具有可接受的往返效率和相当低的成本。而SCAES技术在压缩阶段收集的热量不进行储存，而是直接提供给区域供热。膨胀前的压缩气流不进行加热，因此在每个膨胀阶段都会冷却到非常低的温度，使其具备支持区域供冷或工业供冷用途的冷量。因此，该系统是一种适用于大规模技术的三联产技术。SCAES装置可提供的电对电效率、电对热效率和电对冷效率分别为30%、90%和30%。

绝热CAES是对非绝热CAE的改进，并使用蓄热系统来利用系统的热发电潜力。先进等温CAES使用多级压缩机和空气涡轮机以及热能储存（TES）装置来收集和储存压缩过程中产生的热量，并在每个膨胀阶段之前使用它来预热压缩空气流。因此，它减少了系统所需的多余热量并提高了效率。另外，非绝热CAES作为较古老的CAES技术，使用单级或多级压缩机和空气涡轮机，但没有合理利用压缩机产生的热流，因此非绝热CAES的效率低于等温CAES。对于先进等温CAES系统，CAES设计预期的最佳往返电效率约为80%，而在非绝热CAES等更简单的设计中，预期效率约为30%。最后，低温CAES系统实际上是不使用辅助加热器在膨胀过程之前达到高温的等温CAES。它仅利用CAES系统本身（可能还有一个中温可再生加热系统，例如太阳能热装置）的热潜力来达到250~300℃范围内的温度。

而在过冷CAES系统的设计策略中，不仅不需要在膨胀过程中使用任何辅助加热器，而且在通过空气涡轮机膨胀之前，也不为压缩空气提供任何预热过程。在这种情况下，在压缩阶段（充电过程）收集的热量可用于其他加热应用。使用产生的热流最直接的方法是区域供热，其中所需温度约为80℃，而返回温度约为40℃。另外，在膨胀前不加热气流会导致涡轮出口气流温度过低，这意味着产生大量冷量，需要特殊的空气膨胀机技术。涡轮机出口气流温度取决于涡轮机压比和进口气流温度。然而，如果考虑环境温度作为入口温度和每个膨胀阶段的三到五倍的膨胀率，出口温度将在-100~-50℃的范围内，这就是此设计被称为过冷CAES的原因。图10-14展示了双级压缩/膨胀SCAES系统。

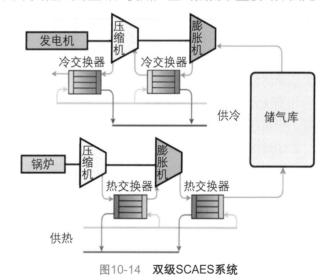

图10-14　**双级SCAES系统**

从图10-14中可以看出，SCAES系统看起来很像一个多级等温CAES系统，唯一的区别是在任何膨胀阶段之前没有加热过程，任何膨胀阶段之后的热交换器都被分配用于收集通过涡轮机产生的冷势。因此，系统除了发电外，在放电时还会产生冷量。系统的产冷可用于任何冷供应应用，但与充电阶段的热生产类似，使用这种冷流的最直接方法是将其供应给当地的区域供冷网（如果有）。对于典型的区域供冷供应系统，供应和返回温度分别为8℃和15℃。

具有所有这些单独的效率，SCAES装置提供了大约80%~90%的往返热生产效率以及大约20%~35%的往返电力和冷效率，这导致整体能源效率（或性能系数）介于120%和160%之间。尽管与其他MES系统相比，该系统的低功率效率是一个缺点，但它的热、冷和电力生产显示出大约1.2~1.6的整体能源效率（或性能系数）。高整体效率及其提供的多发电特性使该系统成为最适合可再生能源渗透率高以及部署区域供冷、供热和电力网络的地区（如丹麦、挪威、瑞典等）的储能技术之一。此外，根据Lund等的说法，SCAES作为一个多发电系统（multigeneration systems）是非常有益的，因为该系统集成了不同的能源组分，这对未来的智能能源系统至关重要。

（3）重力储能

重力储能（GES）系统是一种利用重力作为储存电能的媒介的装置。换句话说，GES系统以重物的形式储存电力，在充电模式下多余的电力被用来将一个巨大的质量移向高处（与重力方向相反）储存为重力势能，在需要（即放电）时便在重力作用下向下移动并驱动发电机发电，转化为电功。该技术的具体形式可以是一个放置了超重物体的深孔。当有多余的电力时，泵用于将水加压到物体下方并向上移动物体。这个过程一直持续到物体位于孔的顶部，即系统的最高电位。然后，在放电阶段，重物向下移动，将加压水推到下方，通过驱动发电机的水轮机。该系统可以被认为是水电存储技术的改进一代，但更简单，不需要大坝或特殊的地理需求。因此，与抽水蓄能一样，这项技术的一个非常重要的特点是它对电力需求或储电需求的响应时间非常快。启动操作仅需几毫秒，达到额定负载仅需几秒钟。该技术的往返能效预计约为90%。

与前面介绍的两种MES技术不同，目前GES技术还没有丰富的文献。主要原因是利用重力储存能量是最近几年提出的一个相当新颖的想法，因此还没有多少研究人员和从事相关活动的公司。文献和其他在线资源（包括该技术背后的公司的网站和一些在线视频）中的几篇文章介绍了GES技术的几种不同设计，并提供了有关这些系统操作基本原理的信息。根据这些消息来源，GES技术可能有不同的配置，无论是在地面上还是在海水下。后一类GES技术称为海洋GES系统。

图10-15展示了地面GES系统的示意图。如图所示，一个超大重物（岩石活塞）垂直放置在地下的一个深洞中。此外，在这个垂直孔旁边还有一个足够大的水源（如天然湖泊或人工建造的水坑）。为了在系统的充电阶段储存电力，电力用于驱动一些泵以产生高压水流，然后泵送到岩石活塞下方。这样，随着充电过程的不断进行，重量会越来越大。活塞的位置越高意味着储存的电量越多。与此过程相反，在放电阶段（即当GES单元需要向电网供电时），活塞被释放以推动其下方的加压水通过水轮机（主要是现在反向的泵）在运行中产生旋转功并发电。这样的系统实际是抽水蓄能（PHES）的另一种版本，但它没有建造巨大水坝的地理需求限制。该系统的效率预计将超越抽水蓄能，因为该系统的压力

来源主要是超重岩石活塞，它在整个过程中保持水轮机后面的压力几乎恒定，从顶部位置到洞的底部。如果活塞的质量为1000kg，活塞上下行程（将通过涡轮发电机组转换为电能）释放的势能大约为10kJ/m。因此，为了具有大规模的存储容量（例如，几百兆瓦的数量级和几天左右的存储持续时间），活塞质量需要非常大。当然，这里的孔和活塞的构造不会太昂贵，因为系统的材料是天

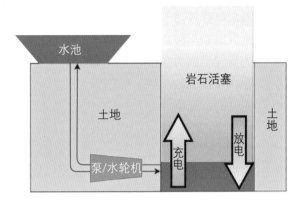

图10-15　**地面GES系统的示意图**

然的并且可以免费获得。不需要人工建造的大坝也大大降低了系统的成本。该系统的效率预计与PHES系统相同（甚至略高），后者在80%～90%的范围内。

地面GES系统的另一种可能性不是使用液压动力来提升活塞，而是使用电动机。然后在放电模式下，重物被释放落下并启动发电机（这是反向运行模式下的电机）。图10-16说明了该系统以及它如何作为能量存储系统工作。

图10-17显示了海水下的GES系统（或称之为海洋-GES）示意图。顾名思义，海洋-GES是在海床中实施的。在这个系统中，有许多悬挂在近海平面的重物。这些重物还连接到长电缆，因此如果它们向海底下降，它们的运动可以使电缆绕轴旋转，通过连接轴的发电机进一步将旋转功转换为电能。该系统的充放电操作方式如下：

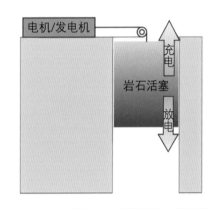

图10-16　**地面GES系统的另一种配置**

① 在充电模式下，所有（或部分）沉在海底的重物通过使用机器人连接到电缆。电缆由电动机向上移动（发电机在反向操作方向上作为电动机工作）。电机接收的能量实际上就是要储存的电能。通过这种方式，电能以势能的形式储存在海水下。随着要存储电力的增加，可以提升越来越多的重量即存储更多的能量。

② 在放电模式下，机器人将电缆连接到重物并从支架上释放它们，重物向下移动并驱动发电机发电。

可以说海洋-GES技术是PHES的逆向案例，区别在于使用无限的

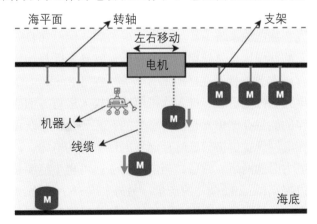

图10-17　**海洋-GES系统的配置示意图**

海水源来保存重物（如混凝土重物），而不是使用混凝土坝。如果在深海中实施该系统，该系统可以利用极高的海拔差异（例如，大约3000～4000m）。该系统适用于海水深度相当大的情况，因为在放电/充电模式下，可生产/可存储的电量与重物向下/向上移动的距离之间存在直接关系。很明显，类似于地面GES系统，这里系统的容量和配重的质量之间也是强相关的，配重越重系统的存储容量就越高。当然，该系统的可行性取决于电缆需要多长时间才能将产生的电力传输到电网，因为在许多地方没有深海资源。

（4）发展展望

本节介绍并讨论了三种特定类型的MES系统，鉴于目前的市场期望，它们似乎比该类别中的其他新兴系统更具启发性。然而这些系统中的每一个都有自己的优点和缺点，如何权衡这些优缺点将影响它们未来的发展前景。

关于SCAES系统，非常鼓舞人心的一点是它提供了冷、热、电三联产。这是SCAES的一个非常重要的优点，因为它可以用于整合不同的能量源，这是未来智能能源系统最重要的特征之一。SCAES的整体效率也非常可观，使系统具有成本效益。另一个优点是与标准操作条件相比，即使在非常低的负载水平下系统的性能也相当可接受。虽然随着负载水平的显著下降冷和电的输出都接近零，但利用许多储能单元不可避免的高热量产生输出，使系统仍具有成本效益。最后，如前所述，储能系统的敏捷性尤为重要，特别是在电力行业，由于压缩空气不需要加热过程的快速膨胀过程，SCAES技术与其他CAES技术相比具有高度敏捷性。另外，SCAES系统像其他CAES设计一样，受到地理限制，因为在规模较大时需要挖掘一个合适的盐穴或岩石洞穴。该技术的另一个缺点是其电力效率低，尽管其整体效率非常出色。因为目前在任何能源系统（包括分布式冷热网络的能源系统）中，电网都是占主导地位的能源部门。并且由于以下两个原因，电力效率在未来将变得更加重要：一是可再生能源发电技术的成熟，例如风力涡轮机和光伏电池；二是电力驱动设施在其他能源领域的日益普及（例如，电动汽车、用于区域供冷和供暖的大型热泵等）。因此，努力改进该系统的设计以提供更高的电力效率对于使该技术在未来的适用性有希望至关重要。

对于HTHPS系统，无论类别如何，都存在与SCAES技术相同的问题，即这些系统提供的电力效率相当低。因此，无论这些系统可能提供什么优势或劣势，都需要专注于提高这两个创新系统的电气效率。另外，两种HTHPS设计都提供热电联产，适用于未来的集成智能能源系统，甚至适用于电力和热网分布良好的现有能源系统。这些系统的另一个重要的共同优点是储存热量的介质便宜且不受任何地理或特殊需求的限制，这使得该技术具有成本效益且可在任何地方实施。基于Rankine的HTHPS系统启动非常缓慢，而能量存储单元在改变负载、进入待机模式和投入运行方面必须足够快。因此，也许将该系统用作纯粹的能量存储单元是没有意义的。相反，该系统可以用作连接到大型石床的发电厂，用于在电网现货价格较低时存储发电厂本身的电力，或将可再生发电厂的电力存储在产生剩余电力时的网络。然后，当电价上涨或可再生能源发电厂需要补偿时，可以回收储存的热量以提高Rankine循环的产量。另外，与SCAES系统相比，基于空气的系统不太灵活，因为在膨胀过程之前需要实时压缩空气然后预热空气。

GES技术取决于其具体类别。地面式的GES非常有吸引力，因为它不受特殊地理需求的限制。地面GES只需要一个大而深的孔,这很可能在任何地方都可以实施。该系统的活塞可以用非常低的成本就可获得的岩石材料。岩石的高密度也使系统的能量密度较高。铝、铜、铁等是岩石的替代材料,但尽管它们提供了更高的密度,它们可能不会为系统带来积极的经济优势。地面式GSE系统的效率非常高,有望在80%~90%的范围内。由于系统的主要机械能来源于活塞的重量,因此泵和电机以及涡轮机和发电机都不会受到低运行负载条件的严重影响。然而,这项技术目前的一个严重缺陷是缺乏对其的应用研究和开发。与其他MES系统相比,为了使该系统成为一个重要的选择,需要在实验室进行开发和演示,然后进行中试规模。而与简捷的地面-GES不同,海洋-GES系统比较复杂。同时系统需要非常深的水来提供更好的存储容量,这使得系统的成本较高。这项技术同样处于萌芽阶段,缺乏丰富的文献研究。

10.3　电化学储能

得益于安装灵活、建设周期短、应用范围广的优势,化学储能是业内公认的最具发展前景的储能技术。全球装机量占比从2017年的1.7%上升到2020年第三季度的5.9%,今后还具有更大的发展空间。锂电池在目前的化学储能应用中占主导地位,过去10年里,锂电池储能在循环次数、能量密度、响应速度等方面均取得巨大进步。2020年锂离子电池成本降至137美元/kW·h,较2013年下降了80%,成本下降正在突破锂电池在电力储能领域大规模应用的经济约束。

以锂电池为代表的化学储能技术与产业迎来高速发展的驱动力的主要原因有以下几方面:

① 锂电池储能成本快速下降,技术经济性快速提升;

② 为应对全球气候变化,在碳中和愿景下,全球范围内可再生能源占比不断上升,电网层面需要储能来提升消纳与电网稳定性;

③ 受益于新能源汽车普及等因素,电力自发自用推动家用储能市场快速增长;

④ 电力市场化与能源互联网持续推进助力储能产业发展;

⑤ 政策支持为产业发展创造市场良机。

不过,就各国实现碳中和的雄心而言,锂电池还不能包打天下。电力系统需要更大容量、更长充放电时间、更长寿命以及更低成本的储能技术,以支撑高比例可再生能源的发展。科技进步将为储能发展和碳中和目标的实现带来新的想象空间。除了锂离子电池之外,本节还将介绍钠离子电池、锂硫电池等作为下一代的潜在储能技术。

10.3.1　锂离子电池

大约在30年前,索尼公司实现了世界上第一个锂离子电池的商业化。锂离子电池带来的便携式电子产品革命,导致其在接下来的几年里呈现爆炸式增长。此外,各国政府逐渐意识到温室气体对气候变化的影响,并发起多项绿色能源(太阳能、风能等)技术,储备这些间歇式电源的电化学系统是可再生能源持续发展的核心。因此,在基础研究领域,从

2010年开始,锂电池的论文发表量已经远超其他所有研究领域的总发表量。虽然电池研究的增长令人印象深刻,但多年来研究目标没有改变,减小电池的重量和尺寸,增加循环耐久性,在保证安全的同时最大限度地降低成本一直是所有电池科学家的使命。

锂离子电池出现之前已经有很多的电池技术概念。一方面,1970年的石油危机激励研究人员寻找卓越的电池系统取代石油;另一方面,晶体管的尺寸逐渐缩小,这迫切需要具有更高性能的储能设备。相比于锂离子电池,常规的二次电池技术(如镍金属氢化物和铅酸系统)能量密度低,未来应用前景有限。为了寻找更高能量密度的系统,研究人员将注意力转到具有宽电压窗口的有机电解质,具有低电极电势($-3.04V$ *vs* 标准氢电极)和低原子质量的锂电极。此外,当用作电荷载体时,锂离子较小的半径提供了高扩散系数。理论上,锂离子电池在高能量和功率密度的便携式储能系统上具有极大的潜在应用前景。

锂离子电池是指以锂离子嵌入化合物为正负极材料的电池的总称。常规锂离子电池以碳材料作负极,以含锂化合物作正极,在正常的循环条件下,不存在金属锂。锂离子电池的充放电过程,就是锂离子的嵌入和脱嵌过程。在锂离子的嵌入和脱嵌过程中,同时伴随着与锂离子等当量电子的嵌入和脱嵌。在充放电过程中,锂离子在正、负极之间往返嵌入/脱嵌和插入/脱插,被形象地称为"摇椅电池"。当对电池进行充电时,电池的正极上有锂离子生成,生成的锂离子经过电解液运动到负极。而作为负极的碳呈层状结构,它有很多微孔,到达负极的锂离子就嵌入碳层的微孔中,嵌入的锂离子越多,充电容量越高。同样,当对电池进行放电时(即我们使用电池的过程),嵌在负极碳层中的锂离子脱出,又运动回正极(图10-18)。回正极的锂离子越多,放电容量越高,从而完成一次充放电过程。

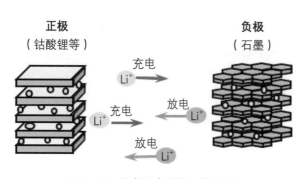

图10-18 **锂离子电池的工作机理**

目前商业化的锂离子电池主要采用无机过渡金属磷酸盐或氧化物作为正极,如$LiFePO_4$(LFP)、$LiCoO_2$(LCO)、$LiMn_2O_4$(LMO)、$LiNi_{0.8}Co_{0.15}Al_{0.05}O_2$(NCA)、$LiNi_xMn_yCo_zO_2$(NMC, $x+y+z=1$)等,非水系电解质或聚合物电解质,石墨或硅-石墨混合负极。根据McKinsey的电动汽车指数显示,2018年全球电动汽车销售只占汽车市场中很小的一部分(占比2.2%)。从长远来看,如果更多的汽车和便携式电子设备改用锂离子电池,其用量将大幅增加,这会导致锂离子电池中Li、Co、Ni、Cu、Al等高价值金属的大量消耗,特别是非常稀有和昂贵的Co和Li,它们在锂离子电池中的含量分别为5%~15%(质量分数)和2%~7%(质量分数)。预计锂产业所需的碳酸锂将从2015年的26.5万吨增加到2025年的49.8万吨,这将导致碳酸锂的供应短缺。此外,根据Statista的数据显示,电池成本占电动汽车价格的35%~40%,使得目前电动汽车的价格高于燃油汽车。如果零碳电力完全使用电化学储能系统来储,其对电池的需求量更是惊人。这些问题都对锂离子电池的可持续性提出挑战,因此,我们迫切需要先进的电极设计和电池回收技术来解决这些难题。需要指出的是,电池的超长寿命可以在全生命周期内降低材料需求和成本,是解决锂离子电池可持续发展困境的基础。更高的能量密度和更多的循环次数有助于延长锂离子电池的寿命,这也是目前锂离子电池的主流研究方向,并取得了许多重要的成果。

为了降低电池成本,无钴或者低钴电池是目前锂离子电池的一个重要发展方向。但是Co对于正极仍然是至关重要的,因为它可以提升正极的可逆容量和循环稳定性。Ni在过渡金属层中有较强的磁矩,所以它本身是不稳定的。Li插入层间并取代Ni^{3+}可以有效缓解磁阻挫,但这同时会引起正极晶格紊乱,导致正极结构迅速退化。而将Co引入正极结构,不仅可以减轻磁阻挫,还能保持正极结构的稳定性,因为Co^{3+}是非磁性的。为了降低电池成本,许多研究尽可能降低锂离子电池正极中的Co含量甚至不使用Co,同时保持电池的循环性能。以下介绍几种常用的低Co正极材料:

① **高Ni含量NMC正极**。NMC的化学组成包括NMC111、NMC532、NMC622和最新的NMC811等。高Ni低Co正极的容量高、价格低,但循环稳定性差、安全隐患大,这些问题可以通过电解液改性、界面设计、合成后退火、形貌调控等方法解决。

② **LFP正极**。自1997年被Goodenough等首次报道以来,LFP已成为一种重要的电极材料,它具有长循环性能优异、热稳定性高、环境友好和成本低等优点。但与LCO和NMC相比,LFP的理论容量相对较低(室温下为170mA·h/g),这限制了LFP的实际应用,特别是在电动汽车中。通过降低LFP颗粒尺寸和碳包覆来改善电池的倍率性能,以及改进电池包的设计[如CATL公司的CTP(cell to pack)和比亚迪公司的刀片电池],可以有效提升电池的能量和功率密度,从而满足电动汽车的需求。

③ **富锂/富锰正极**。富锂和富锰层状正极可以降低Co的含量[如$Li_{1.2}Ni_{0.15}Co_{0.1}Mn_{0.55}O_2$与LCO中Co的含量分别为6.9%(质量分数)与60.2%(质量分数)],同时可提供两倍于LCO和LFP正极的可逆容量(>280mA·h/g)。然而,高容量的同时会带来严重的相变和氧释放问题,除了活化原始的Ni^{2+}/Ni^{3+}、Ni^{3+}/Ni^{4+}和O^{2-}/O^-氧化还原电对外,还会活化电压较低的Mn^{3+}/Mn^{4+}和Co^{2+}/Co^{3+}氧化还原电对,从而降低了正极的电压。表面涂覆和引入外来元素可有效抑制正极的电压衰减。单层Li_2MnO_3的O^{2-}型富锂正极是一个完全无Co的体系,氧负离子的氧化还原使其具有400mA·h/g的超高容量。

在电池的实际应用中,安全性差是另一个制约其可持续发展的因素。电动汽车还远远没有燃油汽车成熟,火灾事故时有发生。与便携式电子设备相比,电动汽车和储能电站的安全事故会产生严重的后果,甚至危害人身安全。但是,纯电动车的自引发热失控的可能性至少并不比燃油车高。以特斯拉Model S为例,其火灾发生率为1‰,而美国汽车的火灾发生率则为7.6‰。然而人们对纯电动车的关注度很高,所以电动车的事故更容易吸引消费者的眼球。因此,高能量密度储能系统的安全性尤其需要得到进一步的改善。

电池在机械滥用、电滥用或是热滥用的情况下会出现异常的温升,从而导致电池的链式放热反应并最终发生热失控。在使用聚乙烯隔膜的石墨/NMC电池的整个温升过程中,首先发生的是固态电解质膜(SEI)的分解(80~120℃),然后是负极与电解液之间的反应、聚乙烯隔膜的分解、正极与电解液的分解等等,这些过程都是互相衔接依次发生的。我们通常将电池产热速率达到1℃/s时的温度定义为电池的热失控温度。电池中隔膜熔化导致的内短路是引发其热失控最常见的原因，同时沉积锂与电解液之间的反应，或是高充放电倍率/过充等条件下的正极析氧与负极之间的反应也可能是导致热失控的原因。甚至在一些固态电池中，金属锂和固体电解质之间的副反应也可以产出大量的热以至于发生热失控。为了减少热失控带来的问题，我们迫切地需要改进现有的电池材料、电池包和安全检测手段。

① 改进电池材料。正/负极的表面涂层、稳定的电解液系统以及刚性隔膜都可以用来提升电池的本征安全性。

② 软包设计。电池包应具有足够的机械强度以承受难以预料的机械损伤。一些独特的电子器件，如保险丝、热敏电阻等，可以减少外部短路、过充、过放对电池的持续破坏。

③ 安全检测。每个电池组必须配备电池管理系统（battery management system，BMS），以准确在线检测电池的状态，例如充电状态（state of charge，SOC）、能量状态（state of energy，SOE）、健康状态（state of health，SOH）、电池不一致性等。当BMS系统检测到潜在的安全风险时，需要有早期预警来避免二次危害的产生。

欧阳明高等指出，为了保证热失控事故中乘客的安全，轻型车辆所需的疏散时间必须大于30s，而对于一辆12m长的公交车必须大于5min。通过多尺度策略，我们有希望提高系统的安全性能以达到所需的安全标准。

能源生产是社会发展的永恒动力，而以锂离子电池为代表的储能系统可以使能源利用更加高效。由于锂离子电池的大量生产和广泛应用，其可持续发展已成为一个世界性的目标并受到了前所未有的关注。在设计下一代电池时，除了电池的形貌、组成和结构外，可持续性还应被视为一个重要的考虑因素。高效电化学性能和可持续性的结合是先进锂离子电池持续发展的重要目标。为了实现电池在能量密度、功率密度、寿命、安全性和成本等各方面的优异性能，前人在电极、电解质和隔膜的设计上做了大量的研究，但是在电池可持续性的理论和应用方面还需要进一步突破，未来可持续性锂离子电池的研究也需要从多个角度综合考虑。

锂离子电池的可持续性涉及了电池的全生命周期，是电池原材料、电池组件合成、电池组装、使用和回收的有机组合。本节所讨论的案例只是在锂离子电池实际应用中的部分关键问题。为了实现锂离子电池的可持续发展以及构建可持续发展社会，我们需要明确锂离子电池的全生命周期特征，开发新型能源化学以实现废旧锂离子电池材料的高效回收。

10.3.2 锂硫电池

锂硫电池，是一类利用单质硫和金属锂之间的电化学反应进行化学能和电能转化的化学电源。早在1962年，Herbet和Ulam首次提出以硫作为正极材料。早期的锂硫电池被作为一次电池研究，甚至实现了商业化生产。1976年Whitingham等提出以TiS_2为正极，以金属锂为负极的$Li-TiS_2$二次电池，但最终因为锂枝晶带来的严重安全问题未实现商业化。20世纪90年代，在锂离子电池的商业化背景下，锂硫电池的研究因稳定性和安全性方面的问题一度陷入低谷。经过多年的发展，锂离子电池工艺日益完善，但受限于其理论能量密度，难以满足人类未来对于储能的需求。因而，以高能量密度著称的锂硫电池再度受到广泛关注（图10-19）。2009年，Nazar课题组提出将有序介孔碳CMK-3与硫复合，实现了

1320mA·h/g的高比容量，开启了锂硫电池发展的新篇章。

锂硫电池通过金属锂与单质硫之间的电化学反应来实现化学能与电能之间的转换（图10-20）。在开路状态，锂硫电池具有最大电势差，也即开路电压Φ_{OC}，这与硫正极以及锂负极之间的电化学势之差（$\mu_c-\mu_a$）成正比。放电时，单质硫首先会逐渐被还原并与锂离子结合生成中间产物多硫化锂（Li_2S_x，$3 \leqslant x \leqslant 8$），最终被还原为硫化锂（$Li_2S$）。由于电池极化，锂硫电

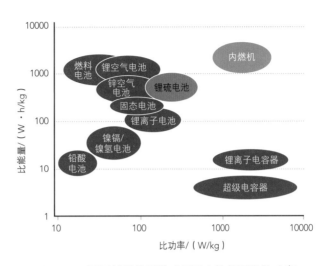

图10-19　**不同储能体系的（质量）比能量和比功率**

池的放电过程会持续到工作电压减小至截止电压（$\Phi \leqslant 1.5V$）。当给外电路施加一定的电压时，由硫化锂分解回锂金属和硫单质的逆反应便会发生。期间，正极电化学势会逐渐升高直至电池电动势又达到开路电压。以上的氧化还原过程可以很好地与锂硫电池的循环伏安曲线相吻合，其两对氧化还原峰分别对应电池充放电电压平台。

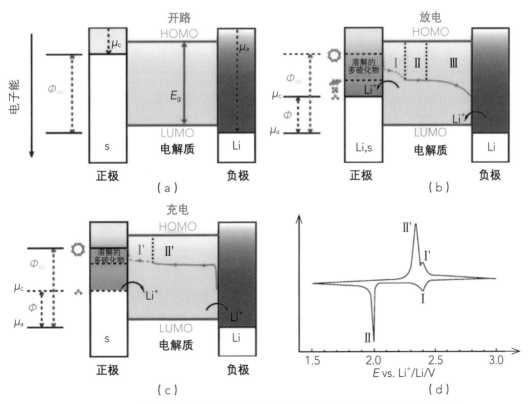

图10-20　**锂硫电池在不同阶段的电化学示意图以及硫正极的循环伏安曲线**

（HOMO：最高占据分子轨道；LUMO：最低未占分子轨道）

　　锂硫电池多电子反应在充放电过程中存在固-液-固相态转变，会形成多硫化物中间产物，其溶于电解液并在浓度梯度和电场的驱使下在正负极之间扩散，并与金属锂负极发生副反应，导致电池的库仑效率降低，即"穿梭效应"。且负极的锂枝晶生长也给电池带来严重的安全隐患。同时锂硫电池正极活性物质的导电性很差，难以直接用作电极主体。针对这些问题，近年来研究人员采用诸多手段，例如抑制"穿梭效应"，采用过如下手段：a. 将单质硫负载在多孔、导电的骨架材料上，这些材料通常为各类碳材料。b. 在硫颗粒表面、正极表面、多孔高分子隔膜面向正极的一侧采用包覆或涂覆的方式构筑一层物理或化学的"屏障"以阻挡多硫化锂向正极之外扩散。c. 基于对硫正极各步反应的理解和动力学研究，针对性地设计导电极性的骨架材料提升多硫化锂的表面吸附，强化其表面反应。这些手段在抑制"穿梭效应"，提升活性物质利用率、延长电池循环寿命等方面起到了显著效果。而针对负极侧的锂枝晶生长，研究人员从固体界面层设计和结构负极设计两个维度采用了诸多方法：a. 采用合金化负极LiX（X可以是硅、石墨、锡等转化型负极）。b. 电解液修饰。c. 采用固态电解质。d. 负极引入亲锂骨架或导电骨架。这些策略均取得了优异的效果。

　　相比于其他电池体系，锂硫电池主要有以下方面的优势：首先，其具有较高的比能量和体积能量密度，尤其适用于对设备质量和体积敏感的智能或移动设备；其次，用于锂硫电池正极材料的硫单质储量丰富、价格低廉，适宜用作低成本的大规模储能材料；最后，锂硫电池与其他电池体系相比，在工作温度区间、充放电平台等方面都有特殊性。早在2010年，SION POWER公司就曾将锂硫电池应用于大型无人机并创下了飞行高度最高（2万米以上）、滞留时间最长（14天）和工作温度最低（-75℃）三项无人机飞行的世界纪录。国内的猛狮科技通过与新加坡的合作，也实现了锂硫电池样品在无人机上的应用。虽然这仅是锂硫电池在无人机上应用的初步尝试，但随着研究的深入，锂硫电池固有的高能量密度和高功率密度特性有望在未来大范围地应用在无人机上。2015年9月，Hyperdrive Innovation公司与OXIS能源公司共同宣布开展一项专门研发超低温锂硫电池的项目，通过采用超低温情况下可工作的电解液、改善电池管理系统和电池封装技术，研发在-80℃仍然可以工作的可充电电池。

　　通过多方面和多学科的努力，锂硫电池已经取得了巨大进展，包括新型主体材料、先进黏合剂、能量粒子的中尺度工程、合理的电极结构、高效和大电流正极、多功能隔膜及其对开发的启发。设计独特的单元配置，以及所有所需属性的整体集成。迄今为止，锂硫电池已经实现了在 $3 \sim 10 mg/cm^2$ 硫负载下出色的电池性能。此外，还提出了面积容量高于 $20 mA \cdot h/cm^2$ 的电池原型。基于这些进步，锂硫软包电池也取得了突破。它们中的大多数在近100个循环中保持350W·h/kg的比能量。还可以将比能量进一步提高到500W·h/kg，但由于电解质不足，循环寿命显著缩短。不管循环性如何，原型锂硫电池可以提供900W·h/kg的比能量。根据我们对Li-S软包电池的经验，实现350W·h/kg电池比能量的关键参数包括：a. 正极中的硫含量>75%（质量分数）；b. 硫利用率>70%（或基于整个阴极的重量，容量>900mA·h/g）；c. 单侧面积硫负载>5mg/cm²；d. E/S（电解液/硫质量）<3；e. <100%的过量锂。如果以更高的能量密度为目标，则较低的E/S将是主要先决条件。

为了进一步提高电池性能，今后的锂硫电池需要在以下方面进一步发力：

① 从高性能硫正极的当前进展中学习，表面主导反应途径具有很大的前景，因为促进了Li₂S的形成并与表面强结合。因此，多硫化物的完全溶解不像非极性宿主那样重要。多硫化物不溶性电解质可以作为候选者。

② 由于上述硫同素异形体（例如pPAN@S）所需的电解质量与锂离子正极的电解质量基本相同，因此发挥共价键合硫的化学性质非常有趣且重要。为了克服pPAN@S硫含量低的缺点，可以将多硫化物链而不是单分散的硫原子接枝或束缚在有机交联剂、聚合物基质、有机硫溶剂甚至碳上。只要在未来证明低E/S，这些尝试可能会更有希望。

③ 由于与锂金属反应造成的电解液消耗也是目前所需的相对较高的E/S的原因。在锂负极上设计聚合物或陶瓷固体电解质薄膜可以大大降低副反应的可能性。

还有一些原型全固态锂硫电池。然而，低锂离子电导率和高界面阻抗也是棘手问题。

总之，Li-S电池，尤其是高负载Li-S电池的发展，极大地促进了对多电子转换化学基础的理解，并开发了性能比锂离子电池更高的替代性可充电电池原型。我们必须承认，如果不解决上述遗留问题，Li-S电池可能会被高估。但请注意，锂硫电池至少需要20年时间才能投放市场。我们认为，锂硫电池仍处于研究周期的早期阶段，存在巨大的挑战和机遇有待探索，还有很长的路要走。在这样一个电池发展的黄金时代，这些挑战和机遇正在吸引更深入的理解、更明智的概念和更先进的技术。由于锂硫电池是一个高度集成的系统，需要多学科、多尺度、多维度的探索。

10.3.3　固态电池

锂离子二次电池以其高能量密度在能量储存技术中占据越来越重要的地位。自1991年进入市场后，锂电池的能量密度不断提高。世界各国先后制定了高能量密度锂电池的研发目标，日本政府率先提出"2020年纯电动汽车用动力电池电芯能量密度达到250W·h/kg，2030年达到500W·h/kg"的目标。2015年11月，美国USABC将2020年电芯能量密度目标由原来的220W·h/kg提高至350W·h/kg。《中国制造2025》确定的技术目标是2020年锂电池能量密度达到300W·h/kg，2025年能量密度达到400W·h/kg，2030年能量密度达到500W·h/kg。在提高电芯能量密度的同时，工作状态下的电池安全性问题显得越来越重要。基于液态电解质体系的锂离子电池电芯的安全性通过正负极材料改性、功能电解液、耐高温隔膜、陶瓷涂覆隔膜和电芯散热等技术，不断得到提升。但是液态电解质本征的可燃特征依然是电池安全性的最大挑战。固态电解质由于不可燃、不泄漏、易封装及工作温度范围宽等特性具有更高的安全性和易操作性。并且固态电解质具有较宽的电化学稳定窗口，当与高电压的电极材料配合使用时，可进一步提高电池的能量密度。因此，固态电解质为实现高能量密度和高安全性的金属锂电池的发展带来了曙光。

目前的固态电解质主要包括聚合物和无机陶瓷两类。这两者各有优劣，聚合物材料的离子导率低（$10^{-8}\sim10^{-5}$S/cm），但是与电极材料的界面接触好，界面阻抗较小；无机陶瓷（主要包含氧化物和硫化物固态电解质）的离子导率高（$10^{-6}\sim10^{-3}$S/cm），某些无机固态电解质甚至报道了接近液态电解质的离子导率（10^{-2}S/cm），但是其与电极材料的接触界面较差，接触阻抗极高，而且其物理脆性限制了无机陶瓷电解质的大规模制备。研究人员发现，当固态电解质的离子导率超过10^{-4}S/cm，电解质厚度不超过16.7μm时，固态电解质的阻抗主要来源于电解质与电极的接触界面。因此，相比于电解质离子导率的提高，电极/电解质接触界面的改善对于固态电池的实际应用更加重要。为了充分发挥聚合物和无机陶瓷两者的优势，研究人员近来开发聚合物和无机陶瓷复合固态电解质。但是想要实现1+1>2的效果，还需要对复合固态电解质的组分、结构及其空间电荷分布进行充分的调控，才能获得柔性、高离子导率和低界面电阻的复合固态电解质材料。

三种固态电解质的性能对比见表10-5。

表10-5　三种固态电解质的性能对比（"+"越多代表此项数值越大）

固态电解质类型	聚合物	氧化物	硫化物
离子导率	+	++	+++
柔性	+++	+	++
与电极的接触阻抗	+	+++	++
成熟度	+++	++	+
应用前景	+	+	+++

日本在固态电池方面研究积累的时间最长，企业参与开发的程度也很高。室温离子导率接近液态电解质的硫化物固态电解质、NASICON型固态电解质、石榴石型固态电解质等全部是由日本人首先提出，并获得重要进展。2016年，美国APER两千万美元的项目，全部支持各类固体电解质的开发及制造技术。美国马里兰大学胡良兵教授发展了多种亲锂界面修饰的策略，使金属锂和固态电解质的界面阻抗大幅度降低。"锂电池之父"Goodenough先生也开展了许多固态电解质研发工作，开发了三明治界面等多种策略来降低固态电解质的界面阻抗。国外基础科研的发展推动了固态电解质的进步。

在实际应用方面，丰田、松下、三星、三菱等电池行业领军企业都已经积极布局固态电池的储备研发。目前为止，技术成熟度较高、技术沉淀较深的当属法国Bolloré、美国Sakti3和日本丰田。这三家也分别代表了聚合物、氧化物和硫化物三大固态电解质的典型技术开发方向。

国内的固态电解质研究起步较晚，但是随着政府、科研院所和企业的投入加大，大有后来居上之势。中国巨大的锂电市场，是固态电解质研发的动力，目前在基础科研和实际应用方面都逐步处于领先地位。近年来，在"中国制造2025"的大背景下，清华大学、南开大学、上海交通大学、北京科技大学、中科院宁波材料所、中科院上海硅酸盐所、中科院青岛能源所、中国电气科技集团第十八所等单位在聚合物电解质、氧化物与硫化物电解质方面取得了一系列的研究成果。

为了降低固态电解质的界面阻抗，中科院物理所李泓研究员、中科院青岛生物能源与过程研究所崔光磊研究员等提出原位生成固态电解质的策略，中国科学院化学所郭玉国研究员、中国科学院宁波材料技术与工程研究所许晓雄研究员和清华大学张强教授课题组提出有机/无机复合固态电解质的策略，有效降低了固态电解质的界面阻抗。2017年1月15日，崔光磊研究员及其团队研发的固态锂电池随中科院深海所的深潜器出海，启程远赴马里亚纳海沟进行全海深示范应用，这是我国首个自主研发可应用于深潜器的高能量密度、高性能全固态锂电池。测试成功也意味着中科院突破了全海深电源技术瓶颈，掌握了全海深电源系统的核心技术，而这也是继日本之后世界上第二个成功应用全海深锂二次电池动力系统的国家。清华大学南策文院士团队创建的清陶（昆山）能源发展有限公司、赣锋锂业和宁德时代新能源都在积极布局固态电池的研发。

随着中国政府在2016年开始在材料、纳米、动力电池、储能等方向布局电池研发，电池和材料企业与高校、研究所的联合开发活动不断加深。有理由相信中国的研发人员能够在固态锂电池的基础科学、关键技术、产业化方面做出重要的实质性贡献。

固态电池的研发方向包括聚合物电解质和无机固态电解质。

① 聚合物电解质中高温工作性能好，是目前最优技术路线，已经实现小规模产业化。聚合物全固态电池的电解质主要是聚环氧乙烷、聚丙烯腈等，其中聚环氧乙烷研究开发最早也最为成熟。在高温条件下，聚合物离子电导率高，能与正极复合形成连续的离子导电通道，且对金属锂具有较高的稳定性，同时，聚合物容易成膜，其柔性易于加工，既可以制成薄膜型，也能制成大容量型，应用范围广，因而随着材料性能提升和制造工艺的改进，聚合物全固态锂电池最容易制造，也最先实现了小规模商业化生产。不过目前聚合物较低的室温电导率以及较低的电压使其大规模产业化发展仍受到限制。

聚合物固态锂电池的开发主要以Bolloré、CATL、Seeo、中科院青岛生物能源与过程研究所为代表。Bolloré生产出的全固态二次电池，负极材料采用金属锂，电解质采用聚合物（PEO等）薄膜，目前已经批量应用在法国的EV共享服务汽车"Auto锂离子电池"和小型电动巴士"Bluelus"，总体应用超过3000辆。Seeo开发的全固体二次电池采用大创公司的干聚合物薄膜，提供的样品电池组能量密度为130~150W·h/kg，2017年能量密度达到300W·h/kg。国内CATL在聚合物方面也发展较快，目前已经设计制造出了容量为325mA·h的聚合物电芯，表现出较好的高温循环性能。

② 无机固态电解质目前主要分为氧化物型和硫化物型，此处基于这两个部分进行讨论。

a. 氧化物循环性能良好，适用于薄膜型结构设计，技术壁垒较高，研究仍处于初期阶段。氧化物全固态电池的电解质主要是LiPON和NASICON等，其中LiPON研究最为成熟，以LiPON为电解质材料时，正负极材料必须采用磁控溅射、脉冲激光沉积、化学气相沉积等方法制成薄膜电极，从而制成薄膜型结构的全固态锂电池。同时，氧化物电解质对空气和热稳定性高，原料成本低，在实际产业化方面易实现规模化制备。不过，氧化物的低室温电导率以及界面问题是氧化物全固态锂电池开发应用的主要障碍，目前仍处于早期研究阶段。

氧化物固态锂电池的开发目前主要有美国橡树岭国家实验室、Quantum Scape、Sakti3以及中科院等。从目前情况来看，室温离子电导率和界面问题加大了单纯的氧化物基固态电池的开发难度，目前仍处于早期的研究阶段。

b. 硫化物固态电解质。相对于聚合物和氧化物，硫化物的电导率较高，室温电导率有望达到$10^{-3} \sim 10^{-2}$S/cm，接近甚至超过有机电解液。硫化物电化学窗口较宽（可实现5V以上）以及形成膜以后具有比较好的界面稳定性。良好的机械柔性使硫化物固态电解质易于加工，较大的设计弹性拓宽了硫化物全固态锂电池的应用范围。但是，硫化物仍面临界面问题和硫化物离子环境弱稳定性的限制因素。综合来看，硫化物有着巨大的开发潜力。

CATL、丰田等国内外企业纷纷加速布局。丰田技术最为领先，2010年就推出硫化物固态电池，2014年其实验原型能量密度达到400W·h/kg。截止到2017年2月，丰田固态电池专利数量达到30件，远远高于其他企业。丰田计划在2020年实现硫化物固态电池的产业化。国内企业CATL在硫化物固态电池方面比较成熟，目前正加速开发EV用的硫化物全固态锂金属电池研发的步伐。

综上所述，目前的固态电解质都还处于实验室试制阶段，不具备大规模应用的条件。目前成熟度最高和最先会被利用的电解质将会是聚合物固态电解质，但是受限于其低的中低温离子导率，其将会逐步被氧化物和硫化物无机固态电解质取代。在硫化物固态电解质解决对锂稳定性问题之前，氧化物固态电解质仍是一种有希望应用的固态电解质，并最终向硫化物固态电解质过渡，实现固态电池的实际应用。

10.3.4 钠离子电池

锂离子电池最初是作为便携式电子设备的高能电源开发的，作为单个电池组，它们的能量通常限制在100W·h以下。钴/镍基层状材料通常用作高能量、小型电池的正极。带有电动机的锂离子电池现在被用作带有燃料箱的内燃机的替代电源。配备大型锂离子电池作为动力源的（插电式混合动力）电动汽车已被引入汽车市场，这可以减少未来交通系统对化石燃料的能源依赖。大规模的电网储能系统是高效利用电能和错峰运行的必要条件。为了实现碳中和战略中零碳电力的需求，一些电池公司已经开发出兆瓦时（MW·h）规模的锂离子电池，并开始示范电能存储（EES）测试。这种兆瓦时级电池也可能用于存储太阳能电池和风力涡轮机产生的电力，作为绿色和可再生能源。

不断增长的电动汽车市场和新兴的能量存储市场对锂离子电池的可持续发展提出了重要挑战。锂广泛分布于地壳中，但不被视为丰富的元素。地壳中锂的相对丰度仅限于20×10^{-6}。事实上，21世纪初，锂离子电池的材料成本（Li_2CO_3的价格）急剧增加。而且，锂资源分布不均（主要在南美洲），因此，锂离子电池的生产依赖于从南美洲进口的锂。与锂相比，钠资源无处不在，钠是地壳中含量最丰富的元素之一（图10-21）。在海洋中也发现了无限的钠资源。此外，钠是仅次于锂的第二轻和最小的碱金属。根据材料丰度和标准电极电位，可充电钠离子电池是满足储能领域大规模应用的理想储能系统。

钠离子电池可在环境温度下运行，不使用金属钠作为负极，这与商业化的高温钠基技术，例如Na/S和Na/NiCl₂电池不同。这些电池使用氧化铝基固体（陶瓷）电解质，需要高温（约300℃）操作以将电极保持在液态，以确保与固体电解质的良好接触。由于在如此高的温度下操作,使用熔融的钠和硫作为活性材料,这些电池的安全问题尚未完全满足消费电器的需求。相比之下,钠离子电池由钠插入电极材料和非质子溶剂作为电解质组成。钠离子电池的结构、组成、系统和电荷存储机制与锂离子电池基本相同,只是锂离子被钠离子取代。钠离子电池由两种钠插入材料组成正极和负极,它们分别是由电解质(通常是溶解在非质子极性溶剂中的电解质盐)作为离子导体实现离子传输。电池性能取决于所选的电池组件,可以组装用于不同目的的许多不同的钠离子电池。

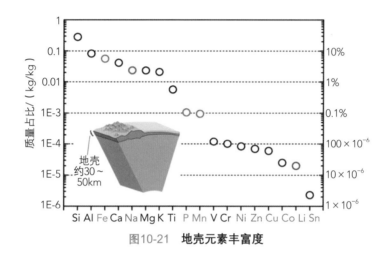

图10-21 地壳元素丰富度

材料的丰富性是钠离子作为可充电电池的电荷载体具有吸引力的一个简单而明确的原因。Li和Na金属电极相比,理论重量和体积可逆容量的降低也是一个明显的缺点。Na^+/Na的电化学当量比Li^+/Li重三倍以上。然而,当与作为具有相同晶体结构的层状氧化物的$LiCoO_2$和$NaCoO_2$相比时,理论可逆容量的差异变得更小。当假设发生钴离子的单电子氧化还原(Co^{3+}/Co^{4+}氧化还原)时,计算出的$LiCoO_2$和$NaCoO_2$的理论容量分别为274mA·h/g和235mA·h/g。因此,可逆容量仅降低了14%。如果将来实现材料的创新,这个问题可能会得到解决。同样,由于Li和Na金属的摩尔体积差异很大(每个Li原子21.3Å^3,每个Na原子为39.3Å^3,ΔV=18Å^3,1Å=10^{-10}m),Li金属的体积容量远大于Na金属。$LiCoO_2$和$NaCoO_2$相比,体积容量的差异变得更小,因为$LiCoO_2$和$NaCoO_2$的摩尔体积差异很小(每个$LiCoO_2$为32.3Å^3,每个$NaCoO_2$为37.3Å^3,ΔV=5Å^3)。如果最终目标是实现基于钠离子而非金属的电池技术,则能量牺牲可能会减少,因此,钠离子电池有望成为锂离子电池有力的竞争性电池系统。

此外,钠离子作为相对较大的离子,提供了增加材料设计灵活性的可能性。Na^+和Me^{3+}的离子半径尺寸差距很大,因此,很容易从许多不同的3d过渡金属(Sc-Ni)制备具有不同堆叠方式的层状氧化物。除了氧化物外,聚阴离子化合物的晶体结构种类繁多,与锂系相比,钠系的结构化学要复杂得多。此外,许多含有钠离子的天然矿物是已知的,并且在数据库中记录了晶体学信息。许多具有不同晶体结构的材料在热力学平衡条件下很容易制备。事实上,到目前为止,已经制备了许多含钠化合物并将其用作前体。

钠离子半径较大的另一个优点是极性溶剂中的弱溶剂化能，这已通过对Li^+、Na^+和Mg^{2+}以及不同非质子极性溶剂的理论研究得到证实。由于去溶剂化能高度影响电解质界面处碱离子插入过程的动力学，相对较低的去溶剂化能是设计高功率电池的重要依据。与钠离子作为相同的单价离子相比，锂离子半径小，在其离子周围具有相对较高的电荷密度。因此，锂离子通过从溶剂化极性分子接受或与溶剂化极性分子接受共享更多电子而在能量上稳定，即Li^+被归类为相对强的路易斯酸。因此，与Na^+相比，Li^+的去溶剂化过程需要相对较大的能量。同样，第一性原理计算结果表明，与$LiCoO_2$相比，Na^+扩散的活化能相对较小。由于镁离子（Mg^{2+}）作为二价离子的离子半径与锂离子作为一价离子的离子半径相似（Li^+ 0.76Å和Mg^{2+} 0.72Å），Mg^{2+}的表面电荷密度也显著增加（强路易斯酸）。这一事实表明Mg^{2+}被极性分子进一步提供电子而稳定，当类似的非质子极性溶剂（例如烷基/碳酸亚烷基酯）用作电解质时，会导致高去溶剂化能。与Li和Na系相比，钾离子（K^+）在非质子溶剂中还具有更小的去溶剂化能。然而，钾系由于原子量大，进一步的能量牺牲也是不可避免的。

另外，与Li^+电解质相比，Na^+基电解质的高离子电导率也有利于提高电池性能。通过对$NaClO_4$和$LiClO_4$摩尔电导率的研究表明，$NaClO_4$溶液与非质子溶剂的黏度相对较低，并且与$LiClO_4$溶液相比，电导率也很高（10%~20%）。这些事实可能与Na和Li之间的尺寸差异、非质子极性溶剂中离子的溶剂化能以及溶剂化状态有关。

自2010年以来，出现了许多关于钠离子电池电极材料的研究。正极材料，尤其是层状氧化物，是钠离子电池研究中最广泛的课题。Delmas、Hagenmuller和同事在20世纪80年代初期对层状氧化物做出了早期贡献。如$NaMeO_2$（Me = 3d过渡金属），Co^{3+}和Ni^{3+}是尺寸相当小的阳离子，电极可逆性较差。相比之下，从Ti到Ni作为3d过渡金属，所有具有层状结构的元素作为钠插入主体都具有高活性。

钠离子电池负极材料的研究已经发展到四个不同的类别，它们与锂离子电池基本相同：a. 碳质材料；b. 氧化物和聚阴离子化合物（如磷酸盐）作为钠的拓扑插入材料；c. p区元素（金属、合金、磷/磷化物）显示出可逆的钠化/脱钠化；d. 具有转化反应的氧化物和硫化物。由于电极电位通常较低，约为0~1V *vs* Na^+/Na（即从–3V到–2V *vs*标准氢电极），负极处电解质溶液的分解会严重影响电池的长循环寿命。因此，黏合剂、添加剂和电解质的选择对负极的电化学行为有重大影响，与表面钝化层的形成有关，固体电解质界面膜（SEI）。

随着学术和产业界对钠离子电池研究兴趣的迅速增加，世界上新发现了许多正负极材料。Na和Li系在化学上也有不少的相似之处。通过研究和理解锂离子和钠离子化学在晶体学、动力学（固态离子扩散和脱溶剂过程）和热力学方面的异同，包括在非质子极性溶剂中的钝化过程，我们可以更好地实现和设计电池性能，包括锂离子和钠离子的新化学和新技术。尽管我们仍然面临许多艰巨的挑战，但预计在不久的将来，钠离子电池作为可充电电池的工业级示范即将开始。然而，其与最先进的高能量锂离子电池（石墨/$LiCoO_2$系统）竞争似乎并不容易，尤其是在体积能量密度方面。因此，钠离子电池仍然需要更多的材料和技术创新。然而，基于钠离子的电池技术对于高功率和具有成本效益的系统都具有巨大的优势。如果钠离子电池的循环寿命和安全性与锂离子系统相比具有竞争力,钠离子电池就可以潜在地用作混合动力电动汽车和电能存储的电池系统。

10.3.5 液流电池

10.3.5.1 液流电池技术

液流电池是一种大规模高效电化学储能(电)装置,通过溶液中的电化学反应,活性物质的价态变化实现电能与化学能相互转换与能量存储。在液流电池中,活性物质储存于电解质溶液中,具有流动性,可以实现电化学反应场所(电池)与储能活性物质在空间上的分离,电池功率与储能容量设计相对独立,适合大规模蓄电储能需求。因此,在可再生能源发电技术、智能电网、分布式电网建设等市场需求的驱动下,特别是新型电力系统建设,以及能源互联网发展过程,大规模储能基础设施建设,将成为重要产业建设环节。以液流电池为代表的储能产业,将发挥越来越大的作用,呈现出快速增长趋势。

液流电池最初的概念于1974年由美国NASA的工程技术人员提出,将原先储存在固体电极上的活性物质溶解进入电解液中,通过电解液循环流动给电池供给电化学反应所需的活性物质。因此,储能容量不再受有限的电极体积限制,可以根据实际需要独立设计所需储能活性物质的数量,特别适合于大规模电能储存场合使用。

液流电池的核心功能是实现电能与化学能相互转化与储存,与此同时,为了阻隔正极氧化剂和负极还原剂混合后发生自氧化还原反应,避免能量损耗,通常在正极电解液和负极电解液之间设置离子传导膜,起到分隔两种电化学活性物质的作用。根据液流电池中固相电极的数量,可将液流电池分为双液流电池、沉积型液流电池以及金属/空气液流电池。

在双液流电池中,无论是正极还是负极的电化学活性物质,均溶解于溶液中,电池运行过程中,正极和负极电解液流过电极表面,进行得失电子的电化学反应。如图10-22所示,钒液流电池是典型的双液流电池体系。与双液流电池不同,沉积型液流电池中只有正极,或者负极活性物质溶于电解质溶液,另外一种电化学活性电对往往以固态形式存在。在电池充电/放电过程中,溶液中的电化学活性物质随着电子得失产生由溶液中沉积到固相表面的变化,或者从固体电极表面溶解进入液相,如锌镍单液流电池中的锌电极。此外,还存在双沉积型液流电池,在电池充电/放电过程中,伴随电子得失,正负两个电极上均发生沉淀/溶解的相变过程,如全铅液流电池。

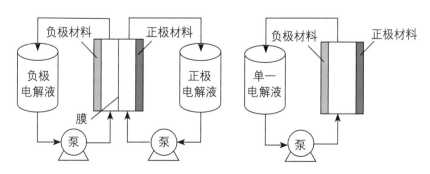

图10-22 液流电池工作原理示意图

通常情况下，仅仅单电池都无法满足电力储能所需的电压条件。为了提高电池两端的输入/输出电压，克服单电池电压过低问题，在实际使用过程中，将一定数量单电池串联成电池组，可以输出额定功率的电流和电压。当风能、太阳能发电装置的功率超过额定输出功率时，通过对液流电池充电，将电能转化为化学能储存在氧化/还原电对中；当发电装置不能满足额定输出功率时，液流电池开始放电，把储存的化学能转化为电能，保证稳定的电功率输出。

目前，在众多的液流电池化学体系中，钒液流电池（VFB）、锌溴液流电池率先进入实用化阶段。除此以外，人们先后研究了20多种电化学活性物质组成的氧化还原电对，构成液流电池的化学家族（图10-23）。不仅包括传统的水溶液体系，也发展出有机溶剂的液流电池。由于避免水溶液中的电解水电压的限制，在有机溶剂的液流电池中，单电池可以在更高的电压下工作。与此同时，所研究的氧化还原电堆也不局限于金属离子，还探索使用人工合成的有机化合物构成液流电池的氧化还原活性物质，不再受金属资源的制约。此外，还有望合成在氧化还原反应过程中能够得到或失去多个电子的有机化合物，从而极大地提高液流电池的储能密度。

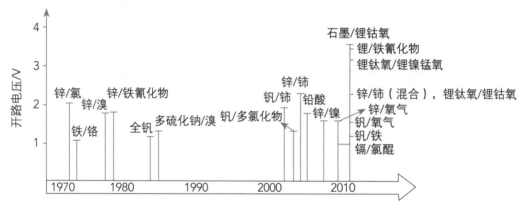

图10-23　种类繁多的液流电池化学体系

人们已经研究了多种双液流电池体系，包括铁铬体系（Fe^{3+}/Fe^{2+} vs Cr^{3+}/Cr^{2+}，1.18V）、全钒体系（V^{5+}/V^{4+} vs V^{3+}/V^{2+}，1.26V）、钒溴体系（V^{3+}/V^{2+} vs $Br^-/ClBr_2^-$，1.85V）、多硫化钠溴（Br_2/Br^- vs S/S^{2-}，1.35V）等电化学体系。为了提高能量密度，简化电解液循环设备，近年来提出沉积型单液流体系。例如，锌/镍体系、二氧化铅/铜体系，以及全铅双沉积型液流电池和锂离子液流电池概念。

10.3.5.2 钒液流电池技术

钒液流电池是一种新型电化学储能装备，具有容量大、寿命长、效率高、成本低、环境友好的技术特点，正在发展成为电网规模储能的战略性产业技术。如图10-24所示，钒液流电池分别以含有VO^{2+}/VO_2^+和V^{2+}/V^{3+}混合价态钒离子的硫酸水溶液作为正极、负极电解液，充电/放电过程时电解液在储槽与电堆之间循环流动。电解液流动过程中，钒离子会不断扩散并吸附到石墨毡电极的纤维表面，与它发生电子交换。反应后的钒离子经过脱附，离开原来的石墨毡电极表面，再次回到流动的电解液中。

液流电池区别于其他电池的最主要特征，是将原先储存在固体电极上的活性物质溶解进入电解液中，通过电解液循环流动给电池供给活性物质。由于活性物质溶解于电解液中，只要改变所使用的电解液量，就能够改变电池储能容量。液流电池的特定结构为用户提供极大便利，既能够满足用户对储能容量的要求，又能够满足对储能功率的需求。

通过以下电化学反应，实现电能和化学能相互转化，完成储能与能量释放循环过程。
电极反应：

正极　$VO^{2+}+H_2O-e \underset{放电}{\overset{充电}{\rightleftharpoons}} VO_2^++2H^+$　　　　　　　　　　$E^{\ominus}=+1.00V$

负极　$V^{3+}+e \underset{放电}{\overset{充电}{\rightleftharpoons}} V^{2+}$　　　　　　　　　　　　　　$E^{\ominus}=-0.26V$

电池总反应　$VO^{2+}+V^{3+}+H_2O \underset{放电}{\overset{充电}{\rightleftharpoons}} VO_2^++V^{2+}+2H^+$　　　$E^{\ominus}=1.26V$

钒液流电池（vanadium flow battery，VFB）利用不同价态的钒离子相互转化实现电能的储存与释放（图10-24）。由于使用同种元素组成电池系统，从原理上避免了正极半电池和负极半电池间不同种类活性物质相互渗透产生的交叉污染，以及因此引起的电池性能劣化。经过优化的电池系统能量效率可达78%~85%，充放电循环次数可达13000次以上，其循环寿命远高于现有二次电池。

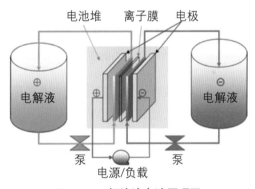

图10-24　钒液流电池原理图

与传统二次电池不同，双液流电池的储能活性物质与电极完全分开，功率和容量独立设计，易于模块组合；电解液储存于储罐中不会发生自放电；电极只提供电化学反应的场所，自身不发生氧化还原反应；活性物质溶于电解液，不存在电极枝晶生长刺破隔膜的危险；流动的电解液可以把电池充电/放电过程产生的热量移出，避免电池热失效问题。氧化还原电对是液流电池实现储能的活性物质，是影响液流电池性能的主要因素。

目前，国际上主要有日本住友电工（SEI）、德国Gildmester、美国UET等公司从事钒液流电池产业技术的开发。早在20世纪90年代，日本住友电工就开始产业化技术研发，2005年在北海道建成4MW/6MW·h的电池系统，用于平滑风电输出，成功充放电27.6万次；2016年住友电工在仙台南早来变电所建成15MW/60MW·h的调峰电站，用于提高新能源接入电网比例，成为目前国际上规模最大的钒液流电池储能系统。2013年7月，美国加州通过储能法案，到2020年实现储能装机1325MW，其中钒液流电池被列为重点支持的储能技术之一；位于华盛顿州的UET公司在政府清洁能源资金支持下，共建设约4MW/16MW·h钒液流电池储能项目。德国政府计划到2030年可再生能源发电占到整个能源消费的50%，并安排以液流电池储能为主的34亿欧元重大研究开发项目。我国的液流电池产业化工作起步相对较晚，主要包括中国科学院大连化物所、沈阳金属所、清华大学等单位，已经在电池关键材料、电堆结构、系统集成等方面取得系列成果。图10-25所示为2020年12月在新疆阿克苏建成的"光伏+储能"电站，其中钒液流电池规模为额定功率7.5MW，容量22.5MW·h。该电池设备由乐山伟力得能源有限公司制造，采用了清华大学的液流电池设计与制造技术。

图10-25　500kW/1MW·h钒液流电池储能系统

我国在液流电池领域不断取得突破性进展，特别是纳米多孔质子传导膜、电解液与电堆设计技术居国际领先水平，制造工艺与装备逐渐向数字化、精密制造方向发展。

10.3.5.3 其他液流电池技术

（1）锌溴液流电池

锌溴液流电池利用金属锌和卤族元素溴组成氧化还原体系，完成电能转化与储能过程。因为水溶液中的锌离子（或者溴）在一次充电过程中可以储存2个电子，不像钒离子那样每次只有1个电子转移。这样，同样体积的水溶液，锌溴液流电池就比钒液流电池储存的电量多2倍。通常利用以下反应式表述锌溴液流电池的电极反应原理。

负极反应：$Zn - 2e^- \rightleftharpoons Zn^{2+}$

正极反应+：$Br_2 + 2e^- \rightleftharpoons 2Br^-$

电池总反应：$Zn + Br_2 \rightleftharpoons ZnBr_2$　　$E^\ominus=1.85V$（25℃）

锌溴液流电池的基本原理如图10-26所示，正、负极电解液同为$ZnBr_2$水溶液，电解液通过泵循环流过正、负电极表面。充电时锌沉积在负极上，正极生成的溴迅速被电解液中的溴络合剂络合，生成油状络合物，使水溶液中的溴含量大幅度减少；由于络合物密度大于电解液密度，电解液循环过程中逐渐沉积在储罐底部，显著降低电解液中溴的挥发性，提高了系统安全性。在放电时，负极表面的锌溶解，同时络合溴被重新泵入循环回路中分散后转变成溴离子。此时，溴化锌成为电解液的主要成分，该反应具有良好的电化学完全可逆性。

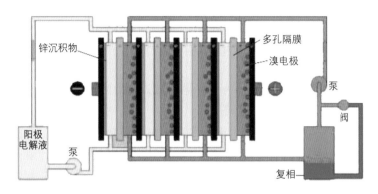

图10-26　锌溴液流电池原理示意图

锌溴液流电池（图10-27）主要由三部分组成，包括电解液循环系统、电解液以及电堆。其中，电堆为双极性结构，通过双极板将多个单电池相互连接，形成串联结构的电路。电解液流过电堆内部的管路分配到每个单电池中，用以提高电池的功率密度。电解液并联结构设计使得流经各单电池的电解液流量比较均匀，电压在各单电池上分布一致性良好，电堆性能容易得到保障。电解液循环系统主要由储罐、管件、普通阀门、单向阀及传感器构成，在进行电解液循环的同时，传感器实时反馈电池的各项参数，如电压、电流、液位和温度等。

图10-27　小型锌溴液流电池

作为锌溴液流电池的核心部件，电堆由以下几部分组成：外部的端板为电堆的紧固提供刚性支撑，通过两端的电极与外部设备相连，实现对电池的充放电；双极板和隔膜与具有流道设计的边框连接，在极板框和隔膜框中加入隔网，提供电池内部支撑，一组极板框和膜框构成锌溴液流电池的单电池，多组单电池叠合在一起组成锌溴液流电池的电堆。

目前，澳大利亚电池制造商RedFlow公司已经开发出锌溴液流电池的大型储能系统，并完成工程验证工作。该公司将48组电池分四组进行了充放电测试，接入电网中的14kW逆变器与直流母线相连，产生50～720V电压。RedFlow公司的储能系统在440～750V的标定电压下，能够储存600kW·h电量。该储能系统包含装入20ft（1ft≈0.3m）集装箱内的60块电池。据RedFlow公司称，所研制开发的3kW×8h的锌溴电池储能模块适用于多种固定型应用场合，并且每天可进行深度充放电。它能够将可再生能源产生的间歇性电能存储下来待用，调节电网峰谷负荷，以及在微电网中进行储能供电，其应用市场相当可观。

（2）有机液流电池体系

传统的液流电池体系，如铁铬体系、全钒体系和锰钒体系等，使用金属离子作为活性物质，水作为溶剂，硫酸或者盐酸作为支持电解质。由于水的电化学窗口较窄，仅有

1.23V（标准条件下），过高的电压会导致水分解，限制了电池的开路电压，同时，金属离子活性物质在水中的溶解性较差，因而，传统水体系液流电池的能量密度较低，大多数小于25W·h/L。建设成本高是另一个限制传统液流电池技术发展的不利因素。

液流电池能量密度的计算公式：

$$E=\frac{nC_aFV}{m}$$

式中，E为能量密度，W·h/L；n为转移电子数；C_a为活性物质的浓度；F为法拉第常数；V为电池的开路电压；m为体积因素。

由公式可以看出，液流电池的能量密度取决于电解液中正负极活性物质的开路电压、活性物质的浓度以及单位活性物质所提供的电荷。其中活性物质的浓度和开路电压由活性物质和溶剂决定，电化学反应电子转移数由活性物质单独决定。因此，提高能量密度的关键因素是活性物质。

1988年，Matsuda等报道了第一个非水液流电池，该体系用金属配合物Ru（bpy）₃作为活性物质，四乙基四氟硼酸铵作为支持电解质，乙腈作为溶剂，理论开路电压达到了2.6V，能量效率为40%。2009年，Liu等报道了用金属V（acac）作为活性物质、四乙基四氟硼酸铵作为支持电解质、乙腈作为溶剂的电池，该体系的理论开路电压为2.2V，库仑效率约为50%。接着基于乙酰丙酮配体的Cr（acac）体系被提出，这个体系的理论开路电压为3.4V，库仑效率为55%。Xing等报道了正极和负极分别使用Fe（phen）₃和Co（phen）₃作为活性物质、四乙基六氟磷酸铵作为支持电解质、乙腈作为溶剂的体系，电池的理论开路电压为2.1V，库仑效率为80%。在以金属配合物作为活性物质的液流电池体系中，电池的开路电压得到了提高，可以达到传统液流电池的2倍以上。

有机电化学活性分子一般在有机溶剂中的溶解度较高，同时还可以通过官能团修饰改变分子的物理和化学性质，用作液流电池的活性物质的话有很大潜力可以提高能量密度。Li等报道了第一个用有机物作为活性物质的液流电池。电池正极和负极的活性物质分别为四甲基哌啶氮氧化物和N-甲基邻苯二甲酰亚胺，支持电解质为高氯酸钠，溶剂为乙腈，电池的理论开路电压为1.6V，理论能量密度为15W·h/L。Wei等报道了用2,5-二叔丁基-1-甲氧基-4-[2'-甲氧基乙氧基]苯和9-芴酮分别作为正极和负极活性物质，溶于四乙基双（三氟甲磺酰）亚胺的乙腈溶液中构成电池，电池的理论开路电压达到2.37V，理论能量密度达到63W·h/L。紧接着Wei等使用N-甲基邻苯二甲酰亚胺作为负极活性物质，2,5-二叔丁基-1-甲氧基-4-[2'-甲氧基乙氧基]苯作为正极活性物质，双三氟甲烷磺酰亚胺锂作为支持电解质，乙二醇二甲醚作为溶剂，电池的理论开路电压为2.30V，理论能量密度为22W·h/L。2017年，Duan等使用具有低电极电势和高溶解度的2,1,3-苯并噻二唑作为负极，与2,5-二叔丁基-1-甲氧基-4-[2'-甲氧基乙氧基]苯在双三氟甲烷磺酰亚胺锂的乙腈溶液中构成电池，实验结果显示该体系的理论开路电压为2.36V，理论能量密度为180W·h/L。2017年，Xing等报道了用四甲基哌啶氧化物和二甲基苯酮分别作为正极和负极的活性物质，用六氟磷酸铵作为支持电解质，乙腈作为溶剂构成电池，电池的理论开路电压达到了2.41V，理论能量密度达到139W·h/L。

采用有机电化学物质作为液流电池正负极的活性物质，可以大幅度提高电池的能量密度。同时，已报道的有机活性物质电化学稳定性低，副反应多，导致电池的循环寿命短。针对液流电池电解液能量密度低的问题，研究带有多个氧化还原位点的有机液体电化学活性物质，与特定溶剂体系配对，可提高活性物质溶解度，大幅度提高液流电池能量密度。此外，利用分子工程学的原理和技术，合成新型有机分子，提高有机活性分子稳定性，进一步揭示有机活性分子的结构-电化学性质之间的基本规律，逐渐成为基于液体活性物质的高能量密度和低成本电解液的研究方向。

10.3.5.4 液流电池技术展望

在过去20多年的发展过程中，液流电池储能技术与产品性能得到大幅度提高，逐渐进入产业化、市场化初期阶段，全球装机规模不断提升。特别是对于超过4h储能的长时间储能系统，液流电池在安全性、长寿命方面，逐渐展现独特的技术优势。

液流电池作为适用于大容量储能应用的电化学装备技术，区别于其他电池的最主要特征是将电化学活性物质溶解于电解质溶液中，随溶液流过电极表面，既能够及时提供电极反应所需的电化学活性物质（氧化剂或还原剂），又能够把得失电子后的产物迅速带走。在电池运行过程中，储能介质能够得到快速补充，满足电能和化学能相互转化的需求。与此同时，流动的电解液还把电池内部产生的热量及时移出，使氧化还原反应在可控温度范围内进行，显著增强储能设备运行的安全性。与现有电池技术的最主要区别为，前者把储能所需电化学活性物质保存在固体电极上，而液流电池把它们保存在可以流动的溶液中。

液流电池的电动势取决于正极电对和负极电对之间的化学势差别，仅仅与所选用的电对、浓度、温度等热力学因素有关。实际使用过程中，电池的极化过程导致正极和负极之间的电压低于电动势。由于单电池的电压太低，需要把若干单电池串联在一起组成电堆使用，有效降低电池内阻是电堆设计与制造过程中的关键环节。充电（或放电）过程的电流与电极上电子得失的速率相等，由电堆内的电化学反应速率决定，影响电化学反应的因素包括正极电对和负极电对浓度、反应温度、有效电极面积、电解液流速等，均对电堆内的电化学极化过程产生影响。液流电池的功率等于电堆上的电压和电流的乘积，容量取决于电解质溶液中所含有的电化学活性物质的物质的量。

和其他的电池技术相比较，液流电池的显著特征是储能容量和功率可以独立设计。由于参与电化学反应的活性物质溶解于电解质溶液中，只要改变所使用的电解液量，就能够改变电池所具有的电能储存容量。为了满足市场不同用户的需求，通常情况是仅仅研发有限的基本型电堆，再通过基本型电堆组合成储能系统，在最优化配置的条件下，同时满足用户对储能容量与储能功率两方面的需求。

在现有多数电池中，所有的储能物质均保持在电极上，一旦发生短路或意外事故，正极上的氧化剂和负极上的还原剂直接接触，所产生的氧化还原反应释放大量热量，往往导致燃烧或爆炸，给大规模储能带来极大隐患。与之对比，在液流电池充电/放电过程中，仅仅有很小部分电解液停留在电堆中，大量的正极氧化剂和负极还原剂保存在完全隔离的储液槽内。此时，即使产生短路或意外事故，造成正极氧化剂和负极还原剂接触，也仅仅是流经电堆的少量电解液中的活性物质发生反应，极大降低储能系统发生事故的概率和危害程度，在一定程度上提高了安全性。

液流电池储能系统的研发过程一般可分为三个不同的层次：a. 电池材料，包括正极电对和负极电对的化学组成、电解质溶液成分、电极、双极板与集流体、隔膜等，电池材料是电池开发的基础；b. 电堆，包括单电池结构、电堆结构、分配正极和负极电解液的流量、抑制旁路电流、密封、电堆装配工艺、运行方法等，电堆技术是液流电池研发的核心；c. 储能系统与装备，包括电堆特性、电解液和输送系统、温度测控、电堆管理、双向换流器、运行与维护方法、安装技术与方法等，储能装备是液流电池直接面向用户的产品。因此，在液流电池研究开发过程中，需要根据实际情况，进行全面分析与市场调研，确定合理的技术发展路线，才能为储能市场提供技术上可行、经济上合理的产品。

尽管如此，在大规模储能技术中，液流电池储能系统的建设成本仍然存在严峻的市场挑战，有必要在以下三方面加快技术发展的步伐。

① 液流电池的电堆制造过程实现"三化"——精密化、数字化、智能化。

② 提高运行过程电流密度：通过提高电流密度，减少材料用量，提高性价比。

③ 降低储能系统建设与运行成本：提高电池运行温度，降低热管理成本，减少公用工程设备投入。

以钒液流电池为例，现有电池通常在5~35℃温度范围内工作，接近环境温度，难以使用空气作为冷源降低电解液温度，往往需要庞大的制冷与换热设备进行热管理，降低了系统整体效率，使工程造价显著提高。将运行温度提高到45~55℃中温范围，能够简化工程设计，提高储能系统效率，是降低工程成本的重要途径。此时，可以使用空气作为冷源，避免使用冷却设备，还可以有效利用热能；升温有利于电化学反应，减小电解液黏度，降低电解液输送的动力消耗。

一般来讲，液流电池的储能系统包括五个部分，即电堆、电解液和输送系统、温度测控系统、电池管理系统（battery manage system，BMS）、双向换流器（power control system，PCS）。根据不同的客户需求，进行储能系统的优化设计后，能够提供可靠的电能储存与稳定供电功能。液流电池运行过程中，电解液在电池和储槽之间的流动需要额外的流体输送设备，这必然会消耗额外的能量和增添附属设备，在一定范围内降低储能过程的效率，增加储能设备体积与重量。因此，液流电池在大多数情况下适用于静止场合，不适于安装在移动交通工具中。对于电池功率是用户主要需求的场合，需要提高液流电池的电压或单电池面积，给实际设计带来诸多困难，从技术经济方面考虑，应当力图避免用于该场合。液流电池能够提供经济性好、风险性低的电能储存解决方案，其储能容量和电功率可以分别进行选择，极大满足储能市场不同客户的需求。综合考虑各方面因素，液流电池适用于功率范围1~100MW，容量范围5~500MW·h的储能场景，特别是在分布式电力系统建设过程中具备强有力的竞争力。

通过研发高性能电池材料、设计高电流密度的电堆，提高电池运行温度，能够有效降低储能系统建设成本，支撑智能电网产业发展和储能装备技术进步。推进电池关键材料的工程化制造与提升储能装备制造水平是液流电池技术未来两大发展趋势。通过技术创新和示范工程建设，提升储能装备性价比，提高市场接受程度，是液流电池面临的重要挑战。可通过多种途径降低储能成本，包括改善质子传导膜和电解液、优化电堆结构、扩大生产规模、提高电池成品率等。

10.3.6　水系电池

非水电解质由于其宽的电化学窗口和对电极材料相对较高的稳定性而在商业锂离子电池中普遍采用。然而，非水电解液也存在一些缺陷，例如价格高导致电池成本增加、易燃性高导致安全隐患。水电解液由于其本质安全和容易获得的性质，可以完美地解决非水电解液的这两个问题。此外，水电解液还具有环境友好性（不挥发和无毒）和快速充电能力，因此可获得高功率水系电池。除了明显的优势外，水电解质的实际应用受到其理论上狭窄的1.23V电化学窗口的限制，导致实际电池的电压低和能量密度不足。阴极部分发生析氧反应（OER），阳极部分发生析氢反应（HER），从而导致电解液消耗、副反应和严重的容量衰减。

Dahn和他的同事在1994年首次制造了基于水性电解质的锂离子电池。他们使用了$LiMn_2O_4$正极，不过，这个想法在当时并没有引起太多关注。在接下来的几年里只有少数工作集中在水性电解质上。尽管具有吸引人的优势，但水性电解质的有限电位窗口是一个足以消除任何实际优势的短板。在同一研究领域，偶尔会使用水性电解质代替传统的非水性电解质来研究负极材料。有人讨论过，水性电解质的简单性为负极材料的基础研究提供了更好的机会。水性电解质绝对是电极材料基础研究的绝佳选择，但水系电池的实际发展需要克服关键障碍，而不是寻找更多的电极材料。近年来，随着对电池安全性和可持续性的重视，水系电池迎来了新的机会，不少的研究工作已经可以将水性电解质的稳定电位窗口扩展到3~4V的范围。随着这一进步，水性电解质可以与传统的非水性电解质竞争，以制造更安全、更便宜的电池。

要实现水性电解液的实际应用，最紧迫的问题是拓宽其工作电压并提高电池能量密度（图10-28）。目前取得的进展包括：a. 盐包水电解质。由于其氧位（路易斯碱度）和氢位（路易斯酸度）共存，水具有很强的溶解大部分高浓度锂盐的能力。索等成功地将20mol双（三氟甲磺酰基）酰亚胺锂溶解在1kg水中，并获得了高浓度的水性电解质。在盐包水电解质中，由于其独特的溶剂化结构和不存在游离水分子，因此，可以潜在地避免电极表面上水分子的氧化和还原，并显著拓宽稳定的电位窗口。b. 水合物熔体电解质。与盐包水电解质类似，该电解质在含水电解质存在下获得共晶熔盐，并有效地将水捕获到离子中，从而保持系统不存在游离水。c. 界面调节。与非水电解质类似，在水电解质中也观察到界面膜，这可以防止电解质与电极接触，

图10-28　**水系电池存在的主要问题**

从而扩大电化学稳定窗口。三（三甲基甲硅烷基）硼酸盐添加剂被证明可以在阴极表面形成稳定的SEI，可以在很宽的电压窗口下稳定水分子。通过对电解质和电极结构的合理设计，有可能实现实际电池的高电压然后可以实现锂离子电池的革命。

作为间歇性能源利用和可持续大规模应用的有前途的储能系统，水系电池正在崛起。得益于低成本、丰富的资源、易于组装和回收、环境友好以及最重要的安全性，高性能的水系电池有可能取代传统的锂离子、镍氢和铅酸电池，用于未来的汽车、航空，以及可扩展的储能应用。近年来，我们见证了具有卓越电化学性能和新电化学机制的电极材料的快速发展。尽管在该领域取得了重大进展，但仍需要不懈努力，包括在满足实际应用要求之前推动能量/功率密度和长期稳定性。

目前，锂离子电池、镍氢电池和铅酸电池仍然是世界可充电电池市场上的主流储能系统。经过几十年的发展，水系电池得到了很大的改进，以满足下一代商业储能系统的选择标准。我们日常生活中，未来任何电池技术的关键方面都是安全性。与当前的锂离子电池相比，安全性是水系电池的最大优势。最近的安全问题大大限制了锂离子电池的大规模储能应用，除水系电池的低成本以及相关的丰富资源外，简单的制造工艺和简便的辅助系统促进了水系电池的快速发展。

虽然目前的水系电池需要进一步提高循环性能，但一些工作报告了通过优化电池配置、运行条件、电解质和电极材料来提高循环稳定性的可能性，例如锌混合电池和摇椅锌离子全电池设计，以及具有开放框架或有机材料的主体材料。功率密度是开发商用水系电池的关键因素，特别是对于电动汽车的快速充电或再生制动来说。具有定制结构设计的新型插层电极材料已被证明是提供短而快速迁移通道和维持结构完整性以实现长期和高倍率循环的先决条件。此外，赝电容行为使电荷转移比体积晶格扩散快得多，因此有助于在水系电池的高电流速率下保持容量。

除了上述挑战之外，在实际实现新的水系电池技术之前，还需要仔细评估自放电。最近，电极材料设计取得了重大进展，大量可用的水系电池系统证明了这一点，具有良好的电化学性能。我们相信，电极材料的持续创新进步，将在未来几年提升水系电池的性能。考虑到安全性、低成本和高性能，该领域的进一步发展必将推动高性能水系电池的商业化进程。虽然锂离子电池仍可能是未来十年消费电子产品、车辆、无人机甚至机器人的主要电源，但后锂离子电池将在更具成本效益（成本降低50%以上）和更安全的替代模式方向上进一步加强。赢得安全和低成本的电池将在以后占上风。

10.3.7 电介质薄膜电容器

可持续电能以及交通和其他商业、民用和军用系统电气化的持续努力需要开发储能技术，如电介质电容器、电化学电容器和电池。电介质电容器是现代电子设备中无处不在的组件。电介质电容器（图10-29）在极短的时间内释放储存的能量并产生强烈的脉冲电压或电流的能力在许多脉冲放电和功率调节电子应用中非常有用，其中包括医疗设备（除颤器、起搏器、手术激光器和X射线装置）、科学研究（核效应模拟、高功率加速器和高强度磁场实验）、商业系统（相机闪光灯、食品消毒、金属形成、电缆故障检测设备、地下油气勘探）、能源系统（并网光伏和风力发电机组、电网波动抑制和高频逆变器）、交通运输（混合动力汽车、电动火车和电动飞机）、航空电子设备（航天飞机动力系统和火箭推进系统）、军事（主动装甲、电化学枪、雷达、高功率微波设备和弹道导弹）等。

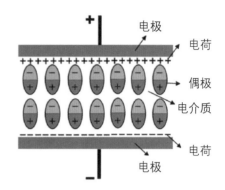

图10-29　**电介质电容器的基本原理**

电介质电容器通过电位移（或极化）以静电场的形式存储能量，这是由外加电场引起的介电材料中电荷的分离和排列产生的。电介质在外电场作用下的极化和去极化过程刺激了电容器的充放电过程。在几个充电循环过程中，电容器中积聚的能量可以迅速释放，以产生所需功率的强电脉冲。然而，一些存储的能量会发生消散，这通常是由介电损耗和电荷迁移引起的漏电流导致。介电常数的大小表征了材料在外加场下储存能量的能力。平行板电容器的基本组件由位于两个平行金属电极之间的介电层组成，通过连接/断开其充电电路，电介质电容器可以像可充电储能系统一样使用。

当前商用脉冲电力电容器系统采用双轴取向聚丙烯（BOPP）作为介电层。由于BOPP的能量密度低（5J/cm^3），介电常数非常小（ε_r=2.2），通常需要构建具有许多聚合物薄膜绕组的电容器组，使得存储系统体积庞大。因此，开发具有更高能量密度的介电材料对于减小脉冲电力电容器系统的体积和重量势在必行。通过提高电介质电容器的能量密度和减少能量损失/耗散（以产生高存储效率），将有可能提高其在现有应用中的性能，并克服需要更高电流的先进电力系统所带来的挑战或电压。对高性能电介质电容器的推动集中在实现大能量密度和存储效率以及在高电场下工作的能力。此外，电容器良好的热稳定性和抗电、机械疲劳能力也很重要。为了满足这些苛刻的要求，人们广泛研究了基于聚合物、玻璃和陶瓷的介电材料的加工和表征。在这一追求中，介电陶瓷薄膜已成为展示巨大能量密度（>100J/cm^3）和超高存储效率（>80%）在巨大应用场（>3MV/cm）下运行的优质材料。

最常见和最简单的电能存储设备是电解质薄膜电容器，它在两个金属板之间使用非常薄的介电层来分隔正负电荷。存储的能量与介电层的电容C和金属板之间的电压差的平方成正比。介电层的电容取决于其介电常数ε_r、厚度δ和面积A。电容C、电压U和储存的能量E由以下简单公式给出。

E=1/2 CU^2，C=$\varepsilon_0 \varepsilon_r A/\delta$，真空介电常数$\varepsilon_0$=8.85×10^{-12}

单位面积储存的能量为：

E/A=1/2（$\varepsilon_0 \varepsilon_r/\delta$）$V^2$

单位体积（V）储存的能量（能量密度）为：

E/V=1/2$\varepsilon_0 \varepsilon_r$（$U/\delta$）^{2}

一个关键的材料参数是ε_r，即组装电容器的材料有效介电常数。所有电介质电容器器件的能量密度都与电压的平方成正比，但最大电压受介质材料击穿强度V/μ的限制。因此，关键的材料特性是$\varepsilon_r(V/\delta)^2$。在大多数情况下，试图增加有效介电常数会导致击穿强度显著降低。因此，提高聚合物复合材料的有效介电常数和复合材料的击穿强度至少同样重要。

提高聚合物复合材料有效介电常数的一般方法源于Burke博士对电化学超级电容器的深刻理解——炭/炭双电层电容器以及使用微孔炭和液体电解质的混合电容器。电极中的电荷分离发生在液体电解质和碳之间界面处的炭微孔中形成的双层中。电极的电容与用于形成电池中电极的微孔材料的比电容（F/g）成正比。为了增加电容器的能量密度（设备为5～10W·h/kg），已经开发出混合电容器，它由一个电极中的碳和第二个电极组成，该电极由涂有金属氧化物或导电聚合物的纳米多孔炭组成，其具有比碳高得多的比电容。电化学电容器中的电荷传输是由电解质中离子的扩散带来的。电解质薄膜电容器的高电容是由纳米碳颗粒内部和周围形成的数百万个微型电容器的电容之和。在这种情况下，电介质是具有相当高介电常数的液体电解质，电池的最大电压（1～4V）取决于电解质的分解电压。电池的高电容是由于导电多孔炭和/或其涂层表面上的双层中的分布式电荷分离。这种电荷分离比电池金属集电器表面上的电荷分离要大得多（$>10^6$）。电流接触电容器是通过集流体，就像在电池中一样。分布式电荷分离的概念和宿主电介质中的数百万个微电容器可用作在电介质电池中实现高效介电常数的方法。

介电材料中的能量储存与电介质电容器中电极中的能量储存有很大不同，其中离子通过液体电解质进行物理传输。当电介质电池充电和放电时，原子材料没有物理运动，导电表面之间的距离是碳颗粒的间距，并且是极化的主体电介质材料。颗粒之间可能的最大电场取决于主体介电材料的有效击穿强度特性。在电介质电池中，不需要隔板，因为电介质材料具有极低的电导率，它可以充当绝缘体。原则上，在知道其电容后，电池性能的计算很简单。

随着各个应用领域对脉冲电力电子产品需求的不断增加，具有高储能性能的电介质电容器的发展将继续增长。理想情况下，用于储能的介电材料需要具有高介电常数、大电位移/极化、低介电和磁滞损耗、低电子/离子电导率、大击穿场以及高疲劳耐久性和热稳定性。然而，在单一介电材料中满足这些苛刻的要求是非常具有挑战性的。研究人员探索了许多基于聚合物、玻璃和陶瓷（块体、薄膜）的不同种类的介电材料，以寻找适合高能量密度脉冲功率电容器的材料。尽管这些材料系统在储能能力方面都有其自身的优点和局限性，但令人鼓舞的是，在开发具有改进储能性能的介电材料方面取得了重大进展。铅基和无铅组成的介电陶瓷已被广泛研究。很明显，无铅陶瓷薄膜在其储能能力方面优于铅基薄膜。还观察到外延和织构/取向陶瓷膜显示出比多晶膜更好的储能性能。特别是介电陶瓷薄膜表现出50～300J/cm³的能量密度、60%～90%的存储效率、1～6MV/cm的击穿场、10^6～10^9次循环的疲劳寿命以及温度稳定性-50～200℃的温度范围，在实际设备应用中具有巨大的实施潜力。由于这些特性存在于许多属于线性介电、顺电、铁电、弛豫铁电和反铁电陶瓷的不同介电薄膜中，可供选择的材料范围很广。

已采用的一些提高介电陶瓷薄膜储能性能的有效方法包括制造具有组成渐变层的薄膜，形成陶瓷的固溶体，设计具有共存的RFE-AFE相或非晶和结晶纳米团簇的薄膜，控制薄膜的晶体取向，通过薄膜和基板之间的晶格失配和失配应变进行域工程，以及跨膜/电极界面的成分和电荷传输的操纵。尽管通过这些方法取得了进展，但仍有很大的改进空间，因为仍有一些问题待解决。如何克服电介质材料的固有局限性，例如线性电介质和顺电体的低介电常数、铁电体的高磁滞损耗和低EBD，以及与反铁电体中场致相变相关的压电噪声/机械振动。此外，在高电场和高温下，储能电介质的传导损耗和极化疲劳也令人担忧。同样，电介质的能量存储特性的频率依赖性也没有得到足够的关注，应该进一步探索。

对于脉冲电力电容器中介电陶瓷膜的实际应用，有必要考虑器件设计和操作条件等方面。尽管已经在介电陶瓷膜中获得了非常大的体积比能量存储密度，但由于它们的厚度/体积限制，其中存储的绝对能量相当小。因此，相应的设备必须设计成包括串联和并联连接的配置。或者，可以探索介电陶瓷的厚膜和多层膜的开发。对于电介质电容器的长期运行，在电容器与其他电子元件组装以用于其最终应用之后，保持固有的储能特性是至关重要的。暴露在降额电压、温度和各种工作条件下，电容器都必须可靠。为了加快储能介质电容器在实际应用中的实施，未来的研究和开发活动应侧重于：a. 提高对复杂结构-性能关系的基本理解；b. 使用高通量计算筛选结合实验合成和测试；c. 用于制造大面积（晶圆级）和独立介电陶瓷膜的简单且可扩展的合成和加工方法；d. 开发一套用于储能性能评估的标准实践；e. 就典型的性能要求建立共识用于实际脉冲电力电子设备的储能介质电容器。

10.3.8 超级电容器

10.3.8.1 新能源发展机遇赋予超级电容器的使命

21世纪，国际产业大流通与大融通带来了制造业的飞速发展，带动了巨大的能源需求与储能需求，也面临着总体碳排放与环境压力。以大城市为巨大发展中心的集聚之地，是繁荣之源，也是清洁能源高效工作与生活之所，是新能源发展的主体实施地。

新能源产业的发展，包括清洁电源储能与区域供应、纯电动交通、过程节能减排等关键环节，目前以二次电池（锂离子电池为主）、超级电容器、氢燃料电池三大核心产品为主要脉络，而衍生扩散出巨大的应用网络。近期又与物联网、汽联网形成了新的融通互动，显示出勃勃生机与巨大的机遇。从而成为中国"十一五"以来，国家产业政策积极推动与倡导的方向。这与美国在新能源电动车的发展，日本电池企业的发展，欧洲对于碳减排的绿色产业的巨大政策扶持，形成了异曲同工之妙。

在以新能源驱动的交通为主的产业链中，锂离子电池以产品密度最高为特征，成为小型乘用车的动力首选，已经形成一个巨大的产业。超级电容器则以功率密度最高为特征，成为大巴车、轨道交通启动、刹车过程回收能量的必不可少的系统。而氢燃料电池还属于后来者，尚未投入商用。虽然在三种储能系统中，超级电容器储电量较少，但由于其工作寿命长（用于风电变桨使用时，可超过15年），因此与铅酸电池、锂离子电池比较，从全生命周期的角度分析，超级电容器反而是性价比最高的。同时，电池与超级电容器的联立系统达到能量管理与功率管理的最高效，是业界看好的发展方向。高端跑车与轿车已经成功实现这一模式，正在迅速进入大众生活。在汽车方面的应用主要包括客车的辅助驱动，卡车的启停电源，乘用车的制动能量回收系统和悬挂电源，快充公共交通等。随着智能电动车的发展，超级电容器在冗余电源方面具有潜在应用价值，满足汽车功能安全要求。多个车企采用超级电容器作为混合动力解决方案，一汽、奥迪、沃尔沃、标致等厂商均发布了采用超级电容器的启停模块的车型，平均百公里节油0.3L，怠速的尾气排放量显著减少。随着汽车的电动化、智能化发展，超级电容器在可靠性冗余电源、舒适系统等方面具有潜在应用价值，满足汽车功能安全和舒适性要求。在轨道交通领域，超级电容器储能系统作为能量回馈系统和动力系统的应用进入规模推广应用，以地铁再生能量回馈系统应用为例，单地铁线路月节电量达2.7万千瓦·时，每年节电约33万千瓦·时，经济效益和环保效益显著。

另外，超级电容器与氢燃料电池的联立系统被誉为更加合理的搭配，正在预定未来的发展道路。国际众多著名传统内燃机乘用车公司，在这场新能源产业竞争中的固执、被动与最终转向选择，也昭示了清洁、绿色产业的浩浩荡荡之势。

10.3.8.2 中国超级电容器产业的创新

超级电容器作为一种能量储存系统，是西方科学家提出来的。产业是美国Maxwell公司发展起来的，并且是由军用逐渐过渡到民用的。液态电容器的结构与液态电池很相近，都有正负极（电极材料）、隔膜、电解液、集流体与外壳。由于电池遵循氧化还原机制，正负极进行的过程不同，因此正负极材料是不一样的。而超级电容器中的主流产品双电层电容器，主要以阴阳离子在正负极的静电吸附作用机制来储电或放电。因此，双电层电容器的正负极电极材料可以全是多孔型炭/炭，或大比表面积的炭/炭。因而，超级电容器的器件结构开发没有电池复杂，主要聚焦到关键的电极材料、电解液的开发上来。

（1）坚持核心材料、核心技术国有化，解决行业卡脖子问题

超级电容器电极技术是超级电容器的核心技术，2008年之前曾一度制约了我国超级电容器行业的发展。随着关键的电极浆料和涂布工艺的突破，并实现规模化生产，我国企业已经完成掌握了核心电极技术。此外，国内相关企业从高分子科学角度出发，通过对氟塑料的结构和性能关系的工程化实践，开始了自主研发干法电极技术，取得了关键技术的突破和规模化量产。目前中车新能源、天津普兰纳米、烯晶碳能、上海凌容、济南圣泉都具有干法电极技术和相关超级电容器产品。国内超级电容器企业对干法电极技术的掌握，对支持中国汽车行业的超级电容应用和干法电极电池的发展具有坚实基础。

此外，在超级电容上游材料方面，我国的电解液厂家如新宙邦、国泰华荣等已经占据了主导地位。以北海星石、福建元力、阿佩克斯为代表的国产电容炭电极材料也在逐步成熟。中天超容、普兰纳米、凯丰晨祥、中科超容等正在将新型碳基材料（如石墨烯、炭气凝胶、介孔炭等）与特定的加工工艺（如泡沫铝等）结合，以进一步提升双电层电容器的工作电压和能量密度，拓展新的应用领域。

国内汽车企业，如一汽、东风、上汽申沃、金龙海格、宇通客车和吉利等，都进行了

相关超级电容器的应用开发和技术储备，部分产品已在市场销售并进入国际市场，对促进超级电容器的发展起到了推动作用。

从技术发展的角度来看，超级电容器主要攻关方向之一是提高工作电压与提高能量密度。目前，商用超级电容器的体系为活性炭电极材料、有机电解液、2.7V工作。当超级电容器单体的工作电压高于3.2V后，就可以直接启动芯片。这样超级电容器的用途就可以大大拓展。另外，提高电压也是提高器件能量密度的最重要途径。但提高电压，需要使用更高化学稳定性的离子液体与更高稳定性的电极材料。

碳纳米管与石墨烯是sp^2杂化的碳材料，具有大的比表面积与高的化学稳定性，可以在4V电压下使用，但石墨烯的比表面积更大。二者的化学稳定性比活性炭（sp^3杂化的碳）要高。与乙腈基的有机液体相比，离子液体具有电化学窗口高、操作电压高、不起燃、挥发性小等安全性优点。其中EMIBF$_4$是4V以上的室温离子液体中电导率最高的，黏度也最低。

石墨烯-泡沫铝电极结构见图10-30。

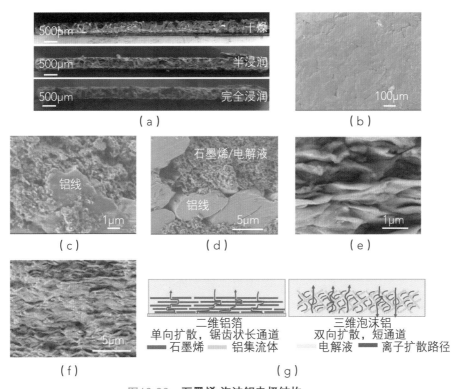

图10-30　**石墨烯-泡沫铝电极结构**

清华大学与中天科技公司在2018年成功开发基于石墨烯-离子液体-铝基泡沫集流体的高电压超级电容器原型技术（图10-31）。利用泡沫铝的三维导电、高强度铝骨架，抑制了石墨烯极片的快速、不均匀溶胀，获得了面载量与活性炭极片相同的极片，制得了100～500F软包。可以在4V下工作，体积能量密度是2.7V器件的3～4倍。在很宽的扫描范围内，器件体积能量密度或质量能量密度保持恒定，这些技术证明了超级电容器技术还有很大的发展空间（图10-31）。

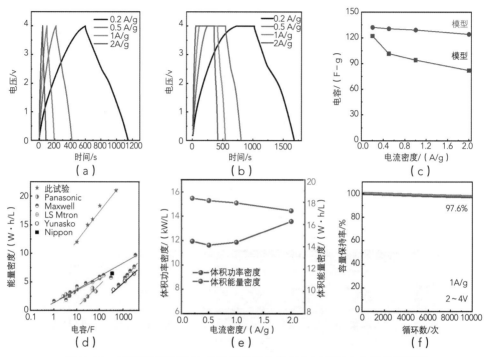

图10-31　石墨烯-离子液体-泡沫铝集流体的高电压超级电容器性能测试

近来，清华大学与中天科技基于离子液体-介孔炭-泡沫铝体系的超级电容器软包，通过了行业标准的高温老化测试（2.7V，65℃，1500h），证明了离子液体型电容器接近商业化标准。由于离子液体熔点高、不挥发、不燃烧，因此具有锂电池与传统有机液体型超级电容器难以比拟的安全性优势，可以在封闭空间内使用。这就为高层楼宇内电梯运行时的回收势能提供了安全依据。这也是储能器件与绿色节能建筑相结合的案例之一。

将介孔炭-EMIMBF$_4$-Al foam（泡沫集流体）体系和介孔炭-TEABF$_4$/ACN-Al foam体系的高温老化实验数据进行对比分析（图10-32）。从30ms电压降值和30ms电阻值来看，介孔炭-TEABF$_4$/ACN-Al foam体系均小于介孔炭-EMIMBF$_4$-Al foam体系，体现出有机电解液的本征优势。然而，从图中可以发现，TEABF$_4$/ACN基体系的数值呈现近线性增加的趋势，而EMIMBF$_4$基体系则表现为振荡上升的趋势，具体原因仍在研究中。将二者的电阻进行归一化比较，发现经过1500h老化实验，TEABF$_4$/ACN基体系的电阻值持续增加至177%，而EMIMBF$_4$基体系则最终为初始值的140%，明显低于TEABF$_4$/ACN基体系的电阻增加幅度。同样，对二者的恒流充放电比容和恒流-恒压充放电比容进行归一化比较，发现TEABF$_4$/ACN基体系的比容持续衰减，最终保持率约为90%，EMIMBF$_4$基体系在前1250h相对平稳，一直在96%～100%之间，1500h时才下降至90%左右。

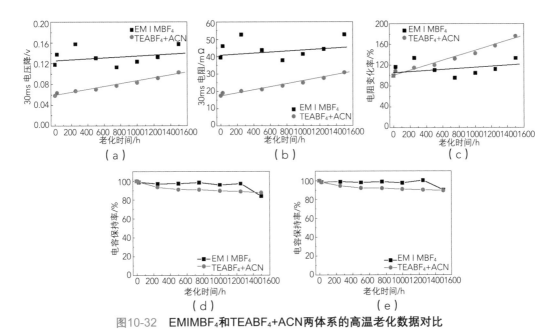

图10-32 EMIMBF₄和TEABF₄+ACN两体系的高温老化数据对比

（a）器件30ms电压降值比较；（b）和（c）器件30ms电阻值和归一化比较；（d）和（e）恒流充放电
比容和恒流-恒压充放电比容进行归一化比较

为进一步理解造成两个体系差异的原因，我们分析了其软包的产气情况（图10-33）。结果发现TEABF4/ACN体系的产气量显著高于EMIMBF₄体系。在1500h老化过程中，软包的总产气量达到65mL，单位活性物质质量的产气量为40mL/g，而EMIMBF₄体系的产气情况仅为其1/4左右。从定量的角度分析，两种软包都是在相同的湿度条件下制得的，电解液含水量差不多。而二者产气量不同，说明气体并不是仅由水的分解导致的，而会有电解液分解的贡献。TEABF₄/ACN体系由于本征的高电导率等优势，使得器件的初始电阻小。但由于TEABF₄/ACN不太稳定，在老化过程中有所分解，导致产气过程快速且量大，因而容量快速下降，内阻快速上升。由于产气主要发现在电极/电解液界面，因此，微小的气泡可能会导致活性物质与集流体的剥离，部分活性物质无法继续贡献容量。因此，乙腈基电解液软包在老化实验中的产气导致了器件中一系列的变化或性能衰减。而对于EMIMBF₄体系，其初始电阻值较大导致的焦耳热较大，是影响其长周期稳定性的原因，其中也包括可能对电解液产生的影响。但是由于其本征稳定性高于乙腈电解液，在泡沫铝集流体良好导热功能的辅助下，器件发热情况显著改善，使得其产气量很小，在长循环评价中表现出明显的优势（测

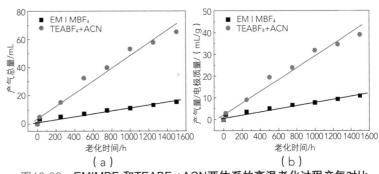

图10-33 EMIMBF₄和TEABF₄+ACN两体系的高温老化过程产气对比

试过程中，内阻虽然振荡，但整体上升并不高）。

（2）持续做好产品，涌现越来越多优秀企业，做大市场

2001年科技部首次把超级电容器研制纳入"863重大汽车专项"，继仪器仪表领域应用之后，开启了我国新能源汽车应用和仪器仪表类应用研究并行，跟随美国Maxwell和日本、韩国相关技术发展的阶段。在这一阶段中，一批先行的企业如锦容、凯美、奥威、集星、合众汇能、今朝时代、耐普恩、南车/中车新能源等陆续成立，力神和福群等与Maxwell建立了OEM生产合作，中车四方所与Maxwell合作开发混合型超级电容器等，奠定了我国超级电容器行业研发和产业化的基础。经过多年的自主创新，我国的能量型超级电容器处于世界领先水平，双电层电容器的主要技术指标达到Maxwell同类产品水平。

2010年开始，国产超级电容器已经陆续开始在新能源客车、风力发电、现代有轨电车、轨道交通储能、智能三表、电力配网设备等领域开始批量应用。伴随超级电容器应用领域的不断拓宽，我国的超级电容器产品的研发、生产和应用都得到了快速发展，技术上紧追美国和韩国，产能规模也逐步达到甚至超过了韩国的水平。

2015年之后，我国超级电容器产业开始了快速发展，在储能式有轨电车、超级电容客车、超级电容路灯等领域都形成了国际首创应用，在轨道交通、风力发电、智能三表、电动船舶、ETC等领域的应用规模都达到了世界领先。比如，将电池与电容复合，采用浅充浅放模式，可以兼顾较高的能量密度，较长的循环寿命。上述储能器件技术与太阳能光伏相连，形成了太阳能光伏路灯新技术。与原有的太阳能光伏与锂离子电池的结合技术相比，耐温性能好，工作范围宽，调节方便，寿命大大延长，从而显示出良好的市场竞争力。这是新能绿电技术与储电技术应用的有效结合案例之一。与此同时，随着中国中车、上海电气等骨干国有企业，山东精工、博艾格、浙江瑞斯特一批快速发展企业以及宇通客车、江海股份、新筑股份、中天科技、思源电气等上市公司纷纷投资或进入超级电容器的研发和制造领域，经过多年的自主创新，我国超级电容器研发和生产能力上了一个显著的台阶，无论产品技术水平还是产能规模都达到国际先进水平。

（3）随着电池型电容的迅猛发展，开拓更多的纯电池替代领域

超级电容器具有充放电速度快、使用寿命长、适用温度范围宽、安全可靠性高等特点，使得其在诸多应用领域具备明显优势，在汽车、轨道交通、工业自动导引运输车（AGV）、电网及电力设备、仪器仪表和传感器、数码电子、智能家电、电动工具、通信设备、工程机械、船舶、航天军工等领域已经得到广泛应用，并处在一个高速增长阶段。

随着电池型电容的发展，超级电容器越来越同时具有高的能量密度、高的功率密度与超长的使用寿命，有望解决传统的二次电池与传统的超级电容不能兼顾三方面特性的弊端。未来，随着车辆的电动化、网联化和智能化，超级电容器独特的性能特点使其在新能源车领域具有巨大的应用前景，主要体现在快充车辆、辅助驱动、安全冗余和舒适性提升四个方面。

公交客车等新能源车辆使用频繁，利用超级电容器的功率特性和寿命特性，开发快充型车辆，可实现站点快速充电，降低新能源车辆充电设施和场地投入，并且可以大幅提升

车辆的低温地域和高温地域的适应性。

在辅助驱动应用方向，作为车辆高功率辅助输出、制动能量回收装置，与电池进行组合，弥补电池高功率输出和大电流输入方面的不足，增强系统环境适应性，从而大大提升电池系统的寿命和安全性，并降低系统成本。这也是Tesla技术布局的方向之一。另外，超级电容器还可以作为燃料电池系统的辅助驱动电源，可以大大提升燃料电池的系统性能。

在提升舒适性方面，利用超级电容器电性能特性可以实现诸多辅助功能提升，例如支持电子悬挂，可提升车辆的舒适性。另外，超级电容器寿命长、可靠性高，可作为乘用车安全冗余电源，提升整车的功能安全。

总之，我们有充分的数据与准确的趋势预测，中国超级电容器产业发展将驰向高速新车道，拥抱越来越多的应用场景，服务于中国与国际的现代化进程，服务于人类越来越美好的绿色、健康生活。

10.3.8.3　中国超级电容行业发展趋势

中国的锂离子电池产业，已经成为国际最大，代表性企业如宁德时代、比亚迪等，已经有足够的技术实力与国际同行媲美，且占据了中国大市场的天然优势，成为业界翘楚。中国的新能源纯电动车生产量与消费量也成为了国际最大。

同样，中国的超级电容器产业也经历了同样的历程。中车新能源与集盛星泰公司的合并，取代Maxwell公司，成为世界上最大的超级电容器生产企业。同时，中国的超级电容市场也变成了国际最大。中国超级电容的应用领域，也从传统的超级电容器应用领域（包括电力储能、风力变桨、回收港机的能量、车辆的刹车回收能量），创新地拓展了轨道交通的纯电容驱动、公交车的纯电容驱动，既开拓了巨大的新兴市场，又打破了国际上"超级电容器只能作为辅助电源"的传统观念，从而激发了更多的产业想象。电池型电容新技术的开拓与电源管理技术，带来了光伏照明行业的新应用与新发展，在寿命与使用便捷性方面大大超越了传统锂离子电池路灯。

另外，中国还成立了世界上第一个超级电容产业联盟，目前已经有190个会员单位，这个规模是欧美及全世界电容器企业的总和也无法超越的，在许多国家是想都不敢想的事情。这个联盟，既包括了中国中车、上海奥威、湖南耐普恩、锦州凯美、今朝时代、万裕等传统电容器强将，也囊括了江苏中天科技，北海星石，广东绿宝石，天津普兰、辽宁博艾格、亿纬锂能、凌容新能源、山东精工、斯瑞特等，福建火炬、合众汇能等制造业新势力，也包括了清华大学、复旦大学、同济大学、中科院电工所、防化研究院、北京化工大学、南京航空航天大学、中南大学、厦门大学、云南大学、天津工业大学、中科院煤化所等众多的研究单位，带动了炭电极材料、电解液、电容器件从研发到应用整个产业链的兴盛。同时，由于产业未来在中国，且在迅速扩大，相应使得外国市场占比逐渐缩小。韩国的传统电容炭PCT公司被山东海科集团收购。国际电容器企业龙头，Maxwell公司被更加强势的特斯拉公司收购，并入更加大的产业链条中，或多或少昭示了"时也，运也"的趋势。

据中国超级电容产业联盟统计，最近五年来，中国超级电容器产业的市场增长率超过

35%。部分产品赶上了产业升级换代的契机，市场增长率超过了100%。比如：a. 以48V/165F超级电容器模块为例，目前其模块成本相比2010年下降了70%。b. 由于电网需求的拉动，小容量电容产能骤升，制造成本呈现几何级数降低趋势。随着超级电容器在汽车、轨道交通、智能仪表等领域的标准化、通用化和模块化的应用推广，其成本也将实现持续降低。比如，地铁能量回馈系统由于系统充电功率和输出驱动功率都很高，超级电容器由于可以快速充放电，因而可以配置更少的电量从而实现节能减排的效果，故而整个储能系统的总成本比锂离子电池、铅酸电池都具有明显优势。北京冬奥会的成功举办，看到了更多的符合绿色发展理念的超级电容器产品大显身手。

10.3.9 高功率电池

电池技术目前已经发展为新能源电动车的主力电源。而在这之前，12V铅酸电池早已用作燃油车的启停电池，当用12V锂离子电池代替铅酸电池后，燃油车的调校性能变得更好，整体油耗进一步下降。因此，欧洲等重视环保的先驱地区，早已将功率型启停电池的碳排放指标定量化，被视为绿色技术。

由图10-34可知，当使用48V高功率启停电池时，比12V启停电池的CO_2减排效应更加显著。

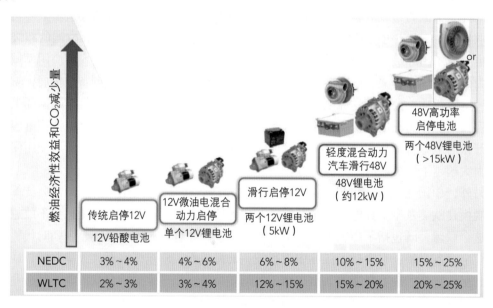

图10-34　不同类型启停电池的碳排放比较

根据USABC标准，48V启停电池需要在10s内达到8W·h/L以上的放电功率。而市场上，A123公司的48V启停电池在10s内则达到了12W·h/L以上的放电功率。

从器件制作技术上来说，锂离子电池的结构都是在铝箔上涂覆与粘接正极材料，负极是在铜箔上粘接负极材料。如果想提高锂离子的能量密度，就得增加电极层的厚度，但同时导致了严重的离子极化与电子极化，导致功率性能下降与寿命衰减。减薄电极极片厚度，可以提高功率，但又牺牲了器件的能量密度（图10-35）。

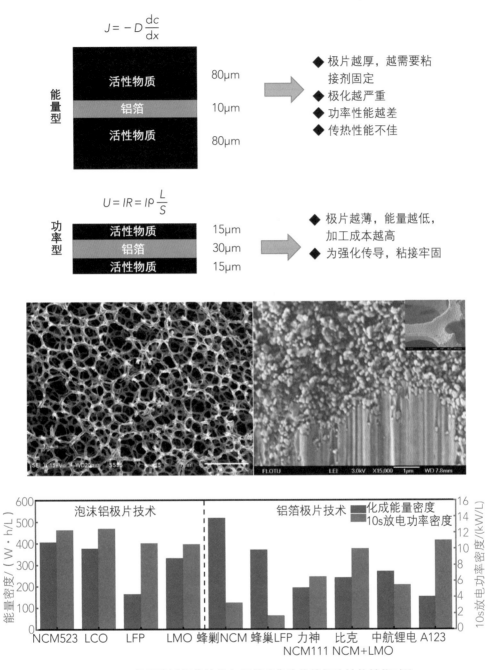

图10-35 基于泡沫铝集流体与铝箔式集流体的极片结构性能对比

清华大学与中天科技公司建立了物理沉积铝-氧化去除模板-梯度退火的泡沫铝全新制备技术路线，创建了国际首套连续沉积、一体化制备装备与生产线，实现了宽幅达500mm、厚度1~2mm泡沫铝的产线制备，获得了高纯度、高化学稳定性、高强度、大孔隙率、小孔径、低密度协同的产品。采用泡沫铝基正极可获得高强度与高负载量，且对不同颗粒度、密度与比表面积的正极材料均具有良好适用性。研发的泡沫铝正极厚极片

（170μm）的高功率软包锂离子电池（1.74A·h），实现了厚极片型电池的高体积比功率特性（10.46s瞬时放电功率密度12.33kW/L）与高体积比能量（406W·h/L）兼容（图10-36）。

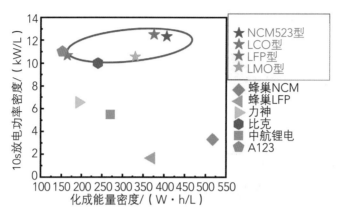

图10-36　泡沫铝正极构建的电池的性能情况

　　该器件在比功率方面与国际上最优的商用高功率启停电池持平，在比能量方面提升了2~3倍，显示出巨大的应用前景。从能量密度的角度，将市场上的功率型产品比作充一次电工作两次的话，三维泡沫铝极片的高功率锂离子电池，可以充一次电，工作七次。由于汽车空间狭窄，体积功率密度与体积能量密度更加有价值。新的产品使得汽车在保持电池的启停功能时，有多余的电量用于其他更加重要的通信与娱乐用途，显示了新产品独特的碳减排效应。

　　不同储能器件的性能与应用适应性见图10-37。

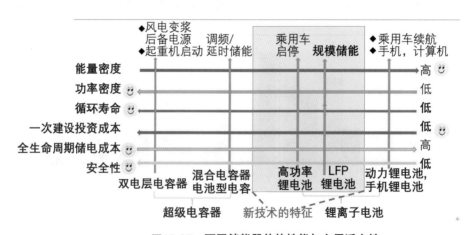

图10-37　不同储能器件的性能与应用适应性

　　由于泡沫铝的三维导电导热功能，既适合于难加工的纳米材料的极片制造，又可以利用不同的材料进行搭配，形成多种功能的电容、电池或电池电容型器件。

　　比如，对于风电变桨来说，主要需要短时间的大功率超级电容器，对能量要求不严格。但对于高功率、分钟级的调频应用，则双电层的能量密度不易满足要求。利用纳米化的电池材料，与传统电池材料比，提高了功率；与传统电容器材料比，提高了能量。从而在电池与双电层电容器间构筑起许多新型的应用器件，配合新能源车、风电、光伏电调频、调幅、储能的需求。

10.3.10 液态金属电池

在过去的几十年里，能源密集型产业和电子技术彻底改变了能源供应形式。而原油和煤炭的巨大消耗不仅通过石油泄漏或严重的碳污染对环境造成破坏，也加速了全球能源短缺。自然赋予的可再生能源，如风能、太阳能、潮汐能和生物资源等，碳排放量显著降低，取之不尽，用之不竭。然而，由于具有间歇性和局部性，开发可再生能源技术并没有完成对传统能源的替代。由于可再生能源技术产生的电能需要更有效的存储策略，高能量密度和高功率密度的电池引起了很多研究的关注。锂离子电池由于其相对稳定的循环性能和高能量密度，已经占据了很大一部分电池市场份额。经过对锂离子稳定嵌入的主体材料的研究，可充电锂离子电池具有稳定的循环性和显著的能量密度，并获得了诺贝尔化学奖。

在电极材料探索的初始阶段，锂金属是负极的主要选择，在元素周期表所有物质中，它表现出最低的还原电位和极高的理论容量，是商业化石墨负极的十倍。阻碍锂金属应用的主要原因之一是枝晶问题，锂枝晶是电极-电解质界面处从金属表面生长的凸起及分枝形貌。细长的枝晶尖端可以穿透固态电解质界面膜，导致电池内部短路、连续的副反应和热失控。除了枝晶问题外，其他界面问题也导致负极容量快速衰减，阻碍了锂金属负极的商业化。由于界面问题尚未解决，同时锂资源已经过度消耗，比锂更丰富的元素近年来被提出作为电池负极材料，其中钠和钾等碱金属是常用的选择。它们相对较低的标准还原电位，有望实现高电池能量密度和快速充电传输动力学，从而实现高电池功率。然而这些金属的使用也无法避免严重枝晶问题的出现。

高温液态金属电池的研究从1900年开始，后来在1960年被国家实验室和工业积极研究，然后在2000年左右，在麻省理工学院被大规模研究。高温液态金属电池的典型设计通常涉及自隔离的三层结构，其中使用两种类型的熔融金属或合金作为电极，熔融盐作为电解质。虽然这些设计可以实现非常高的电池容量，但为了保持足够高的温度以稳定运行，这种设计需要额外的能量输入，并且可能导致能量密度有限、电池电压相对较低和高腐蚀性等问题。在这些设计中，采用具有固体电解质的低熔点材料，如钠硫电池，有助于控制工作温度。最近，研究人员报道了易熔合金在室温附近保持液态的金属合金的应用，包括碱金属如Na-K、Na-Cs合金和后过渡金属如Ga-In等。在电池中采用室温液态金属为旨在解决锂金属负极界面问题的研究工作带来了新见解。

一般来说，基于可熔合金的无枝晶液态金属电极比基于插入的电极材料可以获得更高的能量和功率密度。基于合金种类的电化学性能，碱熔合金通过直接剥离-沉积方式，是作为负极材料有希望的选择。相反，后过渡金属具有相对较高的还原电位和多电荷阳离子，不太适合电荷传输。而与碱金属较高的合金化能力使其成为用于锂化或钠化的有吸引力的存储材料。由于合金化和脱合金过程中成分的变化，易熔合金在氧化或还原反应过程中可能会凝固，但合金在逆反应中会返回液相并实现自愈功能。

除了无枝晶特征外，液态金属也可以缓解锂金属的其他界面问题。液相中电荷传输的快速动力学也有助于防止不均匀的离子通量或局部电荷积累，从而带来更稳定和均匀的界面氧化还原反应。考虑到卓越的电化学特性和界面特性，液态金属可以实现更多功能，而不仅仅是使用一种电荷物质进行稳定循环。通过调整电解质组成，设计具有选择性电荷传输通道的SEI层，并采用合适的正极，液态金属电极可以进一步实现电荷选择。更重要的是，流动性和柔性是液态金属电池的有利特征，此外一些熔点低至冰点以下的合金可以进一步将其扩展到低温应用。通过改变表面能和形貌，可以实现液态金属在各种基材上的可调谐润湿性，这有利于可印刷电子或纳米技术的发展。

碱金属和过渡金属在地球上广泛存在，可以实现高能量密度电池的低成本优势。在室温下容易实现的无枝晶性质和自愈特性揭示出液态金属超越锂和其他固态金属的优势。可调节的润湿性和内在流动性可以实现需要材料优异机械性能的灵活或可印刷设计。自发和快速熔化的特性，使得液态金属适用于表面处理和诱导原位反应，从而实现均匀的电荷传输。

尽管液态金属具有许多优点，但此类系统仍然存在局限性。对于钠钾合金等碱性合金，反应活性仍然很高，即使没有枝晶形成，也不能保证在外包装破裂时电池在空气中的安全性。此外，虽然液态的Na-K合金有可能替代Li金属，但适用于Na-K合金的高能量密度正极材料的数量仍然远小于锂系电池。此外，当直接用作电极时，后过渡金属与碱金属形成的金属间相可能会限制电池动力学，导致电荷传输更加缓慢，可能需要额外的纳米技术来帮助解决这些问题。相信随着技术的日趋成熟，这些局限会逐渐得到解决或消除，液态金属负极的优势会更加明显。液态金属具有优越的机械和电化学性能，有望为未来提供多种设计。在未来的研究中，研究人员应尽量发挥液态金属在这些方面的优势，重点解决碱离子电池研究领域传统材料难以解决的核心问题，尤其是以下几个方面：

① 固态电池。毫无疑问，固态电池是非常有前途的高能量密度电池系统，而许多固态电解质的商业化却受到界面问题的阻碍。正是在这种情况下，液态金属的优势才相对显著。液态金属和固态电解质之间的化学和电化学稳定性应该通过更多的模拟建模和分析表征来研究。

② 对于电网规模的储能。一些液态金属物种的流动性和丰富性使其可用于大型储能设备，以实现持久供电。在此类应用实际可行之前，应考虑安全问题和组装可行性。

10.3.11 新型化学储能

（1）锌空电池

不断增长的能源需求和剧烈的气候变化推动并加速了从化石燃料到清洁可再生能源的不可逆转的转变。鉴于地球上的化石燃料资源有限，预计在不久的将来能源经济会更加动荡。即使可再生能源的成本接近或低于化石燃料，其间歇性仍然是全球能源结构中广泛面临的挑战。考虑到这一点，开发新能源存储系统的任务是比以往任何时候都更加紧迫的。

几个世纪以来，电池以其在转换和储存化学能方面的卓越表现而闻名。与传统形式的能量存储相比，它们最大的优势之一是能够缩小到小尺寸，这使得它们成为便携式电子设备不可或缺的一部分。预计在未来几年内将取代内燃机汽车的电动汽车（EV）是电池有潜力成为主要储能形式的另一个行业。然而，许多人认为，由于里程焦虑和高昂的前期成本问题，电动汽车的广泛采用可能还需要一些时间。今天大多数电动汽车使用锂离子电池，自问世以来，锂离子电池一直主导着可充电电池市场。展望未来，锂离子电池的主要缺点是成本高，以及对其安全性和锂、钴（后者最常用于正极）供应的担忧。它们的能量密度也受到电极材料容量的限制。这些因素导致了替代可充电电池技术的广泛研究。

金属-空气电池显示出相当高的能量密度，氧气用作正极的反应物，并储存在电池外部直至放电。以锌、铝、铁、锂、钾、钠和镁等金属为主的一次和二次金属-空气电池备受关注。对于二次金属-空气电池，锂金属被认为是强有力的负极候选者，因为它具有最高的理论比能量（5928W·h/kg）和高电池电压（标称2.96V）。然而，金属锂暴露于空气和水性电解质中时会受到其固有的不稳定性的困扰。镁和铝-空气电池都与水性电解质兼容，并且具有与锂-空气电池相当的能量密度。然而，它们的低还原电位通常会导致快速自放电和库仑充电效率低。锌和铁更稳定，可以在水性电解质中更有效地充电。在这两者中，锌因其在金属-空气电池中具有更高的能量和电池电压而受到更多关注。与锂相比，锌价格便宜，而且在地壳中含量更高。更重要的是，金属-空气电池中锌金属具有相对较高的比能量（1218W·h/kg）和与锂-空气电池相当的体积能量密度（6136W·h/L）。移动和便携式设备（例如电动汽车和个人电子产品）特别需要高体积能量密度电池，因为在这些应用中安装电池的体积有限。此外，锌的固有安全性意味着锌-空气电池可以放置在汽车的前引擎盖中，在今天的车辆中已经很好地提供了空气通道。

锌，由于其低成本和高容量，是一次金属-空气电池中最常见的负极材料。一次锌-空气电池最引人注目的用途是作为助听器的主要能源，它提供了1300～1400W·h/L的体积能量密度。用于电动汽车的可充电锌-空气电池大约在1975年首次问世，可机械充电和电动充电的电池形式于2000年被提出。在机械充电的锌-空气电池（也称为锌-空气燃料电池）中，电池通过去除废锌并重新供应新的锌负极来增强可逆性。这避免了锌电极可逆性差和双功能空气电极不稳定的问题。然而，由于建立锌补给站的成本高昂，这一概念从未被广泛采用。最成功的可充电锌-空气电池采用流动电解液，极大地提高了锌电极的耐用性。然而，它们的功率性能差一直是一个缺点，主要涉及与氧气反应催化相关的空气电极的挑战。此外，充电反应过程中空气电极的腐蚀是另一个关键问题。而锂离子电池的出现也减缓了20世纪末锌-空气电池的发展。

尽管存在这些问题，但材料科学和纳米技术的进步在这十年中重新引起了人们对可充电锌-空气电池的兴趣。几家公司开发了独特的锌-空气系统，最突出的是EOS Energy Storage、Fluidic Energy和ZincNyx Energy Solutions。EOS Energy Storage的Aurora产品是用于公用事业规模电网存储的1MW/4MW·h锌-空气电池，售价低至160美元/（kW·h）。Fluidic Energy已与Caterpillar和印度尼西亚的公用事业公司合作，提供超过250MW·h的锌-空气电池，用于在500个偏远社区存储光伏太阳能。ZincNyx Energy Solutions开发了5kW/40kW·h锌-空气备用系统，正在Teck Resources的子公司进行现场测试。考虑到可充电锌-空气电池的制造还远未成熟，EOS Energy Storage提供的每千瓦时160美元的价格非常引人注目。相比之下，短期内锂离子电池的平均价格预计不会接近每千瓦时160美元。最近的经济分析还发现，锌-空气电池是最经济可行的智能电网能源电池技术。因此，高能量密度、低成本和安全操作的市场解决方案使我们相信，在许多其他类型的新兴电池中，锌-空气电池的应用前景十分巨大。

锌-空气电池通常由四个主要部件组成：包含涂有催化剂气体扩散层的空气电极、碱性电解质、隔膜和锌电极。在放电过程中，锌-空气电池在碱性电解液存在下，通过锌金属与空气电极的电化学耦合而起到发电机的作用。在锌负极处释放的电子通过外部负载传播到空气电极，而锌阳离子则在锌电极处产生。同时，大气中的氧气扩散到多孔空气电极中，并通过氧气的还原反应在三相反应位点（即氧气的界面）还原为氢氧根离子（气体）。然后生成的氢氧根离子从反应位点迁移到锌电极，形成锌酸盐离子$[Zn(OH)_4^{2-}]$，最后在过饱和的锌酸盐溶液中进一步分解为不溶性氧化锌。在充电过程中，锌-空气电池能够通过在电极-电解质界面发生的析氧反应储存电能，而锌沉积在负极表面。整个反应可以简单地表示为Zn与O_2结合形成ZnO。

从热力学上讲，这两种反应都是自发的，产生的理论电压为1.66V。但是，充放电循环过程中氧气的氧化还原反应动力学缓慢，因此，通常使用电催化剂来加速该过程。对于可充电锌-空气电池，每个主要结构部件都面临着自己的挑战。对于空气电极，很难找到同时促进氧化还原反应的催化剂，从而限制了锌-空气电池的功率密度。此外，空气中的二氧化碳（CO_2）可以与碱性电解质发生碳酸化反应，从而改变电池内部的反应环境。碳酸盐副产品可能会堵塞正极反应网络的孔隙，从而限制空气进入。对于隔膜材料，要找到一种在碱性环境中坚固耐用的材料，同时还允许氢氧根离子完全流动，阻止锌离子流动，这是一项十分巨大的挑战。对于锌金属电极来说，锌的不均匀溶解和沉积很难控制，这是枝晶形成和形状变化的主要原因。

可充电锌-空气电池目前可分为三种主要配置类型。传统的平面配置最初是为一次锌-空气电池设计的，并优先考虑高能量密度，而锌-空气液流电池则优先考虑高循环次数和使用寿命。柔性锌-空气电池是一项新兴技术，由于需要与柔性电子产品兼容的高能量密度电源，因此对先进电子行业特别有前景。

鉴于锌-空气电池具有无限的氧气源，锌电极的性能对电池的可逆性影响很大。一个成功的锌电极应该具有高比例的可利用活性材料，能够高效充电，并在长时间和数百次充放电循环中保持其容量。为了实现锌空电池的高效率运转，下面介绍研究人员在锌空电池方面的最新研究进展。

在电池中，隔膜的基本功能是充当物理屏障，允许离子流动，同时防止两个电极的物理接触。尽管是锌-空气电池的一个组成部分，但与电池的其他部分相比，隔膜并未受到应有的关注。到目前为止，大多数使用的隔膜并不是专门为锌-空气电池设计的，它们通常取自锂电池。可充电锌-空气电池中隔膜的主要功能是防止循环时锌枝晶渗透造成的短路。除了抑制枝晶外，隔膜还应在宽工作电位（≥2.5V）窗口内电化学稳定，在强碱性（pH≥13）电解质中保持完整，并具有低电阻和高离子电导率。理想情况下，隔膜还应具有细孔结构，允许OH⁻通过，同时阻止可溶性Zn（OH）₄²⁻。Zn（OH）₄²⁻穿过隔膜，可能造成ZnO沉淀在正极活性表面上，或由于Zn（OH）₄²⁻对催化剂活性位点的干扰，导致空气电极的极化。聚丙烯膜，具有层压非织造结构的商用Celgard薄膜通常用作大多数锌-空气电池研究的隔膜，因为它们具有优异的机械强度以阻止枝晶渗透和较宽的电化学稳定性窗口。尽管有这些特点，但它们因孔径太大而无法限制Zn（OH）₄²⁻的扩散，从而导致极化增加并降低电池的长期耐用性。优化隔膜的离子选择性很重要。例如，应用于碱性燃料电池的碱性阴离子交换膜可用于锌-空气电池。Dewi等开发了一种阳离子聚砜膜作为锌-空气电池的隔膜。该膜在防止锌阳离子穿梭方面非常有效，但同时允许高OH⁻渗透选择性。这种高离子选择性使电池的放电容量比商用Celgard隔膜增加了近六倍，大概是因为它避免了ZnO在空气电极上的沉淀。然而，阴离子交换膜的化学稳定性不足和高生产成本等问题仍有待解决。

与电极材料相比，电解质在锌-空气电池中的作用被低估。电解质可以在许多方面对电池性能产生深远的影响，例如容量保持率、倍率性能和循环效率。随着人们对高性能、耐用、柔性和可充电锌-空气电池的兴趣日益浓厚，电解液的发展面临着巨大的挑战和机遇。到目前为止，水系碱性电解质仍然是锌-空气电池最受欢迎的电解质，主要是因为它们在离子电导率和界面性质方面的优异性能。然而，碱性电解液易受环境气氛（例如CO₂和相对湿度）的影响，导致电解液发生不良副反应，从而阻碍其长时间的稳定使用。作为水性电解质的替代品，非水性电解质受到了特别关注，包括固态离子导电介质和室温离子液体等。然而，到目前为止，由于非水系统的离子电导率较低，因此与水系相比，非水系统表现出的能量和功率性能要低得多。

双功能空气电极在电池放电期间消耗氧气，并在充电时反向释放氧气。为了实现高功率性能，可充电锌-空气电池在很大程度上依赖于双功能活性和耐用的空气（氧气）电极，因此它们必须能够承受在碱性电解质反复放电和充电过程中的恶劣条件。高度双功能活性空气电极的开发非常具有挑战性，因为氧气还原和氧气析出过程都显示出相当高的过电位，因此显著依赖于真正的双功能电催化剂来有效地促进氧还原和氧析出过程。电极材料还必须在析氧时的高氧化条件下和高电流速率的强还原条件下稳定。一般情况下，对于各自的氧还原和氧析出过程分别使用不同的催化剂，以提高电池循环稳定性，但这种配置不可避免地使电池设计复杂化，并导致功率和能量密度的损失。通常，双功能空气电极有望解决这一问题。一般双功能电极由疏水的气体扩散层和适度亲水的催化剂层组成。扩散层为催化剂提供物理和导电支撑，以及分别作为在放电和充电过程中氧扩散进出的通道。氧还原发生在三相界面（气态氧-液体电解质-固体催化剂），而氧析出发生在两相反应区（液体电解质-固体催化剂）。因此，根据具有最佳亲水性的界面结构，合理设计空气电极对于优化催化活性和避免催化活性位点溢流至关重要。对双功能催化剂的研究主要集中在非贵金属的替代品上，例如过渡金属化合物（例如氧化物、硫化物、氮化物、碳化物和大环化合物）、碳基材料以及由前两者组成的混合物。

人口稠密的城市环境中的能量存储、电动移动应用和灵活的电子产品需要价格低廉、质量和空间要求低的电池。从这个角度来看，可充电的锌-空气电池很有前景。与其他二次电池（150～280W·h/kg或600～700W·h/L）相比，它们可以提供高能量密度（400～800W·h/kg或800～1400W·h/L），并且可以以非常低的成本制造，估计从每千瓦时135美元低至每千瓦时65美元。现有的可充电锌-空气电池仍有很大的进步空间，今后可重点关注以下几个方面：

① 可逆锌电极，包括具有高比例的可利用活性材料、能够高效充电并且在至少数百次充电和放电循环中保持其容量。通过电沉积和先进的铸造技术进行结构改性，以及通过添加剂和/或化学掺杂进行成分改性，已被证明是满足所有这三个要求的可行解决方案。

② 允许锌-空气电池长期运行的新型电解液技术。

③ 新型、廉价的双功能电催化剂，表现出双功能性（需要深入了解电解质中复杂的氧还原和演化过程）、多功能性（需要它们在广泛的温度、电压范围内以及在水和非水电解质中能被利用）及可扩展性（易于将催化剂结合到空气电极结构中，从而实现商业化和被广泛采用）。

④ 先进的空气电极设计。

⑤ 最佳电池和堆栈设计。虽然简单的设计是首选，但锌-空气电池通常需要补充组件，即空气电极需要促进大气空气（例如二氧化碳和颗粒物）的供应和净化的"器官"。

商业开发商在过去几年中成功推出了可充电锌-空气液流电池，其主要优势是成本低和对环境影响小。最近，加利福尼亚一家投资者拥有的电力公司宣布采购13MW的锌-空气电池储能装置，证明了人们对电网规模的可充电锌-空气电池充满信心。锌-空气电池是替代铅酸电池等对环境和人类健康造成危害的电池的绝佳选择，也是可以实现更小、更轻、最终具有更高能量密度的静态电解质的可充电锌-空气电池。总体而言，高能量密度、安全性和低成本的有前途的组合将使可充电锌-空气电池能够满足日益富裕、数字化和低碳的全球经济的能源需求。因此，高度鼓励学术界和工业界对该技术的加速研究和开发。

（2）锂离子电容器

随着人类对生存环境的日益关注和对可持续能源的渴望，清洁和可再生的储能装置的建设正成为世界范围内的重要课题。随着现代社会的快速发展，锂离子电池（能量密度150～200W·h/kg；功率密度<1000W/kg；寿命<1000次）和电化学电容器（能量密度<10W·h/kg；功率密度>10kW/kg；寿命10^4～10^5次循环）的性能是不够的。非常需要接近锂离子电池的高能量密度和类似于电容器的长循环寿命的特殊的储能设备。因此，科学家们尝试结合锂离子电池和电容器的工作机制，通过调整它们互补的电荷存储过程来同时继承各自的优势，由此锂离子电池正极和电容器组成的混合储能装置应运而生。研究表明，电池和电容器储能机制的优势在锂离子电容器（也称为锂离子混合超级电容器）中成功结合，这些混合器件被认为是最有前途的储能系统之一。

详细地说，锂离子电容器通常由高能锂离子电池的正极和高功率电容器的负极组成。从机理的角度来看，电荷通过电容负极上的表面离子吸附-解吸，正极上Li^+去除-插入。这两个电极的充放电过程在不同的电位范围内进行，可以有效地扩大工作电位窗口并提高能量密度。

为了寻找最佳充放电时间尺度，可以参考双电层电容器和典型的锂离子电池。当充电时间大于10min时，锂离子电池的能量密度几乎不变。在较短的放电时间（<600s）内，由于电极中固态离子扩散缓慢，能量密度将降低。另外，商用碳基电容器表现出低至几秒甚至几毫秒的恒定能量密度，在电容器和锂离子电池表现出最佳性能的机制之间是一个非常适合锂离子混合电容器的时域（约10~600s）。

混合锂离子电容器的研究始于2001年，当时Amatucci及其同事首次构建了一种混合锂离子电容器器件，使用活性炭（AC）作为正极，纳米结构的$Li_4Ti_5O_{12}$（LTO）作为负极。该装置的能量密度首次达到20W·h/kg，约为传统碳基超级电容器的三倍。在这项工作之后，报告了一系列基于LTO阳极的锂离子电容器。2006年，Li和同事开发了另一种以TiO_2纳米线为负极，碳纳米管（CNT）为正极的锂离子电容器。之后，其他材料（石墨、V_2O_5、MnO、Fe_2O_3、Nb_2O_5等）也被用于增强锂离子电容器的储能性能。同时，随着对钠离子电池的重新关注，钠离子电容器的研究也在2012年逐步受到关注，但目前仍处于起步阶段。

电极材料决定了锂离子电容器器件的重要性能，例如比容量、倍率能力和电位范围，因此在初期阶段，大部分研究工作都集中在优化正极和负极上。关于在电容器型正极研究中，碳质材料（如活性炭、碳纳米管、石墨烯和金属有机骨架衍生的多孔炭）由于其长期循环性和高功率密度而备受关注，而锂离子电容器中的电池型负极根据其反应机理主要可分为三种类型，即：a. 插入型，如$Li_4Ti_5O_{12}$、$Li_2Ti_3O_7$、TiP_2O_7等；b. 转化型，例如氧化铁（Fe_3O_4和F掺杂的Fe_2O_3）；c. 合金型，包括圆顶图案的硅/铜、$B-Si/SiO_2/C$和Sn-NCNT等。

就电解质而言，锂离子电容器可分为水性和非水性类型。水性电解质（如$LiNO_3$和Li_2SO_4）通常具有低黏度和高离子迁移率。然而，其低工作电压（<1.6V，受水分解限制）的缺点会导致电化学电压窗口狭窄，因此能量低。相反，非水基锂离子电容器系统可以在扩大的电压窗口（插入型阳极为3V，转化或合金型阳极为4V）。在非水电解质不对称器件中获得的高电压提供了获得高能量密度的机会。

锂离子电容器中电解质溶液的运行机制与锂离子电池不同。在锂离子电池中，盐浓度的极化是电解质系统倍率能力的一个限制因素。在快速放电过程中，锂离子从负极中提取出来并同时插入正极中。相比之下，锂离子电容器具有将阴离子（PF_6^-）和阳离子（Li^+）驱动到相对电极的驱动力，这将降低浓度梯度并对电解质系统的快速充电-放电能力产生积极影响。此外，需要指出的是，锂离子电容器在充放电过程中电解液的浓度会略有变化，但这并不意味着混合锂离子电容器的性能受到很大影响。例如，根据电极反应（$TiO_2 + 0.5Li^+ + 0.5e^- \longrightarrow Li_{0.5}TiO_2$）和锂离子电容器中$TiO_2$负极的质量负载（$1mg/cm^2$），在锂离子电容器中所需的1mol/L $LiPF_6$-EC/DMC体积仅为0.00625mL。通常，一个硬币型电池具有约0.2mL的电解质。因此，在完全充放电过程中，总电解质的体积变化仅为约3%。在这种情况下，电解质浓度的变化对性能的影响可以忽略不计。请注意，当消耗的$LiPF_6$包含在能量计算中时，锂离子电容器的能量密度将降低约20%。

非水混合锂离子电容器的构建已被证明是将设备的能量和功率密度推向更高水平的有

效方法之一。然而，由于非水 Li^+ 电解质中电池型负极和电容器型正极之间的动力学不平衡，锂离子电容器在高性能能源系统中的全部潜力尚未实现。一些研究尝试集中在寻找替代的负极材料上。在这里，我们强调了赝电容负极在有机电解质中构建具有长循环寿命的高能量/功率密度锂离子电容器的优势。与电池类型的扩散机制相比，利用赝电容材料（如 Nb_2O_5、VN、TiC、V_2O_5、$H_2Ti_6O_{13}$、MnO等）作为锂离子电容器的阳极可显著提高功率密度和能量密度。因此，赝电容嵌入型负极与高表面积炭正极配对将成为高性能混合电容器的主要策略。非水混合锂离子电容器的开发仍处于初级阶段。与锂离子电容器不同，由于与 Li（0.76Å）相比，Li离子（1.02Å）的尺寸更大，需要进一步优化以探索更合适的电极材料和电解质系统。同样，预计赝电容负极材料也将成为锂离子电容器设备的理想选择。

我们认为，以下四个方面对混合电容器的未来发展至关重要：

①纳米结构阵列架构。这种电极架构避免了使用其他辅助成分，如导电剂和黏合剂。此外，有序的纳米阵列电极有利于促进质量传输、离子扩散和电子转移。当然，阵列电极的缺点是阵列结构的导电性和长循环稳定性差。为了解决这个问题，研究人员在阵列电极上涂上一层薄薄的导电性更强的外壳材料，例如碳、石墨烯、导电聚合物和金属。

②柔性特性。柔性功率器件是我们未来生活中下一代柔性/可弯曲电子产品（手机、手表、显示器、电视等）的关键部件。迄今为止，大多数用于锂离子电容器的电极是由致密的粉末薄膜制成的，在弯曲时容易破裂。上述阵列电极有利于这一目的，但包括集流体和全电池电解质在内的所有其他组件也应该是柔性的或可弯曲的。

③固态器件。基于固态电解质的电化学储能器件作为安全问题的解决方案目前备受关注。固体电解质使电池更安全（无短路热诱导分解和溶液电解质汽化），并减少固体电解质中间相（SEI）的形成和锂金属电池中锂枝晶的生长。固态电解质的挑战包括低离子电导率和电极材料与电解质之间的界面接触不良。

④更多关于其他方面的研究。考虑到锂资源的稀有性和全球分布不均，钠基电池和混合电容器可能成为下一代潜在选项。钠不仅在全球范围内储量丰富，而且易于回收且成本仅为锂金属的一小部分。根据对锂离子电容器的文献调研，许多混合锂离子电容器的性能在能量和功率密度方面不相上下，甚至超过锂离子电容器。放眼更远，随着新电池（铝离子、镁离子和锌离子）的研究逐渐增多，构建相应的混合电池电容器也具有巨大的应用前景。

参考文献

[1] 张华民. 液流电池技术 ［M］. 北京：化学工业出版社，2015.

[2] Skyllas-Kazacos M, Robins R G. "All Vanadium Redox Battery", US Patent No. 849,094 , Japan Patent Appl, Australian Patent No. 575247.

[3] Liu Q, Shinkle A A, Li Y, et al. Sleightholme AE (2010) Non-aqueous chromium acety-lacetonate electrolyte for redox flow ba-tteries [J]. Elec-trochem Commun, 2010,12 (11): 1634-1637.

[4]　Sleightholme A E S, Shinklea A A, Liu Q, et al. Non-aqueous manganese acetylacetonate ele-ctrolyte for redox flow batteries [J]. Journal of Power Sources, 2011, 196(13): 5742-5745.

[5]　Brian Huskinson, Michael P Marshak, Changwon Suh, et al. A metal-free organic–inorganic aqueous flow battery[J]. Nature, 294, 505: 195-198.

[6]　Xing Xueqi, Liu Qinghua, Wang Baoguo, et al. A low potential solvent-miscible 3-methylbenzophenone anolyte material for high voltage and energy density all-organic flow battery [J]. Journal of Power Sources, 2020, 445: 227330-227335.

[7]　缪平, 姚祯, 刘庆华, et al. 电池储能技术研究进展及展望［J］. 储能科学与技术, 2020, 3: 670-678.

[8]　Li Zenghui, Lin Yuqun, Wan Lei, et al. Stable positive electrolyte containing high-concentration $Fe_2(SO_4)_3$ for vanadium flow battery at 50°C [J]. Electrochimica Acta, 2019, 309: 148-156.

[9]　Javed M S, Ma T, Jurasz J, et al. Solar and wind power generation systems with pumped hydro storage: Review and future perspectives [J]. Renew Energ 2020, 148: 176-192.

[10]　Barbour E, Wilson I A G, Radcliffe J, et al. A review of pumped hydro energy storage development in significant international electricity markets [J]. Renew Sust Energ Rev 2016, 61: 421-432.

[11]　Rehman S, Al-Hadhrami L M, Alam M M. Pumped hydro energy storage system: A technological review[J]. Renew Sust Energ Rev, 2015, 44: 586-598.

[12]　Zeng M, Zhang K, Liu D. Overall review of pumped-hydro energy storage in China: Status quo, operation mechanism and policy barriers[J]. Renew Sust Energ Rev, 2013, 17: 35-43.

[13]　Wang J, Lu K, Ma L, et al. Overview of compressed air energy storage and technology development [J]. Energies, 2017, 10: 991.

[14]　董舟, 李凯, 王永生, 等. 压缩空气储能技术研究及应用现状［J］. 河北电力技术, 2019, 38: 18-20.

[15]　李季, 黄恩和, 范仁东, 等. 压缩空气储能技术研究现状与展望［J］. 汽轮机技术, 2021, 63: 86-89.

[16]　Barbour E, Pottie D L. Adiabatic compressed air energy storage technology [J]. Joule 2021, 5: 1914-1920.

[17]　Budt M, Wolf D, Span R, et al. A review on compressed air energy storage: Basic principles, past milestones and recent developments [J]. Appl Energy, 2016, 170: 250-268.

[18]　曹雅丽. 世界首座非补燃压缩空气储能电站送电成功［J］. 中国工业报, 2021-09-09.

[19]　郭丁彰, 尹钊, 周学志, 等. 压缩空气储能系统储气装置研究现状与发展趋势［J］. 储能科学与技术, 2021, 10: 1486-1493.

[20]　Tong Z, Cheng Z, Tong S. A review on the development of compressed air energy storage in China: Technical and economic challenges to commercialization [J]. Renew Sust Energ Rev, 2021, 135: 110178.

[21]　Zeynalian M, Hajialirezaei A H, Razmi A R, et al. Carbon dioxide capture from compressed air energy storage system [J]. Appl Therm Eng, 2020, 178: 115593.

[22]　戴兴建, 魏鲲鹏, 张小章, 等. 飞轮储能技术研究五十年评述［J］. 储能科学与技术, 2018, 5: 765-782.

[23]　张维煜, 朱烷秋. 飞轮储能关键技术及其发展现状［J］. 电工技术学报, 2011, 26（7）: 141-146.

[24] 汤双清. 飞轮储能技术及应用 [M]. 武汉：华中科技大学出版社，2007.

[25] 周红凯，谢振宇，王晓. 车载飞轮电池的关键技术分析及其研究现状 [J]. 机械与电子，2014，1：3-7.

[26] 崔薇薇. 车用飞轮储能系统研究 [D]. 哈尔滨：哈尔滨工程大学.

[27] 储江伟，张新宾. 飞轮储能系统关键技术分析及应用现状 [J]. 能源工程，2014，6：63-67.

[28] Dhand A, Pullen K. Review of battery electric vehicle propulsion systems incorporating flywheel energy storage [J]. International Journal of Automotive Technology, 2015, 16 (3): 487-500.

[29] Lafoz, Pastor, Marcos, et al. Flywheels Store to Save: Improving railway efficiency with energy storage [J]. IEEE electrification magazine, 2013, 1 (2): 13-20.

[30] Radcliffe P, Wallace J S, Shu L H. In Stationary applications of energy storage technologies for transit systems [J]. Electric Power & Energy Conference, 2011.

[31] Sebastian R, Alzola R P. Flywheel energy storage systems: Review and simulation for an isolated wind power system [J]. Renewable & Sustainable Energy Reviews, 2012, 16 (9): 6803-6813.

[32] Gee A M, Dunn R W. Analysis of trackside flywheel energy storage in light rail systems [J]. IEEE Transactions on Vehicular Technology, 2015, 64 (9): 3858-3869.

[33] Zakeri B, Syri S. Electrical energy storage systems: A comparative life cycle cost analysis [J]. Renewable & Sustainable Energy Reviews, 2015, 42: 569-596.

[34] Fang Z, Tokombayev M, Song Y, et al. In Effective flywheel energy storage (FES) offer strategies for frequency regulation service provision[J]. 2014 Power Systems Computation Conference (PSCC), 2014.

[35] Lucas J, Cortes M, Mendez P, et al. Energy storage system for a pulsed DEMO [J]. Fusion Engineering & Design, 2007, 82 (15): 2752-2757.

[36] Zajac J, Zacek F, Lejsek V, et al. Short-term power sources for tokamaks and other physical experiments [J]. Fusion Engineering & Design, 2007, 82 (4): 369-379.

[37] 李永亮，金翼，黄云，等. 储热技术基础（Ⅰ）——储热的基本原理及研究新动向 [J]. 储能科学与技术，2013（1）：69-72.

[38] 陈久林，段洋，王志雄. 相变储热技术的研究现状及应用 [J]. 广东化工，2020（2）：101-104，110.

[39] 李永亮，金翼，黄云，等. 储热技术基础（Ⅱ）——储热技术在电力系统中的应用 [J]. 储能科学与技术，2013（2）：91-97.

[40] 葛延峰，礼晓飞，戈阳阳,等. 基于热电联合调度的弃风电储热供热技术方案 [J]. 智能电网，2015（10）：19-23.

[41] 王鹏，罗尘丁，巨星. 光热电站熔盐传热储热技术应用 [J]. 电力勘测设计，2017（2）：67-71.

[42] Li Peiwen, Cho Lik Chan. Chapter 3 - Thermal energy storage materials[J]. Thermal Energy Storage Analyses and Designs, Academic Press, 2017: 21-63,

[43] 汪翔，陈海生，徐玉杰 等. 储热技术研究进展与趋势 [J]. 科学通报，2017（15）：54-62.

[44] Arabkoohsar A, Andresen G B. Design and analysis of the novel concept of high temperature heat and power storage [J]. Energy, 2017, 126: 21-33.

[45] Arabkoohsar A, Andresen G B. Dynamic energy, exergy and market modeling of a High Temperature Heat and Power Storage System [J]. Energy, 2017, 126: 430-443.

[46] Arabkoohsar A, Andresen G B. Thermodynamics and economic performance comparison of three high-temperature hot rock cavern based energy storage concepts [J]. Energy, 2017, 132: 12-21.

[47] Esence T, Bruch A, Molina S, et al. A review on experience feedback and numerical modeling of packed-bed thermal energy storage systems [J]. Solar Energy, 2017, 153: 628-654.

[48] Arabkoohsar A. Combined steam based high-temperature heat and power storage with an Organic Rankine Cycle, an efficient mechanical electricity storage technology [J]. Journal of Cleaner Production, 2020, 247: 119098.

[49] Alsagri A S, Arabkoohsar A, Khosravi M, et al. Efficient and cost-effective district heating system with decentralized heat storage units, and triple-pipes [J]. Energy, 2019, 188: 116035.

[50] Nami H, Arabkoohsar A. Improving the power share of waste-driven CHP plants via parallelization with a small-scale Rankine cycle, a thermodynamic analysis [J]. Energy, 2019, 171: 27-36.

[51] Arabkoohsar A, Alsagri A S. A new generation of district heating system with neighborhood-scale heat pumps and advanced pipes, a solution for future renewable-based energy systems [J]. Energy, 2020, 193: 116781.

[52] Thermal energy storage with ETES I Siemens Gamesa. https://www.siemensgamesa.com/products-and-services/hybrid-and-storage/thermal-energy-storage-with-etes.

[53] Arabkoohsar A, Dremark-Larsen M, Lorentzen R, et al. Subcooled compressed air energy storage system for coproduction of heat, cooling and electricity [J]. Applied Energy, 2017, 205: 602-614.

[54] Arabkoohsar A. An integrated subcooled-CAES and absorption chiller system for cogeneration of cold and power[J]. in 2018 International Conference on Smart Energy Systems and Technologies (SEST), 2018: 1-5. doi:10.1109/SEST.2018.8495831.

[55] Arabkoohsar A, Andresen G B. Design and optimization of a novel system for trigeneration [J]. Energy, 2019, 168: 247-260.

[56] Odukomaiya A, et al. Thermal analysis of near-isothermal compressed gas energy storage system [J]. Applied Energy, 2016, 179: 948-960.

[57] Briola S, Di Marco P, Gabbrielli R, et al. A novel mathematical model for the performance assessment of diabatic compressed air energy storage systems including the turbomachinery characteristic curves [J]. Applied Energy, 2016, 178: 758-772.

[58] Arabkoohsar A, Machado L, Farzaneh-Gord M, et al. The first and second law analysis of a grid connected photovoltaic plant equipped with a compressed air energy storage unit [J]. Energy, 2015, 87: 520-539.

[59] Wolf D, Budt M. LTA-CAES – A low-temperature approach to Adiabatic Compressed Air Energy Storage [J]. Applied Energy, 2014, 125: 158-164.

[60] Arabkoohsar A. Non-uniform temperature district heating system with decentralized heat pumps and standalone storage tanks [J]. Energy, 2019, 170: 931-941.

[61] Sun W, et al. Numerical studies on the off-design performance of a cryogenic two-phase turbo-expander [J]. Applied Thermal Engineering, 2018, 140: 34-42.

[62] Arabkoohsar A, Andresen G B. Supporting district heating and cooling networks with a bifunctional solar

assisted absorption chiller [J]. Energy Conversion and Management, 2017, 148: 184-196.

[63] Sadi M, Arabkoohsar A. Modelling and analysis of a hybrid solar concentrating-waste incineration power plant [J]. Journal of Cleaner Production, 2019, 216: 570-584.

[64] Mathiesen B V, et al. Smart energy systems for coherent 100% renewable energy and transport solutions [J]. Applied Energy, 2015, 145: 139-154.

[65] Gallo A B, Simões-Moreira J R, Costa H K M, et al. Energy storage in the energy transition context: A technology review [J]. Renewable and Sustainable Energy Reviews, 2016, 65: 800-822.

[66] Thermal, Mechanical, and Hybrid Chemical Energy Storage Systems. Academic Press, 2020.

[67] Morstyn T, Chilcott M, McCulloch M D. Gravity energy storage with suspended weights for abandoned mine shafts [J]. Applied Energy, 2019, 239: 201-206.

[68] Botha C D, Kamper M J. Capability study of dry gravity energy storage [J]. Journal of Energy Storage, 2019, 23: 159-174.

[69] Lund H, Duic N, Østergaard P A, et al. Smart energy systems and 4th generation district heating [J]. Energy, 2016, 110: 1-4.

[70] Alsagri A S, Arabkoohsar A, Rahbari H R, et al. Partial load operation analysis of trigeneration subcooled compressed air energy storage system [J]. Journal of Cleaner Production, 2019, 238: 117948.

[71] Diesendorf M, Elliston B. The feasibility of 100% renewable electricity systems: A response to critics [J]. Renewable and Sustainable Energy Reviews, 2018, 93: 318-330.

第11章　氢能替代与零碳能源

11.1　碳中和背景下的氢能

　　实现碳达峰、碳中和为代表的"双碳"目标，核心问题是实现碳元素替代。氢元素与碳具有相似性，具有物质与能源载体双重属性。氢作为化学物质使用时，经过与碳、氧结合，成为有机化合物，使人类的物质生活五彩缤纷。原本物质属性的碳进入人类活动的物质流，并不会直接引起危害，关键是怎么样找到新的能源载体，代替发挥能源载体作用的碳。与此同时，氢作为能源载体，既能用于能源储存，又方便进行远距离管道输送。当氢与氧结合后，将能量释放以后变成水，不会对人类生存环境带来任何不利影响。因此，利用氢代替碳发挥能源载体的作用，是实现国家"双碳"目标的必然趋势，是社会可持续发展的必然选择。

11.1.1　能源载体的评价指标体系

　　利用氢代替碳作为能源载体是实现碳中和的必然途径。实际上，从能源载体方面来考虑，表11-1对比了不同物质作为能源载体的基本特征，包括煤炭、氢气、合成氨、金属锌和生物质。分别从元素丰富性、可循环性、可储存性、重量载能密度、物质来源、排放性以及环境友好性方面进行综合比较。十分明显，煤炭和氢气在元素的丰富性方面有其独特优势；氨的组成元素中氮的丰度也比较高，例如，空气组成中78%由氮气构成。此外，生物质在可循环性方面占据独特优势，植物中的叶绿素通过光合作用大量吸收气相中的二氧化碳，合成有机化合物，变成生物质能储存在植物体内。生物质可以与氧作用，通过燃烧过程重新释放出二氧化碳，因此，生物质能具备优良的可循环性。然而，生物质的能量密度低，植物生长过程不仅需要大量土地，还需要水源与肥料，再加上漫长的生长期以及可运输性差，导致生物质能利用过程的经济性差。

　　相对于其他元素，氢元素是地球上最丰富的元素之一，众所周知，地球表面的71%被海洋覆盖。全生命周期内，氢能具有绿色友好性；氢作为能量载体使用后又变成水，这是其他物质无法相比之处。另外，在所有已知元素中氢的原子量最小，氢气的质量能量密度较高，具有突出的优势。因此，从这几方面来看，氢能具备独特优势。虽然氢在可储运性方面存在一定的劣势，但是，可以仿照利用天然气作为气体能源的方式，进行工业设施建设。总而言之，从能源载体的总的发展趋势判断，利用氢来作为能源载体是一种必然选择。

表11-1　能量载体的评价指标比较

评价指标	煤炭	氢气	合成氨	金属锌	生物质
元素丰富性	★★★★	★★★★★	★★★★★	★★	★★★★
可循环性	★	★★★★★	★★★★	★★★	★★★★★
可储运性	★★★★	★★★	★★★	★★★	★★★
重量载能密度	★★★★★	★★★★★	★★★	★★★★	★★★
物质来源	★★★★	★★★	★★	★★★	★★★★
排放物	CO_2	H_2O	H_2O，N_2	ZnO	CO_2
环境友好性	★	★★★★★	★★★★	★★★	★★★★

注：通过合成氨技术制造氨，以燃料电池方式释放能量；金属锌通过锌空气电池作为能量载体。

11.1.2　零碳替代技术路线判据

在"双碳"目标引导下，人们提出多种多样的减排方法与技术手段。然而，由于提出者所处行业不同，受到视野、知识、经验与立场的局限性。从自然界的客观规律与人类认知世界的科学原理出发，判定未来产业发展趋势，以实现"双碳"目标为核心，形成区分技术路线的判据十分重要。

简约性：物质与能量转化过程。

高效性：物质与能量有效利用率。

资源可持续性：资源存量与可循环能力。

经济合理性：形成社会价值增量的能力。

从这个判断依据出发，通过全生命周期评估，比较不同的碳减排技术路线十分重要。氢是地球上最丰富的元素之一，将氢作为能量载体，使用后又变成水，实现简单的"水—氢—水"物质循环，符合简约性和资源可持续性原则。通过材料与装备技术进步提高电解水效率，氢作为气体能源可以通过管道远距离输送，满足高效性和经济合理性要求。因此，从这四个方面来判断，氢作为零碳替代的新型能源载体，具备得天独厚的技术经济优势。

11.1.3　现有工业体系中的氢

11.1.3.1　总体情况

2019年，中国氢气产量约为3342万吨，其中煤制氢约占63.5%，天然气制氢约占13.8%，工业副产氢约占21.2%，电解水制氢约占1.5%。其中超过一半的产氢量用于合成氨、炼化与化工、甲醇合成等。为此，工业领域对氢气的需求量十分巨大。

11.1.3.2　煤制氢

我国是以煤炭为主要能源的国家，以煤炭为原料大规模制氢获得价格低廉的氢气是制氢的首选方式之一。煤制氢的主要技术方式有：煤焦化制氢和煤气化制氢。

煤的炼焦过程是指煤炭在炭化室高温下进行热解和焦化（隔绝空气），发生复杂的物理和化学变化。首先将温度保持在100℃左右，使得煤炭干燥，而后持续升温至200℃，煤炭中吸附的二氧化碳与甲烷等气体将持续析出。接着升温（200~350℃），煤炭开始分解，煤炭结构中的侧链开始断裂和分解，产生二氧化碳、一氧化碳、水和甲烷，并伴随焦油物的生成。当温度在350~480℃区间时，煤炭中的大分子中的侧链继续分解，生成大量的黏稠液体，此种液体中主要有煤气和未全部分解的煤粒残留物，是具有气液固三相的胶体系统。但是，因为该胶体系统缺乏透气性，将产生巨大的膨胀压力，从而产生了焦油。而后，当温度继续升到480~550℃，胶体质中的液体继续分解，一部分以气态析出，一部分转为半焦。最后，当温度升到550~800℃时，此时的半焦收缩，在1000℃左右，碳原子周围的氢析出，半焦收缩变紧，直至生成焦炭。因此，煤主要经过干燥、预热、软化、膨胀、熔化、固化、收缩而转化为焦炭。此时副产的焦炉煤气中含氢量约为55%，甲烷含量约为23%，一氧化碳含量约为6%。其中副产气通过变压吸附即可得到高纯度的氢气。

煤气化制氢是指将煤与氧气、水蒸气等在一定温度下发生化学反应得到以氢气和一氧化碳为主要成分的气态产品。该工艺一般包括气化、煤气净化、一氧化碳变换、氢气提纯等步骤，如图11-1所示。在气化过程，煤炭、氧气、水蒸气发生反应，气化制备得到氢气、一氧化碳、二氧化碳以及其他的含硫气体，而后是净化脱硫，接着是将其中的一氧化碳与水蒸气发生反应，转化为二氧化碳，并产生氢气。最后，通过干法或者湿法脱除二氧化碳，并采用变压吸附技术将可以获得纯度为99.9%以上的氢气。

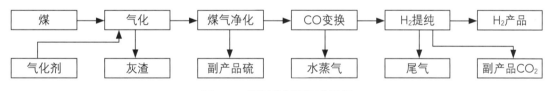

图11-1 煤气化制氢工艺流程

11.1.3.3 天然气制氢

天然气制氢工艺的原理：首先对天然气进行预处理，然后在转化炉中进行甲烷和水蒸气重整反应（$CH_4 + H_2O \longrightarrow CO + 3H_2$），生成一氧化碳和氢气，而后在变换塔中将一氧化碳转换为氢气和二氧化碳（$CO + H_2O \longrightarrow CO_2 + H_2$）。其具体的制氢流程主要包括四个步骤，即原料预处理、蒸汽转化、一氧化碳变换和氢气提纯，如图11-2所示。

原料预处理步骤主要是指脱硫步骤，实际工艺中，一般采用天然气钴钼加氢串联氧化锌作为脱硫剂，将天然气中的有机硫转化为无机硫而后除去。其次就是进行天然气转化的步骤，脱硫后的原料进入转化炉进行甲烷水蒸气重整，该反应是一个强吸热反应，反应所需要的热量由天然气燃烧供给。因为反应为吸热反应，为了提升反应的转化率，需要在高温下进行，其反应温度一般维持在750~920℃。另外，由于该反应为体积增大过程，故该反应压力一般在1.5~2.5MPa。此外，在反应时还会采用过量的水蒸气来提升反应的速度，其与甲烷的物质的量比为2.8~3.5。而后合成气进入水汽变换器，一般会经过两段变温操作，将一氧化碳转化为二氧化碳与氢气，提高了氢气的产率。其中，高温变换的温度约为360℃，中温变换的温度大约为320℃。但是，在转化气中一氧化碳含量不高的情况下，一般只会采用中温变换。最后是氢气的提纯，主要包括物理过程的冷凝-低温吸附法、低温吸收-吸附法、变压吸附法和化学过程的甲烷化等方法，其中最常用的是变压吸附法，这种系统能耗低、流程简单、制取氢气的纯度高。

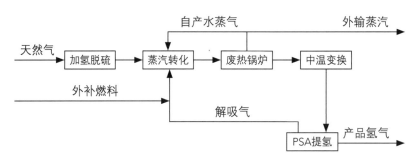

图11-2　天然气重整制氢工艺流程简图[2]

除了天然气水蒸气重整制氢外，其他天然气非水蒸气转化制氢路线也受到了深入研究，主要有：甲烷部分氧化法制氢，天然气催化裂解制氢，甲烷二氧化碳重整制氢。

甲烷部分氧化法制氢是指甲烷和氧气在催化剂的作用下，甲烷氧化生成氢气和一氧化碳，反应为放热反应，反应温度为750～900℃，生成的氢气量约是一氧化碳的两倍。部分氧化法相比于水蒸气重整法，可以在更大的空速下进行，同等规模的反应器将会有更小的体积，但是，因为需要氧气，则要求配套空分装置。目前，由于催化剂等问题，甲烷部分氧化法尚没有实现规模的工业化使用。

天然气催化裂解制氢是将天然气脱水、脱硫、预热后进入反应器，并与催化剂接触作用，在催化剂表面裂解反应生成氢气和炭。该反应是吸热过程，为此需要在加热器外围持续供热补充热量。而后反应物经过旋风分离器分离炭和催化剂，最后经过变压吸附得到高纯度氢气。天然气催化裂解制氢反应不产生二氧化碳，同时还可以生成炭，可作为高端化碳材料的原料。为此，该工艺具有经济和社会效益，但是目前仍处于研究开发阶段。

甲烷二氧化碳重整制氢的原料是甲烷和二氧化碳，不需要水蒸气的参与，其反应的产物为一氧化碳和氢气，其生成量比约为1，该重整过程为强吸热反应，但是反应是分子数增加的熵增过程，当反应温度超过640℃时，反应将可以自发进行。

11.1.3.4 工业副产物制氢

工业副产氢气主要分布在化工、钢铁等行业，主要包括氯碱副产品制氢、轻烃裂解等几种方式。充分利用工业副产物制氢，既能提高资源利用效率和经济效益，同时还可以降低污染并改善环境。同时，其具有成本低、分布广等特点，可以有力推动氢能源下游市场的培育。

氯碱厂以食盐水为原料，采用离子膜电解槽生产烧碱和氯气，同时可以得到副产氢气。烧碱与氢气的产量比约为40∶1，我国氯碱工业每年的副产氢气约为75万～88万吨。

其中氢气纯度约为98.5%，主要含有氯气、氧气、氯化氢以及水蒸气等杂质。经过变压吸附技术提氢装置处理去掉杂质后可以获得高纯度的氢气，用于生产下游产品。目前，生产每立方米氢气的成本约为1.3元。我国氯碱副产氢气大多进行了综合利用，主要的利用方式是生产化学品，例如双氧水、盐酸、氯乙烯等。另外，还有部分氯碱副产氢气会直接排空，据统计，我国氯碱副产氢气每年放空约20亿立方米，放空率高达20%，造成了极大的氢气资源浪费。

包括丙烷脱氢和乙烷裂解在内的轻烃裂解副产氢气也可以作为燃料电池供氢的潜在来源。因为轻烃的原料组分相对单一，因此制备得到的氢气纯度较高，提纯难度也更小。"十四五"期间，我国丙烷脱氢项目的丙烯年总产能将有望突破1000万吨，其每年的副产氢气将超过40万吨。其工艺是汽化的丙烷经过多级加热升温到600℃左右并送入反应器，而后在负压操作下，丙烷发生脱氢反应，生成丙烯、氢气及少量副产物。丙烷脱氢装置富氢尾气价格约为0.6~1.0元/m³，经过变压吸附后，可以达到纯度99.999%的氢气，此时氢气成本约为0.89~1.43元/m³，如图11-3给出Oleflex丙烷脱氢装置工艺流程。目前我国丙烷脱氢制丙烯装置的原料大多依赖进口，其产能大多数也分布在沿海地区，丙烷脱氢产业区域与氢能产业区域有着一定的重叠，将有效降低氢气运输费用。为此，丙烷脱氢副产氢气将可以成为低成本的氢气来源。乙烯是中国需求量最大的烯烃之一，随着乙烷裂解生产乙烯技术的成熟，国内企业开始布局乙烷裂解的大规模生产，目前规划的乙烷裂解产能达到了1460万吨，其副产氢气约可达90万吨。乙烷裂解副产品制氢同丙烷脱氢制氢相同，都是未来最具有潜力的氢气来源之一。

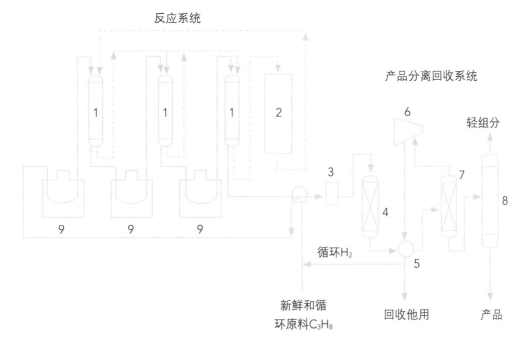

图11-3　Oleflex丙烷脱氢装置工艺流程

1—反应器；2—CCR（连续催化重整）装置；3—压缩机；4—干燥器；5-冷箱；
6—透平膨胀机；7—分离器；8—分馏装置；9—加热炉

11.1.4 碳中和推动"物质氢"向"能源氢"转变

众所周知，碳、氢、氧这三种元素在地球上是最多的，它们共同构成我们身边丰富多彩的有机物世界，从日常生活中使用的家具到自然界中的植物、动物等。为了满足人们对更方便、更便利生活方式的需要，人类进入合成材料时代。在人造的材料中，同样使用碳、氢、氧这三种元素，主要是碳氢化合物，制造出成千上万吨的聚乙烯、聚丙烯、尼龙、塑料、人造橡胶等物质，极大丰富了人类的物质生活，碳氢化合物构成人类合成材料的物质来源。此外，碳、氢、氧这三种元素组成的物质中蕴含了巨大的能量。人们习惯于燃烧化石能源，将碳与氧相互作用，通过氧化反应释放热量，用于取暖、发电、开车，推动各种各样的社会活动。但是，碳与氧反应后产生大量二氧化碳，该温室气体带来日益严峻的大气环境问题。

因此，要实现碳中和，核心问题是寻找新的能源载体，代替原先碳所发挥的作用，这是实现碳中和目标的重要途径。与碳元素相比，氢同样具备物质与能源双重属性。一方面，人们利用氢作为原料，通过碳氢化合物制造各种各样的合成材料，满足人类的物质需求；另一方面，将氢气作为能源载体，氢气与氧气相互作用，利用氧化反应释放热量，满足人类社会活动中的能量需求。与碳作为能源载体最大的区别在于，氢气与氧气反应后产生水，与目前地球上的水环境完全和谐，没有任何环境污染，能够完全避免使用大量的碳物质作为能源载体产生的温室气体排放问题。因此，使用氢作为能源载体，代替原先大量使用的碳，从源头上减少了碳排放。总而言之，推动"物质氢"向"能源氢"转变，建设零碳排放的新型能源体系，是实现"碳中和"的重要途径。

11.2 可再生清洁能源制氢技术

能源转型是实现经济社会可持续发展的必然选择，提升可再生能源比例，大力推动风力发电、太阳能发电等可再生能源技术的发展是实现能源绿色转型和低碳发展的重要举措。但是，可再生能源存在间断性和不稳定的问题，不能直接并入电网使用，导致低利用率和低占比。为了将分散的低密度能源利用起来，发展大规模电能转化与存储技术具有战略价值。电解水制氢技术是相当成熟的技术，具有高响应速度等优点，能够有效消纳可再生能源电力，同时，制备得到的氢气可作为燃料或还原剂应用在商业中，实现零碳排放。为此，可再生清洁能源制氢技术成为切实可行的技术路线，有利于推动国家能源转型。

11.2.1 电解水制氢技术概述

电解水制氢技术是传统的制氢技术，Nicholson和Carlisle于1800年发现这种技术。其具有工艺简单、制氢纯度高（99%～99.9%）、制氢设备响应快和启动快、操作方便、完全自动化等优势。电解水是通过电能给水提供能量，从而破坏水分子的氢氧键来制备氢气的方法，其原理是在阴极上得到电子析出氢气（氢析出）和在阳极上失去电子析出氧气（氧析出）的反应。

目前，电解水制氢技术的产氢量仅仅占总产氢量的4%，这是由于高电解水能耗使其制氢成本远远高于化石燃料的制氢成本，导致其竞争力较低。目前制备每标准立方米氢气的电耗为4.5～5.5kW·h，因此降低单位氢气电解水能耗是提高电解水制氢技术竞争力的关键。单位氢气电耗的计算方法为：

$$制氢能耗E=2.39 \times U [kW \cdot h/ (m^3 (标) H_2)] \quad (11-1)$$

其中，U为电解槽中单元电压（V），因此，电解水产生单位氢气的能耗仅仅与小室电压有关。在标准状态下，电解水的理论分解电压为1.23V，但在实际操作中，由于阳、阴极化过电位（η_a、η_b）、电解液内阻/隔膜内阻/接触电阻（η_Ω）原因，小室的实际电压高于1.23V，可用式（11-2）表示：

$$U=1.23+\eta_a + |\eta_b| + \eta_\Omega \quad (11-2)$$

因此，为了进一步提高电解槽的电解效率，减小电解水能耗，可以通过发展高性能催化电极材料、高性能隔膜材料或膜材料、新型电解槽结构（膜电极结构电解槽等）来降低电解槽电压。

11.2.2 电解水制氢催化材料

析氢过程和析氧过程的反应动力学惰性将导致高析氢和析氧过电位，其过电位约占槽电压的1/3，导致高电解水能耗。目前，铂系贵金属被认为是最佳的析氢催化剂，IrO_2等贵金属氧化物为高性能析氧催化电极，但是它们昂贵的价格限制了其商业化使用。因此，研究开发高性能、低成本、高稳定性的催化剂非常重要。

一般来说，析氢和析氧两个过程发生在电解液-气体-催化剂的三相界面处，即在催化剂-电解质-气体产物处。例如，在氢析出过程中，电子从集流体传递到催化活性位点，同时水分子被吸附到催化活性位点处，经一系列表面反应，包括电荷转移、分子重构、断键、成键等，氢分子在活性位点处形成，而后氢分子成核生长，最终从活性位点处脱附。为此，优化调节传质过程、电荷转移过程、表面反应是设计高性能催化剂的出发点。

目前，催化剂研究可以分为两类：粉末型催化剂与自支撑催化剂。其中粉末型催化剂是将制备得到的粉末状催化剂通过黏结剂[PTFE（聚四氟乙烯）等]固定在导电基底上，制备形成催化电极，而自支撑催化剂是将催化活性物质原位生长在导电基底上，直接得到"一体化"三维催化电极，从而避免使用黏结剂等（见图11-4）。由于电催化剂制备技术研究历史和主要应用领域的原因，大多数合成的是粉末状催化剂，在电解水制氢过程的应用中往往存在以下几方面问题：

① 使用聚合物黏合剂，不可避免地增加了传质阻力，并覆盖了催化活性位点。

② 粉末型催化剂与导电基底间的黏附力较低，导致粉末型催化剂的负载量通常小于$1mg/cm^2$，提供的催化活性位点有效。

③ 在长时间或大电流密度电解过程中，粉末型催化剂容易从导电基底上脱落，引起电催化性能急速下降。

与传统的粉末型催化剂电极相比，自支撑催化剂电极具有以下优势：

① 催化剂在导电基底上的原位生长避免了添加黏结剂，简化电极制备过程，显著降低成本。

② 导电基底可分散催化剂，提高催化剂载量，从而提供丰富的催化活性位点。

③ 催化层与导电基底的结合紧密，无需额外的黏结剂，确保快速电荷转移，并防止催化剂脱落。

④ 通过对电极表面形貌和微观结构的合理调控，自支撑电极更容易实现表面亲水/疏水调节。

亲水电极能加速气泡脱离，增强电催化剂/电解质接触，促进电荷和离子转移。这些优点有利于自支撑电极在大电流密度条件下具有优异的催化活性并保持长期电解稳定性。因此，近几年围绕自支撑电极的设计与制备取得显著进展。

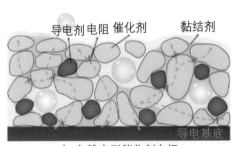

（a）粉末型催化剂电极　　　　　　（b）自支撑催化剂电极

图11-4　基于粉末型催化剂的传统气体扩散电极结构和电化学特征示意图（a）及在导电基底上原位生长催化剂的自支撑电极结构和电化学特征示意图（b）

综合归纳目前报道的大量析氢电催化剂，大体可以分为以下几类。

（1）过渡金属磷化物

研究表明过渡金属磷化物例如CoP、Co_2P、FeP、NiP等表现出高析氢催化性能，目前常见的制备方法为通过化学气相沉积法使用次磷酸钠加热分解PH_3作为磷源，金属氢氧化物、金属氧化物、金属有机框架、金属等作为金属源，而后在一定温度下反应制备得到。一般来说，金属磷化物在碱性和酸性环境下都能表现出高催化析氢活性和稳定性。

（2）过渡金属硫/硒化物

过渡金属硫/硒化物，例如MoS_2、Ni_3S_2、CoS_2、WS_2、Ni_3Se_2、$CoSe_2$等，同样被深入研究，并具有发展为新型析氢催化剂的潜力。金属硫/硒化物在碱性或者酸性条件下都具有较高的催化活性。为了开发相应的高性能催化剂，不同的策略，例如相转换、与高导电性物质复合、纳米结构化等，被广泛使用。另外，相比于过渡金属硫化物，同种过渡金属硒化物一般会表现出更高的本征活性。

（3）过渡元素合金

合金的种类繁多，一般二元和三元合金受到较多的研究。常见的二元合金主要有镍钼、镍钴、镍铁等，三元合金主要有镍铁钴、镍钼钒等，这些合金在碱性条件下具有高稳定性和活性，且制备工艺简单易行，因此对其研究最为广泛。

同样地，目前报道了大量的析氧催化剂，大体可以分为以下几类。

（1）金属氧化物

金属氧化物种类繁多，其中单金属氧化物和双金属氧化物受到了广泛研究。单金属氧化物主要有Co_3O_4、NiO、CoO等，双金属氧化物主要有$NiCo_2O_4$、$LaNiO_3$等，一般来说，制备得到的氧化物具有高氧空穴，因此表现出较高的析氧催化活性。另外，这些金属氧化物在碱性条件下具有高耐腐蚀性、低成本等优点，所以是高潜力的析氧材料。

（2）过渡金属氢氧化物

过渡金属氢氧化物可以分为一元过渡氢氧化物[$Ni（OH）_2$、$Co（OH）_2$等]、二元过渡金属氢氧化物（NiFe-OH、NiCo-OH等）、三元过渡金属氢氧化物（NiFeCo-OH）。一般来说，这些氢氧化物为片状结构，制备超薄纳米片结构能使过渡金属氢氧化物的催化性能显著提升。过渡金属氢氧化物同样在碱性环境下具有高稳定性，同时，其催化活性甚至可以媲美贵金属氧化铱。

（3）贵金属氧化物

对于非贵金属氢氧化物或者氧化物，其在酸性环境下的稳定性极差，而贵金属氧化物则恰恰相反，它们在酸性条件下具有高稳定性。因此，贵金属RuO_2、IrO_2等被广泛研究作为高性能的析氧催化剂。另外，由于贵金属价格昂贵，所以目前的研究主要集中在低负载量贵金属氧化物方面。

11.2.3 电解水制氢膜材料

一般来讲，在电解槽内电极与电极之间会设置隔离膜来防止氢气和氧气互相扩散，同时允许水和离子（氢氧根、氢离子等）渗透。因此，为了满足电解水制氢的需求，对膜材料一般有高要求：a. 能够被电解液浸润的同时具有高耐电解液性能；b. 气泡不能透过；c. 具有高机械强度且价格低廉。目前研究比较多的隔膜材料主要有：石棉隔膜材料、非石棉隔膜材料、聚苯硫醚隔膜、聚砜类隔膜、离子交换膜等。

（1）石棉隔膜材料

石棉是运用最为广泛的隔膜材料，主要用于碱性水溶液电解水制氢技术。但是，在实际使用中，石棉隔膜暴露出来种种缺点。首先，石棉隔膜会导致高电解电阻，从而降低电解水效率；其次，隔膜的机械强度和隔气能力不够，往往影响氢气纯度；最后，石棉具有毒性，会危害呼吸道甚至致癌。因此，石棉隔膜已经不适合作为电解水用隔膜材料，并被其他新材料代替。

（2）非石棉隔膜材料

非石棉隔膜材料一般是指性能独特的高分子聚合物和无机物复合成的膜材料，具有价格便宜、耐碱性高等优点。高分子聚合物一般是指具有高耐碱性和化学稳定性的共聚物等，如聚四氟乙烯等含氟材料。使用的无机物一般具有高稳定性，不参与聚合反应，仅仅与高分子聚合物发生物理黏合，其中常用的无机物有氧化物（ZrO_2、TiO_2等）、硅化物等。但是，遗憾的是，非石棉隔膜材料不能有效地被电解液浸润，从而也一直没有实现广泛的商业化应用。

（3）聚苯硫醚隔膜

聚苯硫醚（PPS）是一种具有高热稳定性、耐化学腐蚀性、高机械性能的非结晶、热塑性树脂。但是，与非石棉隔膜相似，PPS的亲水性极差，膜材料无法被电解液浸润。为了解决这个问题，可以对PPS的表面进行亲水改善，比如可以通过非织毡辐射，PPS的亲水性得到显著改善，同时其物理化学性质没有明显降低。因此，通过完善亲水改善技术，PPS隔膜有望发展为下一代碱性水溶液隔膜，得到广泛的应用。

（4）聚砜类隔膜

同PPS相似，聚砜类隔膜同样具有高热稳定性和耐腐蚀性，但是其亲水性较差，导致高膜电阻和低氢气纯度。因此，现在的研究工作主要聚焦在合成功能化的聚砜类隔膜，目前聚砜类隔膜一般可以通过相转化法来制备得到。比如将聚砜类材料与磺化物共混，通过相转化法制备得到了亲水性复合隔膜。

（5）阳离子交换膜

质子交换膜电解水制氢技术的发展受到阳离子交换膜的严重制约。阳离子交换膜膜骨架中带有负电荷的官能团，例如磺酸基、羧基、磷酸基等，从而能够选择性透过阳离子并且阻挡阴离子。因此，离子交换膜用于电解水领域，同样有多个要求：a. 高离子选择性；b. 高离子传导性；c. 高稳定性。目前使用最广泛的阳离子膜材料为全氟磺酸离子交换膜，一般可通过四氟乙烯单体与偏氯乙烯醚共聚得到，但是它们价格非常昂贵，因此研究开发高性能阳离子交换膜是研究重点。

（6）阴离子交换膜

为了克服质子交换膜电解水制氢技术高材料成本的问题，阴离子交换膜电解水在2012年被提出，将传递质子交换膜替换为传递氢氧根的阴离子交换膜，从而提供局部碱性环境，有效避免价格昂贵的全氟磺酸膜、铂碳等贵金属催化剂、钛基双极板。因此，阴离子交换膜是该技术的重中之重。但是，商业化阴离子交换膜其耐碱稳定性与OH⁻传导率都较低（表11-2），难以满足阴离子交换膜的商业化应用。因此，近年来阴离子交换膜受到了广泛的研究。

表11-2　现有的碱性离子交换膜技术特性对比

膜种类	生产商	厚度/μm	氢氧根传导率/(mS/cm)
Fumasep® FAA-3	Fumatech	45～50	40～45
Sustainion® 37-50	Dioxide Materials	50	70
Tokuyama A201	Tokuyama	28	42
Aemion™	Ionomr	50	80
Orion™	Orion Polymer	30	60

一般来说，阴离子交换膜主要由带有正电荷的高分子骨架构成，从而实现氢氧根的选择性通过与电场下的定向迁移。早期对阴离子交换膜的研究主要集中在对现有的工程塑料进行接枝改性，主要有聚苯醚、聚醚砜等。但是改性后的阴离子交换膜在高温、强碱性的环境下，骨架中的醚键被OH⁻进攻，从而导致膜的破裂。因此，目前的研究更多集中在无

醚键主链的阴离子交换膜上，从而改善了这一问题。另外，为了进一步提升膜中氢氧根的传导能力，可以通过对膜内的离子基团进行更加有效的定向排列，从而形成一定的离子通道，比如通过调节多种分子间的作用力，诱导功能基团自发组装和排列。

针对碱性膜电解（AEMWE）电化学能源转化过程所需的碱性膜，从分子设计角度分析耐碱稳定性机理，将稳定性与离子传导率进行平衡，已经优选出具有应用潜力的高分子材料，包括以下几类。

① 在高分子骨架方面，需要对原料丰富、反应简单、结构稳定的合成方法给予关注，如超酸催化反应一锅法（one pot）制得芳基无醚键的膜材料，极具应用前景。

② 在阳离子基团设计方面，结构简单的三烷基季铵盐易于制备，具有相对较好的室温耐碱性，降解机理明确，需要进一步提高其稳定性。

③ 通过引入超分子作用或者使用大位阻基团保护途径，有望在合适的制备条件下，平衡制膜成本与膜性能。

11.2.4 电解水制氢过程

从1800年发现电解水现象，迄今为止，主要有四种不同类型的电解水制氢技术（表11-3），即碱性水溶液电解水（AWE）、质子交换膜电解水（PEMWE）、固体氧化物电解水和阴离子交换膜（AEM）电解水。其中，固体氧化物电解水需要在750~900℃下运行，对材料的耐受性要求高，目前处于研究阶段，而其他三项技术为水溶液电解水技术，操作温度较低，一般低于90℃。目前发展最成熟的电解水制氢工艺是碱性水溶液电解水技术，其具有操作简便的优势，已经实现大规模商业化运用。但是，其存在低电解水效率、低响应速度、高碱浓度、对装备严苛的缺点。而质子交换膜电解水制氢技术能够有效地解决这些问题，由于使用致密的隔膜和电极与隔膜之间的零间距接触，可以实现迅速动态响应和高电解效率，同时电解过程使用纯水，可以解决碱液对设备腐蚀的问题。但是质子交换膜电解水技术采用的膜价格昂贵且需要贵金属催化剂，导致制氢成本高。阴离子交换膜电解水则结合了碱性水溶液电解水技术低成本的优势和质子交换膜电解高效率等优势，是最新发展的电解技术。阴离子交换膜电解水可使用非贵金属催化剂且不需要使用昂贵的全氟磺酸膜，从而降低材料成本。但是，目前阴离子交换膜电解水仍处在发展阶段，其中阴离子交换膜在强碱性条件下的离子电导率、耐碱稳定性、机械性能难以兼得是最需要解决的问题。

表11-3 现有电解水制氢技术比较

项目	AWE	PEMWE	固体氧化物膜（SOEC）	阴离子交换膜（AEM）
温度/℃	70~90	65~85	750~950	65~85
压强/MPa	0.1~3.2	0.1~3.5	0.1	0.1~3.2
电流密度/(A/cm²)	0.2~0.5	1.5~2.5	1.0~2.5	0.8~2.1
能耗/ [kW·h/m³H₂]	4.3~5.1	4.3~4.6	3.6~4.0	4.2~4.6

项目	AWE	PEMWE	固体氧化物膜（SOEC)	阴离子交换膜（AEM)
电解液	5~7mol/L KOH	纯水	纯水	1mol/L KOH/纯水
隔膜	石棉布、PPS布	全氟磺酸离子膜	固体电解质	碱性离子膜
阳极（析氧电极）	不锈钢镀镍	IrO₂	Ni/YSZ	镍网
阴极（析氢电极）	不锈钢镀镍	贵金属铂碳	钙钛矿型氧化物	NiFeCo合金
双极板	不锈钢镀镍	不锈钢镀镍	无	不锈钢镀镍
边框与密封	碳钢、PTFE、EPDM	PTFE、PSU、ETFE	玻璃陶瓷	PTFE、EPDM
技术成熟度	9	7	5	4

11.2.4.1 碱性水溶液电解水制氢

碱性水溶液电解水是目前最成熟、最经济的电解水制氢技术，被广泛使用于大规模制备氢气、氧气过程。碱性水溶液电解槽主要由直流电源、阳极、阴极、隔膜、密封垫片、边框等构成。如图11-5所示，是传统碱性水溶液电解水技术的示意图。通常电解液为高浓度氢氧化钾溶液，其浓度为20%~30%（质量分数）；早期隔膜主要由石棉组成，近年来采用替代隔膜，例如PPS；现工业用析氧电极主要为镍网等，析氢用电极为镀镍镍网等；电解槽工作温度为70~90℃，压力为1~32bar。电解水时，水分子在阴极上被分解为氢离子和氢氧根离子，而后氢离子得到电子并生成氢气，氢氧根离子则在电场作用下穿过隔膜到达阳极，并在阳极上失去电子生成水分子和氧分子，其阴、阳电极反应式如下：

阴极：$4H_2O + 4e^- \longrightarrow 2H_2 + 4OH^-$ （11-3）

阳极：$4OH^- \longrightarrow O_2 + 2H_2O + 4e^-$ （11-4）

总反应式：$2H_2O \longrightarrow 2H_2 + O_2$ （11-5）

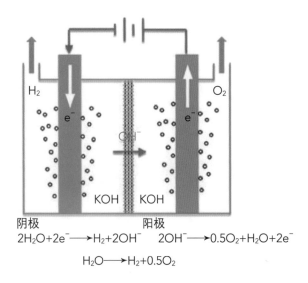

阴极
$2H_2O + 2e^- \longrightarrow H_2 + 2OH^-$　　　阳极 $2OH^- \longrightarrow 0.5O_2 + H_2O + 2e^-$

$H_2O \longrightarrow H_2 + 0.5O_2$

图11-5 碱性水溶液的电解槽示意图

目前，研究使用最为广泛的碱性电解槽主要有两种结构，即单极式电解槽和双极式电解槽。其中单极式的电解槽中电极是并联的，电解槽在低电压、大电流密度下操作；而在双极式电解槽中则是串联的，电解槽在高电压、低电流密度下操作。相比于单极式电解槽，双极式电解槽的结构更紧凑，从而能够减小电解液电阻，提高电解槽的效率，但是其复杂的结构也不可避免地增加设计复杂度，从而导致其制造成本高于单极式电解槽。鉴于目前更强调的是电解效率，现在工业用电解槽多数为双极式电解槽。

为了进一步提高碱性水溶液电解效率，进行了大量改良型的碱性水溶液电解的研究开发。主要的研究集中在以降低反应过电位为目标，开发能在高温下工作的材料。大量的高稳定高活性电极和高耐腐蚀低电阻的隔膜被研究开发出来。聚合物具有良好的物理化学稳定性与不透气性，已成为石棉材料的良好替代膜材料。同时通过设计零间距这种电解槽结构，电极与隔膜之间的距离为零，能够有效地降低电解液电阻。此时催化电极直接贴在隔膜两侧，在阴极生成的氢氧根离子能够直接通过隔膜到达阳极，没有传统电解槽中的电解液电阻从而有效提高电解槽的效率。

为了评价制氢成本，仅仅从技术经济的角度评价是不全面的，由式（11-6）可知制备单位氢气的能耗，因此可以定义单位氢气电解水制氢的费用为：

$$单位氢气电解水制氢成本=\frac{设备费×年经费率}{8760×运转率×制氢量}+电价×2.4×U\,[元/m^3（标）]\quad（11-6）$$

式（11-6）中第一项为固定费用，因此对于同规模电解槽来说，如果能够在高电流密度下运行，其制氢量将会增加，从而降低成本。第二项为运转成本，随着电价和单元电压的下降而下降。因此，电解水技术的开发应以低电压、高电流密度为基本目标。

11.2.4.2 质子交换膜电解水制氢

该技术于20世纪70年代由美国GE公司提出的，它是具有与固体高分子燃料电池相似结构的电解水技术。与碱性水溶液电解水工艺最显著的区别是其使用质子交换膜为固态电解质，从而替代了碱性水溶液，并具有阻隔气体的功能。质子交换膜电解水制氢装置可形成一个紧密的结构，显著地降低了装备的体积。另外，由于质子交换膜的使用，质子交换膜电解水工艺克服了使用强碱性溶液的缺点。膜电极是质子交换膜电解水中反应发生、能量转化以及物质传输的场所，对质子交换膜的商业化起关键作用。如图11-6所示，膜电极包括气体扩散层、催化层和质子交换膜三部分，气体扩散层和催化层分别在膜两侧形成"三明治"结构。目前，质子交换膜电解水电解槽使用全氟磺酸膜作为阳离子交换膜（proton exchange membrane，PEM），该PEM具有极高的质子传导率，其厚度一般为$100\sim300\mu m$。在电解过程中，水分子在阳极被分解为氧气和氢离子，而后水合氢离子通过膜向阴极移动，并在阴极与电子结合生成氢气。

这种电解法的特点是膜作为固体电解质，PEM电解槽不需要电解液，只需纯水。与碱性水溶液电解相比，质子交换膜电解水的性能显著提升。其原因如下：在碱性水溶液电解槽中，两催化电极之间有大于1cm的间隙。这部分的溶液电阻导致了其低的电流密度和能量转化效率。在质子交换膜电解水中，两催化电极的间距降低至<2mm，显著降低了氢离子在电解液中传递的欧姆电阻，同时，因为使用超薄高质子传导性的PEM，欧姆阻抗可以进一步减小。另外，不同于碱性水溶液提高电流密度时由于气体阻抗变大而使工作电流密度存在限度的情况，PEM电解槽生成的气体能够直接排除，因而没有气体阻抗，从而具有显著提升电流密度的特征。这些优势使得PEM电解槽具有高电解效率，一般可以达到85%或以上。此外，质子交换膜电解水与传统碱性溶液电解水相比具有启停速度快、能量利用效率高、气体纯度高、绿色环保、能耗低、无碱液、体积小、安全可靠、可实现更高的产气压力等优点。然而，在酸性环境和高电势的严苛条件下，质子交换膜电解水必须使用贵金属（如Pt/C和IrO_2）作为电极催化剂，导致制氢成本显著提高，阻碍了质子交换膜电解水的大规模应用，因此降低这些材料的成本是当前的重要课题。

膜电极组件作为零间隙型电解槽的核心部件，是电解水过程中进行电化学反应和传质的场所，是决定电解性能和稳定性的重要因素。膜电极的传统制备工艺根据催化层的支撑体不同可分为CCM（catalyst-coated membrane）法和CCS（catalyst-coated substrate）法两种。CCM法以干燥的聚合物膜为支撑体，将催化层以多种方式结合于聚合物膜两侧，形成具有三层结构的膜电极；CCS法以气体扩散层为支撑体，首先将催化层以多种方式依附于气体扩散层上制备多孔气体扩散电极，最后将多孔气体扩散电极与聚合物膜通过热压方式结合成具有5层结构的膜电极。除了用CCS法和CCM法制备的膜电极结构外，近年来通过构建具有合理催化剂层结构的膜电极被提出。Middelman等提出了一种理想的PEM燃料电池催化剂层结构，其催化剂层厚度超薄，孔隙垂直排列，活性位点位于电子和离子导体的边界，这种结构有利于反应物、电子和质子的传输，研究表明这种有序结构的膜电极比传统法制备的膜电极电池性能显著提升。该类有序化膜电极被普遍认为是第三代膜电极。在电解水系统中，与传统结构的膜电极相比，有序化膜电极具有提高催化剂利用率、降低成本及增强气液传质等优势。

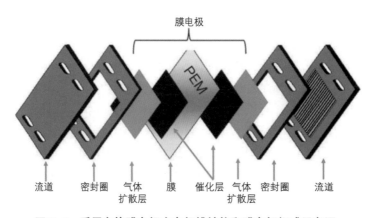

图11-6　质子交换膜电解水电解槽结构和膜电极组成示意图

11.2.4.3 固体氧化物电解水制氢

电解水的效率表示生成物的能量与施加电能的比，即用$\alpha=\Delta H/\Delta G$来定义，电解水可有效利用的热能将随着温度的升高而增加，意味着理论效率将升高。因此，可以通过提高电解水的反应温度来提高电解水效率。例如，在1000℃下水蒸气电解的工作电压是1.3V。基于这个基础，固体氧化物电解槽被发展起来，其工作原理为高温水蒸气进入管状电解槽后（为了满足高温工作需求，其组成单元几乎都为陶瓷材料，很难实现大部件化，因此其电解槽结构被做成圆筒形），在阴极处被分解为氢离子和阳离子，其中氢离子得到电子生成氢气，而氧离子则通过固体电解质到达外部阳极生成氧气，如下式所示：

$$阴极：H_2O + 2e^- \longrightarrow H_2 + O^{2-} \tag{11-7}$$

$$阳极：O^{2-} \longrightarrow \frac{1}{2}O_2 + 2e^- \tag{11-8}$$

固体氧化物电解槽要求电解质具有高离子电导率、低电子电导率和良好的稳定性，目前使用最为普遍的是氧化钇稳定的氧化锆，这种材料在高温下具有高离子电导性和热化学稳定性。近些年来，一些新型的电解质材料如镧、锶、镓、镁等也取得一些进展，但是其与电极材料存在相容性问题。因此，为了进一步提高电解质的离子电导率，目前的研究重点集中在氧化电极材料的相容性与电解质的薄膜化。在氢电极和氧电极方面则要求：高电子、高离子导电率，与电解质的高相容性，具有较好的稳定性。但是因为苛刻的工作环境，电极材料会遇到各种艰难的问题，例如：在氢电极方面，在高电流密度和高水蒸气浓度下容易发生衰减；在氧电极方面，电解过程在电极-电解质界面处的高氧分压使得氧电极容易分层。因此，目前的研究重点主要关注氢电极的衰减机理和致力解决氧电极分层问题。

固体氧化电解槽是目前各种电解水制氢电解槽中效率最高的电解槽，通过对废热的利用，其总效率可以达到90%以上。但是由于在严酷的高温环境中运行，存在对材料要求高等问题，这也是后续研究需要进一步解决的。另外，研究中温（300～500℃）固体氧化物电解槽以降低对材料的要求也是后续发展的趋势之一。

11.2.4.4　碱性膜电解水制氢

以阴离子交换膜（AEM）替代质子交换膜，可结合传统碱性溶液电解水与质子交换膜电解水的优势。基于这一点，碱性阴离子交换膜电解水技术应运而生。阴离子交换膜电解可在碱性条件下使用非贵金属作为电极催化剂，这可显著地降低制氢成本。另外，阴离子交换膜电解水可使用纯水或低浓度碱性水溶液作为电解液，这缓解了强碱性溶液对设备的腐蚀。由于使用阴离子交换膜取代碱性水溶液，阴离子交换膜电解装置体积和重量极大地减小。阴离子交换膜比质子交换膜电解中使用的全氟磺酸膜更便宜，阴离子交换膜电解水技术能够兼有阳离子交换膜电解水技术的优势，同时能够显著降低其电解水成本，近年来受到了广泛的研究。

图11-7为阴离子交换膜电解水过程示意图。水分子在阴极被分解为氢离子和氢氧根离子，而后氢离子在阴极得到电子生成氢气，而氢氧根离子则在电场作用下穿过薄膜到达阳极，并在阳极失去电子生成氧气和水。目前，高性能阴离子交换膜电解水的研究主要集中在催化材料、膜材料、膜电极结构上，从而提升阴离子交换膜电解水的电解性能。为此，

其高性能的阴离子交换膜电解水电解槽的根本出发点与设计高性能质子交换膜电解水技术是相似的。目前，部分研究中，阴离子交换膜电解水技术的电解水性能已经可以做到和质子交换膜电解水技术媲美。但是，遗憾的是，目前阴离子交换膜电解水技术仍然处于早期研究开发阶段，其初步商业化仍然需要努力。

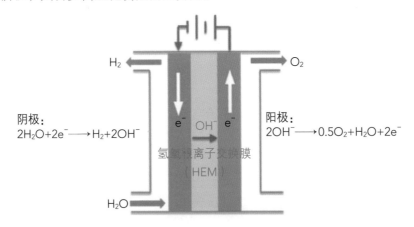

图11-7　阴离子交换膜电解水过程示意图

11.2.5　可再生能源电解水制氢展望

传统的碱性水溶液电解是在两个极板之间液态碱性电解质的基础上进行的。多孔膜用于防止产生的气体混合。电极间隙一般在2mm以上。由于电解液和气泡的高内阻，传统碱性水溶液电解的电流密度低（$0.3 \sim 0.5 A/cm^2$），效率通常只有60%。1967年，Costa等首次提出了零间隙碱性膜电解槽。通过压缩两侧的催化电极距离来实现电解槽的零间距，从而使电极之间的电压降达到最小。膜电极组件（MEA）作为零间隙电解槽的核心部件，是电解水过程中进行电化学反应和传质的场所，是决定电解性能和稳定性的重要因素。

从功能角度来看，膜电极是"膜+电催化"，既能够隔离电解水过程析出的氢气、氧气，确保电解槽运行安全，还能够在相对温和的条件下完成大规模电能转化。MEA通常由多孔气/液扩散层（LGDL）、催化剂层（CL）和离子交换膜组成夹层结构，水通过电催化剂与电子发生电化学反应，并分裂成氢离子和氢氧根离子。然后，离子通过离子交换膜生成气体。离子交换膜电解槽的性能取决于电化学反应和MEA的相关性能，包括电催化剂的使用、膜的电导率、CL活性和LGDL结构。

膜电极的制备方法有很多种，主要可分为两大类：CCS（catalyst-coated catalyst）法和CCM（catalyst-coated membrane）法。早期的MEA的制备方法通常是CCS法。电催化剂通过各种方法（喷涂和丝网印刷）涂覆在LGDL（金属泡沫或可能的网状结构）上，形成气体扩散电极。然后将膜与气体扩散电极通过热压制备MEA。虽然这种MEA的制备方法简单，但在长期操作中，膜与CL之间的界面很容易分离。为了缓解这一问题，CCM法开始用于MEA的制备。催化剂直接沉积在膜两侧制备MEA。与基于CCS方法相比，CCM法制备的MEA表现出更高效的电催化剂利用。

在碱性膜电解水制氢过程中，电化学反应仅仅发生在"三相边界"上，即有电子导体、活性催化剂、碱性离聚物和反应物/产物路径的位置。利用膜电极耐受阴极、阳极腔室中压强波动特征，使得电解槽直接与具有波动性的电源相连，大幅度降低可再生清洁能源电解水制氢的装置成本。

由于风能、太阳能等可再生能源技术的发展，以及以燃料电池为动力的交通能源的需求，氢作为清洁高效的能源载体引起国内外的高度关注。高效率电解水制氢技术将成为未来新能源产业的战略制高点。通过关键材料、电解槽结构、电解水工艺的发展完善，实现低能耗电解水制氢，从而提高电解水制氢技术的市场竞争力，这是后续需要持续跟进的。

11.3　零碳排放的氢能应用

11.3.1　燃料电池

燃料电池是氢能高效利用的重要途径，通过燃料电池发电过程，把化学能直接转化为电能。由于避免了现有的热机发电过程的热功转换，从根本上突破了卡诺循环的热机效率限制。燃料电池工作时，氢气或其他燃料输入阳极，并在电极和电解质的界面上发生氢气或其他燃料氧化与氧气还原的电化学反应，产生电流，输出电能。与传统发电方式相比，燃料电池能量转换过程无明火燃烧活动，且具有燃料多样化、噪声低、排气较清洁、对环境污染小、维修性好以及可靠性高等优点，被誉为继火电、水电及核电之外的第4种发电方式。燃料电池作为核心动力装置可广泛应用于便携式设备、发电站、汽车等领域。由于其良好的性能和广泛的应用领域，目前已引起国内外行业科研工作者的普遍关注，是新能源领域发展的重要方向之一。

11.3.1.1　燃料电池技术发展历程

追溯技术发展历程，燃料电池技术并不是一项新兴技术，其历史可追溯到一个半世纪以前。燃料电池的发展历史也是人类科技史，特别是能源科技史和电能发展史中的一个重要组成部分。

1838年，德国的C.F. Schoenbein发现了燃料电池的工作原理。随后，在1839年，英国的W.R. Grove爵士首次成功地进行了燃料电池实验。在此实验中，他向浸入稀硫酸中的两个铂电极分别提供氢气和氧气，并产生了电流。1889年，英国的C.Langer和L.Mond在概念上进行了扩展，并分别用空气和煤气中的氢气来替代纯氧和纯氢，开发了一种可被视为磷酸燃料电池（PAFC）原型的燃料电池，并首次将此发明命名为"燃料电池"。该燃料电池通过制备吸收在多孔石膏中的稀硫酸的准固体电解质和多孔铂板电极来产生电流。

德国人W.Nernst在1899年发现稳定的氧化锆可以表现出对氧离子的导电性，这暗示了固体氧化物燃料电池（SOFC）的可能性。1921年，德国人E. Baur对熔融碳酸盐燃料电池（MCFC）进行了实验。1937年，Baur等在瑞士使用氧化锆基电解质，首次展示了固体电解质燃料电池。1952年，英国人F.T. Bacon开发了一种培根电池（AFC），之后在1959年他成功完成一个5kW燃料电池的实验。1961年，第一批磷酸燃料电池（PAFC）由美国人

G.V. Elmore和H. A. Tanner设计。1962年，美国杜邦公司（DuPont）利用全氟磺酸聚合物开发出具有质子导电性的质子交换膜，即Nafion系列，并基于该系列膜于1966年测试了第一个聚合物电解质燃料电池。20世纪60年代，燃料电池首次应用在美国航空航天管理局（NASA）的阿波罗登月飞船上作为辅助电源，为人类登上月球做出了积极贡献。20世纪70年代之后，在环境保护和能源需求的双重压力下，尤其是1973年石油危机的爆发，让世界各国开始正视能源的重要性，更加激发了科学家对燃料电池技术的研发热情，第1代燃料电池（以纯化重整气为燃料的磷酸型燃料电池，PAFC）、第2代燃料电池（以纯化煤气、天然气为燃料的熔融碳酸盐型燃料电池，MCFC）和第3代燃料电池（固体氧化物电解质燃料电池，SOFC）相继被开发。进入20世纪90年代，这种廉价、干净、可再生的能源使用方式终于面对人们并成为事实。加拿大的Ballard公司在1993年所推出的全世界第一辆以质子交换膜燃料电池（PEMFC）为动力的车辆，使燃料电池在民用领域成为真正的可能，并引发了全球性燃料电池电动车的研究开发热潮。

我国从20世纪50年代开启了燃料电池的研究。在20世纪70年代，中国的燃料电池研究达到高潮，后因国家战略调整而基本停止研究。20世纪90年代，在国际能源需求告急以及国内环境恶化的情况下，中国的燃料电池开发再度成为热门领域。1997年，国家科委批准将"燃料电池技术"列为国家"九五"计划中重大科技攻关项目之一。1999年国家电力总公司成立了燃料电池课题组，并于1999年3月召开了中国燃料电池电站技术路线研讨会。在国家自然科学基金会、"863"计划和国家科委等的支持下，国内参与燃料电池研究的单位主要集中在中科院系统和大学。中科院上海硅酸盐研究所、上海冶金研究所、长春应用化学研究所和大连化学物理研究所，清华大学、上海交通大学、北京科技大学和华南理工大学等从事了MCFC、SOFC和PEMFC燃料电池的基础性研究。从"十二五"期间开始，我国开始推进燃料电池和下游汽车应用的研发与产业化，重点支持燃料电池关键材料、系统零部件的研发，以及燃料电池汽车整车设计、集成和制造技术的开发。2017年，工信部、发改委、科技部联合印发《汽车产业中长期发展规划》，提出制定氢能燃料电池汽车技术路线图，加快燃料电池动力系统技术研发及产业化，逐步扩大燃料电池汽车试点示范范围，支持燃料电池全产业链技术攻关，实现革命性突破，大幅提升整车集成控制水平和正向开发能力。2021年，中国氢能联盟发布《中国氢能源及燃料电池产业白皮书2020》（以下简称《白皮书》）。《白皮书》指出：未来，氢能将成为中国能源体系的重要组成部分，在各工业和交通领域都有巨大的潜力，尤其是在中重型商用车领域，氢燃料电池汽车具有更为广阔的发展空间。

燃料电池经过一百多年的发展，如今已逐步走出实验室，走入寻常百姓家。不同种类的燃料电池凭借着各自的性能优势在不同领域都已有应用。虽然不同类型的燃料电池的电极反应各有不同，但都是由阴极、阳极、电解质这几个基本单元构成的，其工作原理是一致的。燃料气（氢气、甲烷等）在阳极催化剂的作用下发生氧化反应，生成阳离子并给出自由电子；氧化物（通常为氧气）在阴极催化剂的作用下发生还原反应，得到电子并产生阴离子；阳极产生的阳离子或者阴极产生的阴离子通过质子导电而电子绝缘的电解质运动到相对应的另外一个电极上，生成反应产物并随未反应完全的反应物一起排到电池外，与此同时，电子通过外电路由阳极运动到阴极，使整个反应过程达到物质的平衡与电荷的平衡，外部用电器就获得了燃料电池所提供的电能。根据不同电解质分类，燃料电池可以分为质子交换膜燃料电池、固体氧化物燃料电池、碱性燃料电池、磷酸燃料电池、熔融碳酸盐燃料电池。

11.3.1.2　质子交换膜燃料电池

质子交换膜燃料电池（PEMFC）采用质子交换膜作为电解质，目前普遍采用的膜为全氟磺酸膜，氟碳主链上带有磺酸基团取代的支链。与其他液体电解质燃料电池相比，PEMFC采用固体聚合物作为电解质，避免了液态电解质的操作复杂性，又可以使电解质变薄，明显提高了电池的功率密度。

PEMFC的工作原理是：燃料气体和氧气通过双极板（BP）上的气体通道分别到达电池的阳极和阴极，通过膜电极组件（MEA）上的扩散层到达催化层。在膜的阳极侧，氢气在阳极催化剂表面上解离为水合质子和电子，水合质子通过质子交换膜上的磺酸基（—SO_3H）传递到达阴极，而电子则通过外电路流过负载到达阴极。在阴极的催化剂表面，氧分子结合从阳极传递过来的水合质子和电子，生成水分子。在这个过程中，质子要携带水分子从阳极传递到阴极，阴极也生成水，水从阴极排除。由于质子的传导要依靠水，质子膜的润湿程度对其导电性有着很大的影响，所以需要对反应气体进行加湿。电池的工作原理如图11-8所示。

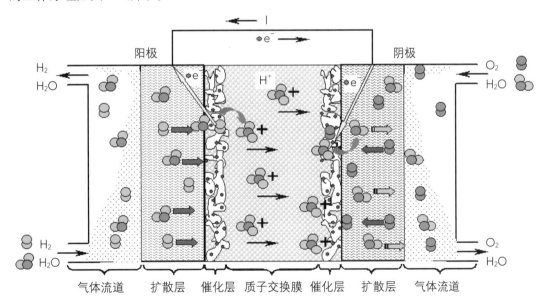

图11-8　质子交换膜燃料电池工作原理图

质子交换膜燃料电池的核心部分称作膜电极组件（MEA），MEA包括阳极和阴极两侧的气体扩散层（GDLs）和催化剂层（CLs），以及中间的质子交换膜（PEM）。为了更好地进行水管理，气体扩散层通常会加入一层微孔层（MPL），夹在GDL和CL之间。CL、GDL和MPL是具有不同成分和结构的多孔介质，用于传递各种物质。CL主要由催化剂和离聚物构成，是电化学反应进行的地方。CL的结构对电化学反应有显著影响。在阴极的氧化还原反应中，参加反应的物质包括氧气、质子和电子，即3种反应物质同时汇集在催化剂表面。其中，氧气由流场经气体扩散层进入催化层，在催化剂表面发生吸附；质子通过离聚物或液态水迁移到催化剂表面；电子通过催化剂或导电载体传递至催化剂表面。为实现氧还原的高效反应，需要构筑"三相界面"使反应物充分接触。作为CL载体，GDL是一种多孔介质，用于电子和热的传递以及气液相的反应物和产物的有效传输。质子交换膜作为质子传递载体将阳极催化层产生的质子转移至阴极催化层，与氧气反应生成水。同时，质子交换膜作为物理屏障将阳极燃料与阴极燃料分开，避免二者直接接触。此外，质子交换膜不导通电子，迫使电子通过外电路传导，达到对外提供能量的目的。

目前，质子交换膜最常用的材料是全氟磺酸（perfluorosulfonic acid，PSFA），第一个商业化PSFA产品是20世纪60年代美国DuPont公司推出的Nafion。在历经数十年的发展后，Nafion依然是能量存储和能量转化领域使用最为广泛的固体电解质材料。近年来，国内外对氢燃料电池质子交换膜的研究主要集中在高温低湿条件下提高质子电导率和力学性能方面。特别是在无水状态下，质子电导率得到了提高。最终实现了在高温、低湿度甚至无水操作条件下的膜性能。通过膜的研发，实现了简化水管理、降低氢纯度要求和降低质子交换膜燃料电池总成本的目标。CL被认为是PEMFC组件中最复杂、最关键的组成部分，其原因如下：a. 电化学反应发生在CL中，伴随着质子、电子、多态水和热的传递；b. 离子、炭载体、Pt颗粒和孔隙的复杂分布使得CL的微观形貌分析极为困难。因此，研究CL中的微观组织、输运性能与性能之间的关系，以优化其结构，减少Pt的加载，成为人们研究的重点。影响质子交换膜燃料电池性能的因素之一是水热管理，这与GDL的性能密切相关。如今的GDL通常由气体扩散衬底和MPL组成。通过GDL，氢和氧（或空气）从双极板（BP）转移到CL，产物水从CL转移到BP流场，并从燃料电池排出。同时，过量的水会占据GDL的孔隙结构和CL的活性位点。反应气体的转移过程在GDL中受到抑制，反应气体与CL之间的接触也受到阻碍，电化学反应效率降低。另外，Nafion膜中的质子传导机制取决于水的存在，当相对湿度降低或膜脱水时，膜的质子电导率降低，阻抗增加。这将导致Nafion膜的不可逆降解，降低燃料电池的耐久性。因此，氢燃料电池的整体性能与GDL的性能密切相关。GDL对欧姆极化影响较小，对传质极化影响较大。最新的研究主要集中在GDL基板材料的预处理技术、MPL的制备以及GDL的结构设计等方面。在燃料电池堆中，BP在复杂性和成本方面被认为是第二个关键组件。它们会显著影响电堆的性能、耐久性、重量、体积和成本。几乎80%的电堆重量和45%的成本由BP决定。选择合适的BP材料、简化BP制造工艺、优化流场设计是实现PEMFC商业化的重要途径。

PEMFC由于工作温度低、启动快、比功率高等优点，非常适合应用于汽车和固定式备用电源领域，并逐步成为现阶段国内外主流应用技术。我国PEMFC技术路线成熟，基本具备产业化基础，有一定的产业装备及燃料电池整车的生产能力，已经开始商业化推广。我国PEMFC电堆、系统产业发展较好，但辅助系统关键零部件产业发展较落后，虽然配套厂家较多且生产规模较大，但大多采用国外进口零部件，对外依存度高。而且电堆和系统可靠性与耐久性等与国际先进水平仍存在差距，尤其是应用于汽车全工况下的性能有待提高。我国PEMFC电池的关键材料和零部件中，膜电极、双极板、质子交换膜等已具备国产化能力，但生产规模较小，产品性能和可靠性仍存在较大差距。其中，在高活性催化剂、高强度高质子电导率复合膜、炭纸、低铂电极、高功率密度双极板等方面的技术水平目前已经达到甚至超过了国外的商业化产品，但多停留于实验室和样品阶段，还没有形成大批量生产技术。目前限制PEMFC大规模商业化的问题在于其成本与耐久性问题。由于我国燃料电池技术成熟度还有待提高，而且国家产业政策也是引导企业通过燃料汽车的发展带动上游燃料电池技术的进步，所以固定式领域的发展会明显落后于交通运输领域。预计未来我国车用燃料电池还将保持快速增长态势，随着技术进步和成本的降低，固定式电站和电源的示范项目和推广工作才能大规模开展。

11.3.1.3 固体氧化物燃料电池

固体氧化物燃料电池（SOFC）是一种在中高温下直接将储存在燃料和氧化剂中的化学能转化成电能的全固态化学发电装置，其特点为全固态、清洁、高效、无噪声、连续工作、对多种燃料气体广泛适应等，发展快，应用广，成为第三代燃料电池，被认为在未来可以广泛应用。

固体氧化物燃料电池由三个关键部件构成：阴极、阳极和电解质。根据电解质传输的离子类型H^+或者O^{2-}，SOFC可以分为两类，即氧离子导电的SOFC（O-SOFC）和质子导电的SOFC（H-SOFC）。以氧离子导电的SOFC为例，阳极为电源负极，是燃料发生氧化的场所，阴极为电源正极，在这里氧化剂被还原。氢分子在阳极解离并释放出两个电子，产生的电子移动到阳极表面并沿着外部电路传输到阴极。在阴极的活性位置上，吸附的氧分子与阳极的电子结合，会解离并离子化为氧离子。阴极产生的氧离子将转移到阴极/电解质界面，随后在电解质中扩散并迁移到阳极/电解质界面。在阳极的活性区域解离的H^+与氧离子结合，最后生成产物。

SOFC由于催化剂廉价、不存在水管理的问题以及更高的效率备受关注。SOFC的结构主要有管式、平板式和瓦楞式三种。管式最为成熟，每根管为一个单电池，从内到外分别为支撑管、阴极、电解质和阳极。管子为一端开口，直径1cm左右，长度可达1.5m。多根单电池管经过串并联形成一个管束，多个管束构成一个电池堆。管式电池的优点是应力分布均匀，采用合适的结构可以不需要密封。与管式结构相比，平板式结构制备工艺简单，造价低，电流的流程较短，功率密度更高。但是，大面积电池的应力分布均匀和气体密封是板式结构的难题。平板式结构中，三合一电池组件是平板结构，而在瓦楞式结构的电池中，三合一电池组件是瓦楞或波浪式，这样增加了电池反应面积，因此具有更高的功率密度，但是三合一组件的制备相对困难。SOFC根据支撑层不同可以分为阳极支撑、电解质支撑、阴极支撑等类型。对于电解质支撑的电池，电解质厚度一般超过，电极厚度在50μm左右，电池稳健性好且抗氧化还原和热振荡的阻力强，但是需要工作在1000℃附近，以降低厚层电解质导致的较大欧姆损耗。电极支撑的SOFC电极厚度一般在0.3mm的范围内，电解质的厚度则可以降低到8～15μm以减小欧姆损耗，从而实现了中低温的运行。SOFC根据运行温度分为低温（<500℃）燃料电池、中低温（500～700℃）燃料电

池、高温（>800℃）燃料电池。中低温燃料电池为了减少电解质的欧姆损耗一般采用电极支撑类型，且可以使用更为便宜的金属连接体材料，降低了成本且缓解了密封和热退化问题，但是总体性能相对于高温SOFC依然偏低。高温燃料电池带来了一系列材料、密封和结构上的问题，如电极的烧结、电解质与电极之间的界面化学扩散、热膨胀系数不同的材料之间的匹配和双极板材料的稳定性等。这些也在一定程度上制约着SOFC的发展，成为其技术突破的关键方面。兼顾成本和性能，工作温度在600～800℃之间的中温燃料电池是目前研究的主流。已有研究表明电极支撑的SOFC性能优于电解质支撑的SOFC，阳极支撑的电池性能优于阴极支撑的SOFC，因此目前SOFC的研究多是阳极支撑的电池。由于中低温下材料较为便宜且材料退化速率较慢，目前电池堆的发展趋势是朝向中低温发展，因此需要寻找中低温下仍然具有良好导电能力的电解质材料和高电化学活性的电极材料。

从20世纪90年代开始，我国一些高校和研究所在科技部的支持下开始SOFC技术的研究工作，但研发起步相对比较晚，企业大多处于研发和示范工程阶段，且与美国、日本和欧洲的先进水平相比，在工程化和应用方面存在巨大的差距。

11.3.1.4 碱性燃料电池

碱性燃料电池（AFC）是最早得到实际应用的一种燃料电池，早在19世纪60年代，美国航空航天局（NASA）就成功地将培根型碱性燃料电池用于阿波罗宇宙飞船上了，不但为飞船提供电力，也为宇航员提供饮用水。碱性燃料电池采用35%～50%KOH作为电解液，浸在多孔石棉膜中或装载在双孔电极碱腔中，两侧分别压上多孔的阴极和阳极构成电池。电池工作温度一般在60～220℃，可在常压或加压条件下工作。

碱性燃料电池的电解质中电流载体是氢氧根离子（OH^-），从阴极迁移到阳极与氢气反应生成水，水再反扩散回阴极生成氢氧根离子。电极反应为：

阳极反应：$2H_2 + 4OH^- \longrightarrow 4H_2O + 4e^-$ （11-9）

阴极反应：$O_2 + 2H_2O + 4e^- \longrightarrow 4OH^-$ （11-10）

总反应：$2H_2 + O_2 \longrightarrow 2H_2O$ （11-11）

由于碱性燃料电池的电解质在工作过程中是液态，而反应物为气态，电极通常采用双孔结构，即气体反应物一侧的多孔电极孔径较大，而电解液一侧孔径较小，这样可以通过电解液在细孔中的毛细作用力将其保持在隔膜区域内，这种结构对电池的操作压力要求较高。电解液通常采用泵在电池和外部之间循环，以清除电解液内的杂质，将电池中生成的产物水排出电池和将电池产生的热量带出。

和其他类型的燃料电池相比，碱性燃料电池有一些显著的优点：第一，在碱性电解液中，氢气的氧化反应和氧气的还原反应交换电流密度比在酸性电解液中要高，反应更容易进行。所以不像在酸性燃料电池中必须采用铂作为电催化剂，而可以采用非贵金属催化剂，也具有足够高的活性。阳极常采用多孔镍作电极材料和催化剂，阴极可用银作催化剂，这样可以降低燃料电池的成本。第二，镍在碱性条件下是稳定的，可以用来作电池的双极板材料，这样可以使电池成本更低。事实上，就电堆而言，碱性燃料电池的制作成本是所有燃料电池中最低的。第三，碱性燃料电池的工作电压较高，一般选定在

0.8～0.95V，电池的效率可以高达60%～70%，如果不考虑热电联供，AFC的电效率是几种燃料电池中最高的。

与其优点相比，碱性燃料电池的缺点也同样非常显著。电池中的碱性电解液非常容易和CO_2发生化学反应：

$$CO_2 + 2OH^- \longrightarrow CO_3^{2-} + H_2O \qquad (11\text{-}12)$$

生成的碳酸盐会堵塞电极的孔隙和电解质的通道，使电池的寿命受到影响。所以，电池的燃料和氧化剂必须经过净化处理，将CO_2含量降低到毫克每立方米数量级，这使得电池不能直接采用空气作为氧化剂，也不能使用重整气体作为燃料。这极大地限制了碱性燃料电池在地面上的应用，例如用作电动汽车的电源。另一个缺点与液体电解质的量有关：如果液体过多或缺乏，就会导致电极浸水或电极干燥。

以纯氢、纯氧作燃料的碱性燃料电池成功地在航空航天领域得到应用，在美国阿波罗、双子星飞船以及航天飞机上成功应用，性能稳定可靠。近些年来，随着阴离子交换膜燃料电池（AEMFCs）的出现，碱性燃料电池领域迈出了一大步，取代了传统的液体电解质碱性燃料电池（AFC）。市面上可用的阴离子交换膜（AEM）通常是基于交联聚苯乙烯，在碱性或电化学环境中不太稳定。此外，胺化交联聚苯乙烯与其他聚合物和织物支撑混合，限制了离子导电性，可能会降低膜的化学稳定性。因此，有必要开发新的AEM，不仅具有高电导率和离子选择性，而且在高pH值和高温下表现出良好的化学稳定性，使AFC成为一种有吸引力的、有竞争力的和可持续的电源。但是，从短期来看，面对其他燃料电池的竞争，碱性燃料电池的应用还有很长一段路要走。

11.3.1.5　磷酸燃料电池

磷酸燃料电池（PAFC）是以浓磷酸为电解质，可以在150～220℃工作，是在民用领域发展较为成熟的一类燃料电池。

磷酸型燃料电池以磷酸为电解质，磷酸在水溶液中易解离出氢离子（$H_3PO_4 \longrightarrow H^+ + H_2PO_4^-$），并将阳极（燃料极）反应中生成的氢离子传输至阴极（空气极）。在阳极，燃料气中的氢气在电极表面反应生成氢离子并释放出电子，其电极反应式为：

$$H_2 \longrightarrow 2H^+ + 2e^- \qquad (11\text{-}13)$$

在阴极，经电解质传输的氢离子及经负载电路流入的电子与外部供给的氧气反应生成水，其电极反应式为：

$$\frac{1}{2}O_2 + 2H^+ + 2e^- \longrightarrow H_2O \qquad (11\text{-}14)$$

PAFC总反应：

$$\frac{1}{2}O_2 + H_2 \longrightarrow H_2O \qquad (11\text{-}15)$$

发电厂、车辆、小容量可移动电源及军事领域等是PAFC目前的主要应用领域。比起一般发电厂，PAFC电厂在发电负荷较低时也能保持高的发电效率。另外，PAFC现场安装简单、省时，电厂扩容容易。

碱性燃料电池对二氧化碳的敏感使得其在地面的应用受到很大考验，必须对空气和重整气体进行净化才能供电池使用，这样燃料电池系统的造价和复杂性都使这样的努力变得不现实。于是在20世纪70年代，人们开始把目光转向与二氧化碳不发生作用的酸性电解质。常用的酸中，盐酸具有挥发性，硝酸不稳定，硫酸虽然稳定，但具有强腐蚀性，找不到合适的电极材料。于是稳定性好、酸性较弱、氧化性较弱的磷酸被人们选中了作为酸性燃料电池的电解质。

磷酸燃料电池中采用的电解液是的磷酸，室温时是固态，相变温度是42℃，这样方便电极的制备和电堆的组装。磷酸是包含在用PTFE黏结成的SiC粉末的基质中作为电解质的，基质的厚度一般为。电解质基质两边分别是附有催化剂的多孔石墨阴极和阳极，各单体之间再用致密的石墨分隔板把相邻的两片阴极板和阳极板隔开，以使阴极和阳极气体不能相互渗透混合。磷酸燃料电池的工作温度一般在200℃左右，在这样的温度下，需要采用铂作电催化剂，通常采用具有高比表面积的炭黑作为催化剂载体。单电池的工作电压在0.8V以下，发电效率可达40%~50%，如果采用热电联供，系统总效率可高达80%。

磷酸燃料电池堆的冷却方式可采用水冷、空冷和冷却液冷却等方式，水冷方式最普遍，通常2~5个电池单体之间需要加一个冷却板。但是水冷对水质要求高，适合用于大型发电厂。空气冷却方式结构简单，但是冷却效率较低，动力消耗大，适合用于小型电站。冷却液冷却适合用在一些特殊用途的电源中。

由于磷酸燃料电池不受二氧化碳的限制，可以使用空气作为阴极反应气体，燃料可以采用重整气，这使得这种燃料电池非常适合用作固定式电站。同时，较高的工作温度使其抗一氧化碳的能力较强，190℃工作时，燃料气中1%的一氧化碳对电池性能没有明显的影响，不像质子交换膜燃料电池中需要把一氧化碳含量降低到10^{-6}数量级。但是，硫化物对磷酸燃料电池电催化剂有较强的毒性，需要把其含量降低到20×10^{-6}以下。另外，NH_3、HCN等重整气组分对电池性能也有副作用。

和其他燃料电池相比，磷酸电池制作成本低，是目前发展得最为成熟的燃料电池，已经实现商品化，目前国际上大功率的实用燃料电池电站均是这种燃料电池。日本东芝、富士电机、三菱电机、三洋电机和日立公司，以及美国UTC所属的UTC燃料电池公司都基本掌握了PAFC发电系统制造技术。1991年日本东芝与UTC联合制造的11MW级PAFC是世界上运行规模最大的燃料电池发电系统，该系统的发电效率为41.1%，能量利用效率达72.7%。

11.3.1.6 熔融碳酸盐燃料电池

熔融碳酸盐燃料电池（MCFC）是20世纪50年代后发展起来的一种中高温燃料电池，采用碱金属（Li、Na、K）的碳酸盐作为电解质隔膜，Ni-Cr/Ni-Al合金为阳极，NiO为阴极，电池工作温度为650~700℃。在此温度下电解质呈熔融状态，导电离子为碳酸根离子（CO_3^{2-}）。熔融碳酸盐燃料电池以氢气为燃料，氧气/空气+二氧化碳为氧化剂。工作时，阴极上氧气和二氧化碳与从外电路输送过来的电子结合，生成CO_3^{2-}；阳极上的氢气则与从电解质隔膜迁移过来的CO_3^{2-}发生化学反应，生成二氧化碳和水，同时将电子输送到外电路。电池的化学反应方程式如下。

$$空气极：CO_2 + \frac{1}{2}O_2 + 2e^- \longrightarrow CO_3^{2-} \tag{11-16}$$

$$燃料极：H_2 + CO_3^{2-} \longrightarrow H_2O + CO_2 + 2e^- \tag{11-17}$$

$$总的反应方程式：H_2 + \frac{1}{2}O_2 + CO_2 \longrightarrow H_2O + CO_2 \tag{11-18}$$

从上述方程式可以看出，MCFC与其他燃料电池的区别在于反应中需用到二氧化碳，二氧化碳在阴极消耗，在阳极重新生成，可以循环使用。MCFC的工作温度较高，其本体发电效率较高[可达60%低位热值（LHV）]，并且不需要贵金属作催化剂。既可以使用纯氢气作燃料，又可以使用由天然气、甲烷、石油、煤气等转化产生的富氢合成气作燃料，可使用的燃料范围大大增加。排出的废热温度高，可以直接驱动燃气轮机/蒸汽轮机进行复合发电，进一步提高系统的发电效率。

MCFC长期工作在高温和强腐蚀的环境下，由此产生了诸多的问题，影响MCFC系统的性能与寿命。要解决这些问题，必须在新材料选择、系统配合、运行条件的调整、加温与加气的方法、系统结构的优化设计等方面进行大量的基础研究和工程实践。MCFC技术开发的重点在于降低成本、提高性能和可靠性、延长电池寿命，同时还有燃料的来源与存储问题以及MCFC系统体积的小型化。

自20世纪90年代以来，我国多家研究机构开展了熔融碳酸盐燃料电池的研究工作。"九五"期间，科技部、中国科学院和教育部组织了大连化学物理研究所、上海交通大学等单位进行熔融碳酸盐燃料电池的研究，在阴极、阳极、电解质隔膜、双极板等关键材料和部件的制备，电池组的设计、组装、运行和电池系统总体技术的开发上，均取得了一定的突破，如电解质隔膜的冷滚压和流铸制备工艺，制备隔膜的面积可达2000cm²以上，上海交通大学和大连化学物理研究所都于2001年成功进行了1kW熔融碳酸盐燃料电池组的发电试验。国家科技部在"十五"863高技术计划能源领域的后续能源主题中对MCFC的研发进行了资助。中国华能集团清洁能源研究院有限公司于2014年成功运行了2kW MCFC电池堆，发电效率达到43.9%，并于2015年成功运行了6kW MCFC电池堆，发电效率提升至45%。

目前，尚无燃料电池已经进入大规模商业化阶段，除非成本、功率密度、可靠性以及耐久性都得到显著改进。其中的PEMFC和SOFC具有持续发展以致最终实现商业化的前景。

燃料电池技术的实用性已经得到业界公认，尽管目前还存在一些问题，如燃料电池的研发与利用等方面，但作为较理想且能达到零污染的清洁能源，燃料电池技术研究及应用已急剧增加。随着对燃料电池成本的控制和氢能技术的不断发展，其应用领域也正不断拓宽，并形成良好的良性循环，燃料电池商业化进程中的问题也将会逐步得到解决。此外，随着我国政府对燃料电池技术的高度关注，也使得研究单位越来越多，且具有多年的人才储备和科研积累，产业部门的兴趣也不断增加等，这些都将为我国燃料电池技术的高速发展带来无限的生机。

燃料电池技术研究对于缓解能源危机和环境污染具有重大的战略意义，尽管现阶段仍有很多技术难题需要克服，如在技术及商业化推广等方面。但相信随着燃料电池技术研究的不断发展，都将会得到解决，而燃料电池因其能量转换率高、安全环保等特点，对于未来的社会和经济将起到重要的支撑和保障作用，逐渐成为未来能源发展的重要方向之一。

11.3.2 零碳排放的新型化工系统

11.3.2.1 氢制合成气与煤基烯烃流程

基于我国"富煤、贫油、少气"的能源禀赋，在保证国家能源安全和应对气候变化的双重约束下，亟须发展现代煤化工产业，充分发挥我国资源优势，实现能源清洁转型，煤炭清洁高效综合利用，达到产业链、供应链自主可控，降低石油对外依存度。烯烃是典型的碳氢化合物，是现代化学工业的基石，随着社会发展合成材料需求将稳步增长。目前，我国人均烯烃消耗量仅为西方发达国家的50%，存在很大的增长空间。按照国内现有烯烃产能估算，全部由煤基生产，需要原料煤炭约3.5亿吨，相当于降低2%的原油对外依存度，减少7.65亿吨二氧化碳排放。打破依赖于石油的烯烃原料路线，向煤基烯烃技术路线转化，对于降低我国原油对外依存度具有重要战略意义。

与石油作为原料的烯烃技术路线相比，煤基烯烃技术路线的核心是提高原料中的氢元素含量。将可再生能源制氢与之结合，在相同产品产量的情况下，可大幅降低煤炭消费总量，同时大幅减排由于水煤气变换过程产生的大量高纯CO_2，使得碳资源得到充分利用，实现煤化工产业CO_2低排放甚至零排放。

（1）工艺流程

现有煤制烯烃工艺过程，首先将煤炭和空分装置产生的氧送入气化炉，制备粗合成气（主要成分是CO和H_2），粗合成气在变换工段调整氢碳比，将CO通过反应生成氢气，以达到甲醇合成所需要的氢碳比大于2∶1。经脱硫、脱碳净化后的合成气，经过压缩后进入甲醇合成塔制造甲醇。利用甲醇为原料，经过甲醇制烯烃（MTO）装置和烯烃聚合装置得到最终聚烯烃产品。

与传统的工艺流程不同，改造后的煤基烯烃工艺如图11-9所示，显著区别是全部省去变换反应工段，让粗合成气直接进入净化过程。利用电解水制备的氢气，与净化后的合成气按照氢碳比2∶1混合，得到制备甲醇的原料气。

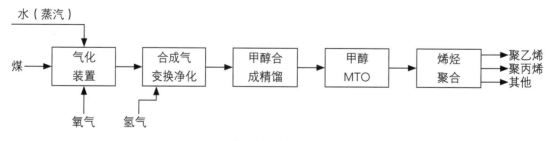

图11-9 **煤炭与氢耦合制合成气的零碳排放工艺**

（2）技术流程分析

由于电解水制备的氢气与净化后的合成气直接耦合，省去变换过程，因此，在调整氢碳比过程中不再产生二氧化碳，在同等生产规模情况下，能够大量减少原煤消耗。同时，由于电解水制氢同时生成氧气，还能降低空分装置的规模，减少系统能耗。

以年产60万吨煤制烯烃为例，通过原料煤替代量、氢气消耗量、煤炭总替代量进行核算，当原料替代比例（即新工艺的原料煤量与现有煤基烯烃路线的原煤消耗量的比值）达到49%时，氢气占总合成气中氢气的比例达到71.3%，完全可以省去水煤气变换装置。仅仅依靠电解水制氢实现对氢碳比例的调节，此时每年耗氢量为17.7万吨，每年可节省原料煤和燃料煤191.7万吨。

采用改造后的煤基烯烃工艺，不需要通过水煤气变换来调节氢碳比，可采用干煤粉气化炉，合成气中的CO_2比例很低，将可进一步降低原料煤耗，后续过程装置也可进一步缩小规模，系统效率将得到提升。使用电解水制氢过程，不仅满足调整氢碳比所需氢气，与此同时，阳极产生的氧气可满足气化过程部分甚至全部的氧气需求量，能够降低空分装置负荷，甚至完全省去空分装置，节省燃料煤的能耗。

图11-10所示为宁夏宝丰集团2021年建成投运的电解水制氢装置，用于煤基烯烃工艺改造。将30MW的光伏电力用于电解水制氢，设计产氢规模20000m³（标）/h，大幅度降低煤炭消耗与二氧化碳排放。

目前，将煤炭属性由"能源碳"向"物质碳"的研究开发处于起步阶段，构建可再生能源制氢与煤制烯烃生产相结合的现代煤化工产业，是碳中和战略布局的必然要求。发挥煤炭的原料属性，电解水制氢技术促进"能源碳"向"物质碳"过渡，实现煤炭作

图11-10　电解水制氢装置

为原料使用，新型煤基烯烃工艺可实现CO_2零排放。通过合成气流程再造，发展自主可控的产业链、供应链的清洁能源保障体系，开辟独具特色的煤炭转型发展之路。

11.3.2.2　氢冶金促进钢铁工业低碳转型

根据国家统计局数据，2020年我国粗钢产量达到10.65亿吨，连续五年增长，并且仍呈现连续上涨态势。钢铁产业是碳排放大户，在全球范围内钢铁工业的碳排放占总排放量的5%~6%，在中国15%的CO_2排放来自钢铁工业。理论上，冶炼1t铁水需要消耗414kg碳，实际上往往达到695kg，相当于排放1.58t二氧化碳。因此，减少钢铁行业的二氧化碳排放量，是碳中和过程的主要领域之一。

（1）氢冶金工艺分析

钢铁冶炼过程包含炼铁与炼钢两个过程。炼铁是将金属铁从铁的氧化物中还原出来，通常用焦炭、氢气、一氧化碳等还原剂，炼铁的最终产物是生铁（铁水）。炼钢过程通过吹氧将生铁中多余的碳、硫、磷等元素除去。

在钢铁冶炼流程中，以高炉为代表的生铁冶炼工序贡献了80%以上的生铁。以2020年

为例，我国生铁产量达8.88亿吨，以生铁为原料的粗钢占总粗钢产量的83.4%。高炉炼铁过程的碳排放量占钢铁全流程总碳排放量的73.6%，将烧结与焦化合计，钢前工艺碳排放占比90%。因此，降低高炉炼铁过程的碳排放成为钢铁行业CO_2减排的关键环节。

目前，世界上高炉炼铁占总量的95%以上，工艺流程如图11-11所示。根据一定的配比，将铁矿石、焦炭、石灰石等熔剂装入炉内，焦炭和矿石在炉内形成交替分层结构，从炉子下部鼓入热空气。焦炭与鼓入的热空气反应生成CO和H_2，将氧化铁还原为铁，在高温下呈现液态，把铁水装入鱼雷式罐车作为炼钢的原料。生成的高炉煤气从炉顶引出，经除尘后作为热风炉、加热炉、焦炉、锅炉等的燃料，高炉煤气中约含有1%~4%的氢气。

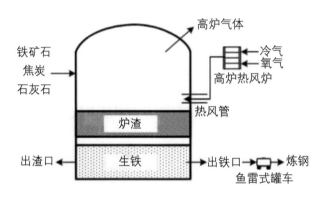

图11-11　高炉炼铁过程示意图

高炉炼铁工艺中的碳排放主要来源于焦炭。焦炭是高炉炼铁过程的基本原料，发挥的作用包括：a. 作为高炉骨料，对料柱起透气和支撑作用；b. 参与直接还原作用，并间接还原提供CO还原气；c. 燃烧放热保持炉温并熔化铁水；d. 生铁渗碳的碳源。现阶段主要钢铁企业高炉燃料比为536kg/t，其中焦比为372kg/t。焦炭作为高品质燃料，在实际生产过程中产生高污染、高排放问题。因此，高炉冶炼中针对如何降低焦比，摆脱对焦炭的过度依赖，是减少二氧化碳排放的主要途径。经过长期工业实践的探索，人们提出"以气代炭"的技术思路，主要是利用天然气、氢气等低碳或零碳气体作为还原剂，部分替代焦炭。

炭冶金和氢冶金的化学反应方程式如式（11-19）、式（11-20）所示。

炭冶金：$2Fe_2O_3 + 3C \longrightarrow 4Fe + 3CO_2$　　　　　　　　　　　　　　　　（11-19）

氢冶金：$Fe_2O_3 + 3H_2 \longrightarrow 2Fe + 3H_2O$　　　　　　　　　　　　　　　　（11-20）

从反应产物来看，炭冶金的最终产物是二氧化碳，钢铁工业CO_2占全国总排放量的15%左右，其中高炉炼铁排放CO_2占73.6%。如果替换为氢冶金，使用氢气作为还原剂，产物为水，可以大幅度降低CO_2排放量。所以，将炭冶金转化为氢冶金，是钢铁工业发展低碳技术路线的必然选择。

（2）氢冶金技术方兴未艾

在国外天然气资源丰富的地区，"以气代炭"含义为天然气作为燃料，实现还原剂中含氢比例提升。通过高炉喷吹天然气、焦炉煤气，或者以天然气裂解制气的产物直接用于炼铁工艺，已经呈现氢冶金技术形态。发展"以氢代炭"的还原工艺是氢冶金的基本路径。未来真正实现低碳钢铁冶金技术，就必须改变以炭为主要载体的铁冶金过程，可供选择的替代还原剂只能是氢气。

德国蒂森克虏伯钢铁"以氢代煤"项目于2019年11月11日正式启动，将氢气注入位于杜伊斯堡的9号高炉，作为高炉还原剂进行试验（图11-12）。最初将氢气注入高炉中的1个风口，并逐渐扩展至该高炉的全部28个风口。2021年2月3日，蒂森克虏伯已成功完成了杜伊斯堡9号高炉氢利用的第一阶段试验。

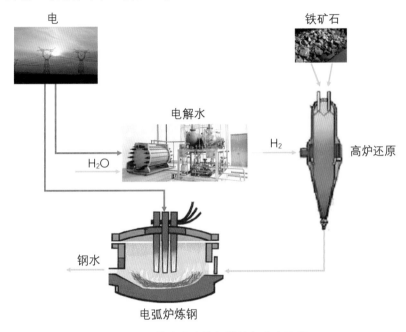

图 11-12　**蒂森克虏伯钢铁的氢冶金流程**

以全氢直接还原铁技术为代表的氢冶金工艺符合钢铁工业短流程发展的需求，是我国钢铁工业从快速发展到成熟的重要途径。从技术层面来看，氢还原存在强吸热效应，对炉内温度场分布产生影响，同时温度场的变化会影响还原反应效果，仍有技术问题需要攻克。此外，如何低成本地获取氢气尤其是从可再生清洁能源得到的氢气，依然是钢铁工业实现氢冶金的成本难题和技术瓶颈。从发展路径来看，我国天然气资源的匮乏，使焦炉煤气成为从"炭代替"到"氢冶金"的重要过渡途径，近期可以积极推广；随着可再生能源电力技术逐渐成熟，钢铁行业再转向"氢冶金"。

11.3.2.3　石油化工行业的氢能替代

目前，全球96%的氢气来自化石能源直接制氢，其中天然气、石油和煤制氢分别占比49%、29%、18%，来自电解水制氢或化工冶金等行业的副产氢仅占4%。从消费端来看，全球氢气2017年消费量6905万吨，主要作为工业原料或还原剂使用，包括合成氨工业（66%）、炼油（26%）、冶金和玻璃加工（7%）等领域，只有1%用于燃料。

在过去的几十年中，为了满足市场对原油的大量需求，国内加大了采油力度，导致许多油田面临枯竭，有许多油田进入二次开发阶段。石油市场中低质量原料油所占比率逐年上升，原油中的硫、碳元素的含量明显超标。因此，炼油过程的耗氢量持续增加，通过加氢技术减少石油的污染物，成为减小污染气体排放的重要技术手段。在实际炼油过程中，围绕催化剂的应用进行合理分析，解决加氢精制技术中出现的各种问题，对我国石油化工企业的健康发展提供帮助。

在石油提炼过程，根据产品需要调整原油中的碳和氢比例，进而最终生产新的石油化工产品。目前使用最多的加氢技术有两种：a. 将一氧化碳和氢气混合，然后注入原油进行加氢；b. 将有机化合物直接与氢气混合，然后注入原油进行加氢。利用加氢过程，能够精制出辛烷值较高的汽油和含硫量较低的柴油。通常情况，生产工艺要求供氢稳定性高，在配套建设独立制氢装置时，优先保证装置稳定运行，确保原料性质和数量的稳定供应，工艺技术要成熟可靠。

从氢气来源与制造技术角度分析，利用化石能源制氢得到灰氢，或经过碳捕捉后得到蓝氢，还可利用可再生能源制氢得到绿氢。针对风电、光伏局部严重过剩，利用电解水制备氢气技术，使可再生电力消纳能力大幅提高，通过规模化储氢，实现可再生能源参与跨季调峰。预计到21世纪中叶，氢能将逐渐成为连接化石能源与非化石能源的桥梁，可有效减少能源生产端和消费端的碳排放，推动我国能源体系从"化石能源"时代过渡到"绿色低碳能源"时代。

11.4 未来氢能产业发展

11.4.1 制氢技术与产业格局的演变

根据我国"碳达峰""碳中和"的产业与社会发展规划，到2025年，绿色低碳循环发展的经济体系初步形成，重点行业能源利用效率大幅提升。单位国内生产总值能耗比2020年下降13.5%，单位国内生产总值二氧化碳排放比2020年下降18%，非化石能源消费比重达到20%左右，为实现碳达峰、碳中和奠定坚实基础。

为了实现能源产业发展战略，氢气制造过程必将发生根本变化，利用可再生能源的电力制氢将成为主要技术发展方向。但是，由于电解水制氢成本受到电力价格和装备性能限制，在近期和中期，利用化石原料制氢，或者将化石原料制氢与二氧化碳捕集相结合，会成为主要的技术过渡方式。2020年，我国水电、风电和太阳能发电装机容量已分别达到3.70亿千瓦、2.82亿千瓦和2.53亿千瓦。若未来投资成本继续呈稳定下降趋势，可再生能源发电将比传统燃煤电厂更具成本优势。

（1）低碳制氢技术路线分析

目前，天然气重整制氢技术成熟，其成本主要受制于天然气价格。从2018年开始，我国已经成为全球第一大天然气进口国，对外依存度高达45%，面对国际政治不确定性增加、贸易摩擦升级，以及我国"富煤、缺油、少气"的资源特点，天然气重整制氢受到明显的资源限制。随着我国煤化工产业技术的发展，煤制氢过程逐渐成熟，已经能大规模制备氢气。该制氢生产过程中不可避免地产生二氧化碳，需结合碳捕集与封存技术

（CCS）。当前我国CCS技术尚处于探索和示范阶段，通过技术进步有望降低能耗和成本，有可能作为低成本、大规模的制氢技术路线之一。

通过低碳的电力驱动电解水制氢，主要是指利用可再生能源发电，驱动电催化水分解产生氢气，其中的电力包括光伏、风电、水电、核电等。我国可再生能源丰富，装机量居世界前列，依据国际能源署（IEA）的报告，我国可再生能源装机容量，在2020年全球占比首次达到50%。尽管政府决定从2020年底，逐步取消对风能和太阳能项目的补贴，但预计可再生能源新增产能（2022年增加58%）仍将快速发展，这与我国2060年实现"碳中和"的长期目标紧密相关。总之，可再生能源与氢能耦合是实现能源高质量、高效率、可持续发展的必然选择，是未来突破可再生能源电力制氢技术瓶颈的重要途径。

（2）电解水技术将主导制氢产业发展

发展可再生能源电解水制氢，是解决可再生能源间歇性、不连续问题，实现制氢过程零碳排放，以及氢能综合利用的有效途径，在以下几方面占据显著优势。

① 解决可再生能源发电不稳定问题。通过发展电解水制氢过程，消纳和解决大量弃风、弃水、弃光导致的巨大浪费。在可再生资源丰富的地区，建造电解槽制氢装置用于调节发电场出力，提高可再生能源发电可控性，具备工程技术可行性与经济性。

② 实现合理消纳可再生能源。制造低成本氢需要大量低成本电力，以确保电解槽能够长时间运行，随着光伏、风电成本降低，未来可再生能源平价上网为电解水制氢提供更多选择。

③ 实现能源高效环保利用。从制氢成本和环保角度两方面考虑，利用可再生能源电解水制氢，可实现大规模氢能低成本制备；能有效降低化石能源的碳排放问题，实现清洁能源的高效利用。

总之，可再生能源电解水制氢技术是推进我国能源绿色低碳转型的重要途径，主要技术路线包括光伏发电制氢、风力发电制氢、生物质发电制氢等。

（3）光伏、风力发电制氢将率先实现产业规模应用

经过连续多年快速发展，截至2021年8月，我国风电装机达到3亿千瓦，太阳能发电超过2.85亿千瓦，在2060年实现"碳中和"的目标引导下，预测2022年可再生能源新增产能达到58%。然而，大规模消纳可再生能源电力，提高清洁能源发电时长的问题，给发电企业造成直接运行压力。另外，随着光伏、风电产业链不断壮大，技术进步使得平价并网成为可能。综述以上条件，给利用光伏、风电提供的清洁能源，发展大规模电解水制氢提供了良好的产业条件。

光伏发电制氢的技术优势主要体现在以下几方面：

① 光伏发电具有随机性、波动性、阶段性供电等问题，给电网按计划调度增加难度，同时，光伏电力储能也是需要面对的问题。利用电解水制氢转化为氢能，通过氢气作为能量载体，实现有效利用和存储，是解决该问题的有效途径。

② "光电+制氢"工艺简单、运行维护难度低，可根据场地和需求规模灵活设计，模块化组装，将氢气供应给燃料电池加氢站，可实现能量的高效、灵活应用。

③ 光伏发电是可再生能源替代化石能源的重要途径，尤其是在西部一类光伏资源地

区,可将氢气直接供给煤基烯烃产业、合成氨产业作为原料。

风力发电制氢的主要优势体现在以下几方面:

① 提高电力有效利用效率。与光伏发电相比,风力发电机组不受昼夜影响,可以持续向电网出力。当夜间用电低谷时,剩余电能可输送至电解水装置,把电能转变为氢能储存;在昼间用电高峰时,电网负荷超重,此时将储存的氢气用于发电,减轻电网负荷。实现电力清洁能源高效利用,氢能发挥"削峰填谷"作用。

② 在一定规模内实现长时间储能。鉴于风力发电存在随机性、间歇性、不连续等问题,导致风电出力可靠性差,大多数情况下被迫弃风。另外,现有储能技术难以满足长时储能需求,且建设与运行成本较高。将电解水制氢引入储能领域,氢气作为能源载体具有可存储、易于管道输运的特点,有望用于超过10h的长时储能过程,进一步利用加氢天然气实现数天左右的超长时储能。

③ 提升能源系统的综合保障水平。氢作为清洁、可存储、易于管道输运的二次能源,既可以进入燃气供应网络,实现远距离输送,又可以实现电力和燃气的相互转化,提升能源系统的综合保障水平。

预计到2025年我国风电、光伏的新增装机发电成本降低到0.3元/kW·h,可再生能源电解水制氢成本将降到约25元/kg,能够与天然气制氢进行竞争。2030年可再生能源发电成本有望降低到0.2元/kW·h后,电解水制氢成本将低至15元/kg,可以与现在化石能源加上碳捕集技术制氢的价格进行竞争。

能源低碳化和氢能产业化已成为世界能源的发展趋势,世界各国出台产业规划,发挥国家引领作用。根据我国可再生能源产业发展过程所面临的大规模消纳、高效率调节问题,亟须发展以电解水为主流的低碳氢能技术,与风力、光伏、水力等可再生清洁能源发电过程相结合,大幅度降低化石能源消耗,奠定2060年实现"碳中和"的产业基础。

11.4.2 氢能应用场景预测与分析

随着可再生清洁能源发电在发电装机中所占比例持续提高,能源供给结构将逐渐发生变化,作为新能源、低碳能源载体的氢能应用将渗透到经济社会的多方面。根据新兴产业发展的一般规律,满足简约性、高效性、资源可持续性、经济合理性要求的技术路线,会首先导入氢能大规模应用。氢能将首先在高耗能产业替代化石能源,主要包括钢铁、水泥、化工等行业的应用,与此同时,在多个领域的氢气应用探索将逐渐增多。

11.4.2.1 氢作为化学物质的应用

氢作为地球上最多的物质,大量存在于水分子中。它与碳、氧相结合形成有机物,构成我们丰富多彩的有机物世界。为了满足人们不断增长的物质需要,人类利用物质的能力不断提升,研究成功合成材料,制造出成千上万吨的聚乙烯、聚丙烯、尼龙、塑料、人造橡胶等物质;开发了合成氨技术,使全球谷物产量得到大幅度提升,世界人口呈现爆发式增长态势。

根据现有统计,全球每年氢气消费量达到6905万吨,制氢市场规模1552亿美元,消耗能源约占全球能源总消费量的3%。氢气大部分（99%）作为工业原料使用，包括合成氨化工（66%）、炼油（26%）以及冶金和玻璃加工（7%）等领域，仅1%用于燃料等其他领域。随着可再生能源电价降低，以及电解水技术进步，电解水过程制氢比例将逐渐代替化石能源制氢。将可再生能源制氢与之结合，在相同产品产量的情况下，可大幅降低煤炭消费总量，同时大幅减排由水煤气变换过程产生的大量高纯CO_2，使得碳资源得到充分利用，实现煤化工产业CO_2低排放甚至零排放。

11.4.2.2　氢作为能源载体应用

在实现碳达峰、碳中和过程中，关键是实现化石能源的零碳替代。众所周知，能量的本质是物质之间的相互作用，物质是能源的载体。氢气作为能源载体，具有可存储、易于管道输运的特点。氢与氧结合，将能量释放以后变成水，不会对人类生存环境带来任何不利影响。通过对不同物质作为能源载体的综合分析，包括元素丰富性、可循环性、可储存性、载能密度、物质来源、排放性以及环境友好性。如图11-13所示，随着人类文明发展和社会进步，从最初的砍柴取火，发展到煤炭、石油、天然气，总体发展趋势为作为能源载体的物质中氢碳比在不断增加，直到使用氢能实现零碳排放。

能量密度	MJ/kg
氢气	140.4
天然气	41.9
汽油	43.1
标准煤	20.8
锂电池	0.7
镍氢电池	0.4

图11-13　作为能源载体的物质演化历程

将氢气作为载能物质时，可以按照一定比例掺入天然气，形成加氢天然气，再利用天然气管网实现远距离输送，到达用户终端、加气站和储气库等。可起到储能和电力负荷削峰填谷的作用，同时避免新建输氢管道所需的高昂建造成本。加氢天然气作为燃料应用时，需考虑用户终端对加氢天然气的适应性问题。由于氢燃烧速度快，火焰温度高，工业燃气轮机和天然气发动机燃烧加氢天然气时性能易受影响。对于家用燃气具来讲，主要有两个主要指标，即华白数和层流燃烧速度。对于12T基准天然气，依据我国标准GB/T 13611—2018《城镇燃气分类和基本特性》，满足燃气互换性要求的天然气极限加氢比例为23%。

利用加氢天然气管道完成气体能源远距离输送，是解决风光电消纳问题的有效方式之一，也是目前输送氢气的有效手段之一。研究人员对加氢天然气管道输送技术已经开展大量理论分析与试验研究，相应示范项目已经陆续开展。研究结果表明，在含量较低时，氢气可以在不做重大技术调整的情况下掺混至天然气中。当然，使用前需要对基础设施进行评估，对大多数部件来说，可以承受10%~20%的比例而无需做重大改造。国际能源署研究了各种储能方式的电力成本，加氢天然气技术的电力成本最低，随着大规模电解水制氢成本降低，向天然气管道掺入氢气能取得较好的经济效益。

11.4.2.3 氢能促进零碳交通能源可持续发展

氢燃料电池具有能量转化效率高、噪声低和零排放等优点，利用氢能作为交通能源，符合交通运输电力化的大趋势，是氢能应用的重要方向。2018年，全球燃料电池出货装机量803MW，其中用于交通运输的占比高达70%，主要是氢燃料电池汽车和轻型城市货车等。不同于锂离子的纯电动车，氢燃料电池属于发电系统，将氢氧的化学能转化为电能。搭载氢燃料电池的汽车，具有零排放、续航里程长、燃料加注时间短、低温性能好等优势。截至2018年底，全球氢燃料电池汽车保有量1.29万辆，主要分布在北美洲（占46%）、亚洲（43%）和欧洲（11%）。国内外研究表明：氢能及氢燃料电池技术不仅可以大规模应用在汽车领域，也是航空航天飞行器、船舶推进系统的重要技术备选方案。目前面临降低生产成本（电解质、催化剂等基础材料）、提高功率密度、延长耐久性和使用寿命的挑战。从长期发展角度来看，燃料电池电动汽车是减少温室气体排放、降低石油使用量的最有效路径之一。随着技术进步，全过程生产成本和氢燃料成本将与其他类型车辆及燃料相当。优化系统控制策略、开发催化剂及其抗腐蚀载体等新型基础材料，是提高系统耐久性和寿命，进而促成氢燃料电池技术大规模商业化应用的有效路径。

根据美国能源部的规划，在2025年实现氢燃料电池系统（功率为80kW）成本目标40美元/kW，为远期的30美元/kW目标奠定基础，未来与内燃机汽车的生产成本形成可比性。依据国内技术储备条件，根据中国氢能联盟《中国氢能源及燃料电池产业白皮书》（2020年）预测，2035年我国氢燃料电池系统的生产成本将降至当前的1/5（约800元/kW），到2050年降低至300元/kW，届时燃料电池汽车拥有量将超过3×10^7辆，加氢站数量达到1×10^4座，氢能消耗占终端总能源消耗的10%。虽然不排除因我国研究机构与企业之间的深度协作而带来技术快速提升，预计到2035年氢燃料电池汽车成本将具有与内燃机汽车同等的竞争力并基本接近国外先进技术水平。

11.4.3 氢能产业发展的机遇与挑战

根据我国富煤、贫油、少气的能源资源禀赋，综合考虑能源转型和氢能产业发展基础，我国将碳达峰、碳中和纳入经济社会发展全局，坚持"全国统筹、节约优先、双轮驱动、内外畅通、防范风险"的总方针。在保障国家能源安全和经济发展为底线的前提下，争取时间实现新能源的逐渐替代，推动能源低碳转型平稳过渡，采取稳妥有序、循序渐进推进碳达峰行动，确保安全降碳。未来中国氢能产业技术发展与市场应用，可分为以下三阶段演进。

第一阶段（现在—2030年前）：以煤制氢和工业副产氢等低成本技术为基础，推动氢能产业逐渐起步。2030年前后，利用碳税或碳交易制度，推动化石能源制氢与碳捕集相结合，减少CO_2直接排放力度。在此期间，持续加大氢能和燃料电池相关技术的自主研发力度，大幅提高关键核心技术装备的国产化能力；利用现有天然气管网，开展加氢天然气输送安全性和可行性研究。全国氢燃料电池汽车保有量超100万辆，加氢站数量超1000座，全国加氢站平均绿氢供应比重为10%，北上广等一线城市加氢站绿氢比例在20%以上。

第二阶段（2030—2050年）：氢能在工业原料和终端用能中的占比不断上升，逐渐成为低碳能源战略的重要组成部分，以风光发电为代表的非化石能源发电规模、发电成本和制氢效率取得重大突破，电解水制氢成本大幅降低，制氢从以化石能源为主，逐步向电解水技术过渡。到2040年后，氢能产业将逐步实现不依赖补贴的自主发展。到2050年氢能产业产值将突破4万亿元，氢能服务的工业领域和规模进一步扩大；加氢站中电解水供应比重达30%，占氢能示范区域中的50%以上。随着氢燃料电池、氢能等技术取得重大突破，氢能应用成本不断降低。全国氢燃料电池汽车年销量超百万辆，在新车市场渗透率超过1%。进一步发展富余风、光、水电大规模制氢基本实现。利用氢作为能源载体，大幅提高波动性可再生电力消纳能力；利用全国天然气管网，通过加氢天然气技术方式，实现氢能跨地区长距离传输。

第三阶段（2050—2060年）：氢能成为我国能源消费结构的重要组成部分，氢能产业从重点区域发展逐步拓展到全国主要市场，依托全国天然气管网，实现氢气与天然气的大规模输送，全国氢能基础设施网络基本成形。2050年后，在碳排放约束下，化石能源制氢比重将逐步降至零；全国加氢站基本实现以电解水为主供氢源，氢能示范区域中电解水产氢比例将率先达到100%。绿色低碳、循环发展的经济体系和清洁低碳、安全高效的能源体系全面建立，能源利用效率达到国际先进水平，非化石能源消费比重达到80%以上，碳中和目标顺利实现，生态文明建设取得丰硕成果，开创人与自然和谐共生新境界。

在我国碳达峰、碳中和的双碳目标引导下，通过风能、太阳能等可再生能源产业的大规模建设，以及燃料电池为动力的交通产业发展，氢气作为清洁高效的能源载体，得到国内外前所未有的关注。氢能技术发展，将改变人类利用能源的形式，将阳光与水结合，产生的氢将会成为明天的石油与煤炭，为人类社会丰富多彩的社会生活提供可持续发展的清洁能源。氢能对社会生活将产生深刻而广泛的影响，必将极大促进人类社会的文明进步。

参考文献

[1]　Dincer I, Acar C. Review and evaluation of hydrogen production methods for better sustainability [J]. Int J Hydrogen Energ, 2015, 40 (34): 11094-11111.

[2]　Sun H, Yan Z, Liu F, et al. Self-supported transition-metal-based electrocatalysts for hydrogen and oxygen

evolution[J]. Adv Mater, 2020, 32 (3): e1806326.

[3] Yang H, Driess M, Menezes P W. Self-supported electrocatalysts for practical water electrolysis [J]. Advanced Energy Materials, 2021, n/a (n/a): 2102074.

[4] Vincent I, Bessarabov D. Low cost hydrogen production by anion exchange membrane electrolysis: A review [J]. Renewable and Sustainable Energy Reviews, 2018, 81: 1690-1704.

[5] You W, Noonan K J T, Coates G W. Alkaline-stable anion exchange membranes: A review of synthetic approaches[J]. Progress in Polymer Science, 2020, 100: 101177.

[6] 徐子昂，刘凯，王保国. 高稳定碱性离子膜分子设计研究进展［J］. 化工学报，2021，72（8）：3891-3906.

[7] Abbasi R, Setzler B P, Lin S, et al. A roadmap to low-cost hydrogen with hydroxide exchange membrane electrolyzers[J]. Adv Mater, 2019, 31 (31): 1805876.

[8] Feng Q, Yuan X Z, Liu G, et al. A review of proton exchange membrane water electrolysis on degradation mechanisms and mitigation strategies [J]. Journal of Power Sources, 2017, 366: 33-55.

[9] Chen M, Zhao C, Sun F, et al. Research progress of catalyst layer and interlayer interface structures in membrane electrode assembly (MEA) for proton exchange membrane fuel cell (PEMFC) system [J]. eTransportation 2020: 5.

[10] Phillips R, Dunnill Charles W. Zero gap alkaline electrolysis cell design for renewable energy storage as hydrogen gas [J]. RSC Advances, 2016, 6 (102): 100643-100651.

[11] Goñi-Urtiaga A, Presvytes D, Scott K. Solid acids as electrolyte materials for proton exchange membrane (PEM) electrolysis: Review [J]. International Journal of Hydrogen Energy, 2012, 37 (4): 3358-3372.

[12] Wang G, Zou L, Huang Q, et al. Multidimensional nanostructured membrane electrode assemblies for proton exchange membrane fuel cell applications [J]. Journal of Materials Chemistry A, 2019, 7 (16): 9447-9477.

[13] Park J E, Kang S Y, Oh S-H, et al. High-performance anion-exchange membrane water electrolysis [J]. Electrochimica Acta, 2019, 295: 99-106.

[14] Ghadge S D, Patel P P, Datta M K, et al. First report of vertically aligned (Sn,Ir) O_2:F solid solution nanotubes: Highly efficient and robust oxygen evolution electrocatalysts for proton exchange membrane based water electrolysis [J]. Journal of Power Sources, 2018, 392: 139-149.

[15] Zeng Y, Guo X, Shao Z, et al. A cost-effective nanoporous ultrathin film electrode based on nanoporous gold/IrO_2 composite for proton exchange membrane water electrolysis [J]. Journal of Power Sources, 2017, 342: 947-955.

[16] Zeng Y, Zhang H, Wang Z, et al. Nano-engineering of a 3D-ordered membrane electrode assembly with ultrathin Pt skin on open-walled PdCo nanotube arrays for fuel cells [J]. Journal of Materials Chemistry A, 2018, 6 (15): 6521-6533.

[17] Kim J C, Kim J, Park J C, et al. Ru_2P nanofibers for high-performance anion exchange membrane water electrolyzer [J]. Chemical Engineering Journal, 2021: 420.

[18] Zeng L, Zhao T S, Zhang R H, et al. $NiCo_2O_4$ nanowires@MnO_x nanoflakes supported on stainless

steel mesh with superior electrocatalytic performance for anion exchange membrane water splitting [J]. Electrochemistry Communications, 2018, 87: 66-70.

[19] Jeon S S, Lim J, Kang P W, et al. Design principles of NiFe-layered double hydroxide anode catalysts for anion exchange membrane water electrolyzers [J]. ACS Appl Mater Interfaces, 2021, 13 (31): 37179-37186.

[20] Zhao Z, Chen C, Liu Z, et al. Pt-based nanocrystal for electrocatalytic oxygen reduction [J]. Adv Mater, 2019, 31 (31): 1808115.

[21] 王保国. 电化学能源转化膜与膜过程研究进展［J］. 膜科学与技术，2020，40（1）：179-187.

[22] 王培灿，万磊，徐子昂，等. 碱性膜电解水制氢技术现状与展望［J］. 化工学报，2021，72（12）：6161-6175.

[23] Mond L, Langer C V. A new form of gas battery [J]. Proceedings of the Royal Society of London, 1890, 46(280-285): 296.

[24] 杨铮，韩红梅. 我国燃料电池产业发展概述［J］. 化学工业，2020，38（2）：8，21-33.

[25] Hermann A, Chaudhuri T, Spagnol P. Bipolar plates for PEM fuel cells: A review [J]. International journal of hydrogen Energy, 2005, 30(12): 302-1297.

[26] 邵志刚，衣宝廉. 氢能与燃料电池发展现状及展望［J］. 中国科学院院刊，2019，34（4）：77-469.

[27] 陈庆，廖健淞，曾军堂. 燃料电池关键材料工程化现状研究［J］. 新材料产业，2019，4.

[28] Xue Y, He C, Liu M, et al. Effect of phase transformation of zirconia on the fracture behavior of electrolyte-supported solid oxide fuel cells [J]. International Journal of Hydrogen Energy, 2019, 44 (23): 26-12118.

[29] 葛奔，祝叶华. 燃料电池驱动未来［J］. 科技导报，2017，35（8）：8-12.

[30] 曹勇. 中美氢能产业发展现状与思考［J］. 石油石化绿色低碳，2019,4（6）：1.

[31] 于蓬，郑金凤，王健，等. 氢在钢铁生产中的应用及趋势［J］. 科学技术创新，2019，29：152.

[32] 尚娟，鲁仰辉，郑津洋，等. 掺氢天然气管道输送研究进展和挑战［J］. 化工进展，2021,40（10）：5499.

[33] 潘聪超，庞建明. 氢冶金技术的发展溯源与应用前景［J］. 中国冶金，2021,31（9）：73.

[34] 王明华. 绿氢耦合煤化工系统的性能分析及发展建议［J］. 现代化工，2021,41（11）：4.

[35] 郭博文，罗聃，周红军. 可再生能源电解制氢技术及催化剂的研究进展［J］. 化工进展，2021,40（6）：2933.

第12章 二氧化碳的捕集、利用和封存

12.1 二氧化碳捕集技术

过去一个世纪以来的快速工业化导致了对电力等能源的巨大需求，最通常的发电方式是利用化石燃料，但这会导致二氧化碳（CO_2）的排放，而二氧化碳是最主要的能源温室气体。使用化石燃料的电力行业和其他工业部门的CO_2排放量约占总排放量的三分之二。随着全世界对温室气体导致的气候变化的关注度不断提高，CO_2减排已经成为一个重要的研究领域。

尽管核能和可再生能源将在低碳电力生产中发挥越来越重要的作用，但由于安全和环保的原因，预计未来的相当一部分电力需求仍将由化石燃料来满足。因此，有必要考虑一种在减少CO_2排放的同时使用常规的化石燃料生产能源动力的方法。碳捕集利用和储存（CCUS）技术就是这样的技术，通过捕集获得能源动力过程中产生的二氧化碳，然后进行利用或将其储存在安全的地方，以达到不会释放到空气中去影响全球气候的目的。

为了将CO_2进行捕集利用和封存，世界各地正在进行大量的研究以开发各种可用的经济的技术。目前，实施CCUS的主要障碍是：捕集的高能耗、高成本，利用的规模小、成本高，以及封存的选址和安全。目前，利用现有技术捕集二氧化碳的成本在国际上为40～60美元（吨CO_2，下同），国内为200～350元。

CO_2捕集技术需要将二氧化碳从不同气体的混合物中分离出来。这种含CO_2的原料气可能在化石燃料的燃烧之前或之后形成。如果在燃烧之前，它被称为燃烧前碳捕集。这种原料气主要由CO_2、H_2和CH_4组成。如果原料气来自燃烧后，则称为燃烧后碳捕集，其主要成分为CO_2、N_2和O_2。目前已经开发了几种技术用于从气体混合物中捕集CO_2，并得到越来越广泛的应用。

12.1.1 二氧化碳分离方法

许多分离技术可用于从气体混合物中分离CO_2。我们可以将主要技术分为四个不同的工艺。它们是吸收法、吸附法、膜法和低温精馏法等。对于吸收过程，研究主要集中在不同溶剂的开发和性能增强上。吸附技术强调新材料和改性材料。基于膜的研究使用不同材料的膜，包括复合材料和杂化增强性能的膜材料。

12.1.1.1 吸收法

采用溶剂吸收CO_2以将其从气体中分离的方法已在工业规模使用了超过80年，但在工业应用中的气体中CO_2分压要高得多。一般来说，该过程可分化学吸收和物理吸收。如果溶剂与CO_2发生反应并形成化合物，则该过程称为化学吸收。如果溶剂和CO_2不会发生反应，溶剂只是物理地吸收了二氧化碳，这个过程则称为物理吸收。化学吸收剂主要有单乙醇胺、二乙醇胺、三乙醇胺、N-甲基乙醇胺和2-氨基-2-甲基-1-丙醇等有机胺，以及碳酸钾和氨水等无机水溶液。物理吸收溶剂主要有低温甲醇、N-甲基-2-吡咯烷酮和聚乙二醇二甲醚。

二氧化碳的化学吸收分两个阶段进行。一开始处理后的气体在吸收塔中以逆流方式与溶剂进行接触。在这一阶段溶剂从气体中吸收二氧化碳。然后含有CO_2的溶剂在加热后再生，在汽提塔中解吸溶剂中的CO_2。纯CO_2从汽提塔顶部收集，然后对CO_2进行压缩、输运、利用和存储。再生后的CO_2贫溶剂被送回吸收塔。

该工艺的吸收塔在高压和低温下是最佳的，而解吸塔在低压和高温下性能最佳。化学吸收法更有利于在相对较低的压力下捕集CO_2。当胺或碳酸盐溶液用作溶剂时适用于燃烧后捕集过程。在物理吸收的情况下，使用有机物理溶剂，没有与二氧化碳发生化学反应。该操作基于汽液平衡亨利定律。根据该定律，溶解在单位体积溶剂中的气体量或体积在任何温度下与CO_2气体分压成正比。因此物理吸收过程有压力依赖性，在较高的CO_2分压下物理吸收比化学吸收有更好的吸收性能。因为合成气中的CO_2分压较高，因此物理吸收过程更适合于燃烧前捕集，而且物理溶剂的再生能耗较低。

这种工艺的缺点是在低温下溶剂的CO_2溶解度最好，因此在吸收过程之前，气体和溶剂都需要冷却，这导致热效率降低。对于捕集CO_2，发现聚乙二醇二甲醚比其他研究溶剂更具能量效率。更低的溶剂再生的能量消耗和简单的工艺流程是主要原因，如在整体煤气化联合循环（IGCC）中应用低温捕集的过程将获得更高的净效率。

在燃烧后捕集过程中烟气中的CO_2分压非常低。因此，该工艺的研究重点是寻找合适的化学吸收溶剂。已经对不同的溶剂和工艺进行了大量研究，以获得成本效益最高的吸收方法。有机醇胺法脱除CO_2的工艺应用已经比较广泛，开始时能耗高、腐蚀性大的缺点在经过不断的技术改进后明显得到了改善。脱除CO_2的醇胺主要分为伯胺、仲胺、叔胺、空间位阻胺以及最近研究较多的环状有机胺和多氨基溶剂。由于和CO_2反应的机理不同，伯胺和仲胺的反应速率快，但溶解度较小，而叔胺和空间位阻胺的反应速率较慢，但溶解度却较大。针对不同工艺中的气体CO_2含量、CO_2吸收率的要求，并考虑CO_2的吸收速度，研究了大量上述溶剂的混合物对CO_2的吸收溶解度和吸收速度。混合溶剂主要是伯胺或仲胺与叔胺或位阻胺的组合，以综合考虑对CO_2吸收溶解度和反应速度的影响。

用于CO_2捕集的新型吸收体系还有非水吸收剂、相变吸收溶剂等。非水吸收剂，即溶剂中没有水，只有有机胺和物理溶剂。非水溶剂的优点是溶剂没有水的蒸发，从而消除了因为水的蒸发而导致的能量损失。缺点是非水溶剂黏度较高，传质性能较差。相变吸收溶剂，是指溶剂吸收CO_2以后，变成了液液两相或固液两相，然后只对富含CO_2的液相或固相进行CO_2解吸操作，解吸后再和CO_2含量低的另一部分液相进行混合，然后返回吸收塔用于吸收。优点是进入解吸塔的物流量减少了，可降低能耗。缺点是固体物流操作和换热比较不易。

12.1.1.2 吸附法

这是使用固体表面从气体混合物中去除CO_2的过程。不像吸收过程，固体吸附剂表面和CO_2之间会形成物理或化学键，为吸附的驱动力。单层或多层气体可根据吸附剂孔径、温度、压力和表面力的情况进行吸附。用吸附剂填充满吸附柱，含有CO_2的气体通过吸附柱。在流经吸附剂的过程中，CO_2黏附在吸附剂的固体表面上，直至吸附剂对于CO_2达到饱和。当吸附剂被CO_2黏附饱和后，通过不同的CO_2再生循环将CO_2移除并脱附。

对于单柱CO_2吸附，一般有四种不同的再生循环，分别是变压吸附（PSA）、变温吸附（TSA）、电变温吸附（ESA）和真空变压吸附（VSA）。在变压吸附的情况下，需要将吸附剂的压力降低直至完成脱附。真空变压吸附是一种特殊的变压吸附循环，在原料气压力接近环境压力的情况下使用。PSA的高压需要使用额外能量，而VSA就不需要。在VSA中，在进料的下游使用部分真空，用于抽取低压原料气。VSA过程适用于燃烧后捕集CO_2。

在变温吸附中，吸附剂的温度升高至化学键断裂，二氧化碳被释放。该过程中对能量的额外要求使得该方法成本更高。此外，由于加热吸附柱进行解吸和冷却，并再次为吸附做准备过程非常耗时。通过使用电变温快速完成脱附，低压电流通过吸附剂利用焦耳效应加热吸附剂。这样的电变温吸附（ESA）使吸附剂快速再生成为可能，但需要使用高品位电能，而不是TSA中的低品位热能。

当CO_2分压较高时，压力变动操作是有利的，而当气体中CO_2浓度较低时，变温吸附是有利的。如果CO_2浓度较低，PSA将需要更长的时间。吸附过程由于其在常温常压下具有较高的吸附能力、长期稳定性、再生成本低、吸附率高和能耗低，从而受到欢迎。

该工艺的研究重点是寻找合适的吸附剂将CO_2从气体中分离出来。已经对各种物质，物理吸收剂如沸石、活性炭、分子筛、水滑石和金属有机骨架材料，以及化学吸附剂如有机胺负载或氨基功能化的多孔材料、高温氧化钙等进行了研究。

化学吸附法使用的有机胺负载或氨基功能化材料通常是将有机胺与多孔载体相结合制备而成，材料具有相互连通的网络孔道和高比表面积，能够提供与酸性CO_2分子反应生成亚稳态氨基甲酸的场所。将氨基分子修饰硅胶孔表面，测试后发现，无水时氨基和CO_2反应生成氨基甲酸盐，有水参与时则生成碳酸铵。此后，以介孔硅为基体，用氨基硅烷分子进行改性，发现羟基能促进叔胺和CO_2反应。用物理浸渍的方法，将聚乙烯亚胺（PEI）负载到介孔分子筛SBA-15和MCM-41等材料孔内，在75℃附近具有最佳吸附效果。该材料具有较高的CO_2吸附量和CO_2 / N_2吸附选择性，孔径较大的三维结构载体表现出更好的吸附量和更快的吸附速率，说明材料的孔结构对吸附性能有直接影响。介孔硅负载有机胺的方式，为开发高性能吸附材料打下了坚实基础。但这些材料的共同缺点是：一是材料上的氨基容易发生脲化反应，从而永久性失去吸附性能，工程应用价值低；二是通过物理浸渍负载的有机胺容易渗漏、氧化，循环稳定性差。

为提高循环稳定性，采用材料表面化学接枝的方法，制备了氨基改性介孔硅材料。该方法的优点是能够把有机胺分子部分接枝到无机载体表面，降低胺的渗漏和挥发。然而，无机基体上进行有机接枝的过程复杂且接枝率低，限制了材料对 CO_2 的吸附容量。此外，枝化有机胺分子链在烟气环境中也容易被氧化造成长链断裂、碎片易挥发；在高温脱附 CO_2 时，链上的伯胺还容易发生脲化反应。近年来，有众多研究者致力于抑制胺的降解工作。研究发现，如果将伯胺转化为仲胺或在再生过程中注入水蒸气，吸附材料的稳定性将大幅度提高，因为胺的脲化行为可在很大程度上得到抑制。

化学吸附法中的高温氧化钙法是一种不同的捕集二氧化碳的技术。在这种方法中，CO_2 和 CaO 之间发生直接可逆反应。这个反应产生固体碳酸钙，易于与其他气体分离。可逆反应是：$CaO + CO_2 \rightleftharpoons CaCO_3$。正反应称为碳酸化反应，是放热反应。逆反应称为煅烧反应，它是吸热的。碳酸化反应的初始速度非常快，但过一段时间后，速度会突然变慢。由于在煅烧反应中，需要在高温下提供大量热量，这种热量由煅烧反应器内的煤或天然气的氧燃烧来提供，然后从煅烧反应器中回收 CO_2，对其进行压缩和储存。此过程可用于燃烧前和燃烧后碳捕集。燃烧前碳捕集利用氧化钙工艺具有一些优点。碳酸钙和氧化钙加速了焦油的分解，这当用氢作燃料时是很难的。从气体混合物中脱除 CO_2 也增加了从 CH_4 和 CO 到 H_2 的转化率。

该工艺的主要用途是燃烧后碳捕集。借助于循环流化床碳酸化反应器，石灰石从发电厂的废气中捕集二氧化碳。然后将吸附剂输送至煅烧炉，煅烧炉在较高温度下运行，煤或天然气在煅烧炉的含氧环境中燃烧，产生必要的热量。再生后的吸附剂再次进入碳酸化反应器，循环吸附 CO_2。形成固体碳酸盐的整个反应是放热的。在碳酸化反应器中产生的高品位热量可以为蒸汽循环提供能量以产生更多电力，这会降低常规燃烧后捕集 CO_2 的能量损耗。石灰石有很大的供应量，而且是一种无害物质。石灰石的价格也远低于用于燃烧后碳捕集过程中的有机胺。使用过的或废弃的 CaO 吸附剂可以进一步处理用于其他目的。这种方法的缺点是 CaO 的循环利用率较低，CO_2 捕集容量不断降低，需要大量补充新的 CaO 吸附剂。

12.1.1.3 膜法

膜法是由不同材料制成的半渗透屏障，可以分离不同的物质，通过各种机理从混合物中提取物质。膜可以是有机的或无机的材料，在非促进膜中发生溶解扩散过程，在膜中溶解后发生渗透扩散。每单位溶解的二氧化碳体积量与 CO_2 分压成比例。在燃烧前捕集的情况下，CO_2 的分压保持相对较高，在这种情况下非促进膜分离技术有更大的用途。

膜可以螺旋缠绕、平板和中空纤维的方式使用。对于特定酸性气体，膜可以是有选择性的或非选择性的。对于碳捕集，膜技术可分为两类：气体分离膜和气体吸收膜。在气体分离膜系统中，在高压下将含 CO_2 气体引入膜分离器。膜分离器通常由平行的圆柱形膜组成。二氧化碳优先通过膜，并在膜另一侧的较低压力下回收。气体吸收膜系统使用微孔固体膜从气体中分离 CO_2。对于气体吸收系统，CO_2 的去除率很高，原因是最大限度地减少了溢流、起泡、窜槽和夹带,所需的设备比膜分离的设备更紧凑。

膜法的优点是操作时无滴漏、夹带、起泡和溢流,这些是填料塔操作中常见的问题。膜法也有更高的表面积和可以更好地控制液体、气体流速。膜的主要缺点是在较低的CO_2浓度下,它们的通过率降低。当气体中的CO_2浓度低于20%时,膜法显示出较低的操作弹性,变得不太可行,因此不适用于燃烧后捕集过程。另外,由于膜的使用寿命有限,必须定期更换。膜纤维中也有较高的传质阻力,气相应完全填充膜孔。当在膜孔中存在液相时,传质阻力开始在膜中形成,这样膜法在经济上就变得并不合算,这种现象称为膜的润湿。希望的条件是膜孔完全充满气体,但并不总是如此。经过长期的运行,膜孔被部分或完全润湿。针对几种不同类型的膜和吸收剂,研究了润湿效应对膜传质的影响,即使只是很小的湿润程度,通过膜进行CO_2吸收的效率也显著降低。

12.1.2 燃烧前捕集技术

这是一种在燃烧器中直接燃烧燃料的替代方法。首先,重要的是将燃料转化为可燃气体,然后将CO_2从化石燃料产生的可燃气体中分离出来,最后以H_2为主的气体用于发电或其他能源需求。

例如,由化石燃料产生的合成气是一种主要由H_2和CO以及CO_2组成的混合气体。已知的蒸汽重整过程,就是通过向化石燃料中加入蒸汽来制得合成气。另一种生产合成气的方法是在燃烧后提供纯氧。

首先,合成气主要由H_2和CO以及微量CO_2组成,是由化石燃料制成的。这可以通过向化石燃料中加入蒸汽来实现,这个过程是已知的蒸汽重整。另一种生产合成气的方法是分离空气后将纯氧和化石燃料进行反应,这个过程被称为部分氧化过程,可用于液体或气体燃料。当它用于固体燃料时,被称为气化过程。然后采用水煤气变换反应将CO加水转换为CO_2加H_2。

然后再在合适温度和压力下将CO_2捕集分离。剩余的气体主要是氢,几乎没有其他杂质。这种气体可用于联合循环发电厂发电。高的分离前的压力2~7MPa和CO_2高浓度15%~60%(体积分数)与下文的燃烧后捕集相比,CO_2/H_2混合气体的CO_2分离捕集和压缩所需的能量更少。然而,由于空气分离以及重整或气化过程,该过程的总体能量需求变得很高。

目前,燃烧前碳捕集技术的主要研究重点是将该方法应用于整体气化联合循环(IGCC)发电厂。首先使用低温空分设备将氧气从空气中分离出来,氧气进入气化炉将煤在高温高压下气化以产生合成气。之后在冷却和初步净化过程中,合成气在变换反应器中通过水煤气变换反应转化为H_2、H_2S和CO_2。经过几次清洁步骤以去除硫、汞、水和其他杂质后,合成气仅由CO_2和H_2组成。这种气体混合物通过捕集CO_2的过程再去除CO_2,然后氢被用来发电。大多数商业开发的技术使用物理溶剂将二氧化碳从合成气中分离出来。为了从合成气中获得最佳的CO_2分离性能,已经开展了大量的工作,溶剂吸收法和固体吸附法是最为常用的燃烧前捕集分离CO_2的方法。

12.1.3 燃烧后捕集技术

该技术用于大多数现有发电、水泥和钢铁等企业，无需对原厂进行重大改造。因此，与其他CCUS工艺相比，它具有更易于实施的优势。在此方法中，从排气烟道中去除CO_2气体。通常，烟气在大气压力下排出，这些气体中的二氧化碳浓度很低，煤基锅炉为12%~16%，天然气锅炉为4%~8%。

由于CO_2浓度低，驱动力太小，无法从烟道中进行捕集。处理大量烟道气体需要大型设备和较高的资金成本。同时烟气中含有各种类型的污染物，如SO_x、NO_x、飞灰等，它们会导致利用现有技术进行CO_2分离过程的成本变得更高。因此，需要一种从烟气中捕集CO_2的成本效益高的方法。

燃烧后碳捕集技术旨在从烟气脱硫出口的气体中捕集CO_2。在这种状态下，燃煤电厂的气体混合物中的CO_2含量约为12%~16%。

冷却后的烟道气体输送至吸收塔的下部。吸收溶剂从吸收塔的上部进入吸收塔。在吸收塔中吸收溶剂从烟气中吸收了CO_2，将清洁气体排放到空气中。随后，在汽提塔中将溶剂中的CO_2解吸出来，以便溶剂在吸收塔中再次使用。CO_2从汽提塔中解吸并经过压缩输送至CO_2利用或储存单元。使用溶剂吸收是最常用的从烟道气中分离二氧化碳的方法。其他技术如固体吸附法或膜分离方法也用于从气体混合物中分离二氧化碳。

12.1.4 富氧燃烧捕集技术

12.1.4.1 富氧燃烧碳捕集

在传统的发电厂中，煤等化石燃料是在空气中燃烧的，而在富氧燃烧技术中，化石燃料是在几乎纯氧中燃烧的。本技术产生的烟气主要是水和二氧化碳的混合物，降温冷凝即可分离出水。在传统的发电厂中，空气中的氮气起到温度调节器的作用。因为没有氮气在富氧燃烧的燃烧室内，火焰温度过高。为了将火焰温度保持在所需范围内，部分回收的CO_2与纯氧一起进入燃烧室，另一种方式是在燃烧室中注入蒸汽。燃烧后，水通过冷凝从产品中去除。捕集的二氧化碳经过净化并压缩至超临界状态，以便运输及循环再次使用。

由于CO_2和N_2的性质是不同的，采用富氧和传统空气的燃烧室中的反应途径和燃烧特性是不同的。与传统燃烧相比，富氧燃烧具有其优势。在传统的空气燃烧系统中，仍然存在大量的氮气。氮在释放到环境中之前会消耗大量的热量，但在富氧燃烧中，由于不含氮，该过程中不会产生或很少产生NO_x。燃烧产物中没有其他重要污染物。

富氧燃烧的主要缺点是生产氧气的操作成本高以及燃烧后对CO_2加压的成本。这种方法的主要挑战之一是以合理的费用获得高纯度的氧气。CO_2增压的功率要求最大，消耗了大约1/5的能量涡轮机总功率。第二大功耗部件是空分设备，需要涡轮发电的12%。燃油压缩机需要约1%的涡轮功率。总消耗量为34%，因此涡轮机总功率的66%作为净功率传输至发电机功率输出。Wu等总结了所做的不同工作关于氧燃料燃烧用空气中氧的分离过程，认为与低温空分法相比，膜法更经济、更简单。笔者还表明吸附技术尚未更新，无法大规模实施。化学链空气分离法有望成为一种更高效、更经济的富氧燃料燃烧实施的成本技术选择。

许多研究正在进行中，以了解和改进富氧燃烧技术。可改进设计锅炉，使设备更紧凑，对富氧燃料燃烧有更深入的了解。为此，需要了解燃烧程序。使用紧凑型锅炉，可降低发电成本，有助于减少烟气以及由此产生的烟气的热损失。它还可以减少SO_x和NO_x的排放，并改善燃烧性。

对于使用煤燃烧的传统发电厂，燃烧过程中的烟气CO_2浓度相对较低（12%~16%）。对于富氧煤粉锅炉，空气用纯氧代替，这导致烟气中含有高浓度的CO_2（65%~85%）。Rohan等讨论了富氧燃烧后的硫的影响，认为灰收集、熔炉以及二氧化碳压缩、运输和储存可能都受到硫的影响。如果在烟道气净化之前采用循环流，则会增加烟气的浓度、熔炉中的杂质，尤其是SO_x。因为硫滞留在灰中，富氧燃烧过程中SO_2的排放量较空气燃烧低。

在纯氧中燃料燃烧的应用首次在不同的工业过程中进行，有建议将此方法作为一种解决方案，为石油炼制回收大量二氧化碳。后来，使用回收的想法被提出，并用于石油开采。这种方法可以减少化石燃料发电厂的环境影响。

12.1.4.2 化学链燃烧

化学链燃烧（CLC）是碳捕集领域的一种新的工艺。这种方法有可能成为化石能源发电厂最高效、低成本的二氧化碳捕集技术。它具有CO_2分离的固有优势，能耗最低。该工艺采用两个流化床反应器。一个被称为空气反应器，另一个被称为燃料反应器。固体氧载体循环在这两个反应器之间。固体氧载体在空气反应器中被氧化。氧化后，固体氧载体通向燃料反应器。燃料在燃料反应器中被氧化，同时氧载体被还原。燃料氧化完成后，金属氧载体循环回空气反应器。二氧化碳和水在燃料反应器中产生。通过将水冷凝，二氧化碳很容易被分离，然后用于CO_2利用或封存。在空气反应器中空气氧化了氧载体后，剩下的空气中只含有氮气和未反应的氧气，它们对环境无害，无需进一步处理即可排放。当煤作为主要燃料时，煤气化产生的合成气可用在燃料反应器中。

尽管CLC过程新颖，但该方法仍存在一定的挑战。例如，具有两个分离反应区的反应器的设计是主要挑战。CLC反应器系统有两个相互连接的流化床，氧气载体应该循环起来，但气体却不能相互泄漏。第一个10kW反应器的连续操作是在查尔姆斯理工大学实现的，在环境温度下，该装置运行稳定，燃料转换效率为99.5%，没有明显的气体泄漏。还有一些其他的反应器设计方法，例如一种带有旋转反应轮的反应器。

装备CLC的联合循环发电厂的热效率为52%~53%，空气反应器采用的工作温度和压力分别为1200℃和13atm。使用CLC比其他碳捕集方法的热效率高3%~5%，譬如对于IGCC电厂，联合CLC的热效率和使用物理吸收碳捕集技术相比。另外，CLC可以100%捕集二氧化碳，而物理吸收从IGCC工厂的捕集率大约为85%。

CLC领域研究的一个重要方面是找到合适的氧载体，必须具有较高的燃料转化率、良好的稳定性和较高的氧气输送能力。高于或接近其熔点才有反应活性的金属不应用作氧载体，因为它们必须在高温下进行循环操作。除了反应活性外，选择氧载体时还应考虑热稳定性、毒性和成本。一些最有可能用作氧载体的元素包括铁、铜、锰和镍。它们应与惰性材料结合，如氧化铝、二氧化硅、氧化钛等。Lyngefelt等测试了290多种不同的粒子作为氧载体，包括铜、镍、锰和铁的活性氧化物。

12.1.5　捕集技术的总结

用于分离二氧化碳的碳捕集是一个由来已久的过程，并且已经达到了一定的成熟度与全面应用。燃烧后捕集的主要优点是其易于操作，以及与现有电厂的集成能力，但烟气中的二氧化碳分压和浓度很低，这就要求CO_2的运输和储存能够在最低的浓度进行，所需的额外能源和额外成本明显较高。

当采用化学吸收法进行分离时，溶剂有降解，设备也发生腐蚀。因此，溶剂消耗和设备成本较大，可能使发电成本提高30%～50%左右。国内外正在研究寻找新的溶剂和减小设备尺寸，以降低碳捕集的成本。

燃烧前碳捕集主要用于过程工业，已经有某些行业的全规模的CCS工厂在运行。相比传统的常压烟气，这些过程混合气体中的二氧化碳含量要高得多。与燃烧后捕集相比，由于较高的压力，气体体积较小，此过程所需的能量较少。但尽管如此，能量损耗仍然很高。燃烧前捕集主要用于整体气化联合循环（IGCC）技术。这项技术需要一个庞大的高压设备才能顺利运行，设备投资成本过高。

另外，无需CO_2分离过程的技术需要相对较复杂的发电技术方面的创新，即富氧燃烧和化学链燃烧。目前还没有基于这些工艺的完整的工厂运行，只有一些中试运行和一些正在开发中的使用富氧燃烧的小规模示范工厂，可实现CO_2的近零排放。这种方法还有其他一些优点，比如减小了设备尺寸，与各种煤种相容。然而，这个过程需要大量的高纯度氧气，制氧需要能源密集型空分单元。基于膜的空气分离技术可通过与动力循环的更高集成度，来减小分离成本。由于使用了空分单元和CO_2压缩装置，净功率输出显著降低。除此之外，还存在一些技术上的不确定性，全规模运作需要更多的研究来解决这些不确定性。然而，由于CO_2分离不需要额外的成本，因此该工艺仍然是一个很有希望以更低的成本生产电力，同时接近零排放的方案。

碳捕集的化学链燃烧工艺仍处于初级阶段。它在商业层面上尚未实施，需要进一步研究。由于在没有火焰的情况下，不会产生热NO_x，空气反应器的出口气体对环境无害。关键在于开发一种合适的氧载体用于化学链燃烧工艺，将使其比其他载体更具吸引力。

传统的碳捕集工艺导致发电效率的降低。由于这种效率降低导致消耗更多的燃料，也产生了更多的二氧化碳。而且捕集二氧化碳的过程可能有其他环境影响，例如：用于分离和捕集二氧化碳的溶剂和材料可能对人体和环境有不良影响；使用涂层对固体吸附剂进行覆盖，以减少该物质产生的灰尘，这也可能降低其捕集二氧化碳的能力。此外，建议使用薄膜和吸附剂从排放气体中脱除有机溶剂来防止异味。在采用碳捕集之前，应确保不会出现其他环境影响问题。

最后，尽管化石燃料对环境有害，但它仍将是主要的能源及电力生产的来源。燃烧后碳捕集技术是改造现有化石燃料发电厂的最佳技术。燃烧前碳捕集在整体气化联合循环中更为合适。

在这些过程中，从烟气中分离CO_2需要额外的能量，导致电价上涨。燃烧前捕集过程的成本较低，因为气体中CO_2的分压较高。在分离技术中，吸收过程已经接近成熟，但需要注意设备的腐蚀、高昂的维护成本和溶剂的再生。吸附分离工艺由于其设备庞大和换热能力差，继而无法大规模应用。膜技术是比其他技术能耗低的工艺，但在烟气低浓度CO_2条件下效果较差，为了提高CO_2分压的气体压缩成本很高。

与其他方法相比，原理上富氧燃烧具有更少的能耗，有必要进行进一步的研究，使这项技术具有竞争力。化学链燃烧也可能成为一种成本效益高的碳减排方式，合适氧载体的可用性和反应器的优化设计可以使这一过程与其他过程相媲美。

12.2 二氧化碳利用技术

12.2.1 驱油

二氧化碳驱油技术在国外已商业化，在我国处于工业试验阶段。二氧化碳驱吨油成本3040~3840元，在较高油价下才具有经济效益。预计2030年，我国二氧化碳驱油年产油接近200万吨，碳封存规模500万吨/年以上；2050年，二氧化碳驱油年产油超过1000万吨，碳封存规模3000万吨/年以上。

12.2.1.1 技术介绍

二氧化碳强化采油（CO_2 enhanced oil recovery，CO_2 EOR）是指将二氧化碳注入油藏，利用其与地层流体和岩石的物理化学作用，实现增产石油并封存二氧化碳的工业工程。

带有显著埋存效果的CO_2强化采油技术主要指CO_2驱油与封存，即驱油类CCUS技术（CCUS-EOR）。驱油类CCUS技术具有增产石油和碳减排的双重功能。研究表明，原油中溶解CO_2可增加原油膨胀能力，改善地层油的流动性；地层压力足够高时，CO_2可萃取原油中的轻中质组分，逐步达到油气互溶混相，减少地层中的原油剩余。CO_2溶于地层水、与岩石反应成矿固化、被地层吸附，为构造圈闭捕获，可永久滞留于地下。CO_2驱油过程中，部分CO_2永久封存于地下，产出CO_2回收处理循环注入，全过程零碳排放。当油藏条件适合，并且CO_2气源价格足够低时，驱油类CCUS项目将会具有显著的经济效益与社会环境效益。

二氧化碳驱油技术示意图见图12-1。

12.2.1.2 技术成熟度和经济可行性

（1）技术成熟度

截至目前，全球共实施了超过170个二氧化碳驱油项目，其中80%以上在美国。2015

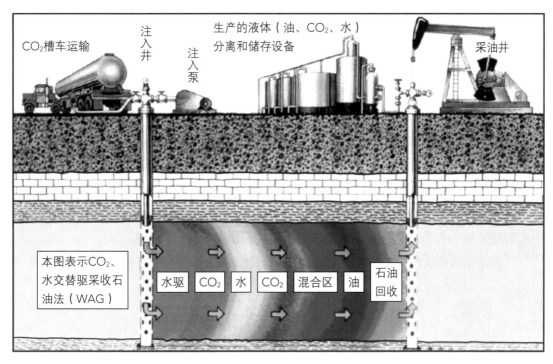

图12-1　二氧化碳驱油技术示意图

年以来，国际油价低位徘徊，二氧化碳驱油项目数基本稳定。美国CO_2驱油技术已商业化，建成约8000km二氧化碳输送管网，年产油1500万吨。驱油类CCUS技术在国外已有60多年的连续发展历史，从捕集到输送再到驱油利用与封存的全流程配套已相当完善，凸显出规模有效碳封存效果。

我国驱油类CCUS技术基本配套。2000年以来，国家和各大石油公司对CO_2驱油和封存技术的研发高度重视，相继设立了多个不同层次的CO_2驱油相关的研发项目，包括国家重点基础研究发展计划（973计划）、国家高技术研究发展计划（863计划）、国家重大科技专项以及各大石油公司设立的重大支撑项目，我国基本形成CO_2驱油试验配套技术。中国在应用和发展CO_2驱油技术时考虑了国情和油藏特点，从功能的独立性考虑，发展形成多项CO_2捕集驱油与埋存关键技术：

①包括燃煤电厂、天然气藏伴生、石化厂、煤化工厂等不同碳排放源的CO_2捕集技术。②包括气驱油藏流体相态分析、岩心驱替、岩矿反应等内容的CO_2驱开发实验分析技术。③以注入和采出等生产指标预测为核心的CO_2驱油藏工程设计技术。④涵盖CCUS资源潜力评价和油藏筛选的CO_2驱油与封存评价技术。⑤包括CCUS全过程相关材质在各种可能工况下的腐蚀规律及防腐对策为主的CO_2腐蚀评价技术。⑥以水气交替注入工艺、多相流体举升工艺为主的CO_2注采工艺技术。⑦包括CO_2管道输送和压注、产出流体集输处理和循环注入的二氧化碳驱地面工程设计与建设技术。⑧以气驱生产调整为主要目的的气驱油藏生产动态监测评价技术。⑨"空天-近地表-油气井-地质体-受体"一体化安全监测与预警的CO_2驱油安全防控技术。⑩涵盖CCUS经济性潜力评价和CO_2驱油项目经济可行性

评价的CO_2驱技术经济评价技术。

上述涵盖捕集、选址、容量评估、注入、监测和模拟等在内的关键技术,为全流程CCUS工程示范提供了重要的技术支撑,并在实践过程中逐步完善和成熟(李阳,2018)。中国在CCUS-EOR技术研发与实践方面也开始展现自己的特色与优势。在驱油理论方面,扩展了CO_2与原油的易混相组分认识,为提高混相程度和改善非混相驱效果提供了理论依据;在方案设计方面,建立了成套的CO_2驱全生产指标预测实用油藏工程方法,为注气参数设计和生产调整提供了不同于数值模拟技术的新途径;在长期埋存过程的仿真计算方面,基于储层岩石矿物与CO_2的反应实验结果,建立了考虑酸岩反应的数值模拟技术;在地面工程和注采工程方面,形成了适合中国CO_2驱油藏埋深较大且单井产量较低的实际情况的注采工艺技术;在系统防腐方面,建立了全尺寸的腐蚀检测中试平台,满足了注采与地面系统安全运行的装备测试需求(秦积舜和王高峰,2020年)。

我国已建成若干CO_2驱油与封存技术矿场示范基地,例如:中石油在吉林油田建成了国内首套含CO_2天然气藏开发与CO_2驱油封存一体化系统,包括集气、提纯、脱水、超临界注入、集输处理、循环注气等模块;中石化在胜利油田建成了国内外首个燃煤电厂烟气CO_2驱油与封存一体化系统;延长油田建成了国内首个煤化工CO_2驱油与封存系统。驱油类CCUS技术在国内处于工业试验阶段。

(2)经济可行性

长期工程示范为深入认识CCUS技术发展影响因素提供了实践依据。CCUS技术发展要特别注重安全性和可持续性,可持续性主要取决于经济性。二氧化碳强化采油的成本包括二氧化碳的购入价格、运输(管线或车船)设备投资及运输费用、注和采出井投资及费用、采出二氧化碳循环利用投资及费用、税费等。二氧化碳驱油项目效益随油藏地质条件、碳源类型、运输距离、经济环境的不同而相差悬殊。

根据典型的驱油类CCUS项目测算,二氧化碳捕集成本为300元/t,注入成本为80元/t,换油率(吨油耗气量)为$3.0tCO_2/tOil$,则开采原油的二氧化碳成本为1140元/t,CO_2驱吨油成本为3040~3840元。显然,油价过低时,驱油类CCUS项目很难有经济效益。

12.2.1.3 安全性及环境影响

原始油藏是经过自然证明的封闭稳定系统。在注入二氧化碳过程中,虽然油藏压力有所上升,但低于或接近油藏原始压力,诱发地面变形和盖层开裂风险较小,并且通过监测及压力调整等方式可以控制。油田存在的为数众多的废弃井是二氧化碳泄漏的潜在通道,现有的检测、监测、修复及补救技术可以应用于此,但国内外的大量实践表明,二氧化碳驱的安全性是可控的,通过科学设计和规范矿场管理,可以规避安全事故的发生。

二氧化碳驱油过程中,每采出1t原油能封存2t以上的二氧化碳。用二氧化碳替代水开采石油,可减少水资源消耗,对于我国西北等干旱地区有特殊意义。在驱油及封存过程中,二氧化碳向地面大量泄漏的可能性很小,不会对油田及周边环境产生负面影响。国际能源署对加拿大Weyburn油田的二氧化碳封存可行性研究表明,5000年内只有不到3%的二氧化碳从该油藏向上溢出。因此,二氧化碳驱油及封存技术在环境影响方面可得到较高的社会和民众认可。事实上，国际上也鲜有二氧化碳驱油项目引发重大环境问题的报道。

（1）技术发展预测

美国国家能源技术实验室（NETL）研究报告提出了实施新一代二氧化碳强化采油技术，包括持续扩大波及体积；优化井网；改善二氧化碳驱替流度比；加入助混剂，促进混相，进一步提高驱油效率和采收率。

经过多年攻关研究，我国在二氧化碳强化采油技术方面取得了长足发展。由于缺少大项目历练，气驱技术还有待完善（袁士义&李海平，2016）。需要特别重视：从战略高度重视气驱油技术，加快推动规模化应用；加强气源工作，构建廉价多元供应体系；大力攻关低成本气驱工艺技术；勇于创新，提升气驱油藏管理技术水平。

（2）规模化潜力

目前，我国在运行的二氧化碳驱项目年产油合计约35万吨，年注入CO_2总量达到百万吨。评价认为，适合二氧化碳驱的油藏资源约70亿吨，二氧化碳驱油技术应用潜力较大。根据目前社会经济政策环境估计：到2030年，我国二氧化碳封存规模达到500万吨/年以上，年产油达到170万吨；到2035年，我国二氧化碳封存规模达到700万吨/年以上，年产油达到240万吨；到2050年，我国二氧化碳封存规模达到3000万吨/年以上，年产油超过1000万吨。

12.2.1.4 小结

二氧化碳强化采油技术是一项有望提高原油采收率，同时封存二氧化碳的三次采油技术。二氧化碳强化采油技术在国际上已经商业化，在我国处于商业应用的前夜。2030年，我国强化采油技术将发展到商业应用水平，可能出现6～8个百万吨级工业规模项目。21世纪中叶，二氧化碳强化采油技术将得到广泛应用，有力助推能源行业清洁低碳发展。

12.2.2 驱水

12.2.2.1 二氧化碳驱水技术概述

以CO_2为主的温室气体的大量排放已引起一系列环境和生态问题，减少CO_2排放成为人类共同关注的热点问题。根据欧美国家及日本的经验表明，地下封存可能是处置CO_2的有效措施之一，适合作为CO_2封存的地质储层主要有枯竭的油气田、深部咸水含水层和不具开采价值的煤层。深部咸水含水层CO_2地质封存（简称CO_2咸水层封存）的研究始于20世纪90年代，因其分布广、储量大、安全性好，被认为是最具有发展前景的封存方式。

对于传统的CO_2咸水封存项目，大规模的CO_2注入会导致地层压力提升、咸水取代。压力的增加使得上覆盖层产生破裂或断层重新活动，从而引发CO_2的泄漏；咸水取代会对原有的地下水系统产生影响，可能导致地层深部的高浓度咸水向浅层水体迁移，引起浅层水体的污染。因此，CO_2地质封存联合深部咸水开采技术（简称CO_2驱水技术，CO_2-EWR）值得关注与研究。该技术是指将CO_2注入深部咸水层或卤水层，驱替高附加值液体矿产资源（例如锂盐、钾盐、溴素等）或开采深部水资源，同时实现CO_2深度减排和长期封存的一种新型CO_2捕集、利用与封存（CO_2 capture, utilization and storage，CCUS）过程。该技术一方面可通过合理的开采井位控制和采水量控制释放储层压力，达到安全稳定大规模封存CO_2的目的；另一方面采收的低矿化度咸水经过处理后可用于西部缺水地区或东部地面沉降较严重地区的生活饮水或工农业发展用水，采收的高矿化度咸水或卤水可以进行矿化利用萃取高附加值化工产品（如轻质碳酸镁等）或提取各种重要的液体（如钾盐、锂盐、溴素等）。

12.2.2.2 国外CO_2驱水技术进展

对于CO_2-EWR技术，目前全球还没有运行的示范性工程，明确采用和正在考虑采用CO_2-EWR技术的全球CCUS工程有数个。国内外专家已开展一系列关于CO_2-EWR技术的研究。Kobos等认为抽取地下的咸水，一方面可以释放地层压力，另一方面抽取的咸水经脱盐处理后，可用于发电站的冷却水。同时他们还针对美国西南部Morrison（1）、Morrison（2）以及Fruitland三种含水层咸水的处理费用进行了详细分析。Davidson等针对美国部分地区人口剧增、工农业发展、地下水资源过度开采的现状，提出在CO_2地质封存的同时开发利用深层咸水以解决面临的水资源危机。Buscheck等提出了"CO_2储层主动管理"（active CO_2 reservoir management）的概念，指出在CO_2注入时抽取咸水，可以释放储层压力，控制CO_2晕的迁移，抽取出的咸水可用作发电厂或地热能的冷却水。

Wolery等将海水与深层咸水的处理工艺及费用进行对比，发现深层咸水的处理较海水有明显优势。首先，海水中除了一般的化学组分外，还存在各种微生物和有机质，因此在前期处理方面，较深层咸水复杂；其次，深层咸水是由CO_2驱替而来，含水层中产生的强大压力可用于反渗透处理，这就使得处理费用明显降低，而海水淡化需要施加外部压力来进行反渗透处理。经计算，若储层能够提供足够的压力用于反渗透，规模为2.27万米^3/天时，深层咸水的处理费用为32~40美分/m^3，几乎为海水处理费用的1/2，而利用外部压力时，处理费用为60~80美分/m^3。

12.2.2.3 国内CO_2驱水技术进展

中国陆地及大陆架分布有大量的沉积盆地，分布面积广、沉积厚度大，可用于CO_2封存的咸水含水层体积大。李小春等利用溶解度法计算出中国大陆24个主要沉积盆地1~3km深度内CO_2的封存容量达1440亿吨。其中，华北平原大部，四川盆地北部、东部和南部，以及准噶尔盆地东南部都是可供将来优先考虑的CO_2咸水层封存地区。

CO_2-EWR对中国的意义可根据中国内陆主要沉积盆地含水层系统的类型大致分为3大类，西部地区、东部地区和南部地区。中国西部地区是主要以冲积扇、湖积砂、细砂、黏性土为主的含水层系统类型，煤、石油、天然气等化石能源富集，使各种煤化工企业和油气工业应运而生，而CO_2的高浓度排放以及大量的工业需水成为这些企业发展的严重障碍，因此CO_2地质封存联合采的新思路对于新疆、内蒙古等油气生产行业和煤化工产业发展较快而又缺水的地域具有很大的应用潜力；中国东部地区是主要以砂砾石、中粗砂为主的松散岩类含水层系统，过度抽取地下水已引起华北、苏州、无锡、常州等地区严重的地面沉降，地下水开采深度逐年增加，开采深层咸水并加以淡化利用对于缓解这一人为地质问题有一定的应用前景，同时东部发达地区的碳排放强度高，深部咸水层封存是主要的选择之一；中国南部地区是以碳酸盐岩为主或夹杂碎屑岩的含水层系统，裂隙富集和孔隙赋存的控矿机制形成了富集的卤水资源地，如四川盆地或湖北省的江汉盆地，利用CO_2驱替出高矿化度咸水或卤水资源，并加以综合开发，不仅可解国民经济发展的紧缺战略资源之急，还可产生明显的经济效益和社会效益。

由此可见，CO_2-EWR技术是一种符合中国国情，具有创新资质的CCUS技术，但是，考虑到CO_2-EWR技术目前的研发程度及成本预测，其短期内在中国尚无法大规模普及发展，但是对于中国中西部地区的煤电、煤化工企业而言，碳减排与水资源短缺的双重压力使该技术具有早期发展机会。

李义连等以江汉盆地潜江凹陷为例，提出采用边抽卤水边注CO_2的模式，可有效缓解注入过程中的储层压力积累和盐岩沉淀问题，并使CO_2的溶解量和矿物捕集量明显增加，实现资源和地下空间最大化利用，收获经济和环保的双重效益。

根据国家节水灌溉杨凌工程技术研究中心数据，目前中国海水淡化成本为4～7元/m³，相对海水淡化费用，深层咸水淡化处理尽管稍显劣势，但对于远离海水资源的西部地区，高昂的运输成本势必增加海水淡化总体成本，美国有资料认为，远程调水超过40km，运输费用将超过海水淡化费用。

在中国西部地区，即使在水资源相对富足的昌吉、伊犁和乌鲁木齐等北疆地区，到2009年，用水指标已被各大煤电项目瓜分完毕，新疆新兴的煤化工项目都面临无水可调的窘境。目前，规划中的煤化工产业园部分占用的是生态与农业灌溉用水指标。因此对于水资源短缺的西部地区煤电煤化工企业而言，成本问题在无水可调的困境面前已经显得微不足道。

目前，国家发改委正在制订一系列有利于海水淡化产业发展的政策，包括《海水淡化"十二五"规划》和鼓励发展海水淡化的产业政策，一系列的补贴政策将陆续出台，因此深层咸水淡化也将从中受益，加之中国用水资源的日益紧缺，值得进行适当规模的二氧化碳驱水工程的实施。

12.2.3　驱气

我国天然气储量，陆上天然气地质资源量69.4万亿立方米，占总地质资源量的76.85%，可采资源量37.9万亿立方米，占总可采资源量的75.65%；近海地质资源量20.9万亿立方米，占总地质资源量的23.15%，可采资源量12.2万亿立方米，占总可采资源量的24.35%。

随着国家倡导低碳绿色能源，天然气需求量的急剧增加，供需矛盾日趋显著。按照国家能源发展战略，2025～2030年国内天然气需求量将达到3500亿～3800亿立方米，天然气能源消费比重的提高，将有助于推动中国能源结构转型。

在此背景下，亟需研发推进新技术提升天然气的采收率（邹才能，2018；贾爱林，2018）。二氧化碳强化天然气开采技术作为一种以提高常规天然气采收率并封存二氧化碳为目的的新兴二氧化碳地质利用与封存技术，对提升我国天然气产量，缓解我国天然气供需矛盾，同时减少温室气体排放具有重要意义。

2000～2020年中国天然气消费情况见图12-2。

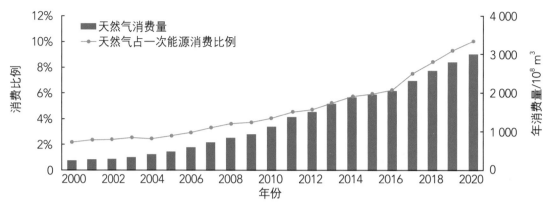

图12-2 2000～2020年中国天然气消费情况

12.2.3.1 技术介绍

二氧化碳强化天然气开采技术（CO_2 enhanced natural gas recovery，CO_2 EGR，简称"CO_2驱天然气"）是指将CO_2以超临界相态形式注入天然气藏部，将天然气藏中更多的天然气驱替开采出来，包括致密气藏（Jiaying, et al, 2019）和衰竭天然气藏（Al-Hashami, et al, 2005）。该技术不仅能够提高天然气气藏采收率，而且也能实现CO_2地质封存的目的。

强化采气技术的原理是主要利用超临界二氧化碳和天然气的物性差别和重力分异，结合天然气藏的地质特征，提高天然气采收率。具体过程是：从气藏底部注入超临界CO_2，垂向波及区内，由于重力分异的作用，较轻的天然气会聚集在气藏圈闭的上部，而超临界CO_2则沉降在气藏圈闭下部形成埋存。在这个过程中，随着超临界CO_2的持续注入，沉降在气藏圈闭下部的超临界CO_2"垫气"逐渐增厚，将地层剩余天然气驱替至气藏圈闭的上部进行开采（图12-3）。

CO_2-EGR适合以地层压力为驱动力的气藏类型。地层压力下降到了枯竭压力，不足以支撑气井自喷而枯竭，此情况下的采收率可以达到75%～90%，这种类型气藏的储量约占14%。地层压力驱类型的气藏是该技术应用的理想气藏类型。当气藏地层压力下降至枯竭压力，不能再进行自然衰

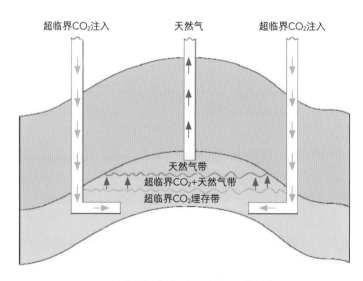

图12-3 超临界二氧化碳-天然气驱替垫气原理

竭开采时，通过注入二氧化碳来恢复地层压力并驱替天然气，可以获得最高的天然气采收率和最大的二氧化碳地下封存量。

我国1/3的天然气资源需从致密低渗透气藏开采，但由于致密低渗气藏储层物性差，非均质强，孔隙结构复杂，导致采出程度不高。而二氧化碳强化天然气开采技术恰好弥补了常规采气方式的不足，将CO_2以超临界相态形式注入，提高了致密低渗气藏采收率。其中最关键的技术在于控制CO_2（超临界流体）与天然气的相态差别，减少CO_2向天然气中的弥散。

12.2.3.2 技术成熟度和经济可行性

（1）技术成熟度

CO_2-EGR技术的总体研究水平处于先导试验或小规模示范阶段，需要进行更大规模的工业示范和积累长时间运行经验，进一步积累技术可靠性、安全性以及风险管理等方面的经验。

国外强化采气技术处于初期或中期工业技术示范水平。在20世纪90年代中、后期，国外科研人员开始进行CO_2提高气藏采收率（CO_2-EGR）研究。匈牙利、荷兰、德国相继开展了二氧化碳强化天然气开采项目，例如荷兰K12-B海上油田、德国Altmark气田等，其中K12-B已长期运行（表12-1）。以上项目初步证明CO_2-EGR对提高天然气采收率并实现二氧化碳封存的可行性，同时也显示了项目的安全性和稳定性。2010年以来，全球范围内未出现新的CO_2驱天然气现场试验或示范项目。

表12-1　CO_2-EGR现场试验项目

项目	特性描述	目标
K12-B近海气田，北海（荷兰）（2004—2017）（Vander, 2005）	将CO_2从将近枯竭的天然气（13%CO_2）气藏中分离出来，回注到深度为4000m的天然气储层 CO_2平均注入速率为30000m³（标）/d，13年累计注入量为10万吨，是世界上首个CO_2回注项目	封存，CO_2-EGR
Altmark气田，德国（Clean）（2008—2011）	将电厂富氧燃烧捕集的CO_2注入将近枯竭的天然气气藏中。实施的CO_2驱天然气项目在2年内注入10万吨CO_2，由于区块较大，预计气藏平均压力仅增加0.2MPa	CO_2-EGR
Budafa Szinfelleti，匈牙利（Kubus, 2010）	在20世纪80年代，匈牙利将CO_2和甲烷（CH_4）混合气体注入临近衰竭的天然气藏，6年间累计注入CO_2量6.9万吨，可以将采收率提高11.6%	CO_2-EGR
Albert Gas Field Project 加拿大 阿尔伯塔（2002—2005）东南	将含有少量（≤2%）H_2S的CO_2注入枯竭的Long Coulee Glauconite F气藏，由于发生酸性气体气窜而停注	封存CO_2和酸性气体回注

目前国内在该领域主要开展实验及机理模拟，仍处于探索阶段，未进入大规模的现

场试验阶段。主要研究单位有：中国石油勘探开发研究院，中国石化勘探开发研究院，西南石油大学和中国石油大学等。主要的研究项目包括：国家科技重大专项"大型油气田及煤层气开发"子项目"复杂天然气藏开发关键技术"以及中国石油、中国石化企业项目。

（2）经济可行性

CO_2-EGR的经济性主要取决于CO_2-EGR的运行成本和天然气价格。

目前CO_2-EGR的运行成本主要取决于CO_2-EGR实施的技术方案、目标天然气藏的条件、二氧化碳的捕集/运输和注入因素控制。目前我国二氧化碳捕集、运输成本160~500元/t CO_2，注入成本35~150元/t（5~20美元/t），天然气/CO_2（CH_4/CO_2，t）值按0.03~0.20中值0.1计算，计算每吨天然气对应需要10tCO_2，按中值计算为3500元，超过液化天然气价格（LNG 45美元），目前条件下不具备直接的经济效益。同时，目前天然气价格和页岩气等非常规油气价格有竞争，价格低迷，直接的经济效益不能得到市场认可。以上说明CO_2-EGR技术推广需要其他的政策激励机制。

12.2.3.3 安全性及环境影响

CO_2驱天然气技术的安全性及环境影响与CO_2驱油类似，地质历史时期气藏的稳定性决定了该技术的安全性及环境风险较低，但仍然存在二氧化碳泄漏的风险。泄漏主要有两种形式：一是沿着注入井或者附近未封闭好的井的泄漏，泄漏范围小但浓度较高；二是因选址不当导致沿断层、断裂处的泄漏，泄漏范围广但浓度低，危害不大。存点地质构造的圈闭条件、渗透率、断层及裂缝等均为影响安全性的关键因素。

二氧化碳注入过程中会和气藏中的水混合产生酸性作用，对地下水、土壤pH值和生态系统产生一定的影响。而且注入后的二氧化碳存在散逸的危险，向气藏周边地区渗漏，或者由气井发生泄漏，对人类环境和气候变化造成一定的影响。CO_2-EGR技术与常规天然气抽采技术相比，都涉及具体的钻井、井下作业、管道设施、脱水脱硫、分离净化等一系列过程，因此对环境污染的程度并没有明显降低。

12.2.3.4 技术发展预测和应用潜力

CO_2驱天然气技术在全球范围内仅匈牙利、荷兰和德国开展了小规模现场试验，国内尚处于基础研究或理论探索阶段，国内外在含气层CO_2（超临界流体）与天然气的相态差别控制方面至今未取得突破。由于技术发展水平低，天然气地质条件缺乏足够现场试验验证，短期内难以有较大突破。预计至2035年，我国强化天然气开采技术处于基础研究水平，至2050年完成现场试验，综合减排潜力约20万吨/年，难以发挥显著的减排贡献。

应用CO_2驱天然气技术可实现CO_2地质封存40.2亿吨，强化增采天然气647亿米^3（Wei et al, 2015），应用潜力巨大。与此同时，源汇匹配情况、近枯竭气田数量及二氧化碳全流程成本等都会对应用潜力产生影响。整体看来，我国天然气田和二氧化碳排放源匹配良好，其中四川盆地、鄂尔多斯、松辽、渤海湾、珠江口及莺歌海盆地是开展CO_2-EGR技术潜力较大的盆地。目前，接近枯竭气田数量不多，近十年之内可能有十几个。其中，四川盆地一些中小气田面临枯竭，可鼓励开展现场试验。值得一提的是，海上油气田陆续枯竭，当前也是开展相关试验的时机。

12.2.4　二氧化碳矿化

在地球进化的漫长地质年代里，大气中的CO_2曾发生显著变化。在地球形成早期，地球内部构造运动非常活跃，火山频繁喷发，大量的CO_2被排放到大气中，且随着地球中的水汽逐渐凝结并沉降到地面，CO_2的含量不断增高。据推算，在距今33亿年左右，地球大气中的CO_2达到了30%以上的峰值。这时的地球地表温度高，降水丰富，裸露在地表的硅酸岩在火山风的作用下大量风化。风化的硅酸岩中的硅酸钙与大气中的CO_2接触，生成碳酸钙，并随着雨水流进海洋，形成了沉积岩层，这就是海底大量石灰石的来源。这个过程被称为"硅酸盐-碳酸盐循环"，也被称为CO_2的矿物化。"硅酸盐-碳酸盐循环"是地球上CO_2固定的最主要方式，特别是在地球形成早期，光合细菌和生物的数量稀少，CO_2的矿物化是地球上CO_2固定的主力，大约10^{17}t的CO_2在这个时期被固定在石灰石中。

实际上，地球上硅酸钙与CO_2的反应一直延续至今。风化的作用仍在不停地发生，在这些被风侵蚀的尘埃中，硅酸盐成分与CO_2的反应仍在持续。只不过，随着CO_2含量和大气温度的降低，反应的速率变得更加缓慢，时间尺度达到百万年，几乎不被我们察觉。现在科学研究表明，硅酸钙和碳酸钙的相互转化反应是使得大自然中CO_2的含量稳定，进而稳定气候的主要调节机制。该机制使得地球气候不至于太热，也不至于太冷。

在工业环境中，CO_2矿化主要是利用矿物质和固体废物中钙或镁组分来固定CO_2，形成稳定碳酸盐。大量燃煤和炼钢等工业过程产生的废渣中，含有可观的钙、镁组分，因此，利用工业废弃物矿化固定CO_2是一条非常有益的技术路线。例如，对于工业烟道气和工业碱性固体废弃物，如耐盐水渣、碳化物渣、高炉渣和烟气脱硫石膏等，利用CO_2矿化进行大规模处理是一种关键的方法。在1990年，Seifritz首先提出了CO_2矿化，表明通过模拟含有钙和镁的硅酸盐矿物的风化过程可以实现CO_2固定。虽然Romanov等发现CO_2和天然矿物反应存在一些弊端，如动力学反应变慢、矿物溶解能力降低、预处理能耗增加等，但矿化仍是达到CO_2减排最有效的方法之一，因为它在热力学上占有一定优势。下面主要从矿化路线及其热力学可行性、矿化的工业化实践及建材化利用、高值化纳米材料及其他矿化利用等几个部分展开介绍CO_2矿化，同时对技术前景进行评价。

12.2.4.1　矿化路线及其热力学可行性

1990年，瑞士的科学家首先提出了利用矿化反应固定CO_2的概念，此后各种矿化的概念路线被提出。广义上，CO_2的矿物碳酸化固定是指CO_2与含有碱性或碱土金属氧化物的矿石、固废等（主要是钙镁硅酸盐的矿石）的各种反应，生成碳酸盐从而被封存的过程。

自然界中发生的硅酸盐-碳酸盐转化反应如式（12-1）所示。

$$CaSiO_3 + CO_2 \longrightarrow CaCO_3 + SiO_2 \qquad (12\text{-}1)$$

该反应是一个自发进行的反应，每1mol的硅酸钙转化为碳酸钙释放87kJ热，然而硅酸钙的化学性质稳定，尽管"硅酸盐——→碳酸盐"可自发进行，但是仅凭CO_2的弱酸性，反应的速率非常缓慢，自然界中完成这个反应的时间尺度达到几千年到几万年。同时，自然界中硅酸钙往往和其他矿物伴生，形成复杂的矿相，这进一步加剧了反应的难度。因此，矿化在工业实践中存在诸多的困难。其中，最主要的三个困难是：第一，充足和廉价的矿化原料；第二，快速可完成的矿化过程（并且能够实现碳的净回收）；第三，矿化产物必须能被利用。

矿化原料大致分为矿物原料和废弃资源。理论上所有含有钙、镁等碱土金属的矿物都可以作为矿化原料。特别是含有硅酸钙的矿物，在地球上具有非常充足的储量，据估算，理论上可以封存超过4万亿吨CO_2。然而，至少从目前的技术、物耗和能耗水平以及技术经济的角度上评价，实际上可以作为矿化的矿物原料是非常有限的。例如自然界中储量最大的长石，其中可作为矿化原料的钙、镁的含量非常低，理论的矿化潜力大约为0.1～0.2t CO_2/t长石，且其中的钙、镁存在于复杂矿相中，无论是提取还是直接与CO_2反应都非常困难。表12-2列出了一些含有钙、镁等碱土金属的矿石及其储量，其中矿化潜力较高的硅灰石和蛇纹石的自然储量并不高，而且其本身具有很重要的工业应用价值，实际上很难作为矿化原料被利用。

表12-2　自然界中的部分矿化原料及其矿化潜力

自然矿藏	储量或可开采量/亿吨	矿化潜力/（t CO_2/t矿石）
硅灰石	3.2/2	0.2～0.3
蛇纹石	50/5	0.3～0.4
钙长石	—	0.1～0.2
滑石	10/2.5	0.2～0.3

工业上，特别是冶金、钢铁等行业产生很多固体废料，这些废料中含有大量钙、镁等碱土金属，实际上是更为可用的矿化原料。表12-3列出了一部分工业废料的年产量及其矿化潜力。除了这些固体废料外，电解铝行业产生的大量赤泥、磷化工产生的磷石膏以及火电厂脱硫过程产生的大量石膏，均可以作为矿化原料，通过碳酸化过程固定CO_2。从原料的可及性、技术经济的角度上评价，采用这些固体废物的矿化过程和技术可能更具有实际应用的可能性和价值。这类的矿化过程和技术不仅可以解决CO_2的捕集利用问题，还可以解决这些工业废弃物的治理问题，实现资源的循环利用（如图12-4所示），可谓一举两得。当然，除了电石渣外，大部分工业固废的成分复杂，含有铝、铁等物质，会影响碳酸化反应，影响最终得到的碳酸盐产品的质量。这种情况下，需要将CO_2的矿化固定和废弃资源的综合利用统筹考虑。另外，很多工业固废中含有重金属等危害性元素，矿化及资源化利用其中的钙、镁、铝、铁等组分后，会造成重金属的进一步富集，这也是工业固废作为矿化原料时必须谨慎考虑的问题。

表12-3　部分可作为矿化原料的固废及其矿化潜力

固废	钙含量（CaO计）	年产量/万吨	矿化潜力/（t CO₂/t固废）
电石渣	65%～85%	约2500	0.4～0.45
煤气化渣	10%～30%	约3300	0.1
废混凝土	20%～30%	约5000	0.1～0.2
钢渣	30%～40%	7000～12000	0.15～0.2

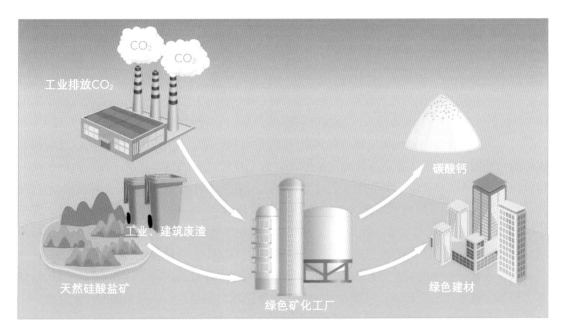

图12-4　利用矿化固碳实现碳循环和资源循环一体化

目前CO_2的矿化工艺和技术包括直接干法气固碳酸化和液相吸收碳酸化两种技术路线。

直接干法气固碳酸化是采用CO_2直接与矿石或固废发生一步气固反应，生成碳酸盐的路线。由于与CO_2反应的矿石或固废中的钙盐性质稳定，反应速率非常慢，效率低，为了提高反应效率，通过提高压力和温度的方式加速碳酸化反应。当矿石或固废中的钙以硅酸盐形式存在时（实际上大部分矿石和固体废料中的钙可以认为是以硅酸盐的方式存在的），反应的温度甚至需要提高到500℃以上，这将导致巨大的能耗而失去碳捕集的意义。此外，直接干法气固碳酸化得到的产品也是含有碳酸盐的混合物，难以获得具有较高经济价值的产品。而从过程工程化的角度看，气固反应器的放大等工程问题具有较高的难度。这些原因都限制干法气固碳酸化的工业化应用。

液相吸收碳酸化路线是将CO_2溶解在液相中，在液相中与矿化固体原料直接反应（液相直接矿化），或者将矿化固体原料中的钙、镁等物质提取到溶液中，并使CO_2溶解在其中进行矿化（液相间接矿化）。

液相直接矿化法是将钙镁硅酸盐等矿石研磨成细小颗粒后，在液相中和CO_2反应生成碳酸盐，其本质的反应和直接干法气固碳酸化没有区别，只是由于在液相中CO_2溶解为碳酸，进一步和细小的矿石颗粒反应时，反应的速率得到提高。从目前的技术水平看，液相直接矿化法反应速率仍不能满足大规模吸收的需要（例如将含CO_2的气体压力提高到1MPa以上，反应温度提高到100℃以上，矿化反应过程也至少需要1h的时间），因此该法在经济性和高效性上仍不是最好的选择。

工业上要实现硅酸盐-碳酸盐的快速转化，就必须提高硅酸盐的反应活性。液相间接矿化法将矿石先转化得到反应活性更高的碱性溶液或悬浮液（以下简称碱液），并在碱液中吸收CO_2形成碳酸盐，进一步分离碳酸盐以封存CO_2。该法的两个核心环节是矿石的转化和CO_2的吸收。根据所采用的矿物质及其转化得到碱性溶液的路线不同，可以得到不同的工艺路线；而根据吸收反应的体系不同（溶液、悬浮液或乳状液），吸收反应也有不同的技术方案。其中液相间接矿化的代表过程是1995年美国LosAlamos国家实验室的科学家们提出来的HCl溶解的间接路线。该路线采用盐酸溶解硅酸盐矿石，得到Mg和Ca的氯化物（$MgCl_2$和$CaCl_2$），将Mg或Ca的氯化物热解以得到Mg或Ca的氢氧化物，使用氢氧化物与CO_2反应得到碳酸盐，同时产生HCl气体返回作为盐酸使用。整个反应过程的化学计量（理论物料平衡）以及反应热如图12-5所示。类似的工艺过程还有采用醋酸等溶解硅酸盐的工艺路线。

由于间接液相反应过程的效率高，反应条件较为温和（碳酸化过程通常在常温、常压下完成），采用常规的气液吸收反应设备（如已经在工业沉降碳酸钙行业广泛采用的鼓泡塔、通气搅拌反应釜）即可完成碳酸化过程，通常还可以得到质量较好的产品（例如，一些研发和工业化过程中的技术可以得到微米、纳米级的轻质碳酸钙产品），其工程实践的总体难度较低，技术经济性较好，可能是最理想的矿化路线，也是目前研究最多的技术路线。

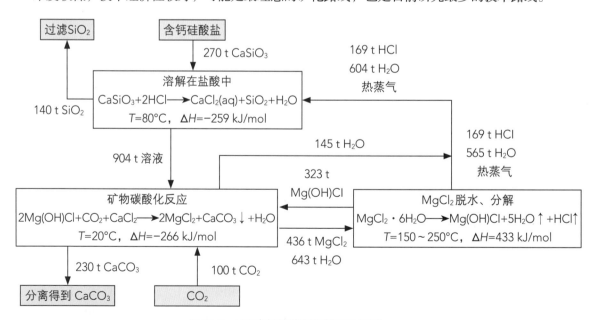

图12-5　HCl溶解的液相间接矿化路线

各种矿化路线在加速反应的同时，也增加了能量的消耗。如果这些能耗源于碳基能源，就意味着整个捕集利用CO_2的过程又释放了新的CO_2，而且在整个矿化过程中还涉及各种物质资源的消耗，一些工业化原料本身的制造过程也存在着能源的消耗和CO_2的排放。因此，尽管自然界的"硅酸盐-碳酸盐"转化是一个释放能量的过程，并不代表各种矿化路线和过程都是释放能量的，大部分过程可能最终要消耗能量，或者这些过程虽然总体上是释放热量的，但它们使用了高温热，而释放的则是低温热（这些过程产生了熵增）。作为一个碳捕集过程，核算整个过程的净捕集率是非常重要的。因此，有必要从热力学的角度分析矿化工艺路线的可行性，以确证哪些工艺工程可能是可以实现真正意义上"碳负"的，同时也需要提出一些评价过程净回收率的方法和模型。

12.2.4.2 矿化的工业化实践

矿化固碳的工业实践已经起步。由于钠盐广泛存在、价格低廉，而NaOH在水中具有很高的溶解度，因此以钠盐为吸收矿物质的工艺首先被提出并实现了工业化。美国Calera公司以NaOH和$CaCl_2$为原料矿化CO_2，生成$CaCO_3$。基于此路线，2012年该公司在美国加利福尼亚州MossLanding电厂建成CO_2的示范装置（矿化700tCO_2/a）。美国Skyonic公司（该公司已于2016年被CarbonfreeChemicals公司收购）将电解NaCl制NaOH的工艺集成到矿化工艺中，将CO_2矿化为$NaHCO_3$和Na_2CO_3，同时副产盐酸。该公司于2015年在美国得克萨斯州一家水泥厂建立工业化示范装置（矿化75000tCO_2/a），这是目前全球最大的矿化运行装置。

在我国，四川大学和中国石化合作，开发了低浓度尾气CO_2直接矿化磷石膏联产硫基复肥与碳酸钙技术（其矿化流程和化学反应如图12-6所示），并在普光净化厂建成尾气流量100m³/h（CO_2体积分数为15%）的中试装置。分别于2013年和2014年在普光净化厂完成了2个阶段的中试试验研究。

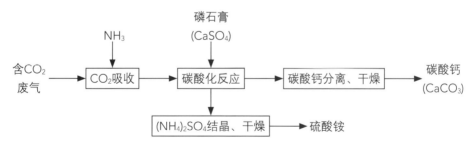

图12-6 低浓度尾气CO_2直接矿化磷石膏联产硫基复肥矿化技术

这些工业实践推进了矿化的工业化，也为发现矿化在工业化过程中存在的主要问题提供非常实际的案例。因此，从技术和工程化的角度讲，这些工业化的实践都具有非常积极的意义。然后，这些目前进入工业试验的技术存在一个最大的问题，就是使用了工业碱（氢氧化钠或者氨）为原料，无论是自产碱还是外购碱，这些工艺都面临着制碱所需的大量能耗以及由此产生的碳排放，实际可能无法实现"碳负"。

矿化固定CO_2的真正意义则在于采用储量巨大而且廉价的硅酸盐以及工业固体废料吸收

CO_2，并最终生成碳酸钙、碳酸镁等碳酸盐。这些过程都要涉及反应的强化、分离、气液固三相反应技术等核心的问题，工程化和反应器的设计复杂，尚未有工业化装置的报道。

12.2.4.3 建材化利用

建材化利用过程中，可用于CO_2矿化固定的原材料大致有电石渣、钢渣、磷石膏、脱硫石膏、高炉渣等钙镁固废。其中高炉渣在生产中被广泛应用于制作水泥、硅肥及矿渣石棉等，但仍存在附加值较低和经济效益低等因素的制约。有研究者采用钢渣湿法捕获CO_2，发现$Ca(OH)_2$、CaO等多种组分均可发生碳酸化反应生成$CaCO_3$，并且捕获CO_2后的钢渣还可作为建材利用。水泥窑灰经过处理可作为纳米材料，部分可被用于水泥砂浆中；含玻璃污泥碱活性黏结剂的风化水泥窑尘在清洁生产过程中可持续利用；用污泥废渣和水泥窑灰制备的高性价比复合材料可作为渗透性反应屏障，如用于修复受四环素等污染的地下水。磷石膏直接矿化CO_2生成碳酸钙与硫酸铵，可通过调控碳酸钙晶型，实现磷石膏的高附加值利用。

（1）墙材

CO_2矿化养护原理是使用Ca_2SiO_4和Ca_3SiO_5或C_3S、$Ca(OH)_2$和C-S-H凝胶，在某些特定条件下通过碳酸化反应使样品得到养护。矿化养护技术重点关注的是预养护/早期水化成型后，混凝土中的胶凝成分和CO_2之间的矿化反应过程，即加速碳酸化。

CO_2养护程度和矿化效率受到环境温度、压力及物质浓度等条件的影响。通过改变CO_2压力和浓度等参数，对大多黏土砖、固废类建材的抗压性及其他性能的差异性进行调控。众多研究表明，在普通混凝土砌块或轻集料型的养护过程中，CO_2浓度及压力会影响其扩散速率，与此同时，研究发现压力与矿化养护程度成正比。为了加快矿化速率，研究人员尝试通过采用碳酸氢钠溶液对早期的混凝土进行养护，研究发现在压力一定的条件下，固定碳的速率与环境温度成正比，在环境温度高于60℃时，超过阈值后开始呈现反比。研究发现在一定温度区间内加速碳酸化养护过程，升高温度可加大物块抗压能力和养护程度。适宜的温度对于提高CO_2养护程度以及抗压强度有积极作用。通过改变养护时间可调节养护程度，两者成正比，但反应速率与时间成反比。

在养护方面，蒸压养护手段也得到了广泛应用，如粉煤灰加气混凝土。采用这种方式来提高强度的主要养护原理是利用粉煤灰的火山灰效应，通过较为极端的环境，如高温、高压及高碱性来破坏SiO_2、Al_2O_3的内部结构，使反应后的二氧化硅与氢氧化钙生成托贝莫来石，这种改变内部构造的方式提高了整体的强度。

矿化养护在一些工业固废如粉煤灰、矿渣等的循环利用中具有较强的实用性，是将固废重新利用较为经济的方法之一。已有研究证实水泥基混凝土的初期强度会受到养护程度的影响，并且与蒸压养护相比，矿化养护消耗的能量也较低。

对于多数混凝土而言，矿化养护一般操作环境较为简单（常温常压），操作时间短（2h）；蒸压养护需高温高压的操作条件，时间也较长；自然养护是三种方法中最耗时的。上述对比情况可见表12-4，可知矿化养护在三种养护方法中需要的操作条件是最易达到的。

表12-4　**自然养护、蒸压养护与CO₂矿化养护对比**

养护方法	养护压力/atm	养护温度/℃	需求时间	备注
自然养护	1	20~25	7~28d	生长较为缓慢
蒸压养护	8	175	≥5h	能耗较高
CO₂矿化养护	10~15	40	2~4h	稳定性暂时无法确认

（2）路材

一般铺装路面使用的砖以水泥和集料为主要原材料，经搅拌、压制成型后养护而成的。有研究者开发了一种矿化二氧化碳制砖的工艺，该技术利用碱性固体废弃物具有巨大固碳能力的特性，以固废（电石渣、粉煤灰、高炉渣等）为原料进行加工生产，实现了固废的有效再利用。在降低CO_2排放量及养护过程所需压力、减少时间和成本的同时，保证了砌块的强度，扩大了CO_2矿化制砖的适用范围。

12.2.4.4 高值化纳米材料

（1）矿化原理

CO_2矿化技术根据矿化反应发生地的不同可分为原位矿化（in-situ）与非原位矿化（ex-situ）技术。原位矿化技术一般是与CO_2封存技术共同使用，其优势在于能够为二氧化碳就地利用提供较大容量。与此同时，由于受反应场地一些内部因素（渗透率、孔隙率等）的影响，原位矿化技术在实际应用时也会受到一定的客观限制。考虑到国内的地质条件，原位矿化在反应过程中可能会出现水分缺乏等问题，使得二氧化碳转化速率较低。相比之下，非原位矿化技术由于不受反应场地等诸多条件的制约，其适用范围和使用形式更加广泛，可以应用于天然矿石与工业碱性固废的资源化利用。目前大多数工业固废含有丰富的游离氧化钙和氧化镁，这些固废都具有一定的矿化活性。对于非原位矿化利用技术而言，使用热活化、碱活化等方式可提高原料反应活性，从而使得矿化反应更为有效可控。

（2）碱性固废矿化

不同的固废如钢渣、废水泥、磷石膏、脱硫石膏、氯化钙等物质，都含有一定的活性组分，具备矿化能力及容量。在这一方面，本小节重点针对钢渣、高炉渣及磷石膏的矿化案例展开介绍。

炼钢渣（SS）是炼钢期间产生的碱性废物。炼钢期间的熔炼温度高于1600℃，其中的Ca_2SiO_3、Ca_3SiO_5和$Ca_2Fe_2O_5$等含钙矿物成分大多水溶性较差，因此直接进行CO_2矿化时往往会导致碳化效率低。

利用炼钢渣进行CO_2矿化反应时，炼钢渣中含钙矿物中的钙可以通过改变工艺条件来增强溶解，如对炼钢渣进行超细粉碎，或者调节反应温度、压力和反应介质等。有研究者曾在旋转床中进行氧气炉渣的CO_2矿化研究，通过调节温度、反应时间及压力，使氧气炉渣达到了较大的转化率。另外，也有研究者提出了利用盐酸和氢氧化钠从钢渣中制备高纯度纳米碳酸钙的新方法，该法生产的纳米碳酸钙纯度较高，但存在碳化效率低等缺点，还需要通过改变压力、改变提取炼钢渣中钙时采用的溶剂等措施来提高碳化效率。

利用矿化技术可以从高炉渣（BF）中提取钙、镁，例如有研究报道了通过液压冶金的方法进行提取，提取过程中添加萃取剂，常用萃取剂有乙酸、乙酸铵、羟氯酸、硫酸、硫酸氢铵、硫酸铵和单乙醇胺等。在这一方面，还有一些研究机构对如何利用在烟道气和炼钢渣中产生的CO_2来生产碳酸钙进行了研究，通过使用铵盐水溶液（例如醋酸铵、硝酸铵和氯化铵）从炉渣中选择性地提取钙，再采用CO_2鼓泡法沉淀纯碳酸钙，然后还可以回收铵盐溶液并重新使用。有研究者提出采用完全湿法工艺，对具有多种高附加值产品的高炉渣进行简单、经济且高效的间接碳酸化，通过硫酸（H_2SO_4）和硫酸铵（$NH_4)_2SO_4$反应产生硫酸氢铵（NH_4HSO_4），将高炉渣在80℃的硫酸氢铵溶液中浸出，Ca、Mg和Al的浸出率均可达到96%以上。

为了提高生产效率并降低能耗，可以采用微波焙烧技术进行高炉渣矿化CO_2。这种方法的优势在于含钛高炉渣在此过程中具有良好的微波吸收性能，并且已研制出更具有工业化可行性的微波反应器。本方法采用微波技术可从含钛高炉渣中高效提取钙、镁、铝、铁和钛等有价元素。钙和镁可用于矿化CO_2，同时可以得到一系列具有经济价值的副产品，如二氧化钛和铵明矾，这将有助于降低二氧化碳矿化的能源消耗，提高固体废物处理的生产效率，从而减少钢铁工业的二氧化碳排放量。此外，该方法也有望应用于其他废物的二氧化碳矿物碳酸化。

上述方法还可以被应用到其他废物的CO_2矿化过程中。与传统焙烧技术相比，微波焙烧法的效率更高。工艺模拟计算表明，相比较于传统焙烧技术，微波焙烧法矿化CO_2的能耗可降低40%左右。高炉渣微波焙烧CO_2矿化被证明是一种高效、经济的节能方法，在工业废物处理和CO_2储存方面具有很好的应用前景。

除了高炉渣之外，CO_2矿化技术还能够将磷石膏固废中的钙进行固定，进而转化生产出碳酸钙及硫酸铵等产品，既减少了CO_2排放量，又消除了磷石膏堆存带来的环境问题，实现磷石膏资源再利用。然而，需要指出的是磷石膏所含杂质较多，并存在一定的有害杂质，这会影响CO_2矿化过程中原料的溶解和产品的结晶，继而影响了产品的纯度与经济价值。因此，需要通过提升产品的纯度、降低工艺成本以达到提升经济效益的目的。

磷石膏的矿化过程中有可能产出球霰石晶型的碳酸钙，这种晶型产品的经济价值较高。在磷石膏矿化CO_2过程中能够生成碳酸钙与硫酸铵，通过调控$CaCO_3$晶型可以提高磷石膏矿化工艺的经济效益。$CaCO_3$的晶型主要是方解石、文石、球霰石等三种，其中球霰石由于呈球形、粒径匀称，因此往往有独特的应用潜力。制备球霰石型碳酸钙的常规方法主要有仿生矿化法、复分解法及超声法等，但这些制备方法需要的操作条件普遍较为复杂，生产效率也较低。有研究者针对磷石膏矿化CO_2体系，采用脱硫石膏矿化CO_2，通过加入不同浓度的乙二胺（EDA），成功地合成了球霰石型碳酸钙。

12.2.4.5 其他矿化利用

（1）无机镁组分矿化为碳酸镁，转化制备氧化镁

利用溶解状态的$MgCl_2$与CO_2的矿化反应可以生产$MgCO_3$，而电解技术能够对该过程

实现强化，具体是通过电解氯化镁而使其转化为氢氧化镁和盐酸，接下来产生的氢氧化镁与CO_2反应生成碳酸氢镁溶液，最终通过煅烧$Mg(HCO_3)_2$生成碳酸镁产品。

在电解池中，在特殊的镍箔阳极的帮助下，氢气被氧化形成H^+，H^+与Cl^-反应，从电池的阴极侧扩散后再通过阴离子交换膜而形成HCl，水在阴极上被电解，转化为氢气，氢气再循环到阳极上。$Mg(OH)_2$与CO_2在阴极侧反应生成$MgCO_3$，完成CO_2的矿化。纯的CO_2气体或者较低浓度的CO_2气体均可以直接用于上述矿化过程，反应所需的CO_2浓度标准可降低到工业烟气中CO_2的正常浓度值，即20%以下。这种矿化方法避免了CO_2净化或富集的高能耗过程，因此可以降低CO_2矿化所需要的能量。

（2）CO_2矿化燃料电池

$$Ca(OH)_2 + 2NaCl + 2CO_2 \longrightarrow 2NaHCO_3 + CaCl_2 \quad \Delta G_f^{\ominus} = -62.75kJ/mol \qquad (12\text{-}2)$$

如式（12-2）该碳酸化反应理论上是一个能量释放过程，因此可以有效利用该过程产生的能量，这对于工业应用及技术推广是很重要的。有研究者提出可以通过CO_2矿化燃料电池（CMFC）系统，以电的形式从上述反应中获取释放的能量，从而实现能量输出。

据报道，二氧化碳矿化燃料电池系统包括一个涂有Pt/C催化剂的氢扩散阳极，一个传统的Pt阴极，以及由阴离子交换膜和阳离子交换膜分隔的腔室，另外还设置了缓冲槽，将反应物提供到各个腔室。阴极和阳极通过外部电路连接，碳酸化反应产电的关键因素是促进电子转移。为了提高CO_2的利用率，可以选择逆转电解CO_2矿化燃料电池工艺。在这个系统中，高价值的产品和工业$NaHCO_3$能够在发电过程中同时产生，该系统的功率密度高于许多微生物燃料电池。此外，该系统被证明对于低浓度（10%）的CO_2和其他碳酸化过程也都是同样可行的。因此，这一新战略可以利用CO_2进行发电，对环境十分友好，可以作为目前碳减排手段的补充。

（3）CO_2氨化矿化技术（工业尿素的深加工）

有研究者发现磷石膏-废氨水可以对CO_2进行有效矿化，通过优化一系列条件如温度、反应时间、液固比、氮硫物质的量之比等，使其对CO_2的矿化能力大幅度提升。这种方式能够有效缓解二氧化碳巨大排放量带来的环境压力，减少磷石膏固废的堆存带来的环境问题，并且合理地利用废氨水，达到了废物再利用、节省原材料、绿色环保的目的。

另外，CO_2还可以与其他矿物产生矿化效应，例如钾长石与磷石膏的共活化矿化。这种共活化矿化方法有利于煅烧反应中形成熔融相，能够提高传质速率和反应速率、降低反应温度。因此，在利用天然钾长石和工业固体废弃物方面，该工艺是一种可行的、替代传统工艺的方法，且能耗相对较低。

12.2.4.6 矿化的技术前景评价

以天然矿物和工业固废作为原料矿化固定CO_2，在得到高附加值的化工产品或建筑材料的同时，能够实现资源的循环利用，是CO_2捕集和利用的一种有效方式。矿化在处理量、产品的热力学稳定性方面都具有较为明显的优势，但在具体的实现过程中，仍需要在开发关键技术方面继续求得突破。

12.2.5 二氧化碳其他新应用

12.2.5.1 化学—生物耦合法捕集、转化与储存

随着各种能源的工业开发利用，在全球范围内人类面临的CO_2排放问题变得日益突出。我国碳减排的途径可以包括提高能效、CO_2捕集、地质封存技术和发展可再生能源等，其中一些途径还可以为碳中和提供若干新的启示。

CO_2生物法捕集技术的新方法之一是利用微藻的生物特性快速吸收CO_2气体。在CO_2分离、生物转化和资源化综合利用方面，我国已经做出了一些重要研究成果。微藻吸收有助于克服CO_2捕捉方法成本较高、能耗较高等限制性难题，可以利用微藻将CO_2更加高效地转化为具有较高经济价值的产物，为发展绿色经济和减少CO_2排放提供新的方案。

具体而言，温室效应变得日趋剧烈的原因是人类活动排放了大量温室气体，其中以CO_2为主，而化学吸收法在捕获CO_2方面是使用范围最广的方法，它的优点是CO_2的捕获效率高，但也存在吸收剂难回收、再生能耗较大、成本较高的等挑战。相比之下，利用微藻固定CO_2则属另一种方法，其优点是微藻不需要其他的能源供应，仅仅太阳能就可以驱动，但传统微藻固定方法的固碳率很低，只有5%~20%，并且接近80%的CO_2在输送进入微藻池后还会逃逸到空气中。一些研究者利用了这两种技术的优点，并结合在新的化学生物工艺中。第一步利用化学反应把CO_2吸收转化成液体形态的碳酸氢盐；第二步进行生物转化，将这种盐溶液投入微藻池中，发挥藻类的生物特性转化吸收，可以达到60%~80%的固碳率。固碳后的微藻能产生许多种高附加值有机物，例如色素、多糖等，在美妆、食品等领域有广泛的应用，同时达到了减少空气中CO_2和创造经济价值的双重目的。在此基础上，研究者进一步将含有氮、磷等无机盐成分的豆制品加工废水引入，供给微藻生长所必需的氮、磷元素，这种方法不仅达到了固碳的目的，也给食品加工废水提供了一种新的处理思路。研究表明，CO_2先行转化成碳酸氢盐再进行生物转化的方法，可以替代传统的固碳捕碳方法并且具有良好的应用前景。根据相关报道，这种工艺已经投入具体生产项目中，年均可以固定1万吨CO_2。接下来，进一步研究微藻转化的效率，在增大转化量的同时加快转化速度将会是未来的研究重点。

利用微藻的特性对CO_2进行固定是一种新型的碳捕集技术。通过光合作用，能使植物高效地把CO_2吸收转化为氧气和水。在植物中，微藻还具有许多其他的优势，它不仅光合作用强还有净化水质的作用，生物质的产生速率也较快，并且避开了与农作物竞争土地。

1942年研究人员首次利用斜生栅藻生产出了氢；微藻制造生物柴油的能力也逐渐被科学家所发现；1976~1996年研究者挑选出了300多种能将CO_2转化为生物柴油的微藻。基因工程也被用于改良微藻基因，增强微藻的产油能力，例如美国的微型曼哈顿计划就将缓解石油紧缺问题寄希望于微藻上，英国也陆续进行了将微藻产物用作燃料的一系列研究。我国对微藻的研究虽然较晚，但发展迅速，在微藻开发、养殖和基因技术等领域有了一定的研究进展。我国已成功筛选出数十株具有生产生物柴油、烃类化合物的微藻，一些科学家采用诱变的方法对微藻进行改良，增大了其存活率，提高了微藻的固碳率和生产生物质的能力。

微藻可以生产制造出多种极具经济价值的生物质。除了能产生生物柴油、氢气外，这些生物质经过二次加工，例如发酵气化、热解、氢化或热化学液化等，还可以转化为甲烷气、甲醇、汽油、烃或燃料油等。

微藻碳捕集碳转化的优势很多，得到了越来越多的重视和更广泛的应用。当前研究还存在微藻种类有待继续挖掘、培育较难和光生物反应器效率较低等问题。在今后的发展中，可以借鉴已有的研究基础，通过基因技术扩大微藻库，培育性能更优的微藻种类，研发高效的光生物反应器，使微藻得到更广泛的应用。

12.2.5.2 基于深地微生物固碳的地质封存技术

地质封存通过将CO_2进行捕集并注入地下岩石中，来达到长期储存的目的。经过地质封存后的深地环境会发生改变，进一步导致深地微生物活性和群落结构的变化，通过直接、间接的方式改变了深地微生物作用的地球化学过程。在充满CO_2的深地环境中，微生物也会逐渐适应新的环境，进化形成新的种类，使CO_2在深地环境发生不同的转化、迁移和存在形态。

（1）深地微生物与CO_2的作用

在地质封存技术中，微生物作用于CO_2转化、迁移和封存的方式有很多，例如深地微生物可以分泌并利用表面活性剂来润湿$scCO_2$（超临界CO_2），使得其能够通过沉积物的孔隙，储存在沉积物中；或者，微生物在高浓度CO_2分压环境条件下发生尿素分解、铁还原等化学反应，深地环境中的pH值随之升高，对CO_2在液相的溶解产生促进作用；再如，深地微生物之间形成的生物膜可以对沉积物颗粒的孔隙起到堵塞、阻止$scCO_2$流动的作用；深地微生物在自身代谢过程中，产生的CO_2、有机酸等会降低环境中的pH值，对矿物的腐蚀风化起到促进作用，加速阳离子的析出，给CO_2转化为碳酸盐的过程提供了有利条件，碳酸盐的晶核也可以通过活性基团附着在微生物表面。

（2）深地微生物的固碳作用

处于深地环境中的微生物群落，可以加快CO_2向碳酸盐矿物转化的速率。构巢曲霉、硫酸盐还原菌、铁还原菌、解脲菌、硝酸盐还原菌等是目前已经发现参与碳酸盐沉淀（MICP）的一些微生物种类。上述微生物可以提高深地环境中的碱度（如pH值、CO_3^{2-}浓度、HCO_3^-浓度等），使其浓度达到碳酸盐析出的饱和浓度，进而加速CO_2在深地环境体系中的固化。例如，解脲菌可以极大地提高碳酸根的生成速率，利用诱导产生的$CaCO_3$沉淀填堵深地环境中的孔隙，同时起到缓解CO_2渗漏的作用；构巢曲霉对硅酸盐风化作用和碳的迁移转化有一定的帮助，经研究表明是其自身碳酸酐酶基因中canA所起的作用。

除此之外，深地中的微生物群落在微观层次上给碳酸盐矿物的生成提供了更好的环境。阳离子会被一些表面存在负电荷官能团的微生物吸附，在其代谢过程中利用这一点改变溶液化学反应的条件，提高矿物的晶核形成速率和饱和浓度。一些研究表明多种蛋白质、多糖和脂质可以使碳酸盐矿物的活化能降低，进而加快碳酸盐成核速率。上述中提到的因素在菱铁矿等含铁碳酸盐的形成过程中同样有着促进作用。例如，巴西里约热内卢河水的pH值约为3.5，并没有达到碳酸盐沉淀的理论饱和度，铁还原嗜酸微生物可以利用铁元素的还原反应来改变微观环境下的酸碱度，给菱铁矿纳米晶核的形成提供了有利条件。因而，地质封存中的微生物群落能够主要以两种方式进行固碳和封存，第一种是通过接种进化为可以加速CO_2固化生成矿物碳酸盐的功能型新微生物；第二种则是在其代谢过程中将CO_2转化形成碳酸盐矿物。

（3）深地微生物的催化作用

被封存在地质中的CO_2十分稳定，不能被很好地利用，自身也没有很大的经济价值。如果可以提升深地微生物的转化能力，将CO_2转化为具有经济价值的产物，就可以达到碳减排和生成高附加值产物的双重目标，地质封存技术也将在经济和能源领域有更大的吸引力。

在这一研究领域，生存在油田中的部分微生物具有对CO_2进行原位转化的能力和更大的发展利用潜力。自养微生物中的生物酶具有催化CO_2转化为多种有机物质的作用，例如可生成醇（如丁醇、丁二醇、乙醇）、$C_1 \sim C_5$短链脂肪酸（如乳酸、甲酸、乙酸）、酮类（如丙酮）和甲烷等。在CO_2的转化过程中，深地微生物的转化活性会受到许多环境因子的影响，如pH值、压力、温度、扩散速度、营养物质和代谢物浓度、电子供体和电子受体浓度等。经过CO_2封存后的地质环境发生变化，影响群落的多样性和结构，也会对微生物的活性产生不良影响，但存在一些微生物在超临界CO_2状态下，其自身的生物活性依旧可以保留，说明了提高这类生物转化能力的可能性。

微生物将CO_2催化形成高附加值产物的过程中，高温油田能提供有利的反应条件，即天然的反应器。如果深地微生物能在超临界CO_2状态下存活并有效地将CO_2催化转化，地质封存技术将会得到更加广泛地应用。例如，油田中微生物催化生成甲烷有两种形式，即氢气营养型（12-3）和乙酸营养型（12-4）。

$$CO_2（g）+ 4H_2 \rightleftharpoons 2H_2O + CH_4 \quad\quad （12\text{-}3）$$
$$CH_3COOH \rightleftharpoons CO_2 + CH_4 \quad\quad （12\text{-}4）$$

在油气田中，石油组分可以被产甲烷菌共生的微生物分解，提供反应底物CO_2、CH_3COOH和H_2。异养菌枝状芽孢杆菌等产氢发酵细菌，可以把一些深地矿物中的有机物质当作其自身代谢过程中的碳元素来源；氢气的来源，也可以由深地矿物发生的水解、石化等一系列物理、化学和生物反应来提供。微生物转化生产有机酸的速率越快，乙酸型产甲烷菌将CO_2转化为甲烷的能力越强；反之，这种能力则越弱。由此可以看出，CO_2封存在深地环境后，深地微生物碳固定、碳转化的过程可以得到充足的反应底物，有利于甲烷的产生。

基于深地微生物固碳的地质封存技术在减少CO_2排放、长期固碳的领域有十分重要的影响力，被封存的CO_2与深地地质环境两者间产生极大的影响。另外，被封存的CO_2会对深地微生物群落、代谢过程产生影响，深地微生物对CO_2的催化转化也有促进作用。甲烷是二次污染最小和附加值较高的能源，也是地质封存技术CO_2催化转化最有利用价值的产物。要想扩大地质封存技术的应用范围，关键在于实现生物的有效转化，这就需要进一步的科学研究。

12.2.5.3 医学研究与应用

CO_2具有无毒、无色、无臭、易挥发的物理性质，而且化学性质稳定，呈弱酸性，有不可燃、不能维持生命的特点。许多企业依据CO_2的性质制造出了大量工业产品，在各个领域都得到了广泛的应用。但是，其在医学上的功能和作用机理被发掘得还较少，相信随着更加深入的研究会得到更加广泛全面的应用。

（1）CO_2美容整形应用

整形医院通过向人体注入无副作用的CO_2，将气体导入脂肪细胞层，能够利用气体膨胀破坏皮下脂肪和脂肪细胞氧离解的方式分解人体浅层脂肪。但是，对于人体深层脂肪因其部位结构的复杂性及操作的难度大，所以该方法仍处于研究中，并且在深层注射时操作不当会容易导致气栓。

（2）医学CO_2激光器应用

CO_2激光器是一种气体激光器，属于分子激光类型，利用的物质是CO_2分子。它能发出10.6μm的激光波，可以连续工作，也可以进行脉冲工作。CO_2激光器具有功率较大、能量转换率较高、谱线丰富的优点，比其他气体激光器的性能更好；它的输出波长透过率比较高，工作性能稳定，光学谱线的宽度较窄。

它可用于激光切割、焊接、钻孔和表面处理，也常用在手术中。在耳鼻喉科、皮肤科及普通外科等领域，CO_2激光器已经得到了广泛应用，常用来治疗宫颈息肉、皮肤色素痣、尖锐湿疣、赘生物、慢性宫颈炎、急性踝关节扭伤、输卵管阻塞性不孕症等疾病。

（3）CO_2造影应用

CO_2在放射科领域主要应用为气钡双重造影和血管造影两个方向。气钡双重造影是肠道造影检查的常用方法，之前采用注入空气的方法引起并发症的概率较高，而CO_2具有良好的脂溶性，并且可以在肠腔内被快速吸收，逐渐取代了之前的方法。在动静脉瘘、动脉门脉瘘的显示方面，相比较液态碘造影剂，医用CO_2肝动脉造影具有更大的优势，而且对于患有肝脏疾病及对碘造影剂不适的患者，这种造影技术可以起到保护作用。医用CO_2也可以作为一种安全的血管造影剂，具有很多优势：无过敏反应，对肝肾不产生副作用，更有利于减轻患者术中及术后的不适，医疗费用较低。

（4）CO_2有机合成应用

CO_2可以用来合成氮杂环丙烷类化合物、碳酸二甲酯、噁唑烷酮等药品或医用高分子材料。国际上的研究者研发出一种利用CO_2制造治疗糖尿病等药物的原料——喹唑啉诱导体的方法，放弃了之前的原材料光气，降低了风险，减少了成本，达到了减排的目的。

（5）CO_2临床微创应用

高纯CO_2在微创医学方面的应用越来越广泛，例如消化内镜检查、腹腔镜手术与颅脑外科手术等临床手术。消化内镜检查和腹腔镜手术方面，通过利用CO_2的惰性特性，如较难发生化学反应、也不易产生烟雾等特性，可以创造一个良好的气腹环境，使得手术更容易操作，手术医生也可以观察得更清楚。CO_2的临床应用有极大的优势，例如不易燃烧，在血液中溶解度高因而不容易形成气柱，极易被吸收且可以直接通过肺部排出体外，以及高CO_2血症也不会产生等。尽管通过利用CO_2建立气腹环境的效果优于空气和O_2，但在操作不当的情况下也会引起诸如腹膜前气肿、大网膜充气、皮下气肿和腹膜后气肿等并发症，所以应该控制合适的气腹压力。

在对患有颅脑疾病的患者做手术时，过渡性地通入CO_2，可以获得一些益处，如使大脑中的血压和头颅的内压减小、扩大术者视野、减少硬膜张力等，以及有利于患者自我调节，减小脑损伤的风险。对一些妇科疾病和呼吸道疾病的治疗研究过程中，在体外建立CO_2气腹环境模型能带来有效的帮助。

（6）CO_2血管扩张应用

高压氧舱对于治疗缺血、缺氧性疾病非常有效，但也存在许多瓶颈技术，例如血流量下降和血压升高等，又如对于患有血管疾病、双耳功能性疾病的患者，采用扩张血管的方法来增大血流量可能会引起不适反应。与之相比，CO_2具有使血管扩张的作用，给患者呼吸道通入少量CO_2可以增加血容量，甚至可以与扩张血管的药物相媲美。

12.3 二氧化碳封存技术

12.3.1 封存技术的分类及原理

CO_2地质封存是指通过工程技术手段将捕集的CO_2储存于地质构造中，实现与大气长期隔绝的过程。按照封存地质体的特点，主要划分为陆上咸水层封存、海底咸水层封存、枯竭油气田封存等方式。

在地下岩层中，分布着非常多的含地下水盐溶液的储层，有些储层封闭性非常好，可以将CO_2气体封存起来，此种方法称为地下咸水层封存CO_2。其基本原理就是在地面井口对CO_2气体进行加压注入，将地下岩层孔隙中原有的地下咸水驱替出来，通常情况下选择注入超临界CO_2。在此过程中，CO_2气体在地下岩层中会发生状态的改变，一部分溶解于地下咸水中，另一部分当遇到地下咸水中的矿物成分或构成岩石骨架的矿石颗粒时，与其发生化学反应，两种方式都可以达到长期封存CO_2的目的。

咸水层封存CO_2的主要作用机理包括4种：构造封存、矿物封存、溶解封存及残余气封存。构造封存是将CO_2封存在稳定的地质构造中，如背斜、断层、褶皱或是地层尖灭等，上部则是由低渗透性的盖层阻挡CO_2的运移，当注入储层的CO_2在浮力的作用下运移至盖层底部时，低渗透的盖层将阻挡CO_2在垂直方向的运移，此时被阻挡的CO_2会在盖层下面横向流动，并最终以超临界状态储层在咸水层中。在CO_2运移的过程中，随着CO_2的浓度和压差的不断下降，少量的CO_2在岩石的微孔隙中不发生运移，遇地层水溶解以溶解态存在，CO_2溶于地下水后会形成碳酸，使地下水呈弱酸性，原有的盐水-岩石之间的化学平衡被打破。在长时间的封存过程中，碳酸根离子会与钙离子或是金属阳离子发生反应，产生沉淀，实现CO_2的矿物封存，同时，周围的矿物岩石也会与碳酸盐水发生化学反应，溶解在水中，两种反应的速度和程度取决于盐水和岩石的性质。在咸水层封存CO_2的过程中，初期封存以水力圈闭为主，注入结束后的长时期内，残余气封存、溶解封存以及矿物封存为主要形式，其中溶解封存和矿物封存作用缓慢，通常需要经历几百甚至上千年。

根据表12-5咸水层二氧化碳封存机理类型与特征描述（封存特征、限制条件及有利条件）下的地质圈闭封存，为构造封存，浮力驱动，二氧化碳主要封存于背斜、褶皱、断层和底层尖灭区域内。无水动力驱动时，受流体压缩系数的限制。有水动力系统时，驱替底层流体。地化封存：残余气封存，CO_2充填与岩石骨架的孔隙中可占储层空间的15%～20%；溶解封存，CO_2溶于底层水受CO_2与水的接触关系限制；矿物封存，CO_2与周围岩石反应生成新矿物反应速度慢，矿物沉淀析出会降低注入能力。水动力封存为运移封存，CO_2随区域流体系统在储层中运移，各种封存机理同时作用。无物理封存在时，主要是慢速运移和化学作用。目前，国内外专家学者已经对咸水层封存CO_2做了很多研究，主要集中在3个方面：a. CO_2在地层中的运移机理；b. CO_2与地层中流体及岩石的物理化学反应；c. CO_2与其作用时对岩石物理力学性质的影响。

表12-5　**咸水层二氧化碳封存机理类型与特征**

埋存机理		特征描述	
		封存特征	限制条件及有利条件
地质圈闭封存	构造封存	浮力驱动，封存于背斜、褶皱、断层和底层尖灭区域内	无水动力驱动时，受流体压缩系数的限制；有水动力系统时，驱替底层流体
地化封存	残余气封存	CO_2充填与岩石骨架的孔隙中	可占储层空间的15%~20%
	溶解封存	CO_2溶于底层水	受CO_2与水的接触关系限制
	矿物封存	CO_2与周围岩石反应生成新矿物	反应速度慢，矿物沉淀析出会降低注入能力
水动力封存	运移封存	CO_2随区域流体系统在储层中运移，各种封存机理同时作用	无物理封存在时，主要是慢速运移和化学作用

油藏具有良好的圈闭条件，因此，利用废弃油气藏封存CO_2是国内外普遍采用的封存方法之一。CO_2可作为原油的溶剂，注入油藏可形成混相驱，提高原油的采收率。因此，国内外相关项目大多是在油田开发后期注入CO_2，在驱油的同时，将CO_2封存在油藏中。

我国已完成了全国范围内CO_2理论封存潜力评估，陆上地质利用与封存技术的理论总容量为万亿吨以上。陆上咸水层封存技术完成了10万吨/年规模的示范，海底咸水层封存、枯竭油田封存、枯竭气田封存技术完成了中试方案设计与论证。基于当前技术水平，并考虑关井后20年的监测费用，陆上咸水层封存成本约为60元/t CO_2，海底咸水层封存成本约为300元/t CO_2，枯竭油气田封存成本约为50元/t CO_2。

12.3.2　封存技术的发展现状

由于深部咸水层的水一般不能作为饮用水，且分布广泛、总体储存容量大，利用深部咸水层进行CO_2封存被认为最具潜力。国际上已开展了不同规模的CO_2封存项目，如挪威的Sleipner项目和Snohvit项目、加拿大的Weyburn项目、阿尔及利亚的Salah项目以及德国的Ketzin项目等。2011年5月至2015年4月中国的神华集团在鄂尔多斯盆地陈家村场地成功实施的30万吨CO_2咸水层封存（以下称"神华CCS项目"）是我国首个纯公益且全流程示范的煤基CO_2咸水层封存项目。

现将国内外两个最典型的咸水层封存项目介绍如下。

（1）挪威Sleipner项目

挪威的Sleipner气田位于北海中部，距离挪威海岸240km。

气层埋藏深度超过2000m，为挪威国家石油公司（statoil）所有。该气田的天然气中CO_2含量为9%。从2019年开始Sleipner气田将分离出来的CO_2注入海底以下1000m的Utsira地层中，该储层为砂岩咸水层，Sleipner气田每年向地下注入的CO_2超过1Mt，目前已超过5Mt，CO_2封存到Utsira储层中。

Utsira储层形成于中新世到上新世初期，属于维京地堑诺兰德组，Utsira储层是一个狭长的砂岩层，由北向南延伸超过400km，东西宽50~100km，面积约2.6万平方千米，Utsira储层上部较平滑，但在700~1000m变化剧烈，南面厚度超过300m，北部储层厚度约200m。北部储层砂地比超过70%，储层向东边上倾，注入的CO_2有向东部运移的趋势，Utsira储层被上部Nordland组的上新世海相泥岩覆盖，其底部封盖层延伸很好，完全覆盖目前注入Sleipner内的CO_2区域，提供一个有效的遮挡。此外，CO_2通过毛管力泄漏在本区域内不可能发生，因此Utsira储层是一个良好的CO_2封存层。Utsira储层的岩芯分析是通过岩肩样品的宏观和微观分析，通过分析可知，Utsira储层由未胶结到胶结非常疏松的砂岩组成，伴有中砂和粗砂，Utsira储层孔隙率在27%~31%，局部可以达到42%，实验室内测得的数据为35%~42.5%。Utsira储层的很多项物性都非常好，例如孔隙率、渗透率、矿物成分、层理、埋藏深度、地层压力、地层温度等参数对于CO_2封存都有很好的适宜性。Utsira储层被认为是欧洲最有CO_2封存前景的含水层。

由地质背景、储层和岩石的机械特性引起的应力状态分布和CO_2的注入及逸散引起的孔隙压力变化，都是引起储层中感应地震的诱导因素。Utsira储层CO_2封存过程的地震监测研究表明，由于垂向地层水动力的连续性，地层局部压缩应力和由于CO_2注入引起的局部超压被加到静水压力上，一般不会引发天然断层或裂缝产生的地震，Utsira储层砂岩具有足够的圈闭构造，可以满足20Mt的CO_2封存需要。

相对地层水，CO_2密度较小，因此浮力和超压是主导CO_2运移的主导因素，薄的泥页岩可以暂时性地阻止CO_2垂向运移，数值模拟显示，停注CO_2后，短时间内大部分CO_2会在盖层下聚集，而后CO_2会在盖层下发生横向运移，运移受盖层地面构造控制，通过盖层逸散的CO_2很少。

（2）神华CCS项目

神华CCS先导性项目是中国神华集团在鄂尔多斯盆地北部利用煤制油项目产生的CO_2，通过捕集、提纯，将其注入地下咸水层中。神华CCS先导性项目由一口注入井和2口监测井组成，以笼统方式注气，封存目的层为埋深在1000m以下的纸坊组、刘家沟组、石千峰组、下石盒子组、奥陶系马五段、马一段等6个储层，2011年开始注气，通过改造，

2012年5月达到设计要求，每天可注入330t的CO_2，截止到2015年4月，累计注入30.26万吨。

鄂尔多斯盆地基底为太古界及下元古界变质岩，沉积的地层总沉积厚度为5000～10000m。本地区储层为低孔、低渗地层，除奥陶系地层外一般不发育裂缝，地层以石英砂岩为主，平均孔隙率约10%，渗透率小于1mD，孔隙类型一般为溶蚀孔、粒间孔、晶间孔和微裂缝等。

地层平均地温梯度约为3.19℃/100m，地层压力接近静水压力，属于低压～正常压力系统，各地层压力梯度比较接近。目标区南部邻区石炭-二叠系地层水分析结果表明，各地层的水型均为氯化钙性，说明地层为封闭系统。地层水pH值为6～7，属弱酸性水，各层平均氯根和总矿化度差别较大，有随着深度增加而加大的趋势；三叠系延长组约为16500mg/L，石炭-二叠系约为12500～50000mg/L，奥陶系风化壳层段（马家沟组马五段）地层水总矿化度则大于100000mg/L。盖层一般为大段泥岩，分布稳定，尤其是三叠系地层泥岩，一般以毛管力封闭为主，三叠系刘家沟组、和尚沟组和纸坊组的厚层泥岩具有较好的物性封闭能力。

12.3.3 封存技术的挑战及发展趋势

随着GCS项目在世界各地的广泛开展，其技术的安全性和泄漏风险越来越引起关注。2011年1月11日，加拿大萨斯喀彻温省的一对夫妇召开新闻发布会声称Weyburn GCS项目封存地下的CO_2已经泄漏到自家的农场，引起公众媒体和科学界对GCS安全性的高度关注。由于场地地质条件和人类开发活动导致的不确定性，注入储层的CO_2一般可通过3种途径发生泄漏，即泄漏井、层或裂缝以及盖层的"薄弱带"（局部高渗带）。GCS项目的安全评估必须全面调查场地可能存在的泄漏途径，分析CO_2沿这些潜在泄漏途径发生逃逸的机制，评估泄漏发生的概率（风险），预测泄漏发生的可能后果，最后提出避免或阻止泄漏发生的措施。尤其是大规模GCS项目，CO_2羽状体及污染物在储层中的扩散范围可能很大，这种情况下CO_2通过上述3种途径发生泄漏的机会更大。

泄漏监测是分析管理GCS风险的基础，对其进行理论研究有助于监测井布置方案设计。目前世界上几个大型封存项目的监测均采用三维或四维地震监测CO_2羽体。然而，羽体监测的缺点是并不具有事先预见性，从泄漏防范角度而言意义有限。由于CO_2注入引起的储层压力扰动范围比CO_2羽体扩散范围大很多，监测上覆地层流体压力和地球化学特征被证明是泄漏监测的有效手段。由于储层咸水受注入CO_2驱替，首先沿泄漏通道向上覆含水层泄漏，因此监测上覆含水层压力的变化可以预先获得CO_2泄漏的信号。通过监测压力变化侦测CO_2或储层咸水泄漏有诸多解析解研究，研究的基本思路是采用解析法建立流体压力变化和泄漏速率的相关关系，从而定量评估储层流体的可能泄漏特征。这些方法并不能有效地监测盖层扩散泄漏，除非盖层的渗透率非常高。另一些学者则采用数值模拟手段对GCS项目的CO_2泄漏监测进行研究，分析影响泄漏和压力变化的敏感因素。Park等对Sleipner场地的研究显示，对上覆地层的压力监测可至少提前60天预测CO_2泄漏的发生。此外，国内一些学者对GCS安全性监测也进行了定性的理论总结和方法探索。

尽管目前CCS相关研究取得了很大进展，但在大规模封存、地质封存效果等方面，仍然遇到不少困难。因此在开展下一步研究工作时，应重视以下几个方面：

① 进一步加强大规模封存的研究。目前对CCS相关技术已不存在重大的技术或知识障碍，但目前的研究大多集中于捕获或封存环节，即便有全流程的示范项目，其数量和规模都太小，无法满足实际减排需求。因此，应把重点放在大规模（千万吨级别）的CO_2封存及应用上，加强对CCS系统的经济性、可靠性和环境影响评价的研究。

② 进一步加强长期封存能力和效果的研究。目前关于CCS的争议主要来自"确切的封存能力"和"封存后的泄漏风险"。因此，一方面应加强对封存潜力评价方法的探索，提高评价结果的可信度；另一方面，加强监测手段和方法的研究，进一步了解CO_2在地质结构中的长期封存、流动以及渗漏过程。

③ 进一步加强CO_2源和封存地点匹配关系的研究。当CO_2捕捉和封存技术成熟后，CO_2源和封存地点的匹配及运输管网设计成为CCS大规模实施的关键问题。因此，应加强区域评估，了解主要CO_2封存地同主要CO_2源的距离及运输成本，优化运输网络。

④ 进一步加强CCS对减缓全球气候变化贡献的评价研究。对未来能源系统的影响以及对全球温室气体减排的潜在贡献是CCS最终能否被接纳的依据之一。因此，应加强CCS技术转让和推广潜力评价研究，发展中国家利用CCS的机会研究以及CCS投资与其他减排方案投资间的潜在互动关系研究。

参考文献

[1] 秦积舜，韩海水，刘晓蕾. 美国 CO_2 驱油技术应用及启示 [J]. 石油勘探与开发，2015，42（2）：209-216.

[2] 李阳. 中国 CCUS 技术与产业发展状况 [G]. 北京：碳捕集利用与封存技术论坛，2018.

[3] 袁士义，李海平. 关于加快推进 CO_2 驱工业化的思考 [G]. 北京：中国 CCUS 联盟主编第四届 CCUS 论坛论文集，中国石化出版社，2017.

[4] 王高峰，郑雄杰，张玉. 适合二氧化碳驱的低渗透油藏筛选方法 [J]. 石油勘探与开发，2015，42（3）：358-363.

[5] Tai C Y, Chen W R, Shih S M. Factors affecting wollastonite carbonation under CO_2 supercritical conditions [J]. AIChE Journal, 2006.

[6] Romanov V, Soong Y, Carney C, et al. Mineralization of carbon dioxide: A literature review [J]. ChemBioEng Reviews, 2015, 2 (4).

[7] Lackner K S. A guide to CO_2 sequestration [J]. Science, 2003, 300(5626): 1677-1678.

[8] Gopinath, Smitha, Mehra, et al. Carbon sequestration during steel production: Modelling the dynamics of aqueous carbonation of steel slag [J]. Chemical Engineering Research & Design: Transactions of the Institution of Chemical Engineers, 2016.

[9] Mo L, Zhang F, Deng M. Mechanical performance and microstructure of the calcium carbonate binders produced by carbonating steel slag paste under CO_2 curing [J]. Cement and Concrete Research, 2016, 88.

[10] Yadav S, Mehra A. Experimental study of dissolution of minerals and CO_2 sequestration in steel slag [J]. Waste Management, 2017: 1237-1245.

[11] Ukwattage N L, Ranjith P G, Li X. Steel-making slag for mineral sequestration of carbon dioxide by accelerated carbonation - Science Direct [J]. Measurement, 2017, 97: 15-22.

[12] Guo B, Zhao T, Sha F, et al. Synthesis of vaterite $CaCO_3$ micro-spheres by carbide slag and a novel CO_2 - storage material [J]. Journal of CO_2 Utilization, 2017, 18.

[13] Li Y, Sun R, Liu C, et al. CO_2 capture by carbide slag from chlor-alkali plant in calcination/carbonation cycles [J]. International Journal of Greenhouse Gas Control, 2012, 9 (none): 117-123.

[14] Hu J, Liu W, Lin W, et al. Indirect mineral carbonation of blast furnace slag with $(NH_4)_2SO_4$ as a recyclable extractant. Journal of Energy Chemistry, 2017, 26 (5): 927-935.

[15] Lin W, Li C, Liu W, et al. Indirect mineral carbonation of titanium-bearing blast furnace slag coupled with recovery of TiO_2 and Al_2O_3 [J]. 中国化学工程学报（英文版）, 2018.

[16] Kwon C M, Kim F S, Lee C J. Experiment and kinetic modeling for leaching of blast furnace slag using ligand [J]. Journal of CO_2 Utilization, 2018.

[17] Lee M G, Jang Y N, Ryu K W, et al. Mineral carbonation of flue gas desulfurization gypsum for CO_2 sequestration [J]. Energy, 2012, 47 (1): 370-377.

[18] Song K, Jang Y N, Kim W, et al. Precipitation of calcium carbonate during direct aqueous carbonation of flue gas desulfurization gypsum [J]. Chemical Engineering Journal, 2012, 213 (none): 251-258.

[19] Seifritz W. CO_2 disposal by means of silicates [J]. Nature, 1990, 345 (6275): 486.

[20] Heping, Xie, Liang, et al. Feedstocks study on CO_2 mineralization technology [J]. Environmental Earth Sciences, 2016, 75 (7): 611, 615.

[21] 李林坤，刘琦，马忠诚，等. 二氧化碳矿化强化混凝土再生骨料性能研究进展［J］. 热力发电，2021，50（1）：94-103.

[22] Renforth P. The negative emission potential of alkaline materials [J]. Nature Communications, 2019, 10 (1).

[23] 王爱国，何懋灿，莫立武，等. 碳化养护钢渣制备建筑材料的研究进展［J］. 材料导报，2019（17）.

[24] 王晓龙，刘蓉，纪龙，等. 利用粉煤灰与可循环碳酸盐直接捕集固定电厂烟气中二氧化碳的液相矿化法［J］. 中国电机工程学报，2018，038（19）：5787-5794.

[25] 马铭婧，郗凤明，凌江华，等. 二氧化碳矿物封存技术研究进展［J］. 生态学杂志，2019，38，317（12）：290-299.

[26] Junhyeok, Jeon, Myoung-Jin, et al. CO_2 storage and $CaCO_3$ production using seawater and an alkali industrial by-product [J]. Chemical Engineering Journal, 2019.

[27] A review on carbon dioxide mineral carbonation through pH-swing process [J]. Chemical Engineering Journal, 2015, 279: 615-630.

[28] Jiang Linhua, Li Chenzhi, Wang Chao, et al. Utilization of flue gas desulfurization gypsum as an activation agent for high-volume slag concrete [J]. Journal of Cleaner Production, 2018.

[29] Zhao H, Li H, Bao W, et al. Experimental study of enhanced phosphogypsum carbonation with ammonia

under increased CO_2 pressure [J]. Journal of CO_2 Utilization, 2014, 11.

[30] Fuel Processing. Findings from macquarie university in the area of fuel processing described (Effects of Fly Ash Properties On Carbonation Efficiency In CO_2 Mineralisation) [J]. Energy Weekly News, 2019.

[31] Bobicki E R, Liu Q, Xu Z, et al. Carbon capture and storage using alkaline industrial wastes [J]. Progress in Energy and Combustion Science, 2011, 38 (2).

[32] 许莹, 张玉柱, 卢翔. 由熔融高炉渣制备微晶玻璃 [J]. 工程科学学报, 2015, 37 (5): 633-637.

[33] 伊元荣, 韩敏芳. 钙基固体废弃物湿法捕获二氧化碳的反应特性 [J]. 煤炭学报, 2012, 37 (7): 1205-1210.

[34] Saeed M H, Muhammed A L, H S A. Use of treated cement kiln dust as a nano material partially replaced in cement mortars [J]. Journal of Physics: Conference Series, 2021, 1973 (1).

[35] A S A, A A-G H, G A E-M M, et al. The sustainable utilization of weathered cement kiln dust in the cleaner production of alkali activated binder incorporating glass sludge [J]. Construction and Building Materials, 2021, 300.

[36] A H F A, Mashallah R N S, Gaurav S. Cost-effective composite prepared from sewage sludge waste and cement kiln dust as permeable reactive barrier to remediate simulated groundwater polluted with tetracycline [J]. Journal of Environmental Chemical Engineering, 2021, 9 (3).

[37] Chao W, Yue H, Li C, et al. Mineralization of CO_2 using natural K-feldspar and industrial solid waste to produce soluble potassium [J]. Industrial & Engineering Chemistry Research, 2014, 53 (19): 7971-7978.

[38] Ye L, Yue H, Wang Y, et al. CO_2 Mineralization of activated K-feldspar + $CaCl_2$ slag to fix carbon and produce soluble potash salt [J]. Industrial & Engineering Chemistry Research, 2014, 53 (26): 10557-10565.

[39] Ren E, Tang S, Liu C, et al. Carbon dioxide mineralization for the disposition of blast-furnace slag: reaction intensification using NaCl solutions [J]. Greenhouse Gases: Science and Technology, 2020, 10 (2).

[40] Chen, Peng, Tang, et al. Lithium enrichment of high Mg/Li ratio brine by precipitation of magnesium via combined CO_2 mineralization and solvent extraction [J].

[41] Wang Wenlong, Liu Xin, Wang Peng, et al. Enhancement of CO_2 mineralization in Ca^{2+}-/Mg^{2+}-rich aqueous solutions using insoluble amine [J]. Industrial & Engineering Chemistry Research, 2013, 52 (3): 8028-8033.

[42] Yang L, Yu H, Wang S, et al. Carbon dioxide captured from flue gas by modified Ca-based sorbents in fixed-bed reactor at high temperature [J]. Chinese Journal of Chemical Engineering, 2013, 21 (2).

[43] 伊元荣, 韩敏芳. 钢渣湿法捕获 CO_2 反应机制研究 [J]. 环境科学与技术, 2013, 36 (6): 159-163, 190.

[44] 黄浩. 基于水化惰性胶凝材料的 CO_2 矿化养护建材机制研究 [D]. 杭州: 浙江大学, 2019.

[45] 黄浩, 王涛, 方梦祥. 二氧化碳矿化养护混凝土技术及新型材料研究进展 [J]. 化工进展, 2019, 38 (10): 4363-4373.

[46] Lee M G, Wang Y C, Su Y M, et al. Studies on some factors affecting CO_2 mixing or CO_2 curing of cement concrete [J]. 2018.

[47] Shao A. Optimized process window for fresh concrete carbonation curing [J]. Revue Canadienne De Génie Civil, 2014, 41 (11): 986-994 (989).

[48] 郑超群, 蔡奖权, 孔德玉. 全程二氧化碳养护对水泥水化硬化性能的影响 [J]. 甘肃水利水电技术, 2018, 01 (54; 229): 37-40.

[49] Bukowski J M, Berger R L. Reactivity and strength development of CO_2 activated non-hydraulic calcium silicates [J]. Cement & Concrete Research, 1979, 9 (1): 57-68.

[50] Haselbach L M, Thomle J N. An alternative mechanism for accelerated carbon sequestration in concrete [J]. Sustainable Cities & Society, 2014, 12: 25-30.

[51] Liu L, Ha J, Hashida T, et al. Development of a CO_2 solidification method for recycling autoclaved lightweight concrete waste [J]. Journal of Materials Science Letters, 2001, 20 (19): 1791-1794.

[52] Larrard T D, Benboudjema F, Colliat J B, et al. Concrete calcium leaching at variable temperature: Experimental data and numerical model inverse identification [J]. Computational Materials Science, 2010, 49 (1): 35-45.

[53] Wang T, Huang H, Hu X, et al. Accelerated mineral carbonation curing of cement paste for CO_2 sequestration and enhanced properties of blended calcium silicate [J]. Chemical Engineering Journal, 2017, 323.

[54] Bonenfant D, Kharoune L, Sauvé S, et al. CO_2 sequestration by aqueous red mud carbonation at ambient pressure and temperature [J]. Indengchemres, 2008, 47 (20): 7617-7622.

[55] 张继能, 顾同曾. 加气混凝土生产工艺 [J]. 加气混凝土生产工艺, 1992.

[56] Bertos M F, Simons S J R, Hills C D, et al. A review of accelerated carbonation technology in the treatment of cement-based materials and sequestration of CO_2 [J]. Journal of hazardous materials, 2004, 112 (3).

[57] Huang H, Wang T, Fang M. Review on carbon dioxide mineral carbonation curing technology of concrete and novel material development [J]. Chemical Industry and Engineering Progress, 2019.

[58] 蒋志. 中国地壳演化与矿产分布图集 [J]. 中国地壳演化与矿产分布图集, 1996.

[59] Goldberg D S, Takahashi T, Slagle A L. Carbon dioxide sequestration in deep-sea basalt [J]. Proceedings of the National Academy of Sciences, 2008, 105 (29): 9920-9925.

[60] Gaus I, Azaroual M, Czernichowski-Lauriol I. Reactive transport modelling of the impact of CO_2 injection on the clayey cap rock at Sleipner (North Sea) [J]. Chemical Geology, 2005, 217 (3-4): 319-337.

[61] Chang E E, Pan S Y, Chen Y H, et al. Accelerated carbonation of steelmaking slags in a high-gravity rotating packed bed [J]. Journal of hazardous materials, 2012, 227-228 (15): 97-106.

[62] Chang E E, Pan S Y, Chen Y H, et al. CO_2 sequestration by carbonation of steelmaking slags in an autoclave reactor [J]. Journal of hazardous materials, 2011, 195: 107-114.

[63] Teir S, Kotiranta T, Pakarinen J, et al. Case study for production of calcium carbonate from carbon dioxide in flue gases and steelmaking slag [J]. Journal of CO_2 Utilization, 2016, 14: 37-46.

[64] Jo H, Lee M G, Park J, et al. Preparation of high-purity nano-$CaCO_3$ from steel slag [J]. Energy, 2016, 120: 884-894.

[65] Yao M S, Zhang J P, Gang Y. Indirect CO_2 mineral sequestration by steelmaking slag with NH_4Cl as

leaching solution [J]. Chemical Engineering Journal, 2011.

[66] Eloneva S, Said A, Fogelholm C J, et al. Preliminary assessment of a method utilizing carbon dioxide and steelmaking slags to produce precipitated calcium carbonate [J]. Applied Energy, 2012, 90 (1): 329-334.

[67] Said A, Mattila H P, Jaervinen M, et al. Production of precipitated calcium carbonate (PCC) from steelmaking slag for fixation of CO_2 [J]. Applied Energy, 2013, 112 (dec.): 765-771.

[68] Eloneva S, Teir S, Salminen J, et al. Fixation of CO_2 by carbonating calcium derived from blast furnace slag [J]. Energy, 2008, 33 (9): 1461-1467.

[69] Chu G, Li C, Liu W, et al. Facile and cost-efficient indirect carbonation of blast furnace slag with multiple high value-added products through a completely wet process [J]. Energy, 2019, 166 (JAN.1): 1314-1322.

[70] Han Z, Gao J, Yuan X, et al. Microwave roasting of blast furnace slag for carbon dioxide mineralization and energy analysis [J]. RSC Advances, 2020, 10 (30).

[71] Green R A, Hartwig J F. ChemInform abstract: Palladium-catalyzed amination of aryl chlorides and bromides with ammonium salts [J]. Organic Letters, 2014, 16 (17).

[72] 张红星，谭晓婷，王奕晨，等. 磷石膏 - 废氨水对 CO_2 矿化能力的研究［J］. 磷肥与复肥，2017（10）.

[73] 赵红涛，孙振华，等. 磷石膏中杂质深度脱除技术［J］. 化工进展，2017，04（36；307）：91-97.

[74] 薛潇，宫源，朱家骅，等. 乙二胺对 $CaSO_4 \cdot 2H_2O-NH_3-CO_2-H_2O$ 反应体系制备球霰石络合作用的研究［J］. 高校化学工程学报，2018，32（4）：902-909.

[75] Xie H, Chu W, Ju Y. Greenhouse gases; findings from sichuan university has provided new data on greenhouse gases (Carbon dioxide mineralization for the disposition of blast-furnace slag: reaction intensification using NaCl solutions) [J]. News of Science, 2020.

[76] 徐少琨，张峰，向文洲，等. 微藻应用于煤炭烟气减排的研究进展［J］. 地球科学进展，2011，26（9）：944-953.

[77] 李伟，康少锋. 微藻固碳技术研究现状及发展思路［J］. 生物产业技术，2011（6）：22-27.

[78] 赵越. 将火电厂排放的 CO_2 利用碳捕捉与封存（CCS）强化煤层气开采的基本模型［J］. 科技致富向导，2011（8）：95.

[79] 宋春风. 二氧化碳捕集资源化技术有新法——用微藻快速吃掉温室气体［J］. 山西化工，2019.

[80] 二氧化碳烟气微藻减排技术［J］. 中国科技成果，2017，18（1）：19.

[81] Zeng X, Danquah M K, Chen X D, et al. Microalgae bioengineering: From CO_2 fixation to biofuel production [J]. Renewable and Sustainable Energy Reviews, 2011, 15 (6): 3252-3260.

[82] 梅洪，张成武，殷大聪，等. 利用微藻生产可再生能源研究概况［J］. 武汉植物学研究，2008，26（6）：650-660.

[83] 郭丹，银建中. 微藻制备生物柴油的技术进展［J］. 化工装备技术，2014，35（4）：4-9.

[84] 范晓蕾，郭荣波，魏东芝. 能源微藻与生物炼制［J］. 中国基础科学，2009，11（5）：54，59-63.

[85] 杨忠华，李方芳，曹亚飞，等. 微藻减排 CO_2 制备生物柴油的研究进展［J］. 生物加工过程，

2012，10（1）：70-76.

[86] B X M A, A Q W. Biodiesel production from heterotrophic microalgal oil [J]. Bioresource technology, 2006, 97 (6): 841-846.

[87] 邓帅，李双俊，宋春风，等. 微藻光合固碳效能研究：进展、挑战和解决路径［J］. 化工进展，2018，37（3）：928-937.

[88] 曾存，胡以怀，李凯，等. 微藻碳捕捉技术的研究与发展［J］. 能源工程，2019（5）：63-68.

[89] 李术艺，冯旗，董依然. 地质封存二氧化碳与深地微生物相互作用研究进展［J］. 微生物学报，2021，61（6）：1632-1649.

[90] Mitchell A C, Phillips A J, Hamilton M A, et al. Resilience of planktonic and biofilm cultures to supercritical CO_2 [J]. Journal of Supercritical Fluids, 2008, 47 (2): 318-325.

[91] Sun Q, Lian B. The different roles of Aspergillus nidulans carbonic anhydrases in wollastonite weathering accompanied by carbonation [J]. Geochimica et Cosmochimica Acta, 2018, 244.

[92] Mitchell A C, Dideriksen K, Spangler L H, et al. Microbially enhanced carbon capture and storage by mineral-trapping and solubility-trapping [J]. Environmental science & technology, 2010, 44 (13): 5270-5276.

[93] Jenneman G E, Mcinerney M J, Knapp R M, et al. Halotolerant, biosurfactant-producing Bacillus species potentially useful for enhanced oil recovery [J]. Devindmicrobiol, 1983.

[94] Santillan E U, Kirk M F, Altman S J, et al. Mineral influence on microbial survival during carbon sequestration [J]. Geomicrobiology Journal, 2013, 30 (7): 578-592.

[95] Mcmahon P B, Chapelle F H. Microbial production of organic acids in aquitard sediments and its role in aquifer geochemistry [J]. Nature, 1991, 349 (6306): 233-235.

[96] Sánchez-Román M, Fernández-Remolar D, Amils R, et al. Microbial mediated formation of Fe-carbonate minerals under extreme acidic conditions [J]. Scientific Reports, 2014, 4: 4767.

[97] Dong Y, Sanford R A, Inskeep W P, et al. Physiology, metabolism, and fossilization of hot-spring filamentous microbial mats [J]. Astrobiology, 2019, 19 (12): 1442-1458.

[98] Power I M, Dipple G M, Southam G. Bioleaching of ultramafic tailings by acidithiobacillus spp. for CO_2 Sequestration [J]. Environmental science & technology, 2010, 44 (1): 456-462.

[99] Dong Y, Sanford R A, Chang Y J, et al. Hematite reduction buffers acid generation and enhances nutrient uptake by a fermentative iron reducing bacterium, orenia metallireducens strain Z6 [J]. Environmental science & technology, 2016, 51 (1): 232-242.

[100] Talham, Daniel R. Biomineralization: Principles and concepts in bioinorganic materials chemistry stephen mann [J]. Oxford University Press, New York, 2001 . Crystal Growth & Design, 2002, 2(6): 675-675.

第13章 二氧化碳的化学转化

　　将CO_2通过化学方法转化为有用的化学品，是实现"碳中和"目标的重要途径，也是近年来绿色化学的热点研究内容之一。将CO_2直接转化为化学品，需要将CO_2活化，克服CO_2的化学惰性。CO_2分子中，碳原子的两个sp杂化轨道分别与两个氧原子形成σ键。碳原子中未参与杂化的两个p轨道与sp杂化轨道呈直角，在侧面与O原子的p轨道肩并肩重叠，形成两个三中心四电子较稳定的离域π键。与正常的C=O（122pm）和C≡O（110pm）相比，CO_2中的C=O长度为116.3pm，介于二者之间，具有部分三键的特性，稳定性比C=O好。分子中的碳原子处于最高价态，整个分子处于最低能量态，CO_2的标准生成吉布斯自由能为−394.38kJ/mol，化学性质稳定，将CO_2活化需要克服较高的反应能垒。因此，CO_2的转化往往需要在高温、高压和催化剂条件下。CO_2中电子的电离能较大（13.97eV），难以提供电子，但其具有较高的电子亲和能（38eV），采用富电子物质与之相互作用，易实现CO_2的活化，见图13-1。

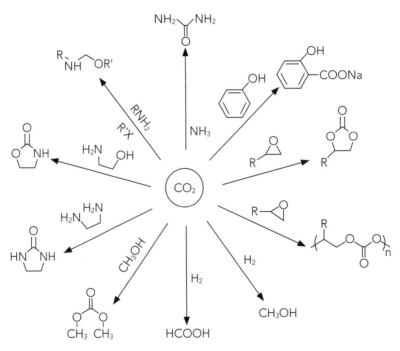

图13-1　CO_2可合成的有机物

因此，CO₂可以直接被H₂还原，用于生产醇、羧酸、醛等含氧有机化合物；目前以CO₂为原料生产化工产品已经实现工业化的工艺有碳还原CO₂制CO、甲烷-CO₂重整制合成气、CO₂合成甲醇、CO₂合成乙醇、CO₂合成碳酸酯等。

13.1　碳还原CO₂制CO

13.1.1　碳还原CO₂制CO热力学

碳还原CO₂制CO，是以煤为原料制备合成气过程中一个重要的反应，也是用来测试煤反应活性的探针反应。

$$CO_2 + C \longrightarrow 2CO \qquad (13\text{-}1)$$

该反应是一个吸热反应，反应焓（ΔH）和吉布斯自由能（ΔG）均随着反应温度的升高而降低（表13-1）。常压（0.1MPa）下当反应温度在750℃以上时，ΔG小于0，这表明反应在高于750℃后便可自发进行。在同一反应温度下，随着反应压力的升高，ΔH逐渐减小，ΔG逐渐增大。在800℃及以下温度时，只有在常压下才能反应，当反应温度高于900℃时，在0.1～2.0MPa压力范围内反应可进行。从热力学角度分析，高温低压有利于该反应的进行。在实际生产过程中，为增大反应速度，通常反应需要在高温条件下进行。

表13-1　碳还原CO₂制CO的热力学数据

$T/℃$	p/MPa	平衡常数K	吉布斯自由能$\Delta G/$（kJ/mol）	反应焓$\Delta H/$（kJ/mol）
750	0.1	2.09	−6.26	105.06
	0.5	0.35	8.96	57.01
	1.0	0.16	15.47	41.53
	1.5	0.10	19.21	34.26
	2.0	0.08	21.85	29.82
800	0.1	5.74	−15.59	131.08
	0.5	0.97	0.23	82.75
	1.0	0.45	7.71	62.48
	1.5	0.29	11.20	52.25
	2.0	0.21	14.03	45.81
900	0.1	30.44	−33.32	155.01
	0.5	5.67	−16.92	128.54
	1.0	2.65	−9.49	109.51
	1.5	1.68	−5.07	96.84
	2.0	1.22	−1.92	87.75

$T/℃$	p/MPa	平衡常数K	吉布斯自由能ΔG/（kJ/mol）	反应焓ΔH/（kJ/mol）
1000	0.1	115.82	−50.30	159.21
	0.5	22.78	−33.09	149.76
	1.0	11.03	−25.41	139.98
	1.5	7.16	−20.83	131.90
	2.0	5.24	−17.54	125.07
1100	0.1	351.31	−66.92	158.01
	0.5	70.43	−48.57	154.63
	1.0	34.77	−40.52	150.68
	1.5	22.91	−35.75	147.03
	2.0	16.99	−32.34	143.62

实现高温条件最简单的方法是通过碳和氧的燃烧反应原位提供热量，因此涉及能量匹配。以1000℃、0.1MPa的反应条件为例，对该过程进行能量匹配。

$$0.5C + 0.5CO_2 \longrightarrow CO \qquad \Delta H=159.21kJ/mol \qquad （13-2）$$

$$C + 0.5O_2 \longrightarrow CO \qquad \Delta H=-119.61kJ/mol \qquad （13-3）$$

$$3.66C + 1.33O_2 + CO_2 \longrightarrow 4.66CO \qquad \Delta H=0 \qquad （13-4）$$

反应（13-2）是一个吸热过程，反应（13-3）是一个放热过程，式（13-2）吸热量与式（13-3）放热量相等时得到式（13-4）。结果表明，理论上每还原1mol CO_2需要消耗3.66mol C和1.33mol O_2。

13.1.2 碳还原CO_2制CO动力学

在碳还原CO_2制CO的反应中，温度是关键的影响因素，是二氧化碳制高浓度一氧化碳合成气工艺中一个重要的控制参数。研究表明，温度越高，碳还原CO_2的活性越高；不同煤种的碳反应活性不同，活性越高的煤种其反应所需的温度越低，制取CO的能力越强。

因此，在碳还原CO_2制CO的过程中需要选取反应活性高的煤种，如泥煤、褐煤、烟煤等。图13-2是褐煤在不同温度下的反应活性，温度为1100℃时，其反应活性可达85%，要实现煤高效还原CO_2为CO需要1000℃以上的高温。

反应后的固体产物为粉煤灰，其主要成分为SiO_2、Al_2O_3、MgO、CaO、FeO、

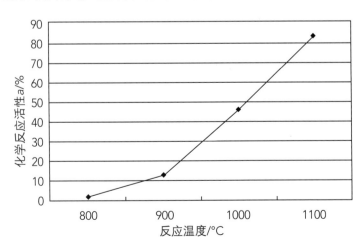

图13-2 不同温度下褐煤还原CO_2的化学反应活性

FeS_2、Fe_3O_4、Fe_2O_3等，以及这些氧化物的复合物。在进行煤还原CO_2时，对于以固体出渣的过程，其反应温度应低于粉煤灰的温度，避免粉煤灰熔化成渣，堵塞反应器及管道。煤的灰分熔点一般大于1200℃，操作温度可在1000～1200℃之间。对于液体出渣的过程，其反应温度应高于粉煤灰的温度，以保证出渣顺利。

煤与CO_2的反应速率决定煤还原CO_2制CO的反应器形式及工艺流程的选择与设计。目前对该反应的研究主要是对煤的反应活性影响因素的研究，如反应温度、CO_2浓度、CO_2分压、煤种、粉煤灰成分、煤的粒径等。1.96MPa压力下反应温度对碳转化率的影响见图13-3。结果表明，该反应的反应速率随着温度升高迅速加快，转化率也越高。同等反应条件下，CO的产量与碳转化率成正比。在1.96MPa的高压下，温度1000℃以上反应转化率达到80%左右，反应时间约为30min。当反应温度升高至1700℃时，在数秒内，煤的转化率可达90%以上。

煤还原CO_2制CO的实际反应过程包括碳与氧的反应、碳与CO_2的反应。碳与氧的反应速率低温时受温度影响大，随温度升高反应速度加快，气速对反应速度的影响不明显。但温度高于一定值后，气化反应属于扩散控制，提高气速是关键。碳与二氧化碳的反应速率在1100℃以下属于化学反应控制，1100～1300℃属于扩散控制，大于1300℃属于气膜控制，温度越高CO_2的还原速率越快。

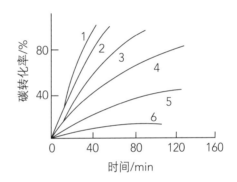

图13-3　**温度对碳转化率的影响**

实验压力：1.96 MPa；实验温度：1—1000℃，2—950℃，3—900℃，4—850℃，5—800℃，6—750℃

13.1.3 碳还原CO_2制CO反应器

碳还原CO_2制CO过程与碳和H_2O反应的煤气化过程特点相近，只是碳还原CO_2的温度更高一些（＞1000℃），因此可借鉴煤气化的反应装置。煤气化反应器主要有移动床、流化床和气流床，其中移动床主要有UGI炉、加压鲁奇炉，流化床主要有温克勒炉和灰熔聚炉，气流床主要有煤粉气化炉和水煤浆气化炉。煤粉气化炉的典型代表是Shell炉和航天炉，水煤浆气化炉有德士古炉、华东理工大学研制的多喷嘴炉和清华大学研制的晋华炉。

上海化工设计研究院设计了一套以移动床反应器为基础的CO_2碳还原生产CO的工艺（图13-4）。该工艺以焦炭为原料，O_2和CO_2为气化剂，使用移动床进行连续气化反应，获得CO含量为70%的粗CO气体。所制得的粗CO气体，经过预脱硫、加压、脱硫脱碳、精脱等几个步骤，脱除气体中的H_2S、CO_2，得到高纯CO气体。在该工艺中，实际的反应为$4C+1.5O_2+CO_2 \longrightarrow 5CO$，实现了热量平衡。该工艺设计建造了三套工业化生产装置，生产能力分别为$6000m^3/h$、$10000m^3/h$和$13500m^3/h$。

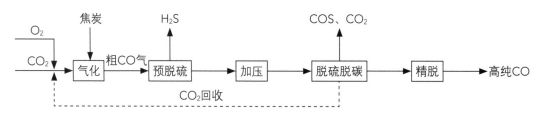

图13-4 移动床焦炭还原CO₂制高纯CO工艺

典型的移动床反应器包括常压UGI炉和加压鲁奇炉（图13-5）。在移动床中，焦炭颗粒保持相对的静止，在炉内自上而下移动，气体从颗粒间的缝隙穿出，气速比流化床的要小。焦炭颗粒的直径一般为10~50mm。在移动床中，从上而下焦炭层分为干燥层、还原层、氧化层和灰渣层。在干燥层，利用上升气体的显热将焦炭中的水分蒸发出，使焦炭干燥；干燥后的焦炭下降至还原层参与反应，焦炭还原CO₂制CO主要在该层发生；未完全气化的炭下沉至氧化层与O₂发生燃烧反应，生成CO和CO₂，为整个反应器提供所需热量；焦炭中不能燃烧的灰分继续下沉进入灰渣层，然后排出反应炉进入灰渣池，进行热量回收和冷却；在灰渣层中，气体与灰渣发生换热，对气化剂进行预热，同时也防止粉煤灰过热，损坏炉箅。移动床反应器为固体出渣。如果以煤为原料，则在干燥层与还原层之间还有一个干馏层。在干馏层，煤中的挥发分会逸出，与产物气体一起进入下一工序。

移动床反应器操作相对简单，但单台装置的产量受限制，不适合于大规模生产；当采用煤为原料时含焦油的挥发分进入产物气体中，会给后续处理带来沉重负担。

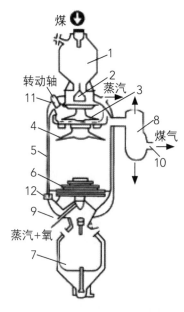

图13-5 加压鲁奇炉示意图

1—加煤箱；2—钟罩阀；3—煤分布器；4—搅拌器；5—夹套锅炉；6—塔节型炉箅；7—灰箱；
8—洗涤冷却器；9—气化剂入口；10—煤气出口；11—布煤器传动装置；12—炉箅传动装置

陕西延长石油（集团）有限责任公司建设了以气流床航天炉为基础的CO_2碳还原生产CO的装置，气化剂和煤粉通过物料喷射器进入反应器反应室，高温高压下气化生成粗煤气和液态熔渣，生成的气体和液态灰渣进入激冷集渣罐中激冷、降温、除尘。进行了投煤量为10kg/h的小试实验，操作温度为1300～1600℃，操作压力为1MPa，可获得CO含量为64%的粗产品。

航天炉（HT-L）属于干煤粉气流床气化装置，用水冷壁代替耐火砖，主要由燃烧器、炉膛（气化段和急冷段）、热煤炉、合成气净化设备及相关附属设备组成，如图13-6。块煤由磨煤机加工为粉状，然后通过高压气体由喷嘴喷入炉膛中发生反应，生成的气体经分离、洗涤进入下一工段，生成的液态炉渣落入底部的水中。航天炉为液体出渣。采用水冷壁结构，回收出气化室的高温气体中的显热并保护炉体不超温。航天炉的操作温度高，火焰中心温度为1800～2150℃，炉膛允许操作温度为1400～1900℃，可用于高灰熔点煤的气化。同时煤中的焦油类挥发分在高温下会发生CO_2重整或水蒸气重整而生成合成气，减少焦油后处理环节。因此具有煤种适应范围广、碳转化率高、粗合成气品质好、火焰中心温度高、火焰短等特点，其缺点是煤粉加压输送设备复杂，送料成本较高。

笔者所在团队提出了以流化床反应器为基础的焦炭还原CO_2制CO的工艺（图13-7）。该工艺参考了水泥旋风预热系统，该系统以焦炭粉粒为还原剂，在多级旋风预热系统的顶部加入，在重力作用并向下运动过程中与富含CO的热煤气接触，被预热到1000℃左右，然后进入流化床反应器与O_2、CO_2反应。生成富含CO的煤气在流化床顶部

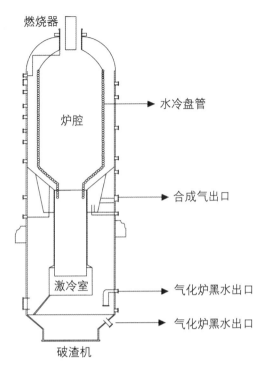

图13-6　航天炉气化炉结构示意图

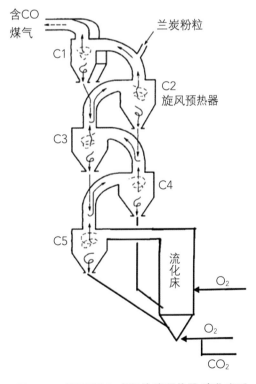

图13-7　碳还原CO_2多级旋流预热器-流化床反应器示意图

进入多级旋风预热系统与焦炭颗粒进行热交换,燃烧后的灰粉从流化床底部排出,属于固体出渣。反应生成物中CO含量占比约70%(体积分数),CO_2占30%,远离反应平衡。使用流化床作为反应器还原CO_2制CO,其关键在于热量回收。热量回收充分,提供热量的燃烧反应所消耗的氧气和碳就会减少。

由于碳还原CO_2制CO的反应温度高于煤气化的温度,因此还需要对现有的煤气化反应器进行重新设计,以适应高温反应。目前CO_2碳还原制CO除移动床外,大多还处于实验阶段,还有许多工程问题需要解决,如反应过程中热量有效利用、反应器对煤种的适用性、煤焦油的后处理和清洁利用等。

13.2 甲烷-二氧化碳重整制合成气

13.2.1 甲烷-CO_2重整反应热力学

甲烷-CO_2重整又称为甲烷干重整,是指甲烷和CO_2在高温、高压、催化剂的条件下发生重整反应生成CO和H_2的过程。其主要包含以下几个反应:

$$CH_4 + CO_2 \longrightarrow 2CO + 2H_2 \qquad \Delta H_{298}=247kJ/mol \qquad (13\text{-}5)$$

$$CO_2 + H_2 \longrightarrow CO + H_2O \qquad \Delta H_{298}=41kJ/mol \qquad (13\text{-}6)$$

$$2CO \longrightarrow CO_2 + C \qquad \Delta H_{298}=-171kJ/mol \qquad (13\text{-}7)$$

$$CH_4 \longrightarrow C + 2H_2 \qquad \Delta H_{298}=75kJ/mol \qquad (13\text{-}8)$$

甲烷干重整[式(13-5)]是一个强吸热且分子数增大的反应,因此高温低压条件对该反应有利(见表13-2)。产物CO和H_2的理论摩尔比为1,但由于逆水蒸气变换反应[式(13-6)]的存在,使部分氢气与CO_2反应,从而降低了H_2的产率。甲烷干重整反应需要催化剂,积炭是催化剂失活的主要原因。积炭主要来源于两个反应,一个是CO的歧化反应[式(13-7)],另一个是甲烷的分解反应[式(13-8)]。CO的歧化反应平衡常数随着温度的升高而减小,随着反应压力的增大而增大;甲烷分解反应的平衡常数随着温度的升高而增大,随着反应压力的减小而增大。表13-2说明,随着反应温度的升高,CO_2的转化率(X_{CO_2})升高,且CO的产率(Y_{CO})增大,这主要是由于反应(13-5)、反应(13-6)和反应(13-8)是吸热反应,升高温度对这些反应有利,而对积炭副反应(13-7)不利,因此在高温下有利于甲烷干重整反应。

表13-2 不同温度下反应物的平衡转化率、产物收率及H_2/CO摩尔比

(反应条件:0.1MPa,CH_4/CO_2摩尔比为1)

温度/℃	X_{CH_4}/%	X_{CO_2}/%	Y_{H_2}/%	Y_{CO}/%	H_2/CO 摩尔比
500	70.9	44.8	28.5	3.4	8.1
550	76.6	45.9	40.1	8.3	4.8
600	82.3	47.2	52.5	17.4	3.0
650	87.4	54.5	64.9	31.9	2.0

温度/℃	X_{CH_4}/%	X_{CO_2}/%	Y_{H_2}/%	Y_{CO}/%	H_2/CO 摩尔比
700	91.5	66.3	75.9	50.8	1.5
750	94.4	79.1	84.6	69.3	1.2
800	96.3	88.6	90.6	82.9	1.1

13.2.2　甲烷-CO₂重整反应催化剂

甲烷-CO₂干重整反应需要在催化剂的存在下进行，对该反应催化剂的研究主要集中在Ni、Co基催化剂，以及Ru、Rh、Pt、Ir等贵金属催化剂（表13-3），重点研究活性组分、载体、助催化剂对催化性能的影响。

Ni、Co基催化剂是该反应最常见的催化剂，但由于活性纳米颗粒容易烧结和积炭，导致其活性很快丧失，因此如何避免积炭是提高该类催化剂活性和稳定性的关键问题。为分散活性组分，避免其在反应过程中烧结，通常使用多孔载体分散活性组分，如γ-Al₂O₃、分子筛、SiO₂、MgO、TiO₂、ZrO、CeO、钙钛矿、水滑石及金属-非金属氧化物复合载体等，这些载体通常具有较大的比表面积、通过表面的碱性或酸性位点，避免积炭的形成，并且通过载体与活性组分之间的强相互作用提高催化剂的活性，减少活性组分烧结。通过添加催化剂助剂也可以提高催化活性，避免催化剂因积炭失活，如碱金属、碱土金属、贵金属、稀土元素等，这些助剂可通过与CO₂反应，提高CO₂的反应活性，进而提高催化剂活性，或通过促进CO₂解离为CO和O，抑制催化剂上积炭的形成。

与Ni、Co催化剂相比，贵金属催化剂的溶碳性能差，因而其抗积炭性能远高于Ni、Co催化剂，具有更好的活性和稳定性，但其价格昂贵，且易中毒失活，限制了其在工业上的应用。

表13-3　一些典型的甲烷-CO₂干重整反应催化剂及其催化性能

催化剂	空速（GHSV）	CO_2/ CH_4	T/℃	CH₄转化率（%）或速率	CO₂转化率/%	稳定性 /%	积炭/（g_{car}/ g_{cat}）
Ru/MgO	60L/（g·h）	1.0	750	90	90	30	1.3
Co/Al₂O₃	22000h⁻¹	1.0	700	75	83	6	0.29
Ni/Al₂O₃	20L/（g·h）	1.0	800	80	90	250	0.92
Ni/ZSM-5	12L/（g·h）	1.0	800	95	98	30	0.01
Ni/MCM-41	22.5L/（g·h）	1.0	700	79	84	100	0.388
Ni/SiO₂-泡沫	3.5L/（g·h）	1.0	750	75	76	100	0.135
Ni/Co₀.₅Pr₀.₅O₂.₅	30000h⁻¹	1.0	750	70	80	25	0.009
Ni-Co/Al₂O₃	22000h⁻¹	1.0	700	81	80	6	0.268

催化剂	空速（GHSV）	CO_2/CH_4	T/℃	CH_4转化率（%）或速率	CO_2转化率/%	稳定性/%	积炭/（g_{car}/g_{cat}）
Ni-Rh/SiO_2	30L/（g·h）	1.0	700	82	83	24	0.36
Ni@SiO_2	18L/（g·h）	1.0	750	83	89	200	0.005
Ni-ZrO_2/Al_2O_3	18L/（g·h）	1.25	700	44	51	95	0.57
$La_{0.5}Cu_{0.1}NiO_3$	10000h^{-1}	1.0	700	85	87	22	—
Rh/α-Al_2O_3-泡沫	—	1.0	700	374mol/（h·g_{cat}）	—	—	—
Ni-MgO-Al_2O_3/Al 线	60L/（g·h）	1.0	750	87.5	87.6	6	—

13.2.3 甲烷-CO_2重整反应器

甲烷-CO_2干重整反应的反应速率较快，空速可达20L/（g_{cat}·h）以上，反应过程中需要大量的热，反应温度在750℃左右，且需要在固体催化剂上进行。因此该反应可使用固定床反应器和流化床反应器进行。

目前一些研究机构和企业对甲烷-CO_2干重整反应进行了工业化实验。2015年，德国林德公司宣布进行了中试实验。2017年中国科学院上海高等研究院与山西潞安集团联合建设了每小时万立方米级规模甲烷二氧化碳自热重整制合成气装置并成功运行，稳定运行1000h以上，日产低H_2/CO摩尔比产品气20多万立方米，日转化利用CO_2 60t。

山西潞安集团所使用的反应器为固定床反应器（图13-8），反应器主要由壳体、内反应器组成，内反应器内上下均有管状催化反应室。管状催化反应室内为上下两层微通道催化反应室。上下两层微通道催化反应室可防止未反应的混合气体从合成气出口溢出。催化剂微反应室内设有六个通道，微反应室设置有冷却循环液管道。通道内壁有多个凸起，并涂覆了吸附层，从而使催化剂固定在内壁上，防止其在反应过程中脱落。

甲烷和CO_2混合气从反应器上部的混合气入口进入反应器，然后进入管式反应器中的微通道反应器中的通道，在管壁的催化剂上发生重整反应，反应后的气体在反应器下部的合成气出口进入后续阶段。中试实验结果表明，使用该反应器甲烷的转化率为95%，CO的选择性为92%，合成气产率在12%以上。

太原理工大学吴辰磊等提出了一种燃烧供热的甲烷-CO_2干重整反应器（图13-9），主要由燃烧室、催化反应室、预热室、废气回收室、总煤气管和废气管道组成。催化反应室和燃烧室依次间隔并列排在反应炉内，预热室位于反应室和燃烧室的下方，用于回收燃烧废气的热量。预热室分为燃烧预热室和反应预热室，这两种预热室在反应炉内依次排列，通过隔墙隔开。每个反应室设有两个侧反应室，侧反应室上方设有用于排出甲烷-CO_2重整反应后获得合成气的出口管，用于排出合成气。反应室内用隔墙隔成催化反应腔，内有催化剂。与反应室相对应的，每个预热室两侧均有侧预热室，侧预热室下方设有用于输入混

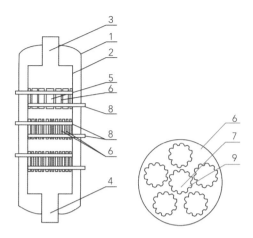

图13-8　用于甲烷-CO₂干重整的固定床反应器示意图

1—壳体；2—内反应器；3—混合气入口；4—合成气出口；5—两段独立催化反应器；6—催化剂微反应管道；7—通道；8—冷却循环液管道；9—凸起

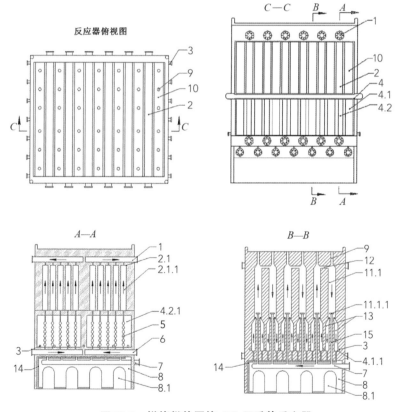

图13-9　燃烧供热甲烷-CO₂干重整反应器

1—合成气出口管；2—反应室；2.1—侧反应室；2.1.1—催化反应腔；3—空气输入管；4—预热室；4.1—燃烧预热室；4.1.1—燃烧预热腔；4.2—反应预热室；4.2.1—侧反应预热室；5—连通管；6—混合气入口管；7—总煤气管；8—废气回收室；8.1—废气道；9—看火孔；10—燃烧室；11—双联式火道；11.1—火道；11.1.1—点火端；12—连通孔道；13—通气孔；14—废气管道；15—单煤气管

合反应气的混合气入口管道。预热室和对应的反应室均通过通道相连，混合气入口管与连通管的底部相连，连通管的顶部与催化反应腔相连。催化反应腔的顶部与合成气出口管相连。燃烧室沿着气体走向设有多组双联式火道，两个火道通过隔墙隔开，并且隔墙上端有两个火道的连通孔，火道底部设有点火端。相对应的，燃烧室下连通燃烧气预热室，燃烧气预热室下方为总煤气管。单煤气管的顶端与点火端连通，低端与总煤气管连通。废气回收室在预热室下方。

固定床反应器具有结构简单、操作方便的优点。但由于该反应所用的催化剂易因积炭而失活，使用固定床反应器不易对失活的催化剂进行更换和再生，因此流化床反应器更适合该反应。使用流化床的优点在于可使反应器内温度均匀，不易发生飞温，催化剂可通过使用循环流化床的工艺进行再生。但目前基于流化床的工艺尚未有工业化实验的报道。

与甲烷-水蒸气重整相比，干重整无需水蒸气，无需耗费能量将水蒸发为过热水蒸气，所以能耗相对较低；所产合成气的$n(H_2)/n(CO) \approx 1$，而蒸汽转化的$n(H_2)/n(CO) \approx 3$，部分氧化的$n(H_2)/n(CO) \approx 2$，因此甲烷干重整的CO含量高，适合于要求CO含量高的场合。该工艺可以天然气为原料的电厂联合建设，有效减少火力发电厂CO_2的排放。目前甲烷-CO_2干重整还处于实验研究阶段，所面临的主要问题是催化剂易因烧结和积炭而失活，需开发减缓或抑制失活的合适反应器或高效长寿命的催化剂。

13.3 二氧化碳合成甲醇

CO_2还原制甲醇近些年来受到了广泛的关注，目前已经取得了长足进步，进入工业化生产阶段，新的转化方法、技术和工艺也不断涌现，有望成为实现碳减排或碳汇的化工过程。CO_2制甲醇的方法包括CO_2直接加H_2制甲醇、通过逆水煤气变换的间接加H_2制备甲醇和电催化CO_2还原制甲醇。目前开展研究较多且已实现工业化的主要是CO_2直接加H_2合成甲醇生产过程。

13.3.1 二氧化碳直接加氢合成甲醇热力学

CO_2可被H_2还原为CO、CH_3OH、HCOOH、CH_3OCH_3、CH_4等，其中CO_2与H_2直接发生氧化还原反应生成甲醇，是将CO_2转变为化学品及燃料的重要途径。而传统的甲醇生产过程，是通过煤气化得到含CO和H_2的合成气，然后再合成CH_3OH，每生产1t甲醇，就会产生$3.8 \sim 4.3t CO_2$，是一个典型的碳排放过程。CO_2直接加氢合成甲醇不仅可以有效减少CO_2排放，同时还可以生产高附加值的化学物质和燃料。H_2还原CO_2制甲醇通常在催化剂上进行，所用的催化剂主要有金属氧化物（ZnO、TiO_2、CeO_2、ZrO_2）和复合金属氧化物及金属氧化物固溶体负载的铜基催化剂、贵金属催化剂（Pd、Pt、Au）和In_2O_3等。在H_2还原CO_2的过程中，可能发生的反应如下：

$$CO_2 + 3H_2 \longrightarrow CH_3OH + H_2O \qquad \Delta H_{298} = -49.51kJ/mol \qquad （13\text{-}9）$$

$$CO_2 + H_2 \longrightarrow CO + H_2O \qquad \Delta H_{298} = -41.19kJ/mol \qquad （13\text{-}10）$$

$$CO + 2H_2 \longrightarrow CH_3OH \qquad \Delta H_{298} = -90.70kJ/mol \qquad （13\text{-}11）$$

式（13-9）和式（13-11）都属于分子数减少的放热反应，因此提高反应压力利于反应向正方向移动，有利于甲醇的生成，从而提高甲醇的选择性。从反应热可知，CO_2加氢合成甲醇的热效应比CO加氢生成甲醇反应的热效应小得多。通常CO_2加氢制甲醇的温度一般控制在200～300℃。CO_2直接加氢制甲醇，由于受热力学平衡的限制，CO_2的单程转化率和甲醇的单程收率均比较低。

13.3.2　二氧化碳直接加氢合成甲醇反应机理

通常认为存在两种H_2还原CO_2合成甲醇的反应机理（图13-10）。一种是甲酸盐机理，CO_2首先加氢生成甲酸中间体，然后再加氢生成甲醇；另一种是逆水煤气转换机理，CO_2首先由H_2还原为CO，CO再加氢生成甲醇。在甲酸盐机理中，CO_2首先吸附在催化剂表面与被吸附活化的H原子结合，生成吸附的HCOO·，再与吸附态H原子继续反应生成吸附的·HCOOH，然后继续加氢生成·H_2COOH，随后分解为吸附态·H_2CO和羟基。吸附态·H_2CO继续进行加氢反应生成吸附的·H_3CO中间体，然后再加一个氢原子，生成H_3COH，从催化剂上脱附；吸附态羟基则加氢生成H_2O，从催化剂上脱附。逆水煤气变换机理认为，首先CO_2吸附到催化剂上与吸附的H原子结合生成吸附态·COOH，然后分解为吸附的·CO和·OH，吸附的·CO和H_2O反应生成吸附的·HCO和H_2O，·HCO继续与H原子结合，依次生成·H_2CO、·H_3CO及H_2O，·H_3CO与一个H原子反应生成CH_3OH和H_2O。在反应过程中，两种反应路径可能同时存在。

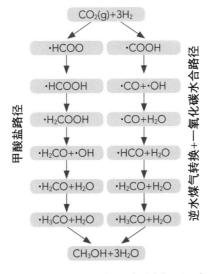

图13-10　H_2还原CO_2制甲醇反应机理示意图

13.3.3 二氧化碳直接加氢合成甲醇动力学

该反应的反应动力学方程有两类：一类是指数型；另一类是L-H模型。甲醇和CO的L-H模型反应速率方程如式（13-12）至式（13-15）所示，反应速率常数k_i和平衡常数K_j如下式所示，具体参数如表13-4所示。

$$r_M = \frac{k_1 f_{CO_2} f_{H_2} \left(1 - \dfrac{f_M f_{H_2O}}{k_{f_1} f_{CO_2} f_{H_2}^3}\right)}{\left(1 + k_{CO_2} f_{CO_2} + k_{H_2O} f_{H_2O}\right)^2} \tag{13-12}$$

$$r_{CO} = \frac{k_2 f_{CO_2} f_{H_2} \left(1 - \dfrac{f_{CO} f_{H_2O}}{k_{F_2} f_{CO_2} f_{H_2}}\right)}{\left(1 + k_{CO_2} f_{CO_2} + k_{H_2O} f_{H_2O}\right)^2} \tag{13-13}$$

$$k_i = k_i^0 e^{\left(-\frac{\Delta H_i}{RT}\right)}, (i = CO_2, H_2O) \tag{13-14}$$

$$K_j = K_j^0 e^{\left(-\frac{\Delta E_j}{RT}\right)}, (j = 1, 2) \tag{13-15}$$

式中，f为反应气或产物的摩尔分数或分压；M为甲醇。

表13-4　L-H模型中动力学参数

动力学参数	参数值
k_1/[mol/(kPa·g·s)]	3.58×10^3
k_2/[mol/(kPa·g·s)]	1.85
E_{a1}/(J/mol)	-49500
E_{a2}/(J/mol)	41000
$K_{CO_2}^0$/kPa^{-1}	5.26×10^{-3}
$K_{H_2O}^0$/kPa^{-1}	3.45×10^{-6}
ΔH_{CO_2}/(J/mol)	-64775
ΔH_{H_2O}/(J/mol)	-56173

13.3.4 二氧化碳直接合成甲醇反应器

H_2还原CO_2制甲醇为气固相催化反应，反应温度为$220 \sim 280$℃，反应压力为$4 \sim 8$MPa。该反应为强放热反应，因此如何将反应热及时从反应器中移出是反应器设计的关键，采用的反应器以固定床为主。

最早实现工业化的是冷激式固定床反应器，但该反应器床层温度分布不均匀，各进气口温度相差较大。为了解决该问题，Lurgi公司设计了列管式等温反应器，有效解决了催化剂床层温度分布不均匀的问题，并且回收了过量的反应热，提高了工艺效率。在实际生产过程中，往往是两个固定床反应器串联使用（图13-11），第一个反应器为水冷反应器，第二个反应器内由于反应物浓度较低，因此使用气冷。

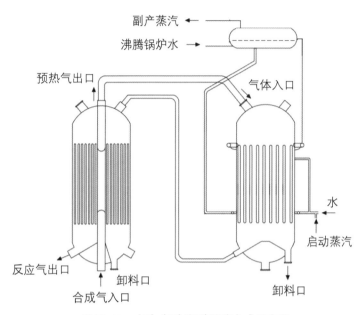

图13-11　水冷-气冷串联甲醇合成反应器

为了提高反应效率，充分利用反应热，Casale反应器 [图13-12（a）] 催化床内采用管式水冷却器移除反应热，使床层温度更均匀。将预热后的气体从反应器顶部进入催化剂床层发生反应，反应后的气体从反应器底部离开。管式水冷却器中的冷却水则自底部向顶部流动，二者逆向间接接触，从而达到提高热传导效率的目的。

Topsoe反应器 [图13-12（b）] 采用径向流的方式，减少了反应气在催化剂床层中的停留时间，可使用高活性的催化剂，避免了床层温度不均匀的问题。但该反应器循环气量大，结构比较复杂，能耗、费用高，结构需进一步优化。

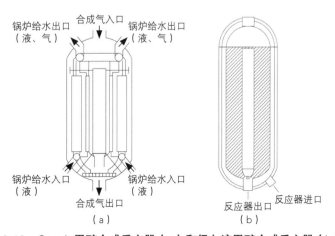

图13-12　Casale甲醇合成反应器（a）和径向流甲醇合成反应器（b）

13.3.5 二氧化碳直接加氢合成甲醇工业实施

大连化学物理所开发了"液态阳光制甲醇"技术，与兰州新区石化产业投资集团合作在兰州新区建成年产1440tCO_2加氢制甲醇的装置，并试车成功。该套装置包含太阳能发电、电解水制氢和CO_2加氢制甲醇单元。CO_2加氢制甲醇单元的工艺见图13-13。

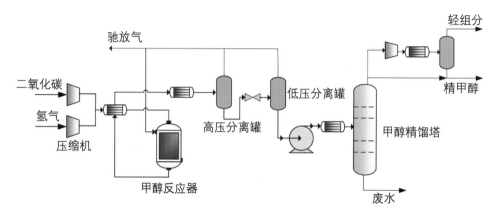

图13-13　CO_2直接加氢生产甲醇工艺流程图

该工艺单元包含甲醇合成反应器、气体分离单元和甲醇精制单元。CO_2和H_2经过压缩机增压，经换热器预热后从反应器顶部进入反应器发生反应，反应后的混合物经换热器冷却后进入高压分离罐和低压分离罐，将甲醇和未反应气体分离，未反应的气体循环至甲醇反应器继续参与反应，一部分作为驰放气排放。粗甲醇进入甲醇精馏塔进行精馏精制，最后获得高纯的甲醇。该过程的反应温度在250℃左右，反应压力在3MPa左右，CO_2的单程转化率为35%～45%，甲醇的时空收率为0.6kg/（L·h）。

CRI公司于2012年在冰岛建立的示范工厂项目，CO_2来源于燃料废气，H_2来源于电解水制氢过程，可年产甲醇1300t，年消耗$CO_2$5600t。日本关西电力公司和三菱重工共同开发了高效催化剂和液相甲醇合成工艺，但一直未见其工业化的报道。

13.3.6 二氧化碳间接法制甲醇

CO_2间接法制甲醇是经过逆水煤气变换反应后生产甲醇，即首先经过逆水煤气变换将CO_2转化为CO，然后CO加氢生成甲醇。间接法加氢还原制甲醇，若在逆变换反应后去除水，可显著提高CO_2的转化率和甲醇的收率。在该工艺中CO_2和H_2首先进入逆水煤气变换反应器生成CO和H_2O，然后进入冷凝器，水被冷凝取出，再经加压后进入甲醇合成反应器生成甲醇，未反应的气体与甲醇进行分离后，返回到甲醇合成反应器中继续参与反应（图13-14）。与CO_2直接加氢制甲醇相比，其CO_2的利用率大幅提高。但该工艺第一步逆水煤气变换过程反应温度高，需在800℃以上，耗能较大且催化剂易因积炭失活。

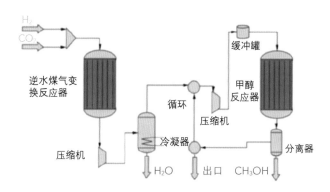

图13-14 间接制甲醇工艺流程图

13.3.7 电催化CO₂还原制甲醇

除了通过传统的热化学方法将CO₂用H₂还原制甲醇外，近些年来电化学的快速发展为CO₂还原制甲醇提供了新的途径。如厦门大学和中科院大连化学物理所合作制备了具有S空位的少层MoS₂催化剂，其具有良好的电催化水分解为H₂和O₂的性能，并且S空位可吸附CO₂，将其解离为CO和O₂，然后CO加氢生成甲醇，CO₂的转化率为12.5%，甲醇的选择性可达94.3%，运行3000h，催化活性未见降低。这为在温和条件下不直接用氢，将CO₂转化为甲醇提供了新的方法和途径。

13.4 二氧化碳合成乙醇

乙醇是一种重要的化工产品和中间体，可用作溶剂、燃料、化工中间体等，通常采用生物糖类化合物发酵、乙烯水合等反应制得，但这些方法需要以粮食或石油为原料，在全球粮食紧缺和减少碳排放的背景下，这些方法的进一步发展将受到限制。CO₂加氢制乙醇是近些年来发展的新技术，目前该技术还处于实验阶段。

13.4.1 二氧化碳加氢直接合成乙醇

二氧化碳直接催化加氢制乙醇反应方程式如下：

$$2CO_2 + 6H_2 \longrightarrow C_2H_5OH + 3H_2O \qquad \Delta H_{298} = -173.57kJ/mol \qquad (13-16)$$

该反应的焓变、自由焓和平衡常数数据见表13-5。反应焓变为负值，是强放热反应，并且ΔG低，平衡常数较大，表明该反应在热力学上是可行的。当用CO₂加氢制丙醇时，其放热量进一步增大，ΔG进一步降低，平衡常数又增加了10个数量级，CO₂加氢制多元醇在热力学上也是可行的。

表13-5 CO₂加氢制甲醇、乙醇、丙醇的热力学数据（298K）

化学反应式	$\Delta H^{\ominus}_{298}$/(kJ/mol)	$\Delta G^{\ominus}_{298}$/(kJ/mol)	K_P
$CO_2+3H_2 \longrightarrow CH_3OH(g)+H_2O(g)$	−49.02	3.76	0.219

续表

化学反应式	$\Delta H^\ominus_{298}/(kJ/mol)$	$\Delta G^\ominus_{298}/(kJ/mol)$	K_P
$2CO_2+6H_2 \longrightarrow CH_3CH_2OH(g)+3H_2O(g)$	-173.57	-65.43	2.946×10^{11}
$3CO_2+9H_2 \longrightarrow CH_3CH_2CH_2OH(g)+5H_2O(g)$	-284.74	-122.44	2.901×10^{21}

CO_2加氢制乙醇是强放热且分子数减少的反应，因此增大反应体系压力及降低温度有利于该反应的进行，但考虑到反应速率和CO_2的化学惰性，适当提高反应温度有助于活化CO_2分子，提高反应速率。研究表明，随着温度的升高，CO_2的平衡转化率逐渐下降，乙醇选择性先升高后下降，且在300℃左右达到最大，温度继续升高，则甲烷、CO等碳一产物增多。其原因是当反应温度低于300℃时，CO_2被H_2还原为乙醇选择性主要受动力学控制，随着反应温度提高，反应速率增大，但当反应温度高于300℃时，乙醇选择性则受热力学控制，使得乙醇的选择性随着温度继续升高而下降。

一般认为CO_2加氢制乙醇的反应机理如图13-15所示。CO_2首先吸附到催化剂上生成碳酸盐、甲酸盐，然后经过逆水煤气变换生成多种形式吸附的·CO，吸附的·CO加氢生成吸附的·CH_3，吸附的·CO和生成的·CH_3结合生成CH_3CO·，然后再进一步加氢生成乙醇。在该体系中，存在生成CO、甲醇和甲烷的竞争反应，因此当反应温度升高时，反应物中乙醇含量减少，CO、甲醇和甲烷的选择性升高。也会有少量多于两个碳的醇生成。

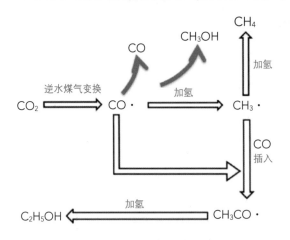

图13-15　CO_2加氢制乙醇反应路线图

由于在低温下CO_2难以被活化，因此导致反应速率低，CO_2转化率低，乙醇的选择性低。为提高反应速率及乙醇选择性，需设计制备高效催化剂。目前用于该反应的催化剂主要为添加不同助剂的Rh基催化剂（表13-6）。纳米Rh可以提供CO_2吸附活化的活性位，同时也可将H_2分解为吸附的H原子，但仅有Rh的存在，生成的产物主要是CO或CH_4。加入助剂，如Li、Fe、Mn等，可有助于乙醇的生成。Li的加入可促进CO_2的吸附，同时使关键中间产物吸附的·CO更稳定，增加·CO的数量，不易脱附生成CO，从而提高了乙醇的选择性。Fe的加入可改变Rh的电子状态，促进桥联吸附的·CO生成，同时也可促进逆水煤气变换反应的发生，从而提高乙醇的选择性。Mn的加入可改变CO的吸附形式，有利于C=O键的解离，进而促进其与·CH_3结合生成乙醇。

除Rh基催化剂外，Pt系催化剂也可催化该反应，如Pt/Co_3O_4可在220℃催化CO_2、甲醇生产多元醇，$C_2 \sim C_4$醇的选择性达到81.7%。在该催化体系中，H_2O的存在可使生成的CH_3OH重新解离为·CH_3和·OH，·CH_3与吸附的·CO结合生成·CH_3CO，进一步加氢生成乙醇。高度有序的Pd_2Cu合金颗粒也可催化该反应，乙醇的选择性高达92%，转化频次（TOF）为359h^{-1}。$CoAlO_x$催化剂也可催化CO_2加氢生成乙醇，其选择性为92.1%，其机理与Rh基催化剂有所不同，吸附的CO_2首先加氢生成吸附的甲酸，然后吸附的甲酸与吸附的·CH_3结合生成乙酸，乙酸加氢生成乙醇。

目前所设计制备的催化剂尚不能满足工业化需求，关于催化剂寿命、失活机理及再生的研究较少，还需要进一步研究。

表13-6 **不同催化剂催化CO_2加氢制乙醇的性能**

催化剂	反应温度/℃	反应压力/MPa	H_2/CO_2	转化率/%	乙醇选择性/%
Rh-Li/SiO_2	240	5.0	3.0	7.0	15.5
Rh-2Fe/SiO_2	260	5.0	3.0	26.7	16.0
2%Rh-2.5%Fe/TiO_2	270	2.0	1.0	9.16	6.41
Ir/Co-Na_2O/SiO_2	220	2.1	3.0	7.6	7.9
$FeCu_{0.03}Al_{2.0}K_{0.7}$	350	8.0	3.0	43.3	8.18
$CuZnFe_{0.5}K_{0.15}$	300	6.0	3.0	42.3	19（质量分数）

13.4.2 二氧化碳通过逆水煤气变换合成乙醇

除CO_2直接加氢制乙醇外，CO_2还可首先经过逆水煤气变换或煤、煤焦还原的方法将其转化为CO，然后以CO为原料合成乙醇。以CO为原料合成乙醇有化学合成法和生物发酵法。

化学合成法与CO_2直接加氢制乙醇类似，以Rh为主催化剂，催化CO直接加氢制乙醇。其反应机理见图13-16，CO首先吸附在活性位生成·CO，然后加氢生成吸附的·CH_3/·CH_2，吸附的·CH_3/·CH_2可相互结合，进行链增长反应，然后CO在吸附的·CH_3/·CH_2中发生插入反应，生成·CH_3CO，然后加氢生成乙醇、乙醛等含氧化合物。

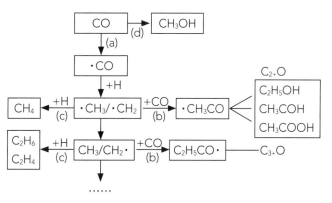

图13-16 **CO加氢制乙醇反应路径**

C_x+O：碳x及以上醇、醛、酸

·CH₃/·CH₂和含有多个碳的吸附烷基也可直接加氢生成相应的烷烃。也有研究表明，该反应首先是吸附的CO加氢生成甲酰基，然后再进行加氢反应和CO插入反应，从而生成乙醇，其中关键步骤是吸附的CO加氢生成甲酰基的反应。

用于该反应的催化剂以Rh基催化剂为主，以V、Mn、Fe、La、Li、K、Cs、杂多酸等氧化物为助剂或载体，以SiO₂、SBA-15分子筛、Al₂O₃、TiO₂、ZrO₂等氧化物为载体。助剂的添加可显著改变Rh的表面电子状态，抑制甲烷的生成，从而提高乙醇的选择性；通过载体可将Rh纳米颗粒均匀分散，改变其表面化学状态，增加活性位点，并且避免其在反应过程中发生团聚而失活。

生物发酵法是利用厌氧细菌将CO发酵制备乙醇，反应条件温和、副产物少、对原料要求低和对原料气中的硫化物耐受性强。详见本书关于工业尾气低碳利用技术部分。

13.4.3 CO₂/CH₄重整制乙醇

CH₄中含有H原子，有望与CO₂反应生成醇、醛、羧酸等含氧有机物，该类反应称为CH₄-CO₂共活化转化反应。在该反应中，CH₄和CO₂首先反应生成CO和H₂，或吸附的·CH₃、·CO，然后再相互之间发生反应，生成烃类、醇、醛或羧酸。但二者重整直接制乙醇、乙酸的反应在298K时的吉布斯自由能为正值，因此在热力学上不可能。为使其发生反应，一些研究将CH₄和CO₂重整制CO和H₂与CO和H₂合成乙醇反应分开，最终达到利用CH₄和CO₂制乙醇的目的。但这些反应中，乙醇、乙酸等产物的产率很低，设计制备高活性高选择性催化剂是关键。

13.4.4 光/电催化CO₂还原制乙醇

由于CO₂比较稳定，传统热催化将其直接与H₂反应需要高温、高压的反应条件，且CO₂转化率低，乙醇的选择性低。通过电催化和光催化的方法可打破热力学限制，在温和条件下实现CO₂还原制乙醇（表13-7）。在该反应过程中，电极材料的选择及设计制备对提高甲醇、乙醇的产率十分重要。CO₂的还原在阴极上进行，因此合适的阴极材料（电催化剂）是实现CO₂高效转化制醇的关键。常用的阴极材料有金属电极、金属氧化物电极、纳米材料电极等。金属电极主要有Mo、Pt、Ni、Cu等，金属氧化物电极主要有CuO、ZnO、TiO₂及其复合/掺杂氧化物等，纳米材料电极主要有TiO₂纳米管、修饰的碳纳米管、硒化铜、铜金合金等。目前电催化还原CO₂制醇类还处于基础研究阶段，设计制备高效的电极材料是提高其还原效率的关键。

表13-7　CO₂电催化还原制甲醇和乙醇的电势

电解液酸碱性	电极还原反应	电极电势φ/V
酸性	$CO_2(g)+6H^++6e^- \longrightarrow CH_3OH(l)+H_2O$	-0.016
碱性	$CO_2(g)+5H_2O+6e^- \longrightarrow CH_3OH(l)+6OH^-$	-0.812
酸性	$2CO_2(g)+12H^++12e^- \longrightarrow C_2H_5OH(l)+3H_2O$	0.084

续表

电解液酸碱性	电极还原反应	电极电势 φ/V
碱性	$2CO_2(g)+9H_2O+12e^- \longrightarrow C_2H_5OH(l)+12OH^-$	-0.744

13.4.5 生物质热解+CO₂重整+CO发酵制乙醇

笔者所在团队与清华大学王铁锋团队、天津科技大学李占勇团队合作提出利用热解气 CO_2 重整技术将生物质热解与CO生物发酵法燃料乙醇生产过程连接起来，构建基于生物质热解的燃料乙醇生产技术，见图13-17。

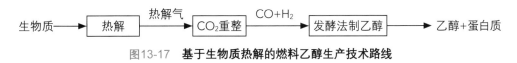

图13-17　基于生物质热解的燃料乙醇生产技术路线

生物发酵法生产乙醇技术已在曹妃甸的北京首钢朗泽新能源科技有限公司建成投产，通过厌氧细菌的发酵作用，以高炉煤气中的CO为原料，每年可生产4.5万吨乙醇和5000t饲料蛋白（见本书关于工业尾气低碳利用技术部分）。生物质热解过程已经得到了较为广泛的研究。对于热解反应器产生的热解气，一般采取除尘、冷激冷凝、除焦等工艺过程得到不凝气和液体产品。液体产品主要为生物质焦油、木醋液和水蒸气，不凝气主要组分为CO、CO_2、H_2、CH_4、N_2和一些轻烃气体。焦油成分非常复杂，大部分是苯的衍生物及多环芳烃。这种热解气处理方法存在着难以解决的问题：a. 热解炉出来的热解气需要采取水冷激的方法获得生物焦油，高温向低温变换工艺使得带有大量粉尘和焦油的热解气极易堵塞装置，难以长期稳定运行；b. 生物焦油中杂质含量高，后续加工处理难度大；c. 随着绿色能源大面积推广应用，柴油已经出现产能过剩，现有炼油装置正在向炼化一体化发展，减少油品产量，增加化工产品产量，因此焦油出路将受到很大限制。如果将热解气不经冷激直接在高温下进行催化裂解或重整，得到不凝气，可以解决这一问题。催化裂解将获得含CO、H_2和轻烃的气体；催化重整将得到主要含CO、H_2的气体，其中H_2O重整气中H_2组分增加得多，CO_2重整气中CO增加得多。借助CO_2催化重整工艺将大规模CO生物发酵法制乙醇与生物质热解连接起来，就可以构建原料零碳化、过程低碳化的非粮乙醇生产新工艺路线。同时，生物质炭可用于改良土壤、增加肥力，吸附土壤或污水中的重金属及有机污染物，减少CO_2、N_2O、CH_4等温室气体的排放，附加值高，此新技术路线与生物质直接气化制合成气和生物转化技术相比更具经济优势。

13.5　二氧化碳合成碳酸酯

碳酸酯是碳酸分子中两个羟基（—OH）的氢原子部分或全部被烷基（R、R'）取代后的化合物，通式为RO—CO—OH或RO—CO—OR'，遇强酸分解为二氧化碳和醇，可用于生产热塑型工程塑料聚碳酸酯，也可用作甲基化试剂、极性溶剂、光气替代品等。碳酸酯的传统制备方法是用醇或酚类与光气反应制得，但该方法需要用剧毒的光气，现已被淘汰。碳酸酯还可通过酯交换法制得，该方法价格低廉，但需要毒性强的有机金属化合物作为催化剂，不符合绿色化工的发展要求。1969年，研究者利用CO_2和环氧丙烷共聚合制得交替型脂肪族聚碳酸酯，开辟了生产碳酸酯的新途径。近年来随着高效催化剂的开发，CO_2与环氧化合物加成制备环状碳酸酯工艺已经实现产业化。

13.5.1 二氧化碳与环氧化合物合成环状碳酸酯

CO_2与环氧化合物可在催化剂作用及温和条件下生成环碳酸酯，其反应推动力主要来源于三元环环张力的释放，所生成的环碳酸酯是一种可以稳定储存的化学中间体，该反应是一个具有100%原子经济性的反应。作为一个减碳的绿色反应，CO_2与环氧化合物生成环碳酸酯的反应近些年受到了广泛关注。化学方程式见图13-18。

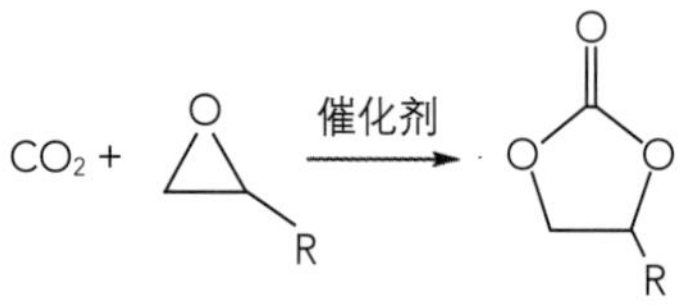

图13-18　CO_2与环氧化合物加成反应方程式

13.5.1.1 CO_2环氧化合物加成反应催化体系

CO_2与环氧化合物加成一般都是在催化剂的存在下进行的，该反应所用的催化剂主要有碱金属盐、金属氧化物、有机金属配合物、有机碱等。用于催化CO_2与环氧化合物反应生成碳酸酯的碱金属盐有KI、KBr、KCl、卤化锂/4-二甲氨基吡啶等，通常反应温度在120～190℃，反应压力为1～3MPa。该反应单独使用碱金属卤盐作为催化剂时原料转化率及碳酸酯选择性均较低，需要添加其他助剂来提高催化剂的活性和选择性。金属氧化物催化剂主要有MgO、Mg-Al复合氧化物、ZnO/CNTs、氧化镧/四丁基溴化铵等，金属氧化物表面具有路易斯（Lewis）酸性位，可吸附CO_2，将其活化，然后活化的CO_2进攻环氧基，与环氧化合物发生加成反应，生成环状碳酸酯，碳酸酯在活性位点脱附后完成反应。金属氧化物催化CO_2与环氧化合物加成反应也需较高温度和较大的反应压力。有机金属配合物一般是具有四个齿的Schiff碱与具有Lewis酸性的金属离子配位，如Salen型、Salonphen型、卟啉等，常见的金属原子有Cr、Zn、Fe、Co等。有机金属配合物类催化剂催化活性高，与金属氧化物相比，更容易与溶于反应体系中的CO_2发生相互作用，活化CO_2，使其与环氧化合物发生加成反应，但反应产物后续分离过程复杂。为解决这一问题，研究人员尝试将有机金属配合物制成不溶于反应体系的固体催化剂，如将离子液体与Zn（Ⅱ）卟啉配合物相结合，制成双功能固体催化剂，用于催化CO_2与环氧化合物发生加成反应，既提高了催化剂的活性，又解决了催化剂分离难的问题，实现了环状碳酸酯的高效生产。有机碱作为催化剂催化CO_2与环氧化合物的加成反应，如与胺、酰胺、胍、N-杂环卡宾、1,5,7-三叠氮双环、（4,4,0）癸-5-烯、1,8-二氮杂二环-双环（5,4,0）-7-十一烯等，不饱和胺的活性比伯胺的活性高，其分子中C═N—C结构有利于CO_2与环氧化合物发生加成反应。进行环加成反应时，需要可吸附活化CO_2的位点之间协调配合，完成环加成反应。反应示意图见图13-19。

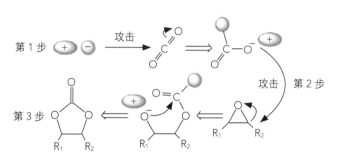

图13-19　CO_2环氧化合物加成反应示意图

除了上述传统的催化剂外，近些年来非常热门的功能材料如有机金属骨架化合物（MOFs）、共价有机共聚物（COFs）等也被用来作为该反应的催化剂。在CO_2与环氧化合物反应过程中，环氧化合物的开环是速控步骤，MOFs中富含的Lewis酸性位可为环氧基提供吸附位，进而有效催化该反应。用于催化该类反应的MOFs有吡啶基离子液体与金属卟啉类双功能催化剂、咪唑基离子液体和苯并咪唑修饰的UiO-66-NH_2、咪唑离子液体插层的MIL-101，这类催化剂中MOFs提供Lewis活性吸附位，吸附并活化CO_2，从而完成环加成反应。MOFs中也可同时构建Lewis酸性位和亲核活性位，如Zn（Ⅱ）-PNU-21、Bi-PCN-224等。但MOFs材料存在合成过程复杂、反应过程中金属离子容易流失导致活性下降等问题，限制了其工业化应用。COFs是利用聚合单体聚合成具有微孔或多孔的高分子化合物，因此可使用带有Lewis酸位的聚合单体聚合成具有Lewis酸性位和亲核活性位的COFs，如三聚氯氰和联甲氧基苯胺聚合成的COFs、p-TBIB等，所合成的COFs催化剂具有催化活性高、性能稳定的优点，但该类催化剂尚无工业化报道实例。

离子液体作为一种新型有机功能溶剂，在催化CO_2与环氧化合物反应过程中表现出优异的性能。用于催化该反应的离子液体有1-丁基-3-甲基咪唑硼酸盐、羟基功能化离子液体、胍盐碘化物、全氟三醇离子液体、二乙醇胺基离子液体、咪唑基离子液体等。这些离子液体中加入$ZnBr_2$等Lewis酸或具有亲核活性位可提高其催化性能。离子液体中的羟基可与环氧基形成氢键，有利于C—O键的极化和断裂。但离子液体作为催化剂具有不易分离、耗能较高等特点。为解决这一问题，将离子液体负载到载体上，实现离子液体的固化，从而使其易与产物分离。常用的载体有聚苯乙烯、SiO_2、聚乙烯、分子筛和石墨烯等，负载后的离子液体展现出良好的催化活性。张锁江院士课题组基于聚苯乙烯负载二乙醇胺基离子液体作为催化剂催化CO_2与环氧化合物反应已经实现了工业化生产。

13.5.1.2 CO_2与环氧化合物加成生产环状碳酸酯工艺

CO_2与环氧烷烃生产碳酸酯的工艺流程包含反应工段和分离工段。如图13-20所示，

CO₂和环氧烷烃首先加入含有催化剂的第一反应器中进行反应，该反应器为循环反应器，出来的物料一部分通过换热器进行换热，一部分进入第二反应器继续进行反应，在第二反应器中反应后的物料进入低压闪蒸罐和负压闪蒸罐中将未反应的环氧烷烃和CO₂分离，在膜蒸发器中将催化剂与环碳酸酯分离，未反应的气体进入气体储存装置再返回第一反应器继续进行反应，催化剂在膜蒸发器中进行回收利用。利用该工艺过程可较好地实现环氧烷烃的高效转化和催化剂、未反应物料的回收利用。

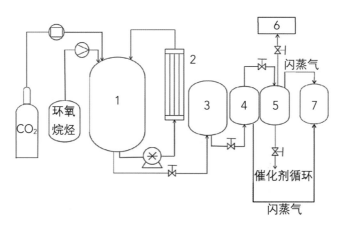

图13-20　CO₂与环氧烷烃反应生成环碳酸酯工艺流程示意图

1—第一反应器；2—换热器；3—第二反应器；4—低压闪蒸装置；5—负压闪蒸装置；6—薄膜蒸发装置；7—尾气储存装置

13.5.1.3　CO₂与环氧化合物加成生产环状碳酸酯反应器

CO₂与环氧化合物加成反应为气液反应或气液固三相反应，反应压力为1～5MPa，反应温度为80～150℃；反应时间在1h以上，是一个典型的慢反应。该反应是一个强放热反应，因此在生产过程中需要将反应热及时从反应器中移出。在实际生产中通常使用加压的间歇搅拌反应釜或全混釜进行。但搅拌反应釜气液接触效果差，反应效率较低，不利于连续化生产，因此需要设计适合该反应的高效反应器。

使用固定床反应器可有效解决搅拌釜反应器气液接触效果差、返混严重的问题。董丽等在专利中公布了一种以氧化铝填料构建的固定床反应器，CO₂从反应器底部通入，催化剂、环氧化合物和溶剂经混合均匀后在反应器底部侧方加入，被CO₂气流带入反应器中进行反应，反应后的催化剂、环碳酸酯和未反应的CO₂在反应器上方流出，分离后的催化剂和CO₂再参与反应。但由于该反应是一个强放热反应，使用填充床反应器传热效率较低，易造成飞温，不利于生产规模的扩大。

为了解决反应的换热问题，朱建民等公布了一种反应-换热耦合的填充床反应器用于CO₂与环氧化合物加成生产碳酸酯（图13-21），即将填料塔反应器与换热器串联，形成具有反应和换热交替进行的填充床反应器。CO₂在反应器底部通入，通过气体分布器依次将液体催化剂和环氧烷烃带入装有规整填料的塔式反应器中进行反应，反应后的部分产物从塔侧的产物出口采出，过热的反应混合物通过换热器进行热交换，降温，进入下一个反应塔节继续反应。该反应器解决了搅拌釜换热和返混的问题，在规整填料中气液分布均匀，提高了传质效率。将换热器以列管的形式排列在装有填料的反应器中，也可以有效解决反应换热的问题。

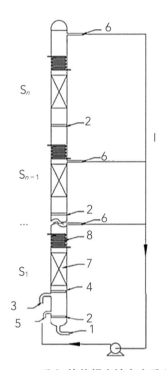

图13-21　反应-换热耦合填充床反应器

1—CO₂入口；2—气体分布器；3—环氧烷烃入口；4—液体分布器；
5—催化剂入口；6—出料口；7—规整填料；8—换热器；I—循环管道

13.5.2 二氧化碳与环氧化合物直接合成聚碳酸酯

CO₂与环氧化合物（环氧乙烷、环氧丙烷和环氧己烷）在催化剂作用下也可以不经环状碳酸酯，直接选择性生成聚碳酸酯，反应通常在烷基金属化合物的催化下进行。如CO₂与环氧乙烷在二乙基锌的催化下发生聚合反应，生成聚碳酸酯，其催化机理如图13-22所示。首先环氧乙烷取代烷基与烷基金属中的金属原子发生配位，然后被金属原子Lewis酸中心活化，通过亲核引发剂的进攻，生成醇盐，醇盐与CO₂反应生成碳酸盐，碳酸盐作为亲核试剂不断与环氧乙烷和CO₂反应，从而生成聚碳酸酯。当聚碳酸酯与环氧乙烷发生"回咬"反应时，会生成环状碳酸酯。

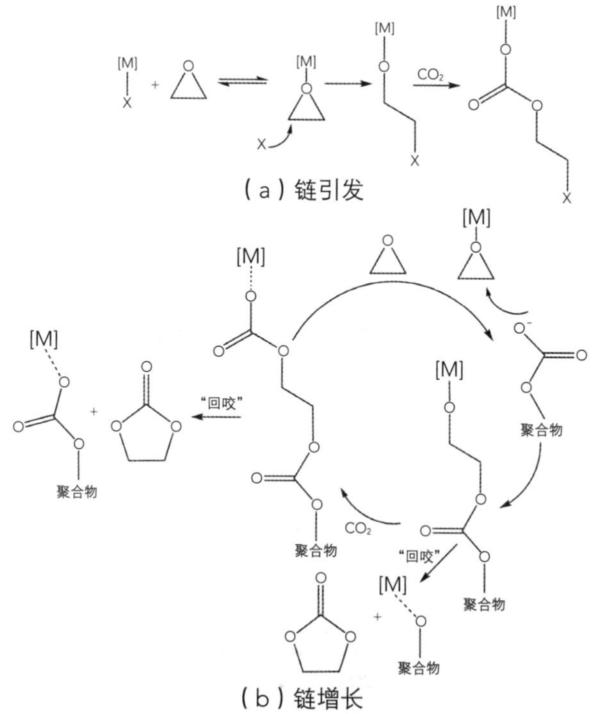

图13-22 二乙基锌（[M]）催化环氧乙烷与CO_2聚合生成聚碳酸酯

13.5.3 CO₂与烯烃直接环氧化和环加成制环状碳酸酯

环氧化合物通常由含有碳碳双键的化合物发生插氧反应合成，若能将CO_2直接与烯烃发生环氧化和环加成反应制备环状碳酸酯，无疑将大大简化生产碳酸酯的工艺流程，达到减少投资成本的目的。CO_2与烯烃反应制备环状碳酸酯，可通过两步反应实现，烯烃中的碳碳双键发生插氧反应或加成反应生成环氧化合物或卤醇，然后CO_2插入生成碳酸酯，见图13-23。以卤醇为中间体的路线需要消耗卤化试剂，并且还会产生含卤副产物，因此不符合绿色化工的要求。以环氧化合物为中间产物的反应具有原子效率高、副产物少等特点，引起了广泛关注。

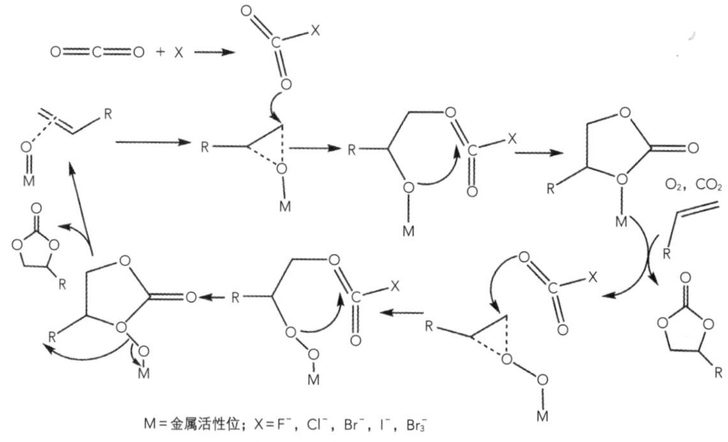

M＝金属活性位；X＝F⁻, Cl⁻, Br⁻, I⁻, Br₃⁻

图13-23 CO₂与烯烃直接环氧化和环加成制碳酸酯反应机理示意图

根据该反应的环氧化-环加成的反应机理，其催化剂需要氧化活性位、Lewis酸性位和亲核加成活性位。所用的催化剂有烷基溴化铵、咪唑基碳酸盐、咪唑基溴盐等离子液体，MgO、Ag_2O、Fe_2O_3、Nb_2O_5、MoO_3、Ta_2O_5、La_2O_3、V_2O_5、ZnO、CeO等金属氧化物，$Na_2H_5P(W_2O_7)_6$、Na_2WO_4、$Cs_{2.5}H_{0.5}PW_{12}O_{40}$和（$NH_4$）$_3PW_{12}O_4$等钨酸盐，含有Mo、Co、Rh、Pd等金属原子的乙酰丙酮配位金属化合物、金属卟啉配合物、金属Salen配合物等，及含有Cr、杂多酸、Cu、Co、Au、La等金属原子或纳米颗粒的MOFs材料及功能化分子筛等。

烯烃直接与CO_2、O_2发生氧化-加成反应生产环碳酸酯的生产工艺过程，如图13-24所示。首先催化剂混合物进入催化剂混合装置，进行充分混合，然后与CO_2、O_2一同加入反应器中进行反应；反应后的混合物通过第一精馏塔和第二精馏塔进行分离后，得到的精制碳酸酯进入产品储存装置。催化剂则通过循环催化剂装置进入反应器继续进行反应。目前尚无烯烃直接与CO_2、O_2发生氧化-加成反应的工业化或工业化实验报道，主要原因是催化剂性能及反应工艺经济性尚待评估。目前的生产过程仍将烯烃的环氧化和CO_2与环氧化合物的加成反应分为两步进行，这样更容易获得更高的产率。

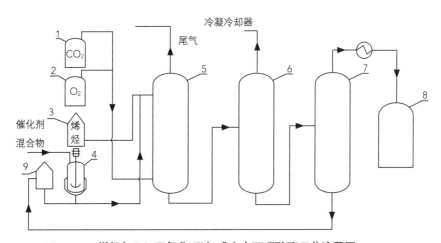

图13-24　烯烃与CO_2环氧化-环加成生产环碳酸酯工艺流程图

1—CO_2供给装置；2—O_2供给装置；3—烯烃供给装置；4—催化剂搅拌反应釜；5—反应器；6—第一精馏塔；7—第二精馏塔；8—产品收集装置；9—循环催化剂储罐

CO_2生成碳酸酯是一个典型的绿色化工过程，该过程不仅能够消耗CO_2，将其转化为高附加值的化学品，还具有很高的原子经济性，反应物中所有的原子均可转变为产物中的原子，无副产物生成。为实现该过程更高效节能，尚需在反应器设计、高效催化剂的开发方面进行更多研究。

综上所述，二氧化碳综合利用技术已取得了较大的进展，但催化剂的效率和成本问题仍然是二氧化碳化学转化实现工业化的障碍。在碳达峰、碳中和的背景下，随着二氧化碳活化机理的深入研究，相信在不久的将来二氧化碳会成为受欢迎的化工原料。

13.6 CO₂加氢直接制航空燃料

13.6.1 绿色航空燃料与传统制备工艺

随着光伏、风能等非水可再生能源以及电化学储能的发展，交通工具的电动化成为了交通领域减轻CO_2排放的主要技术路线。然而，针对目前高速发展的航空运输业，商用锂离子电池的能量密度（0.54~1.26MJ/kg）和航空燃料（34.9~40.6MJ/L）之间的巨大鸿沟使得在可预见的未来航空领域难以迅速实现电动化，亟待一种可行技术来实现航空运输业的"碳中和"目标。绿色航煤（航空煤油）是指从非化石资源而来的C_8~C_{15}液体烃类燃料，是目前世界航空运输业公认的降低CO_2排放的可行路线。截至2020年底，共有65个国家执行了绿色航煤强制掺混指令。欧盟（EU）《可再生能源指令》要求绿色航煤的添加比例在2030年不低于5%，2050年不低于63%。在现代能源化工体系中，C_1作为最重要的能源与化学品载体而存在，若可利用可再生能源的电或电解产生的氢进行二氧化碳清洁高值利用，缓解化学品或液体燃料对化石资源依赖的问题，不仅使电与氢的不易储存与运输及安全性问题得以解决，也使得CO_2成为一种高效的能量与物质载体进而解决温室气体排放问题。正因如此，如何有效利用CO_2高选择性制航空燃料并实现产业化是未来可再生能源发展所面临的瓶颈问题。

传统绿色航煤生产路径有两种：一是加氢精制法，即通过对植物油、地沟油或其他高含油物质加氢精制获得生物航煤。代表性技术包括：芬兰耐斯特石油公司的新一代可再生喷气燃料技术、美国霍尼韦尔-环球油品公司的可再生航空燃料工艺。但该工艺路线的原料来源（各类油和脂肪、海藻、荠蓝）受限，尤其所需的植物油原料存在与人争粮、与粮争地的问题，欧盟2018年发布的最新《可再生能源指令》（RED II）甚至因此限制了以粮食作物为原料的生物燃料添加上限。二是费托合成法，即以纤维素、木质素等生物质为原料，先气化生成合成气，合成气经费托合成生成蜡，蜡再加氢裂化、加氢异构改质生产生物航煤。代表技术有：芬兰耐斯特石油公司开发的第一代生物航空燃料技术、南非萨索尔公司开发的铁基催化高温费托合成工艺以及英国庄信万丰公司推出的HyCOgen/FTCANS技术。费托合成法原料来源广泛、减碳效果显著。但其获得的液体燃料，主要组分为C_2~C_{90}的直链烷烃，真正可作为优质航煤的C_8~C_{15}组分仅占合成产物的25%，且没有环烷烃和芳烃，导致所得航煤密度低、能量密度低，携带同等体积燃料油的飞机飞行里程短，仍需持续改进和优化。

13.6.2 CO₂加氢直接制航空燃料

如图13-25所示，清华大学张晨曦-魏飞教授研究团队在CO_2制绿色航煤（CO2AF™）技术开发取得重要进展。通过设计指向含芳环航煤馏分（C_8~C_{15}）为目标产物的工艺路线，从热力学上实现CO_2加氢的自发反应路径；构造金属氧化物-分子筛的酸碱异质结催化剂，通过界面耦合催化实现80%以上的航煤烃基选择性；基于气固两相可压缩性的探究，实现CO_2高压加氢多相反应器内气固相结构的调控。多相催化与多相流反应器的结合为

CO_2制绿色航煤从概念到产业化奠定扎实的基础。$CO2AF^{TM}$技术选择了含单个芳环的航煤馏分作为反应产物,以降低反应产物的化学位,可有效提高整个反应过程的推动力,且低氢碳比的芳烃可最大限度降低过程的氢气消耗。热力学计算表明,275℃下CO_2加氢生成芳烃、甲醇、烯烃等的吉布斯自由能分别为-269kJ/mol、-17kJ/mol和-43kJ/mol,说明从CO_2到含芳环航煤馏分的路径可有效提高整个反应过程的推动力,且吉布斯自由能与反应温度的关系也对产物选择性的调控提供指导。如图13-26所示,团队所开发的酸碱异质结催化剂,不仅实现了二氧化碳加氢制航空燃料80%(质量分数)的超高选择性,而且仅消耗常规路线70%的H_2。设计了加氢多相流反应器,实现95%的CO_2利用率并将整体催化过程的稳定运行时间延长至8000小时。催化剂与多相流反应器相互配合,为$CO2AF^{TM}$产业化奠定了坚实的基础。

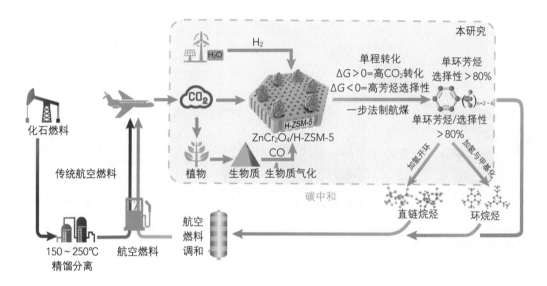

图13-25　二氧化碳制航空燃料($CO2AF^{TM}$)

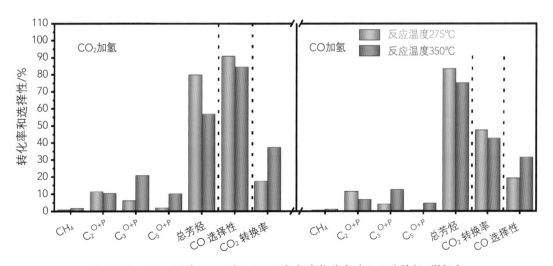

图13-26　CO_2/CO在350℃和275℃下加氢产物分布(O+P为烷烃+烯烃)

CO2AF™已完成了技术由概念到实验室小试再到百吨级CO_2/年中试（图13-27）。2022年6月5日，世界首套万吨级CO_2加氢项目已动工，预期2023年完成工业试验。本技术以CO_2和绿氢为原料，可创造负碳排放，有助于实现航空飞行净零排放。为我国2030年碳达峰、2060年碳中和目标做出贡献，与领域内世界科技巨头（美国霍尼韦尔UOP的Green Jet Fuel™以及欧洲庄信万丰Johnson Matthey的HyCOgen™）同台竞技，在世界低碳核心技术领域提出清华方案。

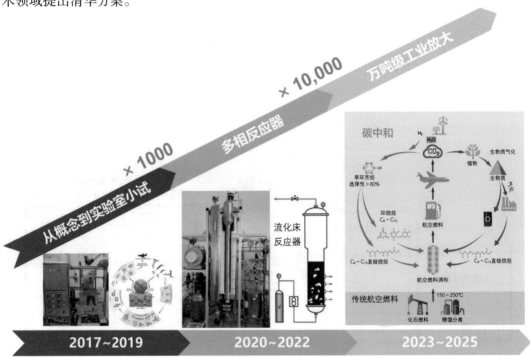

图13-27　CO2AF™技术发展历程

参考文献

[1] 刘志敏. 二氧化碳化学转化［M］. 北京：科学出版社，2018.

[2] He M Y, Sun Y H, Han B X. Green carbon science: Scientific basis for integrating carbon resource processing, utilization, and recycling [J]. Angew Chem Int Ed, 2013, 52 (37): 9620-9633.

[3] Leitner W. Supercritical carbon dioxide as a green reaction medium for catalysis [J]. Acc Chem Res, 2002, 35 (9): 746-756.

[4] Sakawa M, Sakurai Y, Hara Y. Influence of coal characteristics on CO_2 gasification [J]. Fuel, 1982, 61 (8): 717-720.

[5] Ella E S, Yuan G, Mays T. A simple kinetic analysis to determine the intrinsic reactivity of coal chars [J]. Fuel, 2005, 84: 1920-1925.

[6] Irfan M F, Usman M R, Kusabe K. Coal gasification in CO_2 atmosphere and its kinetics since 1948: A brief review [J]. Energy, 2011, 36 (1): 12-40.

[7]　Ollero P, SerreraA, Arjona R, et al. Diffusional effects in TGA gasification experiments for kinetic determination [J]. Fuel, 2002, 81 (15): 1989-2000.

[8]　Huo W, Zhou Z J, Wang F C, et al. Mechanism analysis and experimental verification of pore diffusion on coke and coal char gasification with CO_2 [J]. Chem Eng J, 2014, 244 (15): 227-233.

[9]　Szekely J, Evans J W. A structural model for gas-solid reactions with a moving boundary [J]. Chem Eng Sci, 1970, 25 (6): 1091-1107.

[10]　Liu Guisu, Tate A G, Bryant G W, et al. Mathematical modeling of coal char reactivity with CO_2 at high pressures and temperatures [J]. Fuel, 2000,79(10):1145 -1154.

[11]　王文康，卜昌盛，熊金琴，等. 流化床 O_2/CO_2 气氛对烟煤焦反应速率的影响研究［J］. 南京师范大学学报（工程技术版），2017，17（4）：53-58.

[12]　Choudhery V R, Uphade B S, Mamman U S. Large enhancement in methane-to-syngas conversion activity of supported Ni catalysts due to precoating of catalyst supports with MgO, CaO or rare earth oxide [J]. Catalysis Letter, 1995, 32: 387-390.

[13]　Richardson J T, Paripatydar S A. Carbon dioxide reforming of methane with supported Rhodium [J]. Applied Catalysis, 1990, 61: 293-309.

[14]　Wang S B, Lu G Q, Millar G J. Carbon dioxide reforming of methane to produce synthesis gas over metal-supported catalysts: State of the art [J]. Energy&Fuels, 1996, 10:896-904.

[15]　金涌，胡永琪，胡山鹰，等. 煤炭热力学高效和化学高价值利用新工艺［J］. 化工学报，2014，65（2）：381-389.

[16]　Mathews Jonathan P, Chaffee Alan L. The molecular representations of coal: A review [J]. Fuel, 2012, 96: 1-14.

[17]　周琦，白立强，陈兆辉，等. 复合流化床低阶煤热解制备兰炭的工艺条件［J］. 过程工程学报，2016，16（3）：516-521.

[18]　Ren Jie, Wang Ziliang, He Boshu, et al. Hydrodynamic characteristics in a cold flow model of quadruple fluidized bed gasifier [J]. Industrial & Engineering Chemistry Research, 2020, 59 (10): 4775-4784.

[19]　Yan Linbo, He Bosh. On a clean power generation system with the co-gasification of biomass and coal in a quadruple fluidized bed gasifier [J]. Bioresource Technology, 2017, 235: 113-121.

[20]　李开坤. 焦热载体条件下双流化床煤热解联产焦油半焦煤气技术的研究［D］. 杭州：浙江大学，2021.

[21]　任杰. 四流化床气化系统冷态实验及数值模拟研究［D］. 北京：北京交通大学，2020.

[22]　陈恒志，李洪钟. 高密度下行床相结构分析［J］. 化工学报，2005，56（8）：1456-1461.

[23]　汪洪涛. 钢铁工业煤气生物发酵法制燃料乙醇工艺研究与应用［J］. 冶金能源，2017，36（增刊）：31-33.

[24]　Chen H P，Liu Z H，Chen X，et al. Comparative pyrolysis behaviors of stalk, wood and shell biomass: Correlation of cellulose crystallinity and reaction kinetics [J]. Bioresource Technology, 2020, 310 (123498): 1-7.

[25]　Olazar M, San M, Peñas F, et al. Stability and hydrodynamics of conical spouted beds with binary-mixtures [J]. Industrial and Engineering Chemistry Research, 1993, 32: 2826-2834.

[26] 袁艳文，赵立欣，孟海波，等. 生物质炭化热解气催化重整制取费 - 托合成气研究进展［J］. 化工进展, 2018, 38（1）: 152-158.

[27] Oike T, Kudo S, Yang H, et al. Sequential pyrolysis and potassium-catalyzed steam–oxygen gasification of woody biomass in a continuous two-stage reactor [J]. Energy & Fuels, 2014, 28 (10): 6407-6418.

[28] 武晓宽. CO_2 制甲醇催化剂 Cu/InO/Al_2O_3 理论研究［D］. 北京: 北京化工大学, 2020.

[29] 张玉冬. Cu-CeO_2 基催化剂催化 CO_2 加氢反应性能及构效关系的研究［D］. 广州: 华南理工大学, 2020.

[30] 高佳. Cu-In/ZrO_2 催化剂制备及其 CO_2 加氢制甲醇的性能研究［D］. 镇江: 江苏大学, 2020.

[31] 王研. Ni 基催化剂的制备及其 CO_2 加氢性能研究［D］. 大连: 辽宁师范大学, 2021.

[32] 张良才. Pd/ZnO 催化剂在 CO_2 加氢制备甲醇反应中的粒径效应研究［D］. 合肥: 中国科技大学, 2021.

[33] 冯凯. 二氧化碳加氢催化剂的设计及性能研究［D］. 苏州: 苏州大学, 2020.

[34] 孟文亮. 二氧化碳加氢合成甲醇工艺建模、分析与系统集成研究［D］. 兰州: 兰州理工大学, 2021.

[35] 朱恺杰. 二氧化碳加氢制甲醇的轴向反应器模拟及工艺条件的优化［D］. 上海: 华东理工大学, 2020.

[36] 刘双强. CH_4-CO_2 两步梯阶转化直接合成乙醇和乙酸的研究［D］. 太原: 太原理工大学, 2015.

[37] 黄宇莹. Clostridium aceticum 的代谢调控与利用 CO_2 产乙醇的研究［D］. 西安: 陕西科技大学, 2017.

[38] 王桂硕. CO_2 加氢制乙醇催化剂的结构构建及反应机理研究［D］. 天津: 天津大学, 2019.

[39] 周博. 石墨烯 / 纳米 TiO_2 光电催化还原 CO_2 制乙醇［D］. 沈阳: 沈阳大学, 2017.

[40] 陈亚举，任清刚，周贤太，等. 多孔有机聚合物催化二氧化碳合成环状碳酸酯研究进展［J］. 化工进展, 2021, 40（7）: 3564-3583.

[41] 李卓剑. 负载化离子液体催化 CO_2 转化合成环状碳酸酯［D］. 大连: 大连理工大学, 2021.

[42] 褚俊杰，常洁，罗志斌，等. 环氧乙烷吸收和转化合成碳酸酯工艺研究进展［J］. 化工进展, 2021, 40（1）: 195-204.

[43] 杨子锋. 基子异山梨醇的生物基聚碳酸酯合成及改性研究［D］. 北京: 中国科学院大学, 2021.

[44] Muhammad T A, Tian G, Zhang C X, et al. Highly Selective Conversion of CO_2 or CO into Precursors for Kerosene-Based Aviation Fuel via an Aldol−Aromatic Mechanism [J]. ACS Catalysis, 2022, 12: 2023-2033.

[45] Lu F, Zhang C X, Wei F et al. Phase coexistence in fluidization [J]. AIChE Journal. 2021: e17530.

新兴碳金融政策

第14章

　　二氧化碳排放引起的全球温室效应已成为人类需要解决的难题之一。联合国气候变化专门委员会（IPCC）推断，若控制全球温度的上升幅度不超过4℃，在2050年温室气体的排放量必须降至2005年水平的50%至85%（姚昕和刘希颖，2010年）。全球范围的碳减排合作和措施在实施过程中取得了一定的进展，也存在较大的考验。姚昕和刘希颖指出，我们必须重新审视获得高速增长的途径与方式，以既保证适当的增长，又可控制碳排放量。本章，我们从碳税分析、碳排放权交易和碳金融创新三个角度分析应对之策及其效果。

　　适合我国实现碳中和目标的两个重要的减排政策工具有碳税制度和碳排放权交易制度。从整体上看，碳税固定了碳排放价格而由市场决定其排放量；碳排放权交易制度限制了碳排放总量而由市场交易决定其价格。碳税的问题在于，难以保证将其收入用于减排等最优配置；而碳排放权交易市场的优势在于通过市场机制实现最优配置，挑战在于完善的交易市场需要完善的制度和定价的有效性。本章系统性地研究碳排放权和碳税相关政策的机制。基于经济学原理，结合我国国情，深入分析碳减排机制的优缺点，分析碳排放权交易市场及碳税制度对我国经济的影响，分析其涉及的公平性等问题。

　　本章主要内容如下：

　　（1）在梳理文献的基础上，本章结合经济学理论，对两种政策进行概念界定。碳税概括而言，是对二氧化碳排放量征收的一项特别的环保税收。而碳排放权交易涉及产权理论。

　　（2）对两种减排制度的比较分析。本章从减排目标与政策效果比较、社会成本与损失比较、实际操作和推广难度比较等几个维度进行深入分析。根据《京都议定书》附件一，各国承诺在2008年到2012年内，碳排放量较其基准年1990年降低一定的百分比。在碳减排具体的实施过程中，社会成本和推广政策都会对减排效果、经济效率和社会福利造成影响，需要深入分析。

　　（3）针对中国碳税问题进行深入分析。首先，本章从理论上分析两种碳减排政策的影响，分析两种政策对经济发展和社会福利的影响，并给出政策建议。其次，本章从碳税的开征时间、碳税的征收对象、碳税的征收成本、碳税的用途、碳税的税率等方面对碳税制度进行分析。

　　（4）对碳金融市场发展的探索。金融市场依托产权明确、市场无摩擦和市场有效性，充分发挥市场优势对资源进行最优配置。然而在新市场的构建过程中市场摩擦不可避免、产权界定无法理想化，需要深入讨论。

14.1 碳税分析

如姚昕和刘希颖（2010年）提到的，气候变化问题目前已经成为全世界关心的重要问题，积极探讨低碳经济发展模式已经成为我们应该做出的共同选择。总的来说，碳税能够减少碳排放量，提升能耗效益，优化产业结构。在确保经济发展不受影响的情况下，我国应施行的最优碳税是一个动态的调整过程。

14.1.1 碳税理论分析

（1）碳税的内涵

总结而言，碳税是指"在工业生产运营和居民消费过程中以向大气中排放二氧化碳的单位、个人为纳税人，以因消耗化石能源而直接向大气排放的二氧化碳为征收对象，以二氧化碳的排放量为计税依据，旨在减少二氧化碳的排放，避免由此引起的气候问题，而对化石能源相关产品征收的一种税"（郑颖，2014年）。

（2）碳税的理论基础

①公共物品理论。公共物品同时存在着"非竞争性"和"非排他性"两种特性。非竞争性指单一个人（单位）对一个物品的使用或消费并不影响其他人（单位）的供应，而非排他性则是指单一个人（单位）消费或使用某个物品时，无法排斥其他人（单位）对这一物品的消费或使用。环境是典型的公共物品，不能只依赖市场，还需要政府解决其外部性，碳税（环境税）是一种有效的办法。

②庇古税理论。庇古在《福利经济学》中分析了"外部经济"与"外部不经济"问题。庇古还指出，如果要克服外部性可选择两个方式：一是对私有成本费用低于社会成本费用的社会经济活动加以征税；二是对私有成本费用超过了整个社会成本费用的经济活动应予以补偿。污染能让企业获利，却给社会带来负外部性，政府应对排污行为收费，将污染成本加入税收中，即"庇古税"。然而"庇古税"涉及的税基、税率等都是需要我们结合我国国情，深入研究才能确定的，过高和过低都不能达到预期效果。

③双重红利理论。David W. Pearce提出了税收的"双重红利理论"。征收碳税也具有双重红利，不仅能促使企业减少二氧化碳排放，还可以增加社会福利支出。在实践中，比利时将能源专项税收收入用于社保支出；丹麦在增加与环境有关的税收收入后降低了所得税收入，并增加了社保支出；芬兰以生态税和能源税抵消所得税和劳动税等（郑颖，2014年）。

14.1.2 碳税面临的一些问题

碳税制度的建立需要考虑以下问题。

①碳税税基。理论上，碳税应改名为"温室气体税"，即对所有的温室气体征税。但是，这些气体的排放很难测量。曹静（2009年）建议，在综合经济效率与征收成本的基础上，我国适宜较小的税基范围，可只考虑化石燃料的碳含量。

②碳税税率的设定与动态调整。根据环境经济学理论，最优税率应设在社会边际损

害的水平。在讨论最优碳税时，理论上要求环境税为整个社会唯一税种，但是在现实中无法实现。再考虑到气候变化、减排成本与回报，以及社会折现率的不确定性，最优税率一般取决于不同国家自身的情况、不同的税收返还方式。

③减排激励与补贴。虽然碳税具有可以激励企业进行技术迭代的作用，但是由于市场失灵和绿色项目的投入巨大，政府需要给予企业补贴。考虑到实际情况，若征收碳税与财政补贴相结合，碳税政策更容易推行。

14.1.3 各国碳税法律制度的比较及借鉴[1]

20世纪90年代开始，欧洲国家逐步开征碳税。大多数国家将碳税融入环境税、资源税或消费税，依据本国国情采取相应征税方式。本节总结各国碳税法律制度的经验，为我国的碳税制度构建提供参考。

（1）立法模式

1990年，芬兰建立碳税法律制度，对除运输燃料以外的全部能源产品征收碳税，在1994年将碳税融入能源税。荷兰在1990年将碳税加入环境税中。1992年，荷兰将碳税和能源税整合为"能源-碳"税，按照燃料含碳量、能源热值各占50%的比例征税。丹麦于1991年将碳税作为能源税的一个税目。瑞典在1991年引入碳税，将其融入已有的能源税中。挪威在1990年设立独立的碳税制度。日本是亚洲唯一有强制性减排义务的国家，用政策引导碳税方案。

（2）纳税人和征税对象

芬兰对工业部门和家庭征收碳税，对电力行业给予特别优惠。芬兰的碳税征税对象涵盖了全部矿物燃料。1992年，荷兰合并后的能源-碳税征税对象涵盖所有能源和电力部门。1996年，丹麦将二氧化硫税和能源税都建立起来，再加上碳税，组成了一揽子税收计划。挪威的环境税税种繁多，征税范围较大，是全球碳税税负较重的国家之一。澳大利亚对国内500家最大的污染企业征收碳税。日本对使用化石燃料的家庭、办公场所和工厂企业等征收碳税，征税对象为煤炭、石油和天然气。

（3）税率的确定

芬兰的每吨二氧化碳税率从1990年的1.2欧元逐步提升到20欧元。荷兰的"能源-碳"税税率从1992年的每吨3.13美元增加到1996年的每吨16.4美元。丹麦的碳税税率最初为每吨二氧化碳对应100丹麦克朗（相当于13欧元），2005年后稳定在90丹麦克朗。日本碳税税率整体较低。

（4）计税依据

芬兰的碳税在开征之初以能源产品的含碳量为计税依据。1997年，碳税的计税依据变为能源产品燃烧所排放的二氧化碳量。荷兰碳税的计税依据为上年度能耗及能源的二氧化碳含量。丹麦碳税的计税依据是化石燃料燃烧时所排放的二氧化碳量。瑞典碳税的计税依

---

[1] 更多内容参见苏明、傅志华、许文等，《碳税的国际经验与借鉴》，《经济研究参考》2009年第2期；郑颖，2014，《构建我国碳税法律制度研究》，山东大学硕士论文。

据是燃料的含碳量和燃烧热量。挪威也是根据碳含量来征收碳税的。日本碳税的计税依据是化石燃料的二氧化碳排放量。

（5）税收优惠

芬兰对所有的工业部门征税，没有税收优惠。荷兰、丹麦、瑞典实施了较大幅度的税收优惠和税收减免政策。日本对主动采取措施积极减排的高能耗企业，给予减免碳税50%～60%的优惠，对用于水泥制造的煤炭、用作原材料的化石燃料免征碳税，对用于钢铁制造的煤炭、焦炭免征碳税，对农林渔业中使用的柴油免征碳税，对煤油免征50%的碳税。

上述国家的碳税实践效果良好，在达到减排目标的同时也维持了经济发展。在1990～2006年期间，瑞典的GDP增长了44%，二氧化碳排放量减少了9%。我们可以从四个方面借鉴其他国家的碳税立法经验。

① 遵循碳税税收中性化的原则目标。

② 以碳含量作为计税依据。碳税的度量和计征有两种模式。第一种为简单叠加式，即直接统计生产和消费过程中排放的二氧化碳。另一种是系数相乘式，首先计算总的化石燃料的量，然后计算其中包含的二氧化碳比例，将二者相乘得出二氧化碳量。在实施过程中，鉴于二氧化碳的监测成本高，大部分国家选择第二种模式。

③ 完善相关的配套税收政策。一些碳税立法国家辅以相关的政治、经济政策，如建立动态税率机制，逐步推进碳税征管，建立公共利益补偿机制，在征税的同时给予财政奖励或补贴。

④ 税收优惠。除芬兰外，各国在征收碳税的同时都制定了相应的税收优惠措施，以保障国内经济的正常发展。

14.1.4 文献分析

由于环境保护问题日益突出，碳税成为讨论较多的研究课题。Farzin和Tahvonen（1996年）依据气象学结果扩充了原先以一定速率衰减的碳税模型，提出可能随时间单调增长的碳税途径。Jaeger（2002年）表明，气候会直接影响生产效率，最优环境税取决于边际私人损害。Brännlund和Nordström（2004年）则使用微观和宏观数据分析，构建了一个瑞典的消费需求计量经济学模型，指出家庭人数相对稀少的地区负担着较多的税赋。Bureau（2011年）利用面板数据分析了不同收入群体对碳税的影响程度。他指出，不管是按照每户人均收入还是按照家庭人口返还碳税，都能让穷人受益。

Garbaccio等（1999年）构建均衡模型模拟中国征收碳税的宏观经济影响。贺菊煌等（2002年）、魏涛远等（2002年）分别构建了一般均衡模型，分析征收碳税对中国经济和温室气体排放的影响。钟笑寒和李子奈（2002年）考虑了代际关系，构建了一个连续时间动态模型，分析全球变暖的减排对策及其经济-环境影响。

（1）基于增长视角的中国最优碳税研究

"可计算一般均衡"（computable general equilibrium，CGE）一直是碳税研究采用的理论分析方法。Kemfert和Welsch（2000年）建立动态一般均衡模型以解析多种替代弹性、多种税收返还方式下征收碳税的经济效应。结果表明将碳税收入用于减少劳动力成本的情况下转移的份额越小，它对就业和GDP的影响就越小（仍然为正）；但如果将碳税收入转移给私人部门，GDP关于弹性数值的敏感性将变得非常小。Boyd和Ibarraran（2002年）采用一般均衡动态模型分析墨西哥征收碳税的影响，结果表明，唯有在5%到6%的高科技进步率下，碳排放量增长速度的降低与所有不同收入类型居民收入的增长才可以同步进行。Scrimgeour等（2005年）用一般均衡模型模拟解析了碳税、能源税和汽油税对新西兰经济，及其对工业生产领域竞争力的负面影响，他们分析的产业主要是高能源密集产业。王灿等（2005年）使用CGE模型分析了减排政策下中国GDP、能源价格、资本价格等宏观经济变量的变化。他们发现，当减排率为0～40%时，GDP损失率在0～3.9%之间，减排边际社会成本是边际技术成本的2倍左右。

姚昕和刘希颖（2010年）重点分析以碳税为主的中国碳减排政策。他们提出要分析碳税的影响，首先要明确碳税的具体数值，再根据我国实际情况决定最优碳税额度。他们建立一个在经济增长约束下的中国气候-经济动态模型，确定模型的参数以及约束条件，并分析最优碳税结果。根据最优碳税值，利用一般均衡模型进行模拟，他们分析相应政策实施后对宏观经济变量以及产业结构调整的影响。

姚昕和刘希颖（2010年）建立了中国能源-环境的可计算一般均衡模型。随后，他们又使用该模型先后仿真了最优碳税额度，及环保部（现生态环境部）、财政部和芬兰的碳税额度，观测其宏观经济影响。财政部建议2012年碳税为10元每吨，而环保部为20元每吨。姚昕和刘希颖（2010年）的分析结论为2012年最优碳税为18.28元每吨。他们采用高碳税国家芬兰的税率对中国经济做模拟比较分析。芬兰2008年征收的数额为20欧元每吨，以2008年汇率换算得出相应的芬兰碳税率，得到的结果见表14-1和表14-2。

表14-1　征收碳税的宏观经济影响

指标	财政部10元/t	本文18.28元/t	环保部20元/t	芬兰20欧元/t
GDP（%）	−0.008	−0.013	−0.015	−0.517
就业（%）	−0.002	−0.007	−0.008	−1.455
进口（%）	−0.005	−0.010	−0.012	−1.489
出口（%）	−0.202	−0.429	−0.548	−2.904
CO_2（%）	−0.933	−1.636	−2.098	−8.859
单位GDP能耗（%）	−1.056	−1.734	−2.013	−7.501

注：转载自姚昕和刘希颖（2010年）。

表14-2　征收碳税对各行业产出的影响

指标	财政部10元/t	本文18.28元/t	环保部20元/t	芬兰20欧元/t
农业	0.008	0.003	0.002	−0.157
轻工业	0.022	0.019	0.018	−0.255

指标	财政部10元/t	本文18.28元/t	环保部20元/t	芬兰20欧元/t
重工业	−0.101	−0.186	−0.190	−0.589
建筑业	−0.032	−0.056	−0.058	−0.164
服务业	0.003	0.001	0.001	−0.039
煤炭	−1.056	−1.487	−1.503	−5.502
油气	−0.297	−0.330	−0.336	−1.633
火电	−0.658	−0.851	−0.859	−3.438
清洁电力	0.023	0.018	0.017	−0.179

注：转载自姚昕和刘希颖（2010年）。

表14-1显示，若将2012年的最优碳税额度设置为18.28元每吨征收碳税，对中国宏观经济的影响可以忽略。如果到2012年经济结构发生改变，对传统化石能源火电的依赖比现在下降，这个冲击还会小一些。这个结果证明了姚昕和刘希颖（2010年）所提出的论断：在经济发展条件约束下的碳税征收对中国经济增长没有太大的阻碍作用。

以财政部和环保部设定的额度征收，对宏观经济的负面影响也是有限的，GDP、就业和进口下降仍不明显，出口的影响达到0.5%，带来的二氧化碳排放下降近2%，单位GDP能耗也降低2%左右。脱离国情，片面追求减排，按国外标准征收的结果是中国经济无法承受的，按照芬兰的额度征收碳税将使就业下降1.5%左右，出口下降3%。上述结果说明，征收碳税的宏观经济影响是非线性上升的，征收碳税必须要有所节制，过量征收将影响经济的发展速度。

由于各经济部门对碳的依赖程度不同，各行业受到的碳税影响也有所不同。理论上，碳税对能源密集型产业形成强烈冲击。由表14-2可以看到，征收碳税对经济结构产生重大影响，有可能发挥调节产业结构的功能。以财政部、环保部的额度征收碳税时，根据姚昕和刘希颖（2010年）的分析结果，农业、轻工业、服务业和清洁电力等行业的产出会有一定增加，重工业、建筑业、煤炭、油气、火电的产出会下降。受碳税冲击最大的行业是煤炭，之后依次为火电、油气、重工业、建筑业。随着碳税征收额度的上升，即采用芬兰额度征收时，随着整体国民经济受到冲击，农业、轻工业、服务业、清洁电力等行业的产出也开始下降，而重工业、建筑业、煤炭、油气、火电等行业遭受到的影响也相应增加。不管以哪种数额征收碳税，都会对产业结构调整产生负面影响。征收碳税额度较低时，产业结构也有相应的调整，但变化幅度不大。征收碳税额度较高时，产业结构调整幅度变大。我国在制定征税政策时应充分考虑经济发展和减排两个目标，针对经济承载能力做出科学合理的抉择。

（2）走低碳发展之路：中国碳税政策的设计及一般均衡模型分析

由于宏观经济系统的复杂性，理论模型无法给碳税政策提供定量建议，模拟计算成为近年来政策研究的重点。可计算的一般均衡模型适用于研究在假想政策情况下定量模拟分析一项政策对宏观经济体系和环境系统的影响。

曹静（2009年）引入了一个递归动态的一般环境均衡模型，对中国宏观经济体进行了仿真分析。模型中包括了宏观经济-能源-污染物排放及其影响的一系列模型，能够对引入碳税所引起的宏观经济环境方面的影响做出全面解析。在基准情景下，曹静（2009年）预计中国GDP在2005～2030年内将维持7.6%的年平均增长率，而一次性能源使用量将以年均3.4%的速率增加。

曹静（2009年）发现，中国走"低碳发展之路"应对未来的气候变化，需要进一步优化能源与产业结构，节约能源，提高能源效率。与基于控制总量的排污权交易制度相比，结合气候变化问题的特点和国情，碳税政策是目前可行、有效的环保经济政策。曹静（2009年）对中国碳税政策的设计展开了探讨，在税基、税率设计与动态调整、税收返还方式、减排激励与补贴、税收对居民影响与公平等问题上进行了分析展望。

总的来说，如姚昕与刘希颖（2010年）所述，碳税能够让清洁燃料和传统化石能源相比更具有成本竞争力，从而促进对清洁能源的有效利用。如曹静（2009年）所述，中国碳税的实施会在短期带来阵痛，但长期可以改变中国家庭和企业使用化石燃料的习惯。由于节能减排的企业可以不交或少交碳税，会促进企业减排，社会进入良性循环，带来绿色就业，在国际低碳市场的竞争方面取得比较优势。碳税政策的这一长期影响对中国建立低碳经济与走低碳发展之路意义重大。由于气候变化本身具有不确定性，气候变暖带来的社会损害难以估算，许多学者从气候政策的短期、确定性较强的伴随收益出发，从而在信息不完全的情况下做出政策分析。碳税及优惠政策的制定、方案设计都需要根据我国实际情况、经济与环境状况迭代进行。

14.2　碳交易分析

14.2.1　碳排放权理论分析

当产权明晰时，经济主体在市场上对碳排放权进行交易，利用市场价格来引导碳排放行为，其理论基础是"科斯定理"。理论上，只要碳排放权初始的分配方式确定，则各企业（个体）通过市场交易，能够促使碳排放权的外部成本内部化，达到最优碳排放水平。与碳税相比，碳排放权由市场决定价格，相对灵敏度更大，效率更高（曾刚和万志宏，2010年）。

Coase（1960年）提出利用市场和产权界定的方法来解决外部性问题，Dales（1968年）扩展了"产权理论"，首次明确提出排污权这个名词，他认为明确排污权后可以通过交易实现对污染的有效控制。Montgomery（1972年）表明，如果排放权交易是完全竞争的，那么竞争性均衡会使整体污染控制实现最小成本。但是，市场常常处在不完全竞争状态，排污许可证可能会分给那些效率较低的市场参与者，进而阻碍排放权的合理配置。Rogge和Hoffmann（2010年）发现欧盟碳排放交易系统（Emission Trading System）对以煤为主的燃料生产部门产生了深远的影响，推动了这个部门低碳机制的健全与提升。

国内学者也开展了深入研究，希望能够更加合理地运用（国际）碳排放权交易的特点，以最小化成本实现碳减排。曾刚和万志宏（2010年）认为，碳排放权本质上是对环境容量资源的限量使用权，碳排放权交易是指政府根据实际情况分配二氧化碳等污染气体的排放总量或标准，由企业在碳排放交易市场上进行自由交易。陈文颖等（2005年）主张，我国应该按照"两个趋同"原则派发碳排放权配额。由于发达国家与发展中国家的平均碳减排量存在明显差异，各国政府可按照公平原则，考虑相应的产业、能源结构，对碳排放量初始分配权做二次分配，以便实现资源优化配置。

14.2.2 碳排放权交易面临的问题

碳排放权交易市场的构建涉及多方面的考量。在体系移植的适应性和协调性之外，只有按照区域、政治、经济文化等条件的特点，配套适当的优惠政策，才能更好地发展碳交易市场。在中国推行碳交易制度需要考虑以下几个方面。

（1）碳排放权的法律定位——法律基础

碳交易制度的核心是通过市场机制将碳排放形成的负外部性内部化。要实现这个效果有两个渠道。一是政府对市场价格进行政策限制，如征税。二是以法律形式明确某种有形或无形资源的所有权，使该种资源稀缺化。运用产权理论的前提条件是碳排放权的权利属性有法律保证。所以，要形成合理的碳交易市场体系的前提条件就是要界定碳排放权的产权属性。

根据碳排放权的以上特点，应从以下视角来定义碳排放权（于杨曜和潘高翔，2009年）。首先，碳排放权是一项大气容量的使用权，是指权利人对大气环境可以排放含碳气体所行使的权利。其次，碳排放权虽然带有私益性质，但是必须得到政府公权力的界定和保护。再次，当一个单位所释放的含碳气体的数量和对大气环境的使用超出了其自身所拥有的权利边界时就侵占了他人的权益，对于这些超排主体则要使其为更多使用的碳排放权益付出相应的价值。最后，鉴于大气使用权的价格计算较困难的实践问题，通过构建碳交易市场制度强迫超出正常程度使用大气环境的经济主体进入交易过程，实现碳排放权的流通。

（2）碳排放权分配问题——交易前提

在数量确定的情形下进行碳排放权的初始分配必须兼顾公平和效率两个方面。

①初始分配的公平性。如何公平地分配碳排放权是一个亟待解决的问题。我国不同省市及地区的经济发展阶段情况不一。若根据地区划分，势必会对欠发达地区造成巨大压力。若按照行业性质划分，有效划分不同行业需承担的减排任务，也涉及公平性问题。若无偿分配，对于新企业等于增加了一个壁垒。

②初始分配的效率性。按照欧洲及其他发达国家的成功经验，对碳排放权的初次分配主要有无偿分配和有偿分配（拍卖交易）两类。无偿分配根据能够印证排放量的有关数据决定分配给每个机构的碳排放权。有偿分配则为机构或个人支付一定的价格购买（通常为拍卖交易）对应的排放权。这两种方式各有利弊。有偿购买的方式体现了机构（个人）的公平性。无偿分配主要依靠政府政策推行，相应行政成本较高，同时易出现"寻租"现象和市场经济的混乱。采用无偿分配可迅速推进碳交易制度的实施。

我国目前在探讨构建碳交易机制时可综合采用上述两种方式，并选择相对渐进式的推广模式。在碳交易制度实施的初期，各单位可能参照以往的碳排放量确立无偿分配的比例。当确立起交易市场机制后，再逐渐减少无偿分配的比率，逐步形成以交易为主要分配模式的市场化碳排放权分配制度。这样能够兼顾公平和高效性。

（3）碳交易市场的监管、监测问题——制度管控

碳交易制度所面临的主要问题是碳排放量的核算和监督管控。欧盟于1999年开始依据不同领域的碳排放清单进行评估，开展碳排放监测。美国1994年开始"温室气体自愿报告计划"，2008年起开始筹建国家强制性的温室气体登记报告制度。在英国，对每个碳排放交易参与者根据有关规定检测并报告机构（个人）每年的碳排放量状况，同时设有第三方独立验证机构来核对信息。

构建一个兼具执法严格、应对能力强大的监督管理体系至关重要，包括严格评估碳交易市场的绩效，以确保碳排放总量的上限额度不会被突破，从而防止碳交易的垄断现象。根据我国的实践状况，建议构建一个由环境保护部门、行业协会、交易所三者相互配合的三级监管体系（于杨曜和潘高翔，2009年）。由环保部门直接管理碳交易权的总量控制和碳排放量的监测操作办法的编制。建议在各地设立碳交易协会，用以规范引导企业的减排活动。交易所的主要功能包括制定交易环节、结算环节、交割环节和违约处理方面的制度，并反馈给环保部门等主管单位，监督管理企业的碳排放权的登记交易。交易所还应肩负起市场价格监测、交易操作等职能。只有三方协同合作，各司其职，才能逐渐构建起稳定的配套制度，进而克服碳排放交易监督管理的难题。

（4）碳交易制度与相关制度的关系——制度衔接

一项新制度的推行必然会有与原有制度产生冲突、衔接融合的问题。新体制的引入所产生的权利与义务的再分配通常会对现有体制产生（负面）影响。碳交易制度的构建目前主要需考虑其与碳税制度和清洁发展机制的衔接和融合。

14.2.3　碳排放权制度借鉴

欧盟、美国、澳大利亚等国家或地区构建碳排放交易体系的经验为我国构建全国碳排放权交易体系提供了重要参考。

（1）欧盟碳排放交易体系（EU-ETS）

EU-ETS于2005年1月1日运行，是世界上第一家多个大国共同参加、规模最大的国际化碳排放权交易市场，范围覆盖了电力、炼油、钢铁、有机化学原料制造、国际航空等众多产业领域。根据EU-ETS的运作规则，配额富余的企业可以卖出超标减排量以获得收益，而超过排放量配额的企业将受到惩罚。

（2）芝加哥气候交易所（CCX）

CCX在2003年成立于芝加哥，是基于自愿参与的会员制温室气体减排市场，在450多家会员企业中有7家中国公司。CCX采用限量交易计划，依托基准线排放水平分两阶段制定减排目标。自2004年起，CCX开始在各地成立分支机构，如英国的欧洲气候交易所（ECX）、加拿大蒙特利尔气候交易所等。

无论是EU-ETS的控制总量交易模式还是CCX的"基线信用"机制，都通过分阶段制

定减排任务，分解目标在具体流程中规定管控对象、减排目标、奖惩措施，保证碳交易体系的实际可操作性。实践证明，在碳分配方式上拍卖方式优于免费发放，其过程更公平透明，不仅易于提供减排激励，而且可以避免配额过剩问题。可借鉴EU-ETS，制定初始阶段的免费配额，通过有层次、有步骤的发展最终转化为拍卖发放的分配机制。

如张天（2015年）所述，中国自2002年批准《京都协议书》之后，就大力推广国际碳排放交易制度，选择了适合中国国情的清洁发展机制（CDM）。2011年，中国出台了《关于开展碳排放权交易试点工作的通知》，将北京、天津、重庆、湖北、上海、深圳及广东七个省市作为碳排放权交易试点。从运行数据看，"全国7个碳交易试点运行市场在2014年6月达到了交易的高峰期，交易量达到285.9227万吨，交易额达到了16398.2325万元。另据国家发改委统计，截至2014年10月，7个碳交易试点省市共完成交易1375万吨二氧化碳，累计成交金额超过5亿元人民币"（李志学等，2014年）。

2021年12月13日，中国碳排放权交易市场运行满百日，全国碳市场碳排放配额累计成交量达8494.82万吨，连续12个交易日单日成交额超1亿元，累计成交额突破30亿元大关，达到35.14亿元。全国碳市场自2021年7月16日启动交易以来，市场总体运行平稳。随着12月31日履约期限越来越近，市场活跃度也持续攀升。与此同时，在诸多政策的支持下，中国多个碳捕集项目的开工、改造工作也加速推进，为碳减排提供技术支持（北京商报，2021年12月14日，陶凤和吕银玲）。在"碳中和"目标下，中国在探索建设全国性的碳交易体制。

14.3 碳金融创新

目前，我国碳金融创新在规模和工具多样性方面需要大力发展。智研咨询发布的《2021—2027年中国绿色债券产业发展态势及投资决策建议报告》显示，2020年，境内外发行绿色债券规模达2786.62亿元，累计11313.7亿元。除了绿色债券外，在各地的交易所成熟后，选择相对完备的交易所开展全国统一的碳排放权期货交易意义重大。随着碳期货市场的建立和逐渐成熟，可以引入碳排放权质押、碳排放权融资租赁、碳排放权保险、碳主题基金等金融制度，使碳交易市场成为一个多样化的大市场，最大限度发挥其市场作用，促进节能减排。

14.3.1 绿色债券

绿色债券是指由政府部门或相关主管部门、地方金融机构以及非金融公司，就符合条件的绿色项目投资或对这些项目的再融资向社会开展融资募集资金，并保证按协议归还本金或给付利息的债务投资工具（史英哲和王遥，2018年）。在中国，绿色债券的主体类型一般有公司债、金融债、企业债、资产支持有价证券、国内主体境外发行债等若干大类。国际上，绿色生态债券的概念通常参考《绿色生态公债基本原则》和《自然气候国债准则》。

通过给予绿色债券技术投资补贴等政策，政府可激励企业参与环境治理实践，进而有效降低温室气体排放。绿色债券成为中国绿色金融体系的主要部分，为资本市场服务与实体经济发展做出了很大贡献（巴曙松等，2019年）。绿债的健康发展运行面临两个方面的挑战。一方面，中国绿色债券在迅速发展中面临着不同债种的要求复杂、多层市场监管、信息披露不规范等问题。因此，必须确定不同类型绿色债券的具体发展准入标准，并对经营风险加以控制。另一方面，不能核算各相关活动的碳排放量就无法依据政策和工具公平、有效地推动减排。目前文献中对绿债的研究有以下几个方面。

（1）中外绿色债券标准比较

王遥等（2016年）提出，我国发展绿色债券是社会主义生态文明建设的有效实践，可解决节能环保型企业融资难、融资贵的问题。中外绿色债券在发展途径、项目类别、范围、募集资金管理模式、市场信息公开、第三方认定标准和奖励办法等方面都存在不同。他们给出了以下建议：统一对绿色债券的定义和项目类别划分；对募集资金的运用方式进行特殊管理；绿色债券应统一规范地发布信息；鼓励绿色认证；制定相应的鼓励政策措施。史英哲（2017年）指出，中国绿色债券市场的架构已经在朝着科学合理的方向改善，并能够在未来长期地健康发展。

（2）绿债发行定价影响因素

合理的价格是绿色债券成功发行的关键，绿色债券定价研究具有重要意义。通过二叉树模型，龚玉霞等（2018年）发现，交易市场存在流动性严重不足和交易市场不太规范等问题，导致中国绿色债券的价值被明显低估。他们建议从健全消息披露、提升交易市场流动性方面努力，推进中国绿色生态债券市场的标准化构建。杨希雅与石宝峰（2020年）研究发现，公募绿债有助于减少企业筹资成本，政府部门支持是直接影响公司投资的最主要原因，而第三方机构绿色认证则对减少绿色债券融资成本并不产生重要影响，发债主体的财务状态不是直接影响绿色债券融资成本的重要原因。

（3）绿债的生态效益

唐国豪（2015年）从现实视角总结了京津冀经济区域环境污染综合治理经验，提出绿色债券有助于环境污染综合治理，使得金融政策与环境保护发挥正向促进作用。殷斯霞等（2021年）介绍浙江省丽水市在当年开展的生态产品价值管理机制试点，分了信贷服务、信用服务、支付服务、金融科技咨询服务等高效服务管理模式。他们提议继续强化顶层设计、健全配合管理机制、强化各部门协同推进、拓展投融资途径、加快金融改革创新。丘水林和靳乐山（2021年）分析了生态产品价值实现的理论基础、基本逻辑与主要模式。

（4）绿债认证体系

赵晓英（2016年）指出，国家部门与国际金融监管组织关于中国市场上发行债券是否符合"绿色"的划分标准不一致，不利于规范中国绿色证券的发展。建议央行、发改委、银保监会等相关部门出台全面、统一的支持政策，建设专业化的绿色认证体系。王海全和唐明知（2019年）指出，中国绿色债券的标准存在不统一和碎片化的特点，第三方认证的发展相对滞后，需要从这两个方面入手完善，统一标准和完善相关认证体系。

（5）绿债激励制度

绿色金融相关政策的实质任务是指导各类市场经济主体积极实施绿色环保项目，以推动社会经济的可持续、绿色发展，这取决于政府部门、金融和企业之间的良性互动。胡元聪（2013年）认为，可以利用声誉激励和经济激励的方式引导市场主体参与绿色债券市场的建设。袁康（2017年）建议，政府可从降低税费的视角来鼓励投资人积极选择绿色金融产品。詹小颖（2018年）指出，可以利用创新的货币政策来激励投资者进行绿色投资，例如将利率、存款准备金率等影响企业融资的常规货币工具和绿色金融相联系，对实施绿色信贷的金融机构予以贴息等，促进金融机构和投资者参与绿色金融。

14.3.2 期货市场的建立

交易达成的核心是市场价格的有效性，而真实有效的市场报价是确保顺利成交的关键。如果缺乏相应的金融配套措施和风险预警制度，市场风险会抑制碳交易的进展。欧盟碳交易形成初期发生过碳价的急剧变化，这为我们提供了借鉴。

碳交易市场的发展离不开金融工具的支持。建立有效定价机制的一个可行方式是引入期货制度。碳市场的建设非一日之功。现货交易由于成交零散，定价信息难以公开一致，没有标准可参考。在期货交易中，大部分市场参与者具有较为完善的获取信息的途径、对价格的预测方式。这样产生的期货价格能够切实体现市场预期。期货交易透明化高、竞争对手的多样化、定价公开化，都有利于建立公平合理的产品价格。中国碳交易期货市场的形成，可以提高全国碳排放权定价的有效性。

14.3.3 碳排放权质押

如果碳排放权利可以作为贷款质押品，企业的融资额度就会相对提高。随着中国碳排放权交易的发展，碳排放权质押信贷已尝试了三种运营管理模式（张友棠和刘帅，2015年）。

① 基于"项目未来碳排放权收益质押+固定资产抵押"的混合贷款模式。2009年，浦发银行牵头为东海海上风电项目提供了一笔碳排放权质押结合传统固定资产抵押的贷款，贷款标的物包括风电项目的未来碳排放权收益，也包括厂房等固定资产。

② 基于项目未来收益的碳排放权质押贷款模式。2011年4月，兴源水力以其小水电项目预计获取的碳排放权出售收益作为质押物，从兴业银行申请到首笔108万元人民币贷款。

③ 基于配额的碳排放权质押贷款模式。2014年9月9日，全国首单以企业现有的碳排放配额进行质押贷款在武汉签约，湖北宜化集团获得兴业银行4000万元质押贷款。

目前，中国碳排放权质押信贷服务在运营中面临两个问题：a. 没有统一的碳排放权风险评估授信系统。b. 支持碳排放权质押信贷服务的机构数量较少。做传统业务的金融机构对碳排放权质押贷款的实际运作、操作规程等方面尚不了解。目前只有少数商业银行提供相关服务，而其中不少是由政府机构作为中间担保（撮合平台）进行的。碳排放权质押贷款行业的发展需要整合各类机构介入，提供更加专业化的业务。

14.3.4 碳交易保险和碳主题基金

武思彤（2017年）指出，可以用"保险+期货"模式来分散碳交易价格的风险。Feng 等（2012年）用极值理论分析了欧盟碳排放交易体系碳交易价格的风险暴露情况。他们认为用传统的风险评估方法可能导致碳交易市场风险评估误差较大，因为其碳交易价格的下行风险高于上行风险。凤振华（2012年）发现欧盟碳市场的碳交易价格波动具有短期记忆特征，且碳价的上涨和下跌概率不对称。杜莉等（2015年）分析了我国碳交易所的日收益率数据，发现各交易所的极端风险差异较大。翟大恒（2016年）使用GARCH模型分析碳交易市场的风险，发现我国碳交易市场的极端风险整体大于欧盟碳市场，且市场对外部冲击的消化比较缓慢。

供需关系的改变、全球政策的变化等各种因素都会直接影响碳交易的价格。碳交易保险产品有助于转移碳交易可能引发的极端财务风险，从而避免影响企业经营。随着碳期货市场的完善，可以成立专业的基金管理公司在碳市场上开展投资运作，为大量交易主体共享碳市场提供交易基础。一方面，这能够提高碳交易的流动性。另一方面，由于大量交易主体加入，使得减排观念得以更广泛地传播，产生社会合力，助力碳减排政策。

14.3.5 绿债支持生态产品价值实现的实践效果

（1）中国绿色债券生态价值逐步凸显

2020年，绿色债券募集资金主要投向绿色服务、节能环保和基础设施绿色升级三大领域，规模占比分别为30.13%、28.07%和19.98%（见表14-3）。资金流向绿色产业（项目）比重较大，有效规避债券发行过程中的"漂绿"风险。

表14-3 **2020年境内绿色债券募集资金投向统计表**

投向分类	债券规模/亿元	发行数量/只
绿色服务	652.64	59
节能环保	607.92	72
基础设施	432.83	37
清洁能源	349.53	37
生态环境	67.4	10
清洁生产	55.5	5
合计	2165.82	220

数据来源：中央结算公司、Wind。

（2）绿色债券生态价值实现路径

①优化绿债发行结构，防止期限错配带来的违约风险。绿色债券具有长期性、稳定

性特征，为低碳发展提供长期资金支持，是实现生态价值的重要前提。绿色债券的发行期限分为短期（1年及以内）、中期（1至10年）和长期（10年及以上）三类。目前，中国的绿债主要为中期债券。以2020年为例，从发行数量看，中、长期绿债占比分别为80.00%和9.55%；从发行规模看，中、长期绿债占比分别为82.52%和10.68%（见表14-4）。有效提升长期绿债发行占比，是发展绿色投融资的关键。赣江新区绿色市政债发行期限一般较长（如首期发行期限为30年），与绿色项目建设运营周期相匹配，有效缓解地方政府短期偿债压力。

表14-4　2020年绿色债券短中、长期统计表

期限	债券发行总额/亿元	发行规模占比	发行数量/只	发行数量占比
短期绿债	147.28	6.80%	23	10.45%
中期绿债	1787.24	82.52%	176	80.00%
长期绿债	231.3	10.68%	21	9.55%

数据来源：中央结算公司、Wind。

②以更低融资成本促进企业的绿色投入，弥补绿色化改造的财政资金缺口。绿债发行利率下行可降低企业融资成本，有效减轻项目（企业）融资压力，是促进生态价值实现的直接动力。从绿债市场整体情况看，绿债平均发行利率逐年下降。2020年AA+级以上新发绿债的规模占比和数量占比分别为91.47%和88.05%。以2020年AAA和AA+级绿债为例，一到三年期平均发行利率分别为3.27%和4.22%，较2019年分别同比下行95个和148个基点；三到五年期平均发行利率分别为3.93%和7.03%，较2019年分别同比下降49个和233个基点。

本节所述内容剔除缺少债项评级的债券样本，仅统计具有债项评级的债券。横向看，绿债发行利率低于债券市场平均利率。2020年绿色公司债平均发行利率为4.69%，较公司债市场平均发行利率低12个基点。2019年绿色企业债平均发行利率为5.08%，较企业债市场平均发行利率低103个基点（见图14-1）。

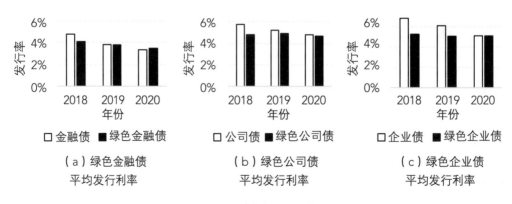

（a）绿色金融债　　　　　　（b）绿色公司债　　　　　　（c）绿色企业债
　平均发行利率　　　　　　　平均发行利率　　　　　　　平均发行利率

图14-1　债券发行利率水平

　　由于市政债具有政府信用背书，赣江新区发行绿色市政债既利于发挥财政政策对绿色发展的支持作用，也将绿色市政专项债免税让利投资者，进一步吸引社会资本投入绿色领域。截至2021年6月，广州地铁债券融资规模超870亿元，占广州地铁融资总量的43%，平均利率3.59%。其中，绿色债券发行规模超180亿元，平均利率3.25%，较债券市场平均利率低34个基点。相较于普通债券，绿色债券较低的发行利率可有效降低项目（企业）融资成本，缓解财务压力，确保绿色项目生态效益和经济效益双赢。在广州地铁已发行的10只绿债中，8只为绿色企业债券，票面利率从2.50%至3.90%不等，其余两只为绿色超短期融资券，票面利率分别为2.25%与2.46%（见表14-5）。

表14-5　广州地铁集团的10只绿色企业债

期限	计息时间	票面利率/%	规模/亿元
短融	2021-06-30	2.4600	20.00
	2021-07-26	2.2500	20.00
3年期	2020-05-27	2.5000	15.00
	2020-12-08	3.6000	15.00
5年期	2019-01-18	3.9000	30.00
	2019-07-17	3.5800	20.00
	2019-09-03	3.4000	20.00
	2019-12-19	3.5300	15.00
	2020-01-10	3.7200	15.00
7年期	2020-03-10	3.6000	15.00

　　③提升债券发行效率，确保绿色项目顺利开展。绿色债券发行效率（包括发行周期、发行成本等）的提升有助于绿色项目顺利开展，是确保生态价值实现的重要动力。第三方评估认证有助于确保绿色债券的绿色属性（如明确募集资金投向、判断信息披露真实性等），在绿色债券发行过程中不可或缺。为支持广州地铁的绿债发行，第三方评估认证机构——绿融（北京）投资服务有限公司的做法和经验值得借鉴。按交易所要求，发行人上年度合并报表中绿色产业收入占比超50%，或处于（30%，50%）区间，即可认定为绿色发行人。为降低认证成本，绿融（北京）投资服务有限公司提出"绿色发行人一次认证、多次发行"做法，取消债项评估认证，有效降低第三方评估认证所耗时间和资金成本，提升了发行效率。

　　目前中国碳金融创新整体处于起步阶段。随着经济的发展，金融创新必定会繁荣起来。随着绿色债券、碳排放权质押、碳排放权融资租赁、碳排放权保理、碳排放权保险、碳主题基金等金融制度的实施和规模的扩大，碳交易市场将发展壮大，最大限度发挥市场作用，助力节能减排。

参考文献

[1] 巴曙松，丛钰佳，朱伟豪. 绿色债券理论与中国市场发展分析 [J]. 杭州师范大学学报（社会科学版），2019，41（1）：91-106.

[2] 庇古. 福利经济学 [M]. 何玉长，丁晓钦，译. 上海：上海财经大学出版社，2009.

[3] 曹静. 走低碳发展之路：中国碳税政策的设计及 CGE 模型分析 [J]. 金融研究，2009（12）：19-29.

[4] 陈文颖，吴宗鑫，何建坤. 全球未来碳排放权 "两个趋同" 的分配方法 [J]. 清华大学学报（自然科学版），2005，45（6）：850-853，857.

[5] 杜莉，孙兆东，汪蓉. 中国区域碳金融交易价格及市场风险分析 [J]. 武汉大学学报（哲学社会科学版），2015，68（2）：86-93.

[6] 凤振华. 碳市场复杂系统价格波动机制与风险管理研究 [D]. 合肥：中国科学技术大学，2012.

[7] 龚玉霞，滕秀仪，赛尔沃，等. 绿色债券发展及其定价研究——基于二叉树模型分析 [J]. 价格理论与实践，2018（7）：79-82.

[8] 贺菊煌，沈可挺，徐嵩龄. 碳税与二氧化碳减排的 CGE 模型 [J]. 数量经济技术经济研究，2002，19（10）：39-47.

[9] 胡元聪. 我国法律激励的类型化分析 [J]. 法商研究，2013（4）：36-45.

[10] 李志学，张肖杰，董英宇. 中国碳排放权交易市场运行状况、问题和对策研究 [J]. 生态环境学报，2014（11）：1876-1882.

[11] 丘水林，靳乐山. 生态产品价值实现：理论基础、基本逻辑与主要模式 [J]. 农业经济，2021（4）：106-108.

[12] 史英哲. 推动国内外绿色债券市场的深入衔接和融合 [N]. 中国经济时报，2017-12-25（004）.

[13] 史英哲，王遥. 绿色债券 [M]. 北京：中国金融出版社，2018.

[14] 苏明，傅志华，许文，等. 碳税的国际经验与借鉴 [J]. 经济研究参考，2009（72）：17-23，43.

[15] 唐国豪. 发行绿色债券，促进京津冀大气污染协同治理 [J]. 金融经济（理论版），2015（3）：13-15.

[16] 王灿，陈吉宁，邹骥. 基于 CGE 模型的 CO_2 减排对中国经济的影响 [J]. 清华大学学报（自然科学版），2005，45（12）：1621-1624.

[17] 王海全，唐明知. 优化我国绿色金融标准体系 [J]. 中国金融，2019（1）：74-76.

[18] 王遥，徐楠. 中国绿色债券发展及中外标准比较研究 [J]. 金融论坛，2016，21（2）：29-38.

[19] 魏涛远，格罗姆斯洛德. 征收碳税对中国经济与温室气体排放的影响 [J]. 世界经济与政治，2002（8）：47-49.

[20] 武思彤. 中国碳价格影响因素研究 [D]. 吉林：吉林大学，2017.

[21] 杨希雅，石宝峰. 绿色债券发行定价的影响因素 [J]. 金融论坛，2020，25（1）：72-80.

[22] 姚昕，刘希颖. 基于增长视角的中国最优碳税研究 [J]. 经济研究，2010，45（11）：48-58.

[23] 殷斯霞，李新宇，王哲中. 金融服务生态产品价值实现的实践与思考——基于丽水市生态产品价值实现机制试点 [J]. 浙江金融，2021（4）：27-32.

[24] 于杨曜，潘高翔. 中国开展碳交易亟须解决的基本问题［J］. 东方法学，2009（6）：78-86.

[25] 袁康. 绿色金融发展及其法律制度保障［J］. 证券市场导报，2017（1）：4-11.

[26] 曾刚，万志宏. 碳排放权交易：理论及应用研究综述［J］. 金融评论，2010，2（4）：54-67.

[27] 翟大恒. 我国与欧盟碳交易的市场风险比较研究［D］. 济南：山东财经大学，2016.

[28] 詹小颖. 我国绿色金融发展的实践与制度创新［J］. 宏观经济管理，2018（1）：41-48.

[29] 张天. 中国碳排放权交易与课征碳税比较研究［D］. 吉林：吉林大学，2015.

[30] 张友棠，刘帅. 碳排放权质押贷款运作模式及其估价模型选择研究［J］. 财会月刊（理论版），2015（2）：53-57.

[31] 赵晓英. 绿色债券发展制度框架［J］. 中国金融，2016（16）：37-38.

[32] 郑颖. 构建我国碳税法律制度研究［D］. 山东：山东大学，2014.

[33] 钟笑寒，李子奈. 全球变暖的宏观经济模型［J］. 系统工程理论与实践，2002，22（3）：20-25.

[34] Boyd R, Ibarraran M E. Costs of compliance with the Kyoto Protocol: A developing country perspective [J]. Energy Economics, 2002, 24 (1): 21-39.

[35] Brännlund R, Nordström J. Carbon tax simulations using a household demand model [J]. European Economic Review, 2004, 48 (1): 211-233.

[36] Bureau B. Distributional effects of a carbon tax on car fuels in France [J]. Energy Economics, 2011, 33 (1): 121-130.

[37] Coase R H. The problem of social cost [J]. The Journal of Law and Economics, 1960, 3: 1-44.

[38] Dales J H. Pollution, property and prices [M]. Toronto: University of Toronto Press, 1968.

[39] Farzin Y H, Tahvonen O. Global carbon cycle and the optimal time path of a carbon tax [J]. Oxford Economic Papers, 1996, 48 (4): 515-536.

[40] Feng Z H, Wei Y M, Wang K. Estimating risk for the carbon market via extreme value theory: An empirical analysis of the EU ETS[J]. Applied Energy, 2012, 99 (99): 97-108.

[41] Garbaccio R F, Ho M S, Jorgenson D W. Controlling carbon emissions in china [J]. Environment and Development Economics, 1999, 4 (4): 493-518.

[42] Jaeger W K. Carbon taxation when climate affects productivity [J]. Land Economics, 2002, 78 (3): 354-367.

[43] Kemfert C, Welsch H. Energy-capital-labor substitution and the economic effects of CO_2 abatement: Evidence for Germany [J]. Journal of Policy Modeling, 2000, 22 (6): 641-660.

[44] Montgomery W D. Markets in licenses and efficient pollution control programs [J]. Journal of Economic Theory, 1972, 5 (3): 395-418.

[45] Rogge K, Hoffmann V. The impact of the EU ETS on the sectoral innovation system for power generation technologies - Findings for Germany [J]. Energy policy, 2010, 38 (12): 7639-7652.

[46] Scrimgeour F, Oxley L, Fatai K. Reducing carbon emissions? The relative effectiveness of different types of environmental tax: the case of New Zealand [J]. Environmental Modeling &Software, 2005, 20 (11): 1439-1448.

第15章 全员行动实现碳中和

15.1 生活消费减碳

随着经济社会的发展及城市化推进，生活消费碳排放在总碳排放中的占比日益显著。生活消费碳排放与每一个人息息相关，并且还有很大的减排空间。要实现生活方式的低碳转型，大众有必要了解生活消费碳排放的构成与影响因素等相关的基础知识，了解不同生活消费模式对碳排放的影响，以更好理解、支持和实施生活消费减碳的各种措施，实现碳中和事业的全员参与。

15.1.1 生活消费范围界定及其碳排放构成

（1）生活消费范围界定

消费发生在大众生活的每时每刻，与投资、出口并称为驱动经济增长的三驾马车。从国民经济角度看，消费可以分为居民消费和政府消费。政府消费关注政府部门为社会提供公共服务、商品等的支出，居民消费则侧重于居民个体的消费行为。此处的"居民消费"即为本节讨论的"生活消费"，有时也被称为"家庭消费"（household consumption），指居民通过货币支出购买货物和服务，满足衣、食、住、行、用等各种日常需求的过程。居民是消费需求的主体、消费行为的最小单位，居民的生活消费是一切生产活动的根本目标。生活消费的结构与规模变化对碳排放有着深刻影响。

在统计上，我国通常把居民消费支出分成食品烟酒、衣着、居住、生活用品及服务、交通通信、教育文化娱乐、医疗保健、其他用品及服务等8个类别。随着经济社会发展，人们的消费水平与结构不断发生变化（图15-1）。近十年来，我国社会消费品零售总额由2010年的15万亿元增长至2020年的39万亿元，年均增速约16%，消费对经济的拉动作用不断提升。同时消费结构呈现新的特点，与2001年相比，城乡消费中衣食等基本开支占比有显著降低，交通通信支出占比有明显提高，住房、教育等支出占比也有提升。与发达国家相比，我国居民消费率（即居民消费支出与GDP之比）明显较低，教育文化娱乐类支出占比也相对偏低。可以预期，未来生活消费仍有巨大增长空间，带来的能源消耗和商品服务也会迎来新的增长。与此同时，能源消耗带来的直接碳排放及商品和服务带来的碳排放不可忽视。

按不同的划分标准，生活消费活动导致的碳排放可以有不同的划分方式。例如，按排放方式，生活消费碳排放可以划分为直接碳排放与间接碳排放；按消费类型，则可以划分为食品消费碳排放、私人交通碳排放等。了解各类型生活消费碳排放量及其影响因素、

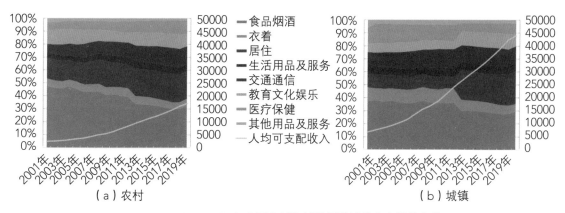

图15-1　2001~2020年中国农村和城镇居民消费支出结构变化

识别并处理主要矛盾，方便我们设计和实施更有针对性、更有成效性的生活消费减碳行为。

（2）生活消费的直接碳排放与间接碳排放

①直接碳排放。人们的日常生活依赖于各种能源（如电力、热力、燃气、液体燃料、煤炭、生物质燃料等）的直接消耗，这些能源消耗所产生的碳排放被定义为生活消费的直接碳排放。生活消费直接碳排放的计算方法一般为排放系数法，即用家庭各类能源消耗量乘以相应的碳排放系数。各类碳排放系数由调研及统计学方法获得。

②间接碳排放。除直接能源消耗外，人们为满足日常生活需求，还需消费和使用各种非能源商品和服务（如服装、食品、家具、住房、电器设备、通信服务等）。商品或服务的生产加工、物流运输、废物处置等生命周期的诸多环节也要消耗能源，相应产生的碳排放被定义为生活消费的间接碳排放。间接碳排放的计算方法比较复杂，需要用到投入产出表和消费支出数据来测算，数据规模较大。一般来说，生活消费间接碳排放往往高于直接碳排放，并且与各地区的消费结构高度相关。

③家庭碳足迹。家庭碳足迹即生活消费的直接碳排放与间接碳排放之和。

在最近20多年里，我国居民生活消费的间接碳排放是直接碳排放的3~8倍，城镇生活消费总的碳排放是乡村生活消费的1.5~2.5倍。2012年，城镇家庭碳足迹人均2.8tCO_2，农村家庭碳足迹人均1.1tCO_2。家庭碳足迹贡献了全国碳足迹的34%，也就是说，与生活消费直接和间接相关的碳排放在整个碳排放中能占到1/3左右，其中，发达省份家庭碳足迹占比接近1/2，一些欠发达省份占比也有1/4。美、英等发达国家的家庭碳足迹份额更高，能占到本国碳足迹的70%左右。

（3）不同生活消费类型的碳排放

我国家庭生活的直接碳排放来源包括私人交通出行消耗的燃料和居住烹饪、取暖、照明等消耗的燃料、电力、热力等。研究显示，煤炭、燃油及电力是我国生活消费直接碳排放的主要来源，其中煤炭消耗呈现下降趋势，燃油及电力消耗则保持持续增长。家庭生活的间接碳排放中，占比最高的前三项依次是居住、食品和交通通信，合计可以占到所有生活消费间接碳排放的70%以上（图15-2）。随着经济社会的发展，我国居民的消费重心逐渐从生存型的"衣、食、用"向发展型的"住、行"转移，居住与交通通信带来的间接碳排放占比快速上升。

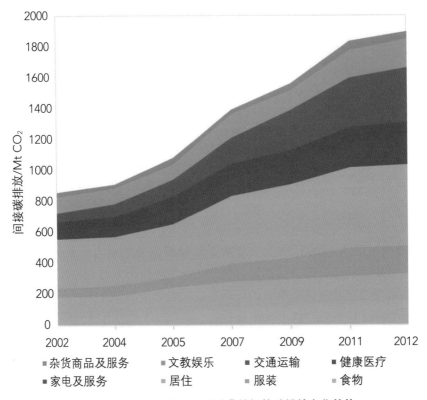

图15-2　中国不同类型生活消费的间接碳排放变化趋势

　　受收入水平、消费结构、生活方式和地理差异等影响，不同国家和地区生活消费的碳排放水平与结构不尽相同。若将生活消费碳排放按食品、居住、交通、消费品、休闲、服务六种类型划分，则食品、居住、交通三种生活消费的碳排放对不同国家或地区来说均为家庭碳足迹的主要贡献来源，占比达3/4（图15-3）。食品类别方面，西方高度依赖红肉、乳制品的饮食习惯导致了明显更高的碳排放。居住类别方面，不同地区的取暖需求和取暖方式有重要影响，例如日本个人碳足迹中直接能源消耗占比接近4/5，其中一半以上是电力消耗。相比之下，我国人均居住碳排放则因更宜居的气候、更小的住房面积、更少的家电用电需求等因素明显较低。在交通类别方面，发达国家居民显示出更高的交通需求，芬兰和日本的人均年交通需求分别为16599km与11000km，而中国、巴西与印度则仅有4000～8000km。公共交通的使用比例对该部分碳排放影响很大。

　　在目前的生活方式下，各国生活消费碳排放与全球气候变化治理目标的要求均还有不少距离。减碳还需因地制宜，针对不同地区的生活需求和生活碳排放重点领域各有侧重地采取行动；发达国家更高的人均碳排放也意味着需要承担更高的减碳压力。

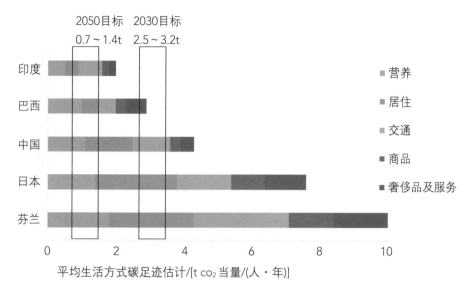

图15-3　典型国家年人均生活消费碳排放比较及与全球碳排放控制目标的差距

15.1.2 客观社会因素对生活消费碳排放的影响

生活消费碳排放受诸多因素影响（图15-4）。客观影响因素譬如收入、人口、生活方式，社会经济和环境因素，以及消费规模和结构等。主观影响因素譬如人们的需求、价值、情感等。目前有大量研究成果可以为以上因素对生活消费碳排放影响的定量讨论提供支撑。

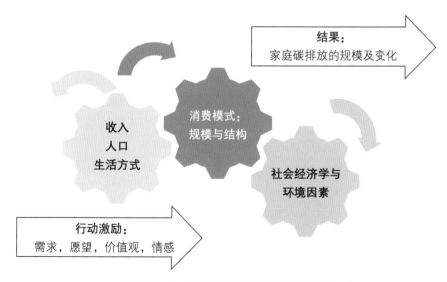

图15-4　生活消费碳排放的影响因素框图

（1）碳排放强度、消费结构、消费水平与人口等因素的影响

碳排放强度指单位GDP所伴随的碳排放量，该指标可以反映一个国家或地区能源利用的质量及碳排放效率。从宏观上看（图15-5），随着技术的进步和能源结构的逐步改善，

家庭生活消费的碳排放强度会随之下降，该因素对降低生活消费碳排放起到促进作用。

　　但碳排放强度降低带来的降低效应被其他因素的影响所抵消。多项研究指出，导致生活消费碳排放持续增长的主要因素包括消费水平的变化、人口变化以及消费结构的变化。其中最大的影响来自居民消费水平的提高（14%～32%），其次是人口增长（8%～13%），消费结构的变化对增加碳排放的效果相对有限（<2%）。不断提高技术水平、降低产品和服务碳强度，保持合理适度消费水平及人口，是从宏观整体上降低生活消费碳排放的重要路径。

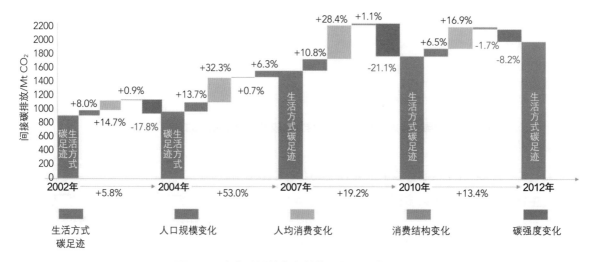

图15-5　家庭碳排放变化趋势及相关因素贡献

　　（2）收入水平的影响

　　生活消费减碳，也要考虑社会公平问题。收入水平差异对生活消费碳排放的总量及结构均有明显影响。

　　相当多的研究表明，在目前仍以化石能源为主的能源结构和经济社会发展模式下，随着收入水平的增加，家庭用电、燃气、交通等消耗造成的直接碳排放以及商品和服务消费带来的间接碳排放均呈上升趋势，生活消费碳排放显著增加。在中国，城市居民人均碳足迹是农村居民碳足迹的2.5倍。较富裕的家庭倾向于消费更多的商品和服务，所以产生更多的碳排放（图15-6）。全球最富有人口（0.54%）的排放量，累积排放量相当于每年39亿吨CO_2，这相当于生活消费相关碳排放总量的13.6%。相比之下，世界上最贫穷人口（50%）的生活消费排放量仅约占10%。

　　此外，不同收入家庭碳足迹的构成方面也存在明显的差异。低收入家庭直接排放占总碳排放之比要明显高于高收入家庭。这是因为低收入家庭的生活对廉价、碳排放强度大的能源依赖程度更高，例如我国城市家庭煤炭的消费已快速下降，目前主要能源为燃油及电力；农村家庭主要能源则仍然主要以煤炭及非商业化能源为主。高收入家庭的间接碳排放显著高于低收入家庭。高收入家庭的间接碳排放主要来源于食品、交通通信、教育文化娱乐等，结构更为丰富；低收入家庭的间接碳排放则主要来自食品消费等生存型消费支出，

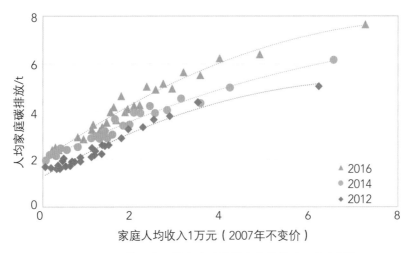

图15-6　不同收入水平的家庭碳排放变化趋势（北京案例）

结构相对单一。如何在减碳的大背景下缩小家庭差距，实现低收入家庭生活水平的提高和个人完善发展，也是需要考虑的问题。

15.1.3 主观心理因素对生活消费碳排放的影响

除以上提到的客观的社会因素外，个人作为消费行为的主体，心理因素也有重要影响。目前对城市家庭消费碳排放的相关研究很多，研究尺度已由国家、区域和城市逐渐转向社区、家庭，研究方法从宏观统计数据分析演变成社会问卷调查数据与实地调研数据相结合。研究尺度和研究方法的微观化，为从个人行为入手的生活消费减碳策略提供了实证依据。

（1）不同消费理念的影响

消费理念指消费者支配收入进行消费时的价值判断和行为倾向。合理的消费目的在于满足消费者身心健康的发展，而消费主义刺激下的消费目的则在于获得文化认同与社会身份，具有过度占有、追求炫耀、奢侈消费的特征。生活消费的碳减排并非意味着抑制消费。事实上，2020年我国消费率为55%，与发达国家80%左右的消费率相比明显偏低，与GDP相近的国家、地理相邻国家相比也仍偏低，还有很大的上升空间。但鼓励消费的同时，也必须注意区分合理消费与消费主义刺激下的消费。一项关于北京市不同消费模式下生活碳排放的研究结果显示，炫耀型消费群体生活消费的直接碳排放达2.07t/人，是实用型和节俭型的1.4倍和1.8倍；间接能源碳排放达6.74t/人，是实用型和节俭型的1.6倍和2.6倍（图15-7）。

树立正确消费理念，对减少不必要的碳排放有重要意义。以食物为例，全球被损耗及浪费的食物占比高达1/3。该部分食物的生产、加工、运输等环节及腐烂分解均造成大量碳排放，若以各国碳排放量衡量，"食物损耗及浪费"相当于第三大碳排放国。考虑消费环节的食物浪费，我国的食物浪费中"户外消费"部分是"家庭"部分的3倍有余，与其他国家"家庭"部分厨余垃圾占比更高有显著的不同，反映了我国居民外出就餐频率的增

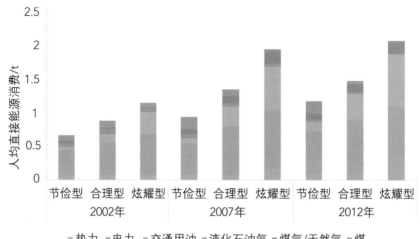

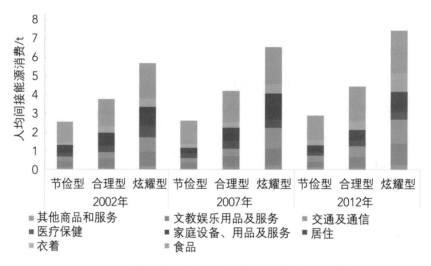

图15-7　不同消费模式的人均生活消费碳排放比较（北京案例）

加及订餐量超过食量的"面子工程"心理。改变点餐观念，减少食物浪费，已经成为社会共同呼吁的新风气。

（2）主观心理因素的影响

人们的主观心理因素也在生活消费碳排放中起着重要作用。一项全国性研究指出，个人的心理认知可以影响其环保行为的意愿：一个人越快乐、越有安全感，在生活中实施环保行为、践行绿色生活方式的意愿越高，相应地生活消费碳排放越低；一个人越倾向于遵守社会规范，越有可能响应政府的减排号召。

但以上结论并非总是成立。在一些研究结果中，对社会问题更关注的个体反而表现出更高的人均碳排放量，这一与常识相悖的现象被称为"态度-行为差距"。例如，西安市的一项问卷调查结果显示，尽管90%的受访者具有低碳知识，但仅有18%表示自己愿意考虑并坚持低碳生活方式，近80%的受访者表示不曾考虑低碳生活方式或考虑过但认为很难做到。因此，有效的社会动员不仅应当实现观念普及，更应致力于实现大众的"知行合一"。

15.1.4　生活消费减碳的系统策略

生活消费碳排放将减碳的关注点转向了消费端。作为数量庞大的消费行为主体，居民、个人的低碳生活实践将对生活消费减碳产生重要影响。与此同时，也必须认识到，生活消费减碳是一项系统性工作，只有多元主体的多方协同、打好组合拳，才能真正取得理想成效。

对个人而言，大众首先需要加强对低碳生活基本知识的了解，树立绿色生活理念，建立减碳主体的责任感；在此引导下，还需将观念落实到行动，积极践行低碳生活习惯，如调整"舒适生活"的标准、选择环境友好的商品等。其次，还需树立健康的消费观念，培养简约适度、绿色低碳的消费习惯。最后，关注自我心理认知，保持乐观、积极的心理状态，强化遵纪守法的公民意识，消除"态度行为差距"。

对政府而言，首先需要为低碳生活风气的建设创造良好的舆论环境，为人民提供必要的知识普及。目前，我国政府已采取一些措施推进绿色低碳社会的建设。例如2018年生态环境部、中央文明办、教育部、共青团中央、全国妇联共同编制并发布的《公民生态环境行为规范（试行）》，对于引领公民践行生态环境保护责任起到了重要作用。其次，政府还应发挥宏观作用，积极鼓励企业低碳技术创新，大力支持低碳产品研发与销售，为公民绿色消费提供更充足的选择。此外，政府还需做好城市规划，为低碳行为的实现提供客观条件。例如，近年来多地政府加强公共交通建设，使得民众绿色出行更为便利。最后，在推行减碳工作中还需考虑碳足迹的公平性问题。富裕家庭能够负担得起更高份额的服务和其他低碳消费项目，相比之下生活消费减碳对碳强度较高的贫困家庭的影响更大，因此行动设计需要充分考虑到贫困的社会群体。

对科协、学者群体而言，需要发挥业务能力，积极将低碳理论转化为群众易于了解和接受的知识，从而扩大受众，实现社会教育的目的。例如，通过科普如何计算碳排量，不仅可以帮助大众对日常生活碳排放进行简单的定量判断，也可以使大众更直观地理解个人低碳行为所能做出的贡献。又如，可以教育消费者如何辨识低碳产品，赋予消费者践行低碳消费的能力。

对社区而言，应当发挥好社区的组织带动作用，完善低碳社区建设与评价机制，以此建立良好的低碳生活社群氛围。风气良好的社区对保持居民低碳生活积极性、充分发挥个人和集体带动作用有重要意义。

对协会、企业而言，需要积极承担低碳大旗下的社会责任，努力消除产品标识与消费者认知之间的信息鸿沟。要优化低碳产品的认证标识，降低消费者准确理解标识的成本，创造便于消费者做出绿色消费的环境。

对媒体而言，不仅需要加强宣传力度，将低碳概念深入人心；更要充分认识公众认知与行为间的落差，洞察阻碍公众践行低碳生活方式的因素，努力促进公众从低碳意识到低碳行为的转化。

15.2 饮食：食品与生态农业

15.2.1 中国饮食正在经历快速变革

食物作为人类赖以生存和发展的基础，是人类生活中的基本必需品。随着全球人口的持续性增长，食品需求将成为下一个迅猛增长点，预计到2050年全球人口将达到95亿，全球粮食需求将继续增加60%，给粮食供给带来巨大压力。

随着经济的迅速发展和人们生活水平的不断提高，人们的饮食水平获得了空前的进步。得益于生产技术的进步，人类粮食生产力获得了巨大提升。依据世界粮农组织FAO统计，1961~2020年，世界谷物总产量从7.99亿吨增加到27.66亿吨，增长了3.4倍，年均增速1.2%；中国人均粮食占有量从1978年的316.6kg到2020年的474kg，远高于人均400kg的国际粮食安全标准线。如此生产力的提升也带来了饮食观念的变化，人们对于饮食的要求也从吃饱到多样化的饮食选择，据中国健康与营养调查统计（CHNS）中显示，城乡居民谷物消费量从1989年的522.3g/d下降到2015年326g/d，多余的能量需求则倾向于采用肉类、水产品和乳制品等补足。在粮食供应得到保障的前提下，中国饮食行业得到了蓬勃发展，中国人"民以食为天"的饮食文化极大发扬。

中国在保障粮食与食物安全方面尽管取得了非人的成就，带来的问题也十分复杂与严重。首先，在食物生产方面，农业粗放的发展模式是改革开放以来严重的社会关切问题。农药、化肥、农业灌溉等被大量使用去维持食物产量的提升，造成了大量能源和资源的消耗；肉类的消费带动了畜牧业的发展，由于动物生长特性，畜禽动物对能量和营养的利用效率远低于植物，而像反刍动物更是会在生长过程中产生甲烷，加重温室效应。

与此同时，饮食变革带来的另一个问题是食物浪费现象愈加严重。现代食品供应链需要经过食物生产—采摘—储存—物流—零售—消费的生命周期过程，而相当一部分食物在上零售前就已经被浪费掉了。据研究表明，中国每年在粮食供应链上的损失高达1.2亿吨。而在餐饮后浪费同样不可忽视。这些食物浪费占中国全年粮食总产量的20%以上。

15.2.2 饮食带来的碳足迹不容忽视

尽管化石燃料燃烧是温室气体排放的主要来源，但是在食物生产和消费结构不合理的双重压力下，饮食带来的碳排放问题更是全球关注的热点。最新研究表明，人类饮食碳足迹占全球温室气体排放总量的1/3左右，最大贡献者是农业生产活动造成的温室气体排放/占用林地减少固碳，还包括整个食品供应链上的直接和间接碳排放：农业生产所需的物质投入、食品加工、运输、存储、零售等整个环节。

如图15-8所示，饮食相关碳足迹过程包含农业生产、食品加工、食品运输、食品存储和餐厨垃圾处理五部分。农业部门是主要的食品碳排放来源和最大的非碳温室气体排放源，除了农产品生产所需的直接化石能源外，在农作物生长过程中，肥料和农药是必需品，在生产它们的过程中同样需要消耗大量能量，此外，未利用的化肥与农药一部分会转变为氧化亚氮排放，它的温室效应是二氧化碳的298倍。水稻由于其特殊机制在生长过程中和甲烷菌的共存会额外排放甲烷，进一步加剧了温室气体排放。到了动物生长过程中，有相当一部分种粮被用来制作饲料，受到动物生长特性的限制，饲料含有的物质能量仅有一小部分能转化为肉类产品，剩余物质转化为禽畜粪便、骨骼等被废弃，管理禽畜粪便的过程中还会额外释放甲烷和氧化亚氮。

加工—运输—存储过程同样需要能量的参与，农产品在形成初级产品后经历的加工过程，如谷物磨制、食用油压榨和肉类的冷冻等，经过铁路和陆路从农村配送到市区超市，最后我们购买的食物在家中的冷藏和烹饪等，都对碳排放具有不可忽视的贡献。

在这样的食物供应和消费环节下，我们每一份食物所含有的碳排放将是一个相当可观的数目。因此，全面实行低碳饮食策略是保证实现碳中和的重要手段，下面主要介绍饮食相关两个方面的减少碳排放的措施。

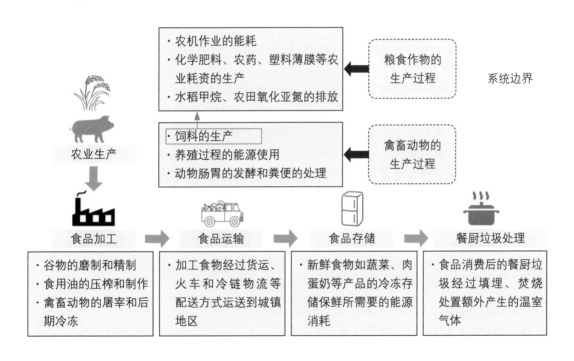

图15-8　**饮食相关碳足迹概念图**

15.2.3 低碳农业对饮食碳减排的作用

农业是食品生产的首要环节，是维持人民生活必不可少的基础产业，但是改革开放以来经济发展和物质需求的快速增长，农业由自给自足的传统型转变为集约化生产的粗放型发展模式，是导致农业高温室效应主要的原因。发展低碳农业对全面实现碳中和是十分必要的。近年来农业技术的快速发展，运用现代科学技术成果和现代管理手段，以及传统农业的有效经验，对提高生产效率，降低物质消耗和减少农业温室效应有十分重要的推动作用。

（1）优化种植技术，提高生产效率

首先，采用先进的农业种植技术能大量减少种植生产阶段的物质消耗与环境影响。受益于地理遥感、气象学和植物学科的发展，精准施肥技术、复合营养肥技术和无土栽培技术等在现代种植业中的用途越来越广。例如我们在北京市平谷区针对植物生长特性对传统肥料配方进行改进，并对大桃、玉米和大豆等主要农作物开展了连续两年的种植试验，结果表明高效复合营养肥同对照试验相比具有增产效果，并减少了50%以上的化肥相关温室气体排放量，显著降低了面源污染。如果能将技术全面推广，那么对低碳种植业的推动是可观的。

水稻种植一直是第二大温室气体甲烷排放的主要贡献者。优化水稻品种，减少生产造成的环境影响一直是研究学者们的努力方向。近年来，瑞典农业科学大学与福建省农业科学院的研究者利用基因技术改进了水稻的生长机理以减少甲烷排放，通过将大麦的一个糖代谢基因编入水稻中，使得新型水稻的特性相比于传统水稻大幅改进，使得同样生长环境的水稻相比于传统水稻产量提高13%，甲烷排放量减少90%以上。类似的技术如采用高产杂交水稻品种和提高稻田灌溉措施等同样对水稻田甲烷排放的减缓做出贡献。

（2）提高养殖管理水平，促进养殖现代化

畜牧业是温室气体排放的元凶之一，从全球来看它已经超过了交通业的碳排放量，这主要来源于反刍动物的胃肠道甲烷排放与粪便管理不当的甲烷和氧化亚氮释放。对反刍动物的甲烷排放而言是世界性难题，但是在系统尺度上推进养牛羊规模化以提高单位牛羊出栏效率是现如今低碳畜牧业的有效手段。此外，人工合成牛肉技术虽然不够成熟，但是如果能在营养和口感上提升以提高消费者认同度，达到替代牛肉的效果也是未来碳减排的措施之一。其次，畜牧业的禽畜粪便的温室效应也应当被重视，禽畜粪便的有效管理是低碳畜牧业的另一个难题，在推进规模化养殖的趋势下，推动大型养殖场禽畜粪便资源化、能源化和肥料化，减少养殖业粪便向环境流失是另一个推动低碳畜牧业的措施。

15.2.4 减少食物浪费对饮食碳减排的作用

（1）提升粮食供应体系效率，减少供应链损失

由于农产品具有销售分散、产地集中的特点，产品到消费者手中要周转大部分时间，再加上消费者更倾向于购买新鲜产品，大部分食物在上货架前就被扔到了垃圾桶。为解决这一难题，推进农产品供应链智能化发展，将有效提升粮食供应的体系效率。通过大数据、云计算和分布式人工智能等技术打造新型供需模式，可以在短时间内汇聚大量消费者的需求，并将消费端的需求，快速传递给生产端。这个模式，能够快速消化丰收的农产品，大大降低了农产品滞销、损耗的问题。如果将所有供应链上损耗的农产品节省下来，可以减少约1.2亿吨农产品需求量，不仅可以减少过量的农业生产所造成的温室气体排放，还能减少农产品损耗而分解腐烂的温室效应。

（2）改变餐饮习惯，避免铺张浪费

"谁知盘中餐，粒粒皆辛苦。"我国自古就有节约粮食的美好传统文化，但是在物质丰富的今天，餐饮浪费现象却十分严重。在2018年发布的《中国城市餐饮食物浪费报告》

中显示中国城市餐饮每年食物浪费总量约为1700万~1800万吨，相当于3000万~5000万人一年的食物量；大型餐馆、中小学生群体、学校和员工食堂都是餐饮浪费的重灾区，大型聚会浪费则达38%，而学生盒饭有1/3会被扔掉。这些浪费掉的食物不仅额外增加了食物生产的压力，处理掉的废弃食物也会增加温室气体排放，焚烧、堆肥、生物柴油和填埋都会产生二氧化碳和甲烷，其中填埋产生的温室气体当量最大。因此，杜绝"面子工程"，控制食品购买量，增强爱粮节粮意识，抑制不合理消费需求等，都可以有效减少餐后浪费，对饮食碳排放减量具有很大贡献。

（3）合理饮食结构，培养健康饮食习惯

根据研究表明，动物性食物的碳足迹远远高于植物性食物的碳足迹，像牛肉的碳足迹可达到20~50kg CO_2当量/kg，而大部分蔬菜的碳足迹都在1kg CO_2当量/kg以下，相差约几十倍。随着经济的发展，中国的饮食已经发生了显著改变，但是城镇居民的饮食结构却不容乐观，比如最近的一项研究表明2015年人均肉类摄入量是膳食指南推荐的1.5倍（表15-1），这不仅造成了每人就餐中高水平的碳排放，还会加重肥胖、高血脂、高血压等慢性病的产生。如果从健康饮食角度出发，按照各类食物建议摄入量减少动物性食物摄入水平，对碳中和的贡献程度是可观的。此外，选择本地生产的食品，少吃包装食品对食品加工和运输碳排放量下降也具有不小影响。

表15-1　2015年不同食物种类下的碳足迹大小，城镇居民饮食结构现状以及推荐摄入量

食物类型	碳足迹大小/（ kg CO_2 当量/kg食物）	消费现状/（ g/d ）	推荐摄入量/（ g/d ）
谷物	2.2	355	250~400
蔬菜	0.4	402	300~500
水果	0.6	244	200~350
食用油	8.6	52	25~30
肉类	13.5	123	40~75
水产品	5.2	47	40~75
蛋类	4.5	73	40~50
奶类	2.8	70	300

在这些措施的共同努力下，饮食相关的碳排放在未来将会大幅降低，每一位食品生产的参与者和消费者都可以对碳中和贡献一份力量。

15.3　住房：低能耗建筑，零碳取暖制冷

全球能源署指出，建筑与建筑施工部门加起来占全球最终能源消耗的1/3以上，占直接和间接二氧化碳排放总量的近40%。过去的十年里，建筑面积的增长远远超过了人口的增长。未来，新兴经济体和发展中国家的不断增长和人口快速增长的购买力会导致2060年

可能会增加至50%。此外，到2050年，全球的建筑存量预计将翻一倍，这将导致全球建筑业的能源消耗更多、碳排放更多。作为最大的发展中经济体，中国经济正在飞速发展，城镇化进程不断深入，人们对未来美好生活的向往，人在提升对未来建筑的恒温、家居智能化与电气化的需求，加剧了未来建筑的能源需求。通过优化节能设计以降低总体建筑运行需求，通过发展可再生能源技术以实现建筑零碳排放。如最大限度地利用建筑屋顶面积利用太阳能，改善建筑隔热，采用电热互联供热等策略。建筑是人类赖以生存的场所，是人类一些精神文明的庇护场，它兼具各项功能，又是碳排放"大户"，零碳建筑是人类实现可持续发展的必由之路，道阻且长，有如下关键行动。

（1）零碳取暖制冷

提升建筑用电用热中可再生能源比例是实现零碳建筑的关键。而供热与制冷的基于可再生能源的电气化是建筑脱碳的关键。目前，用于加热与制冷的能源占全球最终能源消耗的1/2，产生了大约40%的二氧化碳排放，并且高度依赖化石燃料，造成碳排放与空气污染。电气化在解决上述问题中具有巨大潜力，但前提是电力的来源可再生。目前，电力占全球用于供暖总能量的14%，在生活热水中占18%，在炊事中占17%。随着人口逐渐增多，人类生活水平逐渐提升，用于供暖和制冷的能源预计可能翻倍，采用可再生能源电力与持续优化的保温隔热材料，更高效的取暖与制冷系统是实现零碳建筑的关键。

基于可再生能源的电气化是零碳取暖与制冷的关键途径。同时，通过需求侧的设备，如热泵，可以增强高比例可再生能源电网的灵活性。热泵可以在制冷与供暖电气化中发挥重要作用，可以通过与区域供热和制冷网络的集成，为单个房屋或者整个城市区域提供取暖与制冷服务。例如，丹麦奥胡斯利用过剩的风能连接至市区内供热网络的2MW热泵与80MW电锅炉。英国奥克尼群岛的一些家庭也用过剩的风力发电为高效的电热设备加热。在我国河北省的某些城市，政府与国家电网用过剩的陆上风电提供给用户电加热。自1990年以来，全球用于室内制冷的能源使用量增加了两倍。使用冷冻水和冷水库的电气化冷却系统也可以使用可再生电力。如迪拜（阿联酋）、波士顿（美国）、深圳和香港（中国）都有采用上述方案的案例。国家的政策有助于解决零碳供暖供热的障碍与降低成本，如我国北方地区冬季清洁供暖试点项目为电采暖用户提供补助，匈牙利的"H电价"为冬季的电热器具用电提供了优惠电价。

全球约60%的建筑能耗用于供暖与制冷。目前，这些能源需求中的大部分是有分散需求的。在人口密集的城镇区域，区域供暖是整合大量可再生资源的最有效方式。而区域供热网络的建设是推动集中供暖与制冷的主要障碍，可以通过市政投资或补贴等财政支持解决。如哥本哈根建立了全球最大的区域供暖网络之一，服务该市98%的建筑；迪拜开发了全球最大的区域冷却网络；巴黎开发了欧洲第一个也是最大的区域冷却网络。自2000年以来，全球就不断开始推广燃气驱动的热电冷三联供系统，并让其主要作为分布式能源系统，以期实现低碳。但是这种方式仍然是以天然气驱动，依然会排放CO_2。而只有当热与电或冷与电的需求相互匹配时，才能实现最高效率。但对于一个建筑（群）来说，电的需求与冷热的需求难以匹配。热冷电三联供的更大问题是促成区域供冷方式。从实际的供冷特点来看，建筑对于供冷需求大多数是"部分时间，部分空间"，但集中促使了"全时间、全空间"的供冷服务，导致终端消费量成倍的增长。20年来，国内建立起了不少热电冷三联供系统，但实际运行起来尚未发现一个真正降低了运行能耗，节能的案例。未来实现碳中和的目标，本质要柔性地使用可再生能源，让建筑与可再生能源成为一个整体，保障人们的日常生活的同时降低碳排放。

（2）建筑低碳电力

前文提到，"光储直柔"配电系统电力需求全部来自风光，实现建筑用电的零碳；与外网通过AC/DC整流变换器连接；依靠系统内配置的蓄电池，与通过智能充电桩连接的电动汽车以及建筑内各种用电装置的需求侧响应用电方式，AC/DC可以通过调整输出到建筑内部直流母线电压来改变每个瞬态系统从交流外网引入的外电功率。当系统内蓄电池足够多，连接的电动车足够多时，任何瞬间从外接的交流网取电功率都可能根据需求实现0到最大功率之间的调节，而与当时建筑的实际用电量无关。由于某个区域内，每个采用"光储直柔"配电方式的建筑可以直接接受含高比例可再生能源的外网的取电功率，如果"风光直柔"建筑系统有足够的调节能力，根据外网的风光需求调度用电，则可以认为这一建筑系统的电力需求全部来自风光，实现建筑用电的零碳。

建筑引入可再生能源的前期改造也需要政府源源不断的投入。如在我国，财政部和住建部宣布从2014年起，所有新建的政府低收入住房必须通过中国绿色建筑标签认证。2009年首次启动的巴西"我的房子，我的生活"计划为低收入家庭建造了约400万套住房，也成了巴西太阳能热水行业的主要推动力。在拉丁美洲其他地区，墨西哥城气候行动计划下促进将太阳能光伏、废水处理设施等纳入新建的建筑中。在澳大利亚昆士兰省，政府的平价能源计划为投资屋顶太阳能和电池存储方案的居民提供无息贷款，同时还为中低收入家庭提供廉价太阳能电。

（3）生态文明生活习惯

我国城市建筑运行的人均能耗方式目前仅为美国的1/5 ~ 1/4。单位面积的运行能耗也仅为美国的40%。这种差异主要是不同的室内生活理念带来的。我国传统的建筑使用习惯为"部分时间，部分空间"的室内环境营造模式。但美国是"全时间，全空间"，无论环境内有人与否，都会使得室内环境全天处于要求的状态。这种状态会给使用者带来很大的边界，但实际对于单个建筑空间，其使用率仅为10% ~ 60%。全天候的室内环境营造对能源带来了极大的浪费。此外，建筑的通风方式，是主要采用自然通风，还是完全依靠机械通风。室内的舒适度维护区间，是保持舒适，还是过冷的制冷，或是过热的供热。上述这些情景对建筑运行实际能耗带来了巨大的差别。为了实现零碳建筑，也要求我们坚持节约型建筑运行模式，在这种较低的建筑运行能耗强度下，可以实现建筑零碳运行的目标。但如果按原有的水平增加两到三倍，我们前文提到的零碳路径就难以奏效，从生态文明理念出发，由追求极致的享受到追求需求与自然环境的平衡，是人类文明进步的体现，也是我们应该秉承的发展理念。

坚持绿色建筑的发展方向，通过绿色技术降低建筑碳排放并提升建筑的服务水平，是建筑持续发展的方向。通过被动地降低建筑供能、供热、供冷的耗能与碳排放，逐渐引入可再生能源，降低对电网的冲击，提升用电设备的转换效率，是未来零碳建筑的发展方向。

15.4 出行：新能源车与共享交通

近年来，我国汽车保有量不断增加。汽车保有量的增加导致我国的石油对外依存度不断升高，同时燃油燃烧排放的尾气也给环境带来了巨大压力。2020年我国乘用类汽车生命周期CO_2排放量达6.7亿吨，占我国总CO_2排放量的6.8%。在碳达峰、碳中和的战略背景下，低碳交通成为未来交通行业发展的必然趋势。

低碳交通的核心目标是节能减排，近年发展迅速的新能源汽车是实现节能减排的关键技术，共享交通的出现也在节能减排上起到了重要作用。交通低碳化的实现需要以技术水平的提升、基础设施的建设和消费模式的转变为支撑，具体包括以下几个方面。

15.4.1 发展新能源交通工具

（1）混合动力汽车

混合动力汽车是传统燃油车和纯电动汽车之间的过渡产品，兼具内燃机驱动和电机驱动的优势。内燃机是混动汽车的主要动力来源，能为汽车提供稳定的动力，满足长续航需求；电机是混动汽车的辅助驱动装置，具有良好的变工况特性，无污染物排放，配合蓄电池或电容器能够高效进行能量的存储和转化。

插电式混合动力汽车最大的特点在于电池容量较大，能够采用纯电动模式短途行驶，当电池电量耗尽时需要充电。当采用纯电模式驱动时，具有纯电动汽车的优点，但其电池容量远低于纯电动汽车。由于其具有传统燃油汽车的动力装置，因此仍然可以采用燃油作为动力源，满足长里程续航的需求。

相比传统燃油车，混合动力汽车在减少能耗和排放上具有优势。在道路拥堵或人口密集的场景下，汽车需要频繁制动和加速，燃油车在怠速（即发动机空载）状态下每小时耗油量可达1~2L，相当于行驶约30km的耗油量，而混合动力汽车则可以采用电机驱动，在怠速状态下少耗电。

一辆混合动力汽车需有两套动力系统，其结构复杂、质量较大、成本也较高，因此从生命周期的角度考虑，混合动力汽车在节能减排上的优势不明显。但在充电站普及和充电时间大幅缩短之前，混合动力汽车仍然会作为燃油车和纯电动汽车之间的过渡产品而长期存在。

（2）纯电动汽车

纯电动汽车以蓄电池为动力源，采用电机驱动。由于电能是二次能源，可以来源于风能、太阳能、水能等多种形式的清洁能源，因此纯电动汽车在使用阶段可以从根本上实现零碳排放。纯电动汽车在工作时不产生废气，且电机驱动不会像内燃机驱动一样产生噪声，对环境十分有益，特别是在人口密集的城市地区，电动汽车的环境优势尤其突出。

纯电动汽车比燃油汽车具有更高的能量转换效率。内燃机中的"化学能—机械能"转化效率最高只有40%，而由蓄电池和电机实现的"电能—机械能"转化效率可达80%。综合考虑采油、炼油和汽车传动系统等环节的能量损耗，燃油汽车的能量转换效率为15%左右；而对于纯电动汽车，若采用火力发电，能量从煤的化学能转化到汽车的机械能的效率约为28%。可见，即使纯电动汽车采用火力发电作为能量来源，由于具有更高的能量转换效率，其碳排放量大约只有燃油车的1/2。

动力电池是电动汽车的核心组件，电动汽车的动力电池组由多个电池单体串联叠置而成（图15-9），由上百个电池单体串联，可产生超过400V的电压。一方面，纯电动汽车相比于燃油汽车减少了发动机、变速器、进排气系统、传动系统、消声系统等复杂装置，在结构上更为简单，为电池的安装留出了更大的空间；另一方面，电能转化为机械能的效率

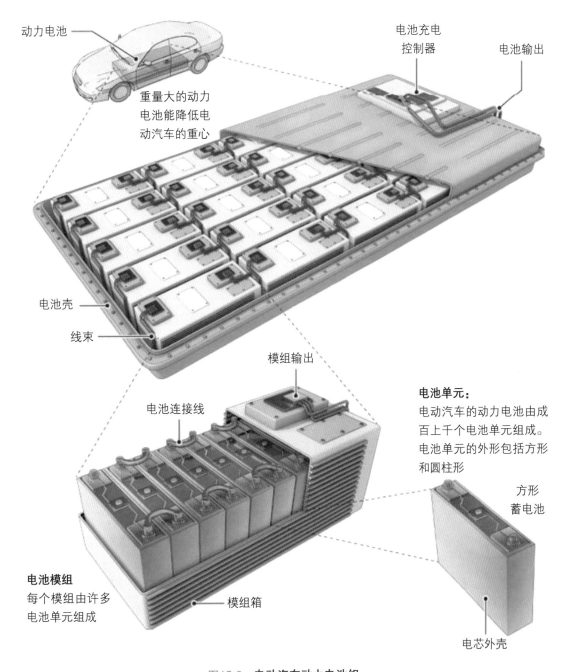

图15-9　电动汽车动力电池组

更高，一定程度上弥补了电池能量密度不足的缺陷。目前，装载锂离子电池的纯电动汽车，续航里程普遍可达400km以上。动力电池领域，锂硫电池、锂空气电池、钠离子电池、固态电池等技术有望应用在下一代动力电池中。

（3）燃料电池汽车

燃料电池中，化学能直接转化为电能，不经热能这一中间过程，比内燃机有更高的效率，其能量转换效率可高达80%。燃料电池可以采用多种燃料，包括氢气、一氧化碳、碳氢化合物等，氧化剂一般采用空气中的氧气。其中采用氢气作为燃料最为环保，其燃烧产物水对环境无污染。

燃料电池汽车具有与纯电动汽车类似的优点，例如能源清洁、能量转换效率高、无振动和噪声、结构简单、运行平稳，同时也具有一些独特优势。燃料电池汽车以氢气的形式储存能量，氢的质量能量密度是汽油的3倍，因此在续航历程上具有非常大的潜力。纯电动汽车需要较长时间来充电，而燃料电池汽车则可以在短时间内补充氢气，即充即走，相比于纯电动汽车更为方便快捷。

目前燃料电池汽车主要采用氢气作为燃料，氢气的来源从根本上决定了燃料电池汽车的碳排放量。目前的制氢途径主要包括煤制氢、天然气重整制氢、甲醇重整制氢等，无论是哪种制氢方式，都存在碳排放问题。而电解水虽然可以利用可再生能源制氢，其成本仍然较高，是其他制氢途径成本的2倍以上。未来制氢技术在降低成本的同时，向低碳化的方向发展，电解水、热化学裂解水、光解水、生物制氢等利用可再生能源制氢的方式，将逐渐替代传统制氢方式。

燃料电池汽车目前还没有被广泛应用，主要由于其技术还不够成熟。主要的问题来源于氢气，氢气的运输、加注和储存都存在问题。氢气是性质活泼的气体，必须解决运输、加注和储存过程中的安全问题，也带来了高额的设备成本。目前的加氢站、车载高压储氢罐都价格高昂，建设一座35MPa、日加氢500kg的加氢站，投资约为1500万元，其中压缩机所占成本最高，达到30%；一个35MPa的车载高压储氢罐的价格则接近2万元。因此，未来燃料电池汽车要实现大规模应用，必须开发低成本、高安全性的加氢和储氢设备。

15.4.2 完善绿色公共交通系统

在汽车保有量不断增加、尾气排放严重影响环境的背景下，公共交通工具在低碳化出行中扮演着重要角色。多年来，我国致力于公共交通服务的发展，形成了完善的城市与城际公共交通服务网络。公共交通系统的绿色化是未来交通行业发展的重点方向。

城市电动公交作为一种零排放、无污染的交通方式，逐步应用在各大城市的公共交通领域当中。相比于乘用车，公交车由于空间宽敞，更容易实现电动化，且由于行驶路线固定、单程行驶里程不长，也更容易采用电力作为能源。直辖市、省会城市等大部分大城市的公交车已全部更换为新能源汽车，新能源公交市场逐渐向三、四线城市和发达县、乡转移。未来公交车将实现全面电动化，一方面能够实现节能减排，另一方面，由于电动汽车噪声小、振动小，能为乘客带来更好的乘坐体验，以及更好地维护城市环境。电动公交车还能起到电力调峰的作用：公交车在白天运行，在夜晚充电，缓解电网负荷平衡问题。

未来电动公交车仍有较大的发展空间，不仅仅局限于实现全面电动化。电池技术的发展对电动公交来说至关重要。为了维持公交车的正常运营调度，电动公交车需要在短时间内充满电，且具有长续航里程。因此，快充技术、电池能量密度的提升对电动公交来说至关重要。要让电动公交车覆盖全国各地，还必须解决在寒冷地区电池性能下降的问题：当气温从25℃下降到-20℃时，动力电池所能释放的电量会降低30%，若车内开启暖气，续航里程将进一步降低。因此电动公交车在寒冷地区应用还需要配备合适的电池加热技术。同时，电动公交车由于带有高压动力电源、高压电器，需要防范高压触电事故、电池热失控造成的火灾事故。

15.4.3　建设电动汽车充电基础设施

随着新能源汽车的普及，能源供应设施的建设必将成为道路基础建设的重点。正如燃油汽车的使用需要加油站提供的燃油来支撑，电动汽车也需要充足的电力供应。完善的充电网络是电动汽车大规模应用的前提。

2020年我国各类充电桩保有量达132万个，位居全球第一。但随着电动汽车保有量的不断增加，目前的充电设施仍不能满足电动汽车的充电需求，加紧建设充电设施是当下至关重要的任务。电动汽车的充电基础设施一般包括充电桩、充电站和换电站，合理规划不同类型的充电设施，有利于解决充电供需平衡问题。

充电站是一种集中式的充电设施，与加油站类似。由于充电装置更为集中和完善，能够满足快充、慢充等多样化的充电方案需求。然而目前充电站的大规模建设面临着诸多问题。由于现阶段城市土地资源稀缺，大型充电站的建设必然挑战原有的城市规划布局，选址难度非常大。充电站建设需要投入大量的资金，且建设周期长，建成投入之后要面临前期的巨额亏损，例如深圳建成运营的7座充电站，每年亏损额为1300万元。充电站需要配备大量的值守人员，导致运营成本高。综合考虑，大规模建设充电站并不是充电基础设施建设的首选策略。

充电桩是一种分布式的充电设施，其特点是结构相对简单、选址自由度高、无人值守，相对于充电站有明显的优势。分布式的充电桩占用面积小、成本低，可在停车场、道路边缘、居民小区等地点建设，避免了充电站选址方面的缺陷。尽管充电桩选址自由度大，在选址上仍然要多方面考虑，包括考虑客流密度、使用率等因素，例如在商场、医院、旅游景区等客流密集的区域，可依托停车场建设较多的充电桩。充电桩对于用户来说也更加便捷，用户在住宅、商场、医院等地点的停留期间即可完成充电，而无需专门前往充电站。随着用户数量的增加，充电桩由原来的点状分布联结成网络，更加全面和及时地满足用户需求。

换电站（充换电站）在保持充电站功能的同时，还增加了换电的功能，可实现车载动力电池组的快速更换，其最大的优势在于大幅缩短了电动汽车补充能量的时间。换电模式推动了"车电分离"在市场上的普及，这种消费模式可以降低用户的购车费用，并且减缓电池老化带来的影响，增加新能源汽车的保值率。换电模式要求电动汽车具备车电分离的条件，且电池型号与车身型号要匹配，这导致了在短期内，换电模式难以在车型多样的私家车群体中普及。而目前换电模式应用的重要场景是公交车、出租车等公共交通工具，由于公共交通工具的日均行驶里程和时间大大高于私家车，对于电力快速供应的需求也就更高，换电模式能够满足其高电力需求，同时公共交通工具的统一型号也为换电创造了条件。然而，换电站的弊端在于其成本很高，收回一个充电站的建设成本只需要2年至3年，而收回一个换电站的成本却需要4年以上。

未来的电动汽车充电基础设施将以分布式充电桩和集中式充换电站为主，形成城市生态充电服务网络。私家车的主要充电方式是闲时在充电桩进行慢充，在急需用电时采用快充或换电方式。公交车和出租车的主要充电方式是白天高峰期间换电或快充、夜间慢充。根据不同类型电动汽车的行驶规律，匹配合适的充换电方案，能在满足汽车电力需求的同时，使动力电池的寿命最大化。

15.4.4 倡导共享交通出行模式

近年来，在互联网技术的不断发展、绿色出行意识普及的背景下，共享交通迅速发展，在减少汽车尾气排放、缓解交通拥堵等方面产生了积极作用，同时也改变了人们的出行方式，为出行提供了便利。共享交通具体包括共享单车、共享电动单车、共享汽车、网约车等形式，而不包括传统的公共交通、出租车出行。

自2016年以来，共享单车开始井喷式发展，融入了城市交通系统。共享单车给市民的生活带来了极大的便利，"地铁＋共享单车"成了大城市人们普遍采用的交通方式，解决了"最后一公里"的出行问题。共享单车在绿色出行中扮演着重要角色。共享单车能够实现与公共交通工具的接驳，从而带动公共交通工具出行比例的提升，控制私家车的使用，有利于减少碳排放。

共享单车虽然方便了短距离出行，但其出行距离有限，平均出行距离仅为1.84km。而共享电动单车则能够提升出行距离，进一步降低汽车的使用需求，对减少交通能耗也有一定的积极作用。

共享汽车和网约车提高了交通工具及设施的使用率，有利于控制城市机动车总量，从生命周期的角度减少了材料和能源的消耗。共享汽车也是新能源汽车的重要应用情景，有利于新能源汽车的推广，减少城市交通的碳排放。而网约车由于使出行更加方便，增加了出行需求，反而增加了交通客运能耗和排放，不利于低碳化出行，只能通过汽车电动化等方面来弥补。

在未来，共享单车、共享电动单车、电动化网约车等共享交通形式形成多层次共享交通体系，满足客户不同的出行里程需求，在城市绿色交通的发展上扮演重要角色。

15.5 其他：垃圾分类与固废处理

15.5.1 中国生活垃圾排放现状

近年来随着社会经济发展和人民生活水平的提高，我国城市垃圾清运量增长迅速，从

2010年的1.58亿吨增长到2019年的2.42亿吨，提升53%（图15-10）。据统计，2015～2018年，我国厨余垃圾一直占据主要地位，但随着人们环保意识的不断加强以及"光盘行动"等一系列减少厨余垃圾的环保行动的提出，厨余垃圾占比逐年下降，其他垃圾在2019年成为了"垃圾新主体"（首次大于厨余垃圾占比）。此外，可回收垃圾占比呈现上升趋势，更好地分离可回收垃圾进行循环利用，是研究的重点。2019年我国厨余垃圾占比为38.50%，可回收垃圾占比为16.03%（图15-11）。

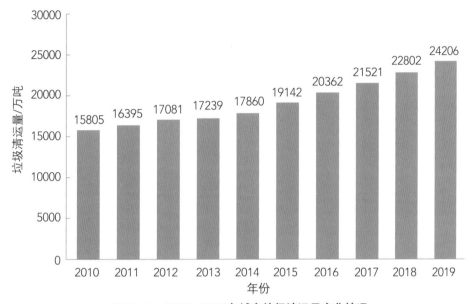

图15-10　2010～2019年城市垃圾清运量变化情况

图15-11　2015～2019年我国不同类型垃圾占比变动情况

我国对城市生活垃圾无害化的处理方式主要有卫生填埋、焚烧和堆肥等。整体呈现出以卫生填埋为主、焚烧处理提升和堆肥处理衰退的特点。2019年，由于用地紧张和二次污染，填埋处理已经出现瓶颈，处理量为1.09亿吨，占45.6%；焚烧处理量为1.22亿吨，占50.7%；其他处理方式占3.7%，垃圾处理开始以焚烧法为主。2019年，垃圾无害化处理率达99.2%，比2010年上升近23个百分点，表明我国城市垃圾处理越来越低污染（图15-12）。

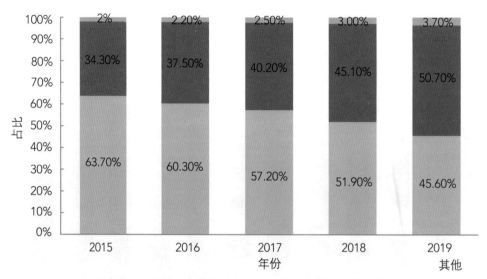

图15-12　2015～2019年中国城市生活垃圾无害化处理方式结构分布情况

15.5.2　生活固废收运与处理中的碳排放

生活固废管理系统中的收运以及处理等环节，均会产生大量的二氧化碳。此外，生活垃圾在未进入收集系统时也可能会产生不少的温室气体，例如厨余垃圾（多是蔬菜及瓜果残渣）一经堆积极易发酵腐烂，从而释放出大量的二氧化碳气体。

此外，处理过程所采用的处理方式不同，也会产生不同来源与数量的二氧化碳气体。2017年，垃圾处理领域二氧化碳排放量为$1.58 \times 10^8 t$，占总二氧化碳排放的1.3%，是值得进行管理优化的。

（1）垃圾填埋过程中的碳排放

垃圾填埋能够快速大量处理多种垃圾，因其工艺简单、成本较低，但是其过程中的碳排放量非常大。垃圾在填埋过程中，在微生物的分解作用下会产生垃圾填埋气，可能在内部继续发酵分解，产生渗沥液，一旦基底设计不当，渗沥液会直接进入土壤，造成土壤污染。此外，垃圾填埋作业中机械操作过程中因为消耗了化石燃料，从而释放部分的二氧化碳。

卫生填埋法处理过程以及碳排放情况见图15-13。

（2）垃圾焚烧中的碳排放

垃圾焚烧技术是一种热化学处理方法，能够在显著减少垃圾体积的同时回收能量、获

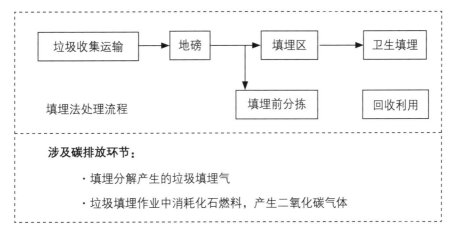

图15-13　卫生填埋法处理过程以及碳排放情况

取电力，实现垃圾的减量化与再利用。在对生活垃圾进行焚烧处理的过程中，碳排放问题主要包括：一是焚烧过程中会添加化石燃料以起到助燃的作用，如辅助燃油、点火用油等，在燃烧中会产生二氧化碳气体；二是垃圾本身燃烧所产生的二氧化碳、二氧化氮等气体；三是焚烧厂贮坑中垃圾产生渗沥液在厌氧发酵过程中产生甲烷等气体。

焚烧法处理过程以及碳排放情况见图15-14。

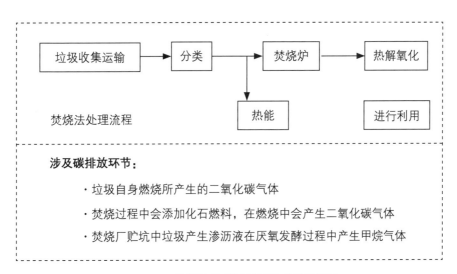

图15-14　焚烧法处理过程以及碳排放情况

（3）垃圾堆肥中的碳排放

垃圾堆肥能够有效减少垃圾量，实现资源的最大化利用。这是通过微生物对垃圾中的有机成分进行分解的生物化学过程。堆肥的碳排放存在于堆肥本身的碳排放。生活垃圾中，很多可降解有机碳转化成微生物机体和CO_2。

堆肥法处理过程以及碳排放情况见图15-15。

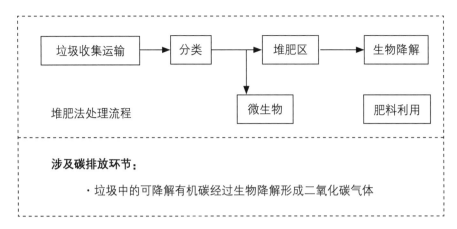

图15-15　堆肥法处理过程以及碳排放情况

15.5.3 生活固体废物的碳减排策略

（1）强化生活垃圾源头减量，提倡节俭消费

生活垃圾的源头减量，可以分成两部分，**一是在消费端进行减量**。随着经济水平的提高以及消费能力的提升，垃圾的产生量也会增加，近年来我国生活垃圾清运量不断创新高，年增长率为3.6%～7.2%。消费端减量需要在保持生活质量与减少垃圾产生量之间寻找平衡点，即避免过度消费或铺张浪费，要勤俭节俭，如：可以追求美食，但要杜绝"舌尖上的浪费"，减少湿垃圾的产生；避免一次性外卖盒、餐具的使用，这些塑料包装都是石油制品，消费越多，意味着生产这些产品而排放的二氧化碳气体也越多。**垃圾源头减量另一个关键环节是投放端减量管理**，废旧衣物、废旧大件等废旧物资很多都可以继续使用，可以通过建立二手交易市场，延长这些物资的使用周期，避免投放进入垃圾处理系统，从而减轻后端垃圾收运与处理的压力。同理，随着共享时代的到来，共享模式将原本分散化、个性化的需求集中起来，如共享充电宝、共享单车等，减少了无谓的生产量，更加节省资源，为碳减排做出了相应贡献。

（2）提升垃圾分类质量，加强垃圾分类管理

垃圾分类，即从源头对垃圾进行分类收集，将可回收利用的纸张、塑料、金属等物质与厨余等可发酵类垃圾等进行分类回收，方便将可回收物质进行再加工实现重复利用。目前，全国已有46个重要城市基本建成垃圾分类处理系统，取得初步成效。一是生活垃圾分类覆盖率明显提升；二是厨余垃圾分出质量逐步提高；三是生活垃圾回收利用率显著提高。例如上海居民区日均可回收物回收量较2018年12月增长3.7倍，湿垃圾分出量增长1倍，干垃圾处理量减少38%，有害垃圾分出量同步增长13倍多。

垃圾分类处理将提高可回收垃圾以及厨余垃圾的回收率，针对不同类别的垃圾进行专门处理，对碳减排的贡献巨大。例如，湿重1t的厨余垃圾含0.095t初始碳，若厨余垃圾实现资源化利用，则全国每年将减排866.875万吨碳。这一领域前景广阔，对于建设资源节约型、环境友好型的绿色低碳社会意义重大。

（3）再生资源回收使用，实现可持续发展

"这个世界上本没有垃圾，只有放错地方的资源"。再生资源回收利用是将这些"放错地方的资源"进行再利用的过程，是实现碳减排的重要途径。再生资源的回收利用过程中产生的碳排放量，通常远小于初次生产和垃圾处理过程中所产生的碳排放量。例如，废纸造纸可以减少森林资源的消耗以及能源消耗，其碳减排贡献为0.46t CO_2/t废纸（见表15-2）。

表15-2　部分废弃垃圾回收利用对碳减排的贡献

回收利用材料	降低碳排放/ （t等效二氧化碳/t）	回收利用材料	降低碳排放/ （t等效二氧化碳/t）
废钢铁	0.150	PET	2.192
玻璃	0.314	PVC	1.549
纸	0.459	木材	0.444
书	0.117	灯泡	0.779
钢罐	0.862	冰箱	0.853
铝罐	8.143	汽车电池	0.435
碎金属	3.577	植物油	2.759
混合塑料	1.024	食物残渣	0.452
混合塑料瓶	1.084	鞋服	3.376

我国废纸和废玻璃回收量增幅较小，其中废钢铁所占回收量比例最大，在65%左右，整体回收利用的碳减排量约1亿吨二氧化碳（图15-16）。目前，我国已着手健全和完善相关法律法规政策体系，包括推动完善促进绿色设计、强化清洁生产、提高资源利用效率、发展循环经济等方面的法律法规制度，并强化执法监督和问责力度，随着相关技术水平的提升以及固废回收意识的提高，再生资源回收利用将带来更大的碳减排潜力。再生资源回收利用的快速发展，将为我国绿色、低碳、可持续发展起到重要的推动作用。

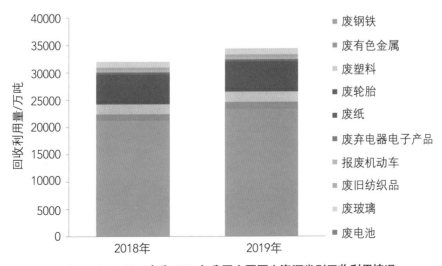

图15-16　2018年和2019年我国主要再生资源类别回收利用情况

（4）培养垃圾分类意识，全民需行动

随着我国经济的快速发展，居民生活水平不断提高，对应生活垃圾的数量也会呈现快速增长趋势，碳排放量也将逐渐增多。而打破这一危机的方法就是居民垃圾分类意识的培养，它是居民进行垃圾分类的动机，能直接影响垃圾处理环节的碳排放量。

对于家庭、个人而言，不仅需要学习相关知识、培养垃圾分类意识（图15-17），还需要在日常生活中规范自身行为，实际参与到低碳生活中，通过绿色餐饮、绿色家居等多途径减少生活垃圾的产生量，自觉进行垃圾分类，用自己的实际行动减少碳排放量，争取早日实现碳中和。

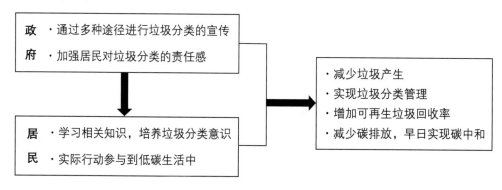

图15-17　全民垃圾分类意识培养

15.6　全员碳账户测算和实践

实现碳达峰、碳中和目标，既有赖于技术变革，又有赖于管理能力的提升。当前的碳排放管理过程中，基础性工作是制订精准的计划，做到"哪里减、减多少，哪里留，甚至作为保障能源安全的手段还要增加"，制订精准计划急需摸清碳排放底数。而碳排放量是一种虚拟物品，本质上来说就是数据，如何核定碳排放量是实现双碳目标的一大难点。

目前，"城市大脑"作为方兴未艾的城市智能底座，算法、算力和大数据集结在一起对城市发展赋能，是城市治理体系和治理能力现代化的有效手段，全员碳账户测算可有效利用"城市大脑"进行支撑。以城市大数据为基础，以"城市大脑"数据中心及AI计算中心为底座，对支持政府、企业、公众实现碳体检、碳核查、碳积分，建立全员碳账户——对摸清城市碳减排家底，辅助宏观决策、精准连接碳减排对象，具有重要意义。基于"城市大脑"构建的全员碳账户测算将是逐步实现的，伴随城市智能化进程，对未来碳中和实践进行精准分析和推演。

15.6.1　实践路径

政府部门、公共服务单位、碳账户建设等单位之间，通过需求侧到供给侧的协作，基于"城市大脑"数据汇聚和AI能力，实现区域全员碳账户测算。

（1）多途径基础碳数据采集

在企业侧有两个途径，一是敷设碳排放设备监测；二是通过碳账户平台自行核算，其中公共服务单位可提供的数据，通过授权用数据接口直接提供；在公众侧，目前已采集了公共出行数据，以地铁与公交数据为主，后期再向其他领域扩展。

（2）数据治理与交换

数据通过区块链技术进行确权与审计，实现数据开发与使用过程中，对隐私与安全提供保障。基于"城市大脑"数据中心实现一体化数据管理与运营，建立碳数据目录，实现标签检索匹配需求；建立碳数据视图，掌握数据资产分布和增长态势，支撑在场景应用中通过元数据和数据服务建立动态碳账户。

（3）碳应用场景开发

围绕企业、公众的碳账户建设需求，实现相应的平台或系统开发。通过企业和公众提供授权，城市大脑定向获取其自身相关数据，建立对应的碳账户，满足终端用户碳自查、碳核算与碳积分的功能。

（4）城市碳家底监测

有了企业和公众的碳账户，基于碳应用场景平台开展大数据分析，对城市碳家底数据进行可视化展现，更好地观察综合数据发展趋势，并能把数据来源对应到每一个微观碳账户中。

（5）AI计算趋势发展与对策演进

利用城市大脑的AI计算智能分析能力，为碳达峰、碳中和总体目标实现，提供区域趋势分析及对策演进，在摸清家底的基础上，为达成未来目标赋能。

15.6.2 企业碳账户场景

企业是碳排放大户，国家出台了24个行业的温室气体排放核算指南，城市大脑探索通过实测法和核算法建立企业碳账户。

（1）尝试四步实施法

第一步，通过城市大脑高效、低成本获取和管理各企业主体全品类能源大数据和碳排放相关数据。

第二步，采用购买服务的模式，使用碳账户建设单位的"城市企业碳账户管理平台"，基于国内统一碳排放核算方法，自动核算微观主体碳排放量，摸清区域各类主体碳排放底数。有条件的企业可建立碳排放在线监控系统，实现更为精准的碳排放直测法计量。

第三步，建立企业碳账户，完整准确记录各个企业的碳排放量、碳排放配额、自愿减排数量等，有效落实分解各个企业的碳排放责任。

第四步，利用"城市企业碳账户管理平台"，动态监测各园区各企业碳排放量，考核评估减排工作成效，为科学制定碳减排规划，分析挖掘减排潜力、前瞻预测减排趋势，高效管理碳交易和碳资产提供依据。

（2）实现企业碳账户管理

① **企业碳账户概览：**总览企业碳资产收入、支出，以及碳排放情况（图15-18）。

图15-18　企业碳账户概览界面示例

②**基础数据管理：**实现企业基本信息、碳排放核算相关的燃料、原料、产品等基础信息的采集，以及企业行业属性的界定。

③**碳排放核算法计量：**根据国家发改委发布的各行业企业碳排放核算指南要求，实现碳排放相关数据的填报、核算、数据报送和碳排放报告生成功能。

④**碳排放直测法计量：**在安装碳排放在线监测设备（CO_2-CEMS）的前提下，实现碳排放在线监控数据的接入，以及基于直测法的碳排放计量（图15-19）。

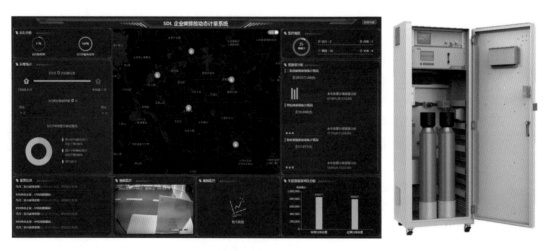

图15-19　直测法碳排放软件界面与计量CO_2-CEMS设备

⑤**统计分析：**实现企业碳排放计量数据的不确定性分析、比对校验和企业碳排放强度分析等功能。

⑥**碳资产管理：**实现企业碳排放配额、CCER、碳汇等碳资产的信息管理。

15.6.3 公众碳账户场景

每个人形成一个低碳的生活方式，可直接减少碳排放。低碳生活方式也会形成绿色的消费偏好、消费习惯，然后倒逼生产端改变自己的生产和流通。"城市大脑"通过公共服务单位数据，比如地铁和公交个人出行数据，先行探索建立公众碳账户。

①**选取碳行为**：在个人用户端，碳行为多取自公众日常生活与办公中的便于记录的、潜在的低碳转型行为，例如低碳消费、垃圾分类、低碳出行、低碳居家、低碳办公等方面。

②**记录与检测碳行为**：平台明确了低碳行为之后，需要建立一套完整的检测体系用来记录低碳行为，方便用户实时查看和平台量化计算。记录用户的地铁出行里程、步行活动的步数、不使用一次性消耗品的次数等来获取用户碳账户数据，用以度量人们一些日常活动的碳减排量。

③**量化碳行为**：先计算居民资源使用量和资源节约量。数据主要来源于对市民或社区业主的户均用量的调研数据，结合已经实施的阶梯标准，制订水、电、气用量标准，节约量即为资源实际用量减去资源标准用量，由公式"减碳量=节约量×兑换因子"得到用户减碳数据。

④**奖励措施与活动**：现行的激励措施主要分为商业激励和政策激励。其中，商业激励由政府和商圈商户合作，为平台用户的减碳成果提供产品或者服务优惠。政策激励主要由来自公共服务，例如公交费减免等便民惠民措施。

15.6.4 区域"碳家底"场景

①**城市碳家底总揽**：对城市碳排放管理相关系统进行可视化集成，可实现城市碳排放概览、企业碳排放监控、环境温室气体监控、碳排放反演、区域碳汇等系统的接入。根据需要，也可新建上述系统，纳入政府端平台统一管理。

②**城市碳排放清单**：基于宏观统计数据，按照碳排放清单编制指南要求，实现区域能源生产与加工转换，对工业、建筑、农业、交通运输、服务业、居民生活等领域的碳排放进行统计核算。

③**企业（个人）碳账户**：汇总各企业（个人）用户的碳排放数据，进行企业（个人）碳排放管理，分行业分区域进行统计分析。

④**数据审核**：实现企业填报数据和碳排放计量结果的审核，对审核任务可进行分配及抽查。

⑤**综合管理**：实现碳排放计量相关参数的配置管理，以及行业新闻发布。

⑥**知识库**：提供碳排放相关政策法规、计量标准，以及行业新闻的发布功能。

15.6.5 未来展望

创新始终是人类社会经济发展的主要动力。以创新引领的清洁能源革命与数字技术革命，将在未来共同推动下一轮经济繁荣，这已经成为我国迈向绿色低碳社会的核心驱动。

　　"城市大脑"作为赋予城市智能的新型基础设施，在摸清企业、个人以及城市碳排放的基础上，发挥AI智能处理核心能力，对碳排放趋势分析与预测、碳减排措施效果模拟与推演、对碳对象进行动态精准连接。伴随后续界定各主体碳排放责任、制订碳排放计划、监督碳减排过程，成为城市碳排放管理的抓手和工具。

参考文献

[1] 王勤花，张志强，曲建升. 家庭生活碳排放研究进展分析［J］. 地球科学进展，2013，28（12）：1305-1312.

[2] 王悦，李锋，孙晓. 城市家庭消费碳排放研究进展［J］. 生态环境与保护，2019，41（7）：1201-1212.

[3] X L, J S, H W. Indirect carbon emissions of urban households in china: Patterns, determinants and inequality [J]. Journal of Cleaner Production, 2019, 241.

[4] Zhang H, Shi X, Wang K. Intertemporal lifestyle changes and carbon emissions: Evidence from a China household survey [J]. Energy Economics, 2020, 86.

[5] Mi Zhifu, Zheng Jiali, Meng Jing, et al. Economic development and converging household carbon footprints in China [J]. Nature Sustainability, 2020 (7).

[6] M Otto-I, M Kim-K, N Dubrovsky. Shift the focus from the super-poor to the super-rich [J]. Nature Climate Change, 2019, 9 (2): 82-84.

[7] 曾静静，张志强，曲建升，等. 家庭碳排放计算方法分析评价［J］. 地理科学进展，2012，31（10）：1341-1352.

[8] 姚亮，刘晶茹，王如松. 中国城乡居民消费隐含的碳排放对比分析［J］. 中国人口·资源与环境，2011，21（4）：25-29.

[9] 刘文龙，吉蓉蓉. 低碳意识和低碳生活方式对低碳消费意愿的影响［J］. 生态经济，2019，35（8）40-45，103.

[10] 郭璇. 消费主义视角下北京城市居民生活碳消费结构与碳减排潜力研究［D］. 上海：华东师范大学，2017.

[11] Li, Zhang D, Su B. The impact of social awareness and lifestyles on household carbon emissions in China [J]. Ecological Economics, 2019.

[12] UNEP，联合国环境规划署. https: //www.unep.org/.

[13] LIU L-C, WU G, WANG J-N, et al. China's carbon emissions from urban and rural households during 1992–2007 [J]. Journal of Cleaner Production, 2011, 19 (15): 1754-62.

[14] 杨亮. 基于消费水平的家庭碳排放谱研究［D］. 上海：华东师范大学，2014.

[15] CHNS, China Health and Nutrition Survey. https://www. cpc. unc. edu/projects/china.

[16] 中华环保联合会召开"国内外废弃食物产生与再利用模式研究与倡导"项目发布会. 2019-11-12. http://www. acef.com.cn/a/gjhz/gjhzxmdt/2019/1031/20066. html.

[17] Crippa M, Solazzo E, Guizzardi D, et al. Food systems are responsible for a third of global anthropogenic

GHG emissions [J]. Nature Food, 2021, 2 (3): 1-12.

[18] Xiong X, Zhang L, Hao Y, et al. Urban dietary changes and linked carbon footprint in China: A case study of Beijing [J]. Journal of Environmental Management, 2020, 255 (Feb. 1): 109877. 1-109877. 7.

[19] 钱易，何建坤，卢风. 生态文明 - 理论与实践［M］. 北京：清华大学出版社，2018.

[20] Chen Y, Hu S, Guo Z, et al. Effect of balanced nutrient fertilizer: A case study in Pinggu District, China [J]. Science of The Total Environment, 2020, 754: 142069.

[21] Su J, Hu C, Yan X, et al. Expression of barley SUSIBA2 transcription factor yields high-starch low-methane rice [J]. Nature, 2015, 523 (7562): 602-606.

[22] Poore J, Nemecek T. Reducing food's environmental impacts through producers and consumers [J]. Science, 360: 987-992.

[23] 中国营养学会. 中国居民膳食指南2021. https://www.cnsoc.org/.

[24] 甘犁. 2017 中国城镇住房空置分析［J］. 中国家庭金融调查与研究中心.

[25] 清华大学建筑节能研究中心：我国低碳能源发展与碳中和的实现［M］. 北京：中国建筑工业出版社.

[26] IRENA, https://www.irena.org/publications/2021/May/Policies-for-Cities-Buil-dings.

[27] 马坤荣. 生活垃圾处理的碳排放问题和减排策略［J］. 环境与发展，2019，31（6）：229-230.

[28] 仲璐，胡洋，王璐. 城市生活垃圾的温室气体排放计算及减排思考［J］. 环境卫生工程，2019，27（5）：45-48.

[29] 王春霞. 浅谈新经济形势下生活垃圾处理的碳排放和减排方法［J］. 中国集体经济，2013（25）：92-93.

[30] 陈钦，周小龙，鲍晓英. 浅析生活垃圾处理的碳排放问题和减排策略［J］. 环境卫生工程，2011，19（6）：48-49.

[31] 张霞，黄乐. 城市生活垃圾科学化处理研究和应用［J］. 三峡生态环境监测，2021，6（3）：73-80.

[32] 蒋建国，耿树标，罗维，等. 2020 年中国垃圾分类背景下厨余垃圾处理热点回眸［J］. 科技导报，2021，39（1）：261-276.

[33] David A Turner, Ian D Williams, Simon Kemp. Greenhouse gas emission factors for recycling of source-segregated waste materials [J]. Resources, Conservation & Recycling, 2015, 105.

[34] 何起东. 以碳账户为核心的绿色金融探索. 中国金融，2021，（18）：56-57.

[35] DL/T 2376—2021 火电厂烟气二氧化碳排放连续监测技术规范.

[36] 生态环境部. 省级二氧化碳排放达峰行动方案编制指南，2021年2月.

[37] T/CECA-G0147—2021 水泥行业温室气体排放监测技术规范.

跋

　　本书是在中国提出双碳目标的背景下，于2021年初由金涌院士倡议，与胡山鹰教授和张强教授共同设计书稿整体结构。进而召集清华大学化学工程系开展相关研究的多名教授为主体，联合国家能源集团北京低碳清洁能源研究院各方面专家，共同讨论形成初步的书稿提纲。之后进一步增加清华大学产业创新研究院、国家能源集团技术经济研究院、山西大学、河北科技大学、中国矿业大学、中国石油大学、北京大学等单位的众多学者，组建了共60余位作者集采众家之长的高水平写作团队，经过多次全面深入的研讨，最终确定全书共15章的详细提纲。此后所有作者全力以赴通过半年的工作在2021年底之前完成初稿撰写，胡山鹰教授和张强教授完成了全书统稿和协调工作。继而在化学工业出版社袁海燕老师的支持和配合下，各位作者再经过数轮的反复修改完善，于2022年4月定稿后，在2022年9月完成印刷出版呈现给读者。

　　最后对本书的全体作者和化学工业出版社的相关编辑，以及其他对本书有贡献的所有人员深表感谢！同时，感谢原初科技（北京）有限公司魏巍先生和王麒博士的大力支持，资助本书出版。